土木工程施工与组织管理

刘莉萍　刘万锋　主　编
杨　阳　郭建博　副主编

合肥工業大學出版社

图书在版编目(CIP)数据

土木工程施工与组织管理/刘莉萍,刘万锋主编.—合肥:合肥工业大学出版社,2019.3
ISBN 978-7-5650-4442-7

Ⅰ.①土… Ⅱ.①刘…②刘… Ⅲ.①土木工程—工程施工②土木工程—施工组织③土木工程—施工管理 Ⅳ.①TU7

中国版本图书馆CIP数据核字(2019)第046142号

土木工程施工与组织管理

主　编　刘莉萍　刘万锋　　　　责任编辑　张择瑞　汪　钵

出　版	合肥工业大学出版社	版　次	2019年3月第1版
地　址	合肥市屯溪路193号	印　次	2019年6月第1次印刷
邮　编	230009	开　本	787毫米×1092毫米　1/16
电　话	理工教材编辑部:0551-62903204 市场营销部:0551-62903198	印　张	26.75
		字　数	618千字
网　址	www.hfutpress.com.cn	印　刷	合肥现代印务有限公司
E-mail	hfutpress@163.com	发　行	全国新华书店

ISBN 978-7-5650-4442-7　　　　定价:58.00元

前　　言

《土木工程施工与组织管理》是土建类专业的专业必修课程。该课程主要介绍了土木工程施工中，各类施工技术的基本理论、基本方法和基本应用以及如何合理地组织项目施工，实现项目既定的质量、成本和工期目标，取得良好的经济效益。本课程对于学生从事土木工程施工、管理、监理、咨询、设计、研究、教育等工作均具有十分重要的作用。

通过本课程的学习，学生能掌握土木工程施工技术的一般规律以及土木工程施工中各主要工种工程的施工技术和施工工艺原理、方法，了解土木工程施工中的新技术、新材料、新工艺的发展和应用，具备发现并有效处理土木工程施工过程中的一般性技术问题的基本能力，具备科学、合理地组织与管理土木工程施工的基本能力，具备根据土木工程项目的主客观实际情况优选施工方案、施工方法的基本能力和有效组织、管理施工安全生产的基本能力。

本书全面介绍了土木工程施工技术与施工组织管理的理论和方法，列举了实际案例，理论与实践相结合，并且配有一定数量的习题，方便读者学习。本书内容全面，实用性强，可作为高等院校土建类专业、工程管理专业及其他相关专业的教材，也可作为土建类专业执业资格考试和工程施工管理参考用书。

全书共15章，前言和第1、5、11、12、13章由陇东学院土木工程学院刘莉萍编写，第3、4章由陇东学院土木工程学院刘万锋编写，第2、6、7、8、9、10章由陇东学院土木工程学院杨阳编写，第14、15章由陇东学院土木工程学院郭建博编写，全书由刘莉萍统稿。

在本书的编写过程中，得到了陇东学院著作基金资助及相关部门的大力支持，也得到了同行专家的鼎力相助，本书编写过程中，参考和引用了相关规范以及众多专家学者的相关资料，在此表示由衷的感谢！由于编者水平有限，书中难免有不妥之处，诚恳希望广大读者批评指正。

编　者

目　　录

第1章 土方工程

【学习内容】本章主要介绍了土方工程施工种类、施工特点、土的工程分类及工程性质；场地平整施工的竖向规划设计；土方量的计算；土方开挖的边坡稳定及支护施工方法；土方基坑开挖的排水、降水方案，轻型井点降水系统的设计及流砂现象的原因与防治；土方工程机械化施工；土方工程压实质量的控制与检验。

1.1 土方工程概述

1.1.1 土方工程的种类

土方工程是土木工程施工中主要分部工程之一，通常也是土木工程施工过程中的第一道工序。土方工程根据施工内容和方法不同，一般可以分为以下几种。

1. 场地平整

场地平整是将天然地面改造成所要求的设计平面。其特点是面广，量大，工期长，施工条件复杂，受气候、水文、地质等因素的影响。因此，施工前应深入调查，详细掌握各种资料，根据施工工程的特点、规模，拟定合理的施工方案，尽可能采用机械化施工，为整个工程的后续工作提供一个平整、坚实、干燥的施工场地，并为基础工程施工做好准备。

2. 基坑(槽)及管沟开挖

基坑(槽)及管沟开挖是指在地面以下为浅基础、桩承台及地下管道等施工而进行的土方开挖。其特点是要求开挖的断面、标高、位置准确，受气候影响较大，所以施工前必须做好施工准备，制定合理的开挖方案，以加快施工进度，保证施工质量。

3. 地下大型土方开挖

地下大型土方开挖是指在地面以下如人防工程、大型建筑物的地下室、深基础及大型设备基础等而进行的土方开挖。它涉及降低地下水位、边坡稳定及支护、邻近建筑物的安全防护等问题，因此，在开挖土方前，应进行认真研究，制定切实可行的施工技术措施。

4. 土方填筑

土方填筑是对低洼处用土方分层填平。包括大型土方填筑，基坑、基槽、管沟回填，前者与场地平整同时进行，后者在地下工程施工完成后进行。对土方填筑，要求严格选择土料、分层填筑、分层压实。

1.1.2 土方工程的施工特点

1. 工程量大

由于建筑产品的体积庞大，所以土方工程的工程量也较大。

2. 劳动繁重和施工条件复杂

土方工程一般都在露天的环境下作业，所以施工条件艰苦。人工开挖土方，工人劳动强度大，工作繁重。土方施工经常受各地气候、水文、地质、地下障碍物等因素的影响，不可确定的因素也较多，施工有时会遇到各种意想不到的问题。

因此，在组织土方工程施工前，应详细分析施工条件，核对各项技术资料，进行现场调查，并根据现场条件制定出技术可行、经济合理的施工方案。土方施工要尽量避开雨季，如不能避开，则要做好防洪和排水工作。

1.1.3　土的工程分类

土的种类繁多，其分类方法也很多。在土方工程施工中，根据土的开挖难易程度，将土分为松软土、普通土、坚土、砂砾坚土、软石、次坚石、坚石、特坚石等八类，前四类为土，后四类为石（表 1-1）。正确区分和鉴别土的种类，可以合理地选择施工方法和准确地套用定额来计算土方工程费用。

表 1-1　土的工程分类

土的分类	土的名称	开挖方法及工具	可松性	
			K_s	K_s'
第一类（松软土）	砂土、粉土、冲积砂土层；疏松的种植土，泥炭（淤泥）	用锹、锄头挖掘	1.08～1.17	1.01～1.04
第二类（普通土）	粉质黏土，潮湿的黄土，夹有碎石、卵石的砂；粉质混卵（碎）石；种植土、填土	用锹、锄头挖掘，少许用镐翻松	1.14～1.28	1.02～1.05
第三类（坚土）	软及中等密实黏土，重粉质黏土，粗砾石，干黄土及含碎石、卵石的黄土、粉质黏土、压实填土	主要用镐，少许用锹、锄头，部分用撬棍	1.24～1.30	1.04～1.07
第四类（砂砾坚土）	重黏土及含碎石、卵石的黏土，粗卵石，密实的黄土，天然级配砂石，软泥灰岩	先用镐、撬棍，然后用锹挖掘，部分用锲子及大锤	1.26～1.37	1.06～1.09
第五类（软石）	硬石炭纪黏土，中等密实的页岩、泥灰岩、白垩土，胶结不紧的砾岩，软石灰岩及贝壳石灰岩	用镐或撬棍、大锤，部分用爆破方法	1.30～1.45	1.10～1.20
第六类（次坚石）	泥岩，砂岩，砾岩，坚实的页岩、泥灰岩，密实的石灰岩，风化花岗岩、片麻岩及正长岩	用爆破方法，部分用风镐	1.30～1.45	1.10～1.20
第七类（坚石）	大理石、辉绿岩；玢岩；粗中粒花岗岩；坚实的白云岩、砂岩、砾岩、片麻岩、石灰岩；微风化安山岩、玄武岩	用爆破方法	1.30～1.45	1.10～1.20
第八类（特坚石）	安山岩，玄武岩，花岗片麻岩，坚实的细粒花岗岩、闪长岩、石英岩、辉长岩、辉绿岩、玢岩、角闪岩	用爆破方法	1.45～1.50	1.20～130

1.1.4 土的工程性质

土有多种工程性质，其中影响土方工程施工的有土的质量密度、可松性、含水量以及渗透率。

1. 土的质量密度

土的质量密度分天然密度和干密度。土的天然密度是指土在天然状态下单位体积的质量，它影响土的承载力、土压力及边坡稳定性。土的干密度是指单位体积土中固体颗粒的含量，是检验土的压实质量的控制指标。

2. 土的可松性

自然状态下的土(原土)经开挖后，其体积因松散而增加，以后虽经回填夯实，仍不能恢复到原状土的体积，这种性质称为土的可松性。土的可松性程度用可松性系数表示如下：

$$K_s=\frac{V_2}{V_1} \tag{1-1}$$

$$K_s'=\frac{V_3}{V_1} \tag{1-2}$$

式中：K_s——最初可松性系数；

K_s'——最终可松性系数；

V_1——土在天然状态下的体积，m^3；

V_2——土经开挖后的松散体积，m^3；

V_3——土经回填压实后的体积，m^3。

土的可松性对土方的调配、计算土方的运输量、填方量及运输工具数量等都有影响，尤其是大型挖方工程，必须考虑土的可松性。

3. 土的含水量

土的含水量是指土中所含的水与土的固体颗粒之间的质量比，以百分数表示：

$$W=\frac{m_1-m_2}{m_2}\times 100\%=\frac{m_w}{m_s}\times 100\% \tag{1-3}$$

式中：W——土的含水量；

m_1——含水状态时土的质量；

m_2——烘干后土的质量；

m_w——土中水的质量；

m_s——土中固体颗粒的质量。

土的含水量对土方边坡的稳定性和填土压实质量均有影响。土方回填时则需要有最优含水量方能夯压密实，获得最佳干密度。

4. 土的渗透性

土的渗透性是指土体被水透过的性质。土的渗透性用渗透系数 K 表示。地下水在土中渗流速度可按达西定律计算：

$$V=Ki \tag{1-4}$$

式中：V——水在土中的渗流速度，m/d 或 cm/s；

i——水力坡度；

K——土的渗透系数，m/d 或 cm/s。

渗透系数 K 反映出土的透水性强弱，它直接影响降水方案的选择和涌水量计算的准确性，一般可通过室内渗透试验或现场抽水试验确定，一般土的渗透系数见表 1-2。

表 1-2 土的渗透系数参考值

土的种类	渗透系数 K(cm/s)	渗 透 性
纯 砾	$>10^{-1}$	高渗透性
纯砂与砾混合物	$10^{-3}\sim10^{-1}$	中渗透性
极细砂	$10^{-5}\sim10^{-3}$	低渗透性
粉土、砂与黏土混合物	$10^{-7}\sim10^{-5}$	极低渗透性
黏 土	$<10^{-7}$	几乎不透水

1.2 场地标高设计与场地平整

1.2.1 场地设计标高的确定

场地设计标高是进行场地平整和土方量计算的依据，也是总施工图规划和土方竖向设计的依据。合理确定场地的设计标高，对减少土方量，节约土方运输费用，加快施工进度等都有重要的意义。选择设计标高时应满足生产工艺和运输的要求；尽量利用地形使场内挖填平衡，以减少土方运输费用；要有一定的泄水坡度(≥2‰)，满足排水要求；考虑最高洪水位的影响。

场地设计标高一般应在设计文件上规定；若设计文件没有规定时，可按下述步骤和方法确定。

1. 按挖填平衡原则确定设计标高

首先将场地的地形图根据要求的精度划分成边长为 10～40m 的方格网(图 1-1a)。在各方格左上角逐一标出其角点的编号，然后求出各方格角点的地面标高，标于各方格的左下角。各方格角点的地面标高，当地形平坦时，可根据地形图上相邻两等高线的标高，用插入法求得；当地形起伏较大或无地形图时，可在地面用木桩打好方格网，用仪器直接测出。

按照场地内土方在平整前及平整后相等的原则，场地设计标高可按式(1-5)计算：

$$H_0 na^2 = \sum \left(a^2 \frac{H_{11}+H_{12}+H_{21}+H_{22}}{4}\right)$$

$$H_0 = \frac{\sum(H_{11}+H_{12}+H_{21}+H_{22})}{4n} \tag{1-5}$$

式中：H_0—— 场地设计标高；

a—— 方格边长；

n—— 方格数；

H_{11}，H_{12}，H_{21}，H_{22}——1 个方格的 4 个角点标高。

从图 1-1 可见，H_{11} 系 1 个方格的角点标高，H_{12} 及 H_{21} 系相邻两个方格的公共角点标高，而 H_{22} 系相邻 4 个方格的公共角点标高。如果将所有方格的 4 个角点标高相加，则类似 H_{12} 的角点标高需加 2 次，而类似 H_{22} 的角点标高要加 4 次，为便于计算，式(1-5)可改写成下列的形式：

$$H_0=\frac{\sum H_1+2\sum H_2+3\sum H_3+4\sum H_4}{4n} \tag{1-6}$$

式中：H_1——1 个方格独有的角点标高；

H_2——2 个方格共有的角点标高；

H_3——3 个方格共有的角点标高；

H_4——4 个方格共有的角点标高。

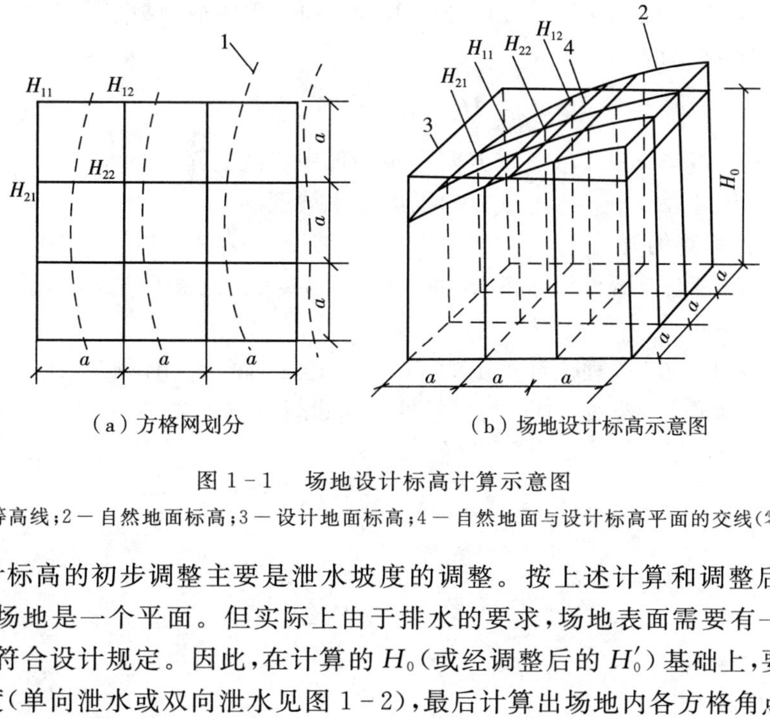

图 1-1 场地设计标高计算示意图

1—等高线；2—自然地面标高；3—设计地面标高；4—自然地面与设计标高平面的交线(零线)

场地设计标高的初步调整主要是泄水坡度的调整。按上述计算和调整后的场地设计标高，平整后场地是一个平面。但实际上由于排水的要求，场地表面需要有一定的泄水坡度，其大小应符合设计规定。因此，在计算的 H_0(或经调整后的 H_0')基础上，要根据场地要求的泄水坡度(单向泄水或双向泄水见图 1-2)，最后计算出场地内各方格角点实际施工时的设计标高。

单向泄水时，以计算出的实际标高 H_0(或调整后的设计标高 H_0')作为场地中心线的标高。场地内任意 1 个方格角点的设计标高为：

$$H_n=H_0(H_0')\pm li \tag{1-7}$$

式中：l—— 该方格角点距场地中心线的距离，m；

i—— 场地泄水坡度。

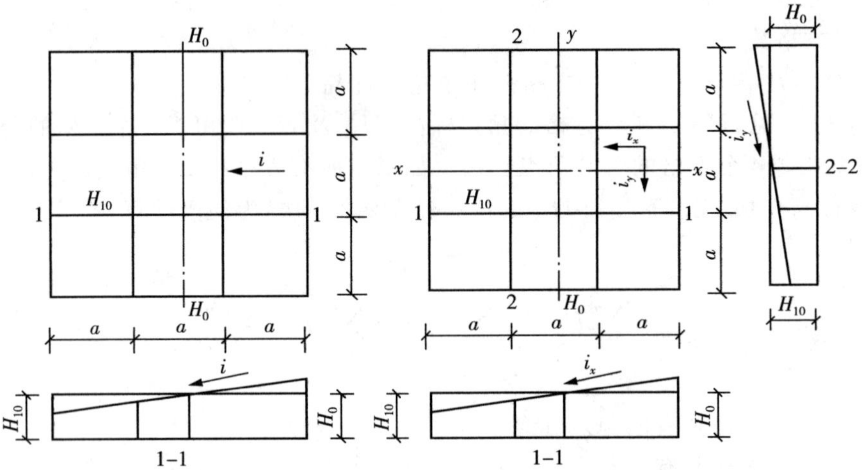

（a）单向泄水　　　　（b）双向泄水

图 1－2　场地泄水坡度示意图

当场地表面为双向泄水时，设计标高的求法原理与单向泄水坡度时相同。场地内任意一个方格角点的设计标高为：

$$H_n = H_0(H'_0) \pm l_x i_x \pm l_y i_y \tag{1-8}$$

式中：l_x，l_y—— 该点与 $x-x$，$y-y$ 方向上距场地中心线的距离，m；

i_x，i_y—— 场地在 $x-x$，$y-y$ 方向上的泄水坡度。

2. 场地设计标高的调整

按公式(1－5) 所计算的设计标高 H_0 系一理论值，实际上还需要考虑以下因素进行调整。

(1) 土的可松性

由于土具有可松性，按理论计算出的 H_0 进行施工，填土会有剩余，需相应地提高设计标高。如图 1－3 所示。若 Δh 为土的可松性引起设计标高的增加值，则设计标高调整后的总挖方体积 V'_W 为：

$$V'_W = V_W - F_W \Delta h \tag{1-9}$$

总填方体积为：

$$V'_T = V_T + F_T \Delta h \tag{1-10}$$

而

$$V'_T = V'_W K'_S \tag{1-11}$$

所以

$$V_T + F_T \Delta h = (V_W - F_W \Delta h) K'_S \tag{1-12}$$

移项整理得：

$$\Delta h = \frac{V_W K'_S - V_T}{F_T + F_W K'_S} \tag{1-13}$$

当 $V_W = V_T$ 时，式(1-13)化为：

$$\Delta h = \frac{V_W(K'_S - 1)}{F_T + F_W K'_S} \tag{1-14}$$

故考虑土的可松性后，场地设计标高应调整为：

$$H'_0 = H_0 + \Delta h \tag{1-15}$$

(a) 理论设计标高　　(b) 调整设计标高

图 1-3　设计标高调整计算

(2) 借土或弃土

由于受设计标高以下的各种填方工程的填土量或设计标高以上的各种挖方工程的挖土量的影响，以及经过经济比较而将部分挖方就近弃土于场外(弃土)，或部分填方就近从场外取土(借土)，都会导致设计标高的降低或提高。因此必要时亦需重新调整设计标高。

1.2.2　土方工程量计算

场地平整土方量的计算方法，通常有方格网法和断面法两种。当场地地形较为平坦时宜采用方格网法；当场地地形起伏较大、断面不规则时，宜采用断面法。

1. 方格网法

方格边长一般取 10m，20m，30m，40m 等。根据每个方格角点的自然地面标高和设计标高，算出相应的角点挖填高度，然后计算出每一个方格的土方量，并算出场地边坡的土方量，这样即可求得整个场地的填挖土方量。

场地平整土方量的计算具体步骤如下。

(1) 计算场地各方格角点的施工高度

各方格角点的施工高度(挖或填的高度)，可按式(1-16)计算：

$$h_n = H_n - H \tag{1-16}$$

式中：h_n—— 角点的施工高度(以"+"为填，"−"为挖)；

H_n—— 角点的设计标高；

H—— 角点的自然地面标高。

(2) 确定零线

当同一方格的四个角点的施工高度同号时，该方格内的土方则全部为挖方或填方，如果同一方格中一部分角点的施工高度为"+"，而另一部分为"−"时，则此方格中的土方一部分为填方，另一部分为挖方。挖填方的分界线，称为零线，零线上的点不填不挖，称之为不开挖点或零点。确定零线时，要先确定方格边线上的零点，位置可按式(1-17)计算(图 1-4)：

$$x = \frac{a h_A}{h_A + h_B} \tag{1-17}$$

式中：x —— 零点距角点 A 的距离，m；

a—— 方格边长，m；

h_A，h_B—— 相邻两角点 A、B 的施工高度（取绝对值），m。

将方格网中各相邻的零点连接起来，即为不开挖的零线。零线将场地划分为挖方范围和填方范围两部分。

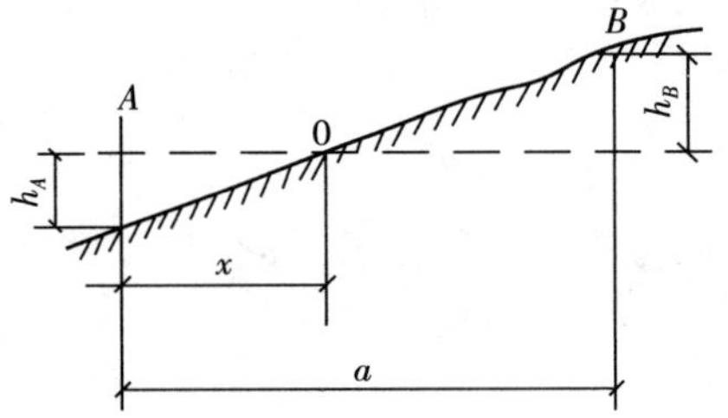

图 1-4　零点位置计算

(3) 计算场地方格挖填土方量

场地各方格土方量的计算，一般有下述四种类型，可采用四方棱柱体的体积计算方法。

① 方格四个角点全部为填方或全部为挖方（图 1-5），其土方量为：

$$V=\frac{a^2}{4}(h_1+h_2+h_3+h_4) \tag{1-18}$$

② 方格的相邻两角点为挖方，另两角点为填方（图 1-6），其挖方部分的土方量为：

$$V_{1,2}=\frac{a^2}{4}\left(\frac{h_1^2}{h_1+h_4}+\frac{h_2^2}{h_2+h_3}\right) \tag{1-19}$$

填方部分的土方量为：

$$V_{3,4}=\frac{a^2}{4}\left(\frac{h_4^2}{h_1+h_4}+\frac{h_3^2}{h_2+h_3}\right) \tag{1-20}$$

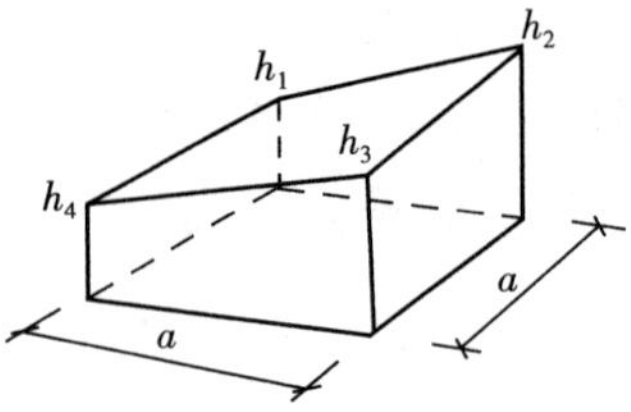

图 1-5　全挖（全填）方格

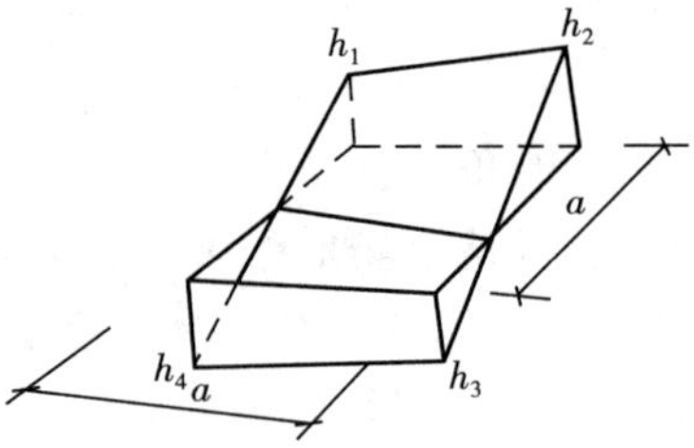

图 1-6　两挖两填方格

③ 方格的三个角点为挖方，另一个角点为填方，或者相反时（图1-7），其填方部分土方量为：

$$V_4=\frac{a^2}{6}\,\frac{h_4^3}{(h_3+h_4)(h_4+h_1)} \tag{1-21}$$

挖方部分土方量为：

$$V_{1,2,3}=\frac{a^2}{6}(2h_1+h_2+2h_3-h_4)+V_4 \tag{1-22}$$

④ 方格的一个角点为挖方，相对的角点为填方，另两个角点为零点时（图 1-8），其挖（填）方土方量为：

$$V=\frac{1}{6}a^2h \tag{1-23}$$

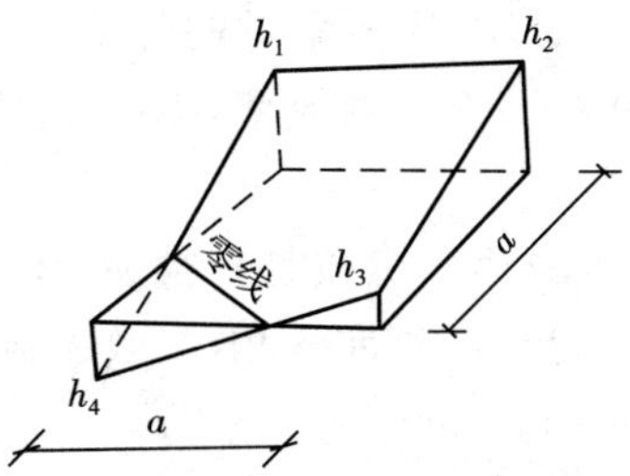

图 1-7　三挖一填(或三填一挖)方格

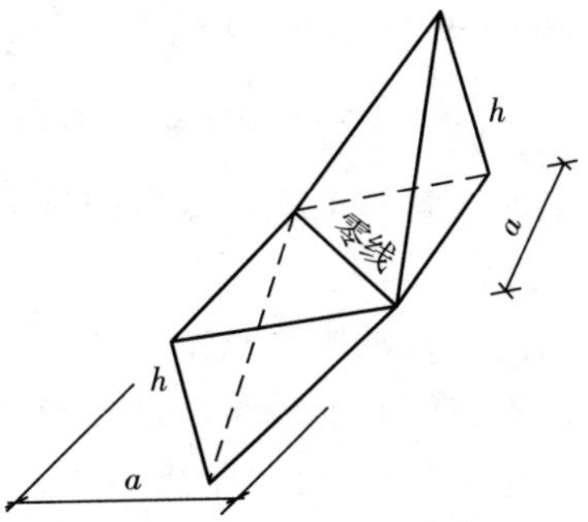

图 1-8　一挖一填方格

以上的计算公式是根据平均中断面的近似公式推导而得，当方格网中地形不平时误差较大，但计算简单，目前用人工计算土方量时多用此法。为提高计算精度，也可将方格网按等高线走向再划成三角棱柱体进行计算，此法计算工作量大，一般适宜用电子计算机计算土方量。

2. 断面法

沿场地取若干个相互平行的断面，将所取的每个断面划分为若干个三角形和梯形(图 1-9)，则面积为：

$$f_1=\frac{h_1d_1}{2},f_2=\frac{(h_1+h_2)d_2}{2},\cdots$$

某一断面面积为：

$$F_i=f_1+f_2+\cdots+f_n$$

若 $d_1=d_2=d_3=\cdots=d_n=d$，则：

$$F_i=d(h_1+h_2+\cdots+h_{n-1})$$

设各断面面积分别为 $F_1,F_2,\cdots,F_m$，相邻两断面间的距离依次为 $L_1,L_2,\cdots,L_m$，则所求土方量为：

$$V=\frac{F_1+F_2}{2}L_1+\frac{F_2+F_3}{2}L_2+\cdots+\frac{F_{m-1}F_m}{2}L_{m-1} \quad (1-24)$$

用断面法计算土方量时，边坡土方量已包括在内。

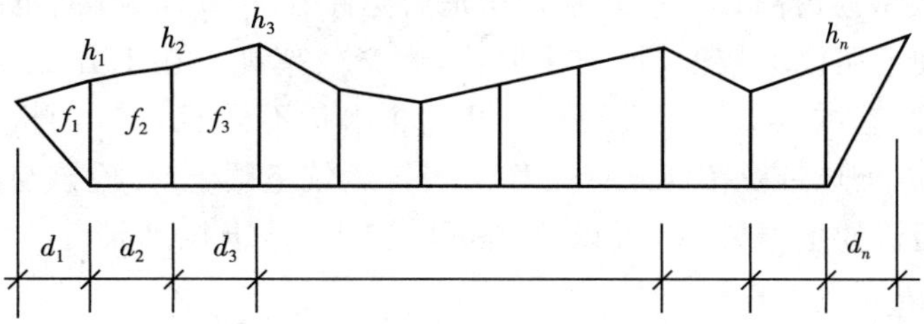

图 1-9　断面法计算土方量

1.2.3 场地平整土方机械及其施工

土方工程施工工程量大，所以要尽量采用机械化施工，以减轻繁重的体力劳动。要结合土方施工的内容和工程特点合理选择施工机械，充分发挥机械的效率，提高施工速度。

1. 推土机

推土机由动力机械和工作部件两部分组成。推土机的动力机械是拖拉机，工作部件是安装在拖拉机前面的推土铲。推土机结构简单，操纵灵活，工作面小，生产效率高，适应性强。既可开挖土方，又可短距离运输，是土方工程施工的主要机械之一。

按行走的方式可将推土机分为履带式和轮胎式。履带式推土机附着力强，爬坡性能好；轮胎式推土机行驶速度快，灵活性好。

推土机的作业由铲土、运土、卸土和空载行驶组成。为了提高推土机的生产效率，铲土作业中一般采用下坡推土(图 1-10)、分别铲土集中运输、槽型推土(图 1-11)等方法以增加铲土量。在运土作业中可采用并列推土、交错推土等方法，以提高推土效率、缩短铲土时间、减少土的散落和流失。

推土机多用于场地平整和清理开挖深度 1.5m 内的基坑、回填基坑和沟槽等。推土机可以推挖第一至第四类土；为提高生产效率，对于第三类、第四类土应事先松动。推土机推填距离宜在 100m 以内，效率最高为 60m。

图 1-10　下坡推土

图 1-11　槽型推土

2. 铲运机

铲运机是可以连续独立完成铲、装、运、卸、平土、碾压作业的综合机械，由牵引机械和铲斗组成。按行走方式分为牵引式铲运机和自行式铲运机。

自行式铲运机运行速度快，适用运距 800～3500m 的大型土方工程施工，以运距在 800～1500m 的范围内效率为最高。牵引式铲运机适合运距在 80～800m 的范围施工。

铲运机对行驶道路要求较低，行驶速度快，生产效率高。在土方工程中常用于大面积场地平整、开挖大型基坑等。铲运机最宜于开挖含水量不大于 30%的松土和普通土，但不适用于在砾石层、冻土地带及沼泽地区工作。当铲运较坚硬土时，应该与松土机配合工作。

为了提高铲运机的生产效率，可以采用下坡铲土、推土机助铲等方法，以缩短装土时间，使铲斗土装得更满。

(1)下坡铲土法。下坡铲土是利用机械下坡时重力加大从而提高铲土能力，但是坡度不宜超过 15°。如果地形平坦，可先将取土一端铲低，人为创造下坡铲土的有利条件。

(2)推土机助铲法。自行式铲运机长距离铲运第三类、第四类较硬土时，用推土机助铲可提高效率30%以上。铲运机转弯不灵活，通常根据挖方区和填方的分布情况，一般将运行路线设置成环形或“8”字形路线。

① 环形路线。对于地形起伏不大，而施工地段又较短(50～100m)和填方不高(0.1～1.5m)的路堤、基坑及场地平整宜采用图1-12(a)环形路线。当填、挖交替，且相互之间距离不大时可采用图1-12(b) 环形路线，以减少铲运机的转弯次数。

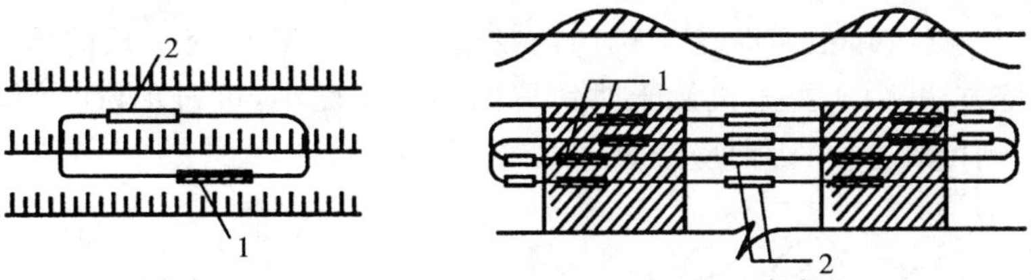

图1-12 环形路线

1—铲土;2—卸土

② “8”字形路线。在地形起伏较大、施工场地狭窄的情况下，宜采用这种路线(图1-13)。铲运机在上下坡时按展线的平缓坡度行驶，一个循环为两次卸土和装土。可以减少空车运行，缩短运行时间，提高生产效率。

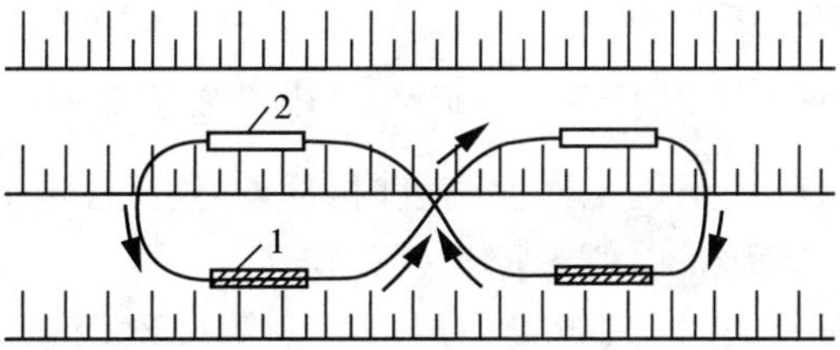

图1-13 “8”字形路线

1—铲土;2—卸土

3. 单斗挖土机

挖土机按挖土装置不同，可分为正铲、反铲、拉铲和抓铲四种(图1-14)。在土方施工中，单斗挖土机可以挖掘基坑、沟槽，平整场地等。

(a)正铲 (b)反铲 (c)抓铲 (d)拉铲

图1-14 挖土机类型

(1)正铲挖土机。正铲挖土机的工作特点是向前行驶，土斗由下向上强制切土，随挖土的进程向前开行。所以正铲挖掘机只开挖停机坪以上的第一类～第四类土，并配备自卸车等运输车辆运土。正铲挖土机挖掘力大，生产效率高，适于开挖土质较好、无地下水的土层。

正铲挖土机按开挖路线与运输车辆的相对位置不同，其作业方式有以下两种：

① 正向挖土，反向卸土。即挖土机向前挖土，运输车辆停在挖土机后面装土，挖土机和运输车辆在同一平面上(图 1－15a)。采用这种挖土方式，挖土工作面大，汽车不宜靠近挖土机，需倒车到挖土机后面装车。这种方式卸土时铲臂的回转角度大，在 180°左右，生产率较低，只在基坑宽度较小、开挖深度较大时才采用。

② 正向挖土，侧向卸土。即挖土机向前挖土，运输车辆在挖土机的侧面装土(图 1－15b)。这种开挖方法，由于挖土机卸土时铲臂的回转角度小，可避免汽车倒车和转弯较多的缺点，运输车辆行驶方便，因而应用较多。

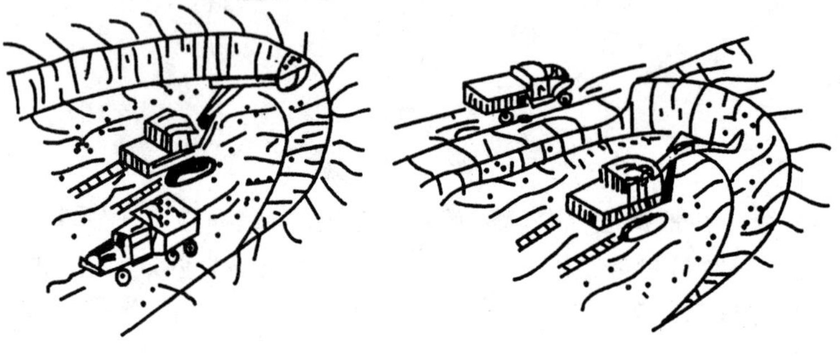

(a) 正向挖土，反向卸土　　(b) 正向挖土，侧向卸土

图 1－15　正铲挖土机作业方式

当开挖基坑的深度超过挖土机工作面高度时，应对挖土机的开行路线和进出口通道进行规划，给出开挖平面和剖面图，以便于挖土机开挖。

当基坑的深度小而面积大时，只布置一层即可。第一次用正向挖土，反向卸土，第二、三次可以正向挖土，侧向卸土，一次挖到坑底(图 1－16a)。当基坑宽度稍大于工作面时，为减少挖土机开行通道，可用加宽工作面法，即按“之”字形行驶(图 1－16b)。当基坑的深度较大，通道可布置成多层(图 1－16c)。

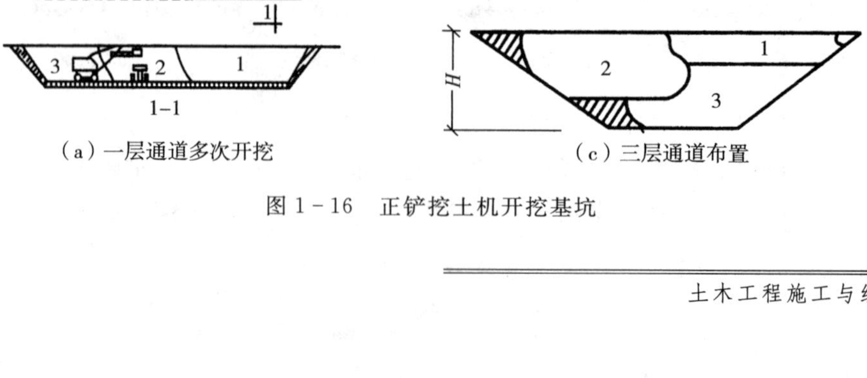

(a) 一层通道多次开挖　　(b) 一层通道加宽工作面　　(c) 三层通道布置

图 1－16　正铲挖土机开挖基坑

(2)反铲挖土机。反铲挖土机的工作特点是后退挖土，铲斗由上向下强制切土，用于开挖停机坪以下的第一类～第三类土。尤适于挖掘深度不大于 4m 的基坑、槽、沟，还可以开挖湿土和含水量较大的土层。

反铲挖土机的开行方式有沟端挖土和沟侧挖土两种。

① 沟端挖土。反铲挖土机停在沟端，向后退着挖土(图 1－17a)。其优点是挖土方便，开挖深度和宽度都较大，视线好，机身平稳。

② 沟侧挖土。挖土机在沟槽一侧挖土，挖土机移动方向与挖土方向垂直，这种方法要注意开挖时沟端的边坡稳定性，挖土的深度和宽度都较小，沟的截面形状不规则(图 1－17b)。

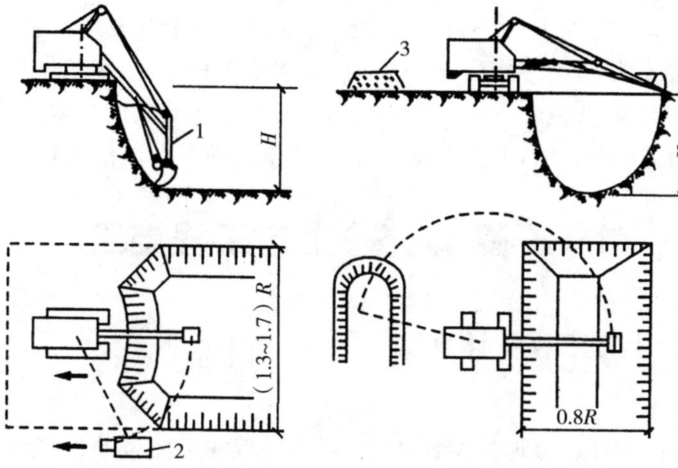

(a) 沟端开挖　　(b) 沟侧挖土

图 1－17　反铲挖土机的开挖方式

1—反铲挖土机；2—自卸汽车；3—弃土

(3)抓铲挖土机。抓铲挖土机的铲斗直上直下，自重切土。主要用于开挖土质松软、施工面狭窄的基坑、沟槽、沉井等工程，特别适用于水下挖土。抓铲挖出的土可直接运走，也可堆在坑槽边。

(4)拉铲挖土机。拉铲挖土时利用惯性，把铲斗甩出后靠收紧和放松钢丝绳进行挖土和卸土。铲斗由上而下，靠自重切土。特别适合开挖含水量大的水下松软土和普通土的挖掘。拉铲的挖掘方式与反铲相似。与反铲相比，拉铲的挖土深度、挖土半径和卸土半径都较大，但开挖的精确性差。拉铲一般将土直接卸在基坑(槽)附近堆放，或配备自卸汽车装土运走，但工效较低。

4. 土方机械选择

(1) 土方机械的选择原则

① 土方机械的选择应与施工内容相一致。所以在土方施工中，应以主要的施工过程为主导来选择施工机械。根据土方量、土质条件、工期要求并结合土方机械特点、性能和应用范围选择合适的土方机械。

② 土方机械的选择应该与工程特点、施工现场的具体条件相结合。包括充分了解施工场地大小、形状、土质、含水量、地下水位等情况后，再进行机械的选择。

③ 先选择主导施工机械，再合理配备其他辅助施工机械。尽可能地做到土方工程各施工过程均实现机械化，主导机械与辅助机械所配备的数量和生产效率尽可能协调一致，以充分发挥施工机械的效能。

第四类以上的各类土必须采用爆破的方法破碎成块后，采用机械化施工。地下水位较高的大型基坑开挖，可采用井点降水法降到坑底标高以下再进行施工。施工场地土的含水率大时容易陷车，施工前应采用明沟排水，待场地干燥后再进行机械化施工。

(2)土方机械的选用要点

① 地势较平坦、含水量适中的大面积平整场地，选用铲运机较适宜。

② 地形起伏较大，挖方、填方量大且集中的平整场地，运距在 1000m 以上时，可选择正铲挖土机配合自卸车进行挖土、运土，在填方区配备推土机平整及压路机碾压施工。

③ 挖填方高度不大，运距在 100m 以内时，采用推土机施工，灵活、经济。

④ 选择配套的运输机械。自卸汽车的载重量应与挖土机的斗容量保持一定倍率关系，一般宜为每斗土的 3～5 倍，要有足够数量的运输车辆以保证挖土机的连续工作。

1.3 基坑(槽)土方工程施工

1.3.1 基坑(槽)土方工程量计算

1. 基坑

基坑土方量的计算可近似地按拟柱体(由两个平行的平面做上、下底的多面体)体积计算(图 1－18a)，即：

$$V=\frac{H}{6}(F_1+4F_0+F_2) \tag{1-25}$$

式中：H——基坑深度，m；

F_1，F_2——基坑上、下两底的底面积，m^2；

F_0——基坑中截面面积，m^2。

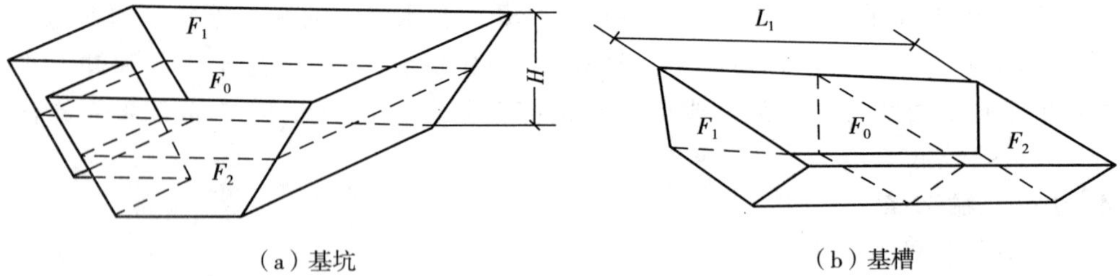

(a) 基坑　　(b) 基槽

图 1－18　基坑(槽)土方量计算

2. 基槽

基槽或路堤的土方量可以沿长度方向分段后，再按拟柱体的计算方法计算(图 1－18b)，即：

$$V_1=\frac{L_1}{6}(F_1+4F_0+F_2) \tag{1-26}$$

式中：V_1——第一段的土方量，m^3；

L_1——第一段的长度，m；

其他符号含义同前。

然后将各段相加即得总土方量：

$$V=V_1+V_2+V_3+V_4+\cdots+V_n \tag{1-27}$$

式中：$V_1,V_2,\cdots,V_n$——各段的土方量，m^3。

1.3.2 边坡稳定与基坑(槽)支护

1. 边坡稳定

挖土高度超过当地预算定额规定最大挖土深度时，应考虑放坡，按不同土层或不同放坡系数放坡(图 1-19)。

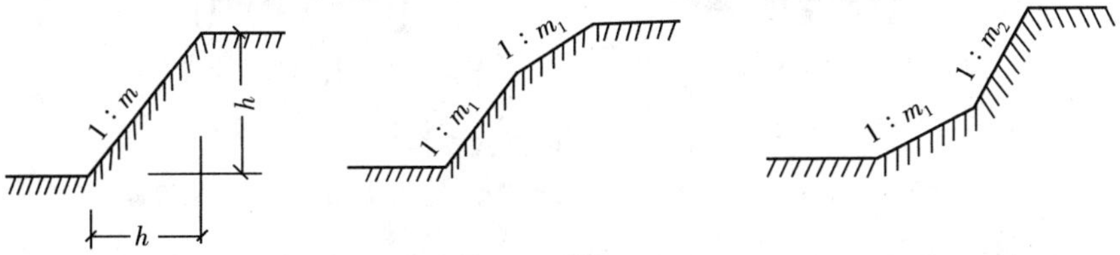

(a) 直线边坡　　(b) 不同土层折线边坡　　(c) 相同土层折线边坡

图 1-19　土方边坡

土方边坡的坡度以挖方深度 h(或填方深度)与底宽 b 之比表示，即：

$$\frac{h}{b}=1/\left(\frac{b}{h}\right)=1:m \tag{1-28}$$

式中：m——边坡系数。边坡系数依据土质、挖方深度和施工方法来确定。

基坑(槽)挖好后，应及时进行基础工程施工。当挖基坑较深或晾槽时间较长时，应根据实际情况采取防护措施，防止地基土反鼓，降低地基土承载力。

边坡能够稳定主要是由于土体内摩擦阻力和黏结力能够保持平衡。一旦失去平衡，就会引起塌方。造成边坡塌方的原因有：

① 土质差且边坡过陡，使土体稳定性差。在开挖深度大的基坑时就会引起塌方。

② 雨水、地下水渗入基坑会使边坡土的重量增大，抗剪能力低，也会造成塌方。

③ 基坑边缘附近大量堆土或停放机具材料，使土体产生剪应力超过土体强度而破坏。

为了防止塌方，保证施工安全，在开挖土方达到一定深度时，或按规定进行放坡，或进行土壁支撑，以保证土壁的稳定。

2. 基坑(槽)支护

在建筑稠密地区或场地狭窄地段施工时，是没有条件按放坡开挖的宽度来挖方的。这时就需要用支护结构来支撑土壁，防止边坡坍塌，使施工安全顺利进行，减少对邻近建筑物和地下设施的不利影响。

土壁支护是依据开挖深度、宽度、土质和地下水位的情况综合进行选择和设计的。要求支护牢固可靠，安全方便。

(1) 基槽支护

横撑式支撑由挡土板、木楞和横撑组成。用于基坑开挖宽度不大、深度也较小的土壁支撑。根据挡土板所放位置的不同分为水平和垂直两类型式(图 1-20)。

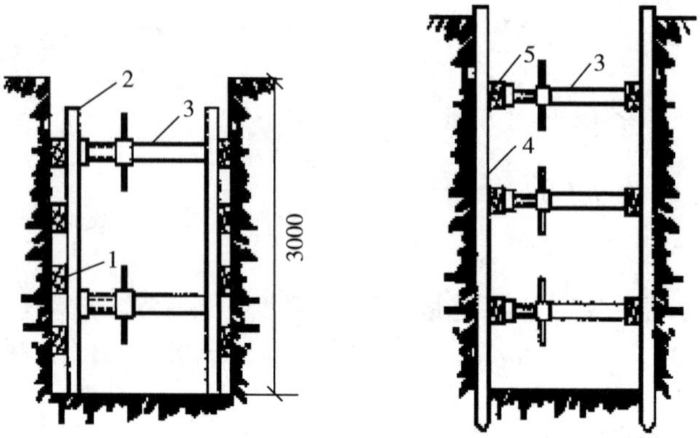

(a) 间断式水平挡土板支撑　　(b) 垂直挡土板支撑

图 1-20　横撑式支撑

1—水平挡土板；2—竖楞木；3—工具式横撑；4—竖直挡土板；5—横楞木

水平挡土板有间断式和连续式两种。对于湿度小的黏性土，当开挖深度不大于 3m 时可用间断式水平挡土板支撑。对于开挖深度不超过 5m 且呈松散状如砾石、砂、湿度大的软黏土等可用连续式水平挡土板支撑。

如用垂直挡板支撑，随挖随撑，其挖土深度不受限制。

挡土板一般为木板，挖土时达一定深度后要尽快支撑，严禁超挖，防止土壁塌落。还应经常检查，若有松动变形及时更换。

基坑开挖后按回填土的顺序拆除支撑，由下而上拆除，与支撑顺序相反。

(2)基坑支护

水泥土桩墙支护是在边坡土体需要加固的范围内，将软土与水泥浆强制拌和，使软土硬结成整体并具有足够强度的水泥加固土，称为水泥土搅拌桩。按施工机具和方法不同，可以分为深层搅拌法、旋喷法和粉喷法。它适用于淤泥、粉土和含水量较高且地基承载力不大的黏性土等软土层，作为基坑截水和较浅基坑的支护。

深层搅拌法的施工工艺为：深层搅拌机就位→预搅下沉→喷浆搅拌提升→重复搅拌下沉→重复搅拌提升直至孔口(图 1-21)。

当深层搅拌机下沉达设计标高后，开始将水泥浆压入土中，边喷浆边搅拌。按设计确定的提升速度提升搅拌机，重复上下搅拌，使土体完全破碎与水泥浆均匀拌和。其提升速度和次数必须符合施工要求，每米下沉深度误差不得大于 50mm，使用的固化剂和外加剂必须通过试验方能使用，水泥应严格按预定的配合比拌制。水泥掺入量为加固土体重量的 7%～15%。

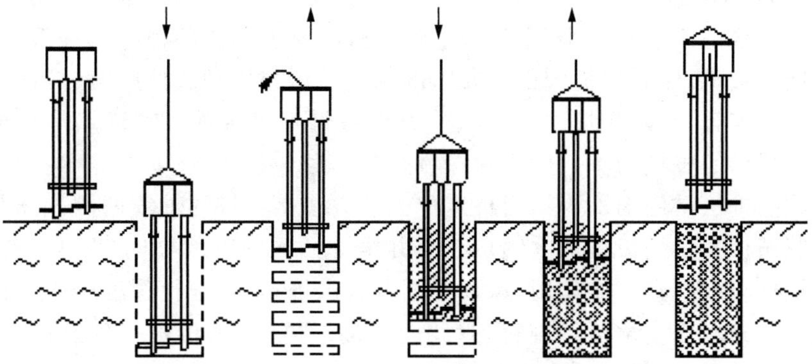

图 1－21　深层搅拌法施工工艺

旋喷法是利用专用钻机钻孔至设计处理深度，采用高压装置，通过安装在钻杆端部的特殊喷嘴，将高压水泥浆液向四周高速喷入土体，随钻头旋转和提升切削土层，使其拌和均匀。

粉喷法是用压缩空气将水泥粉体输送到桩头，并以雾状喷入土中，通过钻头叶片旋转搅拌混合而成。

水泥土搅拌桩法挡土效果好，但是挡水较差。如果在水泥土搅拌桩完成后、凝固前及时进行插钢筋或插入 H 型钢进行加固，变成劲性水泥土墙，则可起到既挡土又挡水的双重作用。

(3)板桩支护

钢板桩是一种常见的临时支护结构。它是在基坑开挖前先在周围用打桩机将钢板桩打入地下要求的深度，形成封闭的钢板支护结构，在封闭的结构内进行基础施工。

① 板桩支撑作用。切断地下水的流向，减小动水压力，从而可预防流砂的产生；板桩支撑既挡土又防水，特别适于开挖较深、地下水位较高的大型基坑；可以防止基坑附近建筑物基础下沉。钢板桩可重复使用，节约材料。

② 打入板桩的质量要求。板桩位置必须在板桩的轴线上，板壁面垂直；封闭式板桩墙要求封闭合拢；埋置要达到规定深度要求，有足够的抗弯强度和防水性能。

③ 钢板桩施工。钢板桩又可分为平板桩和波浪式板桩两类。前者防水和承受轴向力的性能良好，易打入地下；后者的防水和抗弯性能好且应用广泛(图 1－22)。

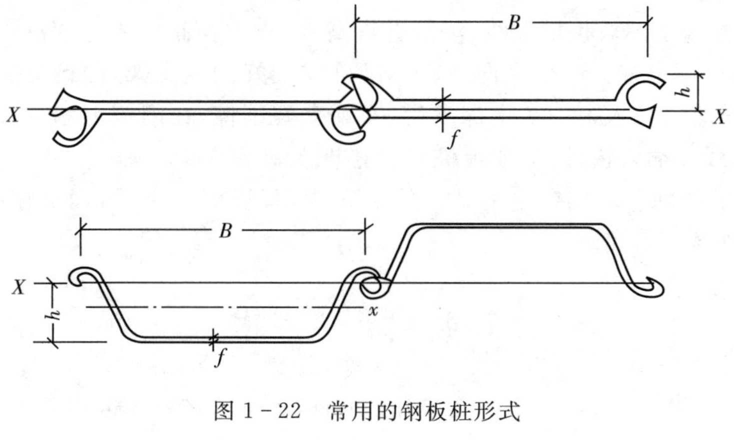

图 1－22　常用的钢板桩形式

a. 打桩方法的选择。钢板桩打入时一般有单打法、双层围檩插桩法和分段复打法。

钢板桩单打法适用于桩长小于 10m，且施工精度要求不高的情况。一般从基坑外侧的板桩轴线上插入板桩，然后打桩到设计要求的深度。沿板桩轴线按顺时针或逆时针方向进行板桩间的锁口咬合，打入一块，咬合一块，直至板桩封闭合拢。其优点是打桩简捷、速度快，但由于单块打入，桩板的垂直度不易控制。

双层围檩插桩法是用围檩为钢板桩定位。其方法是在桩的轴线两侧先安装围檩（即一定高度的钢制栅栏），将钢板桩依次锁口咬合并全部插入两侧围檩间（图 1－23）。其作用：一是插入钢板桩时起垂直支撑作用，保证平面位置准确；二是施打过程中起导向作用，保证板桩的垂直度。先对四个角板桩施打，封闭合拢后，再逐块将板桩打到设计标高要求。其优点是板桩安装质量高，但施工速度较慢，费用也较高。

分段复打法是安装一侧围檩，先将两端钢板桩打入土中，在保证位置、方向和垂直度后，用电焊固定在围檩上，起样板和导向作用；然后将其他板桩按顺序以 1/2 或 1/3 板桩高度逐块打入（图 1－24）。

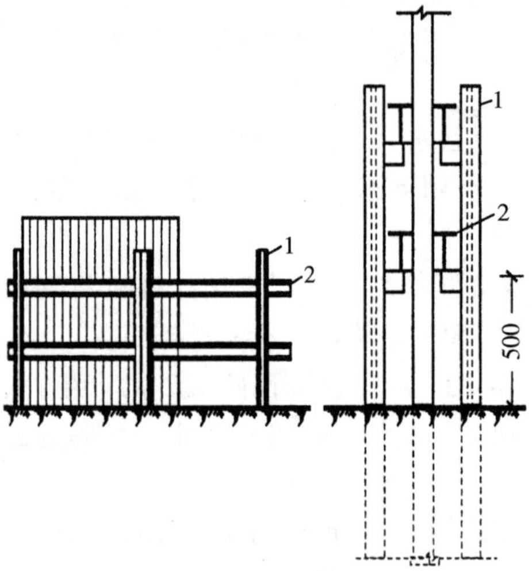

图 1－23　双层围檩插桩法

1—围檩桩；2—围檩

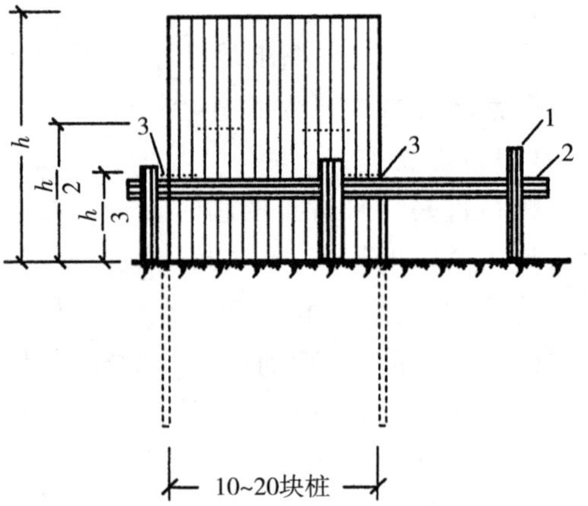

图 1－24　单层围檩分段复打法

1—围檩桩；2—围檩；3—两端先打入的定位钢板桩

b. 打桩。按施工图放板桩轴线，测量打桩高度，作为控制桩入土深度的依据。桩锤不宜过重，以防重锤锤击桩头产生纵向弯曲。准确安装好围檩支架，围檩支架由围檩桩和围檩组成。围檩桩垂直打入土中一定深度后，水平安装围檩，在围檩上划分标注每块桩的位置和编号，在轴线上插入板桩，保证板桩的垂直打入和平整度。

④ 钢板桩的拔除。基础或地下结构施工完毕，基坑回填土后，用机械拔出钢板桩，桩孔用粗砂回填并挤压密实。

1.4　降　　水

在开挖基坑或沟槽时，地下水位高于开挖底面，地下水就会不断渗入基坑。另外，地面上的雨水、雪水也会流入基坑。如果未采取降水措施或未及时排走流入坑内的水，不但会使施工条件恶化，更会引发边坡塌方和地基承载力下降。常采用的措施有集水井降水法和井点降水法。

1.4.1 集水井降水法

1. 集水井降水原理

集水井降水法是一种方便简单、应用普遍的方法。在挖坑槽过程中，遇到地下水或地表水时，在基础范围以外，地下水的上游，沿坑底的周围或中央开挖排水沟，设置集水井，使水由排水沟流入集水井，然后用水泵抽出坑外(图 1－25)。

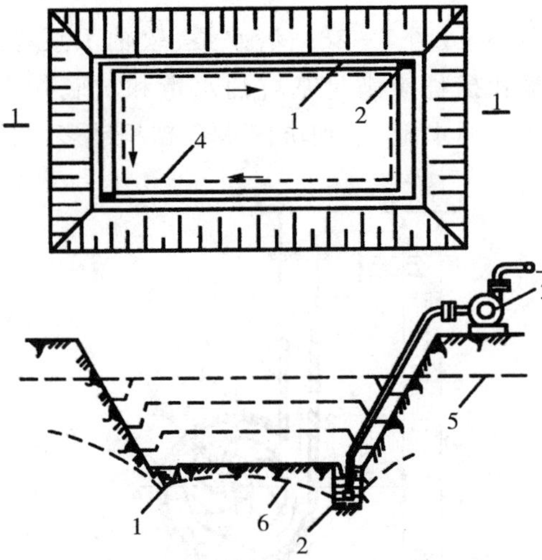

图 1－25　集水井降水法

1—排水沟；2—集水井；3—离心式水泵；4—基础边线；5—原地下水位线；6—降低后地下水位线

2. 排水沟的确定

排水沟的截面尺寸和集水井的个数是根据坑底涌水量的大小、基础的形状和水泵的抽水能力来确定的。一般沟底低于挖土面为 0.4m～0.5m，集水井应设在基础范围以外的边角处。排水沟向集水井方向保持 1‰～2‰的纵向坡度，每间隔 20～40m 设置一个集水井，其直径或宽度为 0.6～0.8m，集水井深度随挖土深度增加而加深，始终低于挖土面 0.7～1.0m。

集水井积水到一定深度，将水抽出坑外。基坑底挖至设计标高后，集水井底应低于坑底 1.5m 左右，并铺设砾石滤水层。以免在抽水时将泥沙抽走，并防止井底的土被搅动。

集水井降水法适用于水流较大的粗粒土层的排水、降水，也可用于渗水量较小的黏性土层降水，但不适宜于细砂土和粉砂土层，因为地下水渗出并用水泵抽水时会带走细土颗粒而发生流砂现象。

当开挖深度大、地下水位较高而土质为细砂或粉砂时，如果采用集水井法降水开挖，当挖至地下水位以下时，坑底下面的土会形成流动状态，随地下水涌入基坑，这种现象为流砂。发生流砂时，土完全丧失承载能力，施工条件恶化，并有引起附近建筑物下沉的危险。

如果土层中产生局部流砂现象，应采取使坑底动水压力减小的措施使土颗粒稳定，不受水压干扰。流砂的防治措施如下：

(1)枯水期施工法。如条件许可，尽量安排在枯水期施工，使最高地下水位距坑底不小于0.5m。

(2)抢挖并抛大石块法。即组织分段抢挖，使挖土的速度大于冒砂速度，挖到标高后立即抛大石块以平衡动水压力，压住流砂。

(3)设止水帷幕法。打钢板桩法、地下连续墙法防止流砂产生。

(4)冻结法。

(5)人工降低地下水位法，采用井点降水法防止流砂产生。

3. **降水设备**

基坑抽水设备主要有离心泵(图1-26)、潜水泵、软轴水泵等。其主要性能包括流量、扬程和功率等。水泵的流量和扬程应满足基坑涌水量和坑底降水深度要求。通常情况下水泵的抽水量应大于集水井的涌水量，否则坑内水会越积越多，将基坑土泡软。

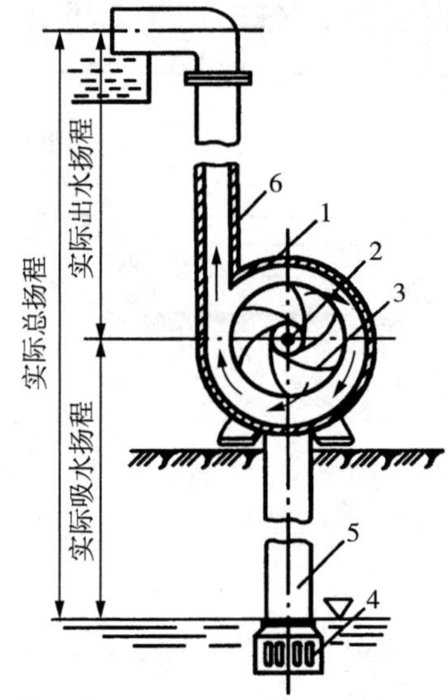

图1-26　离心式水泵

1—泵壳；2—泵轴；3—叶轮；4—滤网与底阀；5—吸水管；6—出水管

1.4.2　井点降水法

1. **井点降水原理及作用**

在基坑开挖深度较大、地下水位较高、土质较差(如细砂、粉砂等)情况下，要考虑采用井点降水法。

井点降水法就是在基坑开挖前，在基坑四周预先埋设一定数量的滤水管(井)，利用抽水设备不断抽出地下水，使地下水位降到坑底以下，直至土方和基础工程施工结束为止。其优点是改善了施工条件，消除了流砂现象，还能使土层密实，增加地基的承载能力，提高边坡的稳定性。

在降水过程中，基坑附近的地基土则会有一定的沉降，施工时应加以注意。

2. 井点降水的类型

井点降水法的类型有轻型井点、喷射井点、电渗井点、管井井点、深井井点。其中轻型井点应用较多。可根据土质、渗透系数、工程特点来选择井点类型(表 1-3)。

表 1-3 各种井点的适用范围

井点类型	渗透系数(m/d)	可能降低的水位深度(m)
单级轻型井点	0.1～50	3～6
多级轻型井点	0.1～50	6～12
喷射井点	0.1～2	8～20
电渗井点	<0.1	宜配合其他形式降水使用
深井井点	10～250	>15
管井井点	20～200	3～5

当开挖基坑(槽)的深度较大，且地下水位较高时，若布置一级轻型井点则不能满足降水深度的要求；如采用多级轻型井点布置，则挖土方量大，经济上又不合理。因此通常在降水深度超过 6m 时，采用喷射井点。

喷射井点按其工作时喷射的介质不同，可分为喷气井点与喷水井点，常用为喷水井点。

喷射井点的平面布置，当基坑宽度小于 10m 时，井点可做单排布置；当基坑宽度大于 10m 时，可做双排布置；当基坑面积较大时，宜用环形布置，井点间距一般取 2～3m。涌水量计算与井点埋设和轻型井点相同。

在深基坑施工中有时会遇到渗透系数小于 0.1m/d 的土质，这类土含水量大，压缩性高，稳定性差。由于土料间微小毛细孔隙的作用，将水保持在孔隙内，采用真空吸力降水的方法效果不好，此时采用电渗井点降水。在饱和黏土中插入两根电极，通入直流电，黏土粒即能沿力线向阳极移动，称为电泳，水分电子向阴极移动为电渗。如图 1-27 所示。

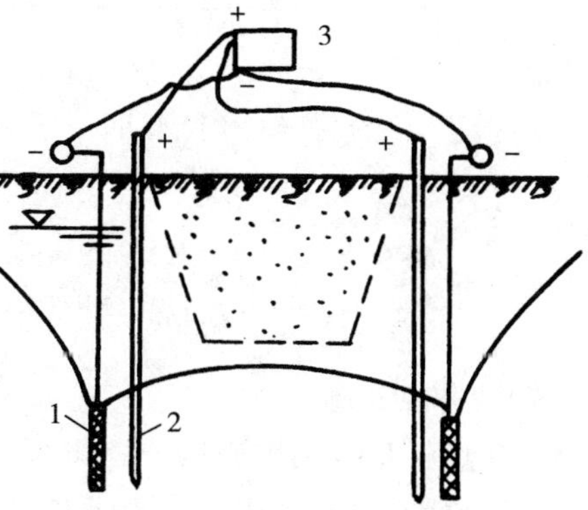

图 1-27 电渗井点

1—井点管；2—电极；3—24～48V 直流电源

电渗井点就是利用上述现象，将一般轻型井点或喷射井点的井管作为阴极，并在其内侧相距约 1.2m 处加设垂直的阳极。阳极可用钢筋或其他金属材料插入，通电后土层中的水分子即迅速渗到井管周围，方便抽出排水。

在土的渗透系数更大(20～200m/d)，地下水含量丰富的土层中降水，宜采用管井井点或深井井点。管井井点就是在基坑的四周每隔 10～50m 钻孔成井，然后放入钢筋混凝土管或钢管，底部设滤水管。每个井管用一台水泵抽水，以使水位降低。如图 1-28 所示分别为钢管和混凝土管井点。

深井井点与管井井点基本相同，只是井较深，用深井泵抽水。深井泵的扬程可达100m，当要求降水深度很大，用管井井点降水不能满足要求时，则用深井井点。深井井点一般按 200～250m^{2}的密度布置井距。

管井井点和深井井点设备简单，但一次投资大。

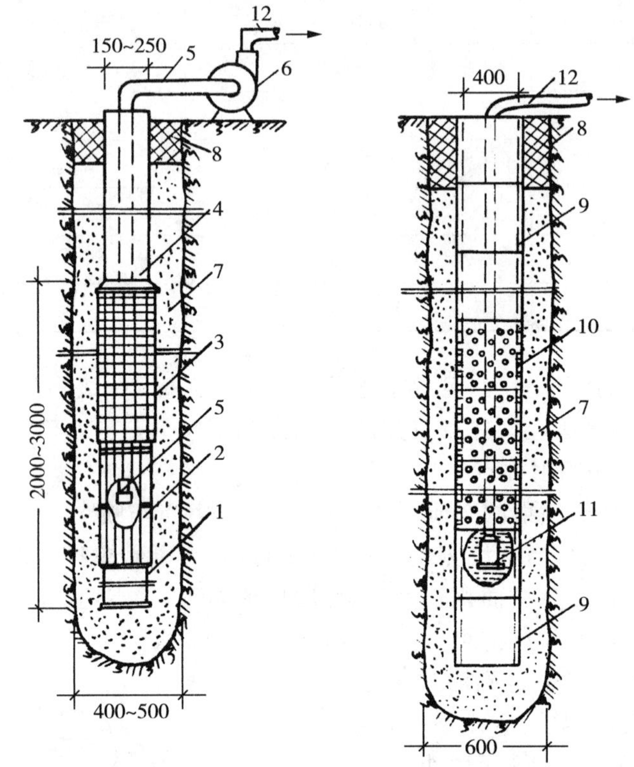

（a）钢管管井　　（b）混凝土管管井

图 1－28　管井井点

1－沉沙管；2－钢筋焊接骨架；3－滤网；4－管身；5－吸水管；6－离心泵；7－小砾石过滤层；8－黏土封口；9－混凝土实壁管；10－混凝土过虑管；11－潜水泵；12－出水管

3. 轻型井点布置

轻型井点就是沿基坑周围或一侧以一定间距将井点管（下端为滤管）埋入蓄水层内，井点管上部与总管连接，利用抽水设备使地下水经滤管进入井管，经总管不断抽出，从而将地下水位降至坑底以下的降水设施（图 1－29）。

轻型井点对于含有大量细砂和粉砂土层降水效果较好，可以防止流砂现象并增加边坡稳定性。

（1）轻型井点的组成

轻型井点设备由管路系统和抽水设备组成。管路系统包括滤管、井点管、弯联管及总管等。

滤管为进水设备，其构造是否合理对抽水设备影响很大。滤管直径为 38～50mm，长

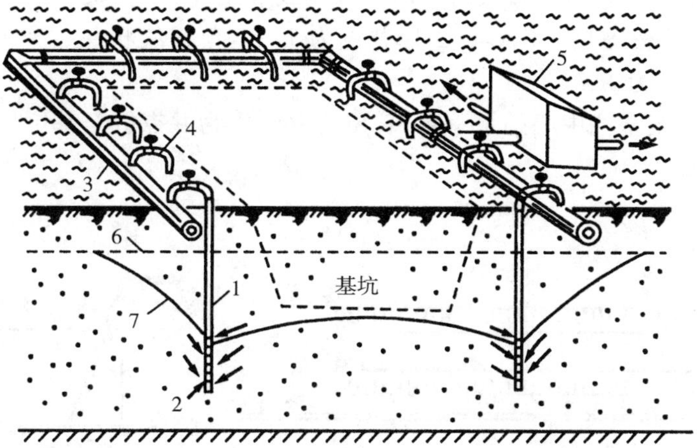

图 1－29　轻型井点系统降低地下水位示意图

1－井点管；2－滤管；3－总管；4－弯联管；5－水泵房

度为 1～1.7m，选择时长度应不小于蓄水层厚的 2/3。管壁上钻有直径为 13～19mm 的梅花状小圆孔，外包两层滤网（图 1－30）。滤管下端为一铸铁圆锥体堵头，其上端与井点管连接。井点管采用直径为 38～50mm 的无缝钢管，长度为 5～7m，上端用弯联管与总管相连。弯联管上装有阀门，用于检修井点。

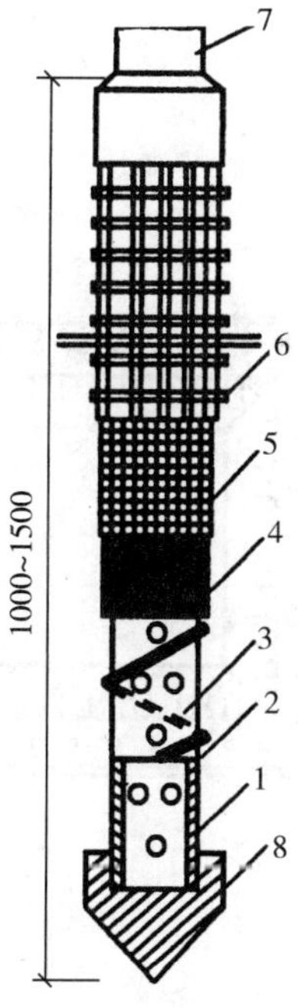

图 1－30　滤管构造

1－钢管；2－管壁上小孔；3－缠绕的铁丝；4－细滤网；5－粗滤网；6－粗铁丝保护网；7－井点管；8－铸铁头

总管一般用内径为 100～127mm 的无缝钢管，分节连接，每节长约 4m，其上每隔 0.8～1.6m 设有一个与井点管联结的短接头。

(2)轻型井点的设计

井点布置应根据基坑平面形状与大小、土质、地下水位高低与流向、降水深度要求等决定。

当基坑或沟槽宽度小于 6m，水位降低深度不超过 5m 时，可用单排线状井点布置在地下水流的上游一侧，两端延伸长度一般不小于沟槽宽度（图 1－31）。如基坑或沟槽宽度大于 6m 或土质不稳定，渗透系数较大时，宜用双排井点，面积较大的基坑宜用环状井点（图 1－32）。为便于挖土机械和运输车辆出入基坑，井点可不封闭，布置为 U 形环状。井点距离基坑壁一般不宜小于 1～1.5m，以防局部发生漏气。

在考虑到抽水设备的水头损失以后，井点降水深度一般不超过 6m。井点管的埋设深度 H（不包括滤管）按式（1－29）计算。

$$H \geqslant H_1 + h + iL \qquad (1-29)$$

式中：H_1——井点管埋设面至基坑底的距离，m；

h——基坑中心线底面至降低后的地下水位线的距离，一般取 0.5～1.0m；

i——地下水降落坡度，环状或 U 形井点为 1/10，单排线状井点为 1/5～1/4；双排布置的井点为 1/7；

L——井点管至基坑中心的水平距离（单排井点中为井点管至基坑另一侧坡角水平距离），m。

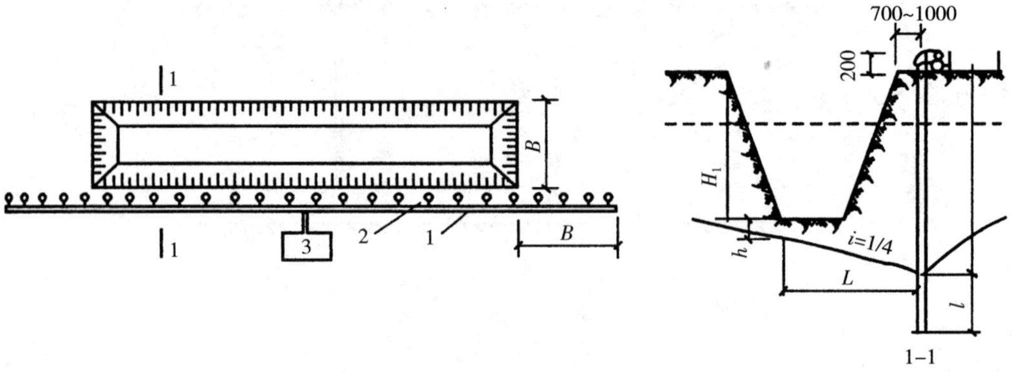

（a）平面布置　　（b）高程布置

图 1－31　单排线状井点布置

1—总管；2—井点管；3—抽水设备

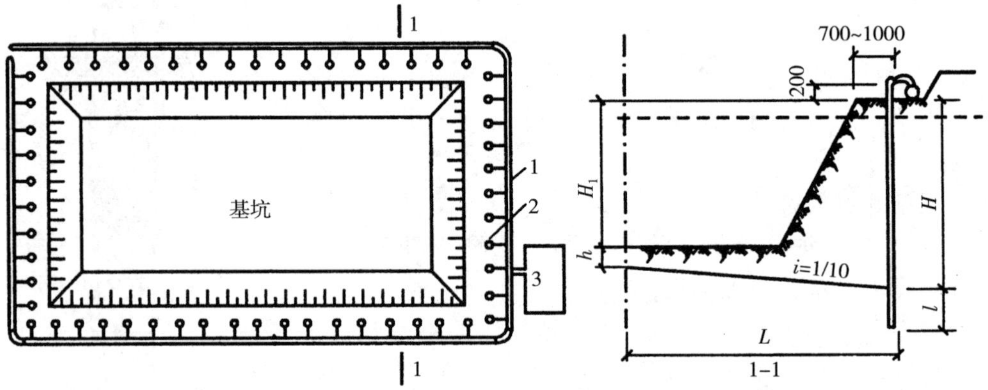

（a）平面布置　　（b）高程布置

图 1－32　环形井点布置图

1—总管；2—井点管；3—抽水设备

此外，确定井点管埋设深度时，还要考虑井点管一般要露出地面 0.2m 左右。如果计算出的 H 值大于 6m，则应降低井点管抽水设备的埋置面，以适应降水深度的要求。在任何情况下，滤管必须埋设在蓄水层内。为了充分利用抽吸能力，要求先挖槽然后再布置总管，使总管尽量接近地下水位线。水泵轴心标高宜与总管集水管平行或略低于总管，总管应具有 0.25%～0.5%坡度。各段总管与滤管最好分别设在同一水平面。

当一级井点系统达不到降水深度要求时，可采用二级井点，即先挖去第一级井点所疏干的土，然后在基坑底部装设第二级井点，使降水深度增加（图 1－33）。

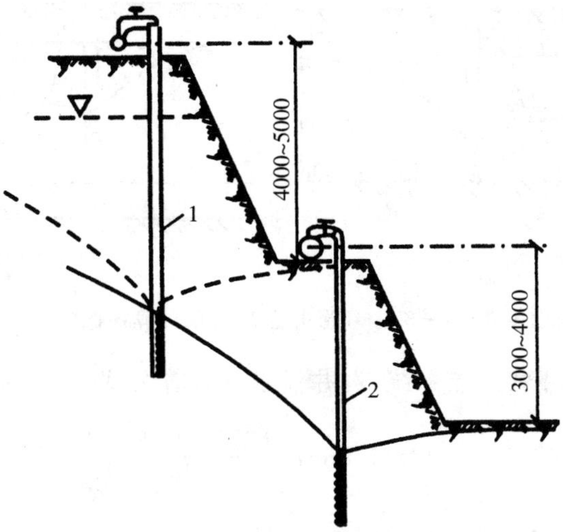

图 1-33　二级轻型井点布置图

1— 第一级井点管;2—第二级井点管

(3)轻型井点的计算

轻型井点的计算内容包括:涌水量计算、井点管数量与井距的确定等。

① 涌水量计算。计算涌水量首先要判断水井类型,计算公式依据水井类型而定。水井根据井底是否达到不透水层,分为完整井和非完整井。凡井底达到含水层下面的不透水层的井为完整井,否则为非完整井。根据抽取的地下水层有无压力,水井又分为无压井与承压井(图 1-34)。

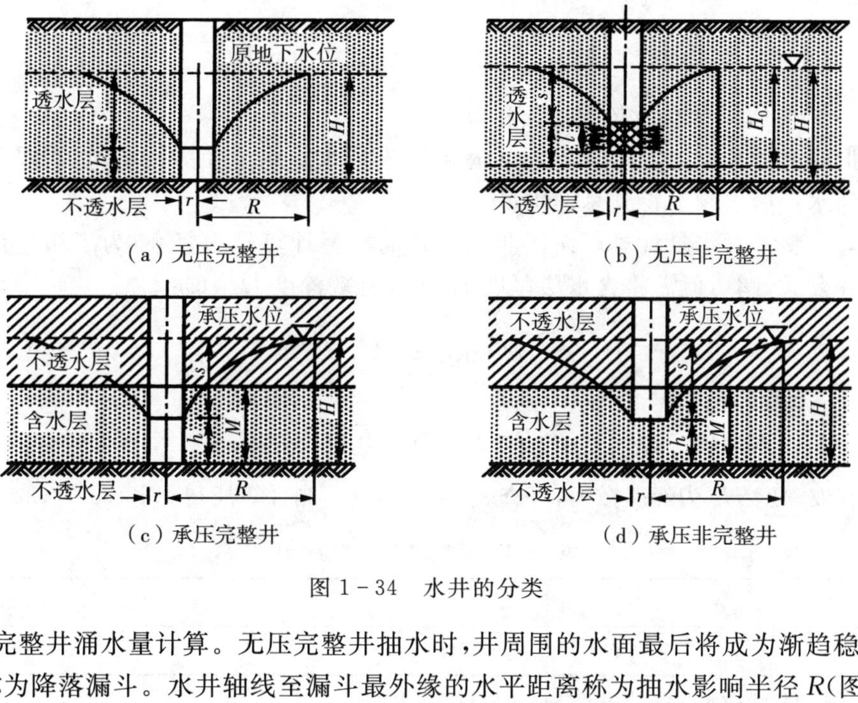

图 1-34　水井的分类

无压完整井涌水量计算。无压完整井抽水时,井周围的水面最后将成为渐趋稳定的漏斗状曲面,称为降落漏斗。水井轴线至漏斗最外缘的水平距离称为抽水影响半径 R(图 1-35)。

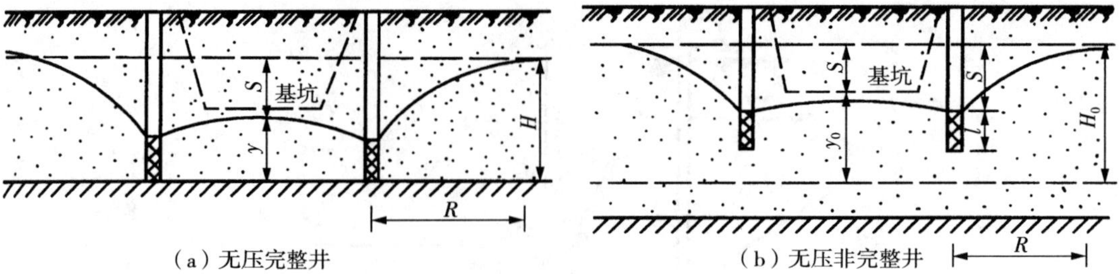

图 1-35　环形井点涌水量计算简图

对于无压完整井的环状井点系统,群井涌水量计算公式为:

$$Q=1.366K\frac{(2H-S)S}{\lg R-\lg x_0} \tag{1-30}$$

式中:Q——井点系统的涌水量,m^3/d;

K——土的渗透系数,可以由实验室或现场抽水试验确定,m/d;

H——含水层厚度,m;

S——水位降低值,m;

R——抽水影响半径,m。

常用式(1-31)计算:

$$R=1.95S\sqrt{HK} \tag{1-31}$$

x_0——环状井点系统的假想半径,m。

$$x_0=\sqrt{\frac{F}{\pi}} \tag{1-32}$$

F——基坑周围井点所包围的面积,m^2。

当矩形基坑的长宽比大于5,或基坑宽度大于抽水影响半径的两倍时,需将基坑分块,分别计算涌水量后再相加得到总涌水量。

无压非完整井涌水量计算。无压非完整井涌水量计算较为复杂,为了简化计算,仍可采用完整井公式计算,但需将含水层厚度 H 换成有效深度 H_0,即:

$$Q=1.366K\frac{(2H_0-S)S}{\lg R-\lg x_0} \tag{1-33}$$

$$R=1.95S\sqrt{H_0K} \tag{1-34}$$

其中有效深度 H_0 为经验数值,可查表 1-4 得到。当计算所得 $H_0>H$ 时,取 $H_0=H$。

表 1-4　有效深度 H_0 值(m)

$s'/(s'+l)$	0.2	0.3	0.5	0.8
H_0	$1.3(s'+l)$	$1.5(s'+l)$	$1.7(s'+l)$	$1.85(s'+l)$

注:表中 s' 为井管内水位降低深度(m);l 为滤管长度(m)。

承压完整井涌水量计算。承压完整井环形井点涌水量计算公式为：

$$Q=2.73K\frac{MS}{\lg R-\lg x_0} \tag{1-35}$$

式中：M——承压含水层厚度，m。

其他符号含义同前。

承压非完整井涌水量计算。承压非完整环状井点系统的涌水量计算公式为：

$$Q=2.73K\frac{MS}{\lg R-\lg x_0}\cdot\sqrt{\frac{M}{1+0.5r}}\cdot\sqrt{\frac{2M-l_1}{M}} \tag{1-36}$$

式中：r——井点管的半径，m；

l_1——井点管进入含水层深度，m；

其他符号含义同前。

② 确定井点管数量与井距。单井最大出水量 q 主要取决于土的渗透系数、滤管的构造与尺寸，按式(1-37)计算：

$$q=65\pi dl\sqrt[3]{K} \tag{1-37}$$

式中：d——滤管直径，m；

l——滤管长度，m；

K——土的渗透系数，m/d。

井点管数量由式(1-38)确定：

$$n=1.1\frac{Q}{q} \tag{1-38}$$

式中：1.1——考虑井点管堵塞等因素的备用系数；

其他符号含义同前。

井点管平均间距可按式(1-39)计算：

$$D=\frac{L}{n} \tag{1-39}$$

式中：L——总管长度，m。

实际采用的井点管间距应大于 $15d$（d 为滤管直径），不能过小，以免彼此干扰，影响出水量。且还应与总管接头的间距(0.8m，1.2m，1.6m)相吻合。最后根据实际采用的井点管间距，确定井点管根数。

4. 轻型井点施工

轻型井点的施工准备工作包括井点设备、动力、水泵及必要材料准备，排水沟的开挖，附近建筑物的标高监测以及防止附近建筑沉降的措施等。

井点系统安装的顺序：根据降水方案放线、挖管沟、布设总管、冲孔、埋设井点管、埋砂滤层、黏土封口、弯联管连接井点管与总管、安装抽水设备、试抽。其中井点管的埋设质量是保证轻型井点顺利抽水、降低地下水位的关键。

井点管的埋设一般用水冲法施工，分为冲孔和埋管两个过程。

冲孔时，先用起重设备将井点管吊起并垂直地插在井点位置上，利用高压水在井管下端冲刷土体，井点管则边冲边沉，直至比滤管底深 0.5m 时停止冲水（图 1－36）。

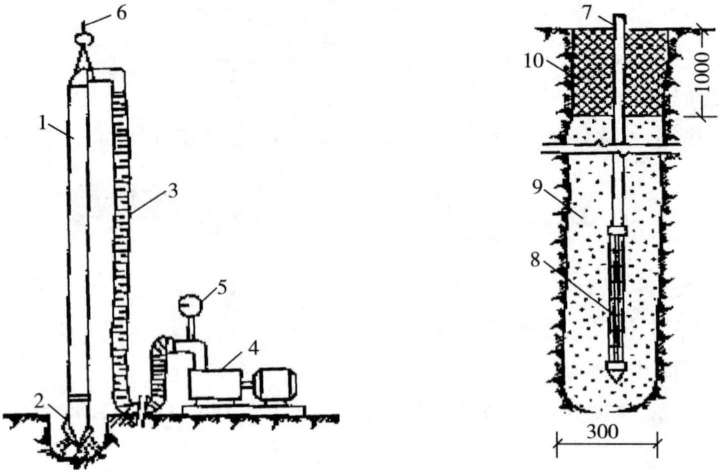

（a）冲孔　　（b）埋管

图 1－36　井点管的埋设

1－冲管；2－冲嘴；3－胶皮管；4－高压水泵；5－压力表；6－起重机吊钩；7－井点管；8－滤管；9－填砂；10－黏土封口

井孔冲成后，拔出冲管，立即将井点管居中插入，并在井点管与孔壁之间及时均匀地填灌砂滤层，以防孔壁塌土。砂滤层宜选用干净粗砂，以免堵塞滤管网眼。距地面以下 0.5～1.0m 范围内用黏土填塞封口，以防漏气。

井点系统全部安装完毕后，应进行试抽，以检查有无漏气、漏水现象，出水是否正常，井点管有无淤塞。如有异常，进行检修后方可使用。

5. 轻型井点的使用

轻型井点运行后，应保证连续不断地抽水。若时抽时停，滤网易堵塞。中途停抽，地下水回升，也会引起边坡塌方事故。地下工程竣工后，用机械或人工拔除井管，井孔用砂石回填，地面下 2m 范围内用黏土填实。

1.5　土方填筑

1.5.1　土料的选用与处理

1. 土料的选用

为了保证填方工程的强度和稳定性要求，必须正确地选择土料和填筑方法。填土的土料应符合设计要求。如设计无要求可按下列规定：

(1)级配良好的碎石类土、砂土和爆破石渣可做表层以下填料，但其最大粒径不得超过每层铺筑厚度的 2/3。

(2)以砾石、卵石或块石做填料时，分层夯实最大料径不宜大于 400mm，分层压实不得大于 200mm，尽量选用同类土填筑。

(3)含水量符合压实要求的黏性土,可用做各层填料。

(4)碎块草皮类土,仅用于无压实要求的填方。

不能作为填土的土料:含有大量有机物、石膏和水溶性硫酸盐(含量大于5%)的土以及淤泥、冻土、膨胀土等;含水量大的黏土也不宜做填土用。

2. **填筑要求**

土方填筑前,要对填方的基底进行处理,使之符合设计要求。如设计无要求,应符合下列规定:

(1)基底上的树墩及主根应清除,坑穴应清除积水、淤泥和杂物等,并分层回填夯实。基底为杂填土或有软弱土层时,应按设计要求加固地基,并妥善处理基底的空洞、旧基、暗塘等。

(2)如填方厚度小于0.5m,还应清除基底的草皮和垃圾。当填方基底为耕植土或松土时,应将基底碾压密实。

(3)在水田、沟渠或池塘填方前,应根据具体情况采用排水疏干、挖出淤泥、抛填石块、砂砾等方法处理后,再进行填土。

应根据工程特点、填料种类、压实系数、施工条件等合理选择压实机具,并确定填料含水量的控制范围、铺土厚度和压实遍数等参数。

1.5.2 填土及压实方法

1. **填土方法**

填土应分层进行,并尽量采用同类土填筑。当选用不同类别的土料时,上层宜填筑透水性较小的填料,下层宜填筑透水性较大的土料。不能将各类土混杂使用,以免形成水囊。压实填土的施工缝应错开搭接,在施工缝的搭接处应适当增加压实遍数。

当填方位于倾斜的地面时,应先将基底斜坡挖成阶梯状,阶宽不小于1m,然后分层回填,以防填土侧向移动。

填方土层应接近水平地分层压实。在测定压实后土的干密度,并检验其压实系数和压实范围符合设计要求后,才能填筑上层。由于土的可松性,回填高度应预留一定的下沉高度,以备行车碾压和自然因素作用下,土体逐渐沉落密实。其预留下沉高度(以填方高度为基数):砂土为1.5%,亚黏土为3%~3.5%。

如果回填土湿度大,又不能采用其他土换填,可以将湿土翻晒晾干、均匀掺入干土后再回填。

冬雨季进行填土施工时,应采取防雨、防冻措施,防止填料(粉质黏土、粉土)受雨水淋湿或冻结,并防止出现“橡皮土”。

2. **压实方法**

填土压实的方法一般有碾压、夯实、振动压实等几种。

(1)碾压法

碾压机械有平碾(光轮压路机)、羊足碾、振动碾等(图1-37)。砂类土和黏性土用平碾的压实效果好;羊足碾只适宜压实黏性土;振动碾是一种振动和碾压同时作用的高效能压实机械,适用于碾压爆破石碴、碎石类土等。

用碾压机械进行大面积填方碾压时,宜采用“薄填、低速、多遍”的方法。碾压应从填土

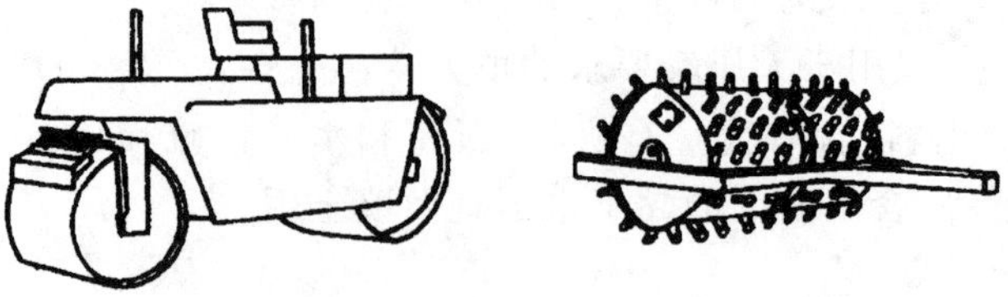

（a）光轮压路机　　　　　　（b）羊足碾

图 1-37　碾压机械

两侧逐渐压向中心，并应至少有 15～20cm 的重叠宽度。机械的开行速度不宜过快，一般不应超过下列规定：平碾、振动碾为 2km/h，羊足碾为 3km/h。除了按规定的速度行驶，还应有一定的压实遍数才能保证压实质量。为了保证填土压实的均匀和密实度的要求，提高碾压效率，宜先用轻型机械碾压，使其表面平整后，再用重型机械碾压。

(2)夯实法

夯实法是用夯锤自由下落的冲击力来夯实土壤，主要用于小面积回填土。其优点是可以夯实较厚的黏性土层和非黏性土层，使地基原土的承载力加强。方法有人工夯实和机械夯实两种。人工夯实用木夯和石夯，机械夯实有夯锤和蛙式打夯机等。夯锤借助起重设备提起落下，其重力大于 15kN，落距 2.5～4.5m，夯实厚度可达 1.5～2.0m，但是费用高。常用于夯实黏性土、砂砾土，杂填土及分层填土施工等。蛙式打夯机轻巧灵活、构造简单、操作方便，在小型土方工程中应用最广（图 1-38）。夯打遍数依据填土的类别和含水量确定。

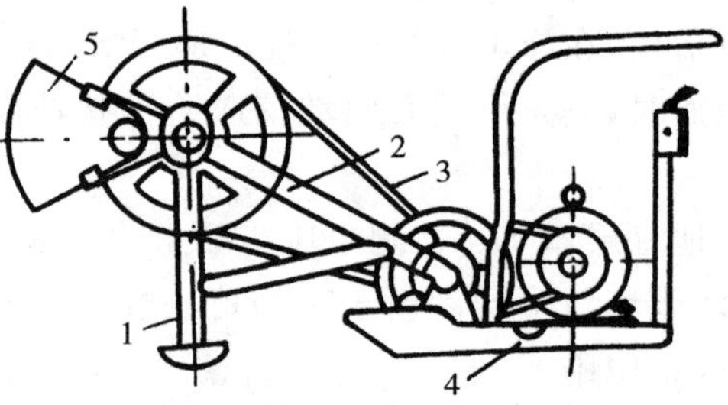

图 1-38　蛙式打夯机

1—夯头；2—夯架；3—三角胶带；4—拖盘；5—偏心块

(3)振动压实法

振动压实法是借助振动机构令压实机振动，使土颗粒发生相对位移而达到密实状态。振动压路机是一种振动和碾压同时作用的高效能压实机械，比一般压路机功效提高 1～2 倍。这种方法更适用于填方为爆破石碴、碎石类土、杂填土等。

1.5.3　影响填土压实的因素

填土压实的影响因素为压实功、土的含水量及每层铺土厚度。

1. 压实功的影响

填土压实后的密度与压实机械所施加功的关系如图 1-39 所示。当土的含水量一定，开始压实时，土的密度急剧增加。当接近土的最大密度时，虽经反复压实，压实功增加很多，而土的密度变化很小。因此，在实际施工中，不要盲目地增加填土压实遍数。

2. 含水量的影响

填土含水量的大小直接影响碾压（或夯实）遍数和质量。

较为干燥的土，由于摩阻力较大，而不易压实。当土具有适当含水量时，土的颗粒之间因水的润滑作用使摩阻力减小，在同样压实功作用下，得到最大的密实度，这时土的含水量称作最佳含水量（图 1-40）。

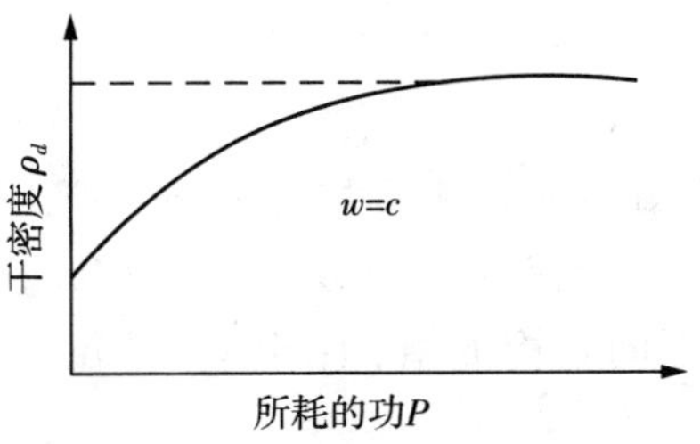

图 1-39　土的干密度与压实功的关系

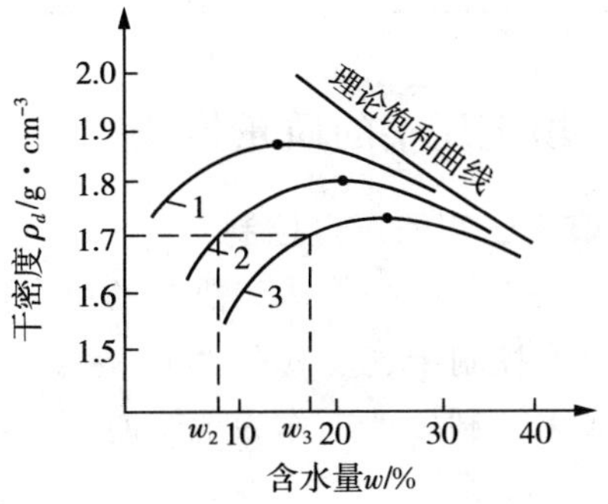

图 1-40　土的干密度与含水量的关系

为了保证填土在压实过程中具有最佳含水量，土的含水量偏高时，可采取翻松、晾晒、掺干土等措施；如含水量偏低，可采用预先洒水湿润、增加压实遍数等措施。

各种土的最佳含水量和所能获得的最大干密度，可由试验确定，也可参考表 1-5。

表 1-5　土的含水量和最大干密度关系表

项次	土的种类	变动范围		项次	土的种类	变动范围	
		最佳含水量（%）（质量比）	最大干密度（g/cm^3）			最佳含水（%）（质量比）	最大干密度（g/cm^3）
1	砂　土	8～12	1.80～1.88	3	粉质黏土	12～15	1.85～1.95
2	黏　土	19～23	1.58～1.70	4	粉　土	16～22	1.6l～1.80

3. 铺土厚度的影响

在压实功作用下，土中的应力随深度增加而逐渐减小（图 1-41）。其影响深度与压实机械、土的性质及含水量有关。铺土厚度应小于压实机械的有效作用深度。铺得过厚，要增加压实遍数才能达到规定的密实度。铺得过薄，机械的总压实遍数也要增加。恰当的铺土厚度能使土方压实而机械的耗能最少。

对于重要填方工程，达到规定密实度所需要的压实遍数、铺土厚度等应根据土质和压实机械在施工现场的压实试验来决定。若无试验依据可参考表 1-6 的规定。

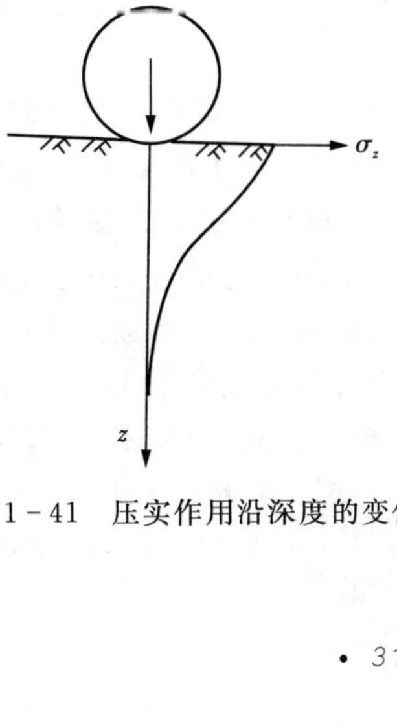

图 1-41　压实作用沿深度的变化

表 1-6　填土施工时的分层厚度及压实遍数

压实机具	分层铺土厚度(mm)	每层压实遍数(次)
平　碾	250～300	6～8
振动压实机	250～350	3～4
柴油打夯机	200～250	3～4
人工打夯	<200	3～4

1.5.4　填土压实的质量检查

1. 填土压实的质量控制

填土经压实后必须达到要求的密实度,以避免建筑物产生不均匀沉陷。填土密实度以设计规定的控制干密度 ρ_d 作为检验标准。土的控制干密度 ρ_d 与最大干密度 ρ_{max} 之比称为压实系数 λ_c。利用填土作为地基时,规范规定了不同结构类型、不同填土部位的压实系数值(表 1-7)。

表 1-7　压实填土的质量控制

结　构　类　型	填　土　部　位	压实系数 λ_c	控制含水量(%)
砌体承重结构和框架结构	在地基主要受力层范围以内	≥0.97	$\omega_{op}\pm 2$
	在地基主要受力层范围以下	≥0.95	
排架结构	在地基主要受力层范围以内	≥0.96	$\omega_{op}\pm 2$
	在地基主要受力层范围以下	≥0.94	
地坪垫层以下及基础底面标高以上的压实填土,		≥0.94	$\omega_{op}\pm 2$

注:ω_{op} 为最佳含水量。

填土压实的最大干密度一般在试验室由击实试验确定,再根据规范规定的压实系数,即可算出填土控制干密度 ρ_d 值。在填土施工时,土的实际干密度 ρ'_d 大于或等于控制干密度 ρ_d 时符合质量要求,即:

$$\rho'_d \geqslant \rho_d = \lambda_c \rho_{max} \tag{1-40}$$

式中:λ_c——要求的压实系数;

ρ_{max}——土的最大干密度,g/cm³。

2. 填土压实的质量检验

(1)填土施工过程中应检查排水措施、每层填筑厚度、含水量控制和压实程序。

(2)填土经夯实或压实后,要对每层回填土的质量进行检验,一般采用环刀法(或灌砂法)取样测定土的干密度,符合要求后才能填筑上层。

(3)按填土对象不同,规范规定了不同的抽取标准:基坑回填,每 100～500m² 取样一组(每个基坑不少于一组);基槽或管沟,每层按长度 20～50m 取样一组;室内填土,每层按 100～500m² 取样一组;场地平整填方每层按 400～900m² 取样一组。取样部位在每层压实后的下半部，用灌砂法取样应为每层压实后的全部深度。

(4)每项抽检之实际干密度应有90%以上符合设计要求，其余10%的最低值与设计值的差不得大于0.08g/cm^3，且应分散，不得集中。

(5)填土施工结束后应检查标高、边坡坡高、压实程度等，均应符合规范标准。

思考练习题

一、单选题

1. 作为检验填土压实质量控制指标的是(　　)。

A. 土的干密度　B. 土的压实度　C. 土的压缩比　D. 土的可松性

2. 土的含水量是指土中的(　　)。

A. 水与湿土的重量之比的百分数　B. 水与干土的重量之比的百分数

C. 水重与孔隙体积之比的百分数　D. 水与干土的体积之比的百分数

3. 以下选项中，不作为确定土方边坡坡度依据的是(　　)。

A. 土质及挖深　B. 使用期　C. 坡上荷载情况　D. 工程造价

4. 对地下水位低于基底、敞露时间不长、土的湿度正常的一般黏土基槽，做成直立壁且不加支撑的最大挖深不宜超过(　　)。

A. 1m　B. 1.25m　C. 1.5m　D. 2m

5. 按土钉墙支护的构造要求，土钉间距宜为(　　)。

A. 0.5～1m　B. 1～2m　C. 2～3m　D. 3～5m

6. 某基坑回填工程，检查其填土压实质量时，应(　　)。

A. 每三层取一次试样　B. 每1000m^2取样不少于一组

C. 在每层上半部取样　D. 以干密度作为检测指标

7. 以下能综合使用于铲土、运土、卸土、填筑、整平的土方机械有(　　)。

A. 推土机　B. 铲运机　C. 挖土机　D. 蛙式打夯机

8. 下列哪一种土层中最有可能产生流砂(　　)。

A. 粉细砂　B. 中砂　C. 黏性土　D. 卵石层

9. 关于井点降水防治流砂发生的途径，下列说法错误的是(　　)。

A. 减少动水压力　B. 平衡动水压力

C. 改变动水压力方向　D. 截断水源

10. 对于坚硬的黏土，其直壁开挖的最大深度是(　　)。

A. 1.00m　B. 1.25m　C. 1.50m　D. 2.00m

二、简答题

1. 防治流砂的主要途径有哪些？防治流砂的主要措施有哪些？

2. 土料的选择有哪些规定？

3. 试简述影响填土压实质量的主要因素及保证质量的主要方法。

4. 单斗挖土机按工作装置分为哪几种类型？其各自特点及适用范围如何？

第2章 桩基础工程

【学习内容】本章内容主要包括三大部分：一是桩基础组成及分类；二是预制桩施工；三是灌注桩施工。预制桩施工部分主要介绍了钢筋混凝土预制桩的施工过程和方法。灌注桩施工部分主要介绍了泥浆护壁成孔灌注桩、套管成孔灌注桩、干作业螺旋钻孔灌注桩和人工挖孔灌注桩的施工过程和方法。

2.1 概　　述

桩基础是一种常用的深基础形式，当天然地基上的浅基础沉降量过大或地基的承载力不能满足设计要求时，往往采用桩基础。

桩基础是由桩身和承台组成，桩身全部或部分埋入土中，顶部由承台或承台梁连成一体，在承台上建造建筑物或构筑物。

桩按承载性状不同可分为摩擦型桩和端承型桩等。摩擦型桩，指桩顶荷载全部或主要由桩侧阻力承担的桩，根据桩侧阻力承担荷载的份额，摩擦桩又分为纯摩擦桩和端承摩擦桩。端承型桩，指桩顶荷载全部或主要由桩端阻力承担的桩，根据桩端阻力承担荷载的份额，端承桩又分为纯端承桩和摩擦端承桩。

桩按成桩方法不同可分为非挤土桩、部分挤土桩和挤土桩等。非挤土桩，如干作业法桩、混浆护壁法桩、套管护壁法桩、人工挖孔桩；部分挤土桩，如部分挤土灌注桩、预钻孔打入式预制桩、打入式开口钢管桩、H型钢桩、螺旋成孔桩等；挤土桩，如挤土灌注桩、挤土预制混凝土桩(打入式桩、振入式桩、压入式桩)等。

按桩的施工方法不同可分为预制桩和灌注桩等。预制桩，在现场或加工厂预制。灌注桩，在施工现场根据设计要求灌注成桩。

桩按桩身材料不同可分为混凝土桩、钢桩和木桩等。

桩型与工艺选择。应根据建筑结构类型、荷载性质、桩的使用功能、穿越土层、地下水位、施工机械、施工环境、施工经验、制桩材料等，选择经济合理、安全适用的桩型和施工工艺。

2.2 预制桩施工

2.2.1 钢筋混凝土预制桩

钢筋混凝土预制桩是我国广泛应用的桩型之一，它具有承载能力较大、坚固耐久、施工速度快、制作容易、施工简单等优点，但施工时噪音较大、对周围环境影响较严重，在城市施工受到很大限制。钢筋混凝土预制桩分为方形实心断面桩和圆柱体空心断面桩两种，最常用的是前者。

1. 混凝土预制桩的制作

(1)制作程序

现场制作场地压实、整平→场地地坪做三七灰土或浇筑混凝土→支模→绑扎钢筋骨架、安设吊环→浇筑混凝土→养护至30%强度拆模→支间隔端头模板、刷隔离剂、绑钢筋→浇筑间隔桩混凝土→同法间隔重叠制作第二层桩→养护至70%强度起吊→达100%强度后运输、堆放。

(2)制作方法

混凝土预制桩可在工厂或施工现场预制。现场预制多采用工具式木模板或钢模板，支在坚实平整的地坪上，模板应平整牢靠，尺寸准确。用间隔重叠法生产，桩头部分使用钢模堵头板，并与两侧模板相互垂直，桩与桩间应涂刷隔离剂，邻桩与上层桩的混凝土浇筑须待邻桩或下层桩的混凝土达到设计强度的30%进行，重叠层数一般不宜超过四层。长桩可分节制作，单节长度应满足桩架的有效高度、制作场地条件、运输与装卸能力等方面的要求，并应避免在桩尖接近硬持力层或桩尖处于硬持力层中接桩。

桩中的钢筋应严格保证位置的正确，桩尖应对准纵轴线，钢筋骨架主筋连接宜采用对焊或电弧焊，主筋接头配置在同一截面内的数量不得超过50%，相邻两根主筋接头截面的距离应不大于35d(d为主筋直径)，且不小于500mm。桩顶1m范围内不应有接头。桩顶钢筋网的位置要准确，纵向钢筋顶部保护层不应过厚，钢筋网格的距离应正确，以防锤击时打碎桩头，同时桩顶面和接头端面应平整，桩顶平面与桩纵轴线倾斜不应大于3mm。

混凝土强度等级应不低于C30，粗骨料用5～40mm碎石或卵石，用机械拌制混凝土，坍落度不大于60mm，混凝土浇筑应由桩顶向桩尖方向连续浇筑，不得中断，并应防止另一端的砂浆聚积过多，用振捣器仔细捣实。接桩的接头处要平整，使上下桩能互相贴合对准。浇筑完毕应覆盖洒水养护不少于7d。

预制桩制作及钢筋骨架的允许偏差应符合规范规定。

2. 预制桩的起吊、运输和堆放

预制桩达到设计强度70%后方可起吊，达到设计强度100%后方可进行运输。桩在起吊和搬运时，吊点应符合设计规定，如无吊环，设计又未做规定时，应符合起吊弯距最小原则。钢丝绳与桩之间应加衬垫，以免损坏棱角。起吊时应平稳提升，吊点同时离地。经过搬运的桩，还应进行质量复查。

桩堆放时，地面必须平整、坚实、垫木间距应根据节点确定。各层垫木应位于同一垂直线上，最下层垫木应适当加宽，堆放层数不宜超过4层。不同规格的桩，应分别堆放。

3. 混凝土预制桩的沉桩

打(沉)桩的方法主要包括锤击沉桩法、振动沉桩法、静力压桩法等。以锤击法应用最为普遍。

(1)锤击沉桩法

锤击沉桩法，又称打入桩法，是利用桩锤下落产生的冲击能量，克服土体对桩的阻力，将桩沉入土中，它是钢筋混凝土预制桩最常用的沉桩方法。该方法施工速度快、机械化程度高，适应范围广。但施工时极易产生挤土、噪音和振动现象，应加以限制。

打桩所用的机具设备主要包括桩锤、桩架及动力装置三部分。

桩锤：主要有落锤、单动汽锤、双动汽锤、柴油打桩锤等，其作用是对桩施加冲击力，将桩打入土中。

桩架：主要有滚筒式桩架、多功能桩架和履带式桩架等。其作用是支持桩身和桩锤，将桩吊到打桩位置，并在打入过程中引导桩的方向，保证桩锤沿着所要求的方向冲击，如图 2-1 所示为步履式打桩架。

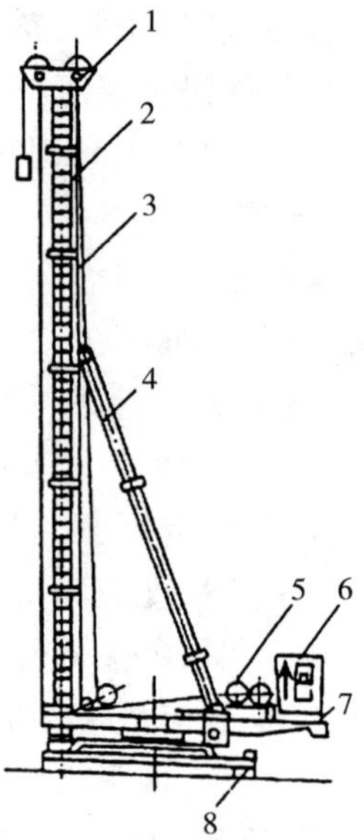

图 2-1　步履式打桩架

1—顶部滑轮组；2—立柱；3—锤和桩起吊用钢丝绳；4—斜撑；5—吊锤和桩用卷扬机；6—操作室；7—配重；8—底盘

桩架的选用，应考虑桩锤的类型，桩的长度和施工条件等因素。桩架的高度应由桩的长度、桩锤高度、桩帽厚度、滑轮组的高度以及桩锤的工作余地高度来确定，即桩架高度＝桩长＋桩锤高度＋滑轮组高＋桩帽高度＋桩锤工作余地的高度(1～2m)。

动力装置：主要有卷扬机、锅炉、空气压缩机等，其作用是提供桩锤的动力设施。打桩时，由于桩对土体的挤密作用，先打入的桩会因水平推挤而造成偏移和变位，或被垂直挤拔造成浮桩；而后打入的桩难以达到设计标高或入土深度，造成土体隆起和挤压，上部被截去的桩过多。所以，施打群桩时，应根据桩的密集程度、桩的规格、桩的长短等正确选择打桩顺序，以保证施工质量和进度。

当桩较稀时(桩中心距大于 4 倍桩边长或桩径)可采用一侧向单一方面逐排施打，或由两侧同时向中间施打(图 2-2a、b)所示。这种方法土体挤压均匀，易保证施工质量。

当桩较密时(桩中心距小于等于 4 倍桩边长或桩径)，应由中间向两侧对称施打，或由中间向四周施打(图 2-2c、d)所示。这种方法土体挤压均匀，易保证施工质量。

当桩的规格、埋深、长度不同时，宜采用先大后小、先深后浅、先长后短的原则进行施打。

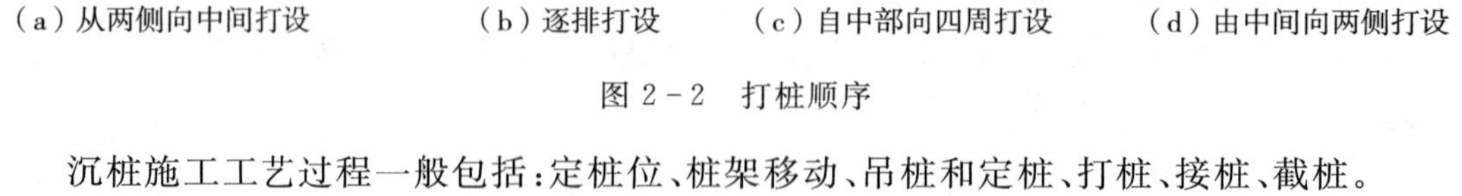

(a) 从两侧向中间打设　(b) 逐排打设　(c) 自中部向四周打设　(d) 由中间向两侧打设

图 2-2　打桩顺序

沉桩施工工艺过程一般包括：定桩位、桩架移动、吊桩和定桩、打桩、接桩、截桩。

在桩架就位后即可吊桩，垂直对准桩位中心，缓缓放下插入土中，桩插入时的垂直度偏差不超过 0.5%。桩就位后，在桩顶安上桩帽，然后放下桩锤轻轻压住桩帽。桩锤、桩帽和桩身中心线应在同一条垂线上。在桩的自重和锤重作用下，桩向土沉入一定深度而达到稳定位置。这时，再校正一次桩的垂直度，即可进行打桩。为了防止击碎桩顶，在桩锤与桩帽、桩帽与桩之间应放上硬木、粗草纸或麻袋等桩垫作为缓冲层。

打桩时采用“重锤低击”可取得良好效果。桩开始打入时，桩锤落距宜低，一般为0.6～0.8m，以便使桩能正常地沉入土中，待桩入土到一定深度（约1～2m）桩尖不易发生偏移时，可适当增大落距，并逐渐提高到规定的数值，继续锤击。

打桩系隐蔽工程施工，应做好记录，作为工程验收时鉴定桩的质量的依据之一。打桩的质量要求包括两个方面：一是能否满足贯入度或标高的设计要求；二是打入后的偏差是否在施工及验收规范允许的范围以内。

打桩对周围的影响，主要是噪音、振动和土体挤压的影响，为减小噪音的影响，尽量选用液压桩锤，或在桩顶、桩帽上加垫缓冲材料；为减少振动的影响，可采用液压桩锤，也可开挖防振沟；为消除土体挤压的影响，可采取预钻孔打桩工艺，合理安排沉桩顺序。

(2)振动沉桩法

振动沉桩的原理是借助固定于桩头上的振动沉桩机所产生的振动力，以减小桩与土壤颗粒之间的摩擦力，使桩在自重与机械力的作用下沉入土中。

振动沉桩机由电动机、弹簧支承、偏心振动块和桩帽组成。振动机内的偏心振动块分左右对称两组，其旋转速度相同，方向相反。因此，当工作时，两组偏心块的离心力的水平分力相抵消，而垂直分力相叠加，形成垂直方向的振动力。由于桩体与振动是刚性连接在一起，所以也将随着振动力沿垂直方向上下振动而下沉。振动沉桩法主要适用于砂石、黄土、软土、亚黏土地基，在含水砂层中的效果更为显著。但在砂砾层中采用振动沉桩法时，施工比较困难，还需要配以水冲沉桩法。在沉桩施工过程中，必须连续进行，以防间歇过久难以沉桩。

(3)静力压桩法

静力压桩法是在软土地基上，利用静力压桩机或液压压桩机用无振动的静压力将预制桩压入土中的一种沉桩工艺，它可以消除噪音和振动的公害。近几年来，液压静力压桩机发展很快，有的压力可达8000kN。静力压桩一般是分节压入，当每一节桩压入土中后，在其上端距地面2m左右时，将第二节桩接上，如此反复进行。

静力压桩施工工艺流程：场地清理、测量定位、尖桩就位（包括对中和调直）、压桩、接桩、再压桩、截桩等。最重要的是测量定位、尖桩就位、压桩和接桩四个施工过程，这是保证压桩质量的关键。

静力沉桩法具有无噪音、无振动、无冲击、施工应力小等优点，可减少打桩振动对地基和邻近建筑物的影响，桩顶不易损坏，沉桩精度较高，节省制桩材料，降低工程成本，施工质量较高，是一种很有发展前途的沉桩方法。

静力压桩机有顶压式、箍压式和前压式三种类型。顶压式由桩架、压梁、桩帽、卷扬机、滑轮组等组成，按行走机构不同，又可分为托板圆轮式、走管式和步履式三种；箍压式是最近几年才发展的机型，全液压操作，行走机构为新型的液压步履机，可做任何角度的回转，最大压力可达8000kN；前压式是最新的压桩机型、压桩高度可达20m，可大大减少接桩的工作，是非常有前途的一种压桩机。

4. **打桩的质量控制**

打桩的质量控制包括打桩前、打桩过程中的控制以及施工后的质量检查。

施工前应对成品外观及强度进行检验，锤击预制桩，应在强度与龄期均达到要求后，方可锤击。接桩用的焊条或半成品硫磺胶泥应有产品合格证书，或送有关部门检验。

打桩开始前应对桩位的放样进行验收，桩位放样允许偏差，群桩为 20mm、单排桩为 10mm。施工过程中应检查桩的桩体垂直度、沉桩情况、贯入情况、桩顶完整状况、电焊接桩质量、电焊后的停歇时间等。电焊接桩时，重要工程应对电焊接头做 10%的焊缝探伤检查。

打桩时，若桩顶破碎或桩身严重裂缝，应立即暂停，在采取相应的技术处理后，方可继续施打。打桩时，除了注意桩顶与桩身由于桩锤冲击破坏外，还应注意桩身受锤击拉应力而导致的水平裂缝，在软土中打桩，在桩顶以下 1/3 桩长范围内常会因反射的张力波使桩身受拉而引起水平裂缝。开裂的地方往往出现在吊点和混凝土缺陷处，这些地方容易形成应力集中。采用重锤低速击桩偏差，必须符合有关规范。

按标高控制的桩，桩顶标高的允许偏差为－50～＋100mm。斜桩倾斜度的偏差不得大于倾斜正切值的 15%(倾斜角系桩的纵向中心线与铅垂线间夹角)。

打桩施工结束后，工程桩应进行承载力检验，一般采用静载荷试验的方法进行检验，检验桩数不应少于 3 根；当总桩数少于 50 根时，不应少于 2 根。此外，还应对桩身质量应进行检验。

2.2.2　钢桩施工

钢桩的大规模使用，在我国始于 20 世纪 70 年代。它具强度高、承载能力大、自重轻、运输方便等优点，被广泛使用。目前，钢桩的类型主要有钢管桩、H 型桩、异型钢桩等。其中，钢管桩使用比较普遍。现以钢管桩为例介绍钢桩的施工。

1. **打桩机械的选择**

打桩机的选择要根据工地地貌、地质、配套锤的型号、外形尺寸、重量、桩的材质、规格及埋入深度、工程量大小、工期长短等而定。打桩机的型式很多，有桅杆式(履带行走)、柱脚式、塔式、龙门式等多种，其中以三点支撑桅杆式柴油打桩机使用较普遍(图 2－3)，具有桩架移动机动灵活，可做全向转动，导杆垂直度可全方位调节，锤、导杆可自由上下移动，可做各种角度微调，打桩精度较高，整机稳定性好，操作方便、安全，工效较高等优点。但对场地要求较高，要铺填厚 10～30cm 碎石并碾压密实。

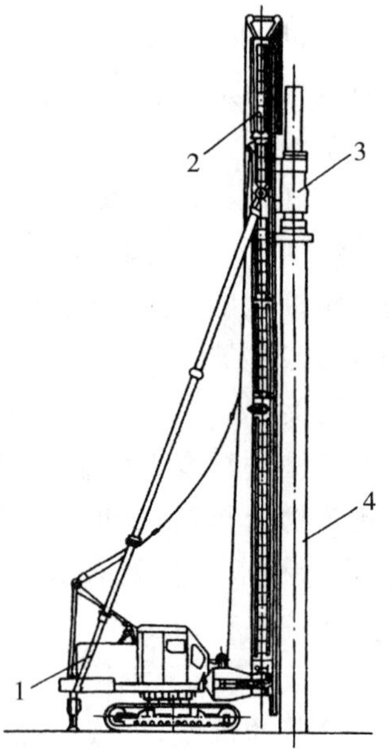

图 2－3　柴油打(沉)钢桩机

1—桩机主体；2—桩架；3—桩锤；4—钢管桩

2. **施工准备**

主要包括：平整和清理施工场地，测量定位放线，标出桩心位置(可用石灰撒圈标出桩径大小和位置)，标出打桩顺序和桩机开行路线，在桩机开行部位上铺垫碎石等。

3. **桩的运输与吊放**

钢管柱可由平板拖车运至现场，用吊车卸于桩机一侧。按打桩先后顺序及桩的配套要求堆放，并注意方向。场地宽时宜用单层排列。吊钢管桩多采用一点绑扎起吊，待吊到桩位进行插桩，将钢管桩对准事先用石灰划出的样桩位置，做到桩位正、桩身直。

4. 打桩顺序

钢管桩施工，有先挖土后打桩和先打桩后挖土两种方法。在软土地区，一般表层土承载力尚可，深部地基承载力则往往很差，且地下水位较高，较难以排干。为避免基坑长时间大面积暴露被扰动，同时也为了便于施工作业，一般采用先打桩后挖土的施工方法。钢管桩的施工顺序是：桩机安装→桩机移动就位→吊桩→插桩→锤击下沉→接桩→锤击至设计深度→内切钢管桩→精割→戴帽。为防止打桩过程中对邻桩和相邻建(构)筑物造成较大位移和变位，并使施工方便，一般采取先打中间后打外围(或先打中间后打两侧)；先打长桩后打短桩；先打大直径桩，后打小直径桩的程序进行。如有两种类型桩，则先打钢管桩，后打混凝土桩，主要有利于减少挤土，满足打桩入土深度的要求。另外，在打桩机回转半径范围内的桩宜一次流水施打完毕，为此应组织好桩的供应，并搞好场地处理，放样桩和复核等配合协调工作。

5. 打桩方法

为防止桩头在锤击时损坏，打桩前，要在桩头顶部放置特制的桩帽，其上直接经受锤击应力的部位应放置硬木减振木垫。

打桩时，先用两台经纬仪架设在桩架的正面及侧面，校正桩架导向杆及桩的垂直度，并保持锤、桩帽与桩在同一纵轴线上，然后空打 1～2m，再次校正垂直度后正式打桩。当沉至某一深度并经复核沉桩质量良好时，再行连续打击，至桩顶高出地面 60～80cm 时，停止锤击，进行接桩，再同样步骤直至达到设计深度为止。若开始阶段发现桩位不正或倾斜，应调正或将钢管桩拔出重新插打。

6. 接桩

钢管桩一般每节长 12～15m，沉桩时需边打边焊接接长。

7. 贯入深度控制

钢管桩一般都不设桩靴，直接开口打入。沉桩时，土体由桩口涌入桩管内，至一定高(一般为桩体贯入深度的 1/3～1/2)后，即闭塞封死。

贯入深度一般按以下标准控制：

持力层较薄时，打到持力层厚度的 1/3～1/2；当持力层厚时，以最后十次锤击每击的贯入量 $S \leqslant 2\text{mm}$ 为限；当持力层坚固时，打入 1～2 倍桩径的深度；当持力层不坚固时，打入桩的 5～10 倍的深度。

锤击桩顶时对桩产生的锤击应力应不超过钢管桩材料的允许应力(一般按 80% 考虑)，一般限制最后 10m 的锤击数在 1500 击以下(总锤击数不超过 3000 击)。

以桩锤的容许负荷限制，避免桩锤的活塞受到过量冲击而损坏，一般限制每次冲击的最小贯入量为 0.5～1.0mm 作为控制。

以上停打标准系以贯入深度为主，并结合打桩时的贯入量最后 1m 锤击数和每根桩的总锤击数等综合判定。

打桩时要做好原始记录，记录桩号、打桩日期、桩锤型号、桩规格、打入深度、焊接质量情况、锤击次数、落锤高度、最后贯入度、回弹量、平面位移以及打桩过程中出现的问题及处理措施等。

8. **钢管桩切割**

钢管桩打入地下，为便于基坑机械化挖土，基底以上的钢管桩要切割。由于周围被地下水和土层包围，只能在钢管桩的管内地下切割。切割设备有等离子体切桩机、手把式氧乙炔切桩机、半自动氧乙炔切桩机、悬吊式氧乙炔切割机等，前两种使用较普遍，工作时吊挂送入钢管桩内的任意深度，靠风动顶针装置固定在钢管桩内壁，割嘴按预先调整好的间隙进行回转切割。

9. **焊桩盖**

为使钢管桩与承台共同工作，可在每个钢管桩上加焊一个桩盖，并在外壁加焊 8～12 根 ϕ20mm 锚固钢筋。桩盖形式有平桩盖和凹面形两种。当挖土至设计标高，使钢管桩外露，取下临时桩盖，按设计标高用气焊进行钢管桩桩顶的精割，方法是先用水准仪在每根钢管桩上按设计标高定上三点，按此水平标高固定一环作为割框的支承点，然后用气焊切割，切割清理平整后打坡口，放上配套桩盖焊牢。

10. **桩端与承台连接**

钢管桩顶端与承台的连接一般采用刚性接头，将桩头嵌入承台的长度不小于 1d(d 为钢管桩外径)长度，或仅嵌入承台内 100mm 左右，再利用钢筋予以补强或在钢管桩顶端焊以基础锚固钢筋，再按常规方法施工上部钢筋混凝土基础。

2.3 灌注桩施工

灌注桩是直接在施工现场桩位上成孔，然后在孔内安放钢筋笼，浇筑混凝土成桩。与预制桩相比，具有施工噪音低、振动小、挤土影响小、单桩承载力大、钢材用量小、设计变化自如等优点。但成桩工艺复杂，施工速度较慢，质量影响因素较多。灌注桩按成孔的方法分为：泥浆护壁成孔灌注桩、套管灌注桩、干作业成孔灌注桩和人工挖孔灌注桩等。

2.3.1 泥浆护壁成孔灌注桩

泥浆护壁成孔灌注桩是利用原土自然造浆或人工造浆浆液进行护壁，通过循环泥浆将被钻头切下的土块携带出孔外成孔，然后安放绑扎好的钢筋笼，水下灌注混凝土成桩。此法适用于地下水位较高的黏性土、粉土、砂土、填土、碎石土及风化岩层；也适用于地质情况复杂、夹层较多、风化不均、软硬变化较大的岩层。但在岩溶发育地区要慎重使用。

1. **施工工艺**

泥浆护壁成孔灌注桩施工工艺如图 2-4 所示。

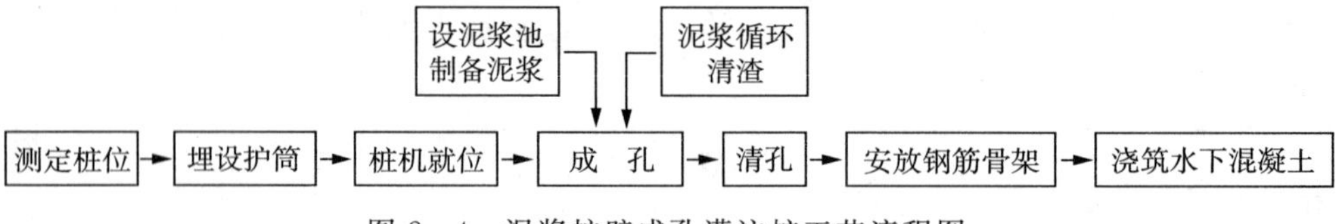

图 2-4　泥浆护壁成孔灌注桩工艺流程图

2. 埋设护筒

护筒是大直径泥浆护壁成孔灌注桩特有的一种装置，其作用是固定桩孔位置，防止地面水流入，保护孔口，增高桩孔内水压力，防止塌孔。护筒常用 3～5mm 钢板制成的。其内径比钻头直径大 100～200mm。埋设护筒时，先挖去桩孔处表面土，将护筒埋入土中，并保证其准确、稳定。护筒中心与桩位中心的偏差不得大于 50mm，护筒与坑壁之间用黏土填实，以防漏水。护筒的埋设深度，在黏土中不宜小于 1.0m，在砂土中不宜小于 1.5m，护筒顶面应高于地面 0.5m 左右，并应保持孔内泥浆面高出地下水位 1～2m。其上部宜开设 1～2个溢浆孔。

3. 泥浆制备

泥浆是此种施工方法不可缺少的材料，它具有稳固土壁、防止塌孔和携砂排土的作用，另外还有对钻机钻头冷却和润滑的作用。

制备泥浆的方法应根据土质的实际情况而确定。在黏性土中成孔，可在孔中直接注入清水，钻机不停地回转，就可把切下的土屑造成泥浆，泥浆的比重宜控制为 1.1～1.2。在其他土层中成孔，泥浆制备应当用高塑性土或膨润土，在孔外泥浆池中进行，在砂质土层中，泥浆的比重应控制为 1.1～1.3；在容易塌孔的土层中，泥浆的比重、黏度、含砂率、胶体率等指标，是确保泥浆质量的标准。

4. 钻孔

泥浆护壁成孔灌注桩有潜水钻机钻孔、冲击钻机钻孔等不同方式。

(1)潜水钻机钻孔

潜水钻机钻孔是一种将动力变速机构与钻头连在一起加以密封，潜入水中工作的一种体积小、重量轻的钻机。这种钻机由桩架及钻杆定位，钻孔时钻杆不旋转，仅钻头部分旋转，切削下来的泥渣通过泥浆循环排出孔外，该钻机桩架轻便，移动灵活，噪音低，速度快，钻孔直径为 600～1500mm，钻孔深度可达 40m。潜水钻机适用于在黏性土、淤泥质土及砂土中钻孔，尤其适用于地下水位较高的土层。钻机的钻头，有笼式钻头和筒式钻头等多种，可根据不同土层进行选用。

潜水电钻同样使用泥浆护壁成孔，泥浆的功能和组成与其他钻机基本相同，其出渣的方式有正循环与反循环两种(图 2-5)。

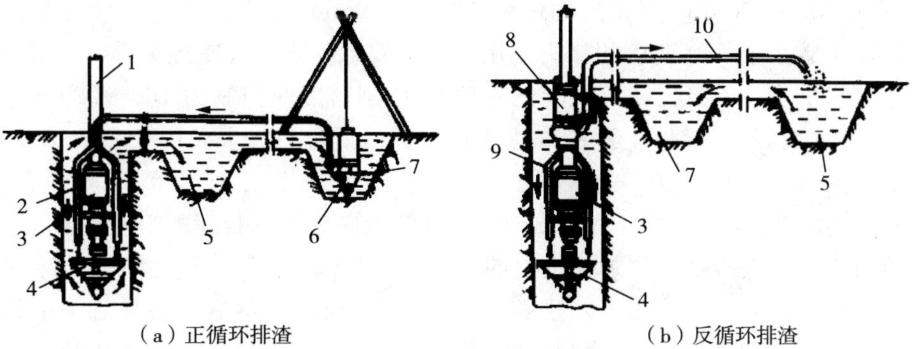

(a) 正循环排渣　　(b) 反循环排渣

图 2-5　循环排渣方法

1—钻杆；2—送水管；3—主机；4—钻头；5—沉淀池；6—潜水泥浆泵；7—泥浆池；8—砂石泵；9—抽渣管；10—排渣胶管

正循环排渣法：采用泥浆泵将泥浆水或清水压向钻机中心送水管，然后下放钻杆进土中，当钻到设计标高后，电机停转，但泥浆泵仍继续工作。正循环排泥，直到孔内泥浆比重为1.1～1.15，方停泵提升钻机，然后迅速移位，进行下道工序。

反循环排渣法：目前常用反循环排渣法，它是将潜水泵同主机连接，开钻时采用正循环开孔，当钻深超过砂石泵叶轮位置后，即可启动砂石泵机，开始循环作业。当钻至设计标高后，停止钻机，砂石泵继续排泥，一直达到要求浓度为止。

(2)冲击钻机钻孔

冲击钻机钻孔是通过机架和卷扬机将带钻刃的冲锥式钻头提升到一定高度，靠自由下落的冲击力来破碎岩层或冲挤土层，然后用掏渣筒掏取孔内的渣浆而成孔。这种成孔方法适用于碎石土、砂土、黏性土及风化的岩层等。桩径可达600～1500mm。

5. 清孔

当钻孔达到设计深度后，应进行验孔和清孔。清孔的目的是清除孔底的沉渣和淤泥，以减少桩基的沉降量，提高承载能力。

在清孔时，应保持孔内泥浆面高出地下水位1.0m以上；当受水位涨落影响时，泥浆面应高出最高水位1.5m以上。清孔之后，浇筑混凝土之前，孔底500mm以内的泥浆密度应小于1.25t/m^3，黏度小于28Pa·s，含砂率小于8%。孔底沉渣的厚度，应符合下列规定：端承桩≤50mm，摩擦桩≤150mm。

6. 安放钢筋骨架

桩孔清孔符合要求后，应立即吊放钢筋骨架。吊放时，要防止扭转、弯曲和碰撞，要吊直扶稳，缓缓下落，避免碰撞孔壁。钢筋骨架下放到设计位置后，应立即固定。为保证钢筋骨架位置正确，可在钢筋笼上设置钢筋环或混凝土块，以确保保护层的厚度。

钢筋笼制作应分段进行，接头宜采用焊接，主筋一般不设弯钩，加劲箍筋设在主筋外侧，钢筋笼的外形尺寸应严格控制在比孔径小110～120mm。

7. 灌注混凝土

钢筋骨架固定之后，在4h之内必须浇注混凝土。混凝土选用的粗骨料粒径不宜大于30mm，并不宜大于钢筋间最小净距的1/3，含砂率宜为40%～50%，细骨料宜采用中砂。混凝土灌注常采用导管法(图2-6)，灌注混凝土的导管，可用钢管制成。壁厚不宜小于3mm，直径为200～250mm，直径制作偏差不超过±2mm，导管的分节长度视具体情况确定，底管长度不宜小于4m，两管的接头宜用法兰或双螺纹方扣快速接头，接口要严密，不漏水、不漏浆。水下浇注混凝土要求混凝土流动性好，坍落度应控制为160～220mm，用掺加木钙、糖蜜、加气剂等外加剂，改善其和易性和延长初凝时间。水泥用量一般达350kg/m^{3}以上，水灰比为0.50～0.60。灌筑混凝土前，先将导管吊入桩孔内，导管顶部高于泥浆面3～4mm并连接漏斗，底部距桩孔底0.3～0.5m，导管内设隔水栓，用细钢丝悬吊在导管下口，隔水栓可用预制混凝土四周加橡皮封圈、橡胶球胆或软木球。

灌筑混凝土时，先在漏斗内灌入足够量的混凝土，保证下落后能将导管下端埋入混凝土0.6～1.0m，然后剪断铁丝，隔水栓下落，混凝土在自重的作用下，随隔水栓冲出导管下口(用橡胶球胆或木球做的隔水栓浮出水面可回收使用)，并把导管底部埋入混凝土内，然后连续灌筑混凝土，当导管埋入混凝土达2～2.5m时，即可提升导管，提升速度不宜过快，

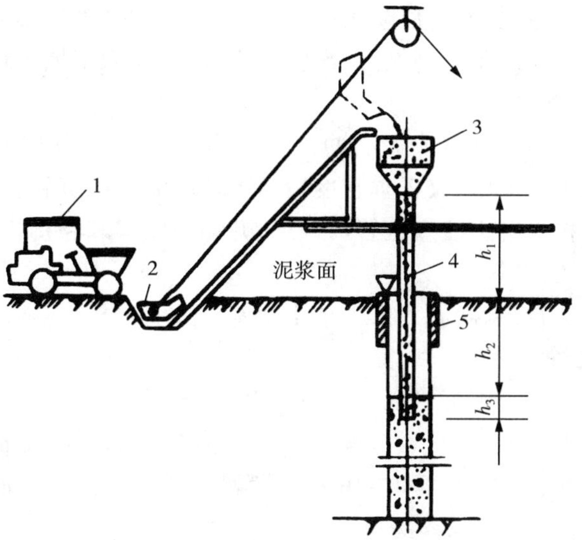

图 2-6　水下浇筑混凝土示意图

1—翻斗车；2—料斗；3—储料漏斗；4—导管；5—护筒

应保持导管埋在混凝土内 1m 以上，这样连续灌筑，直到桩顶为止。

桩身混凝土必须留置试块，直径大于 1m 或单桩混凝土量超过 $25m^3$ 的桩，每根桩身混凝土应留有 1 组试件；直径不大于 1m 的桩或单桩混凝土量不超过 $25m^3$ 的桩，每个灌注台班不得少于 1 组，每组应留 3 件。

2.3.2　套管成孔灌注桩

套管成孔灌注桩是目前建筑工程常用的一种灌注桩。按其施工方法不同，可分为：锤击沉管灌注桩、振动冲击沉管灌注桩、沉管夯扩灌注桩和静压沉管灌注桩等。沉管灌注桩的施工工艺主要包括：就位→沉钢管→放钢筋笼→浇注混凝土→拔钢管。

1. 锤击沉管灌注桩

锤击沉管灌注桩的机械设备见图 2-7。

施工时，用桩架吊起钢桩管，对准预先设在桩位处的预制钢筋混凝土桩靴。桩管与桩靴连接处要垫以麻绳、草绳，以防止地下水渗入桩管。然后缓缓放下桩管，套入桩靴压进土中，校正垂直度后即可锤击桩管。先用低锤轻击，观察无偏移后，再进行正常施打。桩管打入至要求的贯入度或标高后，停止锤击，在管内放入钢筋笼。同时，用吊砣检查管内有无泥浆或渗水；然后用吊斗将混凝土通过漏斗灌入桩管内；待桩管灌满后，开始拔管，拔管要均匀，不宜过快，一般为 0.8～1.2m/min，也不宜过高，应保持桩管内的混凝土高度不少于 2m；再灌筑混凝土。拔管时

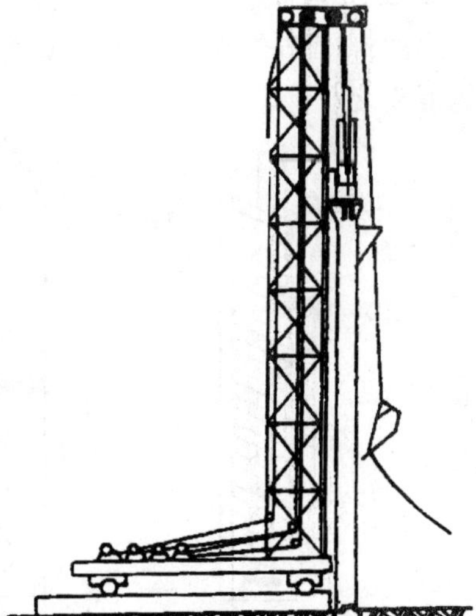

图 2-7　锤击沉管灌注桩机械设备示意图

应保持连续密锤低击不停，从而将混凝土振实，这样一直到全管拔出为止。

锤击沉管灌注桩一般适用于黏性土、淤泥质土、砂土和人工填土地基。

2. **振动沉管灌注桩**

振动沉管灌注桩采用激振器或振动冲击锤沉管。施工时，先安装好桩机，将桩靴对准桩位，徐徐放下桩管，压入土中，校正垂直度后即可开动激振器沉管。当桩管沉到设计标高时，停止振动，用吊斗将混凝土灌入桩管内；然后开动激振器和卷扬机拔出钢管，边振边拔，从而使混凝土得到振实。

振动灌注桩适用于软土、淤泥和人工填土地基。

3. **沉管夯扩灌注桩**

沉管夯扩灌注桩是在锤击沉管灌注桩的基础上发展起来的一种施工方法。它利用打桩锤将内外桩管同步沉入土层中，通过锤击内桩管夯扩端部混凝土桩端形成一个扩大头，再灌注桩身混凝土。在上拔外桩管时，用内桩管和桩锤顶压在管内混凝土面上，使桩身混凝土密实。

沉管夯扩灌注桩的机械设备与锤击沉管灌注桩相同，常用 D25 或 D40 型柴油锤。这种沉管施工方法适用于中低压缩性黏土、粉土、砂土、碎石土、强风化岩等土层，桩身直径一般为 400～600mm，扩大头直径可达 500～900mm，桩长不宜超过 20m。

2.3.3 干作业螺旋钻孔灌注桩

1. **特点**

干作业螺旋钻孔灌注桩是指不用泥浆和套管护壁情况下，用人工钻具或机械钻成孔，下钢筋笼、浇筑混凝土成桩。这类桩具有成孔不用泥浆或套管护壁，施工无噪声、无振动，对环境无泥浆污染；机具设备简单，装备移动快速；施工准备工作少，占场地少，技术较易掌握，速度较快，并可降低施工成本等优点。适用于地下水位以上的一般黏性土、粉土、黄土以及密实的黏性土、砂土层。

2. **施工工艺**

干作业螺旋钻孔灌注桩的施工工艺：螺旋钻机钻孔→空转清土后掏土→放入钢筋骨架→浇筑混凝土（图 2－8）。

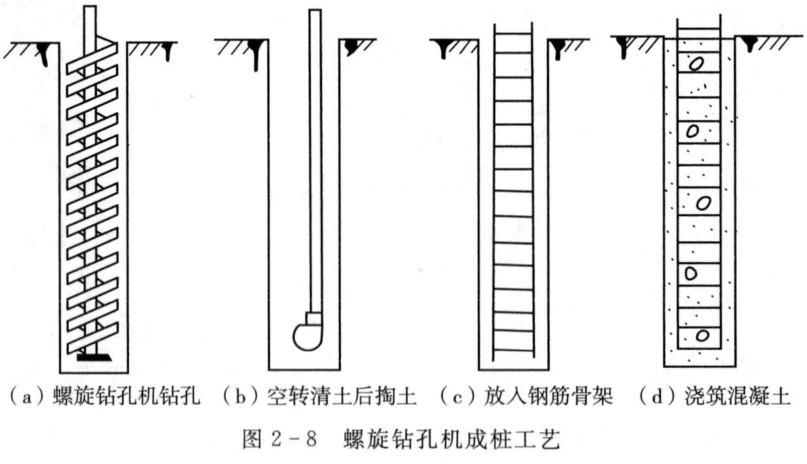

（a）螺旋钻孔机钻孔　（b）空转清土后掏土　（c）放入钢筋骨架　（d）浇筑混凝土

图 2－8　螺旋钻孔机成桩工艺

3. **施工要点**

利用电动机带动钻杆转动，使钻头螺旋叶片旋转削土，土块随螺旋叶片上升排出孔口，至设计深度后，进行孔底清理。清孔的方法是在原深处空转清土，然后停止回转，提钻卸土。如严重坍孔，有大量的泥土时，需回填砂土或黏土重新钻孔，或往孔内倒少量土粉或石灰粉；少量浮土泥浆不易清除时，可投入一些25～60mm的碎石或卵石插实以挤密土体，以免浮土承重后发生大量下沉。目前使用比较广泛的为长螺旋钻，这种钻易保持孔形，工效较高，钻孔直径为350～400mm，孔深可达10m。

常用钻头见图2-9(a)，在杂填土层可用图2-9(b)所示钻头，用45号钢制成，在齿尖处镶有硬质合金刀头，能把碎砖破碎成小块，随着螺旋叶片输送到孔外。遇混凝土块、条石或大卵石时，用图2-9(c)所示钻头，可将石块等钻透，被钻出的碎块挤满钻头筒内，提出孔外。

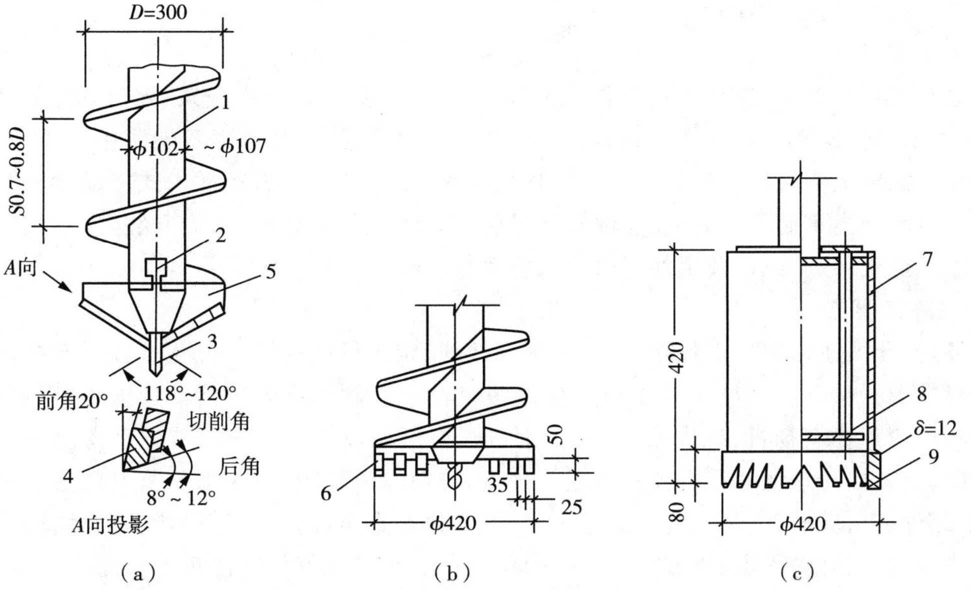

图2-9 常用钻头

1—螺旋钻杆；2—钻头接头；3—导向尖；4—合金刀；5—切削刀；6—耙齿；7—筒体；8—推土盘；9—合金刀头

2.3.4 人工挖孔灌注桩

1. **特点**

人工挖孔灌注桩是采用人工挖掘成孔的一种方法。人工成孔后，安装钢筋笼，浇筑混凝土。人工挖孔灌注桩施工设备简单，施工现场干净；噪音小、振动小、无挤土现象；土层情况明确，可直接观察到地质变化情况；桩底沉渣容易清理，施工质量可靠；桩径不受限制，承载力大；与其他桩型相比较更加经济。但人工挖孔桩施工，工人在井下作业，劳动条件差，生产效率低，安全性较差。施工中应特别注意塌方、流砂、有害气体等，应严格按操作规程施工，制定可靠的安全措施。

2. **适用范围**

人工挖孔灌注桩适用于桩直径800mm以上，无地下水或地下水较小的黏土、粉质黏土，含少量的砂、砂卵石、料浆石的黏土层，特别适于黄土层使用，深度一般20m左右，可用于高层建筑、公用建筑、水工结构（如泵站、桥墩做支承、抗滑、挡土、锚拉桩之用）。有流砂、地下水位较高、涌水量大的冲积地带及近代沉积的含水量高的淤泥、淤泥质土层，不宜采用。

3. 构造要求

挖孔桩直径一般为800～2000mm，最大直径可达3500mm；桩埋置深度（桩长）一般在20m左右，最深可达40m。当要求增大承载力、底部扩底时，扩底直径一般为1.3d～3.0d，最大可达4.5d，桩底应支承在可靠的持力层上，支承桩大多采用构造配筋，配筋长度一般为桩长的1/2，且不小于10cm；用于做抗滑、锚固、挡土桩的配筋，按全长或2/3桩长配置，由计算确定。箍筋采用螺旋筋或封闭箍筋，不小于ϕ8@200mm，在桩顶1.0m范围内间距加密1倍，以提高桩的抗剪强度。当钢筋笼长度超过4.0m时，为加强其刚度和拼接处应用焊接。混凝土强度等级不应低于C25。

4. 机具设备

提升机具包括1t卷扬机配三木塔或1t以上单轨电动葫芦（链条式）配提升金属架与轨道，活底吊桶。挖孔工具包括短柄铁锹、镐、钎。水平运输工具包括双轮手推车或1t机动翻斗车。混凝土浇筑机具包括混凝土搅拌机（含计量设备）、小直径插入式振动器、插钎、串筒等。当水下浇筑混凝土时，尚应配金属导管、吊斗、混凝土储料斗、提升装置（卷扬机或起重机等）、浇筑架、测锤以及钢筋笼吊放机械等。

5. 施工要点

（1）挖孔灌注桩的施工程序：场地整平→放线、定位桩→挖第一桩孔土方→支模浇筑第一节混凝土护壁→在护壁上二次投测标高级桩位十字轴线→安装活动井盖、垂直运输架、起重电动葫芦或卷扬机、孔底吊土桶、排水、通风、照明设施等→第二节桩身挖土→清理桩孔四壁、校核桩孔垂直度和直径→拆上节模板，支第二节模板，浇筑第二节混凝土护壁→重复第二节挖土、支模、浇筑混凝土护壁工序，循环作业直至设计深度→检查持力层后进行扩底→清理虚土、排除积水、检查尺寸和持力层→吊放钢筋笼就位→浇筑桩身混凝土。

（2）为防止坍孔和保证操作安全，直径1.2m以上桩孔多设混凝土支护，每节高0.9～1.0m，厚8～15cm或加配适量直径6～9mm光圆钢筋，混凝土用C20或C25；直径1.2m以下桩孔，井口1/4砖或1/2砖护圈高1.2m，下部遇有不良土体用半砖护砌。

（3）护壁施工采取一节组合式钢模板拼装而成，拆上节、支下节，循环周转使用，模板用U形卡连接，上下设两半圆组成的钢圈顶紧，不另设支撑，混凝土用吊桶运输人工浇筑，上部留100mm高做浇筑口，拆模后用砌砖或混凝土堵塞，混凝土强度达1MPa即可拆模。

（4）挖孔由人工从上而下逐层用镐、锹进行，遇坚硬土层用锤、钎破碎；挖土次序为先挖中间部分后挖周边，允许尺寸误差3cm，扩底部分采取挖桩身圆柱体，再按扩底尺寸从上到下削土修成扩底形。弃土装入活底吊桶或箩筐内。垂直运输，在孔上口安支架、工字轨道、电葫芦或搭三木塔，用1～2t慢速卷扬机提升，吊至地面上后，用机动翻斗车或手推车运出。

（5）桩中线控制是在第一节混凝土护壁上设十字控制点，每一节设横杆吊大线做中心线，用水平尺杆找圆周。

（6）直径1.2m内的桩，钢筋笼的制作与一般灌注桩的方法相同，对直径和长度大的钢筋笼，一般在主筋内侧每隔 2.5m 加设一道直径 25～30mm 的加强箍。每隔一箍在箍内设一“井”字加强支撑，与主筋焊接牢固组成骨架，为便于吊运，一般分两节制作，钢筋笼的主筋为通长钢筋，其接头采用对焊，主筋与箍筋间隔点焊固定，控制平整度误差不大于 5cm，钢筋笼外形尺寸比孔小 11～12cm。钢筋笼就位用小型吊运机具或履带式起重机进行，整个钢筋笼用槽钢悬挂在井壁上，借自重保持垂直度正确。

(7)混凝土用粒径小于 50mm 的石子，42.5 普通水泥或矿渣水泥制作，坍落度 4～8cm，用机械拌制。混凝土用翻斗汽车、机动车或手推车向桩孔内浇筑。混凝土下料采用串桶，深桩孔用混凝土溜管；如地下水大(孔中水位上升速度大于 6mm/min)，应采用混凝土导管水中浇筑混凝土工艺。混凝土要垂直灌入桩孔内，并应连续分层浇筑，每层厚不超过 1.5m。

(8)桩混凝土的养护：当桩顶标高低于自然场地标高时，在混凝土浇筑 12h 后进行湿水养护，当桩顶标高高于场地标高时，混凝土浇筑 12h 后应覆盖草袋，并洒水养护，养护时间不少于 7d。

2.3.5 灌注桩施工质量控制

灌注桩的成桩质量检查主要包括成孔及清孔、钢筋笼制作及安放、混凝土搅拌及灌注、承载力检测及桩身质量等四个内容的质量检查。

成孔的控制深度，摩擦桩设计桩长控制成孔深度；端承摩擦桩必须保证设计桩长及桩端进入持力层深度，当采用锤击沉管法成孔时，桩管入土深度控制以标高为主，以贯入度控制为辅。对端承桩，当采用钻(冲)、挖掘成孔时，必须保证桩孔进入设计持力层的深度；当采用锤击沉管法成孔时，沉管深度控制以贯入度为主，以设计标高为辅。

钻孔灌注桩浇注混凝土前，对已成孔的中心位置、孔深、孔径、垂直度、孔底沉渣厚度等进行认真检查，其中孔底沉渣厚度直接影响桩的承载力及其沉降量，因此，沉渣厚度应严格控制，其允许厚度按有关规定执行。

钢筋笼制作应对钢筋规格、焊条规格、品种、焊口规格、焊缝长度、焊缝外观和质量、主筋和箍筋的制作偏差等进行检查。在灌注混凝土前，应严格检查钢筋笼安放的实际位置，保证钢筋保护层的厚度，钢筋笼保护层允许偏差：水下浇注混凝土桩为±20mm；非水下浇注混凝土桩为±10mm。

桩的承载力检测与桩身质量检查，一般要求与预制桩相同。但对于一级建筑桩基和地质条件复杂或成桩质量可靠性较低的桩基工程，还应进行质量检测。检测方法可采用动测法，对于大直径桩还可采取钻取桩芯、预埋管超声检测法等。

思考练习题

一、单选题

1. 干作业成孔灌注桩采用的钻孔机具是(　　)。

A. 螺旋钻　　B. 潜水钻　　C. 回转钻　　D. 冲击钻

2. 当采用环刀法取样时，取样点应位于每层的(　　)深度处。

A. 1/2　　B. 1/3　　C. 1/4　　D. 2/3

3. 灰土挤密桩，桩孔宜按(　　)形式布置。

A. 正方　　B. 等边三角形　　C. 三角形　　D. 等腰三角形

4. 灰土挤密桩的压实系数不小于(　　)。

A. 0.93　　B. 0.85　　C. 0.90　　D. 0.97

5. 灰土挤密桩抽样检查的数量不少于桩孔总数的(　　)。

A. 1%　　B. 5%　　C. 2%　　D. 10%

6. 高压喷射注浆法质量检验应在注浆结束后(　　)天进行。

A. 7　　B. 14　　C. 21　　D. 28

7. CFG 桩复合地基，目前多采用(　　)成孔。

A. 干作业　　B. 人工　　C. 长螺旋钻机　　D. 泥浆护壁

8. CFG 桩复合地基，施工结束，一般 28 天后，进行单桩静荷载实验来测定桩的承载力，试验数量为总桩数的(　　)%且不少于(　　)根。

A. 1　2　　B. 1　3　　C. 10　2　　D. 10　3

9. CFG 桩复合地基，施工结束，一般 28 天后，进行单桩静荷载实验来测定桩身完整性，试验数量为总桩数的(　　)%，做(　　)试验。

A. 1　高应变　　B. 1　低应变　　C. 10　高应变　　D. 10　低应变

10. 在极限承载力状态下，桩顶荷载由桩端阻力承受的桩是(　　)。

A. 端承摩擦桩　　B. 摩擦桩　　C. 摩擦端承桩　　D. 端承桩

二、简答题

1. 打桩前的准备工作是什么？
2. 桩停止锤击的控制原则是什么？
3. 静力压桩施工工艺流程是什么？
4. 护壁泥浆的作用是什么？
5. 沉管灌注桩的施工工艺是什么？

第3章　脚手架工程

【学习内容】本章主要介绍了脚手架的分类、构造及搭设要求。

3.1　概　　述

脚手架是土木工程施工中堆放材料和工人进行操作的临时设施，是为保证高空作业安全，顺利进行施工而搭设的工作平台或作业通道。

脚手架的种类很多，按其搭设位置分为外脚手架和里脚手架两大类；按其所用材料分为木脚手架、竹脚手架、金属脚手架；按其构造形式分为多立杆式、门式、桥式、悬吊式、挑式、升降式以及用于层间操作的工具式脚手架；按搭设高度分为高层脚手架和普通脚手架等。

对搭设脚手架的要求：宽度应满足工人操作、材料堆放和运输的需要；坚固稳定，保证安全；构造简单，装拆简便；能多次周转使用。

3.2　扣件式钢管脚手架

多立杆式外脚手架由立杆、大横杆、小横杆、斜撑、脚手板等组成，取材方便，木、竹、钢等均可应用。扣件式钢管脚手架属于多立杆式外脚手架的一种，其特点是：杆配件数量少；装卸方便，利于施工操作；搭设灵活，搭设高度大；坚固耐用，使用方便。

根据使用的要求，多立杆式脚手架可以搭设成双排式和单排式两种形式（图3-1）。双排式是沿墙外侧设两排立杆，大横杆沿墙外侧垂直于立杆搭设，小横杆的两端支承在大横杆上；单排式是沿墙外侧仅设一排立杆，小横杆一端与大横杆连接，另一端支承在墙上。

扣件式钢管脚手架目前应用较广泛，虽然一次性投资较大，但其周转次数多，摊销费用低，装拆方便，搭设高度大，能适应建筑物平立面的变化。

3.2.1　构配件

扣件式脚手架是由标准的钢管杆件（立杆、横杆、斜杆）和特制扣件组成的脚手架骨架与脚手板、防护构件、连墙件等组成的，是目前最常用的一种脚手架。

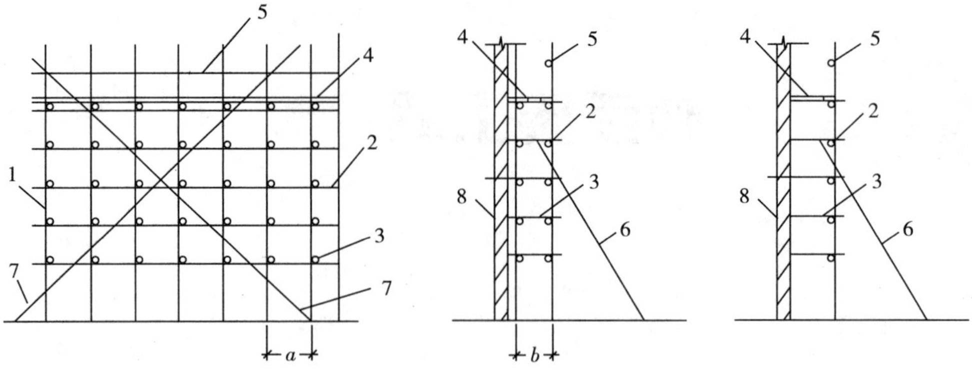

图 3-1　多立杆式脚手架

1—立杆；2—大横杆；3—小横杆；4—脚手板；5—栏杆；6—抛撑；7—斜撑；8—墙体

1. 钢管

钢管杆件一般采用外径 48mm、壁厚 3.5mm 的焊接钢管。用于立杆、大横杆、斜杆的钢管最大长度不宜超过 6.5m，最大重量不宜超过 250N，适合人工搬运。用于小横杆的钢管长度宜为 1.5～2.5m，以适应脚手板的宽度。

2. 扣件

扣件用于钢管之间的连接，其基本形式有三种：回转扣件、直角扣件、对接扣件(图 3-2)。

回转扣件，用于两根钢管成任意角度相交的连接；直角扣件，用于两根钢管成垂直相交的连接；对接扣件，用于两根钢管的对接连接。

图 3-2　扣件形式

3. 脚手板

脚手板一般用厚 2mm 的钢板压制而成，长度为 2～4m，宽度为 250mm，表面应有防滑措施；也可采用厚度不小于 50mm 的杉木板或松木板，长度为 3～4m，宽度为 200～250mm；又可采用竹脚手板，有竹笆板和竹片板两种形式。

4. 连墙件

连墙件将立杆与主体结构连接在一起，可用钢管、型钢或粗钢筋等。连墙件应靠近主节点设置，偏离主节点的距离不大于 300mm。

每个连墙件抗风荷载的最大面积应小于 $40m^2$。连墙件需从底部第一根纵向水平杆处开始设置，附墙件与结构的连接应牢固，通常采用预埋件连接。

5. **底座**

底座一般采用厚 8mm，边长为 150～200mm 的钢板做底板，上焊 150mm 高的钢管。底座形式有内插式和外套式两种（图 3－3），内插式的外径 D_1 比立杆内径小 2mm，外套式的内径 D_2 比立杆外径大 2mm。

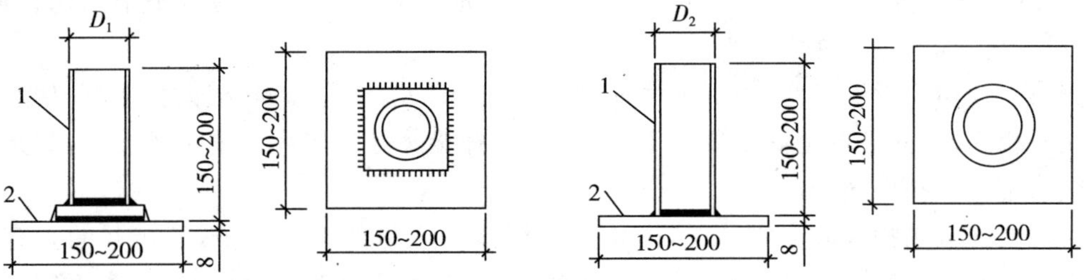

（a）内插式底座　　（b）外套式底座

图 3－3　扣件钢管架底座

1—承插钢管；2—钢板底座

3.2.2　扣件式脚手架的设计

作用在脚手架上的荷载，一般有施工荷载（操作人员和材料及设备等的自重）和脚手架自重。各种荷载的作用部位和分布可按实际情况采用。脚手架用小横杆附在砖墙上（单排）或用拉撑件与建筑物拉结。荷载的传递程序：脚手板→小横杆→大横杆→立杆→底座→地基。

扣件是构成架子的连接件和传力件，它通过与立杆之间形成的摩擦阻力将横杆的荷载传给立杆。试验资料表明，由摩阻力产生的抗滑能力约为 10kN，考虑施工中的一些不利因素，可采用安全系数 $K=2$，取 5kN。表 3－1 为扣件性能试验规定的合格标准。

表 3－1　扣件性能试验的合格标准

性能试验名称		直角扣件		旋转扣件		对接扣件	底座
抗滑试验	荷载(N)	7000	10000	7000	10000	—	—
	位移值(mm)	$\Delta_1 \leqslant 0.7$	$\Delta_2 \leqslant 0.5$	$\Delta_1 \leqslant 0.7$	$\Delta_2 \leqslant 0.5$	—	—
抗破坏试验(N)		25000		17000		—	—
扭转刚度试验	力矩(N·m)	900		—		—	—
	位移值或转角	$f \leqslant 70.0$mm		—		—	—
抗拉试验	荷载(N)	—		—		4000	—
	位移值(mm)	—		—		$\Delta \leqslant 2.0$	—
抗压试验(N)		—		—		—	50000

注：1）试验采用的螺旋扭力矩为 65N·m。

2）表中 Δ_1 为横杆的垂直位移值；Δ_2 为扣件后部的位移值。

脚手架为空间体系，为计算方便，多简化成平面力系。

扣件式钢管脚手架主要杆件为立柱，其他杆件如小横杆、大横杆等其承受荷载能力均为已知，控制施工荷载不超过其允许承载力即可。因此一般情况下，扣件式脚手架只要按照规定搭设，就不需要进行验算。

1. 立杆

立杆（也称立柱、站杆）平行于建筑物并垂直于地面的杆件，是传递脚手架结构自重、施工荷载与风荷载的主要受力杆件。

每根立杆均应设置底座，由标准底面向上 200mm 处，设置纵向、横向扫地杆，用直角扣件与立杆相连接，立杆的全高不要大于 100m。立杆接头除顶层可以采用搭接外，其余各接头必须采用对接扣件连接。

立杆上的对接扣件应交错布置，两相邻立杆接头应尽量错开一步，其错开的垂直距离不应小于 500mm；各接头中心距主节点（立杆、大、小、横杆三者的交点）的距离不应大于步距的 1/3。

立杆的搭接长度不小于 1m，用不少于 2 个旋转扣件固定，端部扣件盖板的边沿至杆端距离不应小于 100mm。

2. 大横杆

平行于建筑物，在纵向连接各立杆的水平杆，是承受并传递施工荷载给立柱的主要受力杆件。

大横杆要设置水平，长度不应小于 3 跨，大横杆与立杆要用直角扣件扣紧，且不能隔步设置或遗漏。两大横杆的接头必须采用对接扣件连接。接头位置距立杆轴心线的距离不宜大于跨度的 1/3，同一步架中内外两根纵向水平杆的对接接头应尽量错开一跨，上下相邻两根纵向水平杆的对接接头也应尽量错开一跨，错开的水平距离不应小于 500mm。

3. 小横杆

垂直于建筑物，在横向连接脚物架内外排立杆的水平杆件（单排脚物架时，一端连接立杆，另一端搭在建筑物的外墙上），是承受并传递施工荷载给立柱的主要受力杆件。

小横杆设置在立杆与大横杆的相交处，用直角扣件与大横杆扣紧，且应贴近立杆布置，小横杆距离立杆轴心线的距离不应大于 150mm；当为单排脚手架时，小横杆的两端应用直角扣件固定在大横杆上。

4. 支撑

支撑有剪刀撑（又称“十”字撑）和横向支撑（又称横向斜拉杆、“之”字撑）。剪刀撑设置在脚手架外侧面、与外墙面平行的十字交叉斜杆，可增强脚手架的纵向刚度；横向支撑是设置在脚手架内、外排立杆之间的且呈“之”字形的斜杆，可增强脚手架的横向刚度。

可见，支撑是为保证脚手架的整体刚度和稳定性，并提高脚手架的承载力而设置的；双排脚手架应设剪刀撑与横向支撑，单排脚手架应设剪刀撑。

剪刀撑的设置应符合下列要求：

(1)24m 以下的单、双排脚手架，均应在外侧立面的两端各设置一道剪刀撑，由底至顶连续设置；中间每道剪刀撑的净距不应大于 15m。

(2)24m 以上的双排脚手架应在外侧立面整个长度和高度上连续设置剪刀撑。

(3)每道剪刀撑跨越立杆的根数宜为 5～7 根，与地面的倾角宜为 45°～60°，每道剪刀撑跨越立杆的最多根数见表 3-2。

(4)剪刀撑的连接除顶层可采用搭接外，其余各接头必须采用对接扣件连接。搭接长度不小于 1m，用不少于两个旋转扣件连接。

(5)剪刀撑的斜杆应用旋转扣件固定在与之相交的小横杆的伸出端或立杆上，旋转扣件中心线距主节点的距离不应大于 150mm。

表 3-2 剪刀撑跨越立杆的最多根数

剪刀撑斜杆与地面的倾角 a	45°	50°	60°
剪刀撑跨越立杆的最多根数 n	7	6	5

横向支撑的设置应符合下列要求：

(1)横向支撑的每一道斜杆应在 1～2 步内，由底至顶呈“之”字形连续布置，两端用旋转扣件固定在立杆上或小横杆上。

(2)“一”字形、开口形双排脚手架的两端均必须设置横向支撑，中间每隔 6 跨设置一道。

(3)24m 以下的封闭型双排脚手架可不设横向支撑，24m 以上者除两端应设置横向支撑外，中间应每隔 6 跨设置一道。

5. 连墙件

连墙件(又称连墙杆)是连接脚手架与建筑物的部件，是脚手架中既要承受、传递风荷载，又要防止脚手架在横向失稳或倾覆的重要受力部件。

连墙件的布置形式、间距大小对脚手架的承载能力有很大影响，它不仅可以防止脚手架倾翻，而且还可以加强立杆的刚度和稳定性。正常情况下，连墙件不受力的作用，一旦脚手架发生变形，它便承受压力或拉力，起到分散荷载的作用。

连墙件根据传力性能，构造形式的不同，可分为刚性连墙件和柔性连墙件。通常采用刚性连墙件，使脚手架与建筑物连接可靠。但当脚手架高度在 24m 以下时，可用柔性连墙件，如用 ϕ4mm 镀锌铁丝或 ϕ6mm 钢筋，这种连接必须配用顶撑顶在混凝土圈梁、柱等结构上，以防止向内倾倒；24m 以上的双排脚手架必须设刚性连墙件与墙体连接；刚性连墙件的布置间距与脚手架的搭设高度有很大关系，见表 3-3。

表 3-3 连墙件布置最大间距

脚手架的类型	脚手架高度 H(m)	竖向间距(h)	水平间距(l_a)
双排落地	≤50	$3h$	$3la$
双排悬挑	>50	$2h$	$3la$
单　　排	≤24	$3h$	$3la$

注：h—步距；l_a—纵距。

6. 脚手板

脚手架是工人施工操作的平台，它承受并传递施工荷载给小横杆，当设于非操作层时，起安全防护的作用。

脚手板一般应设置在三根小横杆上，采用三点支撑。当脚手板长度小于 2m 时，可采用两点支撑，但应将脚手板两端可靠地固定在小横杆上，以防止倾翻。

脚手板宜采用对接平铺，也可采用搭接铺设。

3.2.3 搭设要求

扣件式钢管脚手架搭设中应注意地基平整坚实，设置底座和垫板，并有可靠的排水措施，防止积水浸泡地基。

立杆之间的纵向间距，当为单排设置时，立杆离墙 1.2～1.4m；当为双排设置时，里排立杆离墙 0.4～0.5m，里外排立杆之间间距为 1.5m 左右。相邻立杆接头要错开，对接时需用对接扣件连接，也可用长度为 400mm、外径等于立杆内径、中间焊法兰的钢管套管连接。立杆的垂直偏差不得大于架高的 1/200。

上下两层相邻大横杆之间的间距为 1.8m 左右。大横杆杆件之间的连接应位置错开，并用对接扣件连接，如采用搭接连接，搭接长度不应小于 1m，并用三个回转扣件扣牢。与立杆之间应用直角扣件连接，纵向水平高差不应大于 50mm。

小横杆的间距不大于 1.5m。当为单排设置时，小横杆的一头搁入墙内不少于 240mm，一头搁于大横杆上，至少伸出 100mm；当为双排设置时，小横杆端头离墙距离为 50～100mm。小横杆与大横杆之间用直角扣件连接。每隔三步的小横杆应加长，并注意与墙的拉结。

纵向支撑的斜杆与地面的夹角宜为 45°～60°。斜杆的搭设是利用回转扣件将一根斜杆扣在立杆上，另一根斜杆扣在小横杆的伸出部分上，这样可以避免两根斜杆相交时把钢管别弯。斜杆用扣件与脚手架扣紧的连接接头距脚手架节点（即立杆和横杆的交点）不大于 200mm。除两端扣紧外，中间尚需增加 2～4 个扣节点。为保证脚手架的稳定，斜杆的最下面一个连接点距地面不宜大于 500mm。斜杆的接长宜采用对接扣件的对接连接，当采用搭接时，搭接长度不小于 400mm，并用两只回转扣件扣牢。

3.3 碗扣式钢管脚手架

碗扣式钢管脚手架全称为 WDJ 碗扣型多功能脚手架，是我国参考国外经验自行研制的一种多功能脚手架。其杆件节点处采用碗扣连接，由于碗扣是固定在钢管上的，构件全部轴向连接，力学性能好，其连接可靠，组成的脚手架整体性好，不存在扣件丢失问题。在我国近年来发展较快，现已广泛用于房屋、桥梁、涵洞、隧道、烟囱、水塔、大坝、大跨度棚架等多种工程施工中，取得了显著的经济效益。

3.3.1 基本构造

碗扣式钢管脚手架由钢管立杆、横杆、碗扣接头等组成。其基本构造和搭设要求与扣件式钢管脚手架类似，不同之处主要在于碗扣接头。

碗扣接头（图 3－4）是由上碗扣、下碗扣、横杆接头和上碗扣的限位销等组成。在立杆上焊接下碗扣和上碗扣的限位销，将上碗扣套入立杆内。在横杆和斜杆上焊接插头。组装时，将横杆和斜杆插入下碗扣内，压紧和旋转上碗扣，利用限位销固定上碗扣。碗扣间距约600mm，碗扣处最多可同时连接9根横杆，可以互相垂直或偏转一定角度。可组成直线形、曲线形、直角交叉形式等多种形式。

碗扣接头具有很好的强度和刚度，下碗扣轴向抗剪的极限强度约为166.7kN，横杆接头的抗弯能力好，在跨中集中荷载作用下抵抗弯矩可达6～9kN·m。

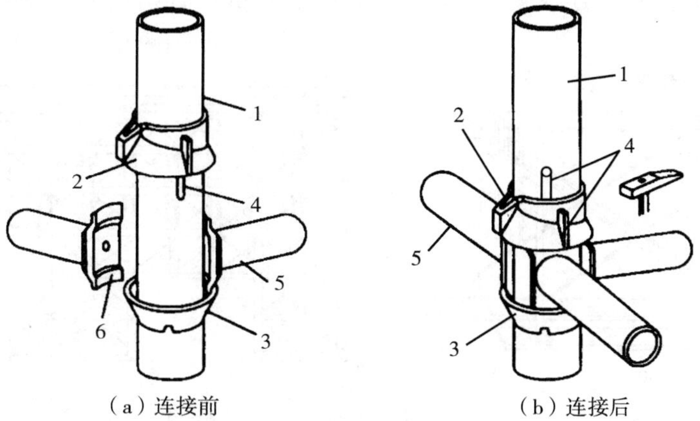

图3-4　碗扣接头

1—立杆；2—上碗扣；3—下碗扣；4—限位销；5—横杆；6—横杆接头

3.3.2　搭设要求

碗扣式钢管脚手架立柱横距为1.2m，纵距根据脚手架荷载可为1.2m、1.5m、1.8m和2.4m，步距为1.8m及2.4m。搭设时立杆的接长缝应错开，第一层立杆应用长1.8m和3.0m的立杆错开布置，往上均用3.0m长杆，至顶层再用1.8m和3.0m两种长度找平。高30m以下脚手架垂直度应在1/200以内，高30m以上脚手架垂直度应控制为1/400～1/600，总高垂直度偏差应不大于100mm。

3.4　门式钢管脚手架

门式钢管脚手架又称多功能门型脚手架，是一种工厂生产、现场搭设的脚手架，是当今国际上应用最普遍的脚手架之一。它不仅可作为外脚手架，也可作为内脚手架或满堂脚手架。门式钢管脚手架因其几何尺寸标准化、结构合理、受力性能好、施工中装拆容易、安全可靠、经济实用等特点，广泛应用于建筑、桥梁、隧道、地铁等工程施工，若在门架下部安放轮子，也可以作为机电安装、油漆粉刷、设备维修、广告制作的活动工作平台。

门式钢管脚手架的搭设一般只要根据产品目录所列的使用荷载和搭设规定进行施工，不必再进行验算。如果实际使用情况与规定有不同，则应采用相应的加固措施或进行验算。通常门式钢管脚手架搭设高度限制在45m以内，采取一定措施后可达到80m左右。施工荷载取值一般为：均布荷载1.8kN/m^2，或作用于脚手板跨中的集中荷载2kN。

3.4.1 基本构造

门式钢管脚手架是用普通钢管材料制成工具式标准件，在施工现场组合而成。其基本单元是由一副门式框架、两副剪刀撑、一副水平梁架和四个连接器等组合而成（图 3-5）。若干基本单元通过连接器在竖向叠加，扣上臂扣，组成一个多层框架。在水平方向，用加固杆和水平梁架使相邻单元连成整体，加上斜梯、栏杆柱和横杆组成上下步相通的外脚手架。

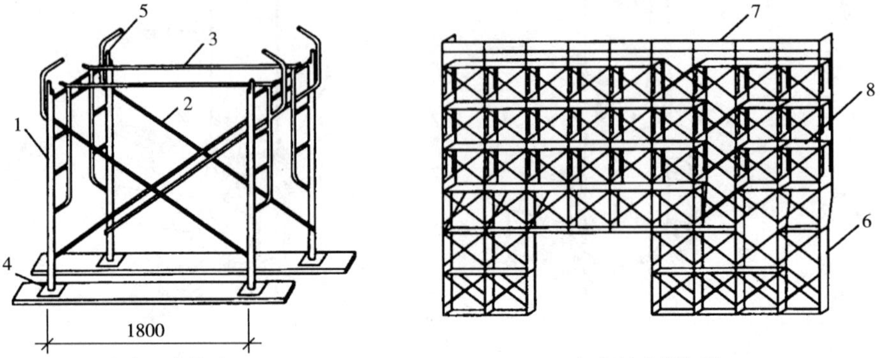

（a）基本单元　（b）门式外脚手架

图 3-5　门式钢管脚手架

1—门式框架；2—剪刀撑；3—水平梁架；4—螺旋基脚；5—连接器；6—梯子；7—栏杆；8—脚手板

3.4.2 搭设要求

门式钢管脚手架一般按以下程序搭设：铺放垫木（板）→拉线、放底座→自一端起立门架并随即装剪刀撑→装水平梁架（或脚手板）→装梯子（需要时，装设通长的纵向水平杆）→装连墙杆→照上述步骤，逐层向上安装→装加强整体刚度的长剪刀撑→装设顶部栏杆。

门式钢管脚手架的搭设高度一般不超过 45m，每 5 层至少应架设水平架一道，垂直和水平方向每隔 4～6m 应设一扣墙管（水平连接器）与外墙连接，整副脚手架的转角应用钢管通过扣件扣紧在相邻两个门式框架上（图 3-6）。

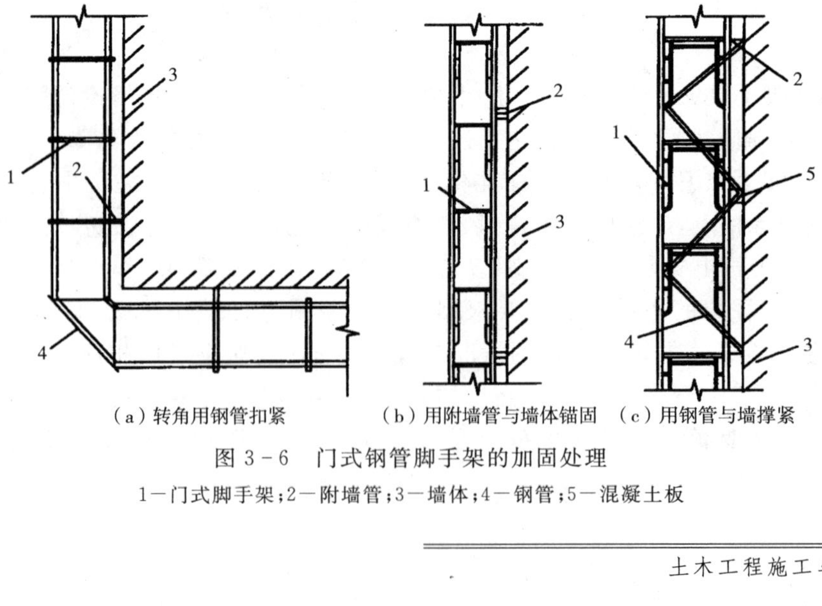

（a）转角用钢管扣紧　（b）用附墙管与墙体锚固　（c）用钢管与墙撑紧

图 3-6　门式钢管脚手架的加固处理

1—门式脚手架；2—附墙管；3—墙体；4—钢管；5—混凝土板

脚手架搭设后，应用水平加固杆加强，加固杆采用直径42.7mm的钢管，通过扣件扣紧在每个门式框架上，形成一个水平闭合圈。一般在10层门式框架以下，每3层设一道，在10层门式框架以上，每5层设一道，最高层顶部和最低层底部应各加设一道，同时还应在两道水平加固杆之间加设直径为42.7mm的交叉加固杆，其与水平加固杆之夹角应不大于45°。

门式脚手架架设超过10层，应加设辅助支撑，一般在高8～11层门式框架之间，宽在5个门式框架之间，加设一组，使部分荷载由墙体承受。

拆除架子时应自上而下进行，部件拆除顺序与安装顺序相反。不允许将拆除的部件直接从高空掷下。

3.5 升降式脚手架

扣件式钢管脚手架、碗扣式钢管脚手架和门式钢管脚手架都是沿结构外表面满搭的脚手架，在结构和装修工程施工中应用较为方便，但费料耗工，一次性投资大，工期亦长。因此，近年来在高层建筑及筒仓、竖井、桥墩等施工中发展了多种形式的外挂脚手架，其中应用较为广泛的是升降式脚手架，包括自升降式、互升降式、整体升降式三种类型。

升降式脚手架主要特点是：

(1)脚手架不需满搭，只搭设满足施工操作及安全各项要求的高度。

(2)地面不需做支承脚手架的坚实地基，也不占施工场地。

(3)脚手架及其上承担的荷载传给与之相连的结构，对这部分结构的强度有一定要求。

(4)随施工进程，脚手架可随之沿外墙升降，结构施工时由下往上逐层提升，装修施工时由上往下逐层下降。

3.5.1 自升降式脚手架

自升降脚手架的升降运动是通过手动或电动倒链交替对活动架和固定架进行升降来实现的。从升降架的构造来看，活动架和固定架之间能够进行上下相对运动。当脚手架工作时，活动架和固定架均用附墙螺栓与墙体锚固，两架之间无相对运动；当脚手架需要升降时，活动架与固定架中的一个架子仍然锚固在墙体上，使用倒链对另一个架子进行升降，两架之间便产生相对运动。通过活动架和固定架交替附墙，互相升降，脚手架即可沿着墙体上的预留孔逐层升降(图3-7)。

具体操作过程如下：

1. 施工前准备

按照脚手架的平面布置图和升降架附墙支座的位置，在混凝土墙体上设置预留孔。预留孔尽可能与固定模板的螺栓孔结合布置，孔径一般为40～50mm。为使升降顺利进行，预留孔中心必须在一直线上。脚手架爬升前，应检查墙上预留孔位置是否正确，如有偏差，应预先修正，墙面突出严重时，也应预先修平。

2. 安装

脚手架的安装在起重机配合下按脚手架平面图进行。先把上、下固定架用临时螺栓连接起来，组成一片，附墙安装。一般每2片为一组，每步架上用4根$\phi 48\times 3.5$钢管作为大

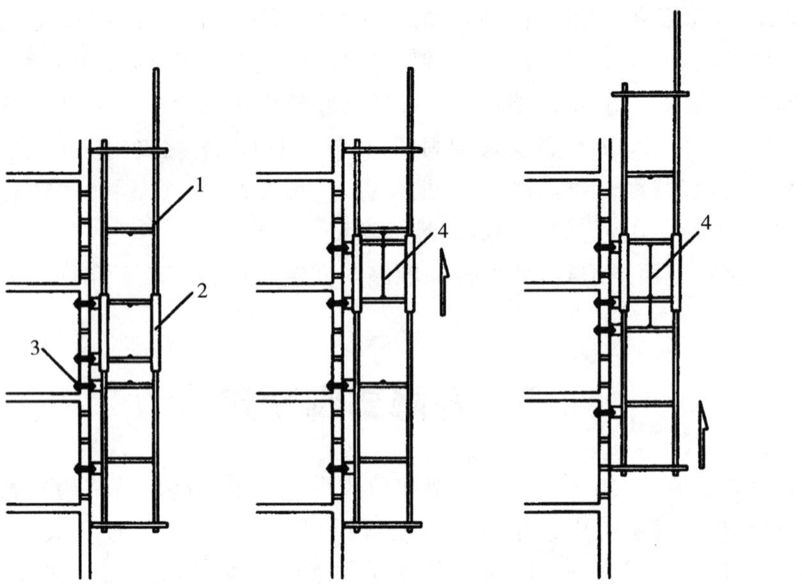

（a）爬升前的位置　（b）活动架爬升（半个层高）（c）固定架爬升（半个层高）

图 3－7　自升降式脚手架爬升过程

1—活动架；2—固定架；3—附墙螺栓；4—倒链

横杆，把 2 片升降架连接成一跨，组装成一个与邻跨没有牵连的独立升降单元体。附墙支座的附墙螺栓从墙外穿入，待架子校正后，在墙内紧固。对壁厚的筒仓或桥墩等，也可预埋螺母，然后用附墙螺栓将架子固定在螺母上。脚手架工作时，每个单元体共有 8 个附墙螺栓与墙体锚固。为了满足结构工程施工，脚手架应超过结构一层的安全作业需要。在升降脚手架上墙组装完毕后，用 ϕ48×3.5 钢管和对接扣件在上固定架上面再接高一步。最后在各升降单元体的顶部扶手栏杆处设临时连接杆，使之成为整体，内侧立杆用钢管扣件与模板支撑系统拉结，以增强脚手架整体稳定。

3. 爬升

爬升可分段进行，视设备、劳动力和施工进度而定，每个爬升过程提升 1.5～2m，每个爬升过程分两步进行。

(1)爬升活动架

解除脚手架上部的连接杆，在一个升降单元体两端升降架的吊钩处，各配置 1 只倒链，倒链的上、下吊钩分别挂入固定架和活动架的相应吊钩内。操作人员位于活动架上，倒链受力后卸去活动架附墙支座的螺栓，活动架即被倒链挂在固定架上，然后在两端同步提升，活动架即呈水平状态徐徐上升。爬升到达预定位置后，将活动架用附墙螺栓与墙体锚固，卸下倒链，活动架爬升完毕。

(2)爬升固定架

同爬升活动架相似，在吊钩处用倒链的上、下吊钩分别挂入活动架和固定架的相应吊钩内，倒链受力后卸去固定架附墙支座的附墙螺栓，固定架即被倒链挂吊在活动架上。然后在两端同步抽动倒链，固定架即徐徐上升，同样爬升至预定位置后，将固定架用附墙螺栓与墙体锚固，卸下倒链，固定架爬升完毕。

至此，脚手架完成了一个爬升过程。待爬升一个施工高度后，重新设置上部连接杆，脚手架进入工作状态，以后按此循环操作，脚手架即可不断爬升，直至结构到顶。

3.5.2 互升降式脚手架

互升降式脚手架将脚手架分为甲、乙两种单元，通过倒链交替对甲、乙两单元进行升降。当脚手架需要工作时，甲单元与乙单元均用附墙螺栓与墙体锚固，两架之间无相对运动；当脚手架需要升降时，一个单元仍然锚固在墙体上，使用倒链对相邻一个架子进行升降，两架之间便产生相对运动。通过甲、乙两单元交替附墙，相互升降，脚手架即可沿着墙体上的预留孔逐层升降。互升降式脚手架的性能特点是：

(1)结构简单，易于操作控制。

(2)架子搭设高度低，用料省。

(3)操作人员不在被升降的架体上，增加了操作人员的安全性。

(4)脚手架结构刚度较大，附墙的跨度大。它适用于框架剪力墙结构的高层建筑、水坝、筒体等施工。

具体操作过程如下。

1. 施工前的准备

施工前应根据工程设计和施工需要进行布架设计，绘制设计图。编制施工组织设计，编订施工安全操作规定。在施工前还应将互升降式脚手架所需要的辅助材料和施工机具准备好，并按照设计位置预留附墙螺栓孔或设置好预埋件。

2. 安装

互升降式脚手架的组装可有两种方式：在地面组装好单元脚手架，再用塔吊吊装就位；或是在设计爬升位置搭设操作平台，在平台上逐层安装。爬架组装固定后的允许偏差应满足：沿架子纵向垂直偏差不超过 30mm；沿架子横向垂直偏差不超过 20mm；沿架子水平偏差不超过 30mm。

3. 爬升

脚手架爬升前应进行全面检查，检查的主要内容：预留附墙连接点的位置是否符合要求，预埋件是否牢靠；架体上的横梁设置是否牢固；提升降单元的导向装置是否可靠；升降单元与周围的约束是否解除，升降有无障碍；架子上是否有杂物；所适用的提升设备是否符合要求等。

当确认以上各项都符合要求后方可进行爬升(图 3-8)，提升到位后，应及时将架子同结构固定；然后用同样的方法对与之相邻的单元脚手架进行爬升操作，待相邻的单元脚手架升至预定位置后，将两个单元脚手架连接起来，并在两个单元操作层之间铺设脚手板。

4. 下降

与爬升操作顺序相反，利用固定在墙体上的架子对相邻的单元脚手架进行下降操作，同时把留在墙面上的预留孔修补完毕，最后脚手架返回地面。

5. 拆除

拆除前应清理脚手架上的杂物。拆除脚手架有两种方式：一种是常规脚手架拆除方式，采用自上而下的顺序，逐步拆除；另一种用起重设备将脚手架整体吊至地面拆除。

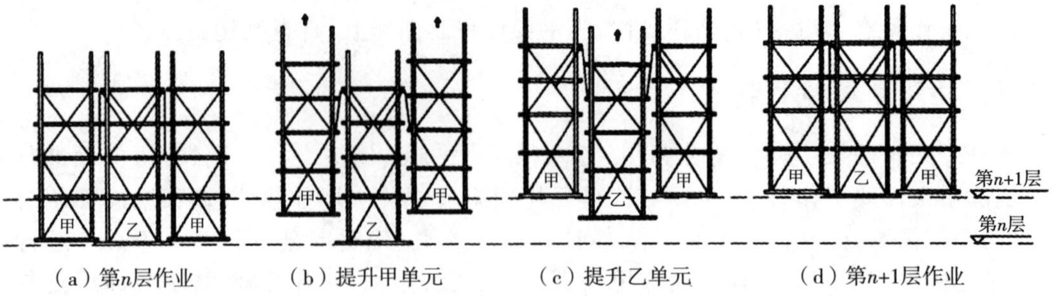

图 3-8　互升降式脚手架爬升过程

3.5.3　整体升降式脚手架

在超高层建筑的主体施工中，整体升降式脚手架有明显的优越性，它结构整体好、升降快捷方便、机械化程度高、经济效益显著，是一种很有推广使用价值的超高建(构)筑外脚手架。

整体升降式外脚手架以电动倒链为提升机，使整个外脚手架沿建筑物外墙或柱整体向上爬升(图 3-9)。搭设高度依建筑物施工层的层高而定，一般取建筑物标准层 4 个层高加

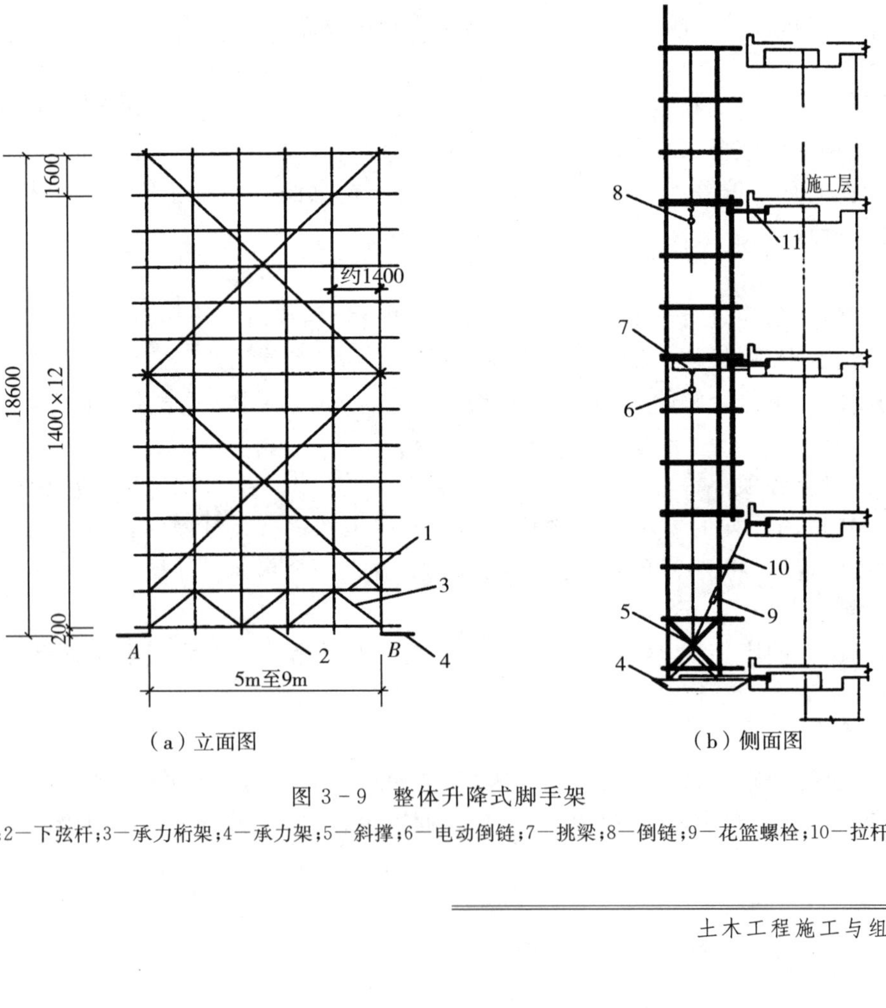

图 3-9　整体升降式脚手架

1—上弦杆；2—下弦杆；3—承力桁架；4—承力架；5—斜撑；6—电动倒链；7—挑梁；8—倒链；9—花篮螺栓；10—拉杆；11—螺栓

1步安全栏的高度为架体的总高度。脚手架为双排，宽以0.8～1m为宜，里排杆离建筑物净距0.4～0.6m。脚手架的横杆和立杆间距都不宜超过1.8m，可将1个标准层高分为2步架，以此步距为基数确定架体横、立杆的间距。

架体设计时可将架子沿建筑物外围分成若干单元，每个单元的宽度参考建筑物的开间而定，一般为5～9m。

具体操作如下。

1. 施工前的准备

按平面图先确定承力架及电动倒链挑梁安装的位置和个数，在相应位置上的混凝土墙或梁内预埋螺栓或预留螺栓孔。各层的预留螺栓或预留孔位置要求上下相一致，误差不超过10mm。加工制作型钢承力架、挑梁、斜拉杆。准备电动倒链、钢丝绳、脚手管、扣件、安全网、木板等材料。

因整体升降式脚手架的高度一般为4个施工层层高，在建筑物施工时，由于建筑物的最下几层层高往往与标准层不一致，且平面形状也往往与标准层不同，所以一般在建筑物主体施工到3～5层时开始安装整体脚手架。下面几层施工时往往要先搭设落地外脚手架。

2. 安装

先安装承力架，承力架内侧用M25～M30的螺栓与混凝土边梁固定，承力架外侧用斜拉杆与上层边梁拉结固定，用斜拉杆中部的螺栓将承力架调平；再在承力架上面搭设架子，安装承力架上的立杆；最后搭设下面的承力桁架。接着逐步搭设整个架体，边搭边设置拉结点，并设斜撑。在比承力架高2层的位置安装工字钢挑梁，挑梁与混凝土边梁的连接方法与承力架相同。电动倒链挂在挑梁下，并将电动倒链的吊钩挂在承力架的花篮挑梁上。在架体上每个层高满铺厚木板，架体外面挂安全网。

3. 爬升

短暂开动电动倒链，将电动倒链与承力架之间的吊链拉紧，使其处在初始受力状态。松开架体与建筑物的固定拉结点。松开承力架与建筑物相连的螺栓和斜拉杆，开动电动倒链开始爬升，爬升过程中应随时观察架子的同步情况，如发现不同步应及时停机进行调整。爬升到位后，先安装承力架与混凝土边梁的紧固螺栓，并将承力架的斜拉杆与上层边梁固定，然后安装架体上部与建筑物的各拉结点。待检查符合安全要求后，脚手架可开始使用，进行上一层的主体施工。在新一层主体施工期间，将电动倒链及其挑梁摘下，用滑轮或手动倒链转至上一层重新安装，为下一层爬升做准备。

4. 下降

与爬升操作顺序相反，利用电动倒链顺着爬升用的墙体预留孔倒行，脚手架即可逐层下降，同时把留在墙面上的预留孔修补完毕，最后脚手架返回地面。

5. 拆除

爬架拆除前应清理脚手架上的杂物。拆除方式与互升式脚手架类似。

另有一种液压提升整体式的脚手架-模板组合体系(图3-10)，它通过设在建(构)筑内部的支承立柱及立柱顶部的平台桁架，利用液压设备进行脚手架的升降，同时也可升降建筑物的模板。

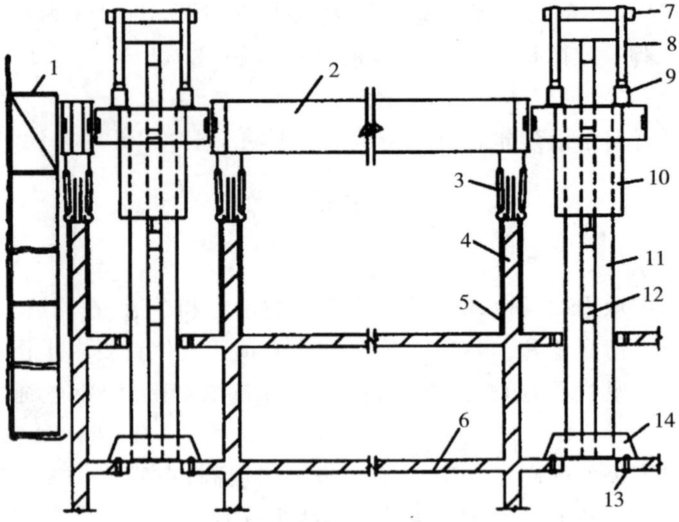

图 3-10　液压整体提升大模板

1—吊脚手;2—平台桁架;3—手拉倒链;4—墙板;5—大模板;6—楼板;7—支承挑架;
8—提升支承杆;9—千斤顶;10—提升导向架;11—支承立柱;12—连接板;13—螺栓;14—底座

3.6　里脚手架

里脚手架搭设于建筑物内部,每砌完一层墙后,即将其转移到上一层楼面,进行新的一层墙体砌筑。里脚手架也用于室内装饰施工。里脚手架装拆较频繁,要求轻便灵活,装拆方便。通常将其做成工具式的,结构形式有折叠式、支柱式和门架式。

角钢折叠式里脚手架(图 3-11)的架设间距,砌墙时宜为 1.0～2.0m,粉刷时宜为 2.2～2.5m。根据施工层高,沿高度可以搭设两步脚手,第一步高约 1m,第二步高约 1.65m。

套管式支柱(图 3-12)是支柱式里脚手架的一种,由若干支柱和横杆组成。将插管插入立管中,以销孔间距调节高度,在插管顶端的凹形支托内搁置方木横杆,横杆上铺设脚手板。搭设间距,砌墙时宜为 2.0m,粉刷时不超过 2.5m。

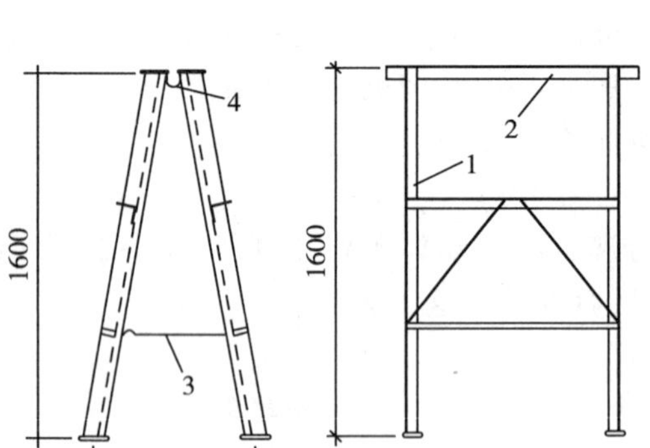

图 3-11　折叠式里脚手架

1—立柱;2—横楞;3—挂钩;4—铰链

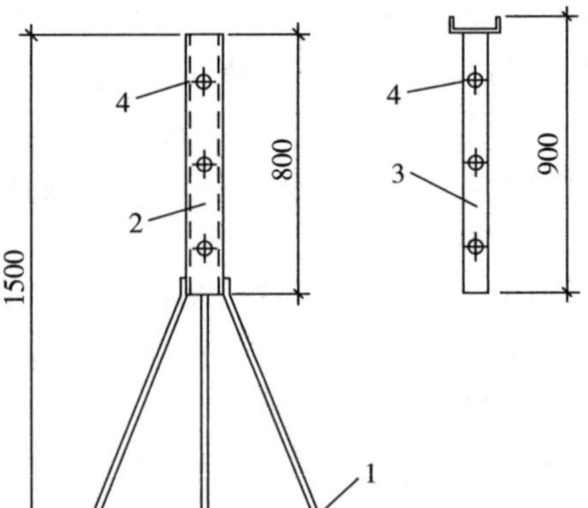

图 3-12　套管式支柱

1—支脚;2—立管;3—插管;4—销孔

门架式里脚手架由两片“A”形支架与门架组成(图 3-13)。其架设高度为 1.5～2.4m,两片“A”形支架间距为 2.2～2.5m。

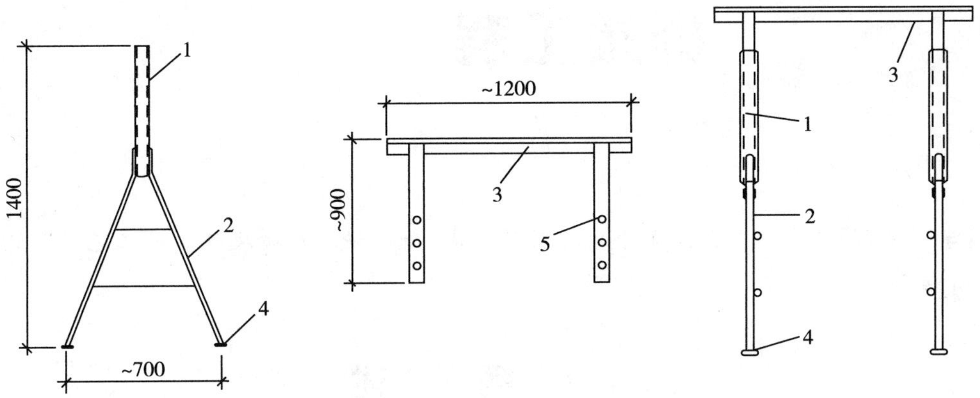

(a)“A”形支架　(b)门架　(c)安装示意

图 3-13　门架式里脚手架

1—立管;2—支脚;3—门架;4—垫板;5—销孔

思考练习题

一、单选题

1. 满堂脚手架是按照(　　)分类的。

A. 材料　B. 用途　C. 支固　D. 设置

2. 单排、双排扣件式钢管脚手架搭设高度不宜超过(　　)米。

A. 15　30　B. 20　50　C. 20　40　D. 15　50

3. 碗扣式钢管脚手架垂直度搭设高度在 30 米以下应控制在(　　)以内。

A. 1/200　B. 1/300　C. 1/400　D. 1/600

4. 扣件式钢管脚手架中凡立柱与纵向水平杆、横向水平杆的相交处均必须设置(　　)。

A. 剪刀撑　B. 斜撑　C. 连墙件　D. 横向水平杆

5. 扣件式钢管脚手架中承受由风荷载产生拉力或压力的构件是(　　)。

A. 立柱　B. 横向水平杆　C. 剪刀撑　D. 连墙固定件

6. (　　)脚手架是当今国际上应用最普遍的脚手架之一。

A. 门式　B. 碗扣式钢管　C. 扣件式钢管　D. 木

二、简答题

1. 脚手架应满足哪些要求?

2. 什么是“步架高度”?

3. 扣件式脚手架有哪些扣件?

4. 多立杆式脚手架的搭设有哪些要求?

第4章 砌筑工程

【学习内容】本章主要介绍了砌体材料的组成、砌砖施工和砌块施工的工艺流程以及砌体冬期施工。

4.1 概　　述

砌筑工程是指砖、石和各种砌块的施工。

砖石建筑在我国有悠久的历史，目前在土木工程中仍占有相当的比重。这种结构虽然取材方便、施工简单、成本低廉，但它的施工仍以手工操作为主，劳动强度大、生产率低，而且烧制黏土砖占用大量农田，污染环境，因而采用新型墙体材料改善砌体施工工艺是砌筑工程改革的重点。

4.2 砌 体 材 料

砌筑工程所使用的材料包括块材与砂浆。砂浆通过胶结作用将块材结合形成砌体，以满足正常作用要求及承受结构的各种荷载。因此，块材与砂浆的质量对砌体质量具有重要的意义。

4.2.1 块材

建筑工程所用块材，一般分为砖、砌块与石块三大类。

1. 砖

根据使用材料和制作方法的不同，砌筑用砖分为以下几种类型：

(1)烧结普通砖

烧结普通砖是以黏土、页岩、煤矸石、粉煤灰为主要原料，经过焙烧而成的实心或孔洞率不大于15%的砖。

烧结普通砖外形为直角六面体，其规格为240mm×115mm×53mm(长×宽×高)。

烧结普通砖的强度等级可以分为MU30，MU25，MU20，MU15，MU10五个等级。

(2)烧结多孔砖

烧结多孔砖是以黏土、页岩、煤矸石等为主要原料，经过焙烧而成的承重多孔砖。

烧结多孔砖根据其形状可分为方形多孔砖、矩形多孔砖，其规格有190mm×190mm×

90mm(长×宽×高)和240mm×115mm×90mm(长×宽×高)两种。

烧结多孔砖根据抗压强度、变异系数分为MU30,MU25,MU20,MU15,MU10五个强度等级。

(3)烧结空心砖

烧结空心砖是以黏土、页岩、煤矸石等为主要原料,经过焙烧而成的空心砖。

烧结空心砖的长度有240mm,290mm,宽度有140mm,180mm,190mm,高度有90mm,115mm。

烧结空心砖强度等级较低,分为MU5,MU3,MU2,因而一般用于非承重墙体。

(4)煤渣砖

煤渣砖是以煤渣为主要原料,掺入适量石灰、石膏,经混合、压制成型、蒸养或蒸压而成的实心砖。

煤渣砖的规格为240mm×115mm×53mm(长×宽×高)。

根据抗压强度和抗折强度的不同,煤渣砖分为MU20,MU15,MU10,MU7.5四个强度等级。

2. 砌块

砌块代替黏土砖作为建筑工程的墙体材料,是墙体改革的一个重要途径。砌块是以天然材料或工业废料为原材料制作的,它的主要特点是施工方法非常简便,改变了手工砌筑的落后方式,减轻了工人的劳动强度,提高了生产效率。

砌块按使用目的可分为承重砌块与非承重砌块(包括隔墙砌块和保温砌块);按是否有孔洞可以分为实心砌块与空心砌块(包括单排孔砌块和多排孔砌块);按砌块大小可以分为小型砌块(块材高度小于380mm)和中型砌块(块材高度为380～940mm);按使用的原材料可以分为普通混凝土砌块、粉煤灰硅酸盐砌块、煤矸石混凝土砌块、火山灰混凝土砌块、蒸压加气混凝土砌块等。

(1)普通混凝土小型空心砌块

普通混凝土小型空心砌块是以水泥、砂、碎石或卵石、水为原料制成的。

普通混凝土小型空心砌块的规格尺寸为390mm×190mm×190mm(长×宽×高),有两个方孔,最小外壁厚度应不小于30mm,最小肋厚应不小于25mm,空心率应不小于25%。

普通混凝土小型空心砌块按其强度分为MU20,MU15,MU10,MU7.5,MU5,MU3.5六个强度等级。

(2)轻集料混凝土小型空心砌块

轻集料混凝土小型空心砌块是以水泥、轻集料、砂、水等预制而成的。其中轻集料品种包括粉煤灰、煤矸石、浮石、火山灰以及各种陶粒等。

(3)加气混凝土砌块

加气混凝土砌块是以水泥、矿渣、砂、石灰等为主要原料,加入发气剂,经搅拌成型、蒸压养护而成的实心砌块。

3. 石块

砌筑用石有毛石和料石两类。

毛石又分为乱毛石和平毛石。乱毛石是指形状不规则的石块;平毛石是指形状不规则,但有两个平面大致平行的石块。毛石的中部厚度不宜小于150mm。

料石按其加工面的平整度分为细料石、粗料石和毛料石三种。料石的宽度、厚度均不宜小于200mm,长度不宜大于厚度的4倍。

因石材的大小和规格不一,通常用边长为70mm的立方体试块进行抗压试验,取3个试块破坏强度的平均值作为确定石材强度等级的依据。石材的强度等级划分为MU100,MU80,MU60,MU50,MU40,MU30和MU20。

4.2.2 砂浆

砂浆是由胶结材料、细骨料、掺加料和水配制而成。砌筑砂浆是在砖、石、砌块等块材表面铺成砂浆层,起黏结和传递应力的作用。按胶结材料的不同,可分为水泥砂浆、石灰砂浆和混合砂浆。砂浆种类及其等级的选择,应根据设计要求确定。

1. 材料要求

水泥砂浆和混合砂浆可用于砌筑潮湿环境和强度要求较高的砌体,但对于基础一般只用水泥砂浆。

石灰砂浆宜用于砌筑干燥环境中以及强度要求不高的砌体,不宜用于潮湿环境的砌体及基础,因为石灰属气硬性胶凝材料,在潮湿环境中,石灰膏不但难以结硬,而且会出现溶解流散现象。

砌筑砂浆使用的水泥品种、标号应根据砌体部位和所处环境来选择。水泥砂浆采用的水泥强度等级不宜大于42.5MPa,水泥混合砂浆采用的水泥强度等级不宜大于52.5MPa。如遇水泥标号不明或出厂日期超过三个月等情况,应经试验鉴定后方可使用,不同标号的水泥不能混合使用。

砌筑砂浆用砂,砖砌体宜选用中砂,粒径不得大于2.5mm;毛石砌体宜采用粗砂,最大粒径应为砂浆层厚度的1/5～1/4,砂中不得含有杂物和土粒等。由于砂的含泥量对砂浆强度、稠度及耐久性影响较大,对砂浆强度等级大于或等于M5的水泥混合砂浆,砂中含泥量不应超过5%,人工砂、山砂及特细砂,应该试配并能满足砌筑砂浆技术条件要求。同时,拌制砂浆应采用不含有害物质的洁净水或饮用水。

为改善砌筑砂浆的和易性,常加入掺加料,如石灰膏、黏土粉、电石膏、粉煤灰和生石灰等。掺入生石灰或石灰膏时,应用孔径不大于3mm×3mm的网过滤;采用熟石灰时,其熟化时间不得少于7天;严禁使用脱水硬化的石灰膏作为掺合料。除上述掺合料外,目前还掺入增塑剂、早强剂、缓凝剂、防冻剂等外加剂来改善砂浆和易性。

2. 砂浆强度

砌筑水泥砂浆的强度等级有M5.0,M7.5,M10,M15,M20,M25,M30等,水泥混合砂浆的强度等级有M7.5,M10和M15。各强度等级的28天抗压强度应不小于表4-1的规定。

3. 砂浆的制备与使用

砂浆的配合比应经试验确定,试配砂浆时,应按设计强度等级提高15%。水泥砂浆材料用量可按表4-2选用。施工中如用水泥砂浆代替同强度等级的水泥混合砂浆砌筑砌体时，用水泥砂浆和易性较差，砌体强度有所下降（一般下降 15%左右），因此，应提高水泥砂浆的配制强度（一般提高一级），方可满足设计要求。

表 4－1　砌筑砂浆强度等级

强度等级	龄期 28 天抗压强度/MPa	
	各组最低平均值	最小一组最低平均值
M30	30	22.5
M25	25	18.75
M20	20	15
M15	15	11.25
M10	10	7.5
M7.5	7.5	5.63
M5	5	3.75

表 4－2　每立方米水泥砂浆材料用量（kg/m³）

强度等级	水泥	砂	用水量
M5	200～230		
M7.5	230～260		
M10	260～290		
M15	290～330	砂的堆积密度值	270～330
M20	340～400		
M25	360～410		
M30	430～480		

注：(1)M15 及 M15 以下强度等级水泥砂浆，水泥强度等级为 32.5 级；M15 以上强度等级水泥砂浆，水泥强度等级为 42.5 级；

(2)当采用细砂或粗砂时，用水量分别取上限或下限；

(3)稠度小于 70mm 时，用水量可小于下限；

(4)施工现场气候炎热或干燥季节，可酌量增加用水量。

砂浆的配料要准确，水泥以及各种外加剂的配料精度应控制在±2%以内；砂、石灰膏、粉煤灰的配料精度应控制在±5%以内。

砂浆应采用机械搅拌，拌合时间自投料完毕算起，水泥砂浆和水泥混合砂浆不得小于 2min。砂浆应具有良好的保水性，水泥砂浆的分层厚度不应大于 20mm。如砂浆出现泌水现象，应在砌筑前再次拌和，砂浆的稠度应符合表 4－3 的规定。

砂浆应随拌随用，常温下，水泥砂浆（水泥混合砂浆）必须在搅拌后 3h(4h)使用完毕；如施工期间最高气温超过 30℃，则必须分别在拌成后 2h(3h)使用完毕。

表 4-3　砌筑砂浆的稠度

项　次	砌体种类	砂浆稠度/mm
1	烧结普通砖砌体、蒸压粉煤灰砖砌体	70～90
2	混凝土实心砖、混凝土多孔砖砌体 普通混凝土小型空心砌块砌体 蒸压灰砂砖彻体	50～70
3	烧结多孔砖、空心砖砌体 轻骨料小型空心砌块砌体 蒸压加气混凝土砌块砌体	60～80
4	石砌体	30～50

每一层楼或每 250m^3 砌体中的各种设计强度等级的砂浆，每台搅拌机应至少检查一次，每次至少制作一组试块(每组 6 块)。如砂浆强度等级或配合比变更时，还应制作试块。

4.3　砌砖施工

砖的品种、强度等级必须符合设计要求，并应规格一致。常温下砌砖，一般应提前 1～2d 浇水润湿，避免砖吸收砂浆中过多的水分而影响粘结力，并可除去砖面上的粉末。但也不宜浇水过多，否则，砖、石不能吸收砂浆中的多余水分，造成饱浆现象，影响砂浆的密实性、强度和粘结力，而且还会产生堕灰和砌块滑动现象，使墙面不洁净，灰缝不平整，墙面不平直。对普通黏土砖、空心砖的含水率宜为 10%～15%，以将砖砍断后，砖心还有 10～15mm 的干心为宜。灰砂砖、粉煤灰砖不宜浇水过多，其含水率控制在 5%～8%为宜。

砖砌体的组砌要求：上下错缝，内外搭接，以保证砌体的整体性。同时组砌要少砍砖，以提高砌筑效率，节约材料。

砖墙的组砌形式主要有以下几种。

1. 一顺一丁

一顺一丁砌法，是一皮中全部顺砖与一皮中全部丁砖相互间隔砌成，上下皮间的竖缝互相错开 1/4 砖长(如图 4-1a)。这种砌法效率较高，但当砖的规格不一致时，竖缝难以整齐。

2. 三顺一丁

三顺一丁砌法是三皮中全部顺砖与一皮中全部丁砖间隔砌成，上下皮顺砖间竖缝错开 1/2 砖长，上下皮顺砖与丁砖竖缝错开 1/4 砖长(如图 4-1b)。这种砌筑方法，由于顺砖较多，砌筑效率较高，适用于砌筑一砖或一砖以上的墙厚。

3. 梅花丁

梅花丁砌法(又称沙包式、“十”字式)是每皮中丁砖、顺砖相隔，上皮丁砖坐中于下皮顺砖，上下皮间竖缝相互错开 1/4 砖长(如图 4-1c)。这种砌法内外竖缝每皮上下都能错开，故整体性较好，灰缝整齐，比较美观，但砌筑效率较低。砌筑清水墙或当砖的规格不一致时，采用这种砌法较好。

为了使砖墙的转角处各皮间竖缝相互错开，必须在外角处砌七分头砖(即 3/4 砖长，图

（a）一顺一丁　　（b）三顺一丁　　（c）梅花丁

图 4－1　砖墙组砌形式

4－2a）。砖墙的“丁”字接头处，应分皮互相砌通，内角相交处竖缝应错开 1/4 砖长，并在横端头处加砌七分头砖（图 4－2b）。砖墙的“十”字接头处，应分皮相互砌通，交角处的竖缝相互错开 1/4 砖长（图 4－2）。

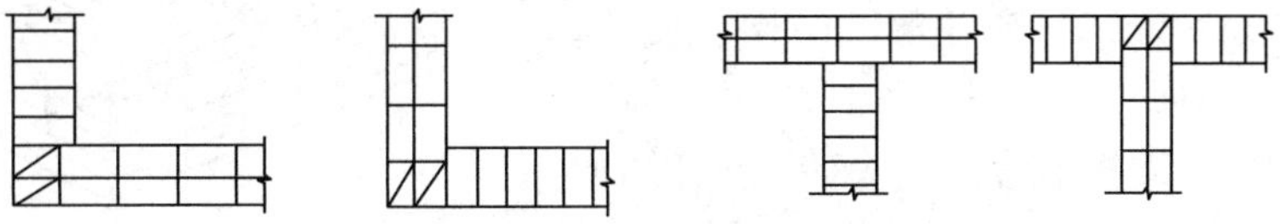

第一皮　第二皮　第一皮　第二皮

（a）一砖墙转角（一顺一丁）　　（b）一砖墙丁字交接处（一顺一丁）

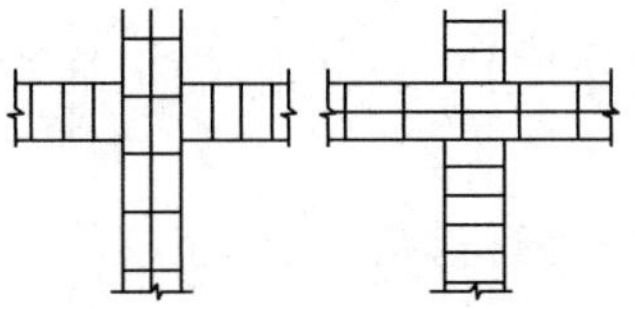

第一皮　第二皮

（c）一砖墙十字交接处（一顺一丁）

图 4－2　砖墙交接处组砌

4.3.1　砖墙的砌筑工艺

砌砖施工通常包括抄平、放线、摆砖样、立皮数杆、挂准线、铺灰、砌砖等工序。如果是清水墙，则还要进行勾缝。

1. 抄平

砌砖墙前，先在基础面或楼面上按标准的水准点定出各层标高，并用水泥砂浆或 C10 细石混凝土找平。

2. 放线

建筑物底层墙身可按龙门板上轴线定位钉为准拉麻线，沿麻线挂下线锤，将墙身中心轴线放到基础面上，并据此墙身中心轴线为准弹出纵横墙身边线，并定出门洞口位置。为保证各楼层墙身轴线的重合，并与基础定位轴线一致，可利用预先引测在外墙面上的墙身中心轴线，借助于经纬仪把墙身中心轴线引测到楼层上去；或悬挂线锤，对准外墙面上的墙身中心轴线，从而向上引测。轴线的引测是放线的关键，必须按图纸要求尺寸用钢尺进行校核，然后按楼层墙身中心线，弹出各墙边线，划出门窗洞口位置。

3. **摆砖样**

按选定的组砌方法，在墙基顶面放线位置试摆砖样（生摆，即不铺灰），尽量使门窗垛符合砖的模数，偏差小时可通过竖缝调整，以减小斩砖数量，并保证砖及砖缝排列整齐、均匀，以提高砌砖效率。摆砖样在清水墙砌筑中尤为重要。

4. **立皮数杆**

立皮数杆（图 4－3）可以控制每皮砖砌筑的竖向尺寸，并使铺灰、砌砖的厚度均匀，保证砖皮水平。皮数杆上划有每皮砖和灰缝的厚度，以及门窗洞、过梁、楼板等的标高。它立于墙的转角处，其基准标高用水准仪校正。如墙的长度很大，可每隔 10～20m 再立一根。

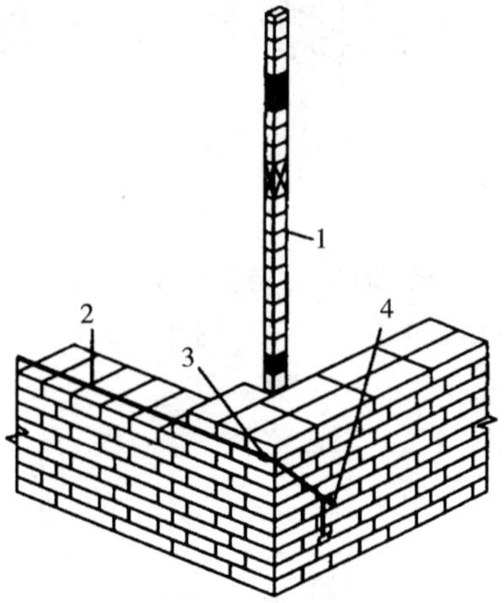

图 4－3　立皮数杆

1－皮数杆；2－准线；3－竹片；4－圆铁钉

5. **铺灰砌砖**

砌砖的操作方法很多，与各地区的操作习惯、使用工具有关。一般采用“三一”砌砖法和铺浆法。“三一”砌砖法，即一铲灰、一块砖、一挤揉的砌筑方法，优点是灰浆饱满，粘结力好，整体性好，墙面清洁，质量高。铺浆法是用灰勺、大铲或铺灰器在墙顶上铺一段砂浆，然后用力将砖挤入砂浆中一定厚度并放平，优点是施工速度快，灰缝饱满，但通常铺浆长度不得超过 750mm，气温超过 30℃时不得超过 500mm。

砖砌通常先在墙角以皮数杆进行盘角，然后将准线挂在墙侧，作为墙身砌筑的依据，每砌一皮或两皮，准线向上移动一次。

4.3.2　砌筑质量要求

砌筑工程质量要求：横平竖直、砂浆饱满、灰缝均匀、上下错缝、内外搭砌、接槎牢固。

对砌砖工程，要求每一皮砖的灰缝横平竖直、砂浆饱满。上面砌体的重量主要通过砌体之间的水平灰缝传递到下面，水平灰缝不饱满往往会使砖块折断。为此，规定实心砖砌体水平灰缝的砂浆饱满度不得低于 80%。竖向灰缝的饱满程度，影响砌体抗透风和抗渗水的性能。水平缝厚度和竖缝宽度规定为 10mm±2mm，过厚的水平灰缝容易使砖块浮滑，墙身侧倾，过薄的水平灰缝会影响砌体之间的粘结能力。

“上下错缝”是指砖砌体上下两皮砖的竖缝应当错开，以避免上下通缝。在垂直荷载作用下，砌体会由于“通缝”丧失整体性而影响砌体强度。同时，内外搭砌使同皮的里外砌体通过相邻上下皮的砖块搭砌而组砌得牢固。

“接槎”是指相邻砌体不能同时砌筑而设置的临时间断，它可便于先砌砌体与后砌砌体之间的接合。为使接槎牢固，须保证接槎部分的砌体砂浆饱满，砖砌体应尽可能砌成斜槎，斜槎的长度不应小于高度的 2/3（图 4－4a），临时间断处的高度差不得超过一步脚手架的高度。当留斜槎确有困难时，可从墙面引出不小于 120mm 的直槎（图 4－4b），并沿高度间距不大于 500mm 加设拉结筋的，拉结筋每 120mm 墙厚放置 1 根 $\phi6$ 钢筋，当墙厚为 120mm 时应设置 $2\phi6$ 拉筋，埋入墙的长度每边均不小于 500mm。对于抗震设防裂度 6 度、7 度地区，不应小于 1000mm。但砌体的“L”形转角处，可留直槎，但应做成凸槎。

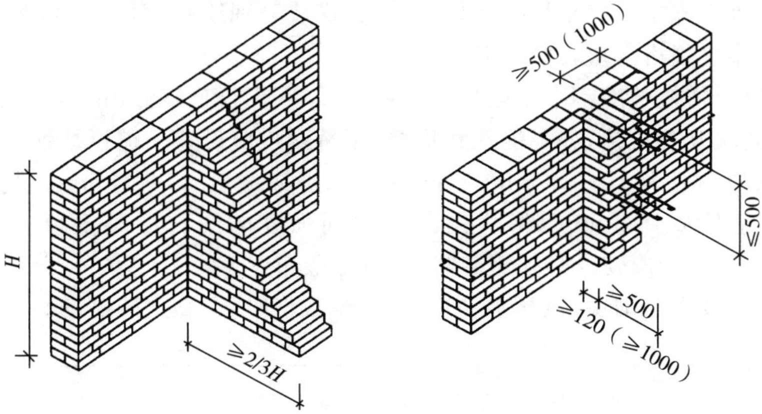

（a）斜槎砌筑　　（b）直槎砌筑

图 4－4　接槎构造

4.4　砌 块 施 工

砌块代替黏土砖是我国墙体改革的发展方向。砌块施工方法简单，劳动强度低，砌筑效率高，自重轻，因此，中小型砌块在我国已广泛应用。砌块的规格不一，一般高度为 380～940mm，长度为高度的 1.5～2.5 倍，厚度为 180～300mm，每块砌体重量 50～200kg。

4.4.1　砌块的吊装机械

砌块墙的施工特点是砌块数量多，吊次也相应的多，但砌块的重量不是很大，通常采用的吊装方案有两种：一是塔式起重机进行砌块、砂浆的运输以及楼板等构件的吊装，由台灵架吊装砌块。台灵架在楼层上的转移由塔吊来完成。二是以井架进行材料的垂直运输，杠杆车进行楼板吊装，所有预制构件及材料的水平运输则用砌块车和手推车，台灵架负责砌块的吊装（图 4－5）。

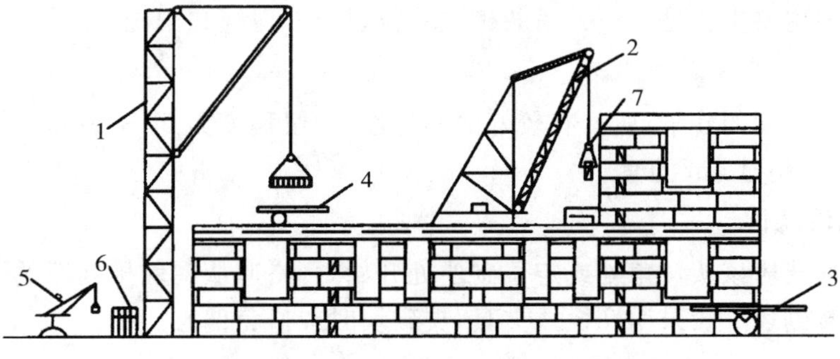

图 4－5　砌块吊装示意图

1—井架；2—台灵架；3—杠杆车；4—砌块车；5—少先吊；6—砌块；7—砌块夹

4.4.2　砌块排列图

中小型砌块体积较大、较重，不如砖块可以随意搬动，因此在吊装前应绘制砌块排列图，以指导吊装砌筑施工。砌块排列图按每片纵、横墙分别绘制(图 4－6)，要求做到：

(1)尽量采用主规格砌块，减少镶砖。

(2)错缝搭砌，搭接长度不小于砌块高度的 1/3，并不小于 150mm。外墙转角处及纵横墙交接处应用砌块互相搭接，如不能互相搭接，则每两皮应设置一道拉结钢筋网片。

(3)水平灰缝一般为 10～20mm，有配筋的水平灰缝为 20～25mm。竖缝宽度 15～20mm，当竖缝宽度大于 40mm 时，应用与砌块同强度的细石混凝土填实；当竖缝大于 100mm 时，应用黏土砖镶砌。必须镶砖时，砖应分散布置。

(4)当楼层高度不是砌块(包括水平灰缝)的整数倍时，用黏土砖镶砌。

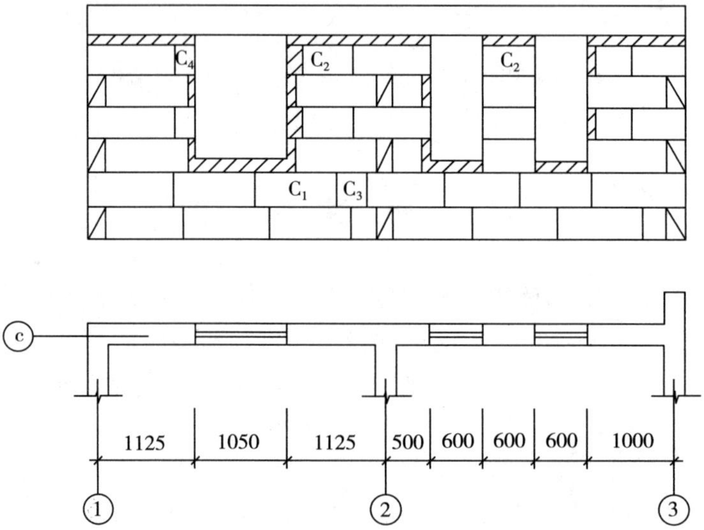

图 4－6　砌块排列图

4.4.3　砌块的施工工艺与质量要求

砌块施工的主要工艺是：铺灰、吊装砌块就位、校正、灌缝和镶砖等。

1. 铺灰

砌块墙体所采用的砂浆，应具有较好的和易性，砂浆稠度为 50～80mm，铺灰应均匀平整，长度一般以不超过 5m 为宜。

2. 吊装砌块就位

砌块就位吊装应该从转角处或定位砌块处开始，严格遵从砌块排列图的顺序和错缝搭接的原则。吊装砌块一般采用摩擦式夹具，夹砌块时应避免偏心。

3. 校正

用锤球或托线板检查垂直度，用拉准线的方法检查水平度。校正时可用人力轻微推动砌块或用撬杠轻轻撬动砌块，自重在150kg以下的砌块可用木槌敲击偏高处。

4. **灌缝**

竖缝可用夹板在墙体内外夹住，然后灌缝，灌缝后一般不准撬动，以防止破坏砂浆的黏接。

5. **镶砖**

镶砖工序必须在砌块校正后立即进行，不宜在吊装好一个楼层的砌块后才开始镶砖工作。如在下个楼层砌块安装完毕尚需进行镶砖，镶砖的最后一皮砖以及安装楼板、梁、檩条等构件下的砖层都必须用丁砖镶砌。

砌块的品种、强度等级必须符合设计要求，砌块进场必须有出厂合格证，同时对砌块进行抽检，确保砌块的质量。砂浆的品种必须符合设计要求，同品种、同强度等级砂浆各组试块的平均强度不小于砂浆的设计强度，任意一组试块的强度不小于砂浆设计强度的75%，此外砌块砌体的质量应达到以下要求：

(1)砌块砌体应当达到砂浆密实，灰缝、砌块平直，砌体砂浆必须密实饱满，水平灰缝和竖向灰缝的砂浆饱满度不小于90%，竖缝凹槽部位应用砌筑砂浆填实。

(2)墙体转角处和纵横墙交接处应同时砌筑。临时间断处应砌成斜槎，斜槎水平投影长度不应小于高度的2/3。如设置斜槎困难时，也可砌成直槎，但必须采用拉结网片或采用其他构造措施。

(3)砌块一般采用全顺组砌，上下皮错缝1/2砌块长度，上下皮砌块应分皮咬槎，交错搭接。由于黏土砖与空心小型砌块的材料性能不同，对承重墙体不得采用砌块与黏土砖混合砌筑。

(4)预埋拉结筋的直径、数量、长度应符合设计要求和技术规程的规定。

(5)芯柱配筋应符合设计要求，且芯柱混凝土的强度等级也应符合设计的要求，并切实振捣密实。

(6)砌体的位置及垂直度允许偏差应符合表4-4的规定。

表4-4 混凝土小砌块砌体的位置及垂直度允许偏差

<table>
<tr><th>项 次</th><th colspan="3">项 目</th><th>允许偏差(mm)</th><th>检验方法</th></tr>
<tr><td>1</td><td colspan="3">轴线位置偏移</td><td>10</td><td>用经纬仪和尺检查或用其他测量仪器检查</td></tr>
<tr><td rowspan="3">2</td><td rowspan="3">垂直度</td><td colspan="2">每层</td><td>5</td><td>用2m托线板检查</td></tr>
<tr><td rowspan="2">全高</td><td>≤10m</td><td>10</td><td rowspan="2">用经纬仪、吊线和尺检查，
或用其他测量仪器检查</td></tr>
<tr><td>>10m</td><td>20</td></tr>
</table>

4.5 砌体的冬期施工

砌筑工程的冬期施工是指连续5天平均气温稳定低于5℃时必须采取冬期施工措施。我国的冬期施工地区主要在华北、东北和西北地区，其大约每年有3～6个月的时间处于冬期施工期。

冬期施工由于施工条件和环境复杂，是工程质量事故出现的多发季节，且事故的发生具有隐蔽性和滞后性，往往冬期施工，春季才发现问题。由于负温环境增加了施工难度，对工程施工的经济效益和安全生产影响很大。因此冬期施工必须严守以下原则：保证工程质量、保证经济合理、节约能源、缩短工期、安全生产。

一般情况下，土方工程、防水工程、装饰工程不宜采用冬期施工方法。这些工种工程如采用冬期施工方法，很难保证工程质量或保证经济合理。砌筑工程、混凝土及钢筋混凝土工程，目前在我国已经完全能够进行全年施工。

砖石工程冬期施工主要方法有掺盐砂浆法和冻结法。

4.5.1 材料及质量要求

冬期施工所用的材料应符合如下规定：

(1)砖和石材在砌筑前，应清除冰霜。

(2)砂浆宜采用普通硅酸盐水泥拌制。

(3)石灰膏等应防止受冻，如遭冻应融化后使用。

(4)拌制砂浆所用的砂，不得含有冰块和直径大于1cm的冰结块。

(5)拌合砂浆时，水的温度不得超过80℃，砂的温度不得超过40℃。

为使砂浆具有良好的和易性，拌和均匀，提高砂浆的抗冻效果，冬期施工时可在砂浆中按一定比例掺入微沫剂。微沫剂能产生无数微小均匀、各自分散、互不串通的小气泡，附着在水泥和砂颗粒表面，起润滑作用。掺量一般为水泥用量的0.005%～0.01%。

普通砖在正常温度条件下砌筑应适当浇水润湿，在负温度条件下砌筑时，如浇水有困难则需适当加大砂浆的稠度，以确保砖与砂浆的粘结力。

冬期施工不得使用无水泥的砂浆，砌筑时砂浆与砖表面的温差不宜超过30℃，砂浆与石材表面的温差不宜超过20℃，以免在砂浆与砖石表面之间产生冰膜，降低砌体粘结力。

砖基础的施工和回填土前，均应防止地基遭受冻结。

冬期施工时，每日砌筑后应在砌体表面覆盖保温材料，砌体表面不得残留砂浆。在继续砌筑时，应扫净砌体表面，然后再续砌。

砖石工程的冬期施工应以采用掺盐砂浆法为主。对保温、绝缘、装饰等方面有特殊要求的工程，可采用冻结法或其他施工方法。

4.5.2 掺盐砂浆法

掺盐砂浆法是在水泥砂浆或水泥混合砂浆中，掺入一定数量的抗冻早强剂，使砂浆在一定的负温度下不冻结，砂浆强度能继续缓慢增长的施工方法。

1. 掺盐砂浆法常用的抗冻早强剂及其掺量

(1)氯化物抗冻早强剂

氯化物包括氯化钠和氯化钙，是砖石工程冬季施工最常用的抗冻早强剂。

(2)复合抗冻早强剂

配筋砌体或有预埋铁件砌体为防止配筋和预埋铁件发生锈蚀现象，可采用氯化钠＋亚硝酸钠复合抗冻早强剂。

2. 掺盐砂浆适用范围

由于氯化物砂浆吸湿性大，产生的析盐对钢筋和预埋铁件有锈蚀作用，下列工程不宜采用掺盐砂浆法施工：

(1)对装饰有特殊要求的工程。

(2)有高压电源的建筑物，如变电所、发电站等。

(3)房屋使用时湿度大于60%的工程。

(4)经常受40℃以上高温影响的建筑物。

(5)经常处于水位变化的工程。

3. 掺盐砂浆法施工工艺

掺盐砂浆法砌筑砖砌体，应使用“三一”砌筑法进行施工，灰浆要求饱满，灰缝厚度均匀，严格控制水平灰缝厚度和垂直灰缝宽度，水平灰缝砂浆饱满度不低于80%。砌体的转角处和交接处应同时砌筑，不能同时砌筑而又必须留槎处，应砌成斜槎，其斜槎长度不应小于高度的2/3。除转角处外，其他临时间断处留斜槎困难时也可留直槎，但必须做成阳槎，并加设拉结筋。抗震设防地区建筑的临时间断处不得留直槎。

掺盐砂浆法的砌筑砂浆使用温度不低于5℃。当环境平均气温低于－10℃时，砌筑承重结构的砂浆强度等级应比常温施工时提高一级，砌块砌筑时应采用水泥混合砂浆，稠度控制在50～60mm。

掺盐砂浆法砌筑砂浆中的氯盐对钢筋和预埋件有锈蚀作用，因此应做防腐处理。

4.5.3 冻结法

冻结法是采用不掺外加剂的普通水泥砂浆进行砌体工程施工的方法。冻结法施工的砖石砌体，允许砂浆受冻，融化时砂浆强度为零或接近零，转入常温时砂浆强度逐渐得以增长。

砌筑砂浆遭受冻结后强度会降低40%～60%，粘结力下降，砌体的抗压、抗弯、抗折和抗剪强度也将随之降低，为此冻结法施工时可根据实际气温情况适当提高砂浆强度等级1～2级。

1. 冻结法适用范围

冻结法适用于对保温、绝缘、装饰等有特殊要求的工程配筋的砌体，不受地震区条件限制的工程等。

冻结法施工的砂浆要经过冻结、融化和硬化三个阶段，砂浆与砖石砌体间的粘结力将有不同程度的降低，从而增加了砌体在融化阶段的变形，严重地影响了砌体的整体性。所以下列砖石砌体工程不允许采用冻结法施工：

(1)毛石混凝土砌体和毛石砌体。

(2)采用形状规则的砖石进行砌筑，但在解冻过程中遭受相当大的动力作用和振动作用的结构。

(3)在解冻阶段承受偏心荷载时，无上端支承点的自由独立结构，其计算偏心距超过截面重心距最大受压边缘的距离0.25倍的；有上端支点的结构，其计算偏心距超过截面重心受压边缘的距离0.7倍的。

(4)在解冻阶段需要承受超过纵向荷载10%的横向荷载的结构。

(5)砖薄壳、双曲砖拱和厚度小于半砖的拱和圆筒式拱。

(6)外挑长度大于180mm的挑檐。

(7)钢筋砖过梁的跨度大于1.2m的砖砌平拱。

(9)以轻质混凝土和其他填充料填充,但无顶砖砌合,无金属拉结条的轻型墙体。

(10)按烈度9级以上设防的地震区多层房屋或较高的建筑物,两个稳定结构间的砌体长度超过25m或40倍墙厚的砌体,建筑物超过砌体规定的极限高度,均不得采用冻结法施工。

(11)其他设计不允许采用冻结法施工的砖石结构。

2. 冻结法施工工艺

冻结法砌筑砖石砌体应采用"三一"砌筑法进行。对外墙转角处和内外墙交接处灰缝应精细砌合,砌筑时采用"一顺一丁"的砌筑法。

冻结法施工的砌体,应连续砌筑至一个施工层的高度,不可间断。每天砌筑的高度和临时间断处的高度差不得超过1.2m。间断处的砌体应留踏步槎,每8皮砖间距设置ϕ6的拉结筋。

冻结法施工的砌体,为了保证在解冻时的稳定性,施工时必须采取有效的加固措施,解冻过程中要经常进行观测,观测多层房屋下层的柱和窗间墙、梁端支承处、墙的交接处的变形、沉降的大小、方向和均匀性、砌体灰缝内砂浆硬化情况。观测时间不少于15d。当发现砌体有不均匀沉降、裂缝、倾斜、起鼓等现象时,应分析原因,立即采取有效的临时加固措施并特别注意安全。

思考练习题

一、填空题

1. 砌体工程用的砌块材料主要有________、________、________。

2. 建筑工程常用砌筑砂浆有________、________。其中________可用于潮湿环境中的砌体,________宜用于干燥环境。

3. 水泥进场使用前,应分批对其________、________ 进行复验。

4. 砂浆应随拌随用,水泥砂浆和水泥混合砂浆应分别在________和________内使用完毕;当施工期间最高气温超过30℃时,应分别在拌成后________和________内使用完毕。

5. 砌筑砖墙时,应采用"三一"砌筑法,即________、________、________。

6. 砌筑时要对砖进行浇水,含水率一般在________。

7. 砌砖工程一般包括________ 、________、________、________、________、________、________等工序。

8. 砌筑工程质量的基本要求:________、________ 、________、________。

9. 砌块砌筑的施工工序主要有________、________、________、________、 ________。

10. 砌块在砌筑前应先绘制________。

二、简答题

1. 何谓“三一”砌筑法？其优点是什么？

2. 试述砖砌体的质量要求及施工工艺。

3. 砖砌体有哪几种组砌方式？

4. 对砖墙砌筑临时间断处的留槎与接槎的要求有哪些？

5. 对于混凝土小型空心砌块砌体所使用的材料，除强度满足计算要求外，还应该符合哪些要求？

第5章　混凝土结构工程

【学习内容】本章主要介绍了混凝土结构与混凝土结构工程的划分；模板类型、作用及基本要求，模板的构造与设计，模板的安装与拆除；钢筋的分类、质检与存放，钢筋的配料与代换，钢筋的加工、连接(焊接连接、绑扎连接、机械连接)、安装及验收；混凝土原材料的选用，试配强度的确定、施工配合比换算，混凝土搅拌机类型及选用、搅拌制度的确定与搅拌站的布置；运输混凝土的要求及运输方法；混凝土浇筑的有关规定，浇筑方法，振捣设备及使用，施工缝留置及处理；现浇框架结构混凝土、大体积混凝土的浇筑；混凝土养护原理及方法；混凝土工程质量检验与评定；混凝土冬期施工原理与方法。

5.1　钢 筋 工 程

5.1.1　钢筋的种类与验收

混凝土结构用的普通钢筋可分为两类：热轧钢筋和冷加工钢筋(冷轧带肋钢筋、冷轧钢筋、冷拔螺旋钢筋等)，余热处理钢筋属于热轧钢筋一类。热轧钢筋的强度等级按照屈服强度(MPa)分为 HPB300 级、HRB335 级、HRB400 级和 HRB500 级。

热轧钢筋是经热轧成型并自然冷却的成品钢筋，分为热轧光圆钢筋和热轧带肋钢筋两种。余热处理钢筋是热轧钢筋经热轧后立即穿水，进行表面控制冷却，然后利用芯部余热自身完成回火处理所得的成品钢筋。冷轧带肋钢筋是热轧圆盘条经冷轧或冷拔减径后在其表面冷轧成二面或三面有肋的钢筋。冷轧带肋钢筋的强度，可分为三种等级：550 级、650 级及 800 级(MPa)。其中，550 级钢筋宜用于钢筋混凝土结构构件中的受力钢筋、架立筋、箍筋及构造钢筋；650 级和 800 级宜用于中小型预应力混凝土构件中的受力主筋。冷轧扭钢筋是用低碳钢钢筋(含碳量低于 0.25%)经冷轧扭工艺制成，其表面呈连续螺旋形，这种钢筋具有较高的强度，而且有足够的塑性，与混凝土粘结性能优异，代替 HPB300 级钢筋可节约钢材约 30%，一般用于预制钢筋混凝土圆孔板、叠合板中预制薄板以及现浇钢筋混凝土楼板等。冷拔螺旋钢筋是热轧圆盘条经冷拔后在表面形成连续螺旋槽的钢筋。

钢筋混凝土结构中所用的钢筋都应有出厂质量证明或试验报告单，每捆(盘)钢筋均应有标牌。进场时应按批号及直径分批验收。验收的内容包括查对标牌、外观检查，并按有关标准的规定抽取试样作力学性能试验，合格后方可使用。

对有抗震设防要求的结构，其纵向受力钢筋的性能应满足设计要求；当设计无具体要求时，对按一、二、三级抗震等级设计的框架和斜撑构件(含梯段)中的纵向受力钢筋应采用 HRB335E，HRB400E，HRB500E，HRBF335E，HRBF400E 或 HRBF500E 钢筋，其强度和最大力下总伸长率的实测值应符合下列规定：

(1)钢筋的抗拉强度实测值与屈服强度实测值的比值不应小于1.25；

(2)钢筋的屈服强度实测值与屈服强度标准值的比值不应大于1.30；

(3)钢筋的最大力下总伸长率不应小于9%。

当钢筋运进施工现场后，必须严格按批分等级、牌号、直径、长度挂牌存放，并注明数量，不得混淆。钢筋应尽量堆入仓库或料棚内。条件不具备时，应选择地势较高，土质坚实，较为平坦的露天场地存放。在仓库或场地周围挖排水沟，以利泄水。堆放时钢筋下面要加垫木，离地不宜少于200mm，以防钢筋锈蚀和污染。钢筋成品要分工程名称和构件名称，按号码顺序存放。同一项工程与同一构件的钢筋要存放在一起，按号挂牌排列，牌上注明构件名称、部位、钢筋类型、尺寸、钢号、直径、根数。不能将几项工程的钢筋混放在一起，同时不要和产生有害气体的车间靠近，以免污染和腐蚀钢筋。

5.1.2 钢筋的加工

钢筋的加工有钢筋除锈、钢筋调直、钢筋下料剪切及钢筋弯曲成型，钢筋加工宜在常温状态下进行，加工过程中不应加热钢筋。钢筋弯折应一次完成，不得反复弯折。此外钢筋属于隐蔽性工程，在浇筑混凝土之前应对钢筋及预埋件进行验收，并做好隐蔽工程记录。

1. 钢筋除锈

钢筋的表面应清洁、无损伤，油渍、漆污和铁锈应在加工前清除干净。带有颗粒状或片状老锈的钢筋不得使用。钢筋除锈后如有严重的表面缺陷，应重新检验该批钢筋的力学性能及其他相关性能指标。钢筋除锈一般可以通过以下两个途径：大量钢筋除锈可通过钢筋冷拉或钢筋调直机调直过程中完成；少量的钢筋局部除锈可采用电动除锈机或人工用钢丝刷、砂盘以及喷砂、酸洗等方法进行。

2. 钢筋调直

钢筋调直方法很多，常用的方法是使用卷扬机拉直和用调直机调直。钢筋宜采用无延伸功能的机械设备进行调直，也可采用冷拉方法调直。当采用冷拉方法调直时，HPB300光圆钢筋的冷拉率不宜大于4%；HRB335，HRB400，HRB500，HRBF335，HRBF400，HRBF500及RRB400带肋钢筋的冷拉率不宜大于1%。钢筋调直过程中不应损伤带肋钢筋的横肋。调直后的钢筋应平直，不应有局部弯折。

3. 钢筋下料剪切

切断前，应将同规格钢筋长短搭配，统筹安排，一般先断长料，后断短料，以减少短头和损耗。钢筋切断可用钢筋切断机或手动剪切器。

4. 钢筋弯曲成型

钢筋弯曲的顺序是画线、试弯、弯曲成型。画线主要根据不同的弯曲角在钢筋上标出弯折的部位，以外包尺寸为依据，扣除弯曲量度差值。钢筋弯曲有人工弯曲和机械弯曲。

5. 钢筋安装检查

钢筋属于隐蔽性工程，在浇筑混凝土之前应对钢筋及预埋件进行验收，并做好隐蔽工程记录。

安装钢筋前，施工人员必须熟悉施工图纸，合理安排钢筋安装顺序，检查钢筋品种、级别、规格、数量是否符合设计要求。

钢筋应绑扎牢固，防止钢筋移位。板和墙的钢筋网，除靠近外围两行钢筋的交叉点全部扎牢外，中间部分交叉点可间隔交错绑扎，但必须保证受力钢筋不产生位置偏移；对双向受力钢筋，必须全部绑扎牢固。

梁和柱的箍筋，除设计有特殊要求外，应与受力钢筋垂直设置；箍筋弯钩叠合处，应沿受力钢筋方向错开设置。在柱中竖向钢筋搭接时，角部钢筋的弯钩平面与模板面的夹角，对矩形柱夹角应为45°，对多边形柱应为模板内角的平分角；对圆形柱钢筋的弯钩平面应与模板的切线平面垂直；中间钢筋的弯钩平面应与模板面垂直；当采用插入式振捣器浇筑小型截面柱时，弯钩平面与模板面的夹角不得小于15°。板、次梁与主梁交接处，板的钢筋在上，次梁钢筋居中，主梁钢筋在下；主梁与圈梁交接处，主梁钢筋在上，圈梁钢筋在下，绑扎时切不可放错位置。

安装钢筋时，配置的钢筋品种、级别、规格和数量必须符合设计图纸的要求。

5.1.3 钢筋的连接

钢筋连接方法：绑扎连接、焊接连接和机械连接。

1. 钢筋的绑扎连接

绑扎连接要求：同一构件中相邻纵向受力钢筋的绑扎搭接接头宜相互错开。绑扎搭接接头中钢筋的横向净距不应小于钢筋直径，且不应小于25mm。

钢筋绑扎搭接接头连接区段的长度为$1.3l_1$（l_1为搭接长度），凡搭接接头中点位于该连接区段长度内的搭接接头均属于同一连接区段。同一连接区段内，纵向钢筋搭接接头面积百分率为该区段内有搭接接头的纵向受力钢筋截面面积与全部纵向受力钢筋截面面积的比值（图5-1）。同一连接区段内，纵向受拉钢筋搭接接头面积百分率应符合设计要求，无设计具体要求时，应符合下列规定：

（1）对梁类、板类构件，不宜超过25%，基础筏板不宜超过50%。

（2）对柱类构件，不宜超过50%。

（3）当工程中确有必要增大接头面积百分率时，对梁类构件，不应超过50%；对其他构件可根据实际情况放宽。

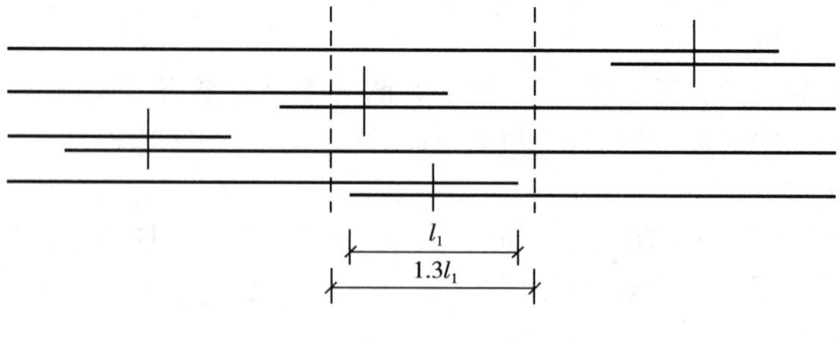

图5-1 钢筋绑扎搭接接头连接区段及接头面积百分率

注：图中所示搭接接头同一连接区段内的搭接钢筋为两根，各钢筋直径相同时，接头面积百分率为50%。

2. 钢筋的焊接连接

钢筋焊接代替钢筋绑扎，可节约钢材、改善结构受力性能、提高工效、降低成本。钢筋焊接分为压焊和熔焊两种形式，压焊包括闪光对焊、电阻点焊、气压焊，熔焊包括电弧焊、电渣压力焊、埋弧压力焊等。

(1)闪光对焊

钢筋闪光对焊是利用钢筋对焊机，将两根钢筋安放成对接形式，压紧于两电极之间，通过低电压强电流，把电能转化为热能，使钢筋加热到一定温度后，即施以轴向压力顶锻，产生强烈火花飞溅，形成闪光，使两根钢筋焊合在一起(图 5-2)。

1)钢筋闪光对焊工艺种类。钢筋对焊常用的是闪光焊。根据钢筋品种、直径和所用对焊机的功率不同，闪光焊的工艺又可分为：连续闪光焊、预热闪光焊、闪光—预热—闪光焊和焊后通电热处理等，根据钢筋品种、直径、焊机功率、施焊部位等因素选用。

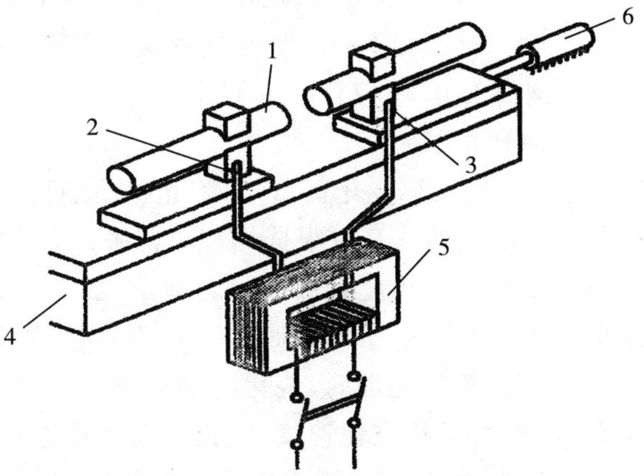

图 5-2　钢筋闪光对焊

1—焊接的钢筋；2—固定电极；3—可动电极；4—机座；5—变压器；6—手动顶压机构

① 连续闪光焊。当钢筋直径小于 25mm、钢筋级别较低、对焊机容量在 80～160kV·A 的情况下，可采用连续闪光焊。连续闪光焊的工艺过程，包括连续闪光和轴向顶锻。即先将钢筋夹在对焊机电极钳口上，然后闭合电源，使两端钢筋轻微接触，由于钢筋端部凸凹不平，开始仅有较小面积接触，故电流密度和接触电阻很大，这些接触点很快熔化，形成“金属过梁”。“金属过梁”进一步加热，产生金属蒸气飞溅，形成闪光现象，然后再徐徐移动钢筋保持接头轻微接触，形成连续闪光过程，整个接头同时被加热，直至接头端面烧平、杂质闪掉。接头熔化后，随即施加适当的轴向压力迅速顶锻，使两根钢筋对焊成为一体。

② 预热闪光焊。由于连续闪光焊对大直径钢筋有一定限制，为了发挥对焊机的效率，对于大于 25mm 的钢筋，且端面较平整时，可采用预热闪光焊。此种方法实际上是在连续闪光焊之前，增加一个预热过程，以扩大焊接端部热影响区。即在闭合电源后使钢筋两端面交替接触和分开，在钢筋端面的间隙中发出断续的闪光而形成预热过程。当钢筋端部达到预热温度后，随即进行连续闪光和顶锻。

预热闪光焊适用于焊接直径为 20～36mm 的 HPB300 级钢筋，直径为 16～32mm 的 HRB335 级及直径为 12～28mm 的 RRB400 级钢筋。

③ 闪光—预热—闪光焊。该工艺是在预热闪光焊前，再增加一次闪光过程，使钢筋端部预热均匀。对于 RRB400 级钢筋，因碳、锰、硅的含量较高，加上合金元素钛、钒的存在，故对氧化淬火和过热比较敏感，其焊接性能较差，关键在于掌握适当的焊接温度，温度过高或过低都会影响接头的质量。采用闪光-预热-闪光焊是保证大直径、高强度钢筋质量的良

好办法。

2)工艺参数。

① 对焊设备。钢筋闪光对焊的设备是对焊机。对焊机按其形式可分为:弹簧顶锻式、杠杆挤压弹簧顶锻式、电动凸轮顶锻式、气压顶锻式等。

② 对焊参数。闪光对焊工艺参数包括:调伸长度、闪光留量、闪光速度、顶锻留量、预热频率、顶锻速度、顶锻压力及变压器级次。采用预热闪光焊时,还有预热留量和预热频率等参数。

a. 调伸长度。是指钢筋从电极钳口伸出的长度。调伸长度过长时,接头易旁弯、偏心;过短时,则散热不良,接头易脆断。甚至在电极处会发生熔化,同时冷却快,对中碳钢会发生淬火裂纹。所以,调伸长度的选择应随钢筋级别的提高和钢筋直径的加大而增加。HPB300 级钢筋为 0.75～1.25d,HRB335 与 HRB400 级钢筋为 1.0～1.5d(d 为钢筋直径),直径小的钢筋取大值。

b. 闪光留量(又称烧化留量)。闪光(烧化)留量是指在闪光过程闪出金属所消耗的钢筋长度。闪光留量的选择应根据焊接工艺确定。当采用连续闪光焊时,其值等于两根钢筋在断料时切断机刀口严重压伤部分之和,再加 8mm;当采用闪光一预热一闪光焊时,一次烧化留量等于两根钢筋在断料时切断机刀口严重压伤部分之和,二次烧化留量不应小于10mm;当采用预热闪光焊时,烧化留量不应小于 10mm。

c. 闪光速度(又称烧化速度)。指闪光过程进行的快慢,闪光速度应随钢筋直径的增大而降低。在闪光过程中,闪光速度是由慢到快,开始时接近于零,而后约为 1mm/s,终止时达 1.5～2mm/s。这样的闪光比较强烈,能保证两根钢筋间的焊缝金属免受氧化。

d. 预热留量。是指采用预热闪光焊或闪光一预热一闪光焊时,在预热过程中所消耗的钢筋长度。其长度随钢筋直径增大而增加,以保证端部能均匀加热,并达到足够预热温度。预热留量取值:预热闪光焊为 4～7mm;闪光一预热一闪光焊为 2～7mm。

e. 预热频率。HPB300 级钢筋宜高些,一般为 3～4 次/s;HRB335 级、HRB400 级钢筋宜适中,一般为 1～2 次/秒。每次预热时间为 1.5～2s,间歇时间应为 3～4s。

f. 顶锻留量。是指钢筋顶锻压紧后接头处挤出金属所消耗的钢筋长度。顶锻留量的选择,应使顶锻过程结束时,接头整个断面能获得紧密接触,并具有一定的塑性变形。在进行顶锻时,首先在有电流作用下顶锻,使接头加热均匀、紧密结合,以消除氧化作用;然后在无电流的作用下结束顶锻。因此,顶锻留量又分为有电顶锻留量和无电顶锻留量两项。顶锻留量宜取 4～10mm,随着钢筋直径的增大和钢筋级别的提高而增加,其中有电顶锻留量约占 1/3,焊接 RRB400 级钢筋时,顶锻留量宜增大 30%。

g. 顶锻速度。是指挤压钢筋接头时的速度。顶锻速度应越快越好,特别是在开始顶锻的 0.1s 内应将钢筋压缩 2～3mm,使焊接口迅速闭合不致氧化;在断电后,以 6mm/s 的速度继续顶锻至终止。总之,顶锻速度要快,压力要适当。

h. 变压器级次。用以调节焊接电流的大小。应根据钢筋级别、直径、焊机容量及焊接工艺方法等具体情况选择。钢筋直径较小,焊接操作技术较熟练时,可选用较高的变压器级次,电压下降 5%左右时,应提高变压器级次一级。

3)对焊接头的质量检验。钢筋对焊完毕,应对接头质量进行外观检查和力学性能试验。

(2)电阻点焊

钢筋电阻点焊是将两根钢筋安放成交叉叠接形式,压紧于两极之间,利用电阻熔化钢材金属,加压形成焊点的一种压焊方法。混凝土结构中的钢筋焊接骨架和钢筋焊接网,宜采用电阻点焊制作。电阻点焊生产效率高,节约材料,故应用广泛。

在焊接骨架中,当较小钢筋直径不大于 10mm 时,大、小钢筋直径之比不宜大于 3;当较小钢筋直径为 12～14mm 时,大、小钢筋直径之比不宜大于 2(较小钢筋指焊接骨架、焊接网两根不同直径钢筋焊点中直径较小的钢筋)。

电阻点焊的工艺过程包括预压、通电、锻压三个阶段(图 5-3)。电阻点焊应根据钢筋级别、直径及焊机性能等具体情况选择变压器级次、焊接通电时间和电极压力。

电阻点焊中焊点的压入深度对热轧钢筋电焊时,压入深度应为较小钢筋直径的 25%～45%;对冷拔低碳钢丝、冷轧带肋钢筋电焊时,压入深度应为较小钢筋(丝)直径的 25%～40%。

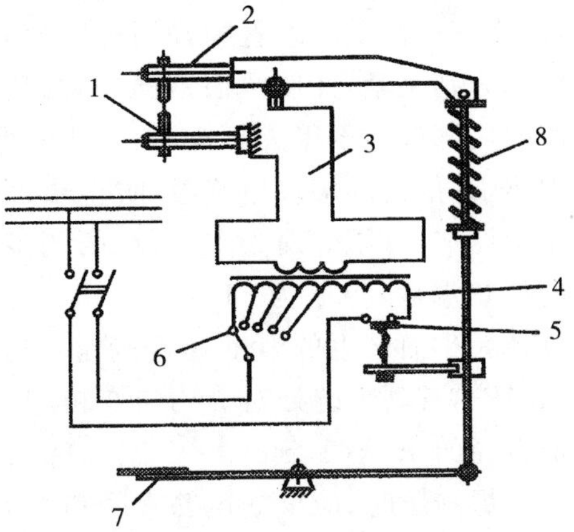

图 5-3　电阻点焊原理

1—电极;2—电极臂;3—变压器的次级线圈;4—变压器的初级线圈;5—断路器;6—变压器的调节开关;7—踏板;8—压紧机构

(3)气压焊

钢筋气压焊是利用氧乙炔火焰或其他火焰对两钢筋对接处加热,使其达到塑性状态或熔化状态,并施一定压力使两根钢筋焊合。它可用于钢筋垂直位置、水平位置或倾斜位置的对接焊接,具有设备简单、操作方便、质量优良、成本较低等优点。适用于焊接直径为 14～40mm 的热轧 HPB300～HRB400 级钢筋,但对焊工要求严格,焊前对钢筋端面处理要求高,被焊两钢筋的直径差不得大于 7mm。

1)焊接设备。钢筋气压焊的设备主要包括氧、乙炔供气装置,液压胶管,压力表,钢筋卡具等(图 5-4)。

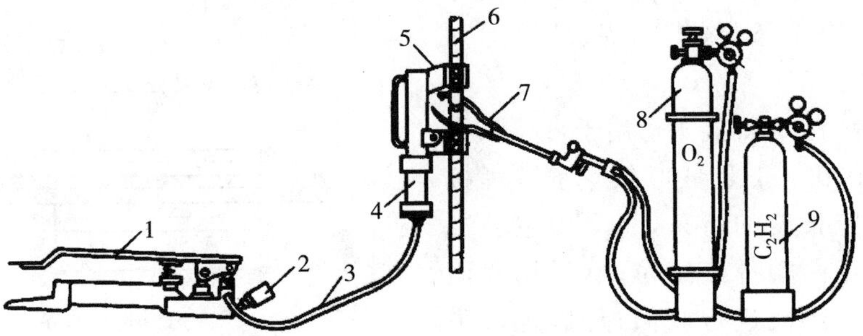

图 5-4　钢筋气压焊设备组成

1—脚踏液压泵;2—压力表;3—液压胶管;4—活动油缸;5—钢筋卡具;6—钢筋;7—多火口烤枪;8—氧气瓶;9—乙炔瓶

供气装置包括氧气瓶、溶解乙炔气瓶(或中压乙炔发生器)、干式回火防止器、减压器及输气胶管等。溶解乙炔气瓶的供气能力应满足施工现场最大钢筋直径焊接时供气量的要求;当不能满足时,可采用多瓶并联使用。加热器为一种多嘴环形装置,由混合气管和多火口烤枪组成。加压器由顶压油缸、油泵、油管、油压表等组成。加压能力应大于或等于现场最大直径钢筋焊接时所需要的轴向压力;顶压油缸的有效行程应大于或等于最大直径钢筋焊接时所需要的压缩长度。焊接夹具应能牢固夹紧钢筋,当钢筋承受最大轴向压力时,钢筋与夹具之间不得产生相对滑移。

2)焊接工艺。钢筋气压焊的工艺主要包括端部处理、安装钢筋、喷焰加热、施加压力等过程。气压焊施焊之前,钢筋端面应切平,并与钢筋轴线垂直;在钢筋端部两倍直径长度范围内,清除其表面上的附着物,并打磨,使其露出金属光泽。安装焊接夹具和钢筋时,应将两根钢筋分别夹紧,并使两根钢筋的轴线在同一直线上。钢筋安装后应加压顶紧,两根钢筋之间的局部缝隙不得大于 3mm。气压焊的开始阶段采用碳化焰,对准两根钢筋接缝处集中加热,并使其内焰包住缝隙,防止端面产生氧化。当加热至两根钢筋缝隙完全密合后,应改用中性焰,以压焊面为中心,在两侧各一倍钢筋直径长度范围内往复宽幅加热。钢筋端面的加热温度,控制为 1150～1300℃;钢筋端部表面的加热温度应稍高于该温度,并随钢筋直径大小而产生的温度梯差确定。待钢筋端部达到预定温度后,对钢筋轴向加压到 30～40MPa,直到焊缝处对称均匀变粗,其隆起直径为钢筋直径的 1.4～1.6 倍,变形长度为钢筋直径的 1.3～1.5 倍。

气压焊施压时,应根据钢筋直径和焊接设备等具体条件,选用适宜的加压方式,目前有等压法、二次加压法和三次加压法,常用的是三次加压法。

3)气压焊接头质量检验。钢筋气压焊接头的质量检验分为外观检查、拉伸试验和弯曲试验三项。

(4)电弧焊

钢筋电弧焊是钢筋接长、接头、骨架焊接、钢筋与钢板焊接等常用的方法。其工作原理是:以焊条作为一极,钢筋为另一极,利用送出的低电压强电流,使焊条与焊件之间产生高温电弧,将焊条与焊件金属熔化,凝固后形成一条焊缝。

1)钢筋电弧焊接头形式。钢筋电弧焊接头形式主要有帮条焊、搭接焊、坡口焊和熔槽帮条焊等。

① 帮条焊。帮条焊接头适用于直径 10～40mm 的 HPB300～HRB400 级钢筋。焊接时,用两根一定长度的帮条,将受力主筋夹在中间,并采用两端焊点定位;然后用双面焊形成焊缝;当不能进行双面焊时,也可采用单面焊(图 5-5)。

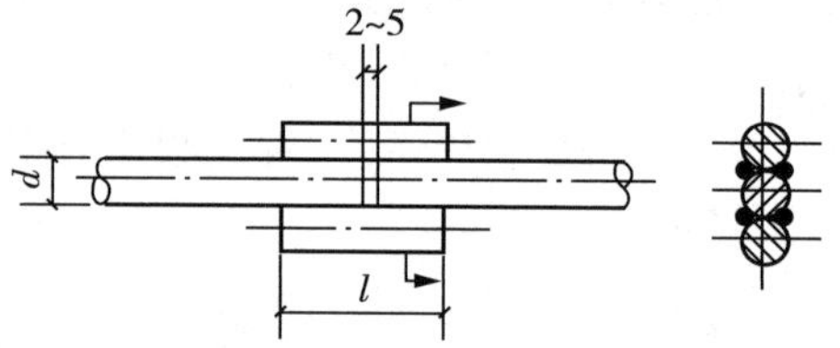

(a) 双面焊

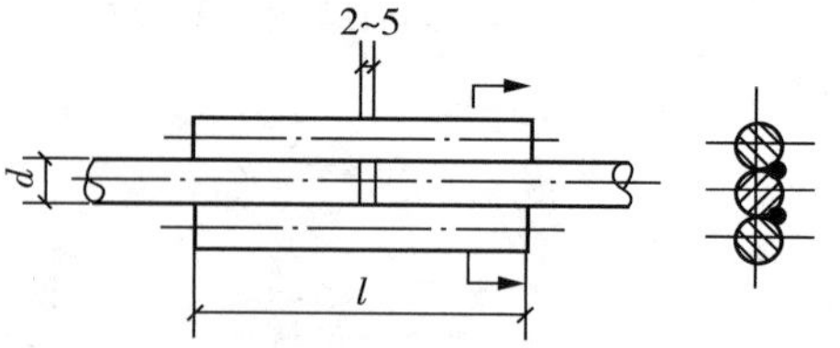

(b) 单面焊

图 5-5　钢筋帮条焊接头
d—钢筋直径;l—帮条长度

帮条钢筋应与主筋的直径、级别尽量相

同，如帮条与被焊接钢筋的级别不同时，还应按钢筋的计算强度进行换算。所采用的帮条总截面面积应满足：当被焊接的钢筋为 HPB300 级时，应不小于被焊接钢筋截面面积的 1.2 倍；当被焊接的钢筋为 HRB335～HRB400 级时，应不小于被焊接钢筋截面面积的 1.5 倍。帮条长度与钢筋级别和焊缝形式有关，对 HPB300 级钢筋，双面焊≥$4d$，单面焊≥$8d$；对 HRB335 级、HRB400 级及 RRB400 级，双面焊≥$5d$，单面焊≥$10d$。

帮条焊接头与焊缝厚度，不应小于主筋直径的 0.3 倍，且大于 4mm；焊缝宽度不小于主筋直径的 0.7 倍，且不小于 10mm。两主筋端面的间隙为 2～5mm。

② 搭接焊。搭接焊所适用范围与帮条焊相同。焊接时，先将主钢筋的端部按搭接长度预弯，使被焊钢筋与其在同一轴线上，并采用两端点焊定位，然后用双面焊焊在一起，当双面施焊有困难时，也可采用单面焊（图 5－6）。

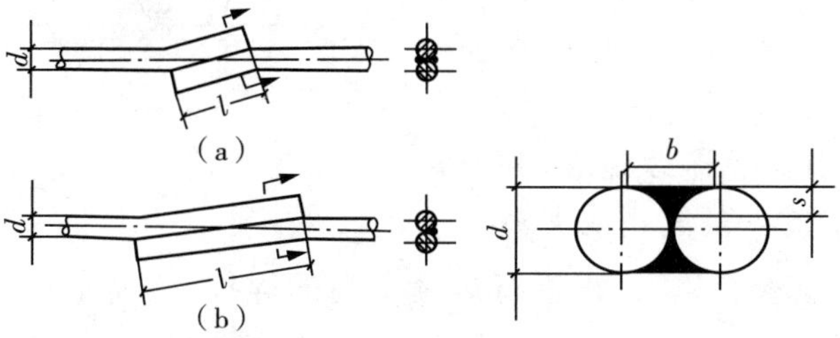

图 5－6　钢筋搭接焊接头

d—钢筋直径；l—搭接长度；s—焊缝厚度；b—焊缝宽度

搭接焊的焊缝厚度、焊缝宽度、搭接长度等技术参数，与帮条焊相同。焊接时，应在搭接焊形成焊缝中引弧，在端头收弧前应填满弧坑，并使主焊缝与定位焊缝的始端和终端熔合。

③ 坡口焊。坡口焊有平焊和立焊两种接头形式（图 5－7）。坡口平焊时，"V"形坡口角度宜为 55°～65°；坡口立焊时，"V"形坡口角度宜为 40°～55°，其中下钢筋宜为 0°～10°，上钢筋宜为 35°～45°。

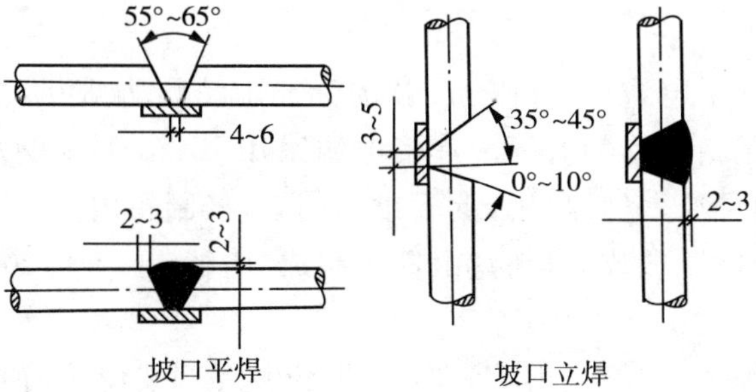

图 5－7　钢筋坡口焊接头

坡口尖端一侧加焊钢板，钢板厚度宜为 4～6mm，长度宜为 40～60mm。坡口平焊时，钢垫板宽度应为钢筋直径加 10mm；坡口立焊时，钢垫板宽度宜等于钢筋的直径。钢筋根部的间隙，坡口平焊时宜为 4～6mm；坡口立焊时宜为 3～5mm，其中最大间隙均不宜超过 10mm。

坡口焊宜采用几个接头轮流进行施焊，坡口焊面应平顺，切口边缘不得有裂纹、钝边和缺棱现象。坡口焊接时，焊接根部、坡口端面及钢筋与钢板之间均应熔合一体；钢筋与钢垫板之间，应加焊 2～3 层面焊缝，焊缝的宽度应大于“V”形坡口的边缘 2～3mm，焊缝余高不得大于 3mm，并平缓过渡至钢筋表面；焊接过程中应经常清渣，以免影响焊接质量；当发现接头中有弧坑、气孔及咬边等缺陷时，应立即补焊。

坡口焊适用于焊接直径 18～40mm 的热轧 HPB300～HRB400 钢筋及直径 18～25mm 的 RRB400 级余热处理钢筋。

④ 熔槽帮条焊。熔槽帮条焊是将两根平口的钢筋水平对接，用适宜规格的角钢做帮条进行焊接。角钢的边长宜为 40～60mm，长度宜为 80～100mm。两根钢筋端面的间隙为 10～16mm(图 5－8)。焊接时，应从接缝处垫板引弧后连续施焊，并使钢筋端部熔合，防止未焊透、气孔或夹渣等现象的出现。待焊平检查合格后，再进行焊缝余高的焊接，余高不得大于 3mm；钢筋与角钢垫板之间应加焊侧面焊缝 1～3 层，焊缝应饱满，表面应平整。

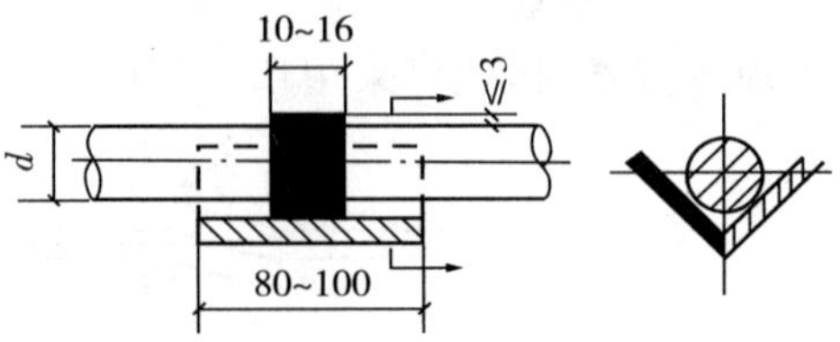

图 5－8　熔槽帮条焊

熔槽帮条焊适用于焊接直径 20～40mm 的热轧 HPB300 级、HRB335 级、HRB400 级钢筋及余热处理 RRB400 级钢筋。

2)电弧焊接头的质量检验。电弧焊的质量检验主要包括外观检查和拉伸试验两项。

(5)电渣压力焊

钢筋电渣压力焊是将钢筋安放成竖向对接形式，利用电流通过渣池产生的电阻，在焊剂层下形成电弧过程和电渣过程，产生电弧热和电阻热，将钢筋端部熔化，然后加压使两根钢筋焊合在一起。适用于焊接直径为 14～40mm 的热轧 HPB300、HRB335 级钢筋。这种方法操作简单、工作条件好、工效高、成本低，比绑扎连接和帮条搭接焊节约钢筋 30%，可提高工效 6～10 倍。适用于现浇钢筋混凝土结构中竖向或斜向(倾斜度在 1∶4 以内)钢筋的连接。

1)焊接设备与焊剂。电渣压力焊的设备为钢筋电渣压力焊机，主要包括焊接电源、焊接机头、焊接夹具、控制箱和焊剂盒等。焊接电源采用 BX2－900 型焊接变压器；焊接夹具应具有一定刚度，使用灵巧，坚固耐用，上下钳口同心；控制箱内安有电压表、电流表和信号电铃，能准确控制各项焊接参数；焊剂盒由铁皮制成，内径为 90～100mm 的圆形，与所焊接的钢筋直径大小相适应。

电渣压力焊所用焊剂，一般采用 HJ431 型焊药。焊剂在使用前必须在 250℃温度下烘烤 2h，以保证焊剂容易熔化，形成渣池。

焊接机头有杠杆单柱式和丝杆传动式两种。杠杆式单柱焊接机头由单导柱、夹具、手柄、监控表、操作把等组成。下夹具固定在钢筋上，上夹具利用手动杠杆可沿单柱上下滑动，以控制上钢筋的运动和位置(图 5－9)。丝杆传动式双柱焊接机头由伞形齿轮箱、手柄、升降丝杆、夹紧装置、夹具、双导柱等组成。上夹具在双导柱上滑动，利用丝杆螺母的自锁特性，使上钢筋易定位，夹具定位精度高，卡住钢筋后无须调整对中度，电流通过特制焊把钳直接加在钢筋上（图 5－10）。

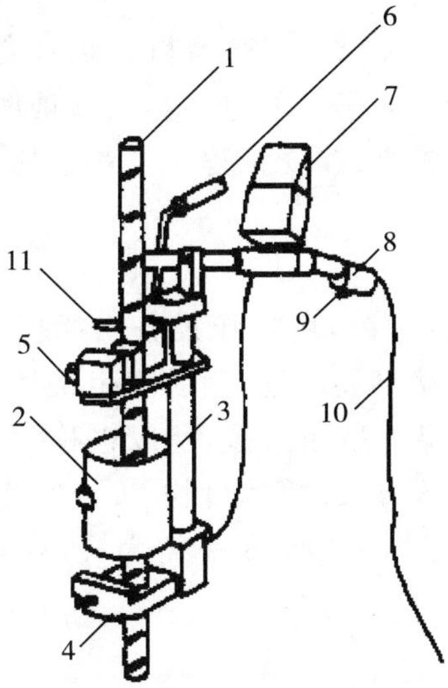

图 5－9　杠杆式单柱焊接机头

1—钢筋；2—焊剂盒；3—单导柱；4—固定夹具；5—活动夹具；6—手柄；7—监控仪表；8—操作把；9—开关；10—控制电缆；11—电缆插座

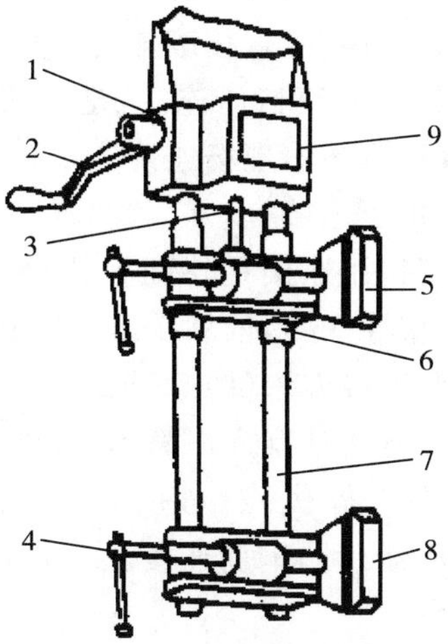

图 5－10　丝杆传动式双柱焊接机头

1—伞形齿轮箱；2—手柄；3—升降丝杆；4—夹紧装置；5—上夹具；6—导管；7—双导柱；8—下夹具；9—操作盒

2）焊接参数。钢筋电渣压力焊的焊接参数主要包括焊接电流、焊接电压和焊接通电时间，这三个焊接参数应符合规范有关规定。

3）焊接工艺。钢筋电渣压力焊的焊接工艺过程，主要包括：端部除锈、固定钢筋、通电引弧、快速施压、焊后清理等工序，具体工艺过程如下：钢筋调直后，对两根钢筋端部 120mm 范围内，认真地除锈和清除杂质。在焊接机头上的上、下夹具分别夹紧上、下钢筋，钢筋应保持在同一轴线上，一经夹紧不得晃动。采用直接引弧法或铁丝圈引弧法引弧。直接引弧法是通电后迅速将上钢筋提起，使两端头之间的距离为 2～4mm 引弧；铁丝圈引弧法是将铁丝圈放在上下钢筋端头之间，电流通过铁丝圈与上下钢筋端面的接触点形成短路引弧。引燃电弧后，应先进行电弧过程，然后加快上钢筋的下送速度，使钢筋端面与液态渣池接触，转变为电渣过程，最后在断电的同时，迅速下压上钢筋挤出熔化金属和熔渣。接头焊完毕，停歇后，方可回收焊剂和卸下焊接夹具，并敲掉渣壳；四周焊包应均匀，凸出钢筋表面的高度应大于或等于 4mm（图 5－11）。

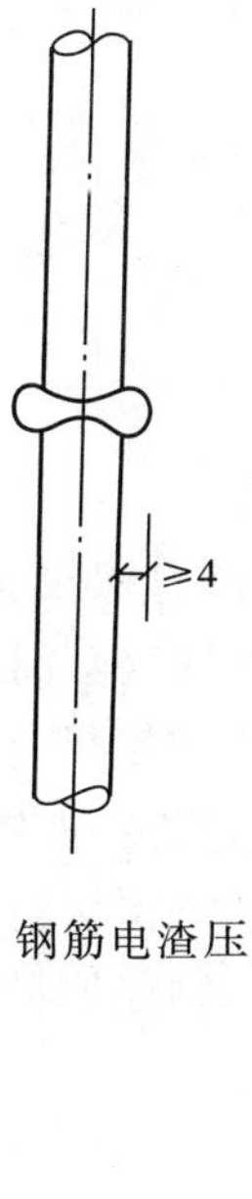

图 5－11　钢筋电渣压力焊接头

4）电渣压力焊接头质量检验。电渣压力焊的质量检验包括外观检查和拉伸试验。

3. 钢筋的机械连接

钢筋机械连接是指通过连接件的机械咬合作用或钢筋端面的承压作用，将一根钢筋的力传递至另一根钢筋的连接方法。

钢筋机械连接方法，主要有套筒挤压连接、螺纹套筒接头、钢筋镦粗直螺纹套筒连接、钢筋滚轧直螺纹套筒连接（直接滚轧、挤肋滚轧、剥肋滚轧）等。经过工程实践证明，钢筋锥螺纹套筒连接和钢筋套筒挤压连接，是目前工艺比较成熟、深受工程单位欢迎的连接接头形式，适用于大直径钢筋的现场连接。

（1）钢筋套筒挤压连接

带肋钢筋套筒挤压连接是将两根待接钢筋插入钢套筒，用挤压设备沿径向挤压钢套筒，使钢套筒产生塑性变形，依靠变形的钢套筒与被连接钢筋的纵、横肋产生机械咬合而成为一个整体的钢筋连接方法（图 5－12）。由于是在常温下挤压连接，所以也称为钢筋冷挤压连接。这种连接方法具有操作简单、容易掌握、对中度高、连接速度快、安全可靠、不污染环境、实现文明施工等优点。适用于钢筋混凝土结构中钢筋直径为 16～40mm 的 HRB335，HRB400 级带肋钢筋连接。

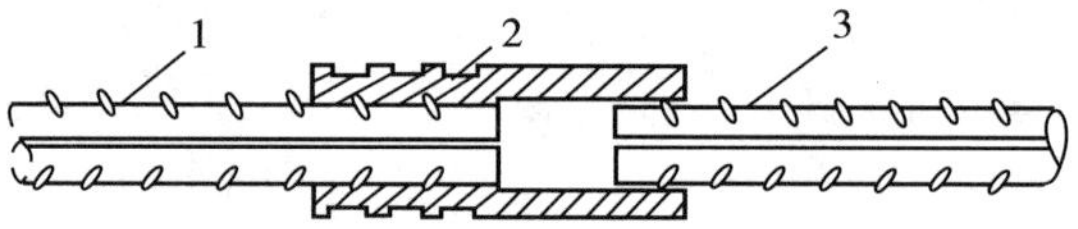

图 5－12　钢筋套筒挤压连接

1—已挤压的钢筋；2—钢套筒；3—未挤压的钢筋

（2）钢筋锥螺纹套筒连接

钢筋锥螺纹套筒连接是把钢筋的连接端加工成锥形螺纹（简称丝头），通过锥螺纹连接套把两根带丝头的钢筋，按规定的力矩连接成一体的钢筋接头（图 5－13）。这种连接方法，具有使用范围广、施工工艺简单、施工速度快、综合成本低、连接质量好、有利于环境保护等优点。此种接头方式适用于直径为 16～40mm 的 HPB300～HRB400 级同级钢筋的同径或异径钢筋的连接。

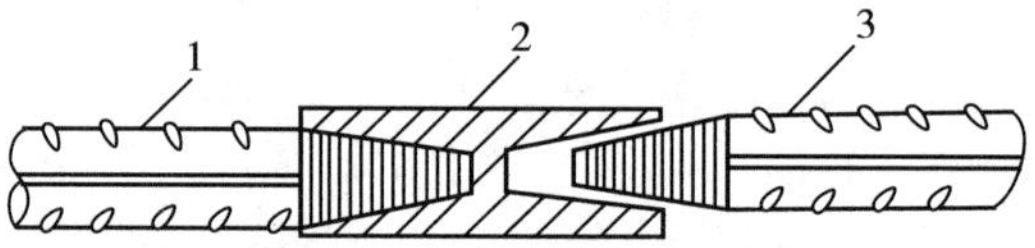

图 5－13　钢筋锥螺纹套筒连接

1—已连接的钢筋；2—锥螺纹套筒；3—待连接的钢筋

（3）钢筋直螺纹套筒连接

钢筋直螺纹套筒连接分为镦粗直螺纹和滚轧直螺纹两类。钢筋镦粗直螺纹套筒连接是通过钢筋镦粗机将钢筋端头镦粗，再切削成直螺纹；然后用带直螺纹的套筒将钢筋两端拧紧的钢筋连接，如图 5－14 所示。

镦粗直螺纹钢筋接头的特点：钢筋端部经冷镦后不仅直径增大，使套丝后丝扣底部横截面不小于钢筋原截面面积，而且由于冷镦后钢材强度的提高，致使接头部位有很高的强度，断裂均发生于母材。

钢筋滚轧直螺纹连接是利用金属材料塑性变形后冷却硬化增强金属材料强度的特性，使接头母材等强的连接方法。

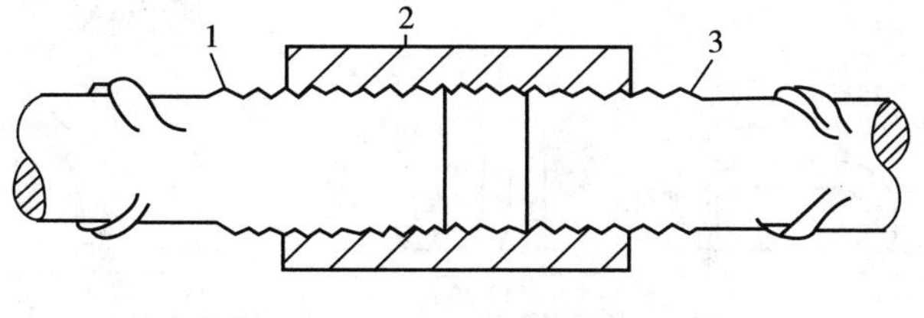

图 5－14 钢筋直螺纹套筒连接

1—已连接的钢筋；2—直螺纹套筒；3—待连接的钢筋

5.1.4 钢筋的配料与代换

1. 钢筋的配料

钢筋配料是根据构件配筋图，先绘出各种形状和规格的单根钢筋简图并加以编号，然后分别计算钢筋下料长度和根数，填写配料单，申请加工。为了使工作方便和不漏配钢筋，配料应该有顺序地进行。

钢筋因弯曲或弯钩会使其长度变化，在配料中不能直接根据图纸中尺寸下料；必须了解对混凝土保护层、钢筋弯曲、弯钩等规定，再根据图中尺寸计算其下料长度。各种钢筋下料长度计算如下：

直钢筋下料长度＝构件长度－保护层厚度＋弯钩增加长度

弯起钢筋下料长度＝直段长度＋斜段长度－弯曲调整值＋弯钩增加长度

箍筋下料长度＝箍筋周长＋箍筋调整值

上述钢筋需要搭接时，还应增加钢筋搭接长度。

(1)弯曲调整值

钢筋弯曲后的特点：一是在弯曲处内皮收缩、外皮延伸、轴线长度不变；二是在弯曲处形成圆弧。钢筋的量度方法是沿直线量外包尺寸(图 5－15)；因此，弯起钢筋的量度尺寸大于下料尺寸，两者之间的差值称为弯曲调整值。弯曲调整值，根据理论推算并结合实践经验，列于表 5－1。

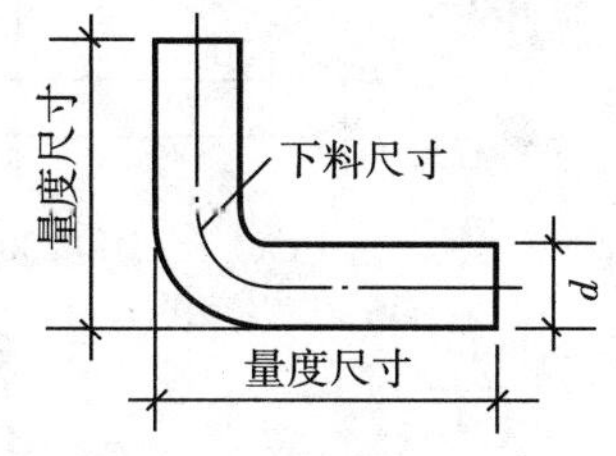

图 5－15 钢筋弯曲时的量度方法

表 5－1 钢筋弯曲调整值

钢筋弯曲角度	30°	45°	60°	90°	135°
钢筋弯曲调整值	0.35d	0.5d	0.85d	2d	2.5d

注：d 为钢筋直径。

(2)弯钩增加长度

钢筋的弯钩形式有三种:半圆弯钩、直弯钩及斜弯钩(图 5-16)。半圆弯钩是最常用的一种弯钩。直弯钩只用在柱钢筋的下部、箍筋和附加钢筋中。斜弯钩只用在直径较小的钢筋中。

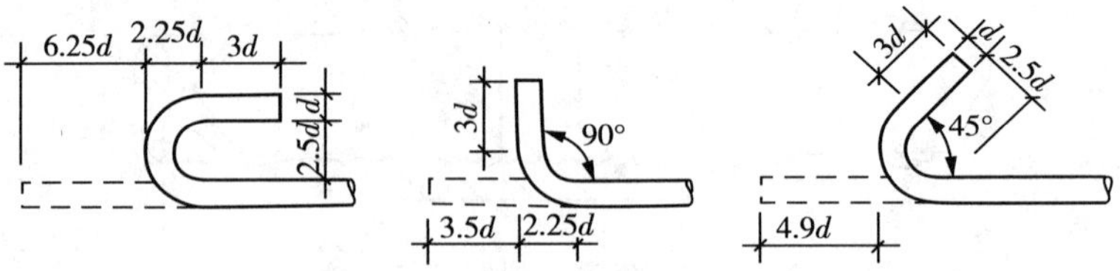

(a)半圆弯钩　(b)直弯钩　(c)斜弯钩

图 5-16　钢筋弯钩计算简图

光圆钢筋的弯钩增加长度,按图 5-16 所示的简图(弯心直径为 2.5d、平直部分为 3d)计算:半圆弯钩为 6.25d,直弯钩为 3.5d,斜弯钩为 4.9d。

在生产实践中,由于实际弯心直径与理论弯心直径有时不一致,钢筋粗细和机具条件不同等而影响平直部分的长短(手工弯钩时平直部分可适当加长,机械弯钩时可适当缩短),因此在实际配料计算时,对弯钩增加长度常根据具体条件,采用经验数据,见表 5-2。

表 5-2　半圆弯钩增加长度参考表(用机械弯)

钢筋直径(mm)	≤6	8～10	12～18	20～28	32～36
一个弯钩长度(mm)	40	6d	5.5d	5d	4.5d

(3)弯起钢筋斜长

弯起钢筋斜长计算简图,见图 5-17。弯起钢筋斜长系数见表 5-3。

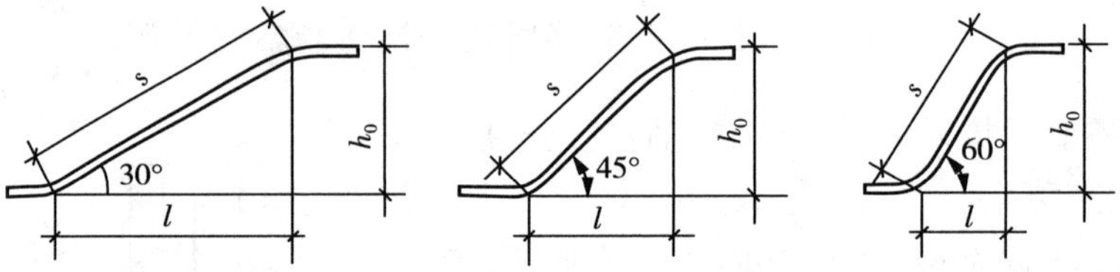

(a)弯起角度30°　(b)弯起角度45°　(c)弯起角度60°

图 5-17　弯起钢筋斜长计算简图

表 5-3　弯起钢筋斜长系数

弯起角度	$\alpha=30°$	$\alpha=45°$	$\alpha=60°$
斜边长度 s	$2h_0$	$1.41h_0$	$1.15h_0$
底边长度 l	$1.732h_0$	h_0	$0.575h_0$
增加长度 $s-l$	$0.268h_0$	$0.41h_0$	$0.575h_0$

注:h_0为弯起高度。

(4)箍筋调整值

箍筋调整值，即为弯钩增加长度和弯曲调整值两项之差或和，根据箍筋量外包尺寸或内皮尺寸确定见图 5－18 与表 5－4。

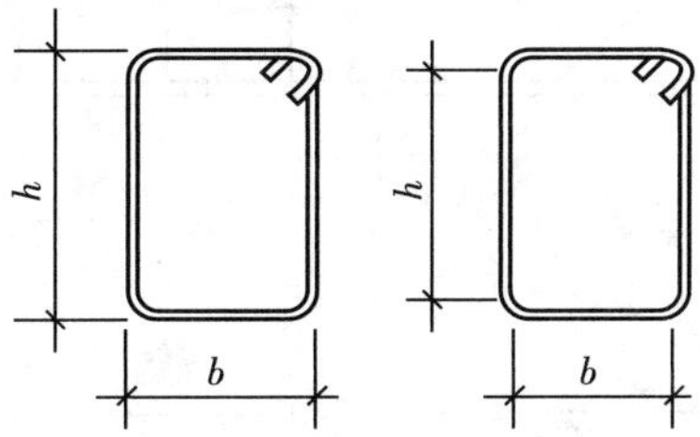

(a)量外包尺寸　(b)量内皮尺寸

图 5－18　箍筋量度方法

表 5－4　箍筋调整值

箍筋量度方法	箍筋直径(mm)			
	4～5	6	8	10～12
量外包尺寸	40	50	60	70
量内皮尺寸	80	100	120	150～170

(5)配料计算的注意事项

① 在设计图纸中，钢筋配置的细节问题没有注明时，一般可按构造要求处理。

② 配料计算时，要考虑钢筋的形状和尺寸在满足设计要求的前提下要有利于加工安装。

③ 配料时，还要考虑施工需要的附加钢筋。例如，后张预应力构件预留孔道定位用的钢筋井字架，基础双层钢筋网中保证上层钢筋网位置用的钢筋撑脚，墙板双层钢筋网中固定钢筋间距用的钢筋撑铁，柱钢筋骨架增加四面斜筋撑等。

【例 5－1】　某建筑物简支梁配筋如图 5－19 所示，试计算钢筋下料长度。钢筋保护层厚度取 25mm。(梁编号为 L_1)

解：(1)计算钢筋下料长度

① 号钢筋下料长度：直钢筋下料长度＝构件长度－保护层厚度＋弯钩增加长度＝6240－2×25＋2×200＋2×6.25×25＝6902(mm)

② 号钢筋下料长度：直钢筋下料长度＝构件长度－保护层厚度＋弯钩增加长度＝6240－2×25＋2×6.25×12＝6340(mm)

③ 号钢筋下料长度：弯起钢筋下料长度＝直段长度＋斜段长度－弯曲调整值＋弯钩增加长度＝6240－2×25＋2×0.414×(500－2×25)－4×0.5×25＋2×6.25×25＝6825(mm)

④ 号钢筋下料长度：弯起钢筋下料长度＝直段长度＋斜段长度－弯曲调整值＋弯钩增加长度＝6240－2×25＋2×0.414×(500－2×25)－4×0.5×25＋2×6.25×25＝6825(mm)

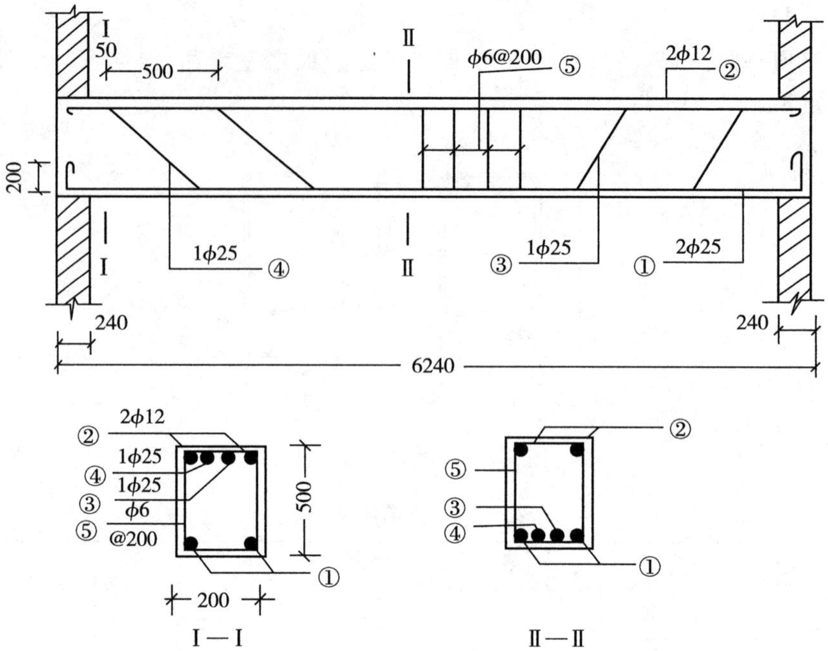

图 5-19　某简支梁配筋图

⑤ 号钢筋下料长度：箍筋下料长度＝箍筋周长＋箍筋调整值＝[200－(25－6)×2＋500－(25－6)×2]×2＋50＝1298(mm)

箍筋个数＝(6240－2×25)÷200＋1＝32(个)

(2)绘出各种钢筋统计表如表 5-5 所示

表 5-5　钢筋统计表(单根梁)

构件名称	钢筋编号	简图	直径(mm)	下料长度(mm)	根数
L_1梁	①	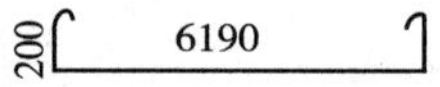	25	6902	2
	②	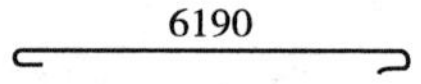	12	6340	2
	③	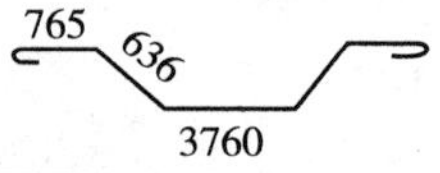	25	6825	1
	④	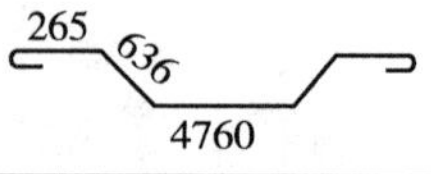	25	6825	1
	⑤	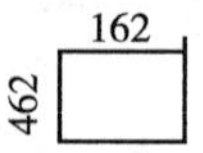	6	1298	32

2. 钢筋的代换

施工中如供应的钢筋品种和规格与设计图纸要求不符时，可以进行代换。当需要进行钢筋代换时，应办理设计变更文件。但当进行钢筋代换时，除应符合设计要求的构件承载力、最大力下的总伸长率、裂缝宽度验算以及抗震规定以外，尚应满足最小配筋率、钢筋间距、保护层厚度、钢筋锚固长度、接头面积百分率及搭接长度等构造要求。

(1)代换原则

① 等强度代换：当构件受强度控制时，钢筋可按强度相等原则进行代换。即：

$$f_{y1}A_{s1} \leqslant f_{y2}A_{s2}$$

式中：f_{y1}——原设计钢筋抗拉强度设计值；

f_{y2}——代换钢筋抗拉强度设计值；

A_{s1}——原设计钢筋总截面面积；

A_{s2}——代换钢筋总截面面积。

② 等面积代换：当构件按最小配筋率配筋时，钢筋可按面积相等原则进行代换。即 $A_{s1} \leqslant A_{s2}$，式中符号含义同前。

③ 等弯矩代换：当结构构件按裂缝宽度或抗裂性要求控制时，钢筋的代换需进行裂缝及抗裂性验算。钢筋代换后，有时由于受力钢筋直径加大或根数增多而需要增加排数，则构件截面的有效高度 h_0 减小，截面强度降低，此时需复核截面强度。

(2)等强代换方法

计算方法：

$$n_2 \geqslant \frac{n_1 d_1^2 f_{y1}}{d_2^2 f_{y2}} \tag{5-1}$$

式中：n_2——代换钢筋根数；

n_1——原设计钢筋根数；

d_2——代换钢筋直径；

d_1——原设计钢筋直径；

f_{y2}——代换钢筋抗拉强度设计值；

f_{y1}——原设计钢筋抗拉强度设计值。

式(5-1)有两种特例：

① 设计强度相同、直径不同的钢筋代换：

$$n_2 \geqslant n_1 \frac{d_1^2}{d_2^2} \tag{5-2}$$

② 直径相同、强度设计值不同的钢筋代换：

$$n_2 \geqslant n_1 \frac{f_{y1}}{f_{y2}} \tag{5-3}$$

(3) 构件截面的有效高度影响

钢筋代换后，有时由于受力钢筋直径加大或根数增多而需要增加排数，则构件截面的有效高度 h_0 减小，截面强度降低。通常对这种影响可凭经验适当增加钢筋面积，然后再做截面强度复核。

对矩形截面的受弯构件，可根据弯矩相等，按下式复核截面强度。

$$N_2\left(h_{02}-\frac{N_2}{2f_c b}\right)\geqslant N_1\left(h_{01}-\frac{N_1}{2f_c b}\right) \tag{5-4}$$

式中：N_1——原设计的钢筋拉力，等于 $A_{s1}f_{y1}$（A_{s1}——原设计钢筋的截面面积，f_{y1}——原设计钢筋的抗拉强度设计值）；

N_2——代换钢筋拉力，同上；

h_{01}——原设计钢筋的合力点至构件截面受压边缘的距离；

h_{02}——代换钢筋的合力点至构件截面受压边缘的距离；

f_c——混凝土的抗压强度设计值；

b——构件截面宽度。

(4)代换注意事项

钢筋代换时，必须充分了解设计意图和代换材料性能，并严格遵守现行混凝土结构设计规范的各项规定；凡重要结构中的钢筋代换，应征得设计单位同意。

① 对某些重要构件，如吊车梁、薄腹梁、彬架下弦等，不宜用 HPB300 级光圆钢筋代替 HRB335 和 HRB400 级带肋钢筋。

② 钢筋代换后，应满足配筋构造规定，如钢筋的最小直径、间距、根数、锚固长度等。

③ 同一截面内，可同时配有不同种类和直径的代换钢筋，但每根钢筋的拉力差不应过大(如同品种钢筋的直径差值一般不大于 5mm)，以免构件受力不匀。

④ 梁的纵向受力钢筋与弯起钢筋应分别代换，以保证正截面与斜截面强度。

⑤ 偏心受压构件(如框架柱、有吊车厂房柱、桁架上弦等)或偏心受拉构件做钢筋代换时，不取整个截面配筋量计算，应按受力面(受压或受拉)分别代换。

⑥ 当构件受裂缝宽度控制时，如以小直径钢筋代换大直径钢筋，强度等级低的钢筋代替强度等级高的钢筋，则可不做裂缝宽度验算。

【例 5-2】 已知梁的截面面积尺寸如图 5-20 所示，采用 C20 混凝土制作，原设计的纵向受力钢筋采用 HRB400 级⌀ 20 钢筋，共计 6 根，单排布置，中间 4 根分别在 2 处弯起。现拟改用 HRB335 级⌀ 22 钢筋，求所需钢筋根数及其布置。

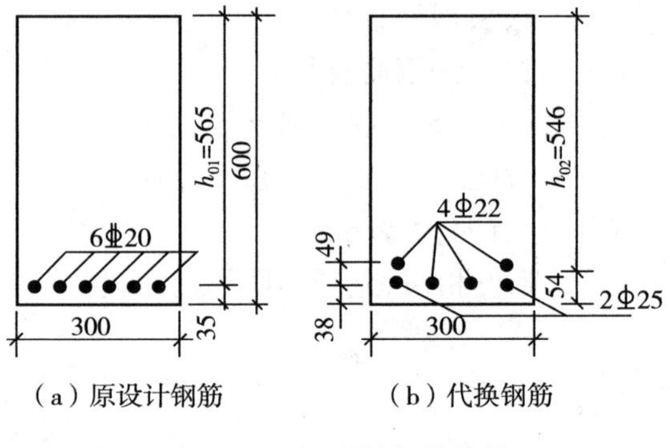

(a) 原设计钢筋　　(b) 代换钢筋

图 5-20　矩形梁钢筋代换

解：(1)弯起钢筋与纵向受力钢筋分别代换，以 2 ⌀ 20 为单位，按公式(5-1)代换⌀ 22 钢筋，$n_2=\dfrac{2\times20^2\times360}{22^2\times300}=1.98$，取 2 根。

(2)代换后的钢筋根数不变，但直径增大，需要复核钢筋净间距 S：

$S=(300-2\times25-6\times22)/5=23.6<25$，需要布置为两排(底排 4 根、二排 2 根)。

(3)代换后的构件截面有效高度 h_{02} 减小，需要按公式(5－4)复核截面强度。

$$h_{01}=600-35=565(\text{mm}),h_{02}=600-\frac{36\times4+2\times83}{6}=548(\text{mm})$$

$$N_1\left(h_{01}-\frac{N_1}{2f_cb}\right)=6\times314\times360\times\left(565-\frac{6\times314\times360}{2\times9.6\times300}\right)$$

$$=303.3\times10^6=303.3(\text{kN}\cdot\text{m})$$

$$N_2\left(h_{02}-\frac{N_2}{2f_cb}\right)=6\times380\times300\times\left(548-\frac{6\times380\times300}{2\times9.6\times300}\right)=293.6<303.3(\text{kN}\cdot\text{m})$$

(4)角部两根改为 Φ25 钢筋，再复核截面强度。

$$N_2\left(h_{02}-\frac{N_2}{2f_cb}\right)=(4\times380+2\times491)\times300\times\left(546-\frac{2502\times300}{2\times9.6\times300}\right)=312.0(\text{kN}\cdot\text{m})$$

小结：代换钢筋采用 4 Φ22＋2 Φ25，按图 5－20(b)布置，满足原设计要求。

5.2 混凝土工程

混凝土工程在混凝土结构工程中占有重要地位，混凝土工程质量的好坏直接影响到混凝土结构的承载力、耐久性与整体性。混凝土工程包括混凝土制备、运输、浇筑捣实和养护等施工过程，各个施工过程相互联系和影响，任一施工过程处理不当都会影响混凝土工程的最终质量。近年来，随着混凝土外加剂技术的发展和应用的日益深化，特别是随着商品砼的篷勃发展，很大程度上影响了混凝土的性能、施工工艺；此外，自动化、机械化的发展和新的施工机械、施工工艺的应用，也大大改变了混凝土工程的施工面貌。

5.2.1 混凝土施工

1. 混凝土制备

混凝土的配制，应保证结构设计对混凝土强度等级的要求外，还要保证施工对混凝土和易性的要求，并符合合理使用材料、节约水泥的原则。必要时，还应符合抗冻性、抗渗性等要求。

(1)混凝土的施工配制强度

当设计强度等级小于 C60 时，配制强度应按式(5－5)计算：

$$f_{cu,o}=f_{cu,k}+1.645\sigma \tag{5-5}$$

式中：$f_{cu,o}$——混凝土的施工配制强度，N/mm^2；

$f_{cu,k}$——设计的混凝土强度标准值，N/mm^2；

σ——施工单位的混凝土强度标准差，N/mm^2。

当设计强度等级大于或等于 C60 时，配制强度应按下式计算：

$$f_{cu,o}\geqslant1.15f_{cu,k}$$

混凝土强度标准差应按下列规定确定：

当施工单位具有近期(前一个月或三个月)的同一品种混凝土强度的统计资料时,其混凝土强度标准差σ可按式(5-6)计算:

$$\sigma=\sqrt{\frac{\sum_{i=1}^{N}f_{cu,i}^{2}-N\mu_{f_{cu}}^{2}}{N-1}} \tag{5-6}$$

式中:$f_{cu,i}$——第i组混凝土试件强度,N/mm²;

$\mu_{f_{cu}}$——N组混凝土试件强度的平均值,N/mm²;

N——统计周期内相同混凝土强度等级的试件组数,$N \geqslant 30$。

当混凝土强度等级小于等于C30的混凝土,计算得到的$\sigma \geqslant 3.0$N/mm²时,应按计算结果取值;计算得到的结果$\sigma < 3.0$N/mm²时,σ应取3.0N/mm²;对于强度等级大于C30且小于C60的混凝土,计算得到的$\sigma \geqslant 4.0$N/mm²时,应按计算结果取值;计算得到的σ小于4.0N/mm²时,σ应取4.0N/mm²。

对预拌混凝土厂和预制混凝土构件厂,其统计周期可取为一个月,对现场拌制混凝土的施工单位,其统计周期可根据实际情况确定,但不宜超过三个月。

施工单位如无近期混凝土强度统计资料时,σ可按表5-6取值。

表5-6 混凝土强度标准差值σ

混凝土强度等级	≤C20	C25～C45	C50～C55
σ(N/mm²)	4.0	5.0	6.0

(2)混凝土的施工配制

影响混凝土配制质量的因素主要有两方面,一是称量不准,二是未按砂、石骨料实际含水率的变化进行施工配合比的换算。这样必然会改变原理论配合比的水灰比、砂石比(含砂率)及浆骨比。当水灰比增大时,混凝土黏聚性、保水性差,而且硬化后多余的水分残留在混凝土中形成水泡,或水分蒸发留下气孔,使混凝土密实性差,强度低。当水灰比减少时,则混凝土流动性差,甚至影响成型后的密实,造成混凝土结构内部松散,表面产生蜂窝、麻面现象。同样,含砂率减少时,则砂浆量不足,不仅会降低混凝土流动性,更严重的是将影响其黏聚性及保水性,产生粗骨料离析,水泥浆流失,甚至溃散等不良现象。浆骨比是反映混凝土中水泥浆的用量多少(即每立方米混凝土的用水量和水泥用量),如控制不准,亦直接影响混凝土的水灰比和流动性。所以,为了确保混凝土的质量,在施工中必须及时进行施工配合比的换算和严格控制称量。

混凝土的配合比是在实验室根据混凝土的施工配制强度经过试配和调整而确定的,称为实验室配合比。

实验室配合比所用的砂、石都是不含水分的,而施工现场的砂、石一般都含有一定的水分,且砂、石含水率的大小随当地气候条件不断发生变化。为保证混凝土配合比的准确,在施工中应适当扣除使用砂、石的含水量,经调整后的配合比,称为施工配合比。施工配合比可以经过实验室配合比做如下调整得出。

设实验室配合比为:水泥∶砂子∶石子=1∶x∶y,水灰比为W/C,并测定砂子的含水

量为 W_x，石子的含子量为 W_y，则施工配合比应为：水泥∶砂子∶石子＝1∶$x(1+W_x)$∶$y(1+W_y)$。

按实验室配合比每立方米混凝土水泥、砂、石的用量分别为 C(kg)，C_x(kg)，C_y(kg)，计算时确保混凝土水灰比 W/C 不变（W 为用水量），则换算后各种材料用量为：

水泥：$C^1=C$；

砂子：$C^1_{砂}=C_x(1+W_x)$；

石子：$G^1_{石}=C_y(1+W_y)$；

水：$W^1=W-C_xW_x-C_yW_y$。

【例 5-3】 设混凝土实验室配合比为1∶2.56∶5.5，水灰比为0.64，每1立方米混凝土的水泥用量为275kg，测得砂子含水量为4%，石子含水量为2%，试求施工配合比及拌制每立方米混凝土各种材料用量。

解：施工配合比为：

$$1:2.56(1+4\%):5.5(1+2\%)=1:2.66:5.61$$

每立方米混凝土材料用量为：

水泥：275kg；

砂子：275×2.66＝731.5(kg)；

石子：275×5.61＝1542.75(kg)；

水：275×0.64－275×2.56×4%－275×5.5×2%＝117.59(kg)。

1)施工配料

求出每立方米混凝土材料用量后，还必须根据工地现有搅拌机出料容量确定每次需用几整袋水泥，然后按水泥用量来计算砂石的每次拌用量。例5-3如采用JZ250型搅拌机，出料容量为0.25m³，则每搅拌一次的装料数量为：

水泥：275×0.25＝68.75(kg)（取用一袋半水泥，即75kg）

砂子：$731.5\times\dfrac{75}{275}\approx199.5$(kg)

石子：$1542.8\times\dfrac{75}{275}\approx420.8$(kg)

水：$118\times\dfrac{75}{275}\approx32$(kg)

为严格控制混凝土的配合比，原材料的计量应按重量计，水和液体外加剂可按体积计。其计量结果偏差不得超过以下规定：水泥、掺合料、水、外加剂为±2%；粗细骨料为±3%。各种衡量器应定期校验，保持准确，骨料含水量应经常测定，雨天施工时，应增加测定次数。

2)搅拌机械

① 搅拌机械的工作原理

混凝土搅拌的目的是使混凝土中的各组分混合成一种各物料颗粒相互分散、均匀分布的混合物。搅拌好的混凝土是否质地均匀，可通过从混凝土中随机抽取一定数量的试样进行分析来评定，如果各试样的配合比基本相同，便可认为该混凝土已混合均匀了。

为了使混凝土中的各组分混合均匀，必须在搅拌过程中使每一组分的颗粒能分散到其他各种组分中去，因此，必须设法使各组分都产生运动，并使它们的运动轨迹相交，相交次数越多，混凝土越易混合均匀。根据迫使各组分产生相交运动轨迹的方法不同，普通混凝土搅拌机设计时所依据的搅拌机理基本上有两种：

自落式扩散机理：它是将物料提升到一定高度后，利用重力的作用，自由落下，由于各物料颗粒下落的高度、时间、速度、落点和滚动距离不同，从而使物料颗粒相互穿插、渗透、扩散，最后达到分散均匀的目的，由于物料的分散过程主要是利用重力作用，故又称重力扩散机理，自落式混凝土搅拌机就是根据这种机理设计的。

强制式扩散机理：它是利用运动着的叶片强迫物料颗粒分别从各个方向(环向、径向和竖向)产生运动，使各物料颗粒运动的方向、速度不同，相互之间产生剪切滑移以致相互穿插、扩散，从而使各物料均匀混合。由于物料的扩散过程主要是利用物料颗粒相互间的剪切滑移作用，故又称剪切扩散机理。强制式混凝土搅拌机就是根据这种机理设计而成的。

② 搅拌机械的类型与选用

普通混凝土搅拌机一般由搅拌筒、上料装置、卸料装置、传动装置和供水系统等主要组成部分所组成。普通混凝土搅拌机根据其设计时使用的搅拌机理，可分为自落式搅拌机和强制式搅拌机两大类。

自落式搅拌机搅拌筒内壁装有叶片，搅拌筒旋转，叶片将物料提升一定高度后自由下落，各物料颗粒分散拌和均匀，是重力拌合原理。自落式搅拌机搅拌强度不大、效率低，只适于搅拌一般骨料的塑性混凝土。

强制式搅拌机分立轴式和卧轴式两类。强制式搅拌机在轴上装有叶片，通过叶片强制搅拌装在搅拌筒中的物料，使物料沿环向、径向和竖向运动，拌和强烈。强制式搅拌机搅拌质量好、效率高，多用于搅拌干硬性混凝土、低流动性混凝土和轻骨料混凝土。

混凝土搅拌机常以其出料容量(m^3)×1000标定规格，常用150,250,350L等数种。选择搅拌机型号，要根据工程量大小，混凝土的坍落度和骨料尺寸等确定。既要满足技术上的要求，亦要考虑经济效果和节约能源。

3)搅拌制度

为了获得均匀优质的混凝土拌合物，除合理选择搅拌机的型号外还必须正确地确定搅拌制度。搅拌制度包括进料容量、投料顺序及搅拌时间。搅拌制度将直接影响到混凝土的搅拌质量和搅拌机的工作效率。

① 搅拌时间

搅拌时间是从全部材料投入搅拌筒起，到开始卸料为止所经历的时间。它与搅拌质量密切相关。搅拌时间过短，混凝土不均匀，强度及和易性将下降；搅拌时间过长，不但降低搅拌机的生产效率，同时会使不坚硬的粗骨料，在大容量搅拌机中因脱角、破碎等而影响混凝土的质量。对于加气混凝土也会因搅拌时间过长而使所含气泡减少。混凝土宜采用强制式搅拌机搅拌,并应搅拌均匀。混凝土搅拌的最短时间可按表 5-7 采用。搅拌强度等级等于大于 C60 的混凝土时,搅拌时间应适当延长。

表 5-7 混凝土搅拌的最短时间(s)

混凝土坍落度(mm)	搅拌机类型	搅拌机出料容积(L)		
		<250	250~500	>500
≤40	强制式	60	90	120
>40 且<100	强制式	60	60	90
≥100	强制式	60	60	60

注:掺有外加剂时,搅拌时间应适当延长;采用自落式搅拌机时,搅拌时间宜延长 30s。

② 投料的顺序

投料的顺序应从提高搅拌质量,减少叶片、衬板的磨损,减少拌合物与搅拌筒的粘结,减少水泥飞扬,改善工作环境,提高混凝土强度,节约水泥等方面综合考虑确定。常用一次投料法和二次投料法,另外还有水泥裹砂法。

一次投料法。这是目前最普遍采用的方法。它是将砂、石、水泥和水一起同时加入搅拌筒中进行搅拌,为了减少水泥的飞扬和水泥的黏罐现象,对自落式搅拌机常采用的投料顺序是将水泥夹在砂、石之间,最后加水搅拌。

二次投料法。它又分为预拌水泥砂浆法和预拌水泥净浆法。

预拌水泥砂浆法是先将水泥、砂和水加入搅拌筒内进行充分搅拌,成为均匀的水泥砂浆后,再加入石子搅拌成均匀的混凝土。

预拌水泥净浆法是先将水泥和水充分搅拌成均匀的水泥净浆后,再加入砂和石搅拌成混凝土。

国内外的试验表明,二次投料法搅拌的混凝土与一次投料相比较,混凝土强度可提高约 15%,在强度等级相同的情况下可节约水泥 15%~20%。

水泥裹砂法。又称 SEC 法,采用这种方法拌制的混凝土称为 SEC 混凝土或造壳混凝土。该法的搅拌程序是先加一定量的水使砂表面的含水量调到某一规定的数值后(一般为 15%~25%),再加入石子并与湿砂拌匀,然后将全部水泥投入与砂石共同拌和使水泥在砂石表面形成一层低水灰比的水泥浆壳,最后将剩余的水和外加剂加入搅拌成混凝土。采用 SEC 法制备的混凝土与一次投料法相比较,强度可提高 20%~30%,混凝土不易产生离析和泌水现象,工作性好。

③ 进料容量

搅拌机的容量有三种表示方式,即出料容量、进料容量和几何容量。出料容量也即公称容量,是搅拌机每次从搅拌筒内可卸出的最大混凝土体积,几何容量则是指搅拌筒内的几何容积,而进料容量是指搅拌前搅拌筒可容纳的各种原材料的累计体积。出料容量与进料容量间的比值称为出料系数,其值一般为 0.60~0.70,通常取 0.67。进料容量与几何容量的比值称为搅拌筒的利用系数,其值一般为 0.22~0.40。我国规定以搅拌机的出料容量来标定其规格。不同类型的搅拌机都有一定的进料容量,如果装料的松散体积超过额定进料容量的一定值(10%以上)后,就会使搅拌筒内无充分的空间进行拌合,影响混凝土搅拌的均匀性。但数量也不宜过少,否则会降低搅拌机的生产率。故一次投料量应控制在搅拌机的额定进料容量以内。

2. 混凝土的运输

混凝土从拌制地点运往浇筑地点有多种运输方法,选用时应根据建筑物的结构特点、混凝土的总运输量与每日所需的运输量、水平及垂直运输的距离、现有设备情况以及气候、地形、道路条件等因素综合考虑。不论采用何种运输方法,在运输混凝土的工作中,都应满足下列要求:

① 在混凝土运输过程中,应控制混凝土运至浇筑地点后,不离析、不分层,组成成分不发生变化,并能保证施工所必需的稠度。混凝土运送至浇筑地点,如混凝土拌合物出现离析或分层现象,应进行二次搅拌。

② 运送混凝土的容器和管道,应不吸水、不漏浆,并保证卸料及输送通畅。容器和管道在冬期应有保温措施,夏季最高气温超过40℃时,应有隔热措施。混凝土拌合物运至浇筑地点时的温度,最高不超过35℃,最低不低于5℃。

③ 混凝土从运输到输送入模的延续时间不应超过表5-8的规定。

表5-8 混凝土从运输到输送入模的延续时间

气 温	延续时间(min)	
	不掺外加剂	掺外加剂
≤25℃	90	150
>25℃	60	120

注:掺有外加剂或采用快硬水泥时延续时间应通过试验确定。

④ 混凝土运至浇筑地点时,应检测其坍落度,所测值应符合设计和施工要求。其允许偏差应符合表5-9的规定。

表5-9 坍落度允许偏差

坍落度(mm)	允许偏差(mm)
≤40	±10
50~90	±20
≥100	±30

(1)混凝土运输机械

混凝土运输机具的种类很多,一般可分为间歇式运输机具和连续式运输机具两大类,可根据施工条件进行选用。常用的混凝土运输机具有:机动翻斗车、混凝土搅拌输送车、混凝土泵和垂直运输设备。

① 机动翻斗车

机动翻斗车是施工场地内进行运输混凝土的常用机具,它具有操作灵活、运输快捷、卸料方便、适应性强等优点。

② 混凝土搅拌运输车

混凝土搅拌运输车(图 5－21)是一种用于长距离输运混凝土的高效能机械。它是将运送混凝土的搅拌筒安装在汽车底盘上,在运输途中混凝土搅拌筒始终在不停地缓慢旋转,既可以运送已拌和好的混凝土拌和料,也可以将混凝土干料装入筒内,在行驶中将水加入搅拌,以减少长途输送引起的混凝土坍落度损失。

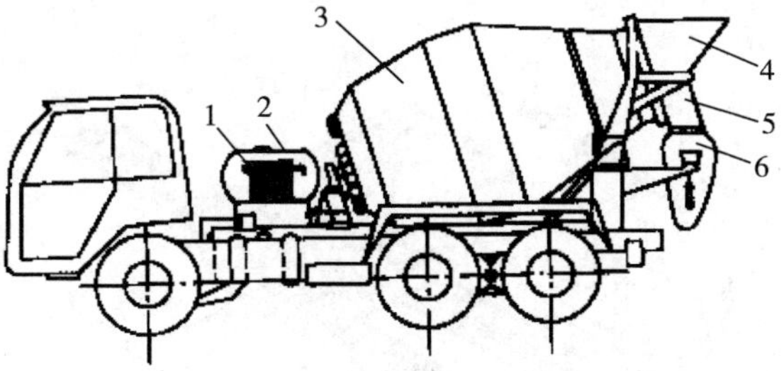

图 5－21　混凝土搅拌运输车

1—水箱;2—外加剂箱;3—搅拌筒;4—进料斗;5—固定卸料溜槽;6—活动卸料溜槽

混凝土搅拌运输车的搅拌桶呈梨形,由筒体、螺旋叶片、进料圆筒、枢轴和链轮等组成(图 5－22)。搅拌筒的轴线与水平成 16°～20°夹角。搅拌筒内从筒口至筒底对称的焊有两条螺旋叶片,正转时,可进行加料,同时加入的拌合料被推向筒底得到搅拌;反转时,螺旋叶片将混凝土推向筒口被卸出。

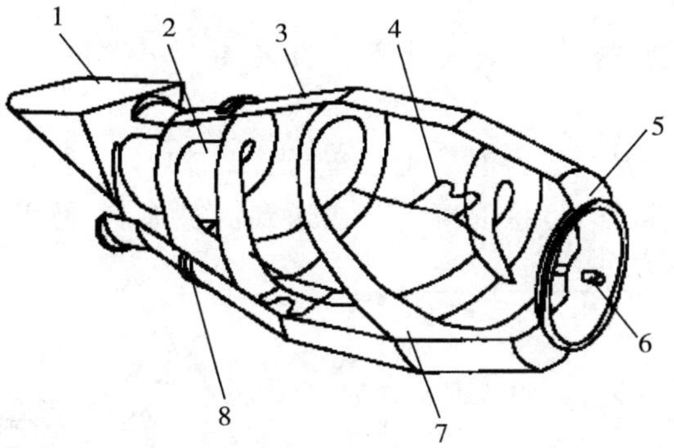

图 5－22　搅拌运输车搅拌筒

1—加料斗;2—进料导管;3—壳体;4—辅助搅拌叶片;5—链轮;6—中心轴;7—带状螺旋叶片;8—环形液道

③ 混凝土泵

混凝土泵具有可连续浇筑、加快施工速度、保证工程质量、特别适合狭窄施工场所施工、具有较高的技术经济效果等优点。我国在高层、超高层的建筑、桥梁、水塔、烟囱、隧道和大型混凝土结构的施工中已广泛应用。

混凝土泵有活塞泵、气压泵和挤压泵等类型,活塞泵应用较多。活塞泵根据其构造原理不同,又可分为机械式和液压式两种,以液压式比较先进。液压式活塞泵主要由料斗、液压缸、活塞、混凝土缸、分配阀、“Y”形输送管、冲洗设备等组成(图 5－23)。活塞泵工作时,搅拌机卸出的或由混凝土搅拌运输车卸出的混凝土倒入料斗 4,分配阀 5 开启,分配阀 6 关闭，在液压作用下通过活塞杆带动活塞2后移，料斗内的混凝土在重力和吸力作用下进入混凝土缸1。然后，液压系统中压力油的进出反向，活塞2向前推压，同时分配阀5关闭，而分配阀6开启，混凝土缸中的混凝土拌合物就通过"Y"形输送管压入输送管。由于有两个缸体交替进料和出料，因而能连续稳定的排料。常用混凝土泵的混凝土排量为30～90m^3/h，水平运距为200～900m，垂直运距50～300m。目前我国已能一次垂直泵送达到400m。如一次泵送有困难时可采用接力泵送。

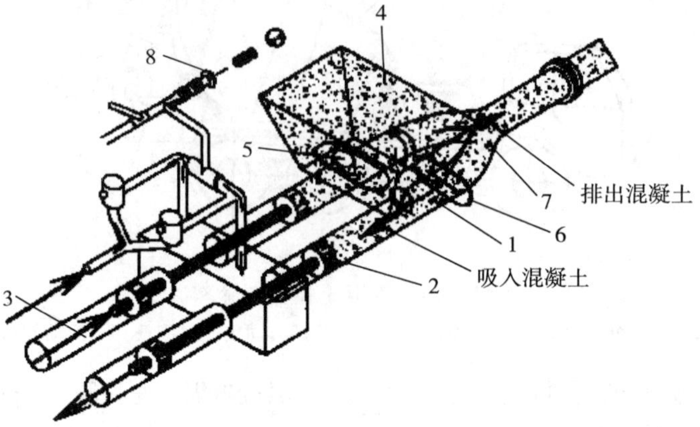

图5-23　液压活塞式混凝土泵工作原理图

1—混凝土缸；2—活塞；3—液压缸；4—料斗；5—控制吸入的水平分配阀；6—控制排出的竖向分配阀；7—"Y"形输送管；8—冲洗设备

混凝土输送管为钢管、橡胶和塑料软管。直径为75～200mm，每段长约3m，还配有45°，90°等弯管和锥形管。

将混凝土泵装在汽车上变成为混凝土泵车（图5-24），在车上还装有可以伸缩或曲折的"布料杆"，其末端是一软管，可将混凝土直接送到浇筑地点，使用十分方便。

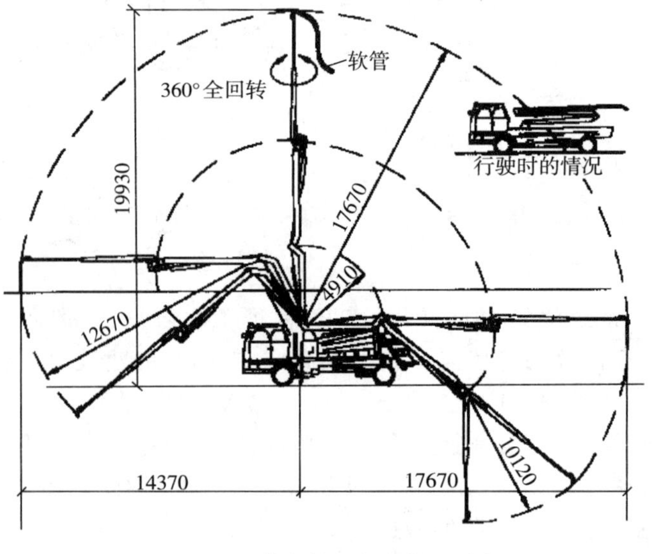

图5-24　带布料杆的混凝土泵车

采用混凝土泵运送混凝土，必须做到：

a. 混凝土泵必须保持连续工作。

b. 输送管道宜直，转弯宜缓，接头应严密。

c. 泵送混凝土之前，应预先用水泥砂浆润滑管道内壁，以防堵塞。

d. 受料斗内应有足够的混凝土，以防止吸入空气阻塞输送管道。

④ 垂直运输设备

施工现场的混凝土垂直运输，可利用塔式起重机、井架、施工升降机（施工电梯）等起重设备。利用塔式起重机，应配备相应的混凝土吊罐式吊斗；利用井架、施工升降机时，可将装载混凝土的手推车直接推入吊盘中，运送到混凝土浇筑面。

3. 混凝土浇捣

(1)混凝土的浇筑

浇筑混凝土前，应检查和控制模板、钢筋、保护层和预埋件等的尺寸、规格、数量和位置，其偏差值应符合现行国家标准《混凝土结构工程施工质量验收规范》(GB50204—2015)的规定。此外，还应检查模板支撑的稳定性以及接缝的密合情况。模板和隐蔽项目应分别进行预检和隐检验收，符合要求时，方可进行浇筑。

混凝土浇筑应注意的几个问题：

① 防止离析

混凝土自由倾落高度应符合以下规定：对于素混凝土或少筋混凝土，由料斗、漏斗进行浇筑时，不应超过 2m；对于竖向结构（如柱、墙），粗骨料粒径大于 25mm 时，浇筑混凝土的高度不超过 3m，粗骨料粒径小于等于 25mm 时，浇筑混凝土的高度不超过 6m；对于配筋较密或不便捣实的结构，不宜超过 60cm。否则，应采用串筒、溜槽和振动串筒下料，以防产生离析（图 5－25）。

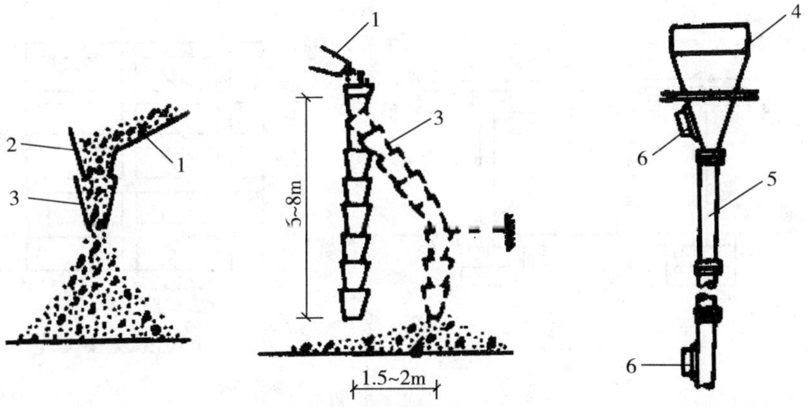

(a) 溜槽　(b) 串筒　(c) 振动串筒

图 5－25　溜槽与串筒

1—溜槽；2—档板；3—串筒；4—漏斗；5—节管；6—振动器

浇筑竖向结构混凝土前，底部应先浇入 50～100mm 厚与混凝土成分相同的水泥砂浆，以避免产生蜂窝麻面现象。混凝土浇筑时坍落度，应符合表 5－10 中的规定。

表 5-10 混凝土浇筑时的坍落度

项　　次	结构种类	坍落度(mm)
1	基础或地面等垫层、无配筋的厚大结构(挡土墙、基础或厚大的块体)或配筋稀疏的结构	10～30
2	板、梁及大型、中型截面的柱子	30～60
3	配筋密列的结构(薄壁、斗仓、筒仓、细柱等)	50～70
4	配筋特密的结构	70～90

注:1)本表系指采用机械振捣的坍落度,采用人工捣实时可适当增大。

2)需要配制大坍落度混凝土时,应掺用外加剂。

3)曲面或斜结构的混凝土,其坍落度值应根据实际需要另行规定。

② 混凝土施工缝与后浇带的施工。

施工缝的留设与处理。在混凝土浇筑过程中,若因技术上的原因或设备、人力的限制,混凝土不能连续浇筑,中间的间歇时间超过混凝土初凝时间,则应留置施工缝。留置施工缝的位置应事先确定。由于施工缝处新旧混凝土的结合力较差,是构件中的薄弱环节,故宜留置在结构剪力较小且便于施工的部位。柱应留水平缝,梁、板应留垂直缝。

根据施工缝留置的原则,柱子的施工缝宜留在基础的顶面、梁或吊车梁牛腿的下面、吊车梁的上面、无梁楼盖柱帽的下面(图 5-26a)。框架结构中,如果梁的负筋向下弯入柱内,施工缝也可设置在这些钢筋的下端,以便于绑扎。和板连成整体的大断面梁,应留在楼板底面以下 20～30mm 处,当板下有梁托时,留在梁托下部;单向平板的施工缝,可留在平行于短边的任何位置处;有主次梁的楼板结构,宜顺着次梁方向浇筑,施工缝应留在次梁跨度中间 1/3 范围内(图 5-26b)。楼梯应留在楼梯长度中间 1/3 长度范围内。墙可留在门洞口过梁跨中 1/3 范围内,也可留在纵横墙的交接处。

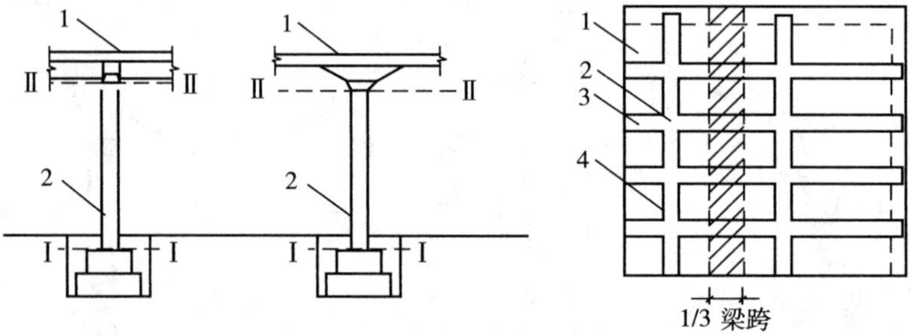

(a) 柱子　　(b) 主次梁楼板

图 5-26 施工缝的留设

1—楼板;2—柱;3—次梁;4—主梁

在施工缝处继续浇筑混凝土时,应待混凝土的抗压强度不小于 1.2N/mm^{2}方可进行。混凝土达到这一强度的时间决定于水泥强度、混凝土强度等级、气温等,可以根据试块试验确定,也可查阅有关手册确定。

施工缝处浇筑混凝土之前,应除去表面的水泥薄膜、松动的石子和软弱的混凝土层,并加以充分湿润和冲洗干净，不得积水。浇筑时，施工缝处宜先铺水泥浆（水泥：水＝1：0.4）或与混凝土成分相同的水泥砂浆一层，厚度为10～15mm，以保证接缝的质量。浇筑混凝土过程中，施工缝应细致捣实，使其结合紧密。

后浇带是为在现浇钢筋混凝土过程中，克服由于温度收缩而可能产生有害裂缝而设置的临时施工缝。该缝需根据设计要求保留一段时间后再浇筑，将整个结构连成整体。

后浇带的距离设置，应考虑在有效降低温差和收缩应力条件下，通过计算来确定。在正常的施工条件下，一般规定是：如混凝土置于室内和土中，则为30m；如在露天，则为20m。

后浇带的保留时间应根据设计确定，若设计无要求时，一般应至少保留28d以上。后浇带的宽度一般为700～1000mm，后浇带内的钢筋应完好保存。其构造见图5－27所示。

后浇带在浇筑混凝土前，必须将整个混凝土表面按照施工缝的要求进行处理。填充后浇带混凝土可采用微膨胀或无收缩水泥，也可采用普通水泥加入相应的外加剂拌制，但必须要求混凝土的强度等级比原结构强度提高一级，并保持至少15d的湿润养护。

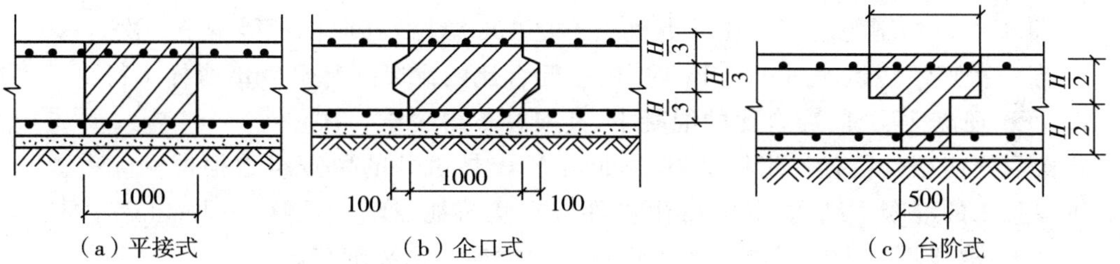

图5－27　后浇带构造图

③ 分层浇注

为了使混凝土上下层结合良好并振捣密实，混凝土必须分层浇筑，其浇筑厚度应符合表5－11的规定。为保证混凝土的整体性，浇筑工作应连续进行。当由于技术上或施工组织上的原因必须间歇时，其间歇的时间应尽可能缩短，并保证在前层混凝土初凝之前，将次层混凝土浇筑完毕。其间歇的最长时间，应按所用水泥品种、混凝土强度等级及施工气温确定，且不超过表5－12中的限值规定。

表5－11　混凝土浇筑层厚度

捣实混凝土的方法		浇筑层的厚度(mm)
插入式振捣		振动器作用部分长度的1.25倍
表面振捣		200
人工振捣	在基础、无筋混凝土或配筋稀疏结构中	250
	在梁、板、柱结构中	200
	在配筋密列的结构中	150

表 5-12 运输、输送入模及其间歇总的时间限值(min)

条件	施工气温	
	≤25℃	>25℃
不掺外加剂	180	150
掺外加剂	240	210

注:1)表中的数值包括混凝土的运输和浇筑时间。

2)当混凝土中掺早强型减水外加剂、早强剂或有特殊要求的混凝土,其允许间歇时间由试验确定。

在混凝土浇筑过程中,应时刻观察模板及其支架、钢筋、预埋件及预留孔洞的情况,当发现有不正常的变形、移位时,应及时采取措施进行处理,以保证混凝土的施工质量。在混凝土浇筑过程中,应及时认真填写施工记录,这是施工验收的基本依据,也是保证混凝土质量的重要措施。

结构混凝土的强度等级必须符合设计要求。用于检查结构构件混凝土强度的试件,应在混凝土的浇筑地点随机抽取。取样与试件留置应符合下列规定:

a. 每拌制 100 盘且不超过 $100m^3$ 的同配合比的混凝土,其取样不得少于一次。

b. 每工作班拌制的同配合比的混凝土不足 100 盘时,其取样不得少于一次。

c. 当一次连续浇筑超过 $1000m^3$ 时,同一配合比的混凝土每 $200m^3$ 取样不得少于一次。

d. 每一现浇楼层、同配合比的混凝土,其取样不得少于一次。

每次取样应至少留置一组标准试件,同条件养护试件的留置组数根据实际需要确定。对有抗渗要求的混凝土结构,其混凝土试件应在浇筑地点随机取样。同一工程、同一配合比的混凝土,取样不应少于一次。留置组数可根据实际需要而确定。

每组 3 个试件应在同盘混凝土中取样制作,并按下列规定确定该组试件的混凝土强度代表值:

a. 取 3 个试件强度的平均值。

b. 当 3 个试件强度中的最大值或最小值之一与中间值之差超过中间值的 15%时,取中间值。

c. 当 3 个试件强度中的最大值和最小值与中间值之差均超过 15%时,该组试件不应作为强度评定的依据。

混凝土结构强度的评定应按下列要求进行:混凝土强度应分批进行验收。同一验收批的混凝土应由强度等级相同、龄期相同、生产工艺和配合比基本相同且不超过三个月的混凝土组成,并按单位工程的验收项目划分验收批,每个验收项目应按《混凝土强度检验评定标准》(GB/T50107—2010)确定。对同一验收批的混凝土强度,应以同批内标准试件的全部强度代表值来评定。评定方法有如下两种:

A. 统计方法评定

a. 当混凝土的生产条件在较长时间内能保持一致,且同一品种混凝土的强度变异性能保持稳定时,应由连续的三组试件代表一个检验批,其强度应同时符合下列要求:

$$m_{f_{cu}} \geq f_{cu,k} + 0.7\sigma_o \tag{5-7}$$

$$f_{cu,min} \geq f_{cu,k} - 0.7\sigma_o \tag{5-8}$$

当混凝土强度等级 $\leqslant$ C20 时，强度的最小值尚应满足式(5－9) 要求：

$$f_{cu,min} \geqslant 0.85 f_{cu,k} \tag{5-9}$$

当混凝土强度等级 $>$ C20 时，强度的最小值尚应满足式(5－10) 要求：

$$f_{cu,min} \geqslant 0.9 f_{cu,k} \tag{5-10}$$

式中：$m_{f_{cu}}$—— 同一检验批混凝土立方体抗压强度的平均值，N/mm^2；

$f_{cu,k}$—— 混凝土立方体抗压强度标准值，N/mm^2；

σ_o—— 检验批混凝土立方体抗压强度的标准差，N/mm^2；

$f_{cu,min}$—— 同一检验批混凝土立方体抗压强度的最小值，N/mm^2。

b. 检验批混凝土立方体抗压强度的标准差，应根据前一检验期内同一品种混凝土试件的强度数据，按式(5－11) 确定：

$$\sigma_o = \sqrt{\frac{\sum_{i=1}^{N} f_{cu,i}^2 - N m_{f_{cu}}^2}{N-1}} \tag{5-11}$$

式中：$f_{cu,i}$—— 第 i 组混凝土试件立方体抗压强度代表值(N/mm^2)；

N —— 前一检验期内的样本容量。

每个检验期不应少于 60d 也不宜超过 90d，且在该期间内样本容量不得少于 45。

c. 当混凝土的生产条件不能满足第 a 条的规定，或在前一检验期内的同一品种混凝土没有足够的强度数据用以确定检验批混凝土强度标准差时，应由不少于 10 组的试件代表一个检验批，其强度应同时符合下列要求：

$$m_{f_{cu}} \geqslant f_{cu,k} + \lambda_1 \cdot S_{f_{cu}} \tag{5-12}$$

$$f_{cu,min} \geqslant \lambda_2 f_{cu,k} \tag{5-13}$$

式中：$S_{f_{cu}}$ —— 同一检验批混凝土立方体抗压强度标准差，N/mm^2。当 $S_{f_{cu}}$ 的计算值小于 $2.5N/mm^2$ 时应取 $2.5N/mm^2$；

λ_1, λ_2 ——合格判定系数(表 5－13)。

表 5　13　合格判定系数

试件组数	10～14	15～19	≥20
λ_1	1.15	1.05	0.95
λ_2	0.90	0.85	

同一检验批混凝土立方体抗压强度的标准差 $S_{f_{cu}}$ 应按式(5－14) 计算：

$$S_{f_{cu}} = \sqrt{\frac{\sum_{i=1}^{N} f_{cu,i}^2 - N m_{f_{cu}}^2}{N-1}} \tag{5-14}$$

式中：N—— 本验验期内的样本容量。

B. 非统计方法评定

对零星生产的预制构件的混凝土或现场搅拌批量不大的混凝土，可采用非统计法评定。此时，检验批混凝土的强度必须同时符合下列要求：

$$m_{f_{cu}} \geqslant \lambda_3 f_{cu,k} \tag{5-15}$$

$$f_{cu,min} \geqslant \lambda_4 f_{cu,k} \tag{5-16}$$

式中：λ_3，λ_4—— 合格判定系数，按表 5-14 取用。

表 5-14　混凝土强度的非统计法合格评定系数

混凝土强度等级	< C60	≥ C60
λ_3	1.15	1.10
λ_4	0.95	

当对混凝土试件强度的代表性有怀疑时，可采用非破损检验方法或从结构、构件中钻取芯样的方法，按有关标准的规定，对结构构件中的混凝土强度进行推定，作为是否应进行处理的依据。

混凝土表面外观质量要求：不应有蜂窝、麻面、孔洞、露筋、缝隙及夹层、缺棱掉角和裂缝等。

混凝土结构构件的轴线、标高、截面尺寸和垂直度的偏差应符合混凝土结构工程施工质量验收规范的要求。

整体结构混凝土浇筑的要求，不同的结构有所不同。

a. 框架结构的整体浇筑

框架结构的主要构件包括基础、柱、梁、板等，其中框架梁、板、柱等构件是沿垂直方向重复出现的。因此，一般按结构层分层施工。如果平面面积较大，还应分段进行，以便各工序组织流水作业。

在框架结构整体浇筑中，应注意如下事项：

在每层每段的施工中，其浇筑顺序应为先浇柱，后浇梁、板。

柱基础浇筑时，应先边角后中间，按台阶分层浇筑，确保混凝土充满模板各个角落，防止从一侧倾倒混凝土，以免挤压钢筋造成柱连接钢筋的移位。

柱子宜在梁板模板安装后钢筋未绑扎前浇筑，以便利用梁板模板作为横向支撑和柱浇筑操作平台；一排柱子的浇筑顺序，应从两端同时向中间推进，以防柱模板在横向推力作用下向一方倾斜；柱子应分段浇筑，当边长大于 400mm 且无交叉箍筋时，每段的高度不应大于 3.5m，当柱子的断面小于 400mm×400mm，并有交叉箍筋时，可在柱模板侧面每段不超过 2m 的高度开口(不小于 300mm 高)，插入斜溜槽分段浇筑；柱子与柱基础的接触面，用与混凝土相同成分的水泥砂浆铺底(50～100mm)，以免底部产生蜂窝现象；随着柱子浇筑高度的上升，相应递减混凝土的水灰比和坍落度，以免混凝土表面积聚浆水。

在浇筑与柱墙连成整体的梁和板时，应在柱或墙浇筑完毕后 1～1.5h，再继续浇筑，使柱混凝土充分沉实。肋型楼板的梁板应同时浇筑，其顺序是先根据梁高分层浇筑成阶梯形，当达到板底位置时再与板的混凝土一起浇筑；当梁高大于 1m 时，可单独先浇筑梁的混凝土，施工缝可留在板底以下 20～30mm 处；无梁楼板中，板和柱帽应同时浇筑混凝土。

当浇筑主梁及主次梁交叉处的混凝土时，一般钢筋较密集，特别是上部负钢筋又粗又多，因此，这一部分可改用细石混凝土进行浇筑，同时，振捣棒头可改用片式并辅以人工捣固配合。

b. 剪力墙浇筑

剪力墙浇筑应采取长条流水作业，分段浇筑，均匀上升。墙体浇筑混凝土前或新浇混凝土与下层混凝土结合处，应在底面上均匀浇筑 50mm 厚与墙体混凝土成分相同的水泥砂浆或细石混凝土。砂浆或混凝土应用铁锹入模，不应用料斗直接灌入模内，混凝土应分层浇筑振捣，每层浇筑厚度控制在 600mm 左右，浇筑墙体混凝土应连续进行。墙体混凝土的施工缝一般宜设在门窗洞口上，接槎处混凝土应加强振捣，保证接槎严密。

洞口浇筑混凝土时，应使洞口两侧混凝土高度大体一致。振捣时，振捣棒应距洞边 300mm 以上，从两侧同时振捣，以防止洞口变形，大洞口下部模板应开口并补充振捣。构造柱混凝土应分层浇筑，内外墙交接处的构造柱和墙同时浇筑，振捣要密实。

墙体浇筑振捣完毕后，将上口甩出的钢筋加以整理，用木抹子按标高线将墙上表面混凝土找平。

混凝土浇捣过程中，不可随意挪动钢筋，要经常检查钢筋保护层厚度及所有预埋件的牢固程度和位置的准确性。

c. 大体积混凝土的浇筑

大体积混凝土结构整体性要求较高，一般不允许留设施工缝。因此，必须保证混凝土搅拌、运输、浇筑、振捣各工序的协调配合，并根据结构特点、工程量、钢筋疏密等具体情况，分别选用如下浇筑方案，如图 5-28 所示。

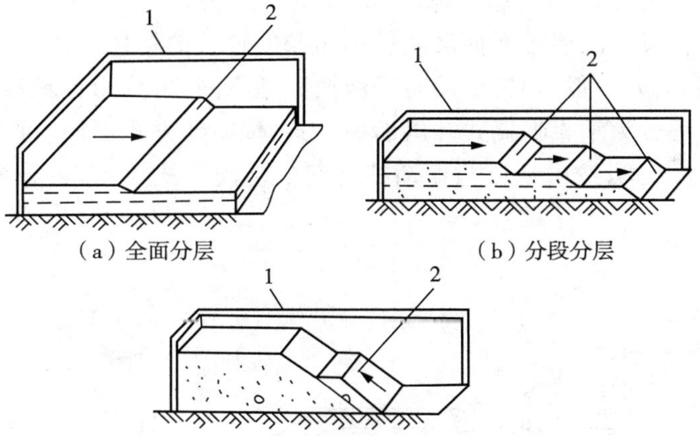

(a) 全面分层　　(b) 分段分层

(c) 斜面分层

图 5-28　大体积混凝土浇筑方案

1—模板；2—新浇筑的混凝土

全面分层浇筑方案。在整个结构内全面分层浇筑混凝土，待第一层全部浇筑完毕，在初凝前再回来浇筑第二层，如此逐层进行，直至浇筑完成。此浇筑方案适宜于结构平面尺寸不大的情况下。浇筑时一般从短边开始，沿长边进行，也可以从中间向两端或由两端向中间同时进行。

分段分层浇筑方案。混凝土从底层开始浇筑，进行一定距离后回来浇筑第二层，如此依次向前浇筑以上各层。此浇筑方案适用于厚度不太大，而面积或长度较大的结构。

斜面分层浇筑方案。混凝土从结构一端满足其高度浇筑一定长度，并留设坡度为 1∶3 的浇筑斜面，从斜面下端向上浇筑，逐层进行。此浇筑方案适用于结构的长度超过其厚度 3 倍的情况。

(2)混凝土密实成型

混凝土入模时呈疏松状，里面含有大量的空洞与气泡，必须采用适当的方法在其初凝前振捣密实，满足混凝土的设计要求。混凝土浇筑后振捣是用混凝土振动器的振动力，把混凝土内部的空气排出，使砂子充满石子间的空隙，水泥浆充满砂子间的空隙，以达到混凝土的密实。只有在工程量很小或不能使用振动器时，才允许采用人工捣固，一般应采用振动机械振捣。常用的振动机械有内部振动器（插入式）、外部振动器（附着式和平板式）和振动台（图 5－29）。

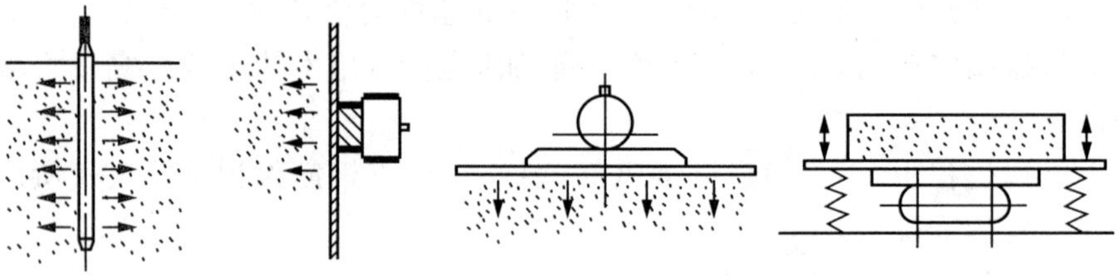

（a）内部振动器　（b）附着式振动器　（c）平板振动器　（d）振动台

图 5－29　振动机械

内部振动器也称插入式振动器，它是由电动机、传动装置和振动棒三部分组成，工作时依靠振动棒插入混凝土产生振动力而捣实混凝土。插入式振动器是建筑工程应用最广泛的一种，常用以振实梁、柱、墙等平面尺寸较小而深度较大的构件和体积较大的混凝土。

内部振动器分类方法很多，按振动转子激振原理不同，可分为行星滚锥式和偏心轴式；按操作方式不同，可分为垂直振捣式和斜面振捣式；按驱动方式不同，可分为电动、风动、液压和内燃机驱动等形式；按电动机与振动棒之间的传动形式不同，可分为软轴式和直联式（如图 5－30）。

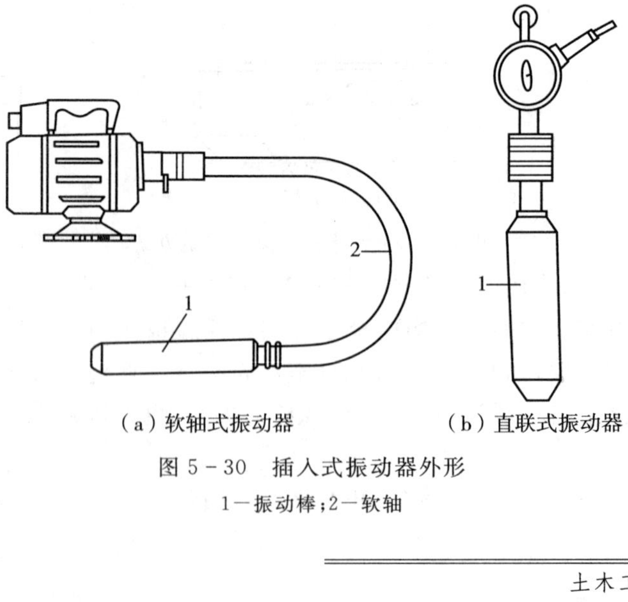

（a）软轴式振动器　（b）直联式振动器

图 5－30　插入式振动器外形

1—振动棒；2—软轴

内部振动器使用要点：

① 使用前，应首先检查各部件是否完好，各连接处是否紧固，电动机是否绝缘，电源电压和频率是否符合规定，待一切合格后，方可接通电源进行试运转。

② 振捣时，要做到“快插慢拔”。快插是为了防止将表层混凝土先振实，与下层混凝土发生分层、离析现象；慢拔是为了使混凝土能填埋振动棒的空隙，防止产生孔洞。

③ 作业时，要使振动棒自然沉入混凝土中，不可用力猛插，一般应垂直插入，并插至尚未初凝的下层混凝土中 50～100mm，以利于上下混凝土层相互结合。

④ 振动棒插点要均匀排列，可采用“行列式”或“交错式”的次序移动，两个插点的间距 S，当“行列式”排列时，$S\leqslant 1.5R$（R 为振动棒的有效作用半径）；当“交错式”排列时，$S\leqslant 1.75R$（图 5-31），防止漏振，保证混凝土的振动密实。

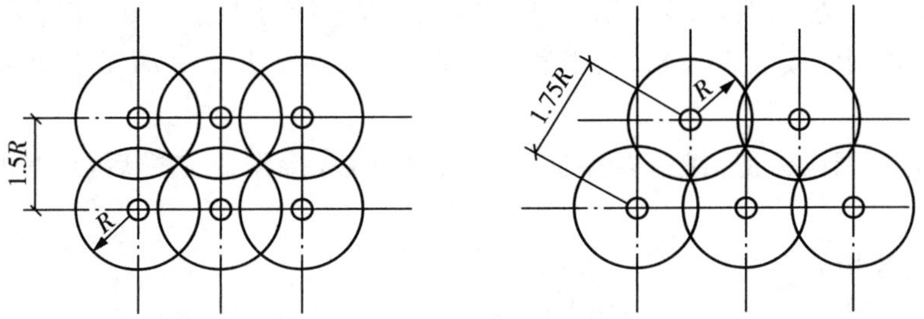

（a）“行列式”排列　　（b）“交错式”排列

图 5-31　插入式振动器相邻插点的排列

⑤ 振动棒在混凝土内的振捣时间，一般每个插点约 20～30s，见到混凝土不再显著下沉，不再出现气泡，表面泛出的水泥浆均匀为止。

⑥ 由于振动棒下部振幅比上部大，为使混凝土振捣均匀，振捣时应将振动棒上下抽动 5～10cm，每插点抽动 3～4 次。

⑦ 振动棒与模板的距离，不得大于其有效作用半径的 0.5 倍，并要避免触及钢筋、模板、芯管、预埋件等，更不能采取通过振动钢筋的方法来促使混凝土振实。

⑧ 振动器软管的弯曲半径不得小于 50cm，并且不得多于两个弯。软管不得有断裂、死弯现象。

⑨ 在检修、移动和作业间歇时，必须切断电源，作业时工人必须穿戴绝缘劳动保护用品，操作人员必须掌握安全用电的基本知识。

外部振动器又称附着式振动器，它是直接安装在模板外侧的横档或竖档上，利用偏心块旋转时所产生的振动力，通过模板传递给混凝土，使之振动密实。

外部振动器根据作业不同，可分为附着式和平板式两种。附着式振动器是依靠其底部螺栓固定在模板上面；平板式振动器是在附着式振动器底部加一块平板改装而成，使之能浮在混凝土表面上，并能在偏心块旋转时产生分力的作用下，在混凝土表面上自动滑移，适用于振捣平板、地面、路面等面积较大而厚度较小的构件。

外部振动器使用要点：

① 外部振动器使用前，要进行检查和试运转，试运转不要在干硬的土地上和混凝土面上进行，否则会使振动器跳跃过甚而损坏。

② 振捣的混凝土厚度不宜过大，一般为150～250mm；振捣时平板必须与混凝土充分接触，以保证主振动力的有效传递。

③ 在一个位置连续振动的时间不宜过长，在正常情况下约为25～40s，并以混凝土表面均匀出现浆液为准，不得在混凝土初凝后再振，也不得使周围的振动影响到已初凝的混凝土。

④ 平板式振动器的移动要有一定的路线，保持振动的连续性，并保证前后左右相互搭接30～50mm，以防止产生漏振。

⑤ 振动器在作业中应经常检查轴承和电动机的温度，如温升超过60℃或有异声，应立即停机查明原因。

⑥ 振动倾斜混凝土表面时，振动路线应由低处向高处推进。

⑦ 使用附着式振动器，其间距应通过试验确定，一般为1～1.5m；当结构尺寸较厚时，可在结构的两侧同时安装振动器；待混凝土入模，浇筑高度大于振动器安装部位时，方可开动振动器。

⑧ 振动器外壳应保持清洁，以保证电机散热良好，待作业完毕后，应按规定进行清洁和保养工作。

4. 混凝土养护

浇捣后的混凝土之所以能逐渐凝结硬化，主要是因为水泥水化作用的结果，而水化作用需要适当的湿度和温度。如气候炎热，空气干燥，不及时进行养护，混凝土中水分蒸发过快，出现脱水现象，使已形成凝胶体的水泥颗粒不能充分水化，不能转化为稳定的结晶，缺乏足够的粘结力，从而会在混凝土表面出现片状或粉状剥落，影响混凝土的强度。此外，在混凝土尚未具备足够的强度时，其中水分过早的蒸发还会产生较大的收缩变形，出现干缩裂纹，影响混凝土的整体性和耐久性。所以浇筑后的混凝土初期阶段的养护非常重要。在混凝土浇筑完毕后，应在12h以内加以养护；干硬性混凝土和真空脱水混凝土应于浇筑完毕后立即进行养护。在养护工序中，应控制混凝土处在有利于硬化及强度增长的温度和湿度环境中，使硬化后的混凝土具有必要的强度和耐久性。

混凝土养护分自然养护和人工养护。自然养护是指在自然气温条件下(大于5℃)，对混凝土采取覆盖、浇水湿润、挡风、保温等养护措施，使混凝土在规定的时间内有适宜的温湿条件进行硬化。自然养护又可分为覆盖浇水养护和薄膜布养护、薄膜养生液养护等。人工养护是指人工控制混凝土的温度和湿度，使混凝土强度增长，如蒸汽养护、热水养护、太阳能养护等。现浇结构多采用自然养护。

覆盖浇水养护。覆盖浇水养护是用吸水保温能力较强的材料(如草帘、芦席、麻袋、锯末等)将混凝土覆盖，经常洒水使其保持湿润。养护时间长短取决于水泥品种，硅酸盐水泥、普通硅酸盐水泥和矿渣硅酸盐水泥拌制的混凝土，不少于7d；强度等级C60及以上的混凝土或抗渗混凝土不少于14d。浇水次数以能保持混凝土具有足够的湿润状态为宜。

薄膜布养护。采用不透水、气的薄膜布(如塑料薄膜布)养护，是用薄膜布把混凝土表面敞露的部分全部严密地覆盖起来，保证混凝土在不失水的情况下得到充足的养护。这种养护方法的优点是不必浇水，操作方便，能重复使用，能提高混凝土的早期强度，加速模具的周转。

薄膜养生液养护。混凝土的表面不便浇水或用塑料薄膜布养护有困难时，可采用涂刷薄膜养生液，以防止混凝土内部水分蒸发的方法。薄膜养生液养护是将可成膜的溶液喷洒在混凝土表面上，溶液挥发后在混凝土表面凝结成一层薄膜，使混凝土表面与空气隔绝，封闭混凝土中的水分不再被蒸发，而完成水化作用。这种养护方法一般适用于表面积大的混凝土施工和缺水地区，但应注意薄膜的保护。混凝土养护期间，混凝土强度未达到1.2N/mm^{2}前，不允许在上面走动。

混凝土质量检验。混凝土质量检验包括施工过程中的质量检验和养护后的质量检验。施工过程的质量检验，即在制备和浇筑过程中对原材料的质量、配合比、坍落度等的检验，每一工作班至少检查一次，遇有特殊情况还应及时进行检验。混凝土的搅拌时间应随时检查。

混凝土养护后的质量检验，主要包括混凝土的强度、外观质量和结构构件的轴线、标高、截面尺寸和垂直度的偏差。如设计上有特殊要求时，还需对抗冻性、抗渗性等进行检验。

混凝土强度的检验，主要指抗压强度的检查。混凝土的抗压强度应以边长为150mm的立方体试件，在温度为20℃±2℃和相对湿度为90%以上的潮湿环境或水中的标准条件下，经28d养护后试验确定。

5. 混凝土冬期施工

混凝土进行正常的凝结硬化，需要适宜的温度和湿度，温度的高低对混凝土强度的增长有很大影响。在一般情况下，在温度合适的条件下，温度越高，水泥水化作用就越迅速、越完全，混凝土硬化速度快，其强度越高。但是，当温度超过一定数值，水泥颗粒表面就会迅速水化，结成比较硬的外壳，阻止水泥内部继续水化，易形成"假凝"现象。

当温度低于5℃时，水化作用缓慢，硬化速度变缓；当接近0℃时，混凝土的硬化速度就更慢，强度几乎不再增长；当温度低于−3℃时，混凝土中的水会产生结冰，水化作用完全停止，甚至产生"冰胀应力"，严重影响混凝土的质量。因此，为确保混凝土结构的工程质量，应根据工程所在地多年气温资料，当室外日平均气温连续5d稳定低于5℃时，必须采用相应的技术措施进行施工，并及时采取气温突然下降的防冻措施，称为混凝土冬期施工。

冻结对混凝土质量的影响。混凝土在初凝前或刚一初凝即遭冻结，此时水泥水化作用尚未开始或刚开始，混凝土本身尚无强度，水泥受冻后处于"休眠"状态；立即恢复正常养护后，强度可以重新增长，直到与未受冻前相同，强度损失非常小。但工程有工期的限制，故这种冻结要尽量避免。

若混凝土在初凝后遭冻结，此时其强度很小。混凝土内部存在两种应力：一种是水泥水化作用产生的粘结应力；另一种是混凝土内部自由水结冻，体积膨胀(8%～9%)所产生的冻胀应力。由于粘结应力小于冻胀应力，很容易破坏刚形成水泥混凝土的内部结构，产生一些微裂纹，这些微裂纹是不可逆的，冰块融化后也会形成孔隙，严重降低混凝土的强度和耐久性。在混凝土解冻后，其强度虽然能继续增长，但不能再达到设计的强度等级。

若混凝土在冻结前已达到某一强度值以上，此时混凝土内部虽然也存在着粘结应力，但其粘结应力可抵抗冻胀应力的破坏，不会出现微裂纹。混凝土解冻后强度能迅速增长，并可达到设计的强度等级，对强度影响较小，只不过增长比较缓慢。

工程实践证明，混凝土早期受冻，对其抗压强度、弯曲抗拉强度、粘结强度、抗渗性等均有较大的影响。混凝土在冬期施工时，要想使混凝土完全不遭受冻结，既不现实，也不经济。经过试验证明，混凝土在初凝后只要达到某一强度值以上，当混凝土遭冻结后，加强养护，混凝土的各项性能并不严重降低，这就提出了混凝土允许受冻临界强度的概念。

混凝土允许受冻临界强度，一般用抗压强度来表达，可定义为：新浇捣的混凝土在受冻前达到某一初凝强度值，然后遭受冻结，当恢复正常养护后，混凝土抗压强度能继续增长，并再经 28d 的标准养护后，其后期强度可达设计强度等级的 95%以上，其受冻前的初期强度，称为混凝土允许受冻临界强度。混凝土冬季施工，就是采取一定的技术措施，使混凝土在受冻前达到其允许受冻临界强度。

混凝土允许受冻临界强度，与水泥品种、混凝土强度等级有关，硅酸盐水泥或普通硅酸盐水泥配制的混凝土，为设计的混凝土强度标准值的 30%；矿渣硅酸盐水泥配制的混凝土，为设计混凝土强度标准值的 40%。

5.3 模板工程

模板是混凝土结构构件成型的模具，已浇筑的混凝土需要在此模具内养护、硬化、增长强度，形成所要求的结构构件。模板系统包括模板和支架两部分，其中模板是指与混凝土直接接触使混凝土具有构件所要求形状的部分；支架是指支撑模板，承受模板、构件及施工中各种荷载的作用，并使模板保持所要求的空间位置的临时结构。

为了保证所浇筑混凝土结构的施工质量和安全，模板和支架必须符合下列要求：

1)保证结构和构件各部分形状、尺寸和相互位置的正确性。

2)具有足够的承载能力、刚度和稳定性，能可靠地承受浇筑混凝土的重量、侧压力以及施工荷载，并应保证其整体稳固性。

3)构造简单，拆装方便，能多次周转使用。

4)接缝严密，不易漏浆。

5.3.1 模板的形式与构造

按所用材料不同可分为：木模板、钢模板、塑料模板、玻璃钢模板、竹胶板模板、装饰混凝土模板、预应力混凝土模板等。

按模板的形式及施工工艺不同可分为：组合式模板（如木模板、组合钢模板）、工具式模板（如大模板、滑模、爬模、飞模、模壳等）、胶合板模板和永久性模板。

按模板规格类型不同分为：定型模板（即定型组合模板，如小钢模）和非定型模板（散装模板）。

1. 木模板

木材是最早被人们用来制作模板的工程材料，其优点是：制作方便、拼装随意，尤其适用于外形复杂和异形的混凝土构件。此外，因其导热系数小，对混凝土冬期施工有一定的保温作用。

木模板的木材主要采用松木和杉木，其含水率不宜过高，以免干裂，材质不宜低于Ⅲ等材。

木模板的基本元件是拼板，它由板条和拼条（木档）组成（图 5－32）。板条厚 25～

50mm，宽度不宜超过 200mm，以保证在干缩时缝隙均匀，浇水后缝隙要严密且板条不翘曲，但梁底板的板条宽度不受限制，以免漏浆。拼条截面尺寸为 25mm×35mm～50mm×50mm，拼条间距根据施工荷载的大小及板条的厚度而定，一般取 400～500mm。

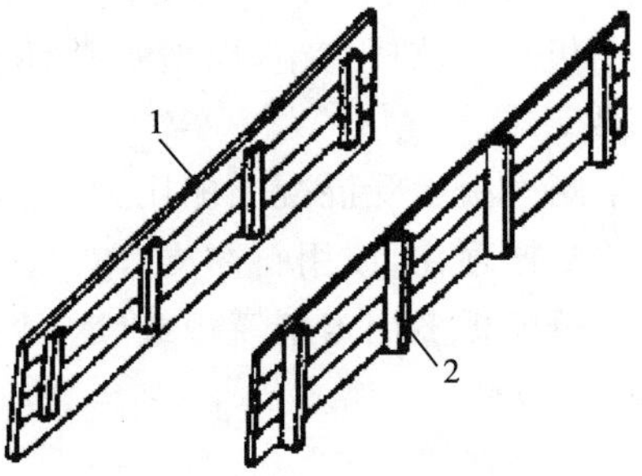

（a）一般拼板　　（b）梁侧模板的拼板

图 5－32　拼板构造

1—板条；2—拼条

木模板通常可拼装成以下几种形式：

(1)基础模板

基础模板安装时，要保证上、下模板不发生相对位移(图 5－33)。如有杯口，还要在其中放入杯口芯模。当土质良好时，基础的最下一阶可不用模板，进行原槽浇筑。

(2)柱子模板

柱模板有内外拼板组成(图 5－34)，内拼板夹在两片相对的外拼板之内。为承受混凝土侧压力，拼板外要设柱箍，其间距与混凝土侧压力、拼板厚度有关，通常上稀下密，间距约为 500～700mm。柱模板底部设有钉在混凝土上的木框，用以固定柱模板的位置。柱模板上部根据需要可开设与梁模板连接的缺口，底部开设清理孔，沿高度每隔约 2m 开设浇注孔。对于独立柱模，四周应加设支撑，以免混凝土浇筑时产生倾斜。

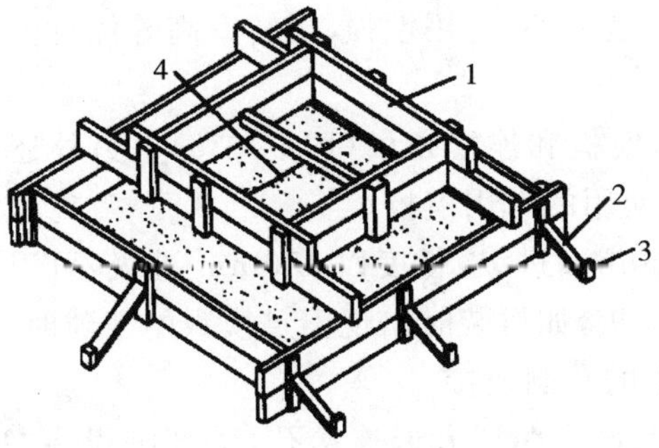

图 5－33　阶梯形基础模板

1—拼板；2—斜撑；3—木撑；4—铁丝

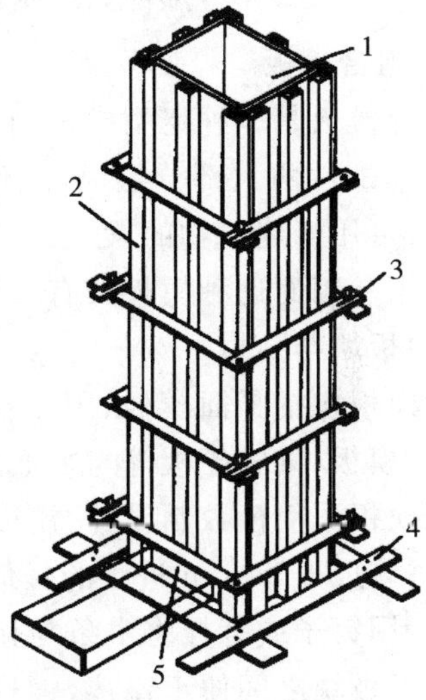

图 5－34　柱子模板

1—内拼板；2—外拼版；3—柱箍；4—底部木框；5—清理孔

(3)梁模板、楼板模板

梁模板由底模板和侧模板组成。底模板承受垂直荷载，一般较厚，下面有支柱(顶撑)或桁架承托。支柱多为伸缩式，可调节高度，底部应支承在坚实的地面或楼面上，下垫木楔。如地面松软，底部应垫木板，以加大支撑面。在多层建筑施工中，应使上下层的支柱在同一条竖向直线上，否则，要采取措施保证上层支柱的荷载能传到下层支柱上。支柱间应用水平和斜向拉杆拉牢，以增强整体稳定性。当层间高度大于 5m 时，宜用桁架支撑或多层支架支撑。

梁侧模板承受混凝土侧压力，为防止侧向变形，底部用夹紧条夹住，顶部可由支承楼板模板的格栅顶住，或用斜撑支牢。

楼板模板多用定型模板或胶合板，它放置在格栅上，格栅支承在梁侧模板外的横楞上（图 5 - 35）。

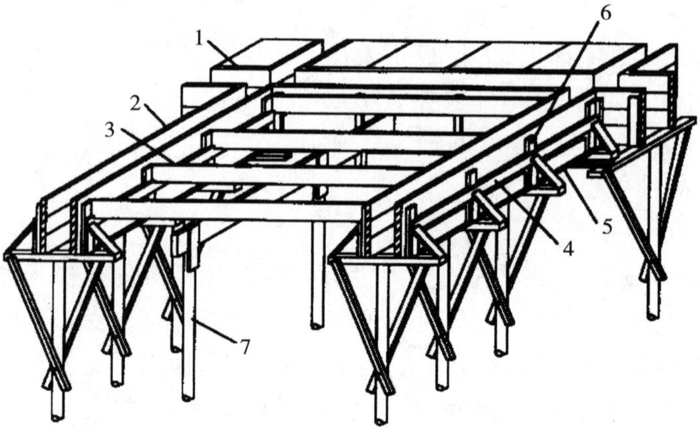

图 5 - 35　梁模板及楼板模板

1—楼板模板；2—梁侧模板；3—格栅；4—横楞；5—夹条；6—次肋；7—支撑

2. 组合模板

组合模板是一种定型模板，它是施工中应用最多的一种模板形式。它由具有一定模数的模板和配件两大部分组成，配件包括连接件和支撑件，这种模板可以拼出多种尺寸和几何形状，可用于建筑物的梁、板、柱、墙、基础等构件施工的需要，也可拼成大模板、滑模、台模等使用。因而这种模板具有轻便灵活、拆装方便、通用性强、周转率高等优点。

(1)板块与角模

钢模板包括平面模板、阳角模板、阴角模板和连接角模（图 5 - 36）。另外还有角楞模板、圆楞模板、梁腋模板等与平面模板配套使用的专用模板。

钢模板采用模数制设计，模板宽度以 50mm 进级，长度以 150mm 进级，可以适应横竖拼装，拼装成以 50mm 进级的任何尺寸的模板，如拼装时出现不足模数的空隙时，用镶嵌木条补缺，用钉子或螺栓将木条与板块边框上的孔洞连接。

为了板块之间便于连接，钢模板边肋上设有“U”形卡连接孔，端部上设有“L”形插销孔，孔径为 13.8mm，孔距 150mm。

连接件包括：“U”形卡、“L”形插销、钩头螺栓、紧固螺栓、对拉螺栓和扣件等（图 5 - 37）。

“U”形卡用于相邻模板间的拼接。其安装距离不大于 300mm，即每隔一个孔插一个卡，安装方向一顺一倒相互交错，以抵消“U”形卡可能产生的位移。

“L”形插销插入钢模板端部的插销孔内，以加强两相邻模板接头处的刚度和保证接头处板面平整。

钩头螺栓用于钢模板与内、外钢楞的加固，使之成为整体，安装间距一般不大于

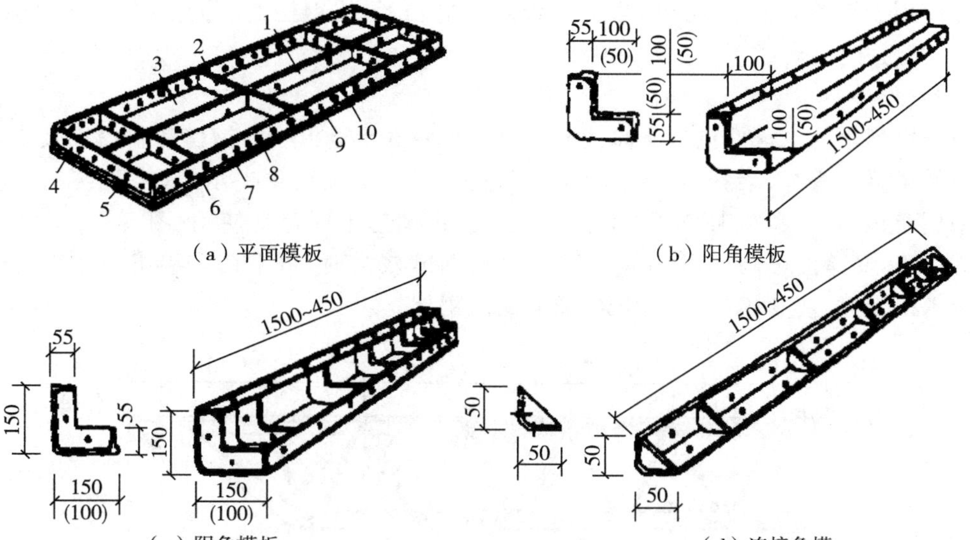

（a）平面模板　（b）阳角模板

（c）阴角模板　（d）连接角模

图 5－36　钢模板类型

1－中纵肋；2－中横肋；3－面板；4－横肋；5－插销孔；6－纵肋；7－凸棱；8－凸鼓；9－U 形卡孔；10－钉子孔

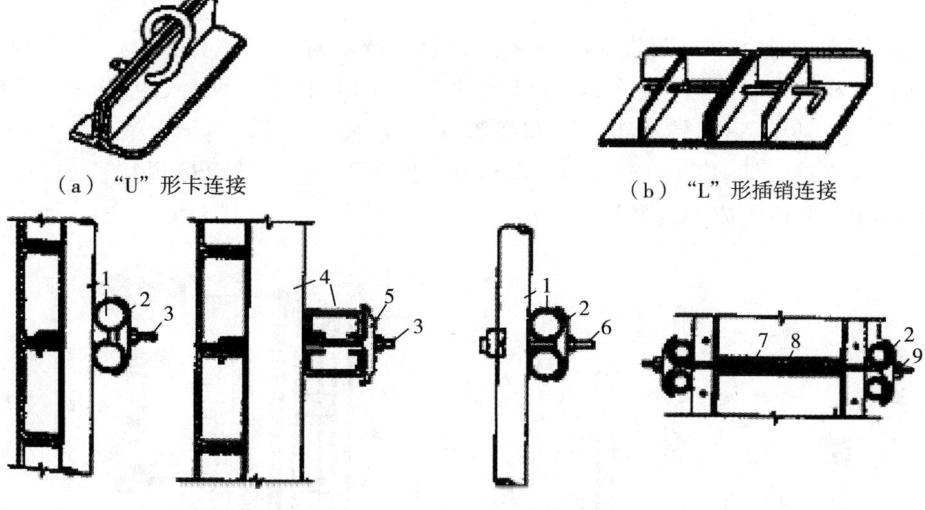

（a）"U"形卡连接　（b）"L"形插销连接

（c）钩头螺栓连接　（d）紧固螺栓连接　（e）对拉螺栓连接

图 5－37　钢模板连接件

1－圆钢管钢楞；2－扣件；3－钩头螺栓；4－内卷边槽钢钢楞；5－蝶形扣件；

6－紧固螺栓；7－对拉螺栓；8－塑料套管；9－螺母

600mm，长度应与采用的钢楞尺寸相适应。

紧固螺栓用于紧固钢模板内、外钢楞，增强组合模板的整体刚度，长度应与采用的钢楞尺寸相适应。

对拉螺栓用于连接墙壁的两侧模板，保持模板与模板之间的设计厚度，并承受混凝土侧压力及水平荷载，使模板不致变形。

扣件用于钢楞与钢楞或钢楞与钢模板之间的扣紧，按钢楞的不同形状，分别采用蝶形扣件和“3”形扣件。

(2)支承件

组合钢模板的支承件包括支撑拄的柱箍、斜撑；支承墙模板的钢楞和斜撑以及支承梁、钢模板的早拆柱头等、梁托架、支撑桁架、钢支柱等。桁架用于支承梁、板类结构的模板。通常采用角钢、扁钢和圆钢筋制成，可调节长度，以适应不同跨度使用(图 5-38)。一般以两榀为一组，其跨度可调整到 2100～3500mm，荷载较大时，可采用多榀组成排放，并在下弦加设水平支撑，使其相互连接固定，增加侧向刚度。

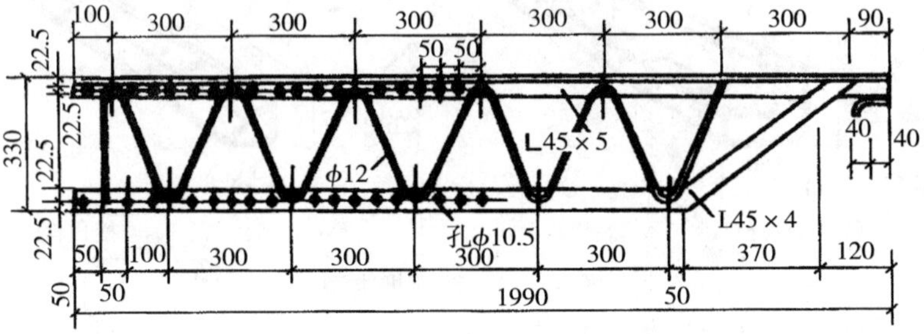

图 5-38　轻型桁架

支柱有钢管支柱和组合四管支柱两种。钢管支柱又称钢支柱，用于大梁、楼板等水平模板的垂直支撑，其规格形式较多，目前常用的有 CH 型和 YJ 型两种(图 5-39)所示。

组合四管支柱由管柱、螺栓千斤顶和托盘等组成(图 5-40)，用于大梁、平台、楼板等水平模板的垂直支撑。管柱为四根 $\phi 48 \times 3.5$mm 钢管和 8mm 厚钢板焊接而成，千斤顶为 M45mm 螺栓与托板组成，其调距为 250mm。

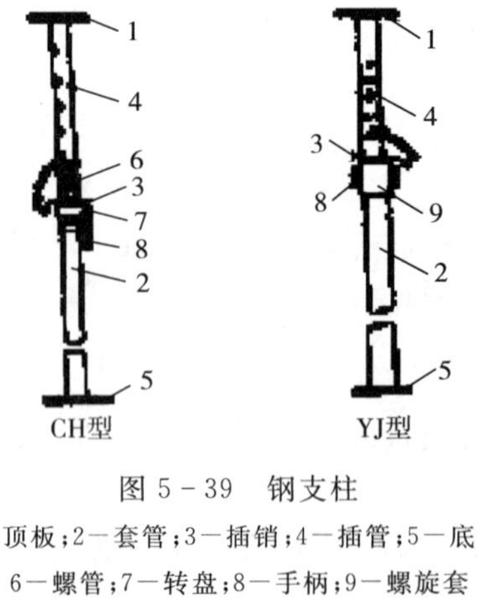

图 5-39　钢支柱

1—顶板；2—套管；3—插销；4—插管；5—底板；6—螺管；7—转盘；8—手柄；9—螺旋套

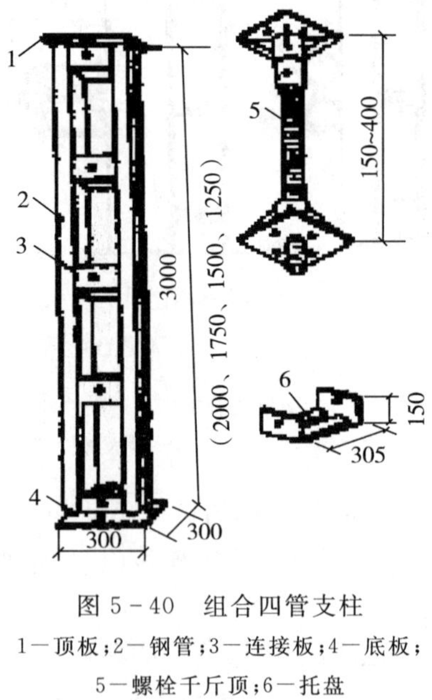

图 5-40　组合四管支柱

1—顶板；2—钢管；3—连接板；4—底板；5—螺栓千斤顶；6—托盘

托具用来靠墙支承楞木、斜撑、桁架等。用钢筋焊接而成，上面焊接一块钢托板，托具两齿间距为三皮砖厚。在砌体强度达到支模强度时，将托具垂直打入灰缝内。

早拆柱头。早拆柱头见图 5－41 所示，是近年来发展的一种模板快拆体系，它设置在钢支柱的顶部，可在楼板混凝土浇筑后提早拆除楼面模板，而将钢支柱保留在楼板底面，从而加快了模板的周转。

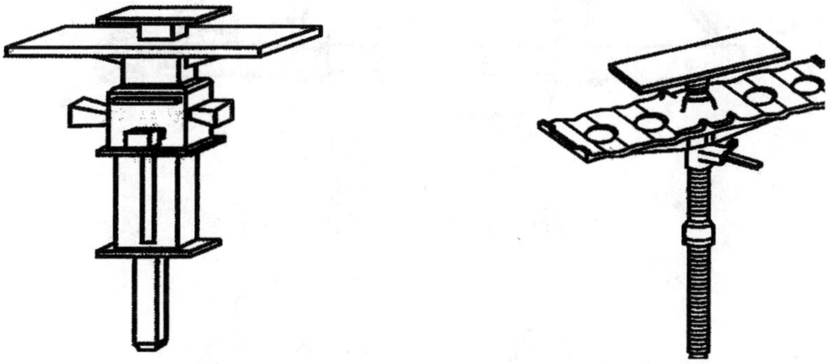

（a）楔形　　（b）螺栓形

图 5－41　早拆柱头

模板成型卡具用于支承梁、柱等的模板，使其成为整体。常用的有柱箍和梁卡具。

柱箍（图 5－42）又称柱卡箍、定型夹箍，用于直接支承和夹紧各类柱模的支承件，可根据柱模的外形尺寸和侧压力的大小来选用。

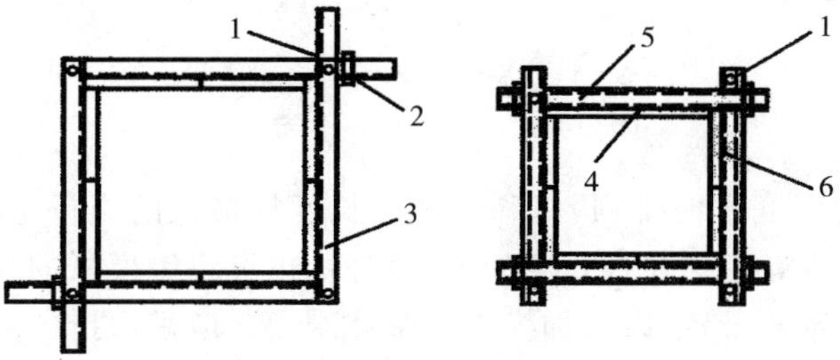

图 5－42　柱箍

1—插销；2—限位器；3—夹板；4—模板；5—角钢；6—槽钢

梁卡具又称梁托架。是一种将大梁、过梁等模板夹紧固定的装置，并承受混凝土的侧压力，其种类较多，其中钢管型梁卡具（图 5－43），适用于断面为 700mm×500mm 以内的梁；扁钢和圆钢组成的梁卡具（图 5－44），适用于断面为 600mm×500mm 以内的梁，上述两种梁卡具的高度和宽度均可调节。

（3）组合模板的配板

采用定型组合钢模板时需要进行配板设计。由于同一面积的模板可以使用不同规格的平面模板和角模组成各种配板方案，配板设计就是从中找出最佳组配方案。

配板设计时，平面模板的选择应根据所配模板板面的形状、几何尺寸及支撑形式决定。宜优先选用大规格的模板为主板，其他小规格的模板作为补充。模板宜以其长边沿梁、板、

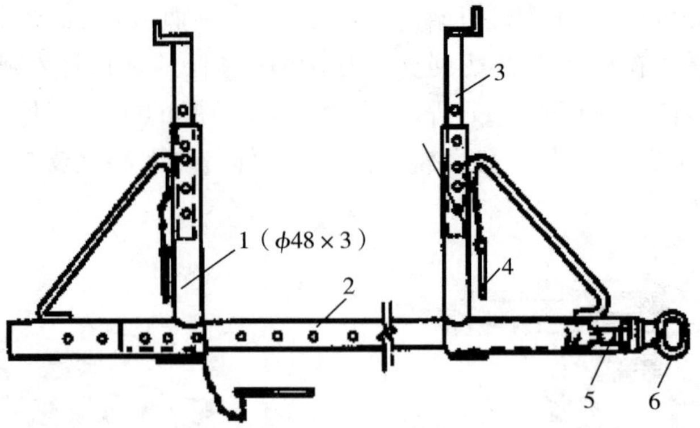

图 5-43　钢管型梁卡具

1—三角架；2—底座；3—调节杆；4—插销；5—调节螺栓；6—钢筋环

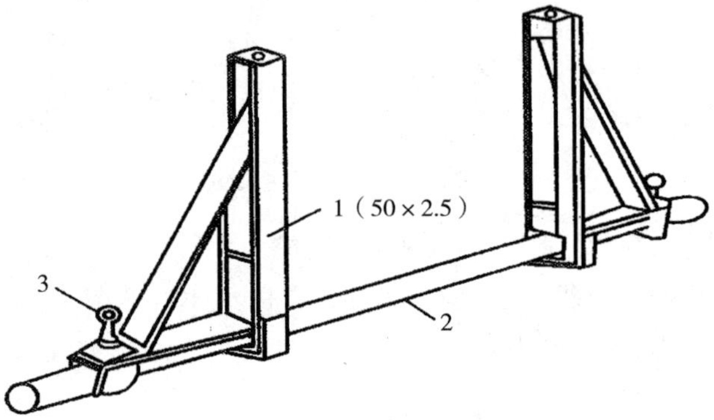

图 5-44　扁钢和钢管组合梁卡具

1—三角架；2—底座；3—固定螺栓

墙的长度方向或柱的高度方向排列，以利于使用长度规格大的模板，并扩大钢模板的支撑跨度。如结构的宽度刚好是钢模板长度的整数倍时，也可将钢模板的长边沿结构的短边排列。模板长向接缝宜错开布置，以增加模板的整体刚度。应采取措施减少和避免在钢模板上钻孔，如需设置对拉螺栓或其他拉筋需要在模板上钻孔时，应尽可能使用已钻孔的模板。

进行配板设计之前，先绘制结构构件的展开图，据此绘制配板设计图、连接件和支承系统布置图、细部结构和异型模板详图及特殊部位详图。在配板图上要标明所配板块和角模的规格、位置和数量，并在配板图上标明预埋件和预留孔洞的位置，注明其固定方法。

3. 大模板

(1)大模板建筑体系

① 全现浇的大模板建筑

这种建筑的内墙、外墙全部采用大模板浇筑，结构的整体性好、抗震性强，但施工时外墙模板支设复杂、高空作业工序较多、工期较长。

② 现浇与预制相结合的大模板建筑

建筑的内墙采用大模板浇筑，外墙采用预制装配式大型墙板，即“内浇外挂”施工工艺。这种结构简化了施工工序，减少了高空作业和外墙板的装饰工程量，缩短了工期。

③ 现浇与砌筑相结合的大模板建筑

建筑的内墙采用大模板浇筑，外墙采用普通黏土砖墙。这种结构适用于建造6层以下的民用建筑，较砖混结构的整体性好，内装饰工程量小、工期较短。

(2)大模板的构造

① 面板

面板是直接与混凝土接触的部分，通常采用钢面板(用3～5mm厚的钢板制成)或胶合板面板(用7～9层胶合板)。面板要求板面平整、拼缝严密、具有足够的刚度。

② 加劲肋

加劲肋的作用是固定面板，可做成水平肋或垂直肋。加劲肋把混凝土传给面板的侧压力传递到竖楞上去。加劲肋与金属面板焊接固定，与胶合板面板可用螺栓固定。加劲肋一般采用[65或∟65制作，肋的间距根据面板的大小、厚度及墙体厚度确定。

③ 竖楞

竖楞作用是加强大模板的整体刚度，承受模板传来的混凝侧压力和垂直力，并作为穿墙螺栓的支点。竖楞一般采用[65或[80制作，间距一般为1.0～1.2m。

④ 支撑桁架与稳定机构

支撑桁架用螺栓或焊接与竖楞连接在一起，其作用是承受风荷载等水平力，防止大模板倾覆。桁架上部可搭设操作平台。

稳定机构是在大模板两端桁架底部伸出的支腿上设置的可调整螺旋千斤顶。在模板使用阶段，用以调整模板的垂直度，并把作用力传递到地面或楼板上；在模板堆放时，用来调整模板的倾斜度，以保证模板的稳定。

⑤ 操作平台

操作平台是施工人员操作场所，有两种做法：

a. 将脚手板直接铺在支撑桁架的水平弦杆上形成操作平台，外侧设栏杆。这种操作平台工作面较小，但投资少，装拆方便。

b. 在两道横墙之间的大模板的边框上用角钢连成为搁栅，在其上满铺脚手板。优点是施工安全，但耗钢量大。

⑥ 穿墙螺栓

穿墙螺栓作用是控制模板间距，承受新浇混凝土的侧压力，并能加强模板刚度。为了避免穿墙螺栓与混凝土粘结，在穿墙螺栓外边套一根硬塑料管或穿孔的混凝土垫块，其长度为墙体宽度。穿墙螺栓一般设置在大模板的上、中、下三个部位，上穿墙螺栓距模板顶部250mm左右，下穿墙螺栓距模板底部200mm左右。

⑦ 滑升模板

滑升模板是随着混凝土的浇筑而沿结构或构件表面向上垂直移动的模板。施工时在建筑物或构筑物的底部，按照建筑物或构筑物平面，沿其结构周边安装高1.2m左右的模板和操作平台，随着向模板内不断分层浇筑混凝土，利用液压提升设备不断使模板向上滑升，使结构连续成型，逐步完成建筑物或构筑物的混凝土浇筑工作。液压滑升模板适用于各种构筑物如烟囱、筒仓等施工，也可用于现浇框架、剪力墙、筒体等结构施工。

采用液压滑升模板可大量节约模板，提高了施工机械化程度。但液压滑升模板耗钢量大，一次投资费用较多。

液压滑升模板由模板系统、操作平台系统及液压提升系统组成。

⑧ 爬升模板

爬升模板是在混凝土墙体浇筑完毕后，利用提升装置将模板自行提升到上一个楼层，浇筑上一层墙体的垂直移动式模板。爬升模板采用整片式大平模，模板由面板及肋组成，而不需要支撑系统；提升设备采用电动螺杆提升机、液压千斤顶或导链。爬升模板是将大模板工艺和滑升模板工艺相结合，既保持大模板施工墙面平整的优点又保持了滑模利用自身设备使模板向上提升的优点，墙体模板能自行爬升而不依赖塔吊。爬升模板适用于高层建筑墙体、电梯井壁、管道间混凝土施工。爬升模板由钢模板、提升架和提升装置三部分组成。

⑨ 台模

台模是浇筑钢筋混凝土楼板的一种大型工具式模板。在施工中可以整体脱模和转运，利用起重机从浇筑完的楼板下吊出，转移至上一楼层，中途不再落地，所以亦称“飞模”。

台模适用于各种结构的现浇混凝土小开间、小进深的现浇楼板，单座台模面板的面积从 2～6m^2到 60m^2以上。台模整体性好，混凝土表面容易平整、施工进度快。

台模由台面、支架（支柱）、支腿、调节装置、行走轮等组成。

台面是直接接触混凝土的部件，表面应平整光滑，具有较高的强度和刚度。目前常用的面板有钢板、胶合板、铝合金板、工程塑料板及木板等。

台模按其支架结构类型分为：立柱式台模、桁架式台模、悬架式台模等。

⑩ 隧道模

隧道模是将楼板和墙体一次支模的一种工具式模板，相当于将台模和大模板组合起来。隧道模有断面呈“Ⅱ”字形的整体式隧道模和断面呈“Γ”形的双拼式隧道模两种。整体式隧道模自重大、移动困难，目前已很少应用；双拼式隧道模应用较广泛，特别在内浇外挂和内浇外砌的高、多层建筑中应用较多。

双拼式隧道模由两个半隧道模和一道独立的插入模板组成。在两个半隧道模之间加一道独立的模板，用其宽度的变化，使隧道模适应于不同的开间；在不拆除中间模板的情况下，半隧道模可提早拆除，增加周转次数。半隧道模的竖向墙模板和水平楼板模板间用斜撑连接。在半隧道模下部设行走装置，在模板长方向，沿墙模板设两个行走轮，设置两个千斤顶，模板就位后，这两个千斤顶将模板顶起，使行走轮离开楼板，施工荷载全部由千斤顶承担。脱模时，松动两个千斤顶，半隧道模在自重作用下，下降脱模，行走轮落到楼板上。

半隧道模脱模后，用专用吊架吊出，吊升至上一楼层。将吊架从半隧模的一端插入墙模板与斜撑之间，吊钩慢慢起钩，将半隧道模托起，托挂在吊架上，吊到上一楼层。

5.3.2 模板设计

常用的木拼板模板和组合钢模板，在其经验适用范围内一般不需进行设计验算，但对重要结构的模板、特殊形式的模板或超出经验适用范围的模板，应进行设计或验算，以确保工程质量和施工安全，防止浪费。

模板设计的内容，主要包括选型、选材、荷载计算、结构设计和绘制模板施工图等。各项设计的内容和详尽程度，可根据工程的具体情况和施工条件确定。

模板设计原则：

(1)实用性。应保证混凝土结构的质量，要求按缝严密、不漏浆，保证构件的形状、尺寸和相互位置正确，且构造简单、支拆方便。

(2)安全性。保证在施工过程中，不变形、不破坏、不倒塌。

(3)经济性。针对工程结构具体情况，因地制宜，就地取材，在确保工期的前提下，尽量减少一次投入，增加模板周转率，减少支拆用工，实现文明施工。

1. 模板设计荷载及其组合

(1)模板及其支架自重(G_1)

计算模板及其支架的荷载，分为荷载标准值和荷载设计值，后者等于荷载标准值乘以相应的荷载分项系数。模板及其支架自重标准值应根据模板设计图确定。有梁楼板及无梁楼板模板及支架的自重标准值，可参考表 5－15。

表 5－15　模板及支架自重标准值 G_{1k} (kN/m³)

模板构件名称	木　模　板	定型组合钢模板
无梁楼板的模板及小楞	0.30	0.50
有梁楼板模板(其中包括梁的模板)	0.50	0.75
楼板模板及其支架(楼层高度为 4m 以下)	0.75	1.10

(2)新浇筑混凝土自重(G_2)

新浇筑混凝土自重标准值 G_{2k} 对普通混凝土可采用 24kN/m³；对其他混凝土，可根据实际重力密度确定。

(3)钢筋自重值(G_3)

钢筋自重标准值 G_{3k} 可根据设计图纸确定。对一般梁板结构每立方米钢筋混凝土的钢筋自重标准值为：楼板 1.1kN/m³，梁 1.5kN/m³。

(4)施工人员及设备荷载(Q_1)

作用在模板及支架上的施工人员及施工设备荷载标准值 Q_{1k}，可按实际情况计算，可取 3.0kN/m²。

(5)风荷载(Q_3)

风荷载标准值 Q_{3k} 可按现行国家标准的有关规定计算。

(6)新浇筑混凝土对模板侧面压力(G_4)

采用内部振捣时，新浇筑混凝土作用于模板的最大侧压力标准值 G_{4k}，可按下列两式计算，并取其中的较小值：

$$F=0.43\gamma_c t_o \beta V^{\frac{1}{4}} \qquad (5-17)$$

$$F=\gamma_c H \qquad (5-18)$$

式中：F——新浇筑混凝土对模板最大侧压力，kN/m²；

γ_c——混凝土的重力密度，kN/m³；

t_o——新浇筑混凝土的初凝时间，h；

V——混凝土的浇筑速度，m^3/h；

H——混凝土侧压力计算位置处至新浇筑混凝土顶面的总高度，m；

β——混凝土坍落度影响修正系数，当坍落度为 50～90mm，取 0.85；当坍落度为 100～130mm 时，取 0.9；当坍落度在 140～180mm 时，取 1.0。

混凝土侧压力的计算分布如图 5-45 所示。h 为有效压头高度，$h=F/\gamma_c$（m）。

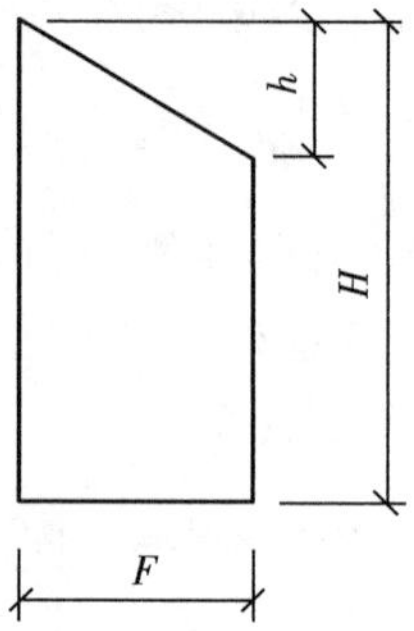

图 5-45　混凝土侧压力计算分布图

H—模板内混凝土总高度；F—最大侧压力；h—有效压头高度

（7）泵送混凝土及倾倒混凝土等因素产生的荷载（Q_2）

施工中的泵送混凝土、倾倒混凝土等未预见因素产生的水平荷载标准值 Q_{2k}，可取模板上混凝土和钢筋重量的 2% 作为标准值，并应以线荷载形式作用在模板支架上端水平方向。

计算模板及其支架时的荷载设计值，应为荷载标准值乘以相应的荷载分项系数与调整系数求得，荷载分项系数见表 5-16。

表 5-16　模板及其支架荷载分项系数

项　次	荷载类别	γ_i
1	模板及支架自重（G_{1k}）	永久荷载的分项系数：（1）当其效应对结构不利时：对由可变荷载效应控制的组合，应取 1.2；对由永久荷载效应控制的组合，应取 1.35。（2）当其效应对结构有利时：一般情况应取 1；对结构的倾覆、滑移验算，应取 0.9。
2	新浇筑混凝土自重（G_{2k}）	
3	钢筋自重（G_{3k}）	
4	新浇筑混凝土对模板侧面的压力（G_{4k}）	
5	施工人员及施工设备荷载（Q_{1k}）	可变荷载的分项系数：一般情况下应取 1.4；对标准值大于 $4kN/m^2$ 的活荷载应取 1.3。
6	振捣混凝土时产生的荷载（Q_{2k}）	
7	倾倒混凝土时产生的荷载（Q_{3k}）	
8	风荷载（ω_k）	1.4

荷载折减（调整）系数：

（1）对钢模板及其支架的设计，其荷载设计值可乘以 0.95 系数予以折减，但其截面塑性发展系数取1.0。

(2)采用冷弯薄壁型钢材时，其荷载设计值不应折减。

模板及支架的设计应考虑的荷载如下：

① 模板及其支架自重。

② 新浇筑混凝土自重。

③ 钢筋自重。

④ 施工人员及施工设备荷载。

⑤ 风荷载。

⑥ 新浇筑混凝土对模板侧面的压力。

⑦ 泵送混凝土及倾倒混凝土等因素产生的荷载。

上述各项荷载应根据不同的结构构件，按表5-17规定确定最不利的作用效应组合。

表5-17　最不利的作用效应组合

模板结构类别	最不利的作用效应组合	
	计算承载能力	变形验算
混凝土水平构件的底模板及支架	$G_1+G_2+G_3+Q_1$	$G_1+G_2+G_3$
高大模板支架	$G_1+G_2+G_3+Q_1$	$G_1+G_2+G_3$
	$G_1+G_2+G_3+Q_2$	
混凝土竖向构件或水平构件的侧面模板及支架	G_4+Q_3	G_4

注：表中的"+"仅表示各项荷载参与组合，而不表示代数相加。

2. 模板设计的有关计算规定

模板结构除必须保证足够的承载能力外，还应保证有足够的刚度，因此，应验算模板及其支架结构的挠度，其最大变形值不得超过下列规定：

(1)对结构表面外露(不做装修)的模板，为模板构件计算跨度的1/400。

(2)对结构表面隐蔽(做装修)的模板，为模板构件计算跨度的1/250。

(3)支架的压缩变形值或弹性挠度，为相应的结构计算跨度的1/1000。

支架的立柱或桁架应保持稳定，并用撑拉杆件固定。为防止模板及其支架在风荷载作用下倾倒，应从构造上采取有效措施，如在相互垂直的两个方向加水平及斜拉杆、缆风绳、地锚等。

5.3.3　模板的安装与拆除

1. 模板安装

模板安装在组织上应做好分层分段流水施工，确定模板安装顺序，加速模板的周转使用。

模板与混凝土的接触面应清理干净并涂刷隔离剂。木模板在浇筑混凝土前应浇水湿润。竖向模板和支架的支承部分，当安装在基土上时，应设垫板，且基土必须坚实并有排水措施；对湿陷性黄土，必须有防水措施；对冻胀土，必须有防冻融措施。模板及其支架在安装过程中，必须设置防倾覆的临时固定措施。

现浇钢筋混凝土梁、板，当跨度≥4m时，模板应起拱，当设计无具体要求时，起拱高度宜为全跨长的1/1000～3/1000(钢模1/1000～2/1000,木模1.5/1000 ～3/1000)。

现浇多层房屋和构筑物,应采取分层分段支模的方法。安装上层模板及其支架应符合下列规定:

(1)下层模板应具有承受上层荷载的承载能力或加设支架支撑。

(2)上层支架的立柱应对准下层支架的立柱,并铺设垫板。

(3)当采用悬吊模板、桁架支模方法时,其支撑结构的承载能力和刚度必须符合要求。

当层间高度大于5m时,宜选用桁架支模或多层支架支模。当采用多层支架支模时,支架的横垫板应平整,支柱应垂直,上下层支柱应在同一竖向中心线上。

当采用分节脱模时,底模的支点按模板设计设置,各节模板应在同一平面上,高低差不得超过3mm。

模板安装后应仔细检查各部构件是否牢固,在浇混凝土过程中要经常检查,如发现变形、松动等现象,要及时修整加固。固定在模板上的预埋件和预留孔洞均不得遗漏,且应安装牢固,位置准确,其允许偏差应符合表5-18的规定。

表5-18 预埋件和预留孔洞的允许偏差(mm)

<table>
<tr><th colspan="2">项 目</th><th>允 许 偏 差</th></tr>
<tr><td colspan="2">预埋钢板中心线位置</td><td>3</td></tr>
<tr><td colspan="2">预埋管、预留孔中心线位置</td><td>3</td></tr>
<tr><td rowspan="2">插 筋</td><td>中心线位置</td><td>5</td></tr>
<tr><td>外露长度</td><td>+10,0</td></tr>
<tr><td rowspan="2">预埋螺栓</td><td>中心线位置</td><td>2</td></tr>
<tr><td>外露长度</td><td>+10,0</td></tr>
<tr><td rowspan="2">预 留 洞</td><td>中心线位置</td><td>10</td></tr>
<tr><td>截面内部尺寸</td><td>+10,0</td></tr>
</table>

组合钢模板在浇混凝土前,还应检查下列内容:

(1)扣件规格与对拉螺栓、钢楞的配套和紧固情况。

(2)斜撑、支柱的数量和着力点。

(3)钢楞、对拉螺栓及支柱的间距。

(4)各种预埋件和预留孔洞的规格尺寸、数量、位置及固定情况。

(5)模板结构的整体稳定性。

现浇结构模板安装的允许偏差应符合表5-19的规定。

表5-19 现浇结构模板安装的允许偏差及检验方法

项 目	允许偏差(mm)	检 验 方 法
轴线位置	5	钢尺检查
底模上表面标高	±5	水准仪或拉线、钢尺检查

（续表）

项　目		允许偏差(mm)	检 验 方 法
截面内部尺寸	基　础	±10	钢尺检查
	柱、墙、梁	+4，-5	钢尺检查
层高垂直度	不大于5m	6	经纬仪或吊线、钢尺检查
	大于5m	8	经纬仪或吊线、钢尺检查
相邻两板表面高低差		2	钢尺检查
表面平整度		5	2m靠尺和塞尺检查

注：检查轴线位置时，应沿纵横两个方向量测，取其中较大值。

2. 模板拆除

现浇结构的模板及其支架拆除时的混凝土强度，应符合设计要求，当设计无要求时，应符合下列规定：

侧面模板：一般在混凝土强度能保证其表面及棱角不因拆除模板而受损坏后，方可拆除。

底面模板及支架：对混凝土的强度要求较严格，应符合设计要求；当设计无具体要求时，混凝土强度应符合表5-20规定后，方可拆除。

表5-20　底模拆除时的混凝土强度要求

构件类型	构件跨度(m)	达到设计的混凝土立方体抗压强度标准值的百分率(%)
板	≤2	≥50
	>2，≤8	≥75
	>8	≥100
梁、拱、壳	≤8	≥75
	>8	≥100
悬臂结构	—	≥100

拆模程序一般应是后支的先拆，先支的后拆，先拆非承重部分，后拆承重部分。重大复杂模板的拆除，应事先制定拆除方案。

拆除跨度较大的梁下支柱时，应先从跨中开始，分别拆向两端。

多层楼板支柱的拆除，应按下列规定进行：

(1)楼板正在浇筑混凝土时，下一层楼板的模板支柱不得拆除。

(2)再下层楼板模板的支柱，仅可拆除一部分。跨度≥4m的梁下均应保留支柱，其间距不得小于3m。

(3)再下层的楼板模板支柱，当楼板混凝土强度达到设计强度时，可以全部拆除。

工具式支模的梁模板、板模板的拆除，事先应搭设轻便稳固的脚手架。拆模时应先拆卡具、顺口方木、侧模，再松动木楔，使支柱、桁架平稳下降，逐段抽出底模板和底楞木，最后取下桁架、支柱、托具等。

快速施工的高层建筑的梁和楼板模板，其底模及支柱的拆除时间，应对所用混凝土的强度发展情况分层进行核算，确保下层楼板及梁能安全承载。

在拆除模板过程中，如发现混凝土有影响结构安全的质量问题时，应暂停拆除。经过处理后，方可继续拆除。

已拆除模板及其支架的结构，应在混凝土强度达到设计强度后，才允许承受全部计算荷载。当承受施工荷载大于计算荷载时，必须经过核算，加设临时支撑。

拆模时不要过急，不可用力过猛，不应对楼层形成冲击荷载。拆下来的模板和支架宜分类堆放并及时清运。

思考练习题

一、单选题

1. (　　)是土木工程中应用最常用的一种钢筋机械连接方法。

A. 套筒挤压连接　　B. 锥螺纹套筒连接

C. 等强直螺纹套筒连接　　D. 熔融金属充填套筒连接

2. HPB300 级钢筋的冷拉率不得大于(　　)。

A. 5%　　B. 2%　　C. 1%　　D. 4%

3. 柱身较高时，为了浇筑方便，保证混凝土的质量，沿柱高每(　　)米左右设置 1 个浇筑孔。

A. 2　　B. 1.5　　C. 3　　D. 2.5

4. 下列(　　)模板适用于外形比较复杂或异形的混凝土构件及冬期施工的混凝土。

A. 组合钢模板　　B. 木模板　　C. 大模板　　D. 胎膜

5. 对于素混凝土或少筋混凝土，由料斗、漏斗进行浇筑时，混凝土的自由倾落高度不应超过(　　)米，对于竖向结构(如柱、墙)，浇筑混凝土的高度不超过(　　)米。

A. 2　2.5　　B. 1.5　2.5　　C. 2　3　　D. 1.5　3

6. 对掺用缓凝剂或有抗渗要求的混凝土，养护时间不得少于(　　)天。

A. 7　　B. 10　　C. 14　　D. 21

7. 配制冬季施工的混凝土，混凝土的入模温度不应低于(　　)℃。

A. 5　　B. 10　　C. −5　　D. 0

8. 冬季施工的混凝土，优先选用(　　)水泥，水泥强度不应低于(　　)兆帕。

A. 矿渣硅酸盐　42.5　　B. 普通硅酸盐　32.5

C. 硅酸盐　32.5　　D. 硅酸盐　42.5

9. 当混凝土结构厚度不大而面积很大时，宜采用(　　)方法进行浇注。

A. 全面分层　　B. 分段分层

C. 斜面分层　　D. 局部分层

10. 拌制冬期混凝土的最小水泥用量宜为(　　)。

A. 275kg/m^3　　B. 300kg/m^3　　C. 325kg/m^3　　D. 350kg/m^3

二、简答题

1. 在浇筑混凝土前，应进行什么验收？其主要内容包括什么？

2. 常用的机械连接接头类型有哪些?

3. 试述模板设计的要求。

4. 简述一次投料法和两次投料法。

5. 模板拆除应遵循的原则是什么?

6. 对模板及支架基本要求有哪些?

7. 钢筋代换时应注意哪些问题?

8. 试述确定混凝土施工缝留设位置的原则,接缝的时间与施工要求。

9. 浇筑框架结构混凝土的施工要点是什么? 柱子的施工缝应留在什么位置?

第6章 预应力混凝土工程

【学习内容】本章主要介绍了预应力混凝土分类和材料；预应力夹具和锚具；预应力张拉机械；先张法施工、后张法施工及其他预应力施工。

6.1 概　述

预应力混凝土结构是在结构承受外荷载前，预先对其在外荷载作用下的受拉区施加预压应力，以改善结构使用性能，这种结构形式称为预应力混凝土结构。

普通钢筋混凝土构件的抗拉极限应变值只有$(1.0\sim1.5)\times10^{-4}$，相当于每米钢筋只能拉长0.1～0.15mm，超过这个数值混凝土就会开裂。如要混凝土不开裂，受拉钢筋应力只能用到20～30MPa。即使对允许出现裂缝的构件，当裂缝宽度限制在0.2～0.3mm时，受拉钢筋应力也只能达到150～250MPa，因此限制了在钢筋混凝土构件中采用高强钢材来节约钢材的可能性。为了解决这一矛盾，有效的方法是在构件的受拉区施加预压应力，当构件在荷载作用下产生拉应力时，首先要抵消预压应力，然后随着荷载的不断增加，受拉区混凝土才逐渐受拉开裂，从而推迟裂缝的出现和限制裂缝的开展，提高构件的抗裂度和刚度。

预应力混凝土是最近几十年发展起来的一项新技术。我国预应力混凝土技术是1956年开始推广的。20世纪50年代后期，主要是采用冷拉钢筋作预应力筋，生产预制预应力混凝土屋架、吊车梁等工业厂房构件；70年代，在民用建筑中开始推广冷拔低碳钢丝配筋的预应力混凝土中小型构件。

自20世纪80年代以来，我国国民经济飞速发展，大型公共建筑工程、高层及超高层建筑、大跨度桥梁和多层工业厂房等现代工程大量涌现，给预应力混凝土的发展提供了良好的契机。特别是高强钢绞线及高强混凝土的研制成功，为发展高效预应力提供了有利条件。经过多年的努力探索，我国在预应力混凝土的设计理论、计算方法、构件系列、结构体系、张拉锚固体系、预应力工艺、预应力筋和混凝土材料等方面，已经形成一套独特的体系；在预应力混凝土的施工技术与施工管理方面，已经累积了丰富的经验。我国在预应力混凝土预制构件方面，已形成了预应力屋面梁和屋架、预应力吊车梁、预应力屋面板和楼板、桥架合一的预应力屋面构件、预应力简支梁和其他预应力预制构件等主要系列；在房屋建筑预应力结构方面，已有整体预应力装配式板柱建筑体系、现浇后张预应力混凝土框架结构的施工成功经验；在高层建筑、电视塔、大型桥梁、特种工程、体育场馆、大悬挑结构和大跨度结构等方面，已有广泛的应用。

预应力混凝土与普通钢筋混凝土相比，具有以下明显的特点：

(1)在与普通钢筋混凝土同样的条件下，具有构件截面小、自重轻、刚度大、抗裂度高、耐久性好、节省材料等优点。工程实践证明，预应力混凝土可节约钢材 40%～50%，节省混凝土 20%～40%，减轻构件自重可达 20%～40%。

(2)可以有效地利用高强度钢筋和高强度等级的混凝土，能充分发挥钢筋和混凝土各自的特性，并能提高预制装配化程度。

(3)预应力混凝土的施工，需要专门的材料与设备、特殊的施工工艺，工艺比较复杂，操作要求较高，但用于大开间、大跨度与重荷载的结构中，其综合效益较好。

预应力混凝土按预应力施加工艺的不同分为：先张法预应力混凝土和后张法预应力混凝土。先张法是指预应力筋的张拉在混凝土浇筑之前进行，后张法是指预应力筋的张拉在混凝土浇筑之后进行。

预应力混凝土按预应力度大小可分为：全预应力混凝土和部分预应力混凝土。全预应力混凝土是在全部使用荷载下受拉边缘不允许出现拉应力的预应力混凝土，适用于要求混凝土不开裂的结构；部分预应力混凝土是在全部使用荷载下受拉边缘允许出现一定的拉应力或裂缝的混凝土。

预应力混凝土按预应力筋在体内和体外的位置不同分为体内预应力混凝土和体外预应力混凝土。

6.2 预应力钢筋、锚(夹)具、张拉机械

6.2.1 预应力钢筋

预应力筋通常由单根或成束的高强钢丝、高强钢筋和钢绞线组成。

1. 高强钢丝

常用的高强钢丝分为冷拉和矫直回火两种，按外形分为光面、刻痕和螺旋肋三种，其直径有 5.0，7.0，9.0(mm)等。

高强钢丝是用优质碳素钢热轧盘条冷拔制成，再用机械方式对钢丝进行压痕处理形成刻痕钢丝(图 6-1)，对钢丝进行低温(一般低于 500℃)矫直回火处理后即成为矫直回火钢

(a)三面刻痕钢丝

(b)螺旋肋钢丝

图 6-1 高强钢丝表面及截面形状

(a)：a—刻痕深度；b—刻痕长度；L—节距；(b)：a—单肋宽度

丝。预应力钢丝矫直回火后，可消除钢丝冷拔过程中产生的残余应力，其比例极限、屈服强度和弹性模量也相应提高，塑性也有所改善，同时也解决了钢丝的矫直，这种钢丝称为“消除应力钢丝”。消除应力钢丝的松弛损失随比消除应力前稍低些，但仍然较高，常经“稳定化”处理后，钢丝的松弛值仅为普通钢丝的 0.25～0.33 倍，这种钢丝称为低松弛钢丝，目前在国内外应用广泛。

2. **高强钢筋**

热处理钢筋是由普通热轧中碳低合金钢经淬火和回火的调质热处理或轧后冷却方法制成。这种钢筋具有强度高、松弛值低、韧性较好、粘结力强等优点。按其螺纹外形可分为带纵肋和无纵肋两种(图 6－2)。

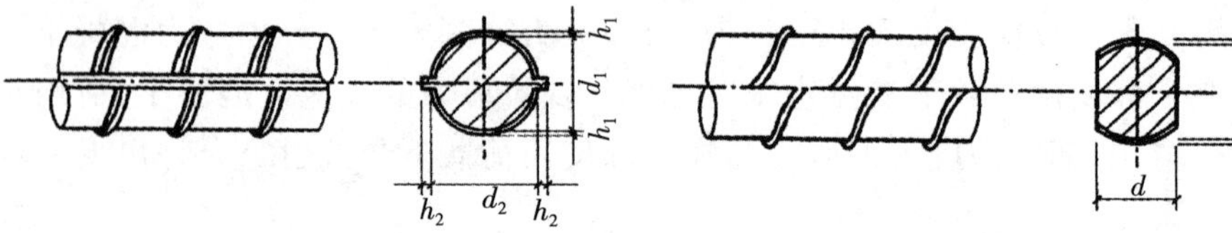

(a) 带纵肋　　(b) 无纵肋

图 6－2　热处理钢筋表面及截面形状

热处理钢筋主要用于铁路轨枕，也可用于先张法预应力混凝土楼板等。

精轧螺纹钢筋是用热轧方法在钢筋表面上轧出不带肋的螺纹外形。钢筋的接长用连接螺纹套筒，端头锚固用螺母。精轧螺纹钢筋具有锚固简单、施工方便、无须焊接等优点。目前国内生产的精轧螺纹钢筋品种主要有 Φ25 和 Φ32。

3. **钢绞线**

钢绞线是用冷拔钢丝绞扭而成，其方法是在绞扭机上以一种稍粗的直钢丝为中心，其余钢丝围绕其进行螺旋状绞合，再经低温回火处理而成(图 6－3)。钢绞线根据深加工的不同又可分为：普通松弛钢绞线(消除应力钢绞线)、低松弛钢绞线、镀锌钢绞线、模拔钢绞线等。模拔钢绞线是在捻制成型后，再经模拔处理制成，其钢丝在模拔时被压扁，使钢绞线的密度提高约 18%。在相同截面时，该钢绞线的外径较小，可减少孔道直径；在相同直径的孔道内，可使钢绞线的数量增加，并且它与锚具的接触较大，易于锚固。

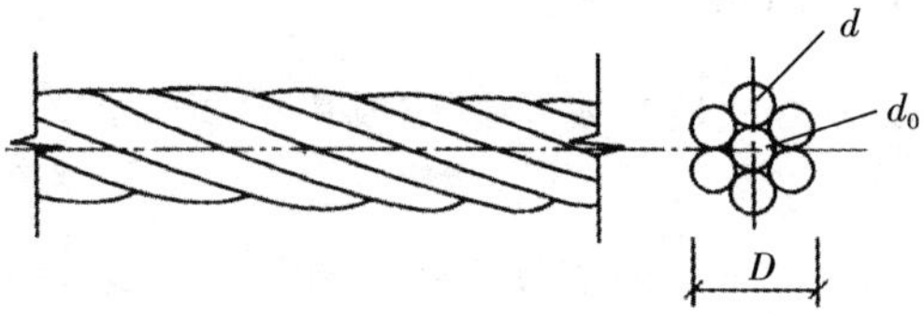

图 6－3　预应力钢绞线表面及截面形状

D—钢绞线直径；d_0—中心钢丝直径；

d—外层钢丝直径

钢绞线规格有 2 股、3 股、7 股和 9 股等。7 股钢绞线由于面积较大、柔软、施工定位方便，适用于先张法和后张法预应力结构，是目前国内外应用最广的一种预应力筋。

4. **无粘结预应力筋**

无粘结预应力钢筋是一种在用防腐润滑油脂涂敷在钢绞线表面上、外包塑料护套制成的预应力筋，主要用于后张法，也可用于暴露或腐蚀环境中的体外索、拉索等。

6.2.2 预应力筋的特性

预应力筋的特性主要是指应力-应变曲线和应力松弛两个方面。

1. 应力-应变曲线

预应力筋所用的碳素钢丝或钢绞线均属于硬钢，它与低碳钢的应力-应变曲线完全不同，其应力-应变曲线如图6-4所示。当钢丝拉伸到超过比例极限 σ_p 后，$\sigma-\varepsilon$ 关系非线性变化，没有明显的屈服点。当钢丝拉伸超过 $\sigma_{0.2}$ 后，应变 ε 增加较快；当钢丝拉伸至最大应力 σ_b 时，应变 ε 继续发展，在 $\sigma-\varepsilon$ 曲线上呈现为一水平段，然后钢丝断裂。预应力钢绞线、钢丝和热处理钢筋的强度标准值是根据极限抗拉强度确定的，用 f_{ptk} 表示。预应力筋的极限强度标准值 f_{ptk}、抗拉强度设计值 f_{py} 及抗压强度设计值 f'_{py} 如表 6-1 所示。

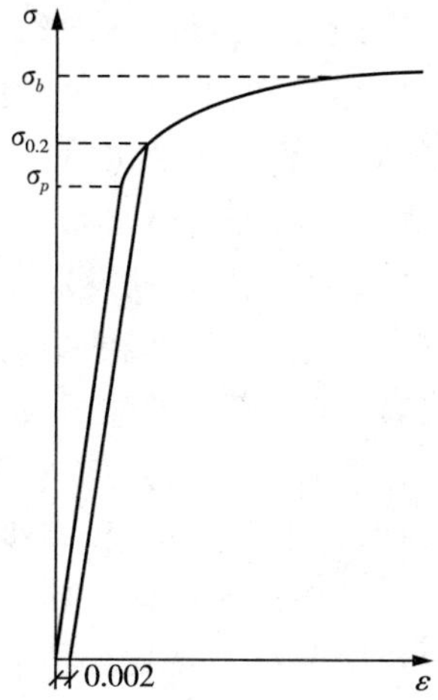

图 6-4 预应力钢丝的应力-应变曲线

表 6-1 预应力钢筋强度标准值、抗拉强度设计值及抗压强度设计值(N/mm^2)

种类		直径 d(mm)	符号	f_{ptk}	f_{py}	f'_{py}
钢绞线	1×3（三股）	8.6,10.8,12.9	ϕ^S	1570	1110	390
				1860	1320	
				1960	1390	
	1×7（七股）	9.5,12.7 15.2,17.8		1720	1220	390
				1860	1320	
				1960	1390	
		21.6		1860	1320	
消除应力钢丝	光面	5	ϕ^P	1570	1110	410
				1860	1320	
		7		1570	1110	
	螺旋肋	9	ϕ^H	1470	1040	
				1570	1110	
热处理钢筋	螺纹	18,25,32,40,50	ϕ^T	980	650	410
				1080	770	
				1230	900	
中强度预应力钢丝	光面 螺旋肋	5,7,9	ϕ^{PM} ϕ^{HM}	800	510	410
				970	650	
				1270	810	

2. 应力松弛

应力松弛是指钢筋受到一定的张拉力之后，在长度保持不变的条件下，钢筋的应力随着时间的增长而降低的现象，其应力降低值称为应力松弛损失。产生应力松弛的原因，主要是由于金属内部错位运动使一部分弹性变形转化为塑性变形而引起的。

预应力筋的松弛试验，应按国际预应力混凝土协会(FIP)等单位编制的《预应力钢材等温松弛实验规程》进行。试验证明，其松弛率与时间、钢种和温度有关，结果如下。

(1)应力松弛初期发展较快，第一小时相当于 1000h 的 15%～35%，以后逐渐变慢。

(2)钢丝和钢绞线的应力松弛率，比热处理钢筋和精轧螺纹钢筋大。

(3)初应力大，松弛损失也大。

(4)随着温度的升高，松弛损失率会急剧增加。

根据以上试验结果，减少预应力筋松弛损失的主要措施有如下。

(1)采用低松弛钢绞线或钢丝，这是最好的措施，其松弛损失可减少 70%～80%。

(2)采取超张拉程序，如 $0 \rightarrow 1.05\sigma_{con}$(持荷 2min)$\rightarrow \sigma_{con}$，比一次张拉程序 σ_{con} 可减少松弛损失 10%。

3. 应力腐蚀

预应力钢筋的应力腐蚀是指钢筋在拉应力与腐蚀介质的同时作用下发生的腐蚀现象。应力腐蚀破裂的特征是钢筋在远低于破坏应力的情况下发生断裂，事先无预兆而突然破坏，断口与拉力垂直。由于高强预应力筋的强度高、变形小、直径小，因此对应力腐蚀较为敏感。

有关试验结果证明：

(1)含硅量低的热处理钢筋，抗应力腐蚀性能差；而含硅量高的钢筋，其抗应力腐蚀性能好。

(2)在饱和 $Ca(OH)_2$ 加 3.5%NaCl 溶液中，碳素钢丝有可能发生应力腐蚀破裂。

(3)在砂浆中，当钢丝周围砂浆中氧离子的浓度小于 0.1 时，钢丝不发生应力腐蚀破裂。

(4)当砂浆有裂缝时，会增加钢丝腐蚀的危险。

6.2.3 预应力筋的检验

预应力筋的检验是确保预应力混凝土构件质量的关键，在预应力筋进场时，应按现行国家标准的规定抽取试件做力学性能检验，其质量必须符合有关标准的规定。

1. 高强钢丝的检验

高强钢丝应成批验收，每批应由同一牌号、同一规格、同一生产工艺制成的钢丝组成，重量不大于 60t。

(1)外观检查

对钢丝进行逐盘检查。钢丝表面不得有裂纹、小刺、机械损伤、氧化铁皮和油污。钢丝的直径检查，按总盘数的 10%选取，但不得少于 6 盘。

(2)力学性能试验

钢丝的外观检查合格后，从每批中任意抽取 10%盘(不少于 6 盘)的钢丝，在每盘钢丝的两端各截取一个试样，一个做拉伸试验(伸长率与抗拉强度)，一个做弯曲试验。如有一项试验结果不符合《预应力混凝土用钢丝》(GB/T5223－2014)标准的要求，则该盘钢丝为不合格品；再从同一批未经试验的钢丝中截取双倍数量的试样进行复验，如仍有一项试验结果不合格，则该批钢丝为不合格品。

2. 钢绞线的检验

钢绞线应成批验收，每批应由同一牌号、同一规格、同一生产工艺制度的钢绞线组成，每批重量不大于60t。

钢绞线的屈服强度和松弛试验，每季度由生产厂家抽验一次，每次至少一根。

从每批钢绞线中任取3盘，进行表面质量、直径偏差、捻距和力学性能试验，其试验结果均应符合《预应力混凝土用钢绞线》(GB/T5224－2014)的规定。如有一项指标不合格时，则该盘为不合格品；再从未试验的钢绞线中取双倍数量的试样，进行不合格项目的复验，如仍有一项不合格，则该批判为不合格品。

3. 热处理钢筋的检验

热处理钢筋应成批验收，每批由同一外形截面尺寸、同一热处理制度和同一炉号的钢筋组成。每批重量不大于60t。当重量不大于30t时，允许不多于10个炉号的钢筋组成混合批，但钢的含碳量差别不得大于0.02%、含锰量差不得大于0.15%、含硅量差不得大于0.20%。

(1)外观检查

从每批钢筋中选取10%的盘数(不少于25盘)，进行表面质量与尺寸偏差检查，钢筋表面不得有裂纹、结疤和折叠，允许有局部凸块，但不得超过螺纹筋的高度。钢筋的各项尺寸要用卡尺测量，并符合《预应力混凝土用钢棒》(GB/T 5223.3—2017)的规定。如检查有不合格品，则应将该批逐盘检查。

(2)拉伸试验

从每批钢筋中抽取10%的盘数(不少于25盘)，进行拉伸试验。如有一项指标不合格，则该盘钢筋为不合格品；再从未试验过的钢筋中截取双倍数量的试样进行复验，如仍有一项指标不合格，则该批判为不合格品。

6.3 先张法施工

6.3.1 先张法施工工艺流程

先张法施工的工艺流程是在浇筑混凝土前张拉预应力钢筋，并将其固定在台座或钢模上，然后浇筑混凝土。待混凝土达到规定强度，保证预应力钢筋与混凝土有足够粘结力时，以规定的方式放松预应力钢筋，借助预应力筋的弹性回缩及其与混凝土的粘结，使混凝土产生预压应力。先张法施工的顺序简图如图6-5所示。

先张法施工可采用台座法和机组流水法。台座法通常在长线台座(50～200m)上成批生产直线预应力筋的混凝土构件，如屋面板、空心楼板、檩条等。也可采用槽式台座，用于生产深梁、箱梁、盾构的管片等。采用台座法时，构件是在固定的台座上生产，预应力钢筋张拉力由台座承受，不需复杂的机械设备，可露天生产、自然养护。采用机组流水法时，预应力钢筋的张拉力由钢模承受，构件连同钢模按流水方式，通过张拉、浇筑、养护等固定机组完成每一生产过程，此法适合于工厂化大批量生产，但模板耗钢量大，需采用蒸汽养护，不适合大中型构件的制作。先张法施工的优点是生产效率高、施工工艺简单、夹具可重复使用等。

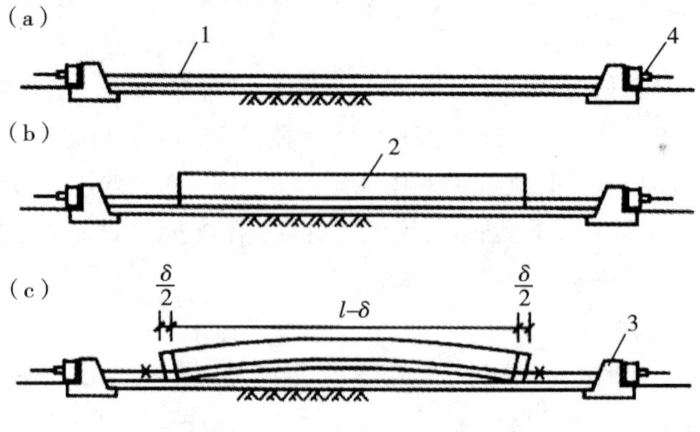

图 6－5　先张法施工顺序简图

1－预应力筋；2－混凝土构件；3－台座；4－夹具

6.3.2　先张法施工设备

台座是先张法生产的主要设备之一，它承受预应力筋的全部张拉力。因此，台座应具有足够的强度、刚度和稳定性，以免台座变形、倾覆、滑移而引起预应力值的损失。台座按构造型式不同，可分为墩式台座和槽式台座两种。选用时应根据构件的种类、张拉吨位和施工条件而定。

1. 墩式台座

墩式台座由台墩、台面与横梁等组成，一般用于平卧生产的中小型构件，如屋架、空心楼板、平板等。台座尺寸由场地大小、构件类型和产量等因素确定，一般长度为 100～150m，这样张拉一次可生产多根构件，既可减少张拉及临时固定工作，又可减少预应力损失。

生产中型构件或多层叠浇构件可用墩式台座(图 6－6)，台面局部加厚，以承受部分张拉力。

(1)台墩。台墩是台座的重要组成部分，一般由现浇钢筋混凝土制作而成，分为重力式和构架式两种。台墩除应具有足够的强度和刚度外，还应进行抗倾覆与抗滑移稳定性验算。

墩式台座抗倾覆验算的计算简图如图 6－7 所示，抗倾覆稳定性按式(6－1)计算：

$$K=\frac{M_1}{M}=\frac{GL+E_pe_2}{Ne_1}\geqslant 1.5 \tag{6-1}$$

式中：K——抗倾覆安全系数；

M——倾覆力矩，由预应力筋的张拉力产生；

N——预应力筋的张拉力；

e_1——张拉力合力作用点至倾覆点的力臂；

M_1——抗倾覆力矩，由台座自重力和土压力等产生；

G——台墩的自重力；

L——台墩重心至倾覆点的力臂；

E_p——台墩后面的被动土压力合力，当台墩埋置较浅时，可忽略不计；

e_2——被动土压力合力至倾覆点的力臂。

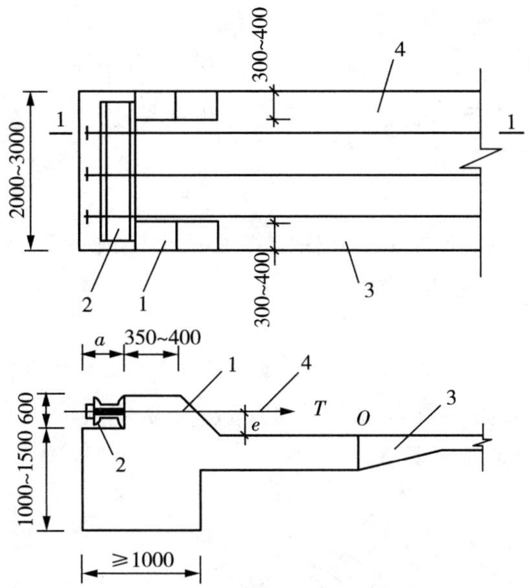

图 6-6 墩式台座图

1—混凝土；2—钢横梁；3—局部加厚的台面；4—预应力筋

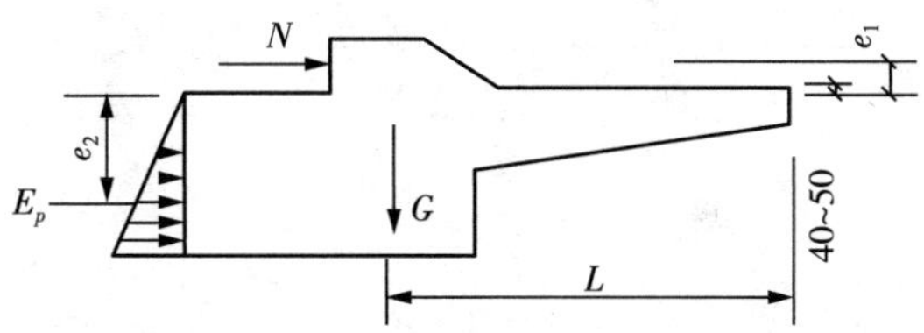

图 6-7 墩式台座抗倾覆验算的计算简图

墩式台座抗滑移验算，可按式(6-2)进行：

$$K_c = \frac{N_1}{N} \geqslant 1.3 \tag{6-2}$$

式中：K_c——抗滑移安全系数；

N_1——抗滑移合力；

N——预应力筋的张拉力。

对于台墩与台面共同作用的台座，台镦的水平推力几乎全部传给台面，不存在滑移问题，可以不做抗滑移验算。但台墩与台面分设时，必须进行抗滑移验算。

(2)台面。台面一般是在夯实的碎石垫层上浇筑一层厚度为 60～100mm 的混凝土而成，台面略高于地坪，表面应当平整光滑，以保证构件底面平整。长度较大的台面，应每 10m 左右设置一条伸缩缝，以适应温度的变化。

(3)横梁。横梁以台墩为支座，直接承受预应力筋的张拉力，其挠度不应大于 2mm，并且不得产生翘曲。预应力筋的定位板必须安装准确，其挠度不应大于 1mm。

2. 槽式台座

槽式台座由钢筋混凝土压杆、上下横梁和砖墙等组成(图 6-8)。这种台座既可承受张拉力，又可作为蒸汽养护槽，适用于张拉较高的大型构件，如吊车梁、箱梁等。

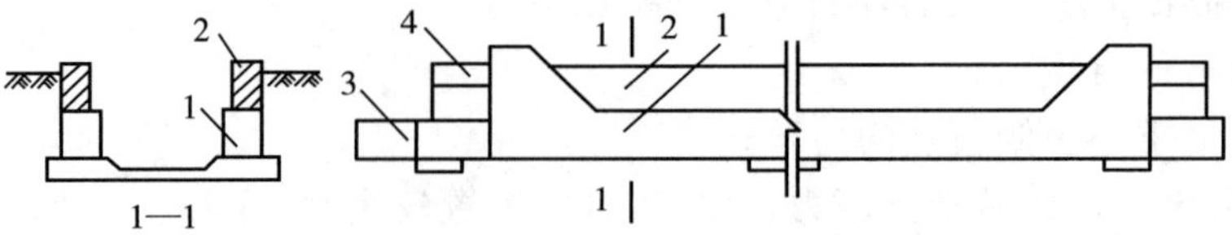

图 6－8　槽式台座

1－钢筋混凝土压杆；2－砖墙；3－下横梁；4－上横梁

槽式台座的长度一般不大于 76m，宽度随构件外形及制作方式而定，一般不小于 1m。为便于混凝土的运输、浇筑及蒸汽养护，台座宜低于地面。为便于拆迁和重复使用，台座应设计成装配式。槽式台座也应进行强度和稳定性验算。

3. **夹具**

夹具是在先张法施工中，为保持预应力筋的张拉力并将其固定在张拉台座或设备上所使用的临时性锚固装置。对钢丝和钢筋张拉所用夹具不同。

(1)钢丝夹具

先张法中钢丝的夹具分两类：一类是将预应力筋锚固在台座或钢模上的锚固夹具；另一类是张拉时夹持预应力筋用的张拉夹具。锚固夹具与张拉夹具都是重复使用的工具。图 6－9 是钢丝的锚固夹具，图 6－10 是钢丝的张拉夹具。

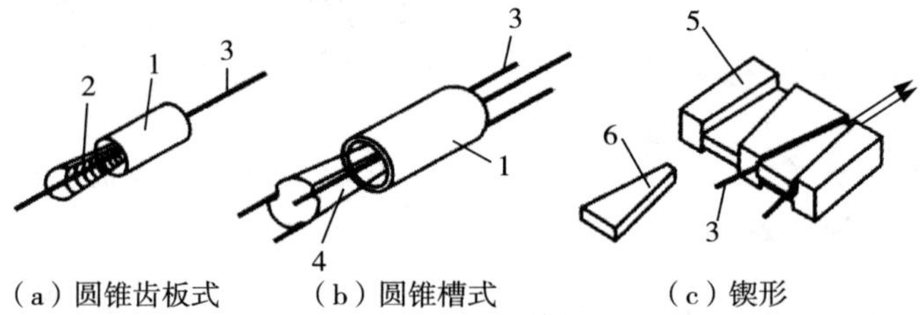

图 6－9　钢丝的锚固夹具

1－套筒；2－齿板；3－钢丝；4－锥塞；5－锚板；6－锲块

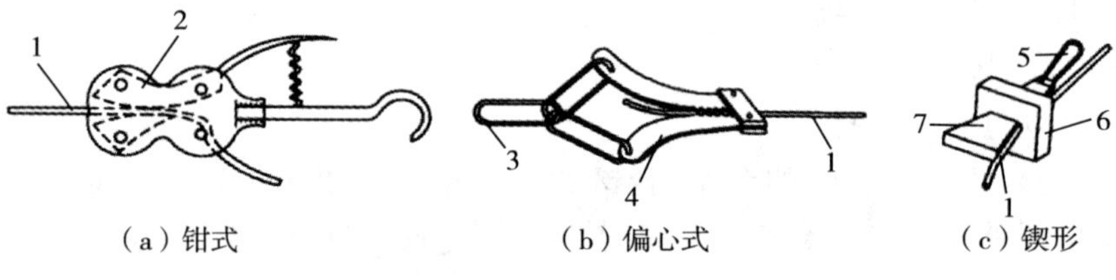

图 6－10　钢丝的张拉夹具

1－钢丝；2－钳齿；3－拉钩；4－偏心齿条；5－拉环；6－锚板；7－锲块

(2)钢筋夹具

钢筋锚固多用螺母锚具、镦头锚具和销片夹具等。张拉时可用连接器与螺母锚具连接，或用销片夹具等。

钢筋镦头，直径 22mm 以下的钢筋用对焊机热镦或冷镦，大直径钢筋可用压模加热锻打成型。镦过的钢筋需经过冷拉，以检验镦头处的强度。

销片式夹具是由圆套筒和圆锥形销片组成(图 6-11),套筒内壁呈圆锥形,与销片锥度吻合,销片有两片式和三片式,钢筋夹紧在销片的凹槽内。

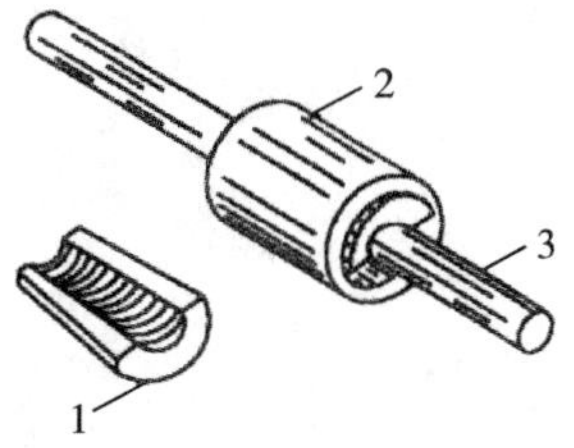

图 6-11 两片式销片夹具
1—销片;2—套筒;3—预应力筋

先张法用夹具除应具备静载锚固性能,夹具还应具备下列性能:在预应力夹具组装件达到实际破断拉力时,全部零件均不得出现裂缝和破坏;应均有良好的自锚性能;应有良好的放松性能。需大力敲击才能松开的夹具,必须证明其对预应力筋的锚固无影响,且对操作人员安全不造成危险。同时夹具还应具有安全的重复使用性能。

4. 张拉设备

张拉设备应当操作方便、可靠,准确控制张拉应力,以稳定的速率增大拉力。在先张法中常用的是拉杆式千斤顶、穿心式千斤顶、台座式液压千斤顶、电动螺杆张拉机和电动卷扬张拉机等。

(1)拉杆式千斤顶

拉杆式千斤顶用于螺母锚具、锥形螺杆锚具、钢丝镦头锚具等。它由主油缸、主缸活塞、回油缸、回油活塞、连接器、传力架、活塞、拉杆等组成。图 6-12 是用拉杆式千斤顶张拉时的工作示意图。张拉前,先将连接器旋在预应力筋的螺丝端杆上,相互连接牢固。千斤顶由传力架支承在构件端部的钢板上。张拉时,高压油进入主油缸,推动主缸活塞及拉杆,通过连接器和螺丝端杆,预应力筋被拉伸。千斤顶拉力的大小可由油泵压力表的读数直接显示。当张拉力达到规定值时,拧紧螺丝端杆上的螺母,将预应力筋锚固在构件的端部。锚固后回油缸进油,推动回油活塞工作,千斤顶脱离构件,主缸活塞、拉杆和连扫器回到原始位置。最后将连接器从螺丝端杆上卸掉,卸下千斤顶,张拉结束。

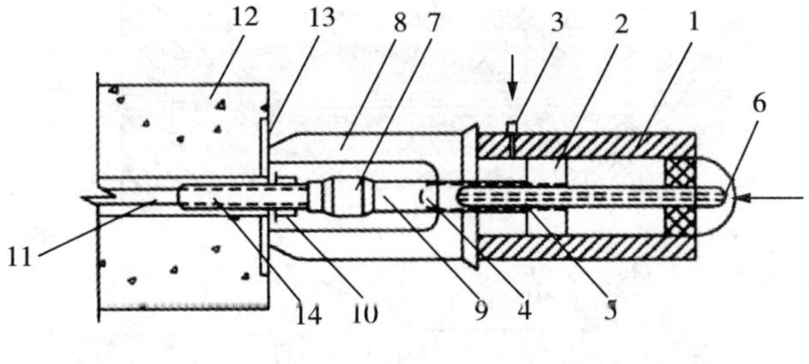

图 6-12 拉杆式张拉千斤顶张拉原理

1—主油缸;2—主缸活塞;3—进油孔;4—回油缸;5—回油活塞;6—回油孔;7—连接器;8—传力架;9—拉杆;10—螺母;11—预应力筋;12—混凝土构件;13—预埋铁板;14—螺丝端杆

YL60 型千斤顶是一种常用的拉杆式千斤顶,另外还有 YL400 型和 YL500 型千斤顶,其张拉力分别为 4000kN 和 5000kN,主要用于张拉大吨位预应力筋。

(2)穿心式千斤顶

穿心式千斤顶具有一个穿心孔,是利用双液压缸张拉预应力筋和顶压锚具的双作用千斤顶。穿心式千斤顶适用于张拉带 JM 型锚具、XM 型锚具的钢筋,配上撑脚与拉杆后,也可作为拉杆式千斤顶张拉带螺母锚具和镦头锚具的预应力筋。图 6-13 为 JM 型锚具和

YC60 型千斤顶的安装示意图。

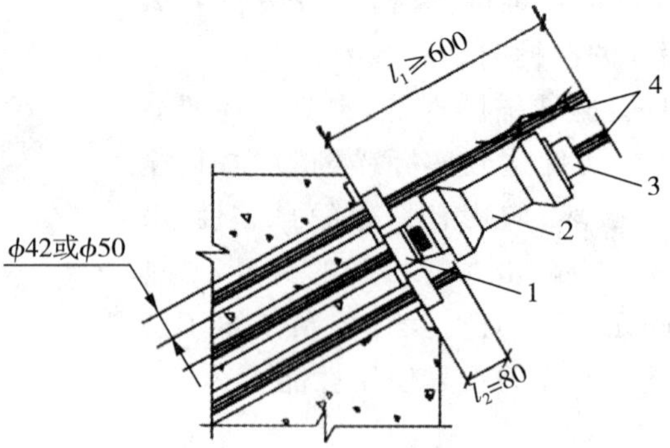

图 6-13　YC60 型千斤顶和 JM 型锚具的安装示意图

1—工作锚；2—YC60 型千斤顶；3—工具锚；4—预应力筋束

图 6-14 为 YC60 型千斤顶构造图，主要由张拉油缸、顶压油缸、顶压活塞、弹簧、工具锚、螺帽、连接器、油孔等组成。该千斤顶具有双作用，即张拉与顶锚两个作用。其工作原理是：张拉预应力筋时，张拉缸油嘴进油、顶压缸油嘴回油，顶压油缸、连接套和撑套连成一体右移顶住锚环；张拉油缸、端盖螺母及堵头和穿心套连成一体带动工具锚左移张拉预应力筋；顶压锚固时，在保持张拉力稳定的条件下，顶压缸油嘴进油，顶压活塞、保护套和顶压头连成一体右移将夹片强力顶入锚环内；此时张拉缸油嘴回油、顶压缸油嘴进油、张拉缸液压回程。最后，张拉缸油嘴、顶压缸油嘴同时回油，顶压活塞在弹簧力作用下回程复位。

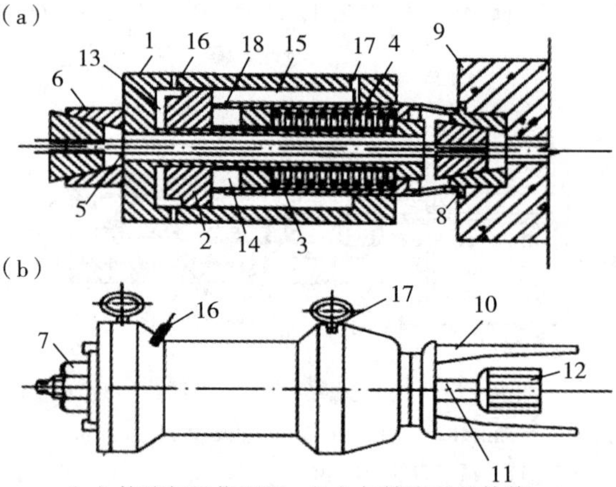

(a) 构造与工作原理　(b) 加撑脚后的外貌

图 6-14　YC60 型千斤顶

1—张拉油缸；2—顶压油缸(张拉活塞)；3—顶压活塞；4—弹簧；5—预应力筋；6—工具锚；7—螺帽；8—锚环；9—构件；10—撑套；11—张拉杆；12—连接器；13—张拉工作油室；14—顶压工作油室；15—张拉回程油室；16—张拉缸油嘴；17—顶压缸油嘴；18—油孔

穿心式千斤顶根据使用功能不同，可分为 YC 型、YCD 型与 YCQ 型等系列产品，常用的是 YC 型千斤顶，其中 YC20D 型、YC60 型和 YC120 型千斤顶应用较广。

(3)台座式千斤顶

台座式千斤顶是在先张法三横梁式或四横梁式台座上成组整体张位或放松预应力筋的设备。当采用三横梁式装置时，台座式千斤顶与活动横梁组装在一起，张拉时台座式千斤顶与活动横梁直接带动预应力筋成组张拉，见图 6-15(a)。当采用四横梁式装置时，拉力架由两根活动横梁和两根大螺杆组成，张拉时台座千斤顶推动拉力架横梁，带动预应力筋成组张拉，见图 6-15(b)。

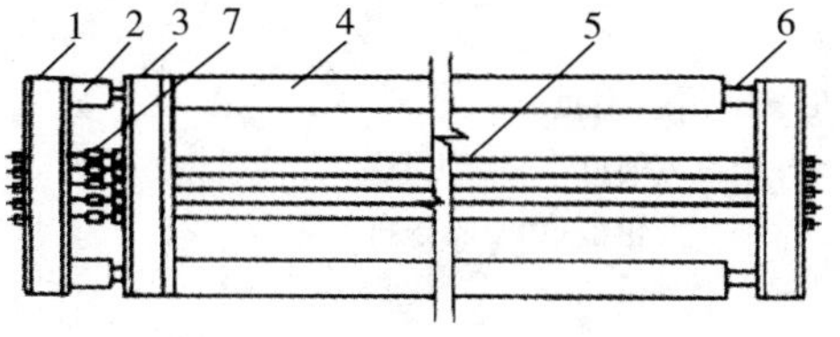

(a) 三横梁式成组张拉装置

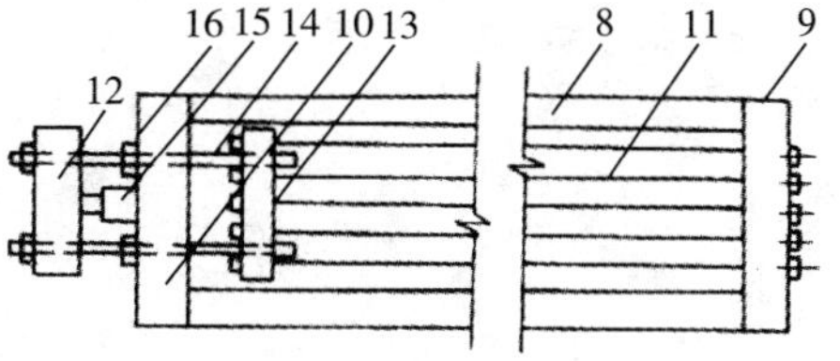

(b) 四横梁式成组张拉装置

图 6-15　预应力钢筋成组张拉装置

1—活动横梁；2—千斤顶；3—固定横梁；4—槽式台座；5—预应力筋；6—放松装置；7—连接器；8—台座传力柱；9,10—后、前横梁；11—钢丝(筋)；12,13—拉力架横梁；14—大螺杆；15—台座式千斤顶；16—螺母

(4)电动螺杆张拉机

电动螺杆张拉机主要适用于预制厂在长线台座上张拉冷拔低碳钢丝。其工作原理为：电动机正向旋转时，通过减速箱带动螺母旋转，螺母即推动螺杆沿轴向后移动，即可张拉钢筋。弹簧测力计上装有计量标尺和微动开关，当张拉力达到要求时，电动机能够自动停止转动。锚固好钢丝(筋)后，使电动机反向旋转，螺杆即向前运动，放松钢丝(筋)，完成张拉过程。小型电动螺杆张拉机如图 6-16 所示。

目前，工程上常用的是 DL 型电动螺杆张拉机，其最大张拉力为 10kN，最大张拉行程为 780mm，张拉速度为 2m/min。

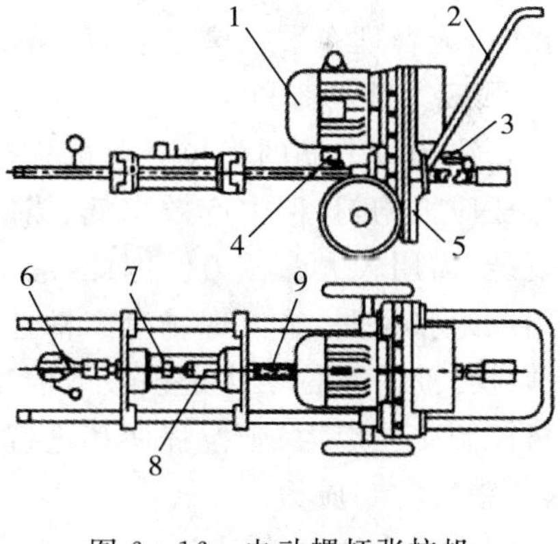

图 6-16　电动螺杆张拉机

1—电动机；2—手柄；3—前限位开关；4—后限位开关；5—减速箱；6—夹具；7—测力器；8—计量标尺；9—螺杆

(5)电动卷扬机

电动卷扬机主要用于长线台座上张拉冷拔低碳钢丝。工程上常用的是 LYZ-1 型电动卷扬机，其最大张拉力为 10kN，最大张拉行程为 5m，张拉速度为 2.5m/min，电动机功率 0.75kW。LYZ-1 型又分为 LYZ-1A 型(支撑式)和 LYZ-1B 型(夹轨式)两种。1A 型适用于多处预制场地，移动变换场地方便；1B 型运用于固定式大型预制场地，左右移动灵活、轻便、动作快，生产效率高。

图 6-17 为采用卷扬机张拉单根预应力筋的示意图。

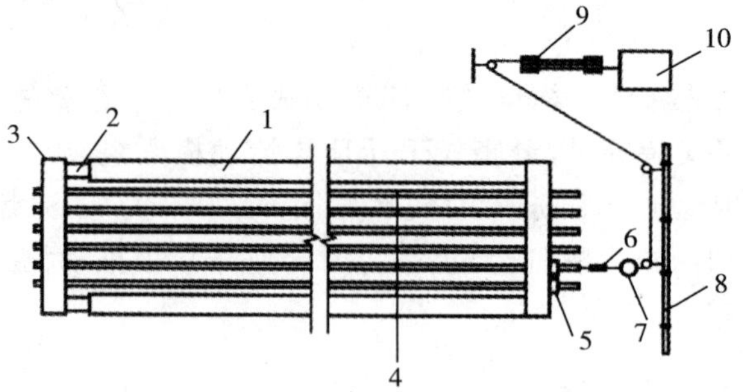

图 6－17　用卷扬机张拉预应力筋

1－台座；2－放松装置；3－横梁；4－预应力筋；5－锚固夹具；

6－张拉夹具；7－测力计；8－固定梁；9－滑轮组；10－卷扬机

6.3.3　先张法施工工艺

先张法施工工艺包括预应力筋的铺设、预应力筋的张拉、混凝土浇筑与养护和预应力筋的放张等施工过程。

1. 预应力筋的铺设

为了便于脱模，在预应力筋铺设前，应对台面及模板涂刷隔离剂；为避免铺设预应力筋时因其自重下垂破坏隔离剂，沾污预应力筋，影响预应力筋与混凝土的粘结，应在预应力筋设计位置下面先放置好垫块或定位钢筋后铺设。

预应力钢丝宜用牵引车铺设，如遇钢丝需要接长时，可使用钢丝拼接器，用 20～22 号铁丝将钢丝连接段密排绑扎。对冷拔低碳钢丝绑扎长度不得小于 $40d$，对高强刻痕钢丝不得小于 $80d$（d 为钢丝直径）。

预应力筋铺设时，钢筋接长或钢筋与螺杆的连接，可采用套筒双拼式连接器。钢筋采用焊接时，应合理布置接头位置，尽可能避免将焊接接头拉入构件内。

2. 预应力筋的张拉

先张法预应力筋的张拉有单根张拉和多根成组张拉。单根张拉所用的设备构造简单，易于保证应力均匀，但生产效率低、锚固困难；成组张拉能提高工效、减轻劳动强度，但设备构造复杂，需用较大张拉力。因此，应根据实际情况选取适宜的张拉方法，一般预制厂生产常选用成组张拉法，施工现场生产常选用单根张拉法。

预应力筋的张拉工作是预应力混凝土施工中的关键工序，为确保施工质量，在张拉中应严格控制张拉应力、张拉程序和进行预应力值校核。

（1）张拉控制应力

预应力筋张拉时控制应力应符合设计规定。控制应力的大小影响预应力的效果。控制应力高，建立的预应力值则大，但控制应力过高，预应力筋处于高应力状态，构件出现裂缝时的荷载与破坏荷载接近，破坏前无明显的预兆，这种情况是不允许的。此外，施工中为减少由于松弛等原因造成的预应力损失，一般要进行超张拉，如果原定的控制应力过高，再加上超张拉就可能使预应力筋的应力超过张拉控制应力。因此，预应力筋的张拉控制应力值 σ_{con} 不宜超过表 6－2 规定的张拉控制限值，且不应小于 $0.4f_{ptk}$。

当符合下列情况之一时，表 6－2 中的张拉控制应力限值可提高 0.05 f_{ptk}或 0.05 f_{pyk}。

① 要求提高构件在施工阶段的抗裂性能而在使用阶段受压区内设置的预应力筋。

② 要求部分抵消由于应力松弛、摩擦、钢筋分批张拉以及预应力钢筋与张拉台座之间的温差等因素产生的预应力损失。

表 6－2　张拉控制应力限值

预应力筋种类	T_{con}	T_{nax}
消除应力钢丝、钢绞线	0.75 f_{ptk}	0.80 f_{ptk}
螺纹理钢筋	0.85 f_{ptk}	0.90 f_{ptk}

(2)张拉程序

预应力筋的张拉程序有以下两种：

$$0\rightarrow 105\%\sigma_{con}(\text{持荷 }2\text{min})\rightarrow\sigma_{con}$$

$$0\rightarrow 103\%\sigma_{con}$$

在第一种张拉程序中，超张拉 5%并持荷 2min，目的是加速应力松弛的早期发展，减少应力松弛引起的预应力损失(约减少 50%)。在第二种张拉程序中，超张拉 3%，目的是为了弥补应力松弛引起的预应力损失。

成组张拉时，应预先调整初应力，以保证张拉时每根钢筋(丝)的应力均匀一致，初应力值一般取 10%σ_{con}。

在张拉预应力筋的施工中应当注意以下事项：

① 应首先张拉靠近台座截面重心处的预应力筋，以避免台座承受过大的偏心力。

② 张拉机具与预应力筋应在同一条直线上，张拉应以稳定的速率逐渐加大拉力。

③ 拉到规定应力在顶紧锚塞时，用力不要过猛，以防钢丝折断。

④ 在拧紧螺母时，应时刻观察压力表上的读数，始终保持所需要的张拉力。

⑤ 预应力筋张拉完毕后与设计位置的偏差不得大于 5mm，且不得大于构件截面最短边长的 4%。

⑥ 同一构件中，各预应力筋的应力应均匀，其偏差的绝对值不得超过设计规定的控制应力值的 5%。

⑦ 台座两端应有防护设施，沿台座长度方向每隔 4～5m 放一个防护架，张拉钢筋时两端严禁站人，也不准进入台座。

(3)预应力值校核

预应力筋的预应力值，一般用其伸长值校核。当实测伸长值与理论伸长值的差值与理论伸长值相比，为 5%～10%时，表明张拉后建立的预应力值满足设计要求。

预应力钢丝的预应力值，应采用钢丝内力测定仪直接检测钢丝的预应力值来对张拉结果进行校核。其检验标准为：台座法钢丝，预应力值定为 95%σ_{con}；模外张拉钢丝预应力值应符合表 6－3 的规定。

表 6-3　模外张拉力钢丝预应力值检测标准

检测时间	检测标准	
	钢丝长 4m	钢丝长 6m
张拉完毕后 30min	$92\%\sigma_{con}$	$93.5\%\sigma_{con}$
张拉完毕后 1h 以上	$91\%\sigma_{con}$	$92.5\%\sigma_{con}$

3. 混凝土浇筑与养护

确定预应力混凝土的配合比时，应尽量减少混凝土的收缩和徐变，以减少预应力损失。收缩和徐变与水泥品种、水灰比、骨料孔隙率和振动成型有关。

预应力筋张拉完毕后，应立即绑扎骨架、支模、浇筑混凝土。台座内每条生产线上的构件，其混凝土应连续浇筑。混凝土必须振捣密实，特别对构件的端部，要注意加强振捣，以保证混凝土强度和粘结力。浇筑和振捣混凝土时，不可碰撞预应力筋；在混凝土未达到一定强度前，不允许碰撞或踩动预应力筋；当叠层生产时，必须待下层混凝土强度达 8～10 N/mm^2后方可进行。

混凝土可采用自然养护或湿热养护。当采用湿热养护时，采取二次升温制，初次升温的温差不宜超过 20℃，当构件混凝土强度达到 7.5～10N/mm^2时，再按一般规定继续升温养护，这样可以减少预应力的损失。

4. 预应力筋的放张

在进行预应力筋的放张时，混凝土强度必须符合设计要求；当设计无具体规定时，混凝土强度不得低于设计标准值的 75%。

(1)放张顺序

预应力筋的放张顺序，应符合设计要求，当设计无具体要求时，应符合下列规定：

① 对承受轴心预压力的构件(加压杆、桩等)，所有预应力筋应同时放张。

② 对承受偏心预压力的构件，应先同时放张预应力较小区域的预应力筋，再同时放张预应力较大区域的预应力筋。

③ 当不能按上述规定放张时，应分阶段、对称、相互交错地放张，以防止在放张过程中构件产生翘曲、开裂及断筋现象。

(2)放张方法

① 对预应力钢丝或细钢丝的板类构件，放张时可直接用钢丝钳或氧炔焰切割，并宜从生产线中间处切断，以减少回弹量，且有利于脱模；对每一块板，应从外向内对称放张，以免构件扭转两端开裂。

② 对预应力筋数量较少的粗钢筋构件，可采用氧炔焰在烘烤区轮换加热每根粗钢筋，使其同步升温，钢筋内应力均匀徐徐下降，外形慢慢伸长，待钢筋出现颈缩现象时，即可切断。

③ 对预应力筋配置较多的构件，不允许采用剪断或割断等方式突然放张，以避免最后放张的几根预应力筋产生过大的冲击而断裂，致使混凝土构件开裂。为此，应采用千斤顶或在台座与横梁间设置砂箱和楔块，或在准备切割的一端预先浇筑混凝土块等方法，进行缓慢放张。

6.4 后张法施工

6.4.1 后张法施工工艺流程

后张法施工分为有粘结后张法施工和无粘结预应力结构施工。

有粘结后张法施工是先浇筑好混凝土构件，并在构件中预留孔道；待混凝土强度达到设计规定的数值后，在孔道内穿入预应力筋进行张拉并加以锚固，最后进行孔道灌浆。张拉力由锚具传给混凝土构件，并使之产生预压应力。有粘结后张法施工顺序简图如图 6-18 所示。

后张法施工不需要台座设备，大型构件可分块制作，运到现场进行拼装，利用预应力筋连成整体。因此，后张法施工灵活性较大，适用于现场预制或工厂预制块体现场拼装的大中型预应力构件、特种结构和构筑物等。但后张法施工工序较多，且锚具不能重复使用，耗钢量比先张法大。

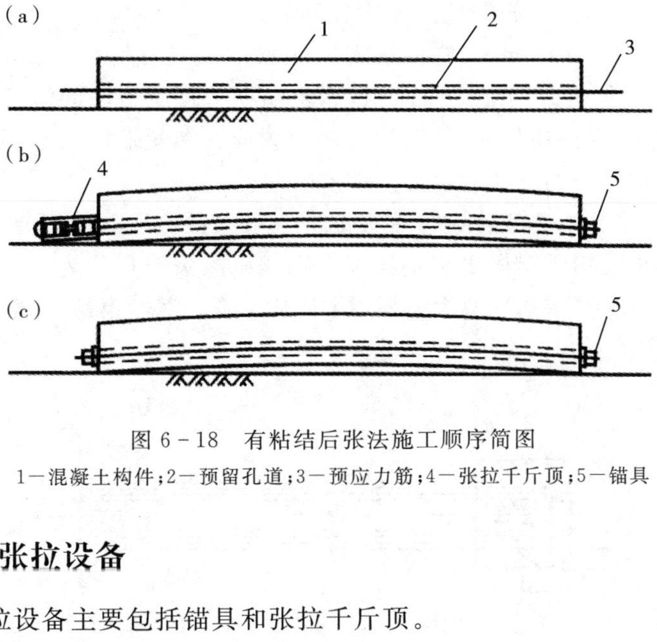

图 6-18 有粘结后张法施工顺序简图

1—混凝土构件；2—预留孔道；3—预应力筋；4—张拉千斤顶；5—锚具

6.4.2 后张法张拉设备

后张法的张拉设备主要包括锚具和张拉千斤顶。

1. 锚具

锚具是后张法结构或构件中保持预应力筋的张拉力，并将其传递到混凝土上的永久性锚固装置。锚具是结构或构件的重要组成部分，是保证预应力值和结构安全的关键，故应尺寸准确，有足够的强度和刚度，工作可靠，构造简单，施工方便，预应力损失小，成本低廉。锚具的种类很多，按其锚固方式不同可分为支承式锚具、锥塞式锚具、夹片式锚具和握裹式锚具。

(1)支承式锚具

① 螺母锚具。螺母锚具由螺丝端杆、螺母及垫板组成(图 6-19)，适用于锚固直径 18～36mm 的冷拉 HRB335、HRB400 级钢筋。此锚具也可做先张法夹具使用。

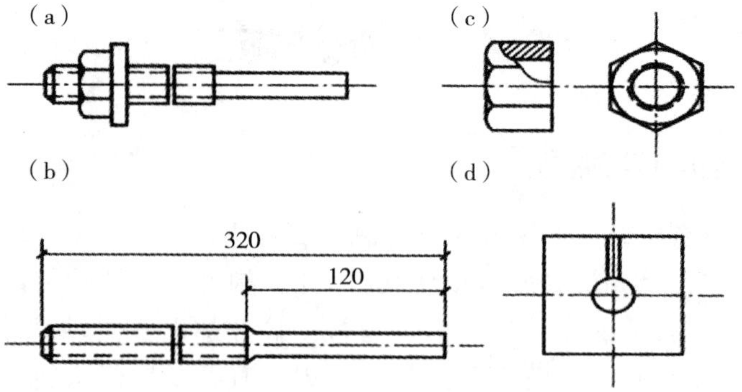

（a）螺母锚具 （b）螺丝端杆 （c）螺母 （d）垫板

图 6-19　螺母锚具

螺母锚具是将螺丝端杆与预应力筋对焊成一个整体，用张拉设备张拉螺丝端杆，用螺母锚固预应力筋，具有施工简便、锚固可靠等优点。螺丝端杆可采用与预应力筋同级冷拉钢筋制作，也可采用冷拉或热处理的 45 号钢制作；螺母与垫板均采用 Q235 钢制作。螺母锚具的强度，不得低于预应力筋的抗拉强度实测值。

螺杆的长度一般为 320mm，当构件长度超过 30m 时，一般为 370mm；其净截面面积应大于或等于所对焊的预应力钢筋截面面积；螺丝端杆与预应力筋的焊接，应在预应力筋冷拉以前进行，以便检验焊接质量；冷拉时螺母的位置应在螺丝端杆的端部，经冷拉后螺丝端杆不得发生塑性变形。

② 镦头锚具。用于单根粗钢筋的镦头锚具一般直接在预应力筋端部热镦、冷镦或锻打成型。镦头锚具也适用于锚固多根钢丝束。钢丝束镦头锚具分为 A 型和 B 型。A 型由锚环和螺母组成，可用于张拉；B 型为锚板，用于固定端。钢丝束镦头锚具构造如图 6-20 所示。

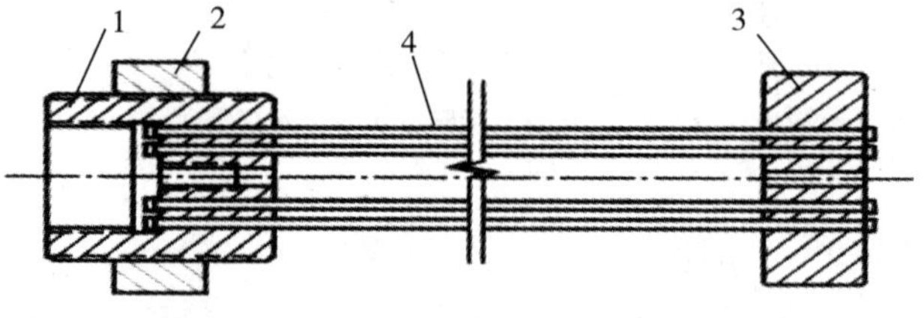

（a）张拉端锚具（A型）　　（b）固定端锚具（B型）

图 6-20　钢丝束镦头锚具

1—锚环；2—螺母；3—锚板；4—钢丝束

镦头锚具的工作原理是将预应力筋穿过锚环的蜂窝眼后，用专门的镦头机将钢筋或钢丝的端头镦粗，将镦粗头的预应力束直接锚固在锚环上，待千斤顶拉杆旋入锚环内螺纹后即可进行张拉。当锚环带动钢筋或钢丝伸长到设计值时，将螺母沿锚环外的螺纹旋紧顶在构件表面，于是螺母通过支承垫板将预压力传到混凝土上。

镦头锚具的优点是操作简便迅速，不会出现锥形锚易发生的“滑丝”现象，故不发生相应的预应力损失。这种锚具的缺点是下料长度要求很精确，否则，在张拉时会因各钢丝受力不均匀而发生断丝现象。

镦头锚具用 YC－60 千斤顶(穿心式千斤顶)或拉杆式千斤顶张拉。

③ 精轧螺纹钢筋锚具。精轧螺纹钢筋锚具由垫板和螺母组成，是一种利用与该钢筋螺纹匹配的特制螺母锚固的支承式锚具。适用于锚固直径 25～32mm 的高强度精轧螺纹钢筋。

螺母分为平面螺母和锥面螺母两种。锥面螺母可通过锥体与锥孔的配合，保证预应力筋的正确对中，开缝的作用是增强螺母对预应力筋的夹持能力。垫板也相应地分为平面垫板与锥面垫板两种(图 6－21)。

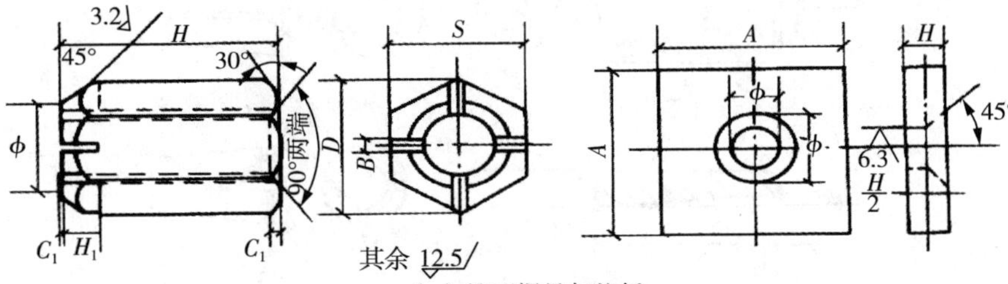

(a) 锥面螺母与垫板

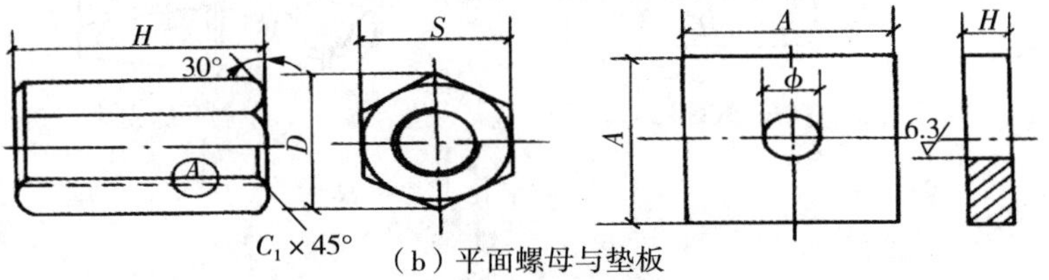

(b) 平面螺母与垫板

图 6－21　精轧螺纹钢筋锚具

(2)锥塞式锚具

① 锥形锚具。锥形锚具由钢质锚环和锚塞组成(图 6－22)，用于锚固钢丝束。锚环内孔的锥度应与锚塞的锥度一致。锚塞上刻有细齿槽，可夹紧钢丝防止滑动。

锥形锚具的尺寸较小，便于分散布置。缺点是易产生单根滑丝现象，钢丝回缩量较大，所引起的应力损失亦大，并且滑丝后无法重复张拉和接长，应力损失很难补救。此外，钢丝锚固时呈辐射状态，弯折处受力较大。

钢质锥形锚具一般用锥锚式三作用千斤顶进行张拉。

② 锥形螺杆锚具。锥形螺杆锚具用于锚固 14～28 根直径 5mm 的钢丝束。它由锥形螺杆、套筒、螺母等组成(图 6－23)。

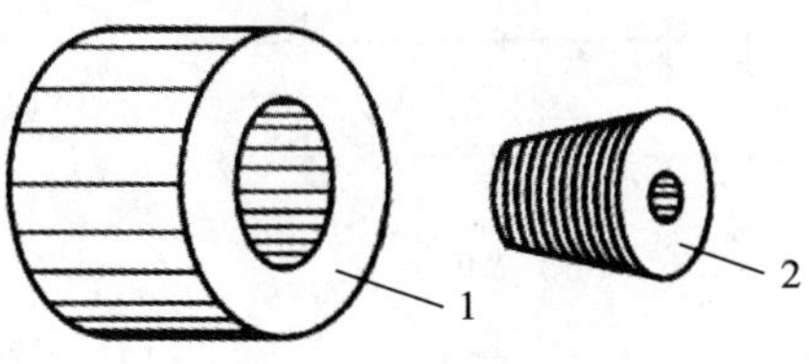

图 6－22　锥形锚具

1—钢质锚环；2—锚塞

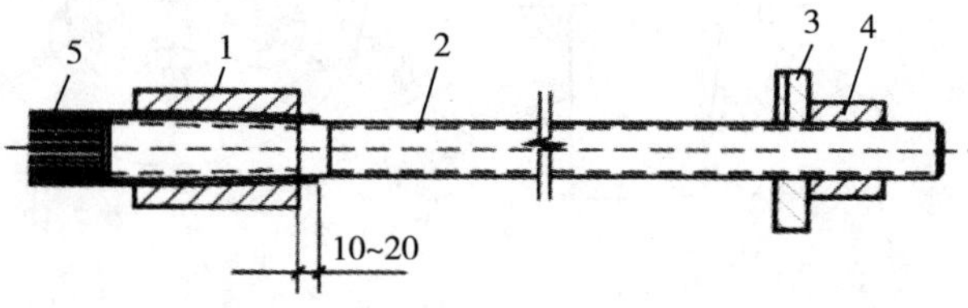

图 6－23　锥形螺杆锚具

1—套筒；2—锥形螺杆；3—垫板；4—螺母；5—钢丝束

锥形螺杆锚具可与 YL－60，YL－90 拉杆式千斤顶配套使用，YC－60，YC－90 穿心式千斤顶亦可应用。

(3)夹片式锚具

① 单孔夹片锚具。单孔夹片锚具由锚环与夹片组成。夹片的种类很多，按片数可分为三片式与二片式；按开缝形式可分为直开缝与斜开缝(图 6－24)。

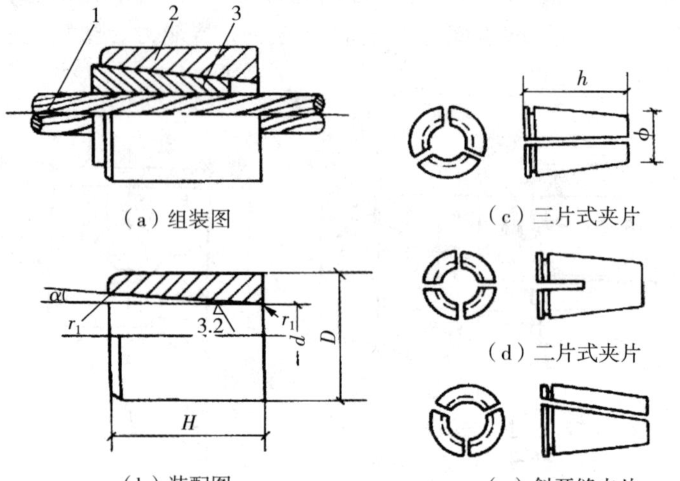

(a) 组装图　(b) 装配图　(c) 三片式夹片　(d) 二片式夹片　(e) 斜开缝夹片

图 6－24　单孔夹片锚具

1—钢绞线；2—锚环；3—夹片

② 多孔夹片锚具。多孔夹片锚具又称预应力钢筋束锚具，是在一块多孔锚板上，利用每个锥形孔装一副夹片夹持一根钢筋或钢绞线的一种楔紧式锚具。这种锚具在现代预应力混凝土工程中广泛应用，主要的产品有：XM 型、QM 型、QVM 型、BS 型等。

a. XM 型锚具。由锚板、夹片和钢绞线组成(图 6－25)。锚板尺寸由锚孔数确定，锚孔沿锚板圆周排列，中心线倾角 1∶20；与锚板顶面垂直；夹片为 120°均分斜开缝三片式，开缝沿轴向的偏转角与钢绞线的扭角相反。

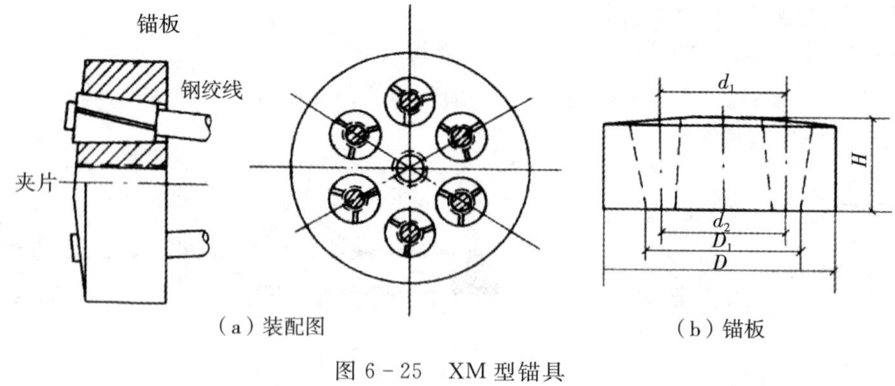

(a) 装配图　(b) 锚板

图 6－25　XM 型锚具

XM 型锚具适应于锚固 3～37 根 $\phi15$ 钢绞线束或 3～12 根 $7\phi5$ 钢丝束。其特点是每根钢绞线都是分开锚固，任何一根钢绞线的锚固失效(如钢绞线拉断、夹片破裂等)不会引起整束锚固的失效。

XM 型锚具可做工具锚与工作锚使用。当用于工具锚时，可在夹片和锚板之间抹一层固体润滑剂（如石蜡、石墨等），以利于夹片松脱。当用于工作锚时，具有连续反复张拉的功能，可用于行程不大的千斤顶张拉任意长度的钢绞线。

b. QM 型锚具。由锚板与夹片组成（图 6－26）。它与 XM 型锚具的不同点是锚孔是直的，锚板顶面是平面，夹片垂直开缝，备有配套喇叭形铸铁垫板与弹簧圈等。由于灌浆孔设在垫板上，锚板的尺寸可稍小一些。

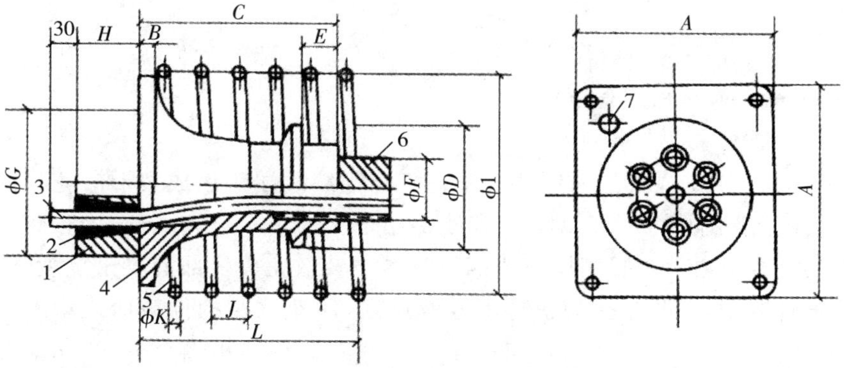

图 6－26　QM 型锚具及配件

1—锚板；2—夹片；3—钢绞线；4—喇叭形铸铁垫板；5—弹簧圈；6—预留孔道的螺旋管；7—灌浆孔

QM 型锚具适用于锚固 4～31 根 ϕ12.7 钢绞线和 3～10 根 ϕ15 钢绞线。QM 型锚具配有自动工具锚，张拉和退出十分方便，并可减少安装工具锚所花费的时间。

c. QVM 型锚具。QVM 型锚具是在 QM 型锚具的基础上发展起来的一种新型锚具，其与 QM 型锚具的不同点是夹片改用二片式直开缝，操作更加方便。

d. BS 型锚具。BS 型锚具采用钢垫板、焊接喇叭道与螺旋筋，灌浆孔设置在喇叭管上，并由塑料管引出（图 6－27）。此种锚具适用于锚固 3～55 根 ϕ15 钢绞线。

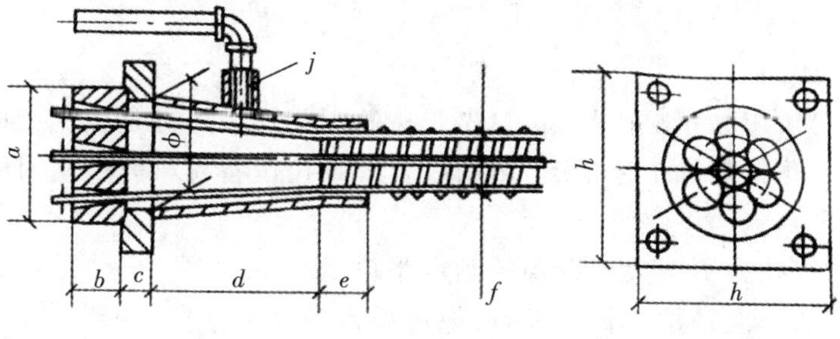

图 6－27　BS 型锚具

(4)握裹式锚具

钢绞线束固定端的锚具除了可以采用与张拉端相同的锚具外，还可选用握裹式锚具。握裹式锚具有挤压锚具和压花锚具两类。

① 挤压锚具。挤压锚具是利用液压压头机将套筒挤紧在钢绞线端头上的一种锚具（图 6－28）。套筒内衬有硬钢丝螺旋圈，在挤压后硬钢丝全部脆断，一半嵌入外钢套，一半

压入钢绞线，从而增加钢套筒与钢绞线之间的摩阻力。锚具下设有钢垫板与螺旋筋。这种锚具适用于构件端部的设计应力较大或端部尺寸受到限制的情况。

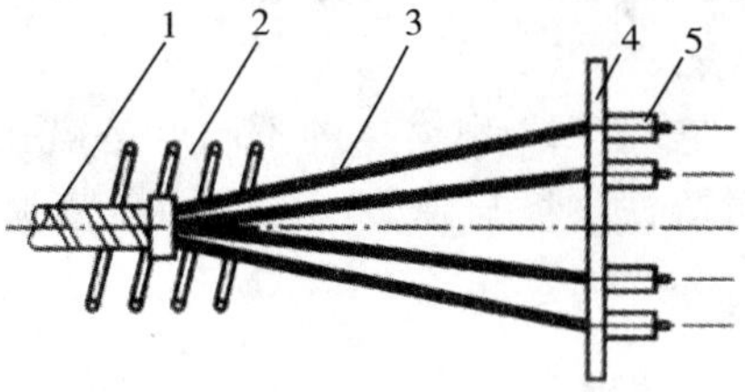

图 6-28　挤压锚具的构造

1—波纹管；2—螺旋筋；3—钢绞线；

4—钢垫板；5—挤压锚具

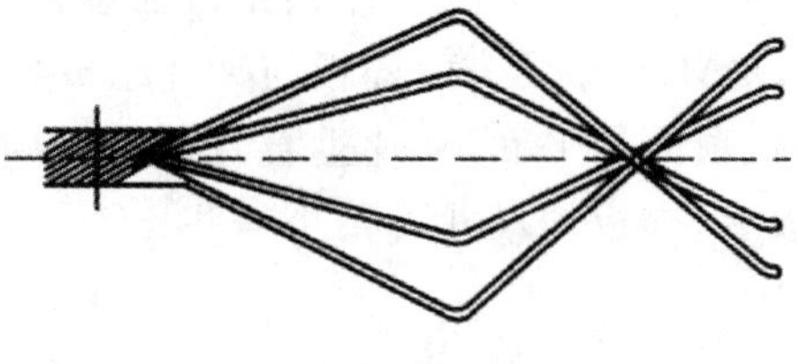

图 6-29　压花锚具

② 压花锚具。压花锚具是利用液压压花机将钢绞线端头压成梨形散花状的一种锚具（图 6-29）。梨形头的尺寸对于 $\phi15$ 钢绞线不小于 $\phi95mm \times 150mm$。多根钢绞线梨形头应分排埋置在混凝土内。为提高压花锚四周混凝土及散花头根部混凝土抗裂强度，在散花头的头部配置构造筋，在散花头的根部配置螺旋筋，压花锚距构件截面边缘不小于 30cm。第一排压花锚的锚固长度，对 $\phi15$ 钢绞线不小于 95cm，每排相隔至少 30cm。多根钢绞线压花锚具构造如图 6-30 所示。

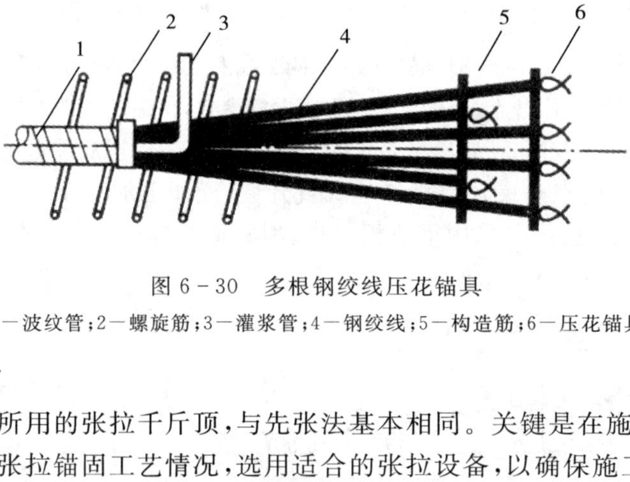

图 6-30　多根钢绞线压花锚具

1—波纹管；2—螺旋筋；3—灌浆管；4—钢绞线；5—构造筋；6—压花锚具

2. 张拉千斤顶

后张法张拉时所用的张拉千斤顶，与先张法基本相同。关键是在施工时应根据所用预应力筋的种类及其张拉锚固工艺情况，选用适合的张拉设备，以确保施工质量。在选用时，应特别注意以下三点：

(1)预应力的张拉力不得大于设备的额定张拉力。

(2)预应力筋的一次张拉伸长值，不得超过设备的最大张拉行程。

(3)当一次张拉不足时，可采取分级重复张拉的方法，但所用的锚具与夹具应适宜重复张拉的要求。

6.4.3　后张法施工工艺

后张法的施工工艺主要包括预留孔道、预应力筋制作、预应力筋的穿束、预应力筋张拉、灌浆与封锚。

1. 预留孔道

预留孔道正确，是后张法构件生产的关键工作之一。预留孔道方法有钢管抽芯法、胶管抽芯法、预埋管法等，其基本要求是：孔道的尺寸与位置应正确，孔道应平顺，接头不漏浆，端部的预埋钢板应垂直于孔道中心线，灌浆孔及泌水管的孔径应能保证浆液畅通。

(1)钢管抽芯法

钢管抽芯法适用于直线孔道。预先将钢管埋设在模板内的孔道位置，在混凝土浇筑和达到终凝之前，应间隔一定时间缓慢转动钢管，不使混凝土与钢管粘结，待混凝土初凝后、终凝前将钢管抽出。为了保证预留孔道的质量，施工时应注意以下几点：

① 要求钢管平直、表面光滑，预埋前应除锈、刷油，安放位置准确；钢管在构件中用钢筋井字架定位，井字架间距不宜大于 1.0m。钢管每根长度最好不超过 15m，两端各应伸出构件 100mm 左右，钢管一端钻 16mm 小孔，以便于旋转和抽管。

② 掌握好抽管时间。抽管过早，混凝土未达到一定强度，会造成坍孔事故；抽管过晚，混凝土与钢管易粘结，造成抽管困难。具体抽管时间与水泥品种、施工温度和养护条件有关。一般掌握在混凝土初凝后、终凝前，手指按压混凝土表面不显指纹即可抽管，常温下抽管时间约在混凝土浇筑后 3～6h。抽管前每隔 10～15min 转动一次钢管。

③ 抽管顺序宜先上后下进行。抽管方法可用人工或卷扬机，抽管时必须速度均匀，边抽边转，并与孔道保持在一条直线上，抽管后应及时检查孔道情况并做好穿筋前的孔道清理工作。

由于孔道灌浆需要，在浇筑混凝土时，应在设计规定位置留设灌浆孔。一般情况下在构件两端和中间，每隔 12m 设置一个直径为 20～25mm 的灌浆孔，并在构件两端各设一个排气孔。

(2)胶管抽芯法

胶管有布胶管和钢丝网胶管两种。布胶管采用 5～7 层帆布夹层、壁厚 6～7mm 的普通橡皮管，可用于直线、曲线或折线孔道。胶管安放于设计位置后，用钢筋井字架固定，直线孔道井字架间距不宜大于 0.5m，曲线孔道适当加密；在浇筑混凝土前，在胶管中以 0.5～0.8N/mm^2的压力充水或充气，管径增大约 30mm，待浇筑的混凝土初凝后，放出压缩空气或压力水，管径缩小，混凝土脱离，随即抽出胶管形成孔道。钢丝网胶管质硬，具有一定的弹性，抽管时在拉力作用下断面缩小易于拔出。

胶管抽芯与钢管抽芯相比，具有弹性好，便于弯曲，不需转动等优点，不仅可以留设直线孔道，而且可以留设曲线孔道。使用胶管留设孔道时，胶管必须具有良好的密封装置，抽管时间应比钢管略迟。

(3)预埋管法

预埋管法是采用黑铁皮管、薄钢管、镀锌钢管和金属螺旋管(波纹管)等预先埋设在构件中，混凝土浇筑后不再抽出。其中金属螺旋管是由镀锌薄钢带经压波后卷成，具有重量轻、刚度好、弯折方便、连接容易、与混凝土粘结良好等优点，可作成各种形状的孔道，并可省去抽管工序，是目前预埋管法的首选管材。

塑料波纹管是近年来国外发展起来的一种新型制孔器。它采用的塑料是聚丙乙烯或高密度聚乙烯。管道外表面的螺旋筋与周围的混凝土具有较高的粘结力，从而能将预应力传到管外的混凝土上。塑料波纹管具有耐腐蚀性能好、孔道摩擦损失小、可提高后张预应力结构的抗疲劳性能等优点。

2. **预应力筋制作**

(1)钢丝下料与编束

消除应力钢丝放开后可直接下料，下料时若发现钢丝表面有电接头或机械损伤，应随时剔除。采用镦头锚具时，钢丝的等长要求较严，同束钢丝下料长度的相对差值，即同束中最长与最短钢丝之差，不应大于 $L/5000$，且不得大于 5mm（L 为钢丝下料长度）。为了达到这一要求，钢丝直料可用钢管限位法或用牵引索在拉紧状态下进行下料。

编束可保证钢丝束两端钢丝的排列顺序一致，在穿束与张拉时不致紊乱。随着所用锚具形式不同，编束方法也有差异：采用镦头锚具时，先将内圈和外圈钢丝分别用铁丝顺序编扎，然后将内圈钢丝放入外圈钢丝内扎牢；采用钢质锥形锚具时，编束分为空心束和实心束两种，但都需要圆盘梳丝板理顺钢丝，并在距钢丝端部 5～10cm 处编扎一道，使张拉分丝时不致紊乱。

(2)钢绞线下料与编束

为了防止在下料过程中钢绞线紊乱并弹出伤人，应将钢绞线盘卷在事先制作的铁笼内，从盘卷中央逐步抽出。钢绞线下料宜用砂轮切割机切割，不得采用电弧切割。

钢绞线用 20 号铁丝绑扎编束，间距为 1～1.5m。编束时应先将钢绞线理顺，使各根钢绞线松紧一致。如果钢绞线是单根穿入孔道，则不必编束。

3. **预应力筋的穿束**

(1)穿束顺序

预应力筋穿入孔道，简称穿束。穿束可分为先穿束法和后穿束法两种。先穿束法是在浇筑混凝土之前穿束，此法按穿束与预埋螺旋管之间的配合，可分为以下三种：

① 先穿束后装管。先将预应力筋穿入钢筋骨架内，后将螺旋管逐节从两端套入并连接。

② 先装管后穿束。先将螺旋管安装就位，后将预应力筋穿入。

③ 二者组装放入。即在构件外侧的脚手架上将预应力筋与螺旋管组装后，从钢筋骨架顶部放入设计部位。

后穿束法是在混凝土浇筑之后穿束，此种穿束方法不占工期，便于用通孔器或高压水通孔，穿束后立即可以张拉，易于防锈，但穿束时比较费力。

(2)穿束方法

根据一次穿入数量，可分为整束穿和单束穿。对钢丝束一般应用整束穿；对钢绞线优先采用整束穿也可用单根穿。穿束工作可由人工、卷扬机或穿束机进行。

① 人工穿束。可利用起重设备将预应力筋吊起，工人站在脚手架上将其逐步穿入孔内。束的前端应扎紧并裹胶布，以便顺利通过孔道。对多波曲线束，宜采用特制的牵引头，工人在前头牵引，后头推送，用对讲机随时联系，保持前后两端同时用力。

② 卷扬机穿束。主要用于超长束、特重束、多波曲线束等整束穿入。卷扬机的电动机功率为 1.5～2.0kW，卷扬机速度宜为 10m/min，束的前端应装有穿束网套或特别的牵引头。

③ 穿束机穿束。穿束机是一种专门用来穿束的设备，主要用于大型桥梁与构筑物单根钢绞线的穿入。

4. 预应力筋张拉

预应力筋张拉是生产预应力构件的关键。张拉时结构的混凝土强度应符合设计要求，当设计无具体要求时，不应低于设计强度等级的75%。在预应力筋张拉中，主要是解决好张拉控制应力、张拉方式、张拉顺序、张拉程序、张拉伸长值校核等问题。

(1)张拉控制应力

预应力钢筋的张拉控制应力值 σ_{con} 的限值见表6-2。

(2)张拉的方式

一端张拉方式。适用于长度≤30m的直线预应力筋与锚固损失影响长度 $L_F \geq L/2$(L为预应力筋长度)的曲线预应力筋。设计认可放宽以上限制的，也可将张拉端分别设置在构件的两端。

两端张拉方式。适用于长度>30m的直线预应力筋与锚固损失影响长度 $L_F < L/2$ 的曲线预应力筋。当张拉设备不足或由于张拉顺序安排关系，也可先在一端张拉完成后，再移到另一端张拉，补足张拉力后锚固。

分批张拉方式。适用于配有多束预应力筋的构件或结构。在确定张拉力时，应考虑束间的弹性压缩损失影响，或将弹性压缩损失平均值统一增加到每根预应力筋的张拉力内。

分段张拉方式。适用于多跨连续梁板的逐段张拉。在第一段混凝土浇筑与预应力筋张拉锚固后，第二段预应力筋利用锚头连接器接长。

分阶段张拉方式。这是为了平衡各阶段的荷载所采取的分阶段逐步施加预应力的方式，具有应力、挠度与反拱容易控制、省材料等优点。

补偿张拉方式。这是一种在早期预应力损失基本完成后，再进行张拉，以弥补损失，达到预期的预应力效果的方式，在水利工程与岩土锚杆中应用较多。

(3)张拉顺序

张拉顺序的安排，应满足使混凝土不产生超应力，构件不扭转与侧弯，结构不变形等要求，对称张拉是一项重要原则。同时，还应考虑到尽量减少张拉设备的移动次数。

(4)张拉程序

后张法预应力筋的张拉程序一般与先张法相同，应根据构件类型、张拉锚固体系、松弛损失取值等因素确定。

(5)张拉伸长值校核

对张拉伸长值进行校核，可以综合反映张拉力是否足够，孔道摩阻损失是否偏大，以及预应力筋是否有异常现象等。根据《混凝土结构工程施工质量验收规范》(GB 50204—2015)的规定：如实际伸长值比计算伸长值偏差超过±6%，应暂停张拉，在采取措施予以调整后，方可继续张拉。预应力筋的伸长值 Δl(mm)可按式(6-3)计算。

$$\Delta l = \frac{F_p l}{A_p E_s} \tag{6-3}$$

式中：F_p——预应力筋的平均张拉力，kN，直线筋取张拉端的拉力；两端张拉的曲线筋，取张拉端的拉力与跨中扣除孔道摩阻损失后拉力的平均值。

A_p——预应力筋的横截面积，mm^2。

l——预应力筋的长度，mm。

E_s——预应力筋的弹性模量，kN/mm^2。

预应力筋的实际伸长值，应在初应力为张拉控制应力的 10%左右时开始量测，但必须加上初应力以下的推算伸长值；对后张法，还应扣除混凝土构件在张拉过程中的弹性模量。

(6)张拉注意事项

① 在预应力作业中应特别注意安全。在任何情况下，作业人员均不得站在预应力筋的两端操作，张拉千斤顶的后面应设防护装置。

② 操作千斤顶和测量伸长值的人员，应站在千斤顶的侧面工作；在油泵开动的过程中，不得擅自离开岗位。

③ 做到千斤顶、孔道与锚环三对中，以使张拉工作顺利进行，使测得的数据准确，避免过大的孔道摩擦。

④ 采用锥锚千斤顶张拉钢丝束时，应先使千斤顶张拉缸进油，至压力表略有起动时暂停，检查每根钢丝的松紧并进行调整，然后再打紧楔决。

⑤ 钢丝束镦头锚固体系，在张拉过程中应随时拧紧螺母，锚固时如遇钢丝束偏长或偏短，应增加螺母或用连接器解决。

⑥ 新的工具锚夹片在第一次使用前，应在夹片背面涂上润滑剂，以后每使用 5～10 次，应将工具锚上的挡板连同夹片一同卸下，向锚板的锥孔中再涂上一层润滑剂，以防夹片在退锲时卡住。

⑦ 多根钢绞线束所用的夹片锚固体系，如遇到个别钢绞线滑移，可在更换夹片后用小型千斤顶单根张拉。

⑧ 当预应力筋是逐根或逐束张拉时，应保证各阶段不出现对结构不利的应力状态；同时宜考虑后批张拉预应力筋所产生的结构构件的弹性压缩对先批张拉预应力筋的影响，确定张拉力。

⑨ 多根钢丝同时张拉时，构件截面中断丝和滑脱钢丝的数量，不得大于钢丝总数的 3%，且一束钢丝中只允许一根；对多跨双向连续板，其同一截面应按每跨计算。

⑩ 每个构件张拉完毕后，应检查端部和其他部位有无裂缝，并填写张拉记录表。

⑪ 长期外露的锚具，应涂刷防锈油漆，或用混凝土、砂浆封裹，以防止腐蚀。

5. 灌浆与封锚

有粘结预应力筋张拉后应随即进行孔道灌浆，以防预应力筋锈蚀，同时可增加结构的抗裂性和耐久性。

灌浆前，用压力水冲洗和湿润孔道；灌浆过程中，用电动或手动灰浆泵，水泥浆应均匀缓慢地注入，中途不得中断。灌满孔道并封闭气孔后，宜再加注压力至 0.5～0.7MPa，并稳定 1～2min 后封闭灌浆孔，以确保孔道灌浆的密实性。为使孔道灌浆密实，可在灰浆中加入 0.05%～0.10%的铝粉，0.25%的木质素磺酸钙或微膨胀剂。对不掺外加剂的水泥浆，可采用二次灌浆法来提高灌浆的密实性。

灌浆宜用强度等级不低于 42.5 号的普通硅酸盐水泥配制水泥浆，水泥浆的水灰比不应大于0.45，搅拌后3h泌水率不宜大于1%。泌水应能在24h内全部重新被水泥浆吸收。灌浆用水泥浆的抗压强度不应小于30N/mm^2。

灌浆顺序应先下后上，曲线孔道灌浆应由最低点注入水泥浆，至最高点排气孔排尽空气并溢出浓浆为止。

预应力筋锚固后的外露部分应采用机械方法切割，其外露长度不宜小于30mm。锚固的封闭保护应符合设计要求，当设计无具体要求时，应符合下列规定：

① 应采取防止锚具腐蚀和遭受机械损伤的有效措施。

② 凸出式锚固端锚具的保护层厚度不应小于50mm。

③ 外露预应力筋的保护层厚度：处于正常环境时，不应小于20mm；处于易受腐蚀的环境时，不应小于50mm。

6.4.4 无粘结预应力结构施工

1. 无粘结预应力结构的特点

后张法预应力混凝土中，预应力筋分为有粘结和无粘结两种。有粘结预应力是后张法的常规做法，张拉后通过灌浆使预应力筋与混凝土粘结。无粘结预应力是后张法的一项新工艺。其施工方法是在浇注混凝土前，按设计要求把外包塑料包裹层内涂防腐油脂的预应力筋铺好，然后浇注混凝土，待混凝土达到设计要求强度后，再张拉锚固。预应力筋与混凝土之间没有粘结，张拉力全靠锚具传递到混凝土上。这种预应力结构的优点是不需要预留孔道与灌浆，施工简单，摩擦力小，预应力筋易弯成多跨曲线形状；但预应力筋强度不能充分发挥(一般要降低10%～20%)，对锚具要求高。根据其特点，无粘结预应力筋用在双向连续平板和密肋板中比较经济，适用于曲线配筋结构，在多跨连续梁中也有较大发展。无粘结后张法施工顺序简图如图6-31所示。

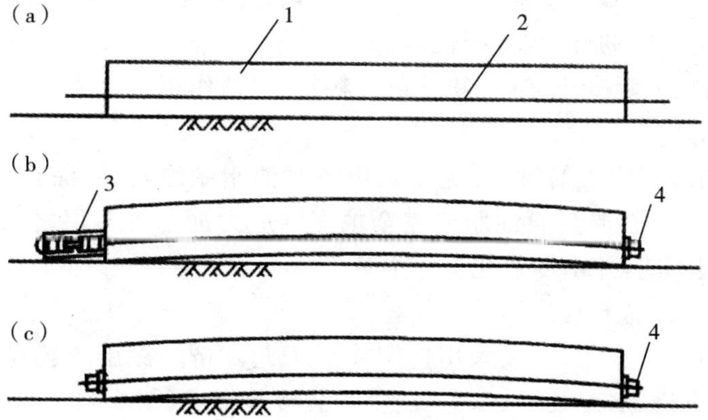

图6-31 无粘结后张法施工顺序简图

1—混凝土构件；2—无粘结预应力筋；3—张拉千斤顶；4—锚具

2. 无粘结预应力筋的制作

(1)无粘结预应力筋

无粘结预应力筋是指带有专用防腐油脂涂料层和外包层的无粘结预应力筋，施加预应力后沿全长与周围混凝土不粘结。它由预应力筋、涂料层和护套层组成(图 6－32)。其质量要求应符合《无粘结预应力钢绞线》(JG/T 161－2016)及《无粘结预应力筋专用防腐润滑脂》(JG/T 430－2014)标准的规定。

无粘结预应力筋用的钢绞线和钢丝不应有死弯,当有死弯时必须截断。无粘结预应力筋中的每根钢丝应是通长的,严禁有接头。

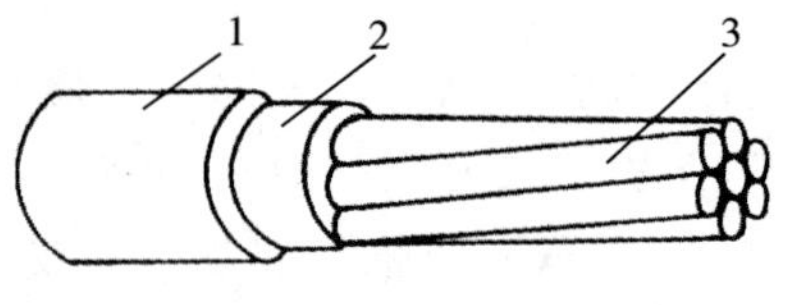

图 6－32　无粘结预应力筋

1－塑料护套;2－油脂;3－钢绞线或钢丝束

(2)涂料

涂料的作用是使预应力筋与混凝土隔离,减少张拉时的摩擦损失,防止预应力筋腐蚀等。无粘结预应力筋涂料层应采用专用防腐油脂,其性能应符合下列要求:

① 在－20℃～＋70℃温度范围内,不流淌,不裂缝变脆,并有一定韧性;

② 使用期内,化学稳定性好;

③ 对周围材料(如混凝土、钢材和外包材料)无侵蚀作用;

④ 不透水,不吸湿,防水性好;

⑤ 防腐蚀性能好;

⑥ 润滑性能好,摩擦阻力小。

(3)外包层

无粘结预应力筋的外包层材料,应采用聚乙烯或聚丙烯,严禁使用聚氯乙烯。外包层的作用是使无粘结筋在运输、储运、铺设和浇注混凝土等过程中不会发生不可修复的破坏。

其性能应符合下列要求:

① 在－20℃～＋70℃温度范围内,低温不脆化,高温化学稳定性好。

② 必须具有足够的韧性、抗破损性。

③ 对周围材料(如混凝土、钢材和外包材料)无侵蚀作用。

④ 防水性好。

制作单根无粘结预应力筋时,宜优先选用防腐油脂做涂料层,涂料层的涂敷和外包层的制作应一次完成,涂料层防腐油脂应完全填充预应力筋与外包层之间的环形空间,外包层宜采用挤塑成型工艺,并由专业化工厂生产。

(4)无粘结预应力筋的制作

无粘结预应力筋的制作,一般采用挤塑涂层工艺。挤塑涂层工艺设备主要由放线盘、给油装置、塑料挤出机、水冷装置、牵引机、收线装置等组成(图 6－33)。钢绞线(或钢丝束)经给油装置涂油后,通过塑料挤出机的机头出口处,塑料熔融物被挤成管状包覆在钢绞线上,经冷却水槽塑料套管硬化,即形成无粘结预应力筋;牵引机继续将钢绞线牵引至收线装置,自动排列成盘卷。

挤塑成型后的无粘结预应力筋应按工程所需的长度和锚固形式下料、组装。无粘结预应力筋下料长度,应综合考虑其曲率、锚固端保护层厚度、张拉伸长值及混凝土压缩变形等因素,并应根据不同的张拉方法和锚固形式预留张拉长度。

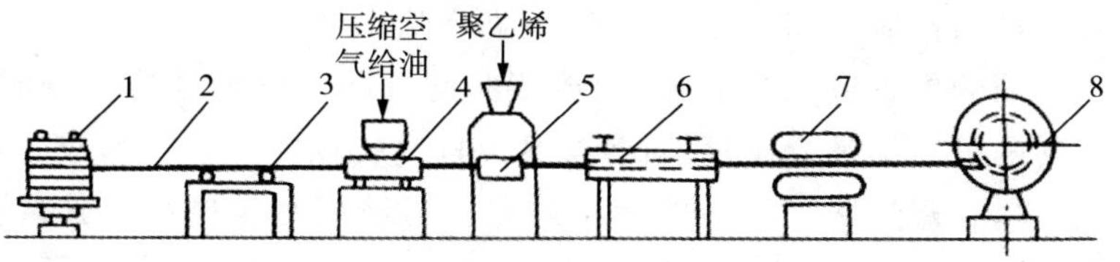

图 6-33　挤塑涂层工艺生产线

1—放线盘；2—钢绞线；3—滚动支架；4—给油装置；5—塑料挤出机；6—水冷装置；7—牵引机；8—收线装置

3. 锚具系统及张拉设备

(1)锚具系统

无粘结预应力构件中，锚具是把预应力筋的张拉力传递给混凝土的工具，外荷载引起的预应力筋的变化全部由锚具承担。无粘结预应力筋的锚具不仅受力比有粘结预应力筋的锚具大，而且承受的是重复荷载。

无粘结预应力钢铰线用锚具应符合国家现行标准《预应力筋用锚具、夹具和连接器》(GB/T 14370—2015)及《预应力筋用锚具、夹具和连接器应用技术规程》(JGJ 85—2010)的有关规定。

(2)张拉设备

无粘结预应力筋的张拉设备可选用 YC 型(YC-60、YC-20)系列的油压千斤顶(配套油泵为 ZB-0.8/500 型)，包括油泵、千斤顶、张拉杆、顶压器、工具锚等。该系列由于配备了轻型电动油泵，故重量轻、操作简便，适合在狭小场地及高空进行张拉。

无粘结预应力筋张拉机具及仪表，应由专人使用和管理，并定期维护和校验。

4. 无粘结预应力结构施工

在无粘结预应力结构施工中，主要问题是无粘结预应力筋的铺设、张拉和端部锚头处理。无粘结预应力筋送到现场后，应及时检查规格尺寸和数量，逐根检查端部配件无误后，方可分类堆放。对局部破损的外包层，可用水密性胶带进行缠绕修补，胶带搭接宽度不应小于胶带宽度的 1/2，缠绕长度应超过破损长度，严重破损的应予报废。

无粘结预应力筋铺设前，张拉端端部模板预留孔应按施工图中规定的无粘结预应力筋的位置编号和钻孔。张拉端的承压板应用钉子或螺栓固定在端部模板上，且应保持张拉作用线与承压板面相垂直。

(1)无粘结预应力筋铺放

多跨单向梁板的无粘结预应力筋采取纵向多波连续曲线配筋方式，钢筋的铺设比较简单；多跨双向平板在纵横两方向均采用多波连续曲线配筋的方式，两个方向的无粘结预应筋互相穿插，给施工操作带来困难，必须事先编出无粘结预应力筋的铺设顺序。无粘结预应力筋的铺放、安装应按设计图纸的规定进行。

无粘结预应力筋允许采用普通钢筋相同的绑扎方法，铺放前应通过计算确定无粘结预应力筋的位置，其垂直高度宜采用支撑钢筋控制，亦可与其他钢筋绑扎。无粘结预应力筋位置的垂直偏差，在板内为±5mm，在梁内为±10mm。对支撑钢筋的要求：对于 2～4 根无粘结预应力筋组成的集束预应力筋，支撑钢筋的直径不宜小于 10mm，对于 5 根或更多无粘结预应力筋组成的集束预应力筋，其直径不宜小于12mm，间距不宜大于1.0m；用于支撑平板中单根无粘结预应力筋的支撑钢筋，间距不宜大于2.0m。

无粘结预应力筋的位置应保持顺直，铺放双向配置的无粘结预应力筋时，应对每个纵横筋交叉点相应的两个标高进行比较，对各交叉点标高较低的无粘结预应力筋应先进行铺放，标高较高的次之，宜避免两个方向的无粘结预应力筋相互穿插铺放。敷设的各种管线不应将无粘结预应力筋的垂直位置抬高或压低；当集束配置多根无粘结预应力筋时，应保持平行走向，防止相互扭绞。无粘结预应力筋采取竖向、环向或螺旋形铺放时，应有定位支架或其他构造措施控制位置。

镦头锚具系统张拉端的安装，先将塑料保护套插入承压板孔内，通过计算确定锚杯的预埋位置，并用定位螺杆将其固定在端部模板上。定位螺杆拧入锚杯内必须顶紧各钢丝镦头，并应根据定位螺杆露在模板外的尺寸确定锚杯预埋位置。

镦头锚具系统固定端的安装，按设计要求的位置将固定端锚板绑扎牢固，钢丝镦头必须与锚板贴紧，严禁锚板相互重叠放置。

夹片锚具系统张拉端的安装。无粘结预应力筋的外露长度应根据张拉机具所需的长度确定，无粘结预应力曲线筋或折线筋末端的切线应与承压板相垂直，曲线段的起始点至张拉锚固点应有不小于300mm的直线段。在安装带有穴模或其他预埋入混凝土中的张拉端锚具时，各部件之间不应有缝隙。

固定端锚具系统固定端的安装，将组装好的固定端按设计要求的位置绑扎牢固。

张拉端和固定端均必须按设计要求配置螺旋筋或钢筋网片，螺旋筋和网片应紧靠承压板或锚杯，并固定可靠。

无粘结预应力筋铺放、安装完毕后，应进行隐蔽工程验收，当确认合格后方能浇筑混凝土。在混凝土施工中，应严防氯化物对无粘结预应力筋的侵蚀，不得使用含有氯离子的外加剂，锚固区后浇混凝土或砂浆不得含有氯化物。在预应力筋全长及锚具与连接套管的连接部位，外包材料均应连续、封闭且能防水。

(2)无粘结预应力筋的张拉

无粘结预应力筋的张拉与后张法带有螺丝端杆锚具的有粘结钢丝束张拉相似。楼盖结构应先张拉楼板，后张拉楼面梁，板中的无粘结筋可依次张拉，梁中的无粘结筋应对称张拉。当无粘结预应力筋长度超过25m时，应采用两端张拉；当筋长超过50m时，应采取分段张拉和锚固。

安装张拉设备时，对直线的无粘结预应力筋，应使张拉力的作用线与无粘结预应力筋中心线重合；对曲线的无粘结预应力筋，应使张拉力的作用线与无粘结预应力筋中心线末端的切线重合。无粘结预应力筋的张拉控制应力，应符合设计要求。如需提高张拉控制应力值时，不宜大于碳素钢丝、钢绞线强度标准值的75%。

无粘结预应力筋的张拉程序与一般后张法张拉程序相同。

当采用应力控制方法张拉时，应校核无粘结预应力筋的伸长值。如实际伸长值大于计算伸长值10%或小于计算伸长值5%，应暂停张拉，查明原因并采取措施予以调整后，方可继续张拉。

无粘结预应力筋张拉过程中，当有个别钢丝发生滑脱或断裂时，可相应降低张拉力。

但滑脱或断裂的数量，不应超过结构同一截面无粘结预应力筋总量的2%，且1束钢丝只允许1根。对于多跨双向连续板，其同一截面应按每跨计算。

张拉时，混凝土立方体抗压强度应符合设计要求。当设计无具体要求时，不宜低于混凝土设计强度等级的75%。无粘预应力筋的张拉顺序应符合设计要求，如设计无具体要求时，可采用分批、分阶段对称张拉或依次张拉。当无粘结预应力筋需进行两端张拉时，可先在一端张拉并锚固，再在另一端补足张拉力后进行锚固。无粘结预应力筋张拉时，应逐根填写张拉记录表。

无粘结预应力筋张拉锚固后实测预应力值与工程设计规定检验值的相对允许偏差为±5%。

张拉后，宜采用砂轮锯或其他机械方法切断超长部分的无粘结预应力筋，严禁采用电弧切断。无粘结预应力筋切断后露出锚具夹片外的长度不得小于30mm且不宜小于预应力筋直径的1.5倍。

(3)防火及防腐蚀

锚固区的耐火极限应不低于结构本身的耐火极限。为满足不同耐火等级的要求，无粘结预应力筋的混凝土保护层最小厚度应符合表6-4的规定。

无粘结预应力筋张拉完毕后，应及时对锚固区进行保护。对镦头锚具，应先用油枪通过锚杯注油孔向连接套管内注入足量防腐油脂(以油脂从另一注油孔溢出为止)，然后用防腐油脂将锚杯内充填密实，并用塑料或金属帽盖严，再在锚具及承压板表面涂以防水涂料(图6-34a)。对夹片锚具，可先切除外露无粘结预应力筋的多余长度，然后在锚具及承压板表面涂以防水涂料(图6-34b)。

按以上规定进行处理后的无粘结预应力筋锚固区，应用后浇膨胀混凝土、低收缩防水砂浆或环氧砂浆密封。在浇注混凝土前，宜在槽口内壁涂以环氧树脂类粘结剂。锚固区也可用后浇的外包钢筋混凝土圈梁进行封闭。外包圈梁不应突出在外墙面以外。

对不能使用混凝土或砂浆包裹层的部位，应对无粘结预应力筋的锚具全涂以与无粘结预应力筋涂料层相同的防腐油脂，并用具有可靠防腐和防火性能的保护套将锚具全部封闭。

表6-4　混凝土保护层最小厚度(mm)

类别	约束条件	梁宽	耐火极限(h)			
			1	1.5	2	3
梁	简支	$200\leqslant b<300$	45	50	65	采取特殊措施
		$b\geqslant 300$	40	45	50	65
	连续	$200\leqslant b<300$	40	40	45	50
		$b\geqslant 300$	40	40	40	45
板	简支	——	25	30	40	55
	连续	——	20	20	25	30

注：1)梁宽在200～300mm时，混凝土保护层可取表中的插入值；

2)如防火等级较高，当混凝土保护层厚度不能满足本表要求时，应使用防火涂料。

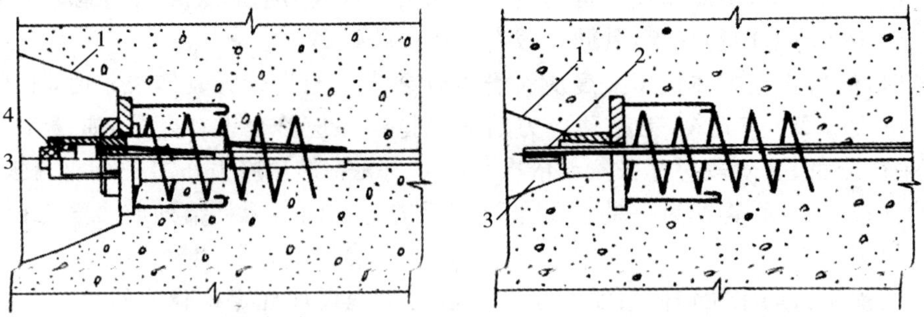

（a）镦头锚具的保护　　（b）夹片锚具的保护

图 6－34　锚固区保护措施

1—涂黏结剂；2—涂防水涂料；3—后浇混凝土；4—塑料或金属帽

思考练习题

一、单选题

1. 这种利用钢筋对受拉区混凝土施加(　　)力的钢筋混凝土，叫作预应力混凝土。

A. 拉　　B. 压　　C. 轴　　D. 预应力

2. 根据《混凝土结构设计规范》(GB50010—2010)规定，预应力混凝土结构的混凝土强度等级不宜低于(　　)，且不应低于(　　)。

A. C30　C40　　B. C40　C30　　C. C30　C20　　D. C20　C30

3. 下列关于锚具按构造形式分类的是(　　)。

A. 固定端锚具　　B. 单根钢筋锚具　　C. 握裹式　　D. 镦头锚具

4. 同种材料和同一生产条件下，锚具、夹具不应超过(　　)种为一个验收批；连接器应以不超过(　　)为一个验收批。

A. 600　300　　B. 300　600　　C. 500　1000　　D. 1000　500

5. 下列关于张拉千斤顶说法正确的是(　　)。

A. 小吨位是指小于 30 吨

B. 中吨位是指在 30 到 100 吨之间的

C. 大吨位是指大于等于 100 吨的

D. 按功能分为拉杆千斤顶和双作用千斤顶

6. 对预应力筋配置较多的构件，不允许采用剪断或割断等方式突然放张，应(　　)放张。

A. 间断　　B. 缓慢　　C. 同时　　D. 迅速

7. 钢丝、钢绞线的孔道直径应比预应力束外径或锚具外径大(　　)mm，且孔道面积宜为预应力筋净面积的(　　)倍。

A. 10～15　3～4　　B. 10～15　2～3

C. 5～10　3～4　　D. 5～10　2～3

8. 下列关于预埋管法施工的首选管材是(　　)。

A. 薄钢管　　　　B. 镀锌钢管　　　　C. 金属波纹管　　　D. 塑料波纹管

9. 一般在构件两端和中间每隔(　　)m 设置一个灌浆孔,孔径为(　　)mm,用木塞留设。

A. 6　20～25　　　B. 12　10～20　　　C. 6　10～20　　　D. 12　20～25

10. 外露预应力筋的保护层厚度:处在正常环境时,不应小于(　　)mm;处于易受腐蚀的环境时,不应小于(　　)mm。

A. 20　40　　　B. 10　50　　　C. 20　50　　　D. 10　40

二、简答题

1. 何谓预应力混凝土?其优点是什么?
2. 什么是先张法和后张法?
3. 试述孔道灌浆的作用。
4. 如何解决后张预应力分批张拉时的应力均衡问题?

第7章 钢结构工程

【学习内容】本章主要介绍了钢构件工厂制作的工艺过程;钢结构常用连接方法、种类及施工。

7.1 钢结构的加工

钢构件制作前应对钢材进行验收,钢结构制造厂以设计文件中对钢构件材料,如钢材、焊条、焊丝、焊剂、螺栓等提出钢种、钢号、规格、机械力学指标、化学成分极限含量等进行验收,对这些进厂材料要有钢厂出厂证明书,若无证明书,则应按有关标准进行取样、试验和分析,证明符合设计文件要求,才可使用。

钢材进厂时,常因长途运输和装卸不慎而产生变形,给加工造成困难,且影响制造的精确度,故在加工前必须进行矫正。验收的钢材,应妥善堆放、保管,保持清洁,避免雨水和污物侵蚀。制造前所有铁锈、鳞片、污泥、油渍等,应彻底清除干净。

因钢材强度高、硬度大、钢构件制作必须在具有专门机构设备的钢构件制造厂进行,然后运往工地进行结构安装。钢结构制作工序较多,对工序必须进行合理组织、周密安排,以减少往返运输时间。

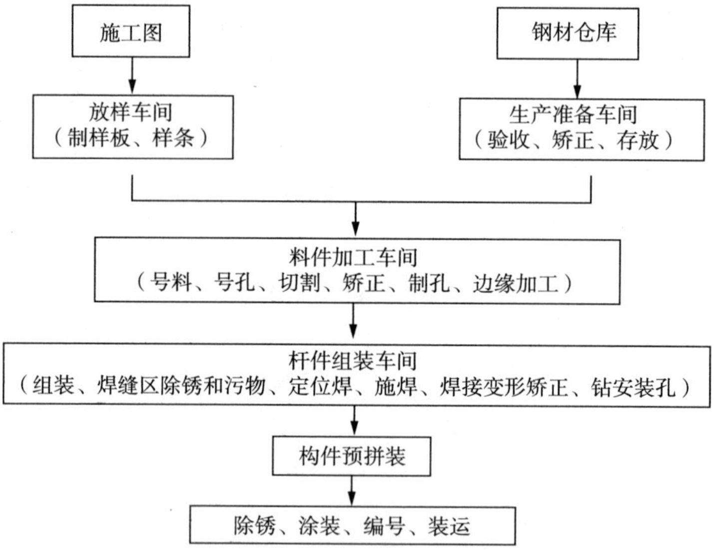

图7-1 钢构件制作工艺流程

钢结构制造厂首先应以钢构件设计图为依据,绘制其施工详图。绘制前,须对设计图中构件数量、各构件的相互关系、接头的细部尺寸、栓孔的排列、焊缝的布置等进行核对，对质量要求、设备及工艺水平是否能达到、运送方法是否明确等问题进行审核，具体制作工艺流程如图 7－1 所示。

7.1.1 放样与样板

放样是钢结构制作工艺中的第一道工序，放样的准确与否直接影响到整个产品的质量。为了提高放样与号料的精度与效率，有条件时，应采用计算机辅助设计。

放样工作主要内容：核对图纸中构件各部分尺寸及安装尺寸和孔距；以 1∶1 的大样放出节点；核对各部分的尺寸；制作样板和样杆作为下料、弯制、铣、刨、制孔等加工的依据。

样板一般分为四种类型：号孔样板、卡型样板、成型样板及号料样板。号孔样板专用于号孔；卡型样板用于煨曲或检查构件弯曲程度的样板，它分为内卡型与外卡型两种；成型样板用于煨曲或检查弯曲件平面形状的样板；号料样板是供号料或号孔的样板。

样板通常用 0.5～0.75mm 的铁皮或塑料板制作，样杆一般用铁皮或扁铁制作，长度较短时可用木杆。放样可在专用的钢平台上，要求平台平整。样板或样杆上应注明工号、图号、零件号、数量及加工边、坡口部位、弯杆线和弯杆方向、孔径和滚圆半径等。

放样时，铣、刨的工作要考虑加工余量，一般为 5mm；焊接构件要按工艺要求放出焊接收缩量，其数值受焊件大小、气候、施焊工艺和结构断面等因素影响，变化较大。

7.1.2 号料

号料也称划线，即利用样板、样杆或根据图纸，在板料及型钢上画出孔的位置和零件形状的加工界线。号料工作的主要内容：核查核对材料，在材料上划出切割、铣、刨、弯曲、钻孔等加工位置，打钻孔，标出零件的编号等。

号料一般先根据料单检查清点样板和样杆、点清号料数量、准备号料的工具、检查号料的钢材规格和质量，然后依据先大后小的原则依次号料，并注明接头处的字母、焊缝代号。号料完毕，应在样板、样杆上注明并记下实际数量。

为了合理使用和节约原材料，号料应统筹安排、合理搭配，最大限度地提高原材料的利用率。常用的号料方法有以下几种：

(1)集中号料法。把同厚度的钢板零件和相同规格的型钢零件，集中在一起进行号料。

(2)套料法。精心安排板料零件的形状位置，把同厚度的各种不同形状的零件，组合在同一材料上，进行“套料”。

(3)统计计算法。在线形材料(如型钢)下料时将所有同规格零件归纳在一起，按零件的长度，先长后短的顺序排列，根据最长零件号料算出余料的长度，排上次长的零件，直至整根料被充分利用为止。

(4)余料统一号料法。在号料后剩下的余料上进行较小零件的号料。

7.1.3 切割

钢材的切割可以通过切削、冲剪、摩擦机械力和热切割来完成。常用的切割方法：机械剪切、气割和等离子切割三种方法。

机械切割法是利用上、下剪刀的相对运动来切断钢材，或利用锯片的切削运动将钢材分离，或利用锯片与工件间的摩擦发热使金属熔化而被切断。常用的切割机械有剪板机、联合冲剪机、弓锯床、砂轮切割机等。其中剪切法速度快、效率高，但切口略粗糙；锯割可以切割角钢、圆钢和各类型钢，切割速度和精度都很好。机械剪切的零件，其钢板厚度不宜大于 12mm，剪切面应平整。

气割法是利用氧气与可燃气体混合产生的预热火焰加热金属表面达到燃烧温度并使金属发生剧烈的氧化，放出大量的热促使下层金属也自行燃烧，同时通以高压氧气射流，将氧化物吹除而引起一条狭小而整齐的割缝。随着割缝的移动，使切割过程连续切割出所需的形状。除手工切割外常用的机械有火车式半自动气割机、特型气割机等。这种切割方法设备灵活、费用低、精度高，是目前使用最广泛的切割方法，能够切割各种厚度的钢材，特别是带曲线的零件或厚钢板。气割前，应将钢材切割区域表面的铁锈、污物等清除干净；气割后，应清除熔渣和飞溅物。

等离子切割法是利用高温高速的等离子焰流净切口处金属及其氧化物熔化并吹掉来完成切割，所以能切割任何金属，特别是熔点较高的不锈钢及有色金属铝、铜等。

7.1.4　边缘与端部加工

在钢结构加工中，一般都需要进行边缘加工，除图纸要求外，在梁翼缘板、支座支承面、尺寸要求严格的加劲板、隔板、腹板、有孔眼的节点板，以及焊接坡口等部位应进行边缘加工。加工的方法有：用手工或机械铲铲边，用刨边机刨边，用铣边机铣边，用碳弧气刨、气割切边坡口等。

气割或机械剪切的零件，需要进行边缘加工时，其刨削量不应小于 20mm，边缘加工的允许偏差，应符合《钢结构施工质量验收规范》的相关规定。

7.1.5　弯制成型

钢结构制作中，将钢板或型钢弯制成构件所需要的形状，这一工序称作弯制成型。弯制成型的加工主要是卷板（滚圆）、弯曲（煨弯）、折边和模具压制等几种加工方法。弯制成型的加工工序是由热加工或冷加工来完成。热加工是钢材加热到一定温度后进行加工的方法。热加工方法通常有两种，一种是利用乙炔火焰进行局部加热，这种方法简便，但加热面积小。另一种是放在工业炉内加热，加热面大。冷加工是钢材在常温下进行加工制作，它是利用机械设备和专用工具进行，需注意低温时不宜进行冷加工，因为低温时，钢材的韧性和延伸性均相应减少，极限强度和脆性相应增加，若此时进行冷加工，易使钢材产生裂纹。冷加工与热加工相比，其优点在于设备简单、操作方便、节约材料与燃料，钢材的机械性能改变较小。

1. 卷板（滚圆）

卷板（滚圆）是在外力作用下，使钢板的外层纤维伸长、内层纤维缩短而产生弯曲变形（中层纤维不变）。当圆筒半径较大时，可在常温状态下卷圆，如半径较小和钢板较厚时，应将钢板加热后卷圆，在常温状态下滚圆钢板的方法：机械滚圆、胎膜压制滚圆和手工制作三种方法。机械滚圆是在卷板机(滚板机)上进行的,卷板机按轴辊数目和位置不同分为三辊卷板机和四辊卷板机,三辊卷板机又分为对称式与不对称式两种。其工作原理如图 7-2 所示。

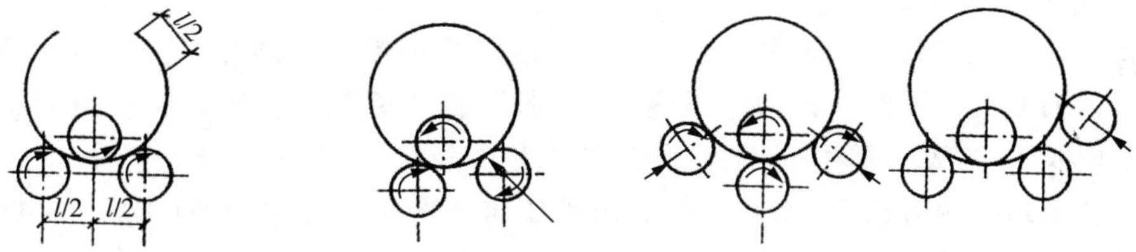

(a) 对称式三辊卷板机　(b) 不对称式三辊卷板机　(c) 四辊卷板机

图 7-2　滚圆机原理

用三辊卷板机弯板,其板的两端需要进行预弯,预弯长度为 $0.5L+(30\sim50)$mm(L 为下辊中心距),预弯法可采用压力机模压预弯或用托板在滚圆机内预弯(图 7-3)。

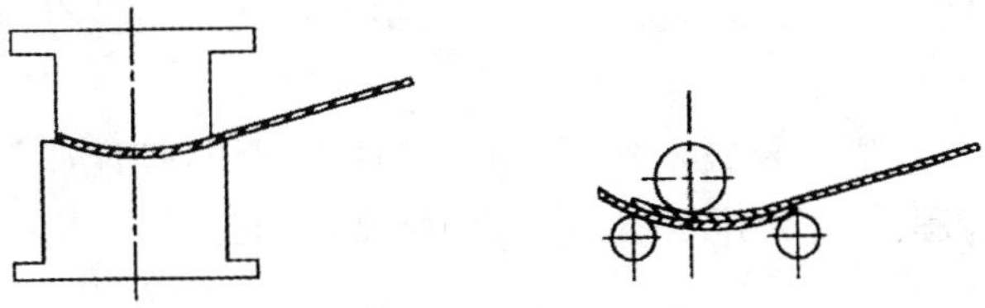

(a) 用压力机模压预弯　(b) 用托板在滚圆机内预弯

图 7-3　钢板预弯示意

2. 弯曲(煨弯)

弯曲成型是钢结构制造中应用相当广泛的一种,其加工方法根据需要分为压弯、滚弯和拉弯等。压弯是用压力机压弯钢板,它适用于一般直角弯曲("V"形件)、双直角弯曲("V"形件);滚弯是用滚圆机滚弯钢板,此法适用于圆筒形及弧形构件;拉弯可用转臂拉弯机或转盘拉弯机拉弯钢板,它主要用于将长条板材拉制成不同曲率的弧形构件。

弯曲按加热程度分为冷弯与热弯。冷弯是在常温下进行,它适用于薄板、型钢等的加工,热弯是将钢材加热至 950~1100℃,在模具上进行弯制加工,它适用于厚板及形状复杂构件的加工。

弯曲过程是材料经过弹性变形后再达到塑性变形的过程。在塑性变形时,材料外层受拉,内层受压。拉伸和压缩在材料内部存在一定的弹性变形,当外力失去后有一定程度的回弹。因此,弯曲件的圆角半径不宜过大,圆角半径过大易引起回弹,影响构件精度。但圆角半径也不宜过小,半径过小会产生裂纹。弯曲加工设备有型钢滚圆机、液压弯管机及压力机床等。

7.1.6　折边

将构件的边缘压弯成倾角或一定形状的工艺过程,称为折边。折边广泛用于薄板构件,经折边后的薄板可以较大幅度地提高结构的强度与刚度。板料的弯曲折边常由折边机配合适当的模具来完成。

7.1.7 制孔

钢结构构件中的普通螺栓连接孔、高强度螺栓孔、地脚螺栓孔等都要事先加工制孔，制孔的方法有冲孔和钻孔两种。

冲孔在冲孔机(冲床)上进行，一般适用于较薄的钢板和非圆孔的加工，而且孔径一般不小于钢板的厚度。冲孔生产效率虽高，但由于孔壁周围易产生冷作硬化，孔壁质量较差，孔口有下塌及下方增大的倾向，因此，钢结构主构件较少采用。

钻孔是钢结构中普遍采用的方法，能用于任何规格的钢板、型钢的孔加工，其孔壁损伤较小，孔的精度高、质量好。

钻孔的加工方法有三种：划线钻孔、钻模钻孔和数控钻孔。

划线钻孔在钻孔前先在构件上划出孔的中心和直径，并在孔中心打样冲眼，作为钻孔时钻头定心用；在孔的圆周上(90°位置)打四只冲眼，作钻孔后检查用。划线工具一般用划针和钢尺。

当钻孔批量大、孔距精度要求较高时，应采用钻模钻孔。钻模有通用型、组合式和专用钻模。

数控钻孔是近年来发展的新技术，它无须在工件上划线，打样冲眼。加工过程自动化，高速数控定位、钻头行程数字控制，钻孔效率高、精度高，它是今后钢结构加工的发展方向。

7.1.8 矫正

钢结构材料由于在存放、运输、吊运过程中会引起材料变形，在加工成型过程中，由于操作和工艺原因会引起成型件变形；构件在连接过程中会存在焊接变形等。为了保证钢结构的制作及安装质量，必须对不符合技术标准的材料、构件进行矫正。

钢结构的矫正是利用钢材的塑性、热胀冷缩的特性通过外力或内应力(加热)作用，迫使已发生变形的钢材反变形，以使材料或构件达到设计的几何形状、技术标准要求的工艺方法。

矫正的主要形式有矫直、矫平及矫形三种。矫直是消除材料和构件的弯曲，矫平是消除材料和构件的翘曲或凹凸不平，矫形是对构件的几何尺寸按标准进行整形等。

钢结构在制作过程中要进行多次矫正，按加工工序分为原材料矫正、成型矫正、焊后矫正等。矫正可采用火焰矫正、机械矫正、手工矫正、高频热点矫正等。根据矫正时的温度又分为冷矫正、热矫正。

1. 火焰矫正

火焰矫正是利用火焰产生的高温对矫正体局部加热，被加热处理的金属由于膨胀受阻而产生压缩塑性变形，以使矫正达到平直或要求的几何形状，火焰矫正较为灵活，对于变形较大的构件也能处理，但对于火焰的温度、加热的方法等不易掌握，因而质量不及机械矫正稳定。

2. 机械矫正

机械矫正是在专用的矫正机上进行。其原理是弯曲的钢材在外力作用下产生塑性变形，以达到平直的目的。机械矫正的优点是矫正力大，生产效率高、质量稳定，适用于批量较大、形状比较一般的钢材与构件矫正。

3. **手工矫正**

手工矫正是采用简单的手工工具利用人力矫正，其操作灵活简便，成本低，不足是矫正力小，仅适用于少批量的构件矫正。

4. **高频热点矫正**

高频热点矫正是以高频感应作为热源的热矫正，适用于尺度大、变形复杂的构件矫正。

7.1.9 组装

组装是把制备完成的半成品和零件按图纸规定的运输单元，装成构件或其部件，然后连接成为整体的过程。

组装必须严格按产品图纸和工艺要求的次序进行。当有隐蔽焊缝时，必须先予施焊，经检验合格后方可覆盖，当复杂部位不易施焊时，必须按工艺规定分别先组装后施焊，为了减少变形，尽量采取小件组装，经校正后再大件组装。组装时的点固焊缝长度宜大于40mm，间距宜为500～600mm，点固焊缝高度不超过设计焊缝高度的2/3。

钢结构构件组装的方法有地样法、立装、卧装、胎模装配法等。

地样法是用1∶1的比例在装配平台上放出构件实样，然后根据零件在实样上的位置，分别组装起来成为构件。此装配方法适用于桁架、构架等小批量结构的组装。

立装是根据构件的特点及其零件的稳定位置，选择自上而下或自下而上的装配。此法用于放置平稳，高度不大的结构或者大直径的圆筒。

卧装是将构件放置卧的位置进行的装配。卧装适宜用于断面不大，但长度较大的细长的构件。

胎模装配法是将构件的零件用胎模定位在其装配位置上的组装方法，此种装配法适用于制造构件批量大、精度高的产品。

对高层钢结构组装，除上述要求外，还要注意以下事项：①编制组装工艺，确定组装顺序，收缩量的分配、定位点及偏差要求；②对箱形柱内隔板、柱翼缘板与焊接垫板要紧密贴合，装配空隙大于1mm时，应采取措施进行修整和补救；③“十”字形柱上下牛腿较多，伸出较长时，牛腿的孔应在总装前钻好，组装时必须做好定位点，然后进行定位装配，逐个检查牛腿位置的正确与否。

钢构件的外形尺寸应满足设计要求，其主控项目的允许偏差应符合表7-1的规定。

表7-1 钢构件外形尺寸主控项目的允许偏差

项　　目	允许偏差(mm)
单层柱、梁、桁架受力支托(支撑面)表面至第一个安装孔距离	±1.0
多节柱铣平面至第一个安装孔距离	±1.0
实腹梁两端最外侧安装孔距离	±3.0
构件连接处的截面几何尺寸	±3.0
柱、梁连接处的腹板中心线偏移	2.0
受压构件(杆件)弯曲矢高	1/1000，且不应大于10.0

7.2 钢结构的连接

钢结构的连接是通过一定方式将各个杆件连接成整体。杆件间要保持正确的相互位置，以满足传力和使用要求，连接部位应有足够的静力强度和疲劳强度。因此，连接是钢结构设计和施工中的重要环节，必须保证连接符合安全可靠，构造简单，节省钢材和施工方便的原则。

钢结构的连接通常有焊接连接、螺栓连接及铆钉连接。前两种应用比较广泛，铆钉连接费钢费工，目前已很少采用，但其韧性和塑性较好，传力可靠，因此，在一些重要结构或承受动力荷载作用的结构中仍会采用。

7.2.1 焊接施工

焊接连接是钢结构的主要连接方式，适用于任何形状的结构。其优点是构造简单，加工方便，构件刚度大，连接的密封性好，节约钢材，生产效率高。缺点是焊件易产生焊接应力和焊接变形，严重的甚至造成裂纹，导致脆性破坏。可通过改善焊接工艺，加强构造措施等方法予以解决。

钢结构焊接时，应根据材质和厚度、接头形式、设备条件等采用适宜的焊接方式，同时应采取必要的技术措施，以减少焊接应力和焊接变形。

常用的焊接方法有电弧焊、电渣焊、气压焊、接触焊与高频焊。其中电弧焊是工程中应用最普遍的焊接形式，它分为手工电弧焊、自动电弧焊、半自动电弧焊、CO_2 气体保护焊，其特点及适用范围见表 7－2。

表 7－2 各种焊接方法的特点、适用范围

焊接类别			特 点	适 用 范 围
电弧焊	手工焊	交流焊机	设备简单，操作灵活，可进行各种位置的焊接。是建筑工地应用最广泛的焊接方法	焊接普通结构
		直流焊机	焊接技术与交流焊机同。成本比交流焊机高，但焊接时电弧稳定	焊接要求较高的钢结构
	埋弧自动焊		效率高，质量好，操作技术要求低，劳动条件好，宜于工厂中使用	焊接长度较大的对接、贴角焊缝，一般是有规律的直焊缝
	半自动焊		与埋弧自动焊基本相同，操作较灵活，但使用不够方便	焊接较短的或弯曲的对接、贴角焊缝
	CO_2气体保护焊		用 CO_2 或惰性气体保护的光焊条焊接，可全位置焊接，质量较好，焊时应避风	薄钢板和其他金属焊接

（续表）

焊接类别	特　点	适 用 范 围
电渣焊	利用电流通过液态熔渣所产生的电阻热焊接，能焊大厚度焊缝	大厚度钢板、粗直径圆钢和铸钢等焊接
气压焊	利用乙炔、氧气混合燃烧火焰熔融金属进行焊接。焊有色金属、不锈钢时需气焊粉保护	薄钢板、铸铁件、连接件和堆焊
接触焊	利用电流通过焊件时产生的电阻热焊接，建筑施工中多用于对焊、点焊	钢筋对焊、钢筋网点焊、预埋件焊接
高频焊	利用高频电阻产生的热量进行焊接	薄壁钢管的纵向焊缝

1. 焊接接头

焊接接头根据焊件的厚度、使用条件、结构形状以及构件的相对位置分为对接（平接）、搭接、顶接（“T”形）和角接接头四种类型（图 7－4）。

在各种形式的接头中，为了提高焊接质量，较厚的构件往往要开坡口。其目的是保证电弧能深入焊缝的根部，使根部能焊透，以清除熔渣，获得较好的焊缝形态。

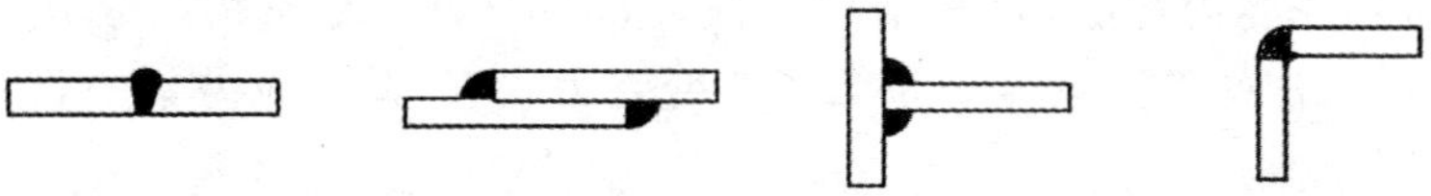

（a）对接　（b）搭接　（c）顶接　（d）角接

图 7－4　焊接的接头形式

焊接的连接形式按其构造可分为对接焊缝与角焊缝两种基本形式。

（1）对接焊缝。对接焊缝是连接同一平面内的两个构件。用对接焊缝连接的构件常开成各种形式的坡口，焊缝金属填充在坡口内，所以对接焊缝实际上就是被连接构件截面的组成部分。对接焊缝的坡口形式与尺寸宜根据焊件厚度和施焊条件，按国家现行标准要求选用，以保证焊缝质量，便于施焊。常用对接焊缝板边缘剖口的构造要求见表 7－3。

表 7－3　对接焊缝板边缘剖口的构造要求（mm）

焊缝形式	简　图	构件适用厚度（mm）	附注
“I”形缝	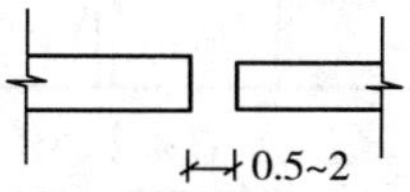	＜10	5mm 以下可单面焊 6～10mm 应双面焊
“X”形缝	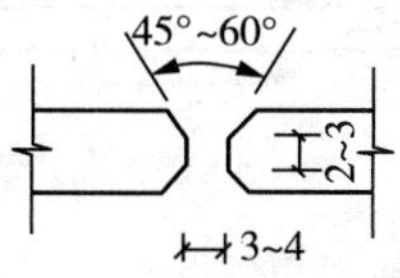	10～20	需补焊根部
“V”形缝	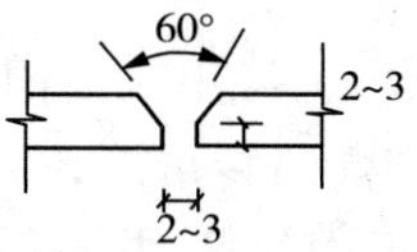	＞20	——

在对接焊缝的拼接处，当焊件的宽度不同或厚度在一侧相差 4mm 以上时，应分别在宽度或厚度方向从一侧或两侧做成坡度不大于 1∶2.5 的斜角（图 7－5）。当厚度不同时，焊缝坡口形式应根据较薄焊件厚度取用。直接承受动力荷载且需要进行疲劳计算的结构，斜角坡度不应大于 1∶4，以形成平缓的过渡。

对接焊缝的优点：传力均匀、平顺、无显著应力集中，比较经济。缺点是施焊时焊件应保持一定的间隙，板边需要加工，施工不方便。

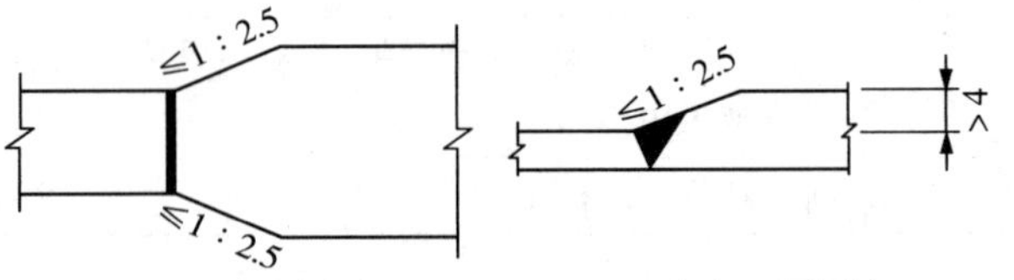

（a）不同宽度　　（b）不同厚度

图 7－5　不同宽度和厚度钢板的拼接

（2）角焊缝。在相互搭接或“丁”字形连接构件的边缘，所焊截面为三角形的焊缝，称为角焊缝。角焊缝分为直角角焊缝（两边夹角为直角，图 7－6a）和斜角角焊缝（夹角为锐角或钝角，图 7－6b）；直角角焊缝按受力方向不同又分为正面角焊缝和侧面角焊缝（图 7－7）；斜角角焊缝不宜用作受力焊缝（钢管结构除外）。钢结构中，最常用的是普通直角角焊缝。其他如平坡、凹面或深熔等形式主要是为了改变受力状态，避免应力集中，一般多用于直接承受动力荷载的结构。

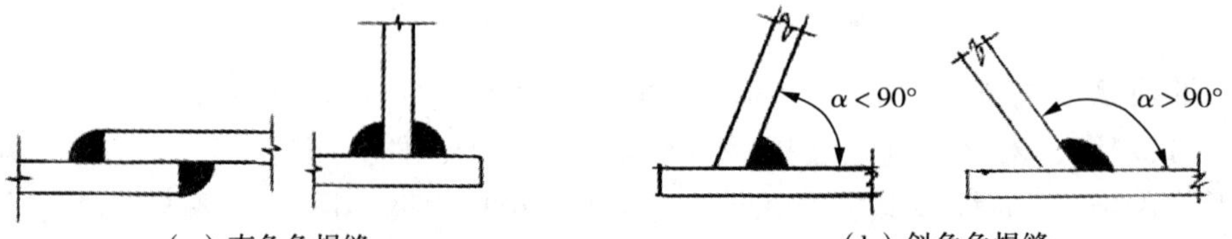

（a）直角角焊缝　　（b）斜角角焊缝

图 7－6　角焊缝的形式

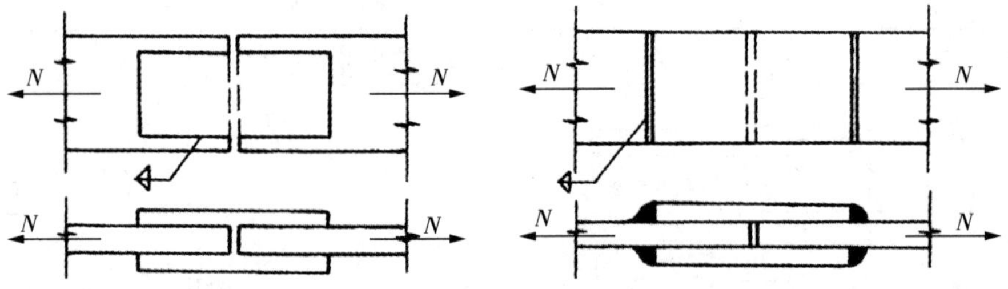

（a）正面角焊缝　　（b）侧面角焊缝

图 7－7　正面角焊缝与侧面角焊缝

杆件与节点板的连接焊缝一般宜采用两面侧焊，也可用三面围焊，对角钢杆件可采用“L”形围焊，一般只适用于受力较小的杆件。所有围焊的转角处必须连续施焊（图 7－8）。

在搭接连接中，搭接长度不得小于焊件最小厚度的 5 倍，并不得小于 25mm。

角焊缝的优点是焊件板边不必预先加工，也不需要校正缝距，施工方便，其缺点是应力集中现象比较严重；由于必须有一定的搭接长度，角焊缝连接不太经济。

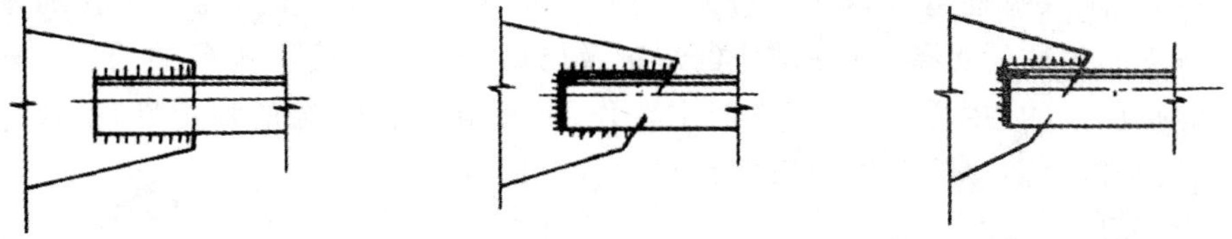

（a）两面侧焊　　（b）三面围焊　　（c）“L”形围焊

图 7－8　杆件与节点板的焊缝连接

2. 焊条的选择与应用

焊条的选择与焊件的物理、化学和力学性能及结构的特点密切相关，其选择的要点主要是：①能满足母材力学性能，且其合金成分应符合或接近被焊的母材。②处于低温或高温下的构件，能保证低温或高温力学性能。③具有较好的抗裂性能。

焊条的类型相当多，钢结构常用的焊条为 E43××，E50××，E50××-×，E55××-×型。《钢结构设计规范》(GB 50017—2017)规定，手工焊接采用的焊条应符合现行标准《非合金钢及细晶粒钢焊条》(GB/T5117－95)或《热强钢焊条》(GB/T5118－2012)的规定，选择的焊条型号应与主体金属强度相适应。

焊条直径的选择主要取决于焊件厚度、接头形式、焊缝位置和焊接层次等因素(表 7－4)。平焊时焊条直径可选择大些，立焊时焊条直径不大于 5mm，仰焊和横焊的最大焊条直径为 4mm，多层焊及坡口第一层焊缝使用的焊条直径为 3.2～4mm。

表 7－4　焊条直径的选择

焊件厚度(mm)	2	3	4～5	6～12	≥13
焊条直径(mm)	2	3.2	3.2～4	4～5	4～6

用手工电弧焊焊接时，焊条的焊接位置即焊条与焊件间的相对位置有平焊、立焊、仰焊与横焊四种(图 7－9)。平焊焊缝焊接方便，质量好，应用广泛。立焊与横焊的质量及焊接速度不及平焊，仰焊的操作条件最差，焊缝质量不易保证，因此，尽量避免采用。焊条的焊接位置是焊条的一个重要工艺性能，药皮不同的焊条适用不同的焊接位置。适用于上述四种位置的焊条，叫全位置焊条。焊条的产品说明书一般均注明包括焊接位置在内的焊条型号，选用焊条时应加以注意。

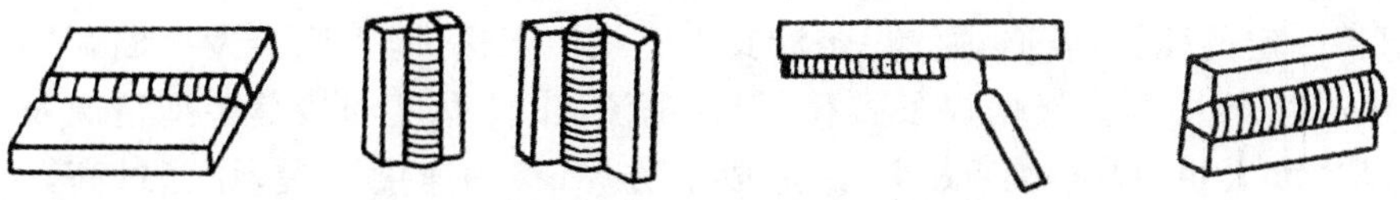

（a）平焊　　（b）立焊　　（c）仰焊　　（d）横焊

图 7－9　焊条的施焊位置

为保证焊接质量，在焊接以前，应将焊条焊剂烘焙。一般酸性焊条的烘焙温度为 75～

150℃，时间为1～2小时；碱性低氢型焊条的烘焙温度为350～400℃，时间为1～2小时。烘干的焊条应放在100～150℃保温筒（箱）内，低氢型焊条在常温下超过4小时应重新烘焙，重复烘焙的次数不宜超过两次。焊条烘焙时，应注意随箱逐步升温。焊接时不得使用药皮脱落或焊芯生锈的焊条、受潮结块的焊剂及已熔烧过的渣壳。焊条的药皮和药芯同样都是影响焊接质量的主要因素。药皮的主要作用：提高电弧燃烧的稳定性，形成保护性整体和熔渣、脱氧以及向焊缝金属中掺加必要的合金成分。

3. 焊接施工

焊接施工前应做好准备，包括坡口制备、预焊部位清理、焊条烘干、预热、预变形及高强度钢切割表面探伤等，同时要合理确定焊接工艺参数。

焊接工艺参数包括焊接电流大小及焊接层数。

① 焊接电流。焊接电流的过大或过小都会影响焊接质量，所以其选择应根据焊条的类型、直径、焊件的厚度、接头形式、焊缝空间位置等因素来考虑，其中焊条直径和焊缝空间位置最为关键。在一般钢结构的焊接中，焊接电流与焊条直径关系可用以下经验公式进行试选：

$$I=10d^2 \tag{7-1}$$

式中：I——焊接电流，A；

d——焊条直径，mm。

另外，立焊时，电流应比平焊时小15%～20%；横焊和仰焊时，电流应比平焊电流小10%～15%。

② 焊接层数。焊接层数应视焊件的厚度而定。除薄板外，一般都采用多层焊。对于同一厚度的材料，其他条件相同时，焊接层次增加，热输入量减少，有利提高接头的塑性，但层次过多，焊件的变形会增大，因此，应该合理选择，施工中每层焊缝的厚度不应大于4～5mm。

4. 焊接工艺

焊接工艺主要包括引弧与熄弧、运条、完工后的处理等三部分。

① 引弧与熄弧。引弧有碰击法和划擦法两种。碰击法是将焊条垂直于工件进行碰击，然后迅速保持一定距离；划擦法是将焊条端头轻轻划过工件，然后保持一定距离。施工中，严禁在焊缝区以外的母材上打火引弧。在坡口内引弧的局部面积应熔焊一次，不得留下弧坑。

② 运条方法。电弧点燃之后，即进入正常的焊接过程。焊接过程中焊条同时有三个方向的运动：沿其中心线向下送进；沿焊缝方向移动；横向摆动。由于焊条被电弧熔化逐渐变短，为保持一定的弧长，就必须使焊条沿其中心线向下送进，否则会发生断弧。焊条沿焊缝方向移动速度的快慢要根据焊条直径、焊接电流、工件厚度和接缝装配情况及所在位置而定。移动速度太快，焊缝熔深太小，易造成未透焊；移动速度太慢，焊缝过高，工件过热，会引起变形增加或烧穿。为了获得一定宽度的焊缝，焊条必须横向摆动。在做横向摆动时，焊缝的宽度一般是焊条直径的1.5倍左右。以上三个方向的动作密切配合，根据不同的接缝位置、接头形式、焊条直径和性能、焊接电流、工件厚度等情况，采用合适的运条方式就可以在各种焊接位置得到优质的焊缝。

③ 完工后的处理。焊接结束后的焊缝及两侧，应彻底清除飞溅物、焊渣和焊瘤等。无特殊要求时，应根据焊接接头的残余应力、组织状态、熔敷金属含氢量和力学性能决定是否需要焊后热处理。

5. 焊接连接的质量检验

钢结构焊接连接易受诸多因素的影响，焊缝中可能存在裂纹、气孔、烧穿和未焊透等缺陷。这些缺陷将削弱焊缝的受力面积，形成应力集中，继而产生裂缝，很是不利。因此，焊缝质量检验极为重要。《钢结构工程施工质量验收规范》(GB50205－2001)规定，焊缝质量检验分三级：一级检验的要求是全部焊缝进行外观检查和超声波检查。焊缝长度的2%进行X线检查，并至少有一张底片。二级检验的要求是全部焊缝进行外观检查，并有50%的焊缝长度进行超声波检查。三级检验的要求全部焊缝进行外观检查。钢结构高层建筑焊缝质量检验属二级检验。焊缝除全部进行外观检查外，有些工程超声波检查的数量可按层而定。

(1)外观检查。普通碳素结构钢焊缝的外观检查，应在焊缝冷却至工作地点温度后进行，低合金结构钢应在完成焊接24小时后进行。焊接金属表面焊波应均匀，不得有裂纹、未熔合、夹渣、焊瘤、咬边、烧穿、弧坑和针状孔等缺陷，焊接不得有飞溅物。焊缝的位置、外形尺寸必须符合施工图和《钢结构工程施工质量验收规范》(GB50205－2001)的要求。

(2)无损检验。无损检验是借助检测仪器探测焊缝金属内部缺陷，不损伤焊缝的一种检查方法。一般包括射线探伤和超声波探伤。射线探伤具有直观性、一致性，但成本高，操作过程复杂，检测周期长，且对裂纹、未熔合等危害性缺陷检出率低。而超声波探伤正好相反，操作程序简单、快速，对各种接头的适应性好，对裂纹、未熔合的检测灵敏度高，因此得到广泛使用。

(3)射线探伤检验。射线探伤检验焊缝质量标准分两级，其内部缺陷分级及探伤方法应符合《金属熔化焊对接接头射线照相和质量分级》(GB3323－2005)的规定。

(4)超声波探伤检验。超声波探伤检验焊缝质量，是利用频率高于2000Hz的电磁波的声能，传入金属材料内部，在不同的界面产生的反射波来传达内部的信息。超声波探伤的质量标准分两级。内部缺陷分级及探伤应符合现行国家标准《钢焊缝手工超声波探伤方法和探伤结果分级》(GB11345－2013)的规定。

7.2.2 螺栓施工

螺栓作为钢结构连接的紧固件，通常用于构件间的连接固定，定位等。钢结构中的连接螺栓一般分为普通螺栓(A级、B级、C级)和高强度螺栓两种。采用普通螺栓或高强高螺栓而不施加紧固力，该连接即为普通螺栓连接，它主要用于拆装式结构或在焊接铆接施工时用作临时固定构件。优点是装拆方便，不需特殊设备，施工速度快。采用高强度螺栓并对其施加紧固力，该连接称高强度螺栓连接。它适用于永久性结构，具有强度高，承受动载安全可靠的特性。

图7－10为两种螺栓连接的工作机理示意，对普通螺栓连接，当承受外力后，节点连接板即产生滑动，外力通过螺栓杆受力和连接板孔壁承压来传递(图7－10a)，摩擦型高强度螺栓连接，通过对高强度螺栓施加紧固轴力，将被连接的连接钢板夹紧产生摩擦效应，受外

力作用时，外力靠连接板层接触面间的摩擦来传递，应力流通过接触面平滑传递，无应力集中现象（图 7－10b）。

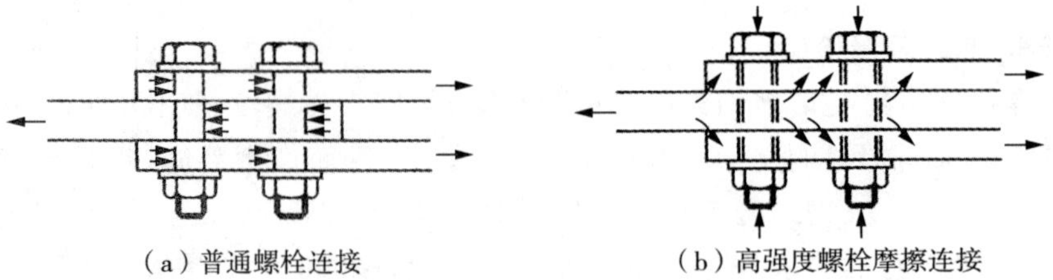

图 7－10　螺栓连接工作机理示意

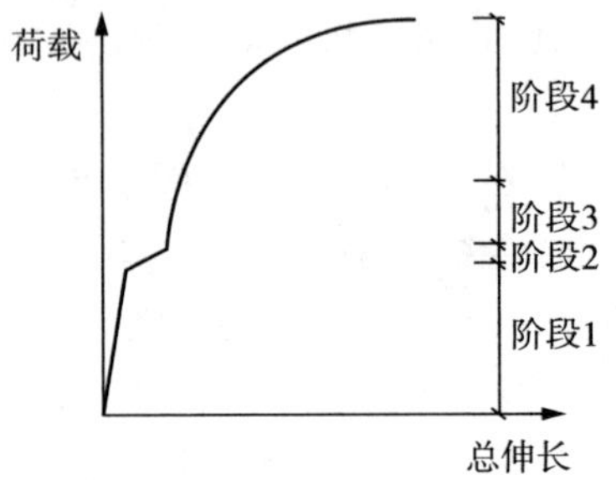

图 7－11　螺栓连接的典型拉伸曲线

典型的螺栓拉伸曲线（图 7－11），可以把螺栓连接工作过程分为 4 个阶段：阶段 1 为静摩擦抗滑移阶段，即为摩擦型高强度螺栓连接的工作阶段。对普通螺栓连接，阶段 1 不明显，可忽略不计。阶段 2 为荷载克服摩擦阻力，接头产生滑移，螺栓杆与连接板孔壁接触进入承压状态，此阶段为摩擦型高强度螺栓连接的极限破坏状态。阶段 3 为螺栓和连接板处于弹性变形阶段，荷载—变形曲线呈线性关系。阶段 4 为螺栓和连接板处于弹塑性变形阶段，最后螺栓剪断或连接板破坏（拉脱、承压和净截面拉断），整个连接接头破坏。曲线的终点对于普通螺栓连接为极限破坏；对于高强度螺栓，则为承压型高强度螺栓连接的极限破坏状态。

1. 普通螺栓

普通螺栓连接是将普通螺栓、螺母、垫圈机械地和连接件连接在一起形成的一种连接形式。

(1)普通螺栓的种类。普通螺栓分 A,B,C 三级。A 级螺栓通称为精制螺栓，B 级螺栓为半精制螺栓，C 级螺栓通称为粗制螺栓。钢结构用连接螺栓，除特殊注明外，一般为普通粗制 C 级螺栓（图 7－12a，b），图中螺纹规格 d 通常有 8mm，10mm，12mm，直至 95mm，一般用 M8，M10，M12 等表示。双头螺栓一般又称双头螺柱，图 7－12(c)为等长双头螺柱 C 级的外形图。双头螺柱多用于连接厚板和不便使用六角螺栓连接的地方，如混凝土屋架、屋面梁悬挂单轨梁吊挂件等。

地脚螺栓分为一般地脚螺栓、直角地脚螺栓、锤头螺栓和锚固地脚螺栓。

一般地脚螺栓和直角地脚螺栓是浇筑混凝土基础时，预埋在基础之中，用以固定钢柱栓的；锤头螺栓是基础螺栓的一种特殊形式，一般在混凝土基础浇筑时将特制模箱（锚固板）预埋在基础内，用以固定钢柱；锚固地脚螺栓是在已成形的混凝土基础上经钻机制孔后，再浇筑固定的一种地脚螺栓。

(2)普通螺栓的施工。普通螺栓施工安装应注意以下三方面问题：

① 连接要求。普通螺栓在连接时应符合下列要求：a. 永久螺栓的螺栓头和螺母的下面应放置平垫圈，垫置在螺母下面的垫圈不应多于 2 个，垫置在螺栓头部下面的垫圈不应

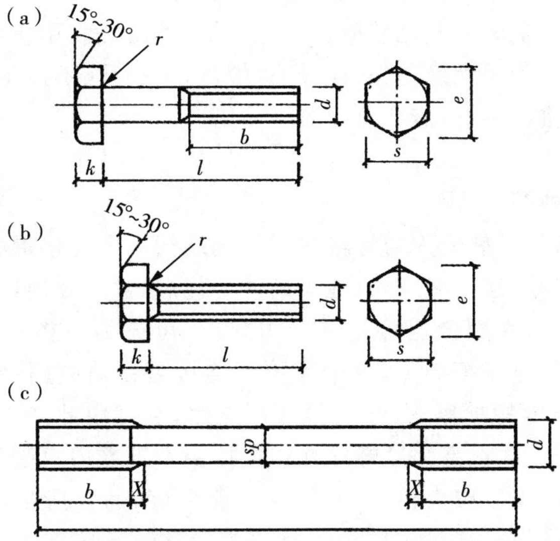

（a）六角头螺栓（b）六角头-全螺纹（c）等长双头螺柱

图 7－12　普通螺栓

多于 1 个。b. 螺栓头和螺母应与结构构件的表面及垫圈密贴。c. 对于槽钢和工字钢翼缘之类倾斜面的螺栓连接，则应放置斜垫片垫平，以使螺母和螺栓的头部支承面垂直于螺杆，避免螺栓紧固时螺杆受到弯曲力。d. 永久螺栓和锚固螺栓的螺母应根据施工图纸中的设计规定，采用有防松装置的螺母或弹簧垫圈。e. 对于动荷载或重要部位的螺栓连接，应在螺母的下面按设计要求放置弹簧垫圈。f. 各种螺栓连接，从螺母一侧伸出螺栓的长度应保持在不小于两个完整螺纹的长度。g. 安设永久螺栓前应先检查建筑物各部分的位置是否正确，精度是否满足《钢结构工程施工质量验收规范》(GB50205－2001)的要求，尺寸有误差时应予调整。h. 精制螺栓的安装孔，在结构安装后应均匀地放入临时螺栓和冲钉。临时螺栓和冲钉的数量，应按计算确定，但不少于安装孔总数的 1/3。每一节点应至少放入两个临时螺栓。冲钉的数量不多于临时螺栓数量的 30%，扩钻后的 A 级、B 级螺栓孔不允许使用冲钉。

② 长度选择。连接螺栓的长度 L 可按公式(7－2)计算：

$$L=\delta+H+nh+C \tag{7-2}$$

式中：L——连接螺栓的长度，mm；

δ——连接板约束厚度，mm；

H——螺母的高度，mm；

h——垫圈的厚度，mm；

n——垫圈的个数，个；

C——螺杆的余长，约 5～10mm。

③ 紧固轴力。普通螺栓连接对螺栓紧固轴力没有要求，螺栓的紧固施工以操作者的手感及连接接头的外形控制为准。为了使连接接头中螺栓受力均匀，螺栓的紧固次序应从中间开始，对称向两边进行；对大型接头应采用复拧，即两次紧固方法，保证接头内各个螺

栓能均匀受力。

普通螺栓连接，螺栓紧固检验比较简单，一般采用锤击法。用质量为3kg的小锤，一手扶螺栓(或螺母)头，另一手用锤敲，要求螺栓头(螺母)不偏移、不颤动、不松动，锤声比较干脆，否则说明螺栓紧固质量不好，需要重新紧固施工。

2. 高强度螺栓

(1)高强度螺栓的种类

高强度螺栓连接已经发展成为与焊接并举的钢结构主要连接形式之一，它具有受力性能好、耐疲劳、抗震性能好、连接刚度大、施工简便等优点，被广泛地应用在建筑钢结构和桥梁钢结构的连接中。高强度螺栓连接按其受力状况，可分为摩擦型连接、摩擦-承压型连接、承压型连接和张拉型连接等类型，其中摩擦型连接是目前应用最广泛的连接形式。摩擦型连接接头处用高强度螺栓紧固，使连接板层夹紧，利用由此产生于连接板层之间接触面间的摩擦力来传递外荷载。高强度螺栓在连接接头中不受剪只受拉，并由此给连接件之间施加了接触压力，这种连接应力传递圆滑，接头刚性好，通常所指的高强度螺栓连接，就是这种摩擦型连接，其极限破坏状态即为连接接头滑移。承压型连接接头，当外力超过摩擦阻力后，接头发生明显的滑移，高强度螺栓杆与连接板孔壁接触并受力，这时外力靠连接接触面间的摩擦力、螺栓杆剪切及连接板孔壁承压三方共同传递，其极限破坏状态为螺栓剪断或连接板承压破坏，该种连接承载力高，可以利用螺栓和连接板的极限破坏强度，经济性能好，但连接变形大，可应用在非重要的构件连接中。

① 高强度六角头螺栓。钢结构用高强度大六角头螺栓，分为8.8和10.9两种等级，一个连接副为一个螺栓、一个螺母和两个垫圈。高强度螺栓连接副应同批制造，保证扭矩系数稳定，同批连接副扭矩系数平均值为0.110～0.150，其扭矩系数标准偏差应小于0.010。

扭矩系数按公式(7-3)计算：

$$K=\frac{M}{pd} \tag{7-3}$$

式中：K——扭矩系数；

d——高强度螺栓公称直径，mm；

M——施加扭矩，kN·m；

P——高强度螺栓预拉力，kN。

在确定螺栓的预拉力P时应根据设计预拉力值，一般考虑螺栓的施工预拉力损失10%，即螺栓施工预拉力P按1.1倍的设计预拉力取值，表7-5为大六角头高强度螺栓施工预拉力P值。

表7-5 大六角高强度螺栓施工预拉力(kN)

性能等级	螺栓公称直径(mm)						
	M12	M16	M20	M22	M24	M27	M30
8.8级	45	75	120	150	170	225	275
10.9级	60	110	170	210	250	320	390

②扭剪型高强度螺栓。钢结构用扭剪型高强度螺栓，一个螺栓连接副为一个螺栓、一个螺母和一个垫圈，它适用于摩擦型连接的钢结构。连接副紧固轴力见表 7－6。

表 7－6　扭剪型高强度螺栓连接副紧固轴力(kN)

螺纹规格		M16	M20	M22	M24
每批紧固轴力的平均值	公称	109	170	211	245
	最小	99	154	191	222
	最大	120	186	231	270
紧固轴力标准偏差 δ		≤1.01	≤1.57	≤1.95	≤2.27

(2)高强度螺栓的施工

高强度螺栓在施工中以手动紧固时，均使用有示明扭矩值的扳手施拧，使其达到连接副规定的扭矩和剪力值。

① 施工机具

施工机具主要有手动扭矩扳手和电动扳手。一般常用的手动扭矩扳手有指针式、音响式和扭剪型三种(图 7－13)

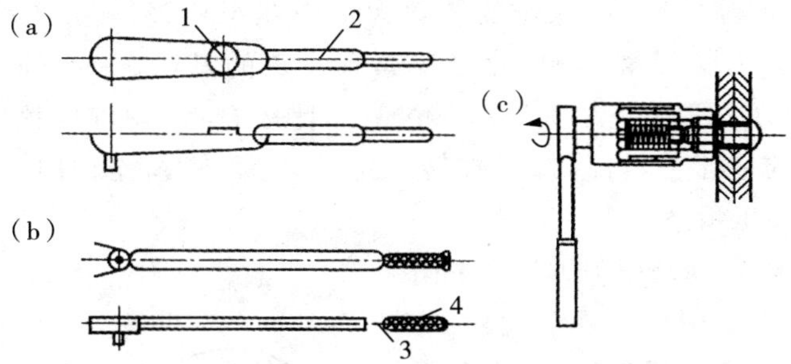

(a) 指针式　(b) 音响式　(c) 扭剪型

图 7－13　手动扳手

1—扳手；2—千分表；3—主刻度；4—副刻度

指针式扭矩扳手的头部设有指示盘配合套筒头紧固六角螺栓，当给扭矩扳手预加扭矩施拧时，指示盘即示出扭矩值。

音响式扭矩扳手在手柄的根部带有力矩高速的主、副两个刻度，施拧前，可按需要调整预定的扭矩值。当施拧到预调的扭矩值时，便有明显的音响和手上的触感。这种扳手操作简单、效率高，适用于大规模的组装作业和检测螺栓紧固的扭矩值。

扭剪型手动扳手靠螺栓尾部的卡头得到紧固反力，使紧固的螺栓不会同时转动。其组成有内套筒弹簧、内套筒和外套筒。内套筒可根据所紧固的扭剪型高强度螺栓直径而更换相适应的规格。紧固完毕后，扭剪型高强度螺栓卡头在颈部被剪断，所施加的扭矩可以视为合格。

另外，为了提高效率，有时也采用电动扳手，它可以自动控制扭矩和转角，适用于钢结构桥梁、建筑厂房、化工、发电设备安装大六角头高强度螺栓施工的初拧、终拧和扭剪型高强度螺栓的初拧，以及对螺栓紧固件的扭矩或轴力有严格要求的情况。

② 施工方法

a. 大六角高强度螺栓。大六角头高强度螺栓的施拧方法有扭矩法和转角法。

扭矩法施工对大六角头高强度螺连接副来说，当扭矩系数 K 确定之后，由于螺栓的预拉力 P 是由设计规定的，则螺栓所施加的扭矩值 M 就可以容易地计算确定，根据计算确定的施工扭矩值，使用扭矩扳手(手动、电动)按施工扭矩值进行终拧。在采用扭矩法终拧前，应首先进行初拧，对螺栓多的大接头，还需进行复拧。初拧的目的就是使连接接触面密贴，一般常用规格螺栓(M20，M22，M24)的初拧扭矩为 200～300N・m，螺栓轴力达到 10～50kN 即可。

初拧、复拧及终拧一般都应从中间向两边或四周对称进行，初拧和终拧的螺栓都应做不同的标记，避免漏拧、超拧等安全隐患，同时也便于检查紧固质量。

转角法施工是利用螺母旋转角度以控制螺杆弹性伸长量来控制螺栓轴向力的方法。实验结果表明，螺栓在初拧以后螺母的旋转角度与螺栓轴向力成对应关系，当螺栓受拉处于弹性范围内，两者呈线性关系。因此根据这一线性关系，在确定了螺栓的施工预拉力(一般为 1.1 倍设计预拉力)后，就很容易得到螺母的旋转角度，施工操作人员按照此旋转角度紧固施工，就可以满足设计上对螺栓预拉力的要求。采用转角法施工避免欠拧与超拧，避免出现较大误差。

转角法施工分初拧和终拧两步进行(必要时需增加复拧)，初拧的要求比扭矩法施工要严，因为起初连接板间隙的影响，螺母的转角大都消耗于板缝，转角与螺栓轴力关系不稳定。初拧的目的是为消除板缝影响，使终拧具有一致的基础。一般地讲，对于常用螺栓(M20，M22，M24)，初拧扭矩定为 200～300N・m 比较合适，初拧应该使连接板缝密贴为准。终拧是在初拧的基础上，再将螺母拧转一定的角度，使螺栓轴向力达到施工预拉力。图 7－14 为转角法施工示意。

转角法施工步骤为：从栓群中心顺序向外拧紧螺栓(初拧)，然后用小锤逐个检查，防止螺栓漏拧，对螺栓逐个进行划线，再用专用扳手使螺母再旋转一个额定角度，螺栓群终拧紧固的顺序与初拧相同。终拧后逐个检查螺母旋转角度是否符合要求。最后对终拧完成的螺栓做好标记，以备检查。

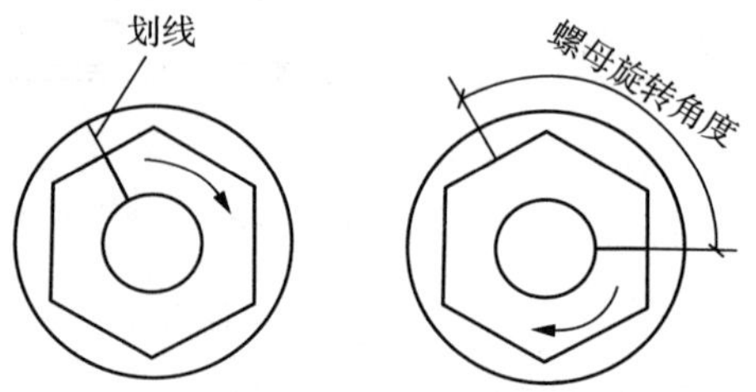

图 7－14　转角法施工示意

b. 扭剪型高强度螺栓。扭剪型高强度螺栓连接副紧固施工比大六角头高强度螺栓连接副紧固施工要简便得多，正常的情况采用专用的电动扳手进行终拧，梅花头拧掉标志着螺栓终拧的结束。

为了减少接头中螺栓群间相互影响及消除连接板面间的缝隙，紧固也要分初拧和终拧两个步骤进行，对于超大型的接头还要进行复拧。

扭剪型高强度螺栓连接副的初拧扭矩可适当加大，一般初拧螺栓轴力可以控制在螺栓终拧轴力值的 50%～80%，对常用规格的高强度螺栓(M20，M22，M24)初拧扭矩可以控制为 400～600N・m，若用转角法初拧，初拧转角控制为 45°～75°，一般以 60°为宜。

图 7－15 为扭剪型高强度螺栓紧固过程。先将扳手内套筒套入梅花头上，再轻压扳手，再将外套筒套在螺母上，按下扳手开关，外套筒旋转，使螺母拧紧、切口拧断；关闭扳手开关，将外大套筒从螺母上卸下，将内套筒中的梅花头顶出。

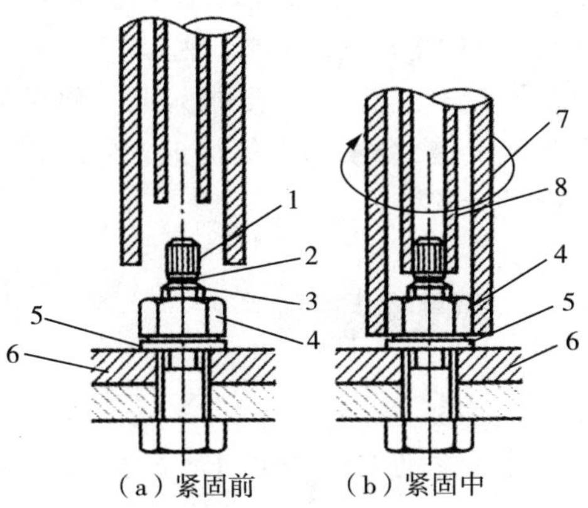

图 7-15 扭剪型高强度螺栓紧固过程

1—梅花头;2—断裂切口;3—螺栓;4—螺母;5—垫圈;6—被紧固的构件;7—扳手外套筒;8—扳手内套筒

③ 施工注意事项

a. 由制造厂处理的钢构件摩擦面,安装前应逐组复验所附试件的抗滑移系数,合格后方可安装;现场处理的构件摩擦面,抗滑移系数应按国家现行标准《钢结构高强度螺栓连接的设计施工及验收规程》(JGJ82—2011)的规定进行试验,并应符合设计要求。

b. 安装高强度螺栓时,构件的摩擦面应清理干净,保持干燥、整洁,不得在雨中作业。

c. 高强度螺栓连接的板叠接触面应平整,当接触有间隙时,小于 1mm 的间隙可不处理;1～3mm 的间隙,应将高出的一侧磨成 1∶10 的斜面,打磨方向应与受力方向垂直,大于 3mm 的间隙应加垫板,垫板两面的处理方法与构件相同。

d. 安装高强度螺栓时,螺栓应自由穿入孔内,不得强行敲打,并不得气割扩孔,穿入方向宜一致并便于操作,高强度螺栓不得作为临时安装螺栓。

e. 高强度螺栓的安装应按一定顺序施拧。宜由螺栓群中央顺序向外拧紧,并应在当天终拧完毕。其外露丝扣不得少于 2 扣。

f. 大六角头高强度螺栓施工所用的扭矩扳手,扳前必须校正,其扭矩误差不得大于±5%;校正用的扭矩扳手,其扭矩误差不得大于±3%。

7.3 钢结构的预拼装

为了保证安装的顺利进行,应根据构件或结构的复杂程度、设计要求或合同协议规定,在构件出厂前进行预拼装。另外,由于受运输条件、现场安装条件等因素的限制,大型钢结构不能整件出厂,必须分成两段或若干段出厂时,也要进行预拼装。

预拼装一般分为立体预拼装和平面预拼装两种形式,除管结构为立体预拼装外,其他结构一般均为平面预拼装。预拼装所用的支承凳或平台应测量找平,检查时应拆除全部临时固定架和拉紧装置,预拼装的构件应处于自由状态,不得强行固定。

预拼装时,构件与构件的连接形式为螺栓连接,其连接部位的所有节点连接板均应装上,除检查各部位尺寸外,还应用试孔器检查板叠孔的通过率,并应符合下列规定:当采用比孔公称直径小 1.0mm 的试孔器检查时，每组孔的通过率不应小于 85%；当采用比螺栓公称直径大 0.3mm 的试孔器检查时，通过率应为 100%。

节点的各部件在拆开之前必须予以编号，做出必要的标记。预拼装检验合格后，应在构件上标注上下定位中心线、标高基准线、交线中心点等标记，必要时焊上临时撑件和定位器等，以便于根据预拼装的状况进行最后安装。

思考练习题

一、选择题

1. 放样就是按照钢结构施工详图要求的形状和尺寸，按照(　　)比例把构件的实形画在样台上的过程。

A. 1∶1　　B. 1∶2　　C. 1∶5　　D. 1∶10

2. 高强度螺栓摩擦面处理后的(　　)必须符合设计文件的要求。

A. 滑移系数　　B. 抗滑移系数　　C. 弯矩系数　　D. 抗弯矩系数

3. 钢结构的连接方法目前应用最多的有(　　)。

A. 焊接和高强螺栓连接　　B. 螺栓连接

C. 焊接　　D. 铆接

二、简答题

1. 简述钢结构构件在工厂制作包括哪些工艺过程。
2. 什么是钢结构构件生产的放样与号料?
3. 什么是切割下料? 常用的切割方法有几种?
4. 为什么要进行构件矫正? 矫正方法有几种?
5. 钢结构焊接接头类型有哪些? 对接接头为什么要留坡口?
6. 手工电弧焊的焊接工艺参数有哪些? 如何选择?
7. 焊缝的空间位置有几种? 什么位置施焊质量最好?
8. 试述普通螺栓和高强螺栓的种类和用途。
9. 试述高强螺栓的施工要点。
10. 钢结构工程安装前有哪些施工准备工作?

第8章 结构安装工程

【学习内容】本章主要介绍了常用起重机械的类型、型号、技术性能和适用情况；常用起重设备的构造、种类、技术性能和适用情况；单层工业厂房结构构件安装前的准备工作，构件安装工艺，结构安装方案。

8.1 起重机械

结构安装工程中常用的起重机械包括桅杆式起重机、自行杆式起重机(履带式起重机、轮胎式起重机、汽车式起重机)和塔式起重机等。

8.1.1 桅杆式起重机

桅杆式起重机具有制作简单、装拆方便、起重量较大(可达 1000kN 以上)、受地形限制小等特点。但其服务半径小，移动较困难，并需要拉设较多的缆风绳，故一般只适用于安装工程量比较集中、施工现场较狭窄的情况。

桅杆式起重机按其构造不同，可分为独脚拔杆、人字拔杆、悬臂拔杆和牵缆式起重机等。

1. 独脚拔杆

独脚拔杆由拔杆、起重滑轮组、卷扬机、缆风绳和锚碇等组成(图 8-1)。其特点是只能举升重物，不能把重物做水平移动。使用时，应保持一定的倾角($\beta \leqslant 10°$)，使吊装的构件不致碰撞拔杆顶部，把杆底部应设置拖子以便移动。把杆的稳定主要依靠缆风绳，绳的一端

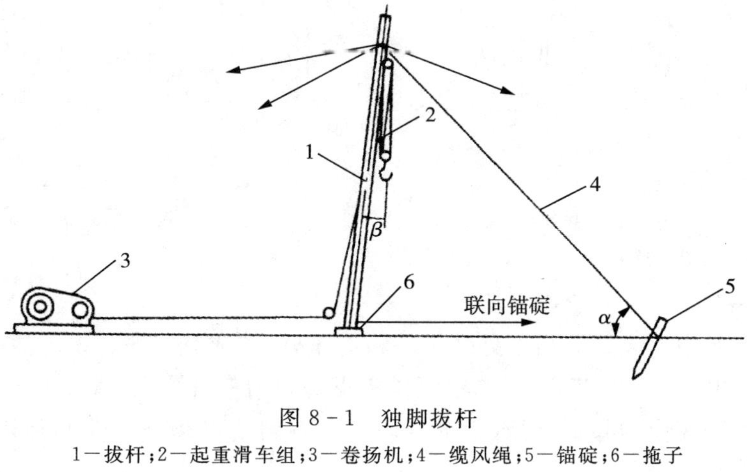

图 8-1 独脚拔杆

1—拔杆；2—起重滑车组；3—卷扬机；4—缆风绳；5—锚碇；6—拖子

固定在桅杆顶端，另一端固定在锚锭上，缆风绳一般设 4～8 个，与地面的夹角 α 一般取 30°～45°，角度过大对拔杆会产生较大的压力。

独脚拔杆根据制作的材料不同，有木独脚拔杆、钢管独脚拔杆、格构式独脚拔杆等。

(1)木独脚拔杆

木独脚拔杆常用圆木做成，圆木直径为 180～320mm，起重高度一般在 15m 以内，起重量在 100kN 以下。

(2)钢管独脚拔杆

钢管独脚拔杆一般用 ϕ159～426mm 无缝钢管制作，起重高度在 20m 以内，起重量不超过 300kN。

(3)格构式独脚拔杆

格构式独脚拔杆是由较大的四根角钢作肢杆(主肢)，用若干个较小的角钢做腹杆(缀条)焊接而成。截面一般为方形，整根拔杆由多节拼成，吊装中根据安装高度及构件重量确定需要长度。格构式独脚拔杆起重量可达 1000kN 以上，起重高度达 70～80m，拔杆所受的轴向力很大，对地基及支座要求严格，需进行计算。

2. 人字拔杆

人字拔杆是由两根圆木或钢管、缆风、滑车组及导向滑车组成。两根圆木或钢管在顶部相交成 20°～30°夹角，用钢丝绳绑扎或铁件铰接而成(图 8-2)，顶部交叉处悬挂滑车组，底部设有拉杆或拉绳，以平衡拔杆本身的水平推力，其中一根把杆的底部装有导向滑车组，起重索通过它连动卷扬机，另用一根钢丝绳连接到锚锭，以保证起重时底部的稳定。拔杆下端两脚的距离约为高度的 1/3～1/2，缆风的数量视拔杆的起重量和起重高度而决定，一般不少于 5 根。

人字拔杆的优点是侧向稳定性较好，缆风绳较少，缺点是起吊构件的活动范围小，故一般仅用于安装重型柱或其他重型构件。

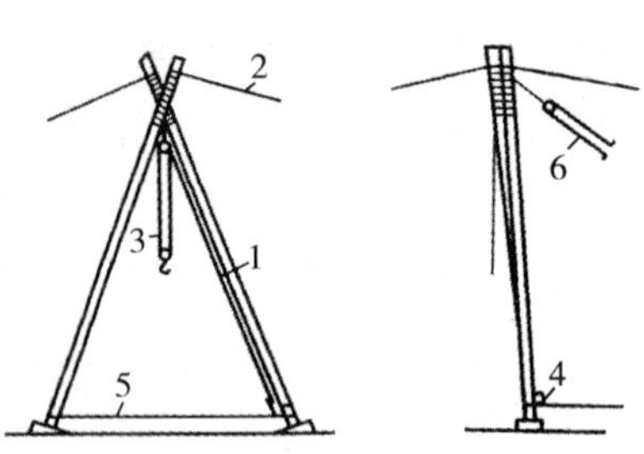

图 8-2　人字拔杆

1—圆木或钢管；2—缆风；3—起重滑车组；4—导向滑车；5—拉索；6—主缆风

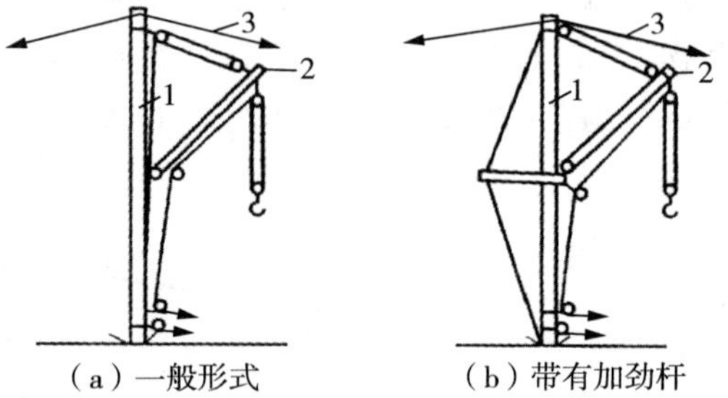

图 8-3　悬臂拔杆

1—桅杆；2—起重臂；3—缆风绳

3. 悬臂拔杆

在独脚拔杆的中部或 2/3 高度处装上一根起重臂，即成悬臂拔杆。起重杆可以回转和起伏(图 8-3)，可以固定在某一部位，也可以根据需要沿杆升降，悬臂拔杆的特点是其具有较大的起重高度和相应的起重半径，起重臂还能左右摆动(120°～270°)，但因起重量较小，故多用于轻型构件的吊装。

4. **牵缆式桅杆起重机(回转式拔杆)**

牵缆式桅杆起重机是在独脚拔杆下端装设一根可以回转和起伏的起重臂(图 8-4)。整个机身可做 360°回转,能把构件吊送到有效起重半径内的任何空间位置,具有较大的起重半径和起重量。用无缝钢管做成的桅杆式起重机,其起重高度可达 25m,用于一般工业厂房构件的吊装。大型牵缆式桅杆起重机,一般做成格构式截面,起重量可达 600kN,起重高度达 80m,用于重型工业厂房吊装及高炉安装。

牵缆式桅杆起重机的缆风至少 6 根,根据缆风最大拉力选择钢丝绳和地锚,地锚必须安全可靠。

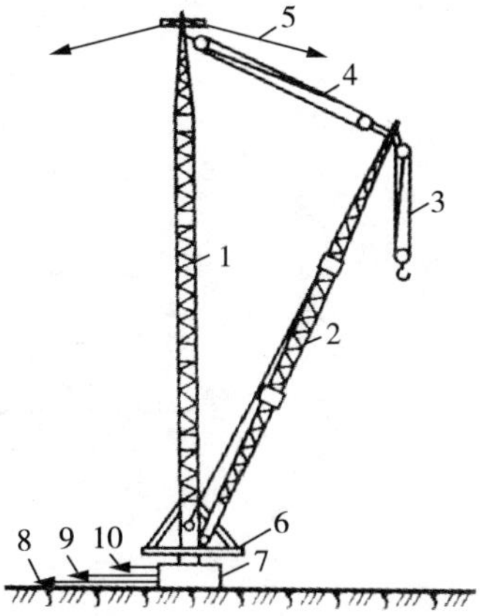

图 8-4 牵缆式桅杆起重机

1—桅杆;2—起重臂;3—起重滑轮组;4—变幅滑轮组;5—缆风绳;6—回转盘;7—底座;8—回转索;9—起重索;10—变幅索

8.1.2 自行杆式起重机

自行杆式起重机包括履带式起重机、汽车式起重机和轮胎式起重机三种。

1. **履带式起重机**

(1)履带式起重机的构造及特点

履带式起重机主要由行走装置、回转机构、机身和起重臂四部分组成。为减小对地面的压力,行走装置采用链条履带,回转机构装在底盘上可使机身回转 360°,机身内部有动力装置、卷构机和操纵系统。

起重臂为角钢组成的格构式杆件,下端铰接在机身上,随机身回转。起重臂可分节接长,设置有起重滑轮组与变幅滑轮组,钢丝绳通过起重臂顶端连到机身内的卷扬机上。

履带式起重机的特点是操纵灵活,使用方便,机身可回转 360°,可以负荷行驶,并可原地回转,在一般平整坚实的场地上行驶与工作,是结构安装中的主要起重机械。缺点是稳定性较差,不宜超负荷吊装,在需要起重臂接长或超负荷吊装时,要进行稳定性验算并采取相应的技术措施。

土木工程中常用的履带式起重机,主要有 W_1-100,QU20~QU40,QUY50,W200A 和 KH180-3 等。履带式起重机外形见图 8-5。

(2)履带式起重机的主要技术性能

履带式起重机主要技术性能包括三个主要参数:起重量 Q、起重半径 R 和起重高度 H。其中,起重量 Q 是指起重机安全工作所允许的最大起重重物的质量,起重高度 H 指起重吊钩中心至停机面的距离,起重半径 R 指起重机回转中心至吊钩的水平距离。这三个参数之间存在着相互制约的关系,其数值变化取决于起重臂长及其仰角的大小。当臂长一定时,随着起重臂仰角的增大,起重量和起重高度增加,而起重半径减小。当起重臂仰角不变时,随着起重臂长度的增加,起重半径和起重高度增加而起重量减少。

履带式起重机的主要技术性能,可从起重机手册中的起重机性能表或性能曲线中查取。

表 8-1、图 8-6 为 W_1-100 型履带式起重机的主要技术性能、外形尺寸及工作曲线。

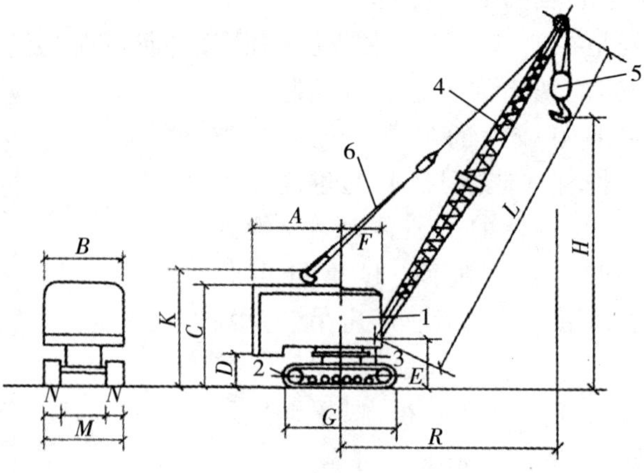

图 8-5　履带式起重机

1—机身;2—履带;3—回转机构;4—起重杆;5—起重滑车组;6—变幅滑车组;$A,B,C\cdots$为外形尺寸符号

表 8-1　W_1-100 型履带式起重机的主要技术性能及外形尺寸

名　称	外形尺寸（mm）	工作幅度（m）	臂长 13m		臂长 23m	
			起重量（kN）	起升高度（m）	起重量（kN）	起升高度（m）
机身尾部到回转中心	3300	4.5	150	11	—	—
机 身 宽 度	3120	5	130	11	—	—
机身顶部到地面高度	367	6	100	11	—	—
机身底部距地面高度	1045	6.5	90	10.9	80	19
起重臂下铰点中心距地面高度	1700	7	80	10.8	72	19
起重臂下铰点中心至回转中心距离	1300	8	65	10.4	60	19
履 带 长 度	4005	9	55	9.6	49	19
履带架宽度	3200	10	48	8.8	42	18.9
履带板宽度	675	11	40	7.8	37	18.6
行走底架距地面高度	275	12	37	6.5	32	18.6
机身上部支架距地面高度	4170	13	—	—	29	17.8
—	—	14	—	—	24	17.5
—	—	15	—	—	22	17
—	—	17	—	—	17	16

【例 8-1】　某单层厂房采用履带式起重机吊装，计算得到的最大起重量为 130kN，最大起重高度为 10m，根据图 8-6 的起重机工作性能曲线，试确定合适的把杆长度，并求该机工作时的起重半径。

解：取把杆长度为 13m，起重高度为 10m，起重量为 130kN。

根据起重高度，查该起重机工作曲线 3，得到起重半径为 7m，根据起重量，查该起重机工作曲线 4，得到起重半径为 5m。

取上述两个计算结果的小值时，可同时满足对起重量与起重高度的要求，故该起重机工作时的起重半径应不大于 5m。

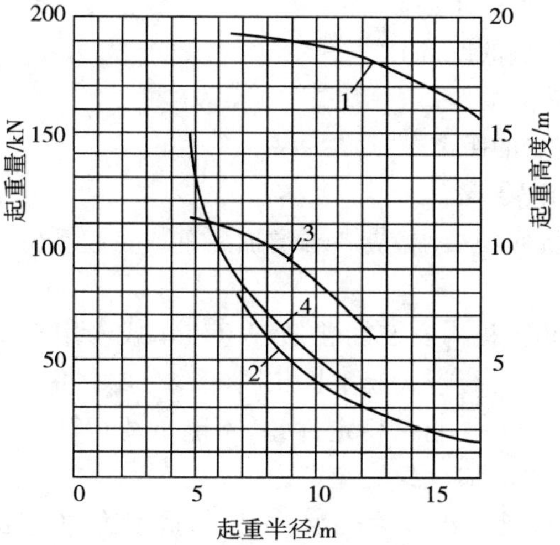

图 8－6　W_1－100 型履带式起重机工作曲线

1—起重臂长 23m 时的 H—R 曲线；2—起重臂长 23m 时的 Q—R 曲线；

3—起重臂长 13m 时的 H—R 曲线；4—起重臂长 13m 时的 Q—R 曲线

(3)履带式起重机的稳定性验算

起重机稳定性是指整个机身在起重作业时的稳定程度。起重机在正常条件下工作，一般可以保持机身稳定，但在超负荷吊装或接长起重臂时，需进行稳定性验算，以保证起重机在吊装作业中不发生倾覆事故。

履带式起重机在如图 8－7 所示的情况下（即机身与行驶方向垂直），稳定性最差，此时，以履带的轨链中心 A 为倾覆中心，当荷载仅考虑吊装荷载时，起重机的稳定条件为：

稳定性安全系数：

$$K=\frac{M_{稳}}{M_{倾}}\geqslant 1.4 \qquad (8-1)$$

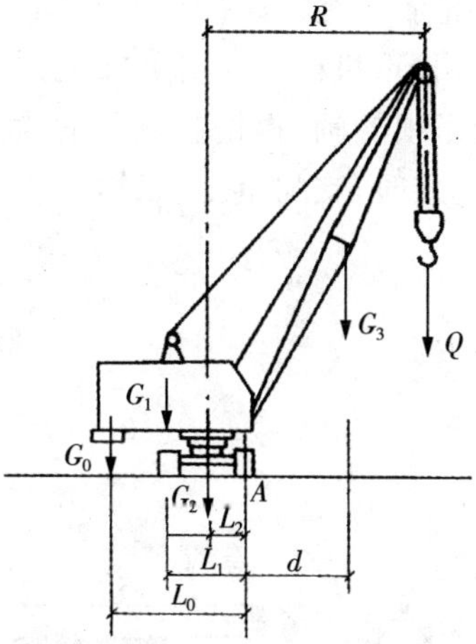

图 8－7　履带式起重机稳定性验算示意图

对 A 点取力矩可得

$$K=\frac{G_1L_1+G_2L_2+G_0L_0-G_3d}{Q(R-L_2)}\geqslant 1.4 \qquad (8-2)$$

式中：G_0——平衡重；

G_1——起重机机身可转动部分的重量；

G_2——起重机机身不转动部分的重量；

G_3——起重臂重量；

Q——吊装荷载(包括构件重和索具重)；

L_1——G_1重心至 A 点的距离；

L_2——G_2重心至 A 点的距离；

L_0——G_0重心至 A 点的距离；

d——G_3重心至 A 点的距离；

R——起重机最小回转半径。

验算后如满足不了抗倾覆要求,应考虑增加配重或在起重臂上增加缆风等措施。

2. 汽车式起重机

汽车式起重机是将起重机构安装在普通载重汽车或专用汽车底盘上的一种自行式全回转起重机,其构造基本上与履带式起重机相同(图 8-8)。优点是行驶速度快,转移灵活,对路面破坏性小;缺点是吊装作业时稳定性差,不能负荷行驶,为此,起重机装有可伸缩的支腿,作业时,支腿落地,以增加机身的稳定。

汽车式起重机按起重量大小分为轻型、中型和重型三种。起重量在 200kN 以内的为轻型,500kN 以上的为重型。按起重臂形式分为桁架或箱形臂两种,按传动装置形式分为机械传动、电力传动、液压传动三种。目前液压传动应用比较普遍,适用于中小型构件及大型构件的吊装。

3. 轮胎式起重机

轮胎式起重机的外形和构造基本上与履带式起重机相似(图 8-9),但其行驶装置采用轮胎,起重机构与机身装在由加重型轮胎和轮轴组成的特制底盘上,能全回转。底盘下装有若干根轮轴,根据起重量的大小,配备 4～10 个或更多个轮胎,并装有 4 个可伸缩的支腿,起重时,支腿落地,以增加机身的稳定,并保护轮胎。

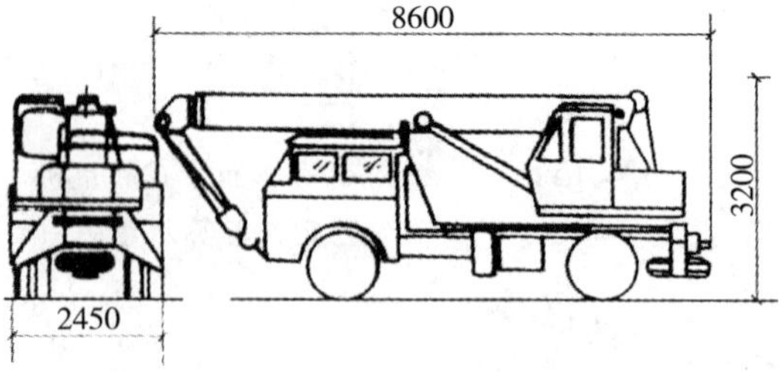

图 8-8　汽车式起重机

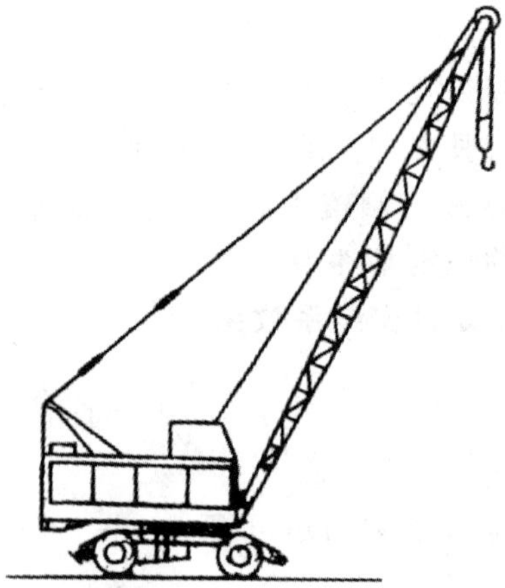

图 8-9　轮胎式起重机

轮胎式起重机的优点是运行速度较快,能迅速转移工作地点,不损伤路面,但不适合在松软或泥泞的地面上作业。

常用的轮胎式起重机按传动方式分为机械式、电动式和液压式。近几年来，机械式已被淘汰，液压式已逐步替代了电动式。

常用的液压式轮胎起重机主要有 QLY16 和 QLY25 两种。最大起重量为 160kN 和 250kN。适用于构件装卸和一般工业厂房的结构安装。

8.1.3 塔式起重机

塔式起重机具有竖直的塔身，起重臂安装在塔身的顶部，能全回转，具有较大的安装空间，起重高度和工作幅度均较大，运行速度快，工作效率高，使用和装拆方便等优点，广泛应用于多层及高层民用建筑和多层工业厂房结构安装工程。

塔式起重机的类型很多，按有无引走机构可分为固定式和移动式两种。前者固定在地面上或建筑物上，后者按其引走装置又可分为履带式、汽车式、轮胎式和轨道式四种，按其回转形式可分为上回转和下回转两种，按其安装方式可分为自动式、整体快速拆装和拼装式三种。目前，应用最广泛的是下回转、快速拆装、轨道式塔式起重机和能够一机四用（轨道式、内爬式、附着式和固定式）的自升塔式起重机。拼装式塔式起重机因拆装工作量大将逐渐淘汰。

1. 轨道式塔式起重机

轨道式塔式起重机是土木工程中应用最广泛的一种，它可带重物行走，作业面大，生产效率高。常用的有 QT1－2 型、QT1－6 型、QT－60/80 型等。轨道式塔式起重机主要性能：吊臂长度、起重幅度、起重量、起升速度及引走速度等。

图 8－10 为 QT－60/80 型起重机外形，它是一种上回转自升塔式起重机，起重量为 30～80kN，幅度为 7.5～20m，它由塔身、塔顶、吊臂、平衡臂和吊钩及驱动台车等组成。其特点是塔身可以按需要增减互换节而改变长度，并且可以转弯行驶。

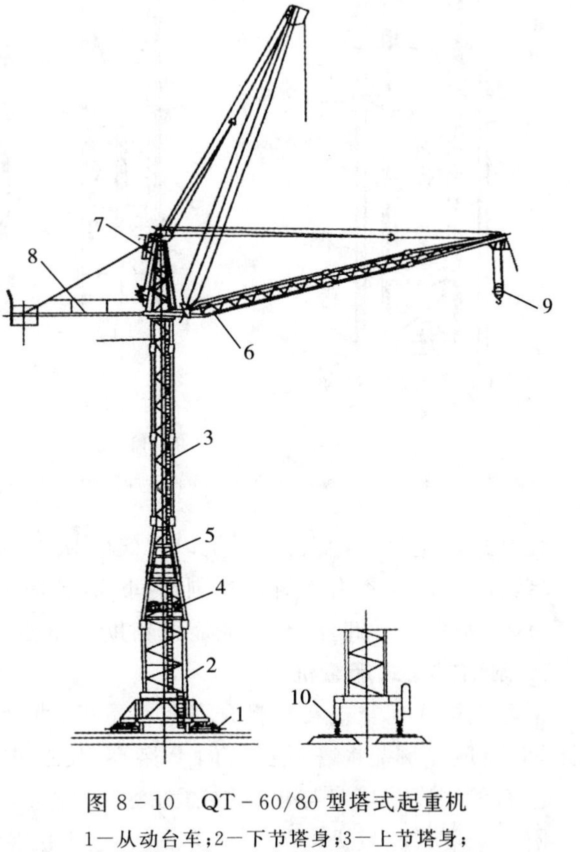

图 8－10　QT－60/80 型塔式起重机

1—从动台车；2—下节塔身；3—上节塔身；4—卷扬机构；5—操纵室；6—吊臂；7—塔顶；8—平衡臂；9—吊钩；10—驱动台车

2. 爬升式塔式起重机

爬升式塔式起重机又称内爬式塔式起重机，一般安装在建筑物的电梯井或特设的开间内的结构上，依靠爬升系统随着结构的升高而升高，通常每隔1～2层楼起重机爬升一次，适用于现场狭窄的高层建筑结构（框架、剪力墙）施工。

爬升机构包括液压式和机械式两种，图8-11(a)所示为液压爬升机构，由爬升梯架、爬升横梁和支腿组成。爬升梯架由上、下承重梁构成，两者相隔两层楼，工作时用螺栓固定在筒形结构的墙或边梁上，梯架两侧有踏步。其承重梁对应于起重机塔身的四根主肢，装有8个导向滚子，在爬升时起导向作用。塔身套装在爬升梯架内，顶升液压缸铰接于塔身横梁上，而下端（活塞杆端）铰接于活动的下横梁中部。塔身两侧装支腿，活动横梁两侧也装支腿，依靠这两对支腿轮流支撑在爬梯踏步上，使塔身上升。

图8-11(b)为爬升式塔式起重的爬升过程。爬升横梁4的支腿3支承在爬梯2下面的踏步上（图8-11b(1)），顶升液压缸1进油，将塔身8向上顶升（图8-11b(2)），顶到一定高度以后，塔身两侧的支腿3支承在爬梯的上面踏步上（图8-11b(3)），液压缸回缩，将爬升横梁提升到上一级踏步，并张开支腿3支承于上一级踏步上（图8-11b(4)）。如此重复，使起重机上升。

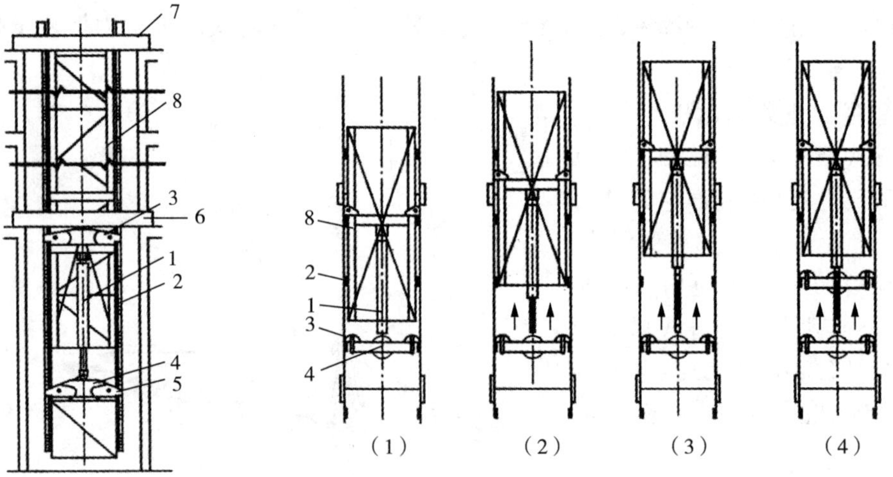

(a) 液压爬升机构　　(b) 爬升过程

图8-11　爬升式塔式起重机

1—液压缸；2—爬升梯架；3—塔身支腿；4—爬升横梁；5—横梁支腿；6—下承重梁；7—上承重梁；8—塔身

爬升式起重机的特点：起重机以建筑物做支承，塔身短（20m左右）、重量轻、起重高度大、安装简单，而且不占建筑物外围空间，不足是司机作业不能看到起吊全过程，需靠信号指挥，施工结束后拆卸复杂，一般需设辅助起重机拆卸。

3. 附着式塔式起重机

附着式塔式起重机又称自升塔式起重机，直接固定在建筑物或构筑物近旁的混凝土基础上，借助顶升系统将塔身自行向上接高，使起重高度不断增大。为了塔身的稳定，每隔20m左右的高度将塔身与建筑物锚固装置相连，适用于高层建筑施工。

附着式塔式起重机多为小车变幅，因起重机装在结构近旁，司机可看到吊装的全过程，施工过程不受安装与拆卸的影响。

(1)技术性能

附着式塔式起重机的主要技能性能包括吊臂长度、工作半径、最大起重量、最大起升高度、起升速度、爬升机构速度及附着间距等。表 8－2 为 QTZ100 型塔式起重机的起重性能。

表 8－2　QTZ100 型塔式起重机的起重性能

臂长 54m				臂长 60m			
幅度(m)	起重量(kN)	幅度(m)	起重量(kN)	幅度(m)	起重量(kN)	幅度(m)	起重量(kN)
3～15	80	40	25	3～13	80	38	22.5
16	75	42	23.5	14	74.7	40	21
18	64.6	44	22.1	16	63.9	42	19.7
20	57.2	46	20.9	18	55.7	44	18.6
22	51.2	48	19.8	20	49.2	46	17.5
24	46.3	50	18.7	22	44	48	16.5
26	42.1	52	17.8	24	39.7	50	15.6
28	38.6	54	16.9	26	36	52	14.8
30	35.6			28	32.9	54	14
32	32.9			30	30.2	56	13.3
34	30.6			32	27.9	58	12.6
36	28.5			34	25.9	60	12
38	26.6			36	24.1		

注:起升滑轮组倍率 $\alpha=20$,最大起重量为 40kN。

(2)顶升原理

附着式塔式起重机的自升接高主要是利用液压缸顶升,采用外套架液压缸侧顶式。其顶升过程见图 8－12,一般分五个步骤:

① 将标准节吊到摆渡小车上,并将过渡节与塔身标准节相连的螺栓松开,准备顶升(图 8－12a)。

② 开动液压千斤顶,将塔吊上部结构包括顶升套架向上顶升到超过一个标准节的高度,然后用定位销将套架固定。于是塔吊上部结构的重量就通过定位销传递到塔身(图 8－12b)。

③ 液压千斤顶回缩,形成引进空间,此时将装有标准节的摆渡小车开到引进空间内(图 8－12c)。

④ 利用液压千斤顶稍微提起标准节,退出摆渡小车,然后将标准节平衡地落在下面的塔身上,并用螺栓加以连接(图 8－12d)。

⑤ 拔出定位销,下降过渡节,使之与已接高的塔身连成整体(图 8－12e)。如需继续接高塔身,则可重复上述工序。

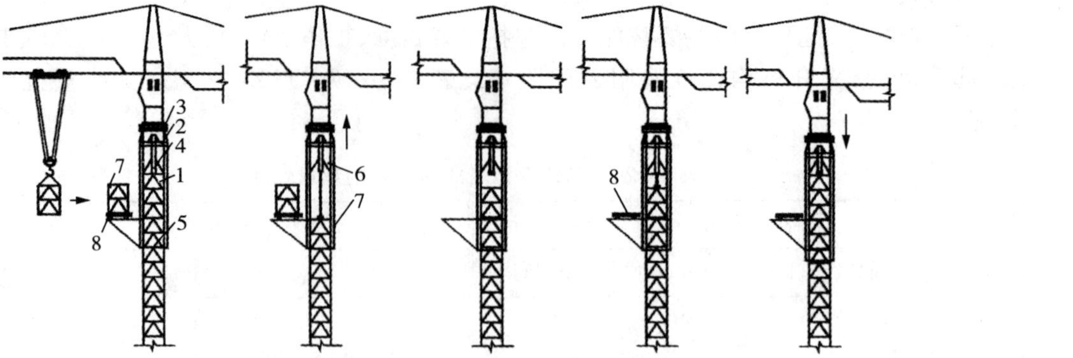

（a）准备状态（b）顶升塔顶（c）推入塔身标准节（d）安装塔身标准节（e）塔顶与塔身联成整体

图 8-12　附着式塔式起重机顶升过程

1—顶升套架；2—液压千斤顶；3—承座；4—顶升横梁；5—定位销；6—过渡节；7—标准节；8—摆渡小车

4. 其他形式的起重机

(1)龙门架

龙门架是土木工程施工中最常用的垂直起吊设备。在龙门架顶横梁上设置行车时，可横向运输重物构件，在龙门架两腿下缘设有滚轮并置于铁轨上时，可在轨道上纵向运输；若在两腿下设能转向的滚轮时，可进行任何方向的水平运输。

龙门架通常设于预制构件厂吊移构件，或设在桥墩顶、墩旁安装桥梁构件。常用的龙门架种类有钢木混合构造龙门架、拐脚龙门架和装配式钢桥桁节拼制的龙门架，图 8-13 是装配式钢梁桁节拼制的龙门架。

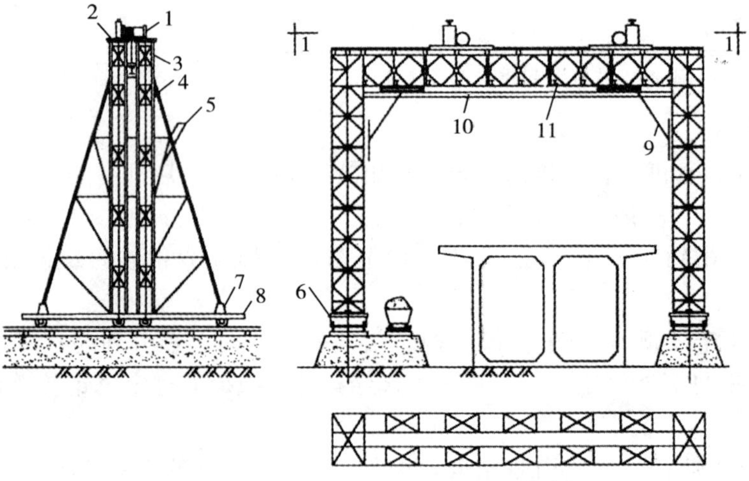

图 8-13　装配式钢梁桁架节拼制的龙门架

1—单筒慢速卷扬机；2—行道板；3—枕木；4—贝雷桁片；5—斜撑；

6—端桩；7—底梁；8—轨道平车；9—角撑；10—加强吊杆；11—单轨

(2)浮吊

在通航河流上建桥，浮吊船是浮运架桥重要的工作船。常用的浮吊有铁驳轮船浮吊和由木船、型钢、人字扒杆等拼成的简易浮吊，其起重量可达5000kN。

一般简单的浮吊可利用两只民用木船组拼成门船，底舱用木料加固，舱面上安装型钢组成底板构架，上铺木板，其上安装人字扒杆。可使用一台双筒电动卷扬机作为起重动力，安装在门船后部中线上。人字扒杆可用钢管或圆木，由两根钢丝绳分别固定在船尾端两弦旁钢构件上，由门船移动来调节吊物平面位置，另外，还需配备电动卷扬机绞车、钢丝绳、锚链、铁锚等作为移动及固定船位用。

(3)缆索起重机

缆索起重机适用于高差较大的垂直吊装和架空纵向运输，吊运量比较大，纵向运距也比较长。

缆索起重机是由主索、天线滑车、起重索、牵引索、起重及牵引绞车、主索地锚、塔架、风缆、主索平衡滑轮、电动卷扬机、手摇绞车、链滑车及各种滑轮等部件组成。在吊装拱桥时，缆索吊装系统除了上述各部件外，还有扣索、扣索排架、扣索地锚、扣索绞车等部件。其布置方式见图8-14。

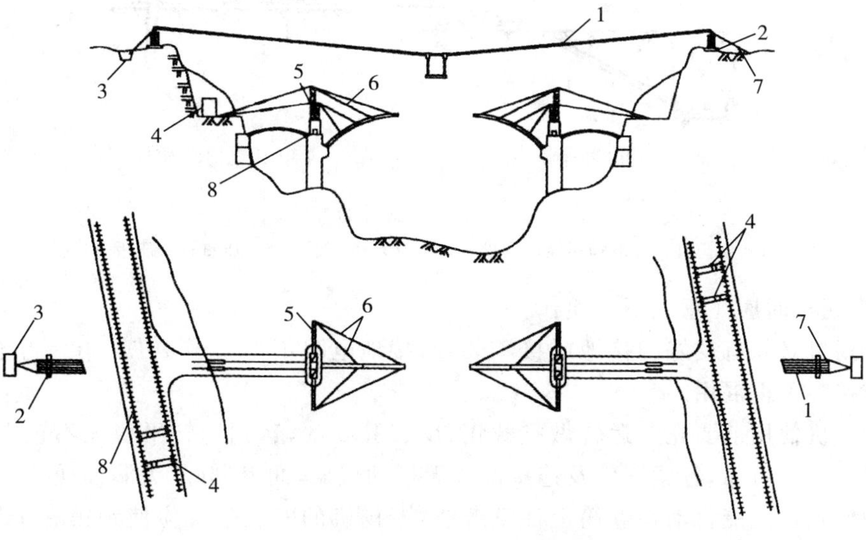

图8-14 缆索吊装布置示例

1—主索；2—主索塔架；3—主索地锚；4—构件运输龙门架；
5—万能杆件缆风架；6—扣索；7—主索收紧装置；8—龙门架轨道

8.2 起重设备

结构吊装工程施工中除了起重机外，还要使用许多辅助工具及设备，如卷扬机、钢丝绳、滑车组及横吊梁等。

8.2.1 卷扬机

卷扬机按驱动方式可分为手动卷扬机和电动卷扬机，用于结构吊装的卷扬机多为电动卷扬机。电动卷扬机主要由电动机、卷筒、电磁制动器和减速机等组成，卷扬机按其速度又分为快速和慢速两种。快速卷扬机又分单向和双向，主要用于垂直运输和打柱作业；慢速电动卷扬机主要用于结构吊装、钢筋冷拉、预应力张拉等作业。

卷扬机的主要技术参数是卷筒牵引力、钢丝绳的速度和卷筒容量。

卷扬机使用时，必须用地锚予以固定，以防止工作时产生滑动造成倾覆。根据牵引力的大小，固定卷扬机方法有四种：螺栓锚固法、水平锚固法、立桩锚固法、压重物锚固法，如图 8－15 所示。

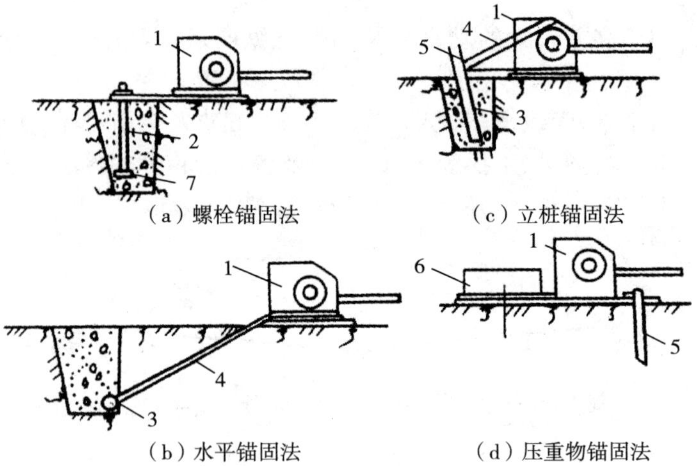

图 8－15　固定卷扬机的方法

1—卷扬机；2—地脚螺栓；3—横木；4—拉索；5—木桩；6—压重；7—压板

使用卷扬机时应注意以下事项：

(1)卷扬机必须有良好的接地或接零装置，接地电阻不得大于 10Ω。在一个供电网路上，接地或接零不得混用。

(2)卷扬机使用前要先空运转做空载正、反试验 5 次，达到运转平稳无不正常响声，传动、制动机构灵活可靠，各紧固件及连接部位无松动现象，润滑良好，无漏油现象。

(3)为使钢丝绳能自动在卷筒上往复缠绕，卷扬机的安装位置应使距第一个导向滑轮的距离 L 为卷筒长度 α 的 15 倍，即当钢丝绳在卷筒边时，与卷筒中垂线的夹角不应大于 2°(图 8－16)。

(4)钢丝绳引入卷筒时应接近水平，并应从卷筒的下面引入，以减少卷扬机的倾覆力矩。

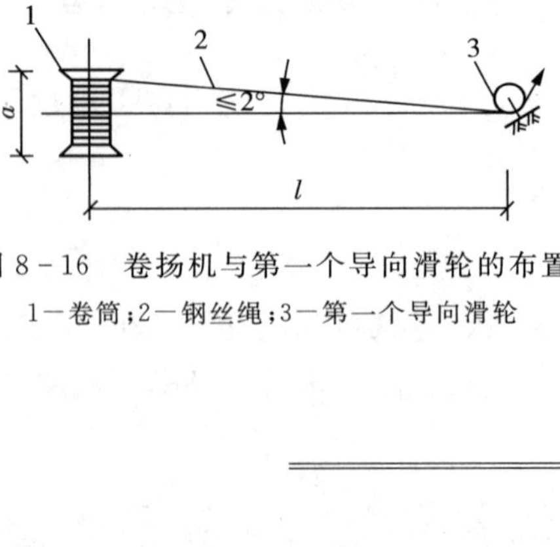

图 8－16　卷扬机与第一个导向滑轮的布置

1—卷筒；2—钢丝绳；3—第一个导向滑轮

8.2.2 钢丝绳

1. 钢丝绳的构造和种类

结构吊装中常用的钢丝绳是由 6 股钢丝绳围绕一根绳芯(一般为麻芯)捻成,每股钢丝绳又由许多根直径为 0.4～2mm 的高强钢丝按一定规则捻制而成(图 8－17)。

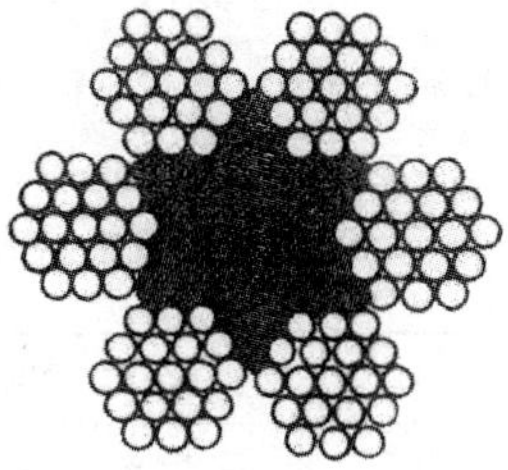

图 8－17　普通钢丝绳截面

钢丝绳按照捻制方法不同,分为单绕、双绕和三绕,土木工程施工中常用的是双绕钢丝绳。双绕钢丝绳按照捻制方向不同分为同向绕、交叉绕和混合绕三种(图 8－18),同向绕是钢丝捻成股的方向与股捻成绳的方向相同,这种绳的绕性好、表面光滑、磨损小,但易松散和扭转,不宜用作悬吊重物,多用于拖拉和牵引,交叉绕是指钢丝捻成股的方向与股捻成绳的方向相反,这种绳不宜松散和扭转,吊装中应用广泛,但绕性差。混合绕指相邻的两股钢丝绕向相反、性能介于两者之间,制造复杂,用得不多。

(a) 同向绕　　(b) 交叉绕　　(c) 混合绕

图 8－18　双绕钢丝绳绕向

2. 钢丝绳的规格和性能

钢丝绳按绳股数及每股中的钢丝区分,有 6 股 7 丝(6×7)、6 股 19 丝(6×19)、6 股 37 丝及 61 丝(6×37,6×61)等,吊装中常用 6×19、6×37 两种。6×19 钢丝绳可做缆风和吊索,6×37 钢丝绳用于穿滑轮组和做吊索。

常用钢丝绳的技术性能见表 8－3～表 8－5。

3. 钢丝绳的允许拉力计算

钢丝绳在选用时应考虑多根钢丝的受力不均匀性及其用途,钢丝绳的允许拉力,按式(8－3)计算:

$$[F_g]=\frac{\alpha F_g}{k} \tag{8-3}$$

式中:$[F_g]$——钢丝绳的允许拉力,kN;

F_g——钢丝绳的钢丝破断拉力总和,kN,按表 8－3 选用;

α——换算系数,按表 8－4 选用;

k——钢丝绳的安全系数,按表 8－5 选用。

【例 8－2】 用一根 6×37 型钢丝绳作捆绑吊索,其直径 D=24mm,钢丝公称抗拉强度为 1850N/mm^2,求钢丝绳的允许拉力。

解:

由表 8－3 查得 F_g=390.0kN,

由表 8 - 4 查得 $\alpha=0.82$，

由表 8 - 5 查得 $k=8\sim10$，取 $k=8$。

则允许拉力为：

$$[F_g]=\frac{\alpha F_g}{k}=\frac{0.82\times390}{8}=40(\mathrm{kN})$$

实际工程中若采用旧钢丝绳，则求得的允许拉力应根据钢丝绳的新旧程度乘以系数 0.4～0.75。

表 8 - 3　钢丝绳的主要数据

	直径(mm)		钢丝总断面积(mm^2)	参考重量(N/100m)	钢丝绳公称抗拉强度(N/mm^2)				
	钢丝绳	钢丝			1400	1550	1700	1850	2000
					钢丝破断拉力总和(不小于)(kN)				
6×19	6.2	0.4	14.32	135.3	20.0	22.1	24.3	26.4	28.6
	7.7	0.5	22.37	211.4	31.3	34.6	38.0	41.3	44.7
	9.3	0.6	32.22	304.5	45.1	49.9	54.7	59.6	64.4
	11.0	0.7	43.85	414.4	61.3	67.9	74.5	81.1	87.7
	12.5	0.8	57.27	541.2	80.1	88.7	97.3	105.5	114.5
	14.0	0.9	72.49	685.0	101.0	112.0	123.0	134.0	114.5
	15.5	1.0	89.49	845.7	125.0	138.5	152.0	165.5	178.5
	17.0	1.1	103.28	1023	151.5	167.5	184.0	200.0	216.5
	18.5	1.2	128.87	1218	180.0	199.5	219.0	238.0	257.5
	20.0	1.3	151.24	1429	211.5	234.0	257.0	279.4	302.0
	21.5	1.4	175.40	1658	245.5	271.5	298.0	324.0	350.5
	23.0	1.5	201.35	1903	281.5	312.0	342.0	372.0	402.5
	24.5	1.6	229.09	2165	320.5	355.0	389.0	423.5	458.0
	26.0	1.7	258.63	2444	362.0	400.5	439.5	478.0	517.0
	28.0	1.8	289.95	2740	405.5	449.0	492.5	526.0	579.5
	31.0	2.0	357.96	3383	501.0	554.5	608.5	662.0	715.5
	34.0	2.2	433.13	4093	306.0	671.0	736.0	801.0	
	37.0	2.4	515.46	4871	721.5	798.5	876.0	953.5	
	40.0	2.6	604.95	5717	846.5	937.5	1025.0	1115.0	
	43.0	2.8	701.60	6630	982.0	1085.0	1190.0	1295.0	
	46.0	3.0	805.41	7611	1125.0	1245.0	1365.0	1490.0	

	8.7	0.4	27.88	2621	39.0	43.2	47.3	51.5	55.7
	11.0	0.5	43.57	4096	60.9	67.5	74.0	80.6	87.1
	13.0	0.6	62.74	5898	87.8	97.2	106.5	116.0	125.0
	15.0	0.7	85.39	8057	119.5	132.0	145.0	157.5	170.5
	17.5	0.8	111.53	1048	156.0	172.5	189.5	206.0	223.0
	19.5	0.9	141.16	1327	197.5	213.5	239.5	261.0	282.0
	21.5	1.0	174.27	1633	243.5	270.0	296.0	322.0	348.5
	24.0	1.1	210.87	1982	295.0	326.5	358.0	390.0	421.5
	26.0	1.2	250.95	2359	351.0	388.5	426.5	464.0	501.5
	28.0	1.3	294.52	2768	412.0	456.5	500.5	544.5	589.0
6×37	30.0	1.4	341.57	3211	478.0	529.0	580.5	631.5	683.0
	32.5	1.5	392.11	3686	548.5	607.5	666.5	725.0	784.0
	34.5	1.6	446.13	4194	624.5	691.5	758.0	825.0	892.0
	36.5	1.7	503.64	4734	705.0	780.5	856.0	931.5	1005.0
	39.0	1.8	564.63	5308	790.0	875.0	959.5	1040.0	1125.0
	43.0	2.0	697.08	6553	975.5	1080.0	1185.0	1285.0	1390.0
	47.5	2.2	843.47	7929	1180.0	1305.0	1430.0	1560.0	
	52.0	2.4	1003.80	9436	1405.0	1555.0	1705.0	1855.0	
	56.0	2.6	1178.07	11074	1645.0	1825.0	2000.0	2175.0	
	60.5	2.8	1366.28	12343	1910.0	2115.0	2320.0	2525.0	
	65.5	3.0	1568.43	14743	2195.0	2430.0	2665.0	2900.0	

注:表中,粗线左侧,可供应光面或镀锌钢丝绳,右侧只供应光面钢丝绳。

表 8-4　钢丝绳破断拉力换算系数 α

钢丝绳结构	6×19	6×37	6×61
换算系数 α	0.85	0.82	0.80

表 8-5　钢丝绳安全系数 k

用　　途	安全系数 k	用途	安全系数 k
作　缆　风	3.5	作吊索,无弯曲时	6～7
用于手动起重设备	4.5	作捆绑吊索	8～10
用于机动起重设备	5～6	用于载人的升降机	14

8.2.3　其他机具

1. 吊索、横吊梁

吊索与横吊梁都是吊装构件时的辅助工具。吊索又称千斤绳、绳套。主要用来绑扎构件以便起吊。常用的有环状吊索(又称万能吊索或闭式吊索)和 8 股头吊索(又称轻便吊索或开式吊索)两种(图 8-19)。

横吊梁又称铁扁担和平衡梁。常用于起吊柱子和屋架等构件(图 8-20)。用横吊梁吊柱时可使柱子保持垂直，便于安装；用横吊梁吊屋架时可以降低起吊高度，减少吊索的水平分力对屋架的压力。

常用的横吊梁有滑轮横吊梁、钢板横吊梁、桁架横吊梁和钢管横吊梁等。滑轮横吊梁由吊环、滑轮和吊索等部分组成(图 8-20a)。一般用于吊装 80kN 以下的柱。钢板横吊梁由 Q235 钢板制成(图 8-20b)，一般用于 100kN 以下柱的吊装。桁架横吊梁用于双机抬吊柱子安装(图 8-20c)。钢管横吊梁的钢管长 6～12m，也可用两个槽钢焊接成方形截面来代替(图 8-20d)，一般用于屋架的吊装。

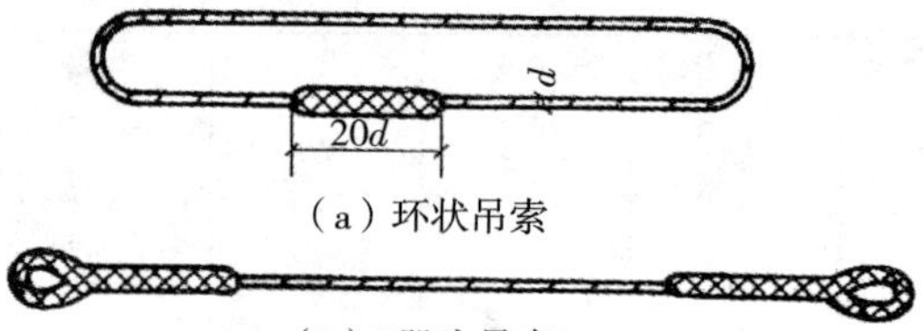

(a) 环状吊索

(b) 8股头吊索

图 8-19　吊索

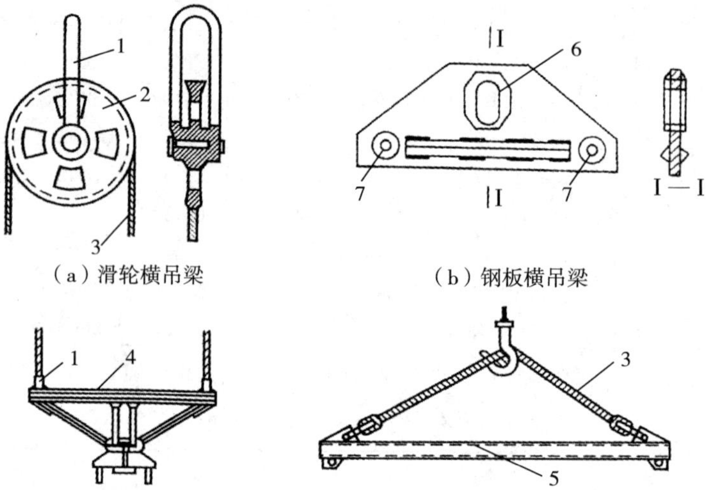

(a) 滑轮横吊梁　　(b) 钢板横吊梁

(c) 桁架横吊梁　　(d) 钢管横吊梁

图 8-20　横吊梁

1—吊环；2—滑轮；3—吊索；4—桁架；5—钢管；6—挂吊钩孔；7—挂卡环孔

2. 滑车及滑车组

滑车又称“葫芦”，可以省力，也可改变力的方向。按其滑轮的多少可分为单门、双门和多门；按使用方式不同，可分为定滑车和动滑车。

滑车组是由一定数量的定滑车和动滑车以及绕过它们的绳索组成，具有省力和改变力的方向的功能，是起重机械的主要组成部分。

由滑车组引出的绳头称为“跑头”，跑头可根据需要从定滑车引出或从动滑车引出或由两台卷扬机同时牵引(图 8-21)。

滑车组钢丝绳的跑头拉力 S，可按式(8-4)计算：

$$S = f_0 k Q \tag{8-4}$$

式中：S——跑头拉力，kN；

Q——吊装荷载(构件重与索具重之和)，kN；

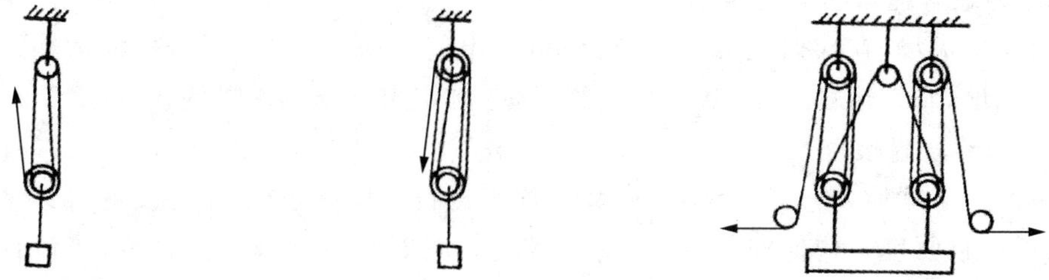

（a）滑车跑头自动引出　　（b）跑头自定滑车引出　　（c）双联滑车组

图 8-21　滑车组的种类

k——动力系数，按表 8-6 选用；

f_0——跑头拉力计算系数，按表 8-7 选用。

表 8-6　卷扬机吊重动力系数 k

卷扬机传动性质	起重量(kN)	k 值
手　动	50 以下 50～100	1.0 1.1
机　动	300 以下 300～500 500 以上	1.2 1.3 1.5

表 8-7　滑车组跑头拉力计算系数 f_0 值

滑轮的轴承或衬套	滑轮阻力系数 f	动滑轮上引出绳根数								
		2	3	4	5	6	7	8	9	10
滚动轴承	1.02	0.52	0.35	0.27	0.22	0.18	0.15	0.14	0.12	0.11
青铜套轴承	1.04	0.54	0.36	0.28	0.23	0.19	0.17	0.15	0.13	0.12
无衬套轴承	1.06	0.56	0.38	0.29	0.24	0.20	0.18	0.16	0.15	0.14

8.3　构件安装

单层工业厂房一般多采用装配式钢筋混凝土结构(重型厂房采用钢结构)，其主要承重结构除基础为现场浇筑外，其他构件(柱子、吊车梁、基础梁、屋架、天窗架、屋面板等)均为预制。尺寸大、构件重的大型构件一般在施工现场就地预制，中小型构件多集中在预制厂制作，然后运输到施工现场安装。

8.3.1　构件安装前的准备

构件安装前的准备工作包括场地清理与平整，修建临时道路，构件的运输、就位、堆放，构件的拼装与加固，构件的质量检查，弹线、编号及基础准备等。

1. 场地清理与铺设道路

起重机进场前，根据施工平面布置图，标出起重机的开行路线，构件运输及堆放位置，清理好场地，修筑运输道路，敷设水电管线，并制定出雨季排水措施。

2. 构件质量检查

为保证工程质量，对所有构件安装前均需进行全面质量检查，主要内容：

(1)构件强度。构件安装时，混凝土强度不应低于设计规定的强度，当设计无要求时，一般不低于设计强度等级的70%，对后张法预应力混凝土构件，孔道灌浆的砂浆强度等级不低于$15N/mm^2$，对大型构件，混凝土强度则应达到100%设计强度等级方可安装。

(2)构件的外形尺寸、钢筋的搭接、预埋件的位置等是否满足设计要求。

(3)构件的外观有无缺陷、损伤、变形、裂缝等，不合格构件，不允许使用。

3. 构件的弹线与编号

构件经过检查，质量合格后，可在构件表面弹出安装准线，作为构件安装、对位、校正的依据。对形状复杂的构件，要标出其重心的绑扎点位置。

(1)柱子弹线。柱应在柱身的三面弹出安装中心线(两个小面，一个大面)。矩形截面柱，按几何中心弹线；"工"字形截面柱，除在矩形截面部位弹出中心线外，还应在工字形柱的两翼缘部位各弹出一条与中心线平行的线，以便于观测及避免误差。在柱顶与牛腿面上还要弹出屋架及吊车梁的安装中心线。

(2)屋架弹线。屋架上弦顶面应弹出几何中心线，并从跨中向两端分别弹出天窗架、屋面板的安装中心线，在屋架的两端弹出安装准线。

(3)梁弹线。梁的两端及顶面应弹出安装中心线。

4. 基础准备

装配式钢筋混凝土柱基础一般为杯形基础，钢柱基础一般为平面。在基础内预埋锚栓或钢板，通过锚栓或钢板将钢柱与基础连成整体。

(1)钢筋混凝土柱基础

在现场浇筑时应保证基础定位轴线及杯口尺寸准确。柱子安装前需要对杯底标高进行调整(抄平)，其方法是测出杯底原有标高，再测量出吊入该基础柱的柱脚至牛腿面的实际长度，再根据安装后的牛腿面的设计标高计算出杯底标高调整值，并在杯口内做出标志，然后用水泥砂浆或细石混凝土将杯底垫平至标志处。为便于调整柱子牛腿面的标高，浇筑后的杯底标高应比设计标高低50mm。

为便于柱的安装与校正，在杯形基础顶面应弹出建筑物的纵横轴线和柱子的吊装准线，作为柱在平面位置安装时对位及校正的依据。

(2)钢柱基础

为保证基础顶面与锚栓位置准确，施工中采用角钢做固定架，将锚栓安置在与基础模板分开的固定架上，然后浇筑混凝土。

根据柱脚的类型，施工中常采用以下两种方法：

一次浇筑法。将柱脚基础支撑面混凝土浇筑到比设计标高低40～60mm处，然后用细石混凝土精确找平到设计标高(图8-22)，一次浇筑法要求钢柱制作尺寸十分准确，并且要保证细石混凝土与下层混凝土结合紧密。

二次浇筑法。柱脚基础支撑面混凝土分两次浇筑到设计标高，第一次将混凝土浇筑到比设计标高低 40～60mm 处，待混凝土强度达到设计要求后上面放钢垫板，精确调整钢垫板的标高，然后安装钢柱，钢柱校正完毕后，在柱底钢板下再次浇筑细石混凝土。此法容易校正柱子，常用于重型钢柱(图 8－23)。

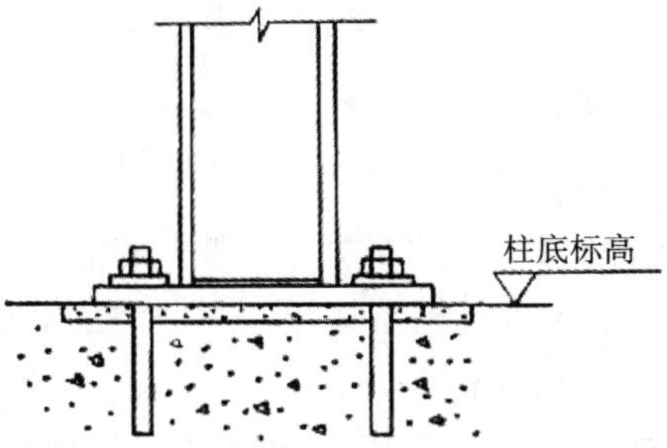

图 8－22　一次浇筑法

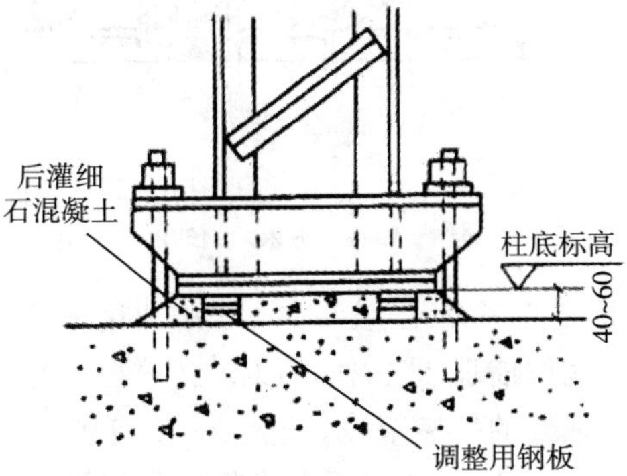

图 8－23　二次浇筑法

5. 构件的运输与堆放

在构件厂制作的构件，安装前运到施工现场，运输方式的选择要根据构件的尺寸、重量、数量及运距等确定。一般多采用汽车和平板拖车。在运输过程中必须保证构件不变形、不倾倒、不损坏，要求路面平整，构件的强度应不低于设计强度等级的 70%，装卸起吊要平稳，支垫位置正确。

构件进场后应按施工平面图堆放，避免二次倒运，堆放构件的地面要平整坚实，排水良好，以防构件因地面下沉而倾倒。构件堆放的高度，一般梁可叠放 2～3 层，屋面板 6～8 层。

6. 构件的拼装与加固

天窗架及跨度较大的屋架一般制成两个半榀，在施工现场拼装成整体。

(1)天窗架拼装

钢筋混凝土天窗架采用平拼。将两个天窗架块体各用 3 根方木(断面 100mm×100mm 以上，长 1m 左右)做支垫，在上下两处找正并垫平，用木杆或角钢加固，高度在 2m 以内的天窗架加固一道，超过 2m 的加固两道，加固好后进行电焊，焊好一面扶直，校正后再焊另一面(图 8－24)。

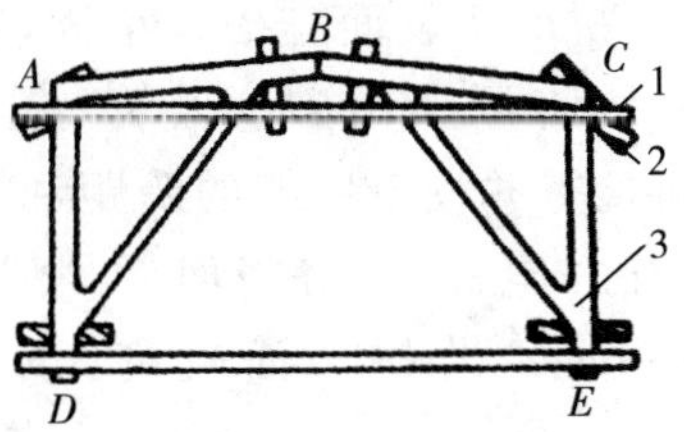

图 8－24　平拼天窗架

1—尺杆(测跨距用)；2—垫木；3—天窗架

(2)预应力混凝土屋架拼装

预应力混凝土屋架一般用立拼法(图 8－25)。拼装的位置即构件布置图中吊装前所指定的位置，以避免二次搬运。其拼装顺序如下。

① 做好屋架支垫。每个屋架块体做两个砖砌支垫，支垫高出地面约 300mm，上部设置方木或钢筋混凝土预制块，其厚度根据屋架起拱要求确定。中间支垫距屋架跨中净距一般

为 400～500mm。

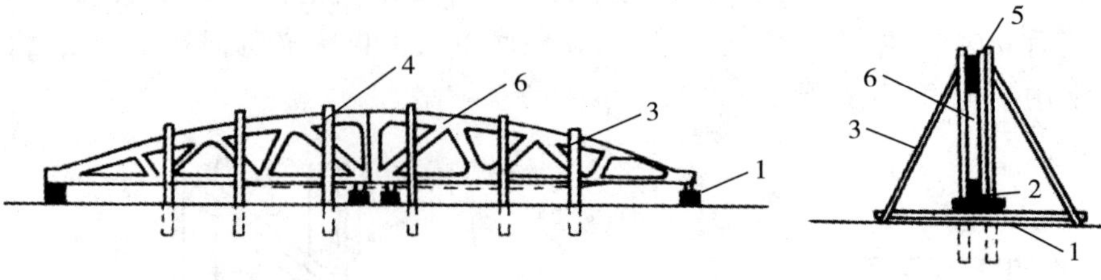

图 8-25 预应力混凝土屋架拼装

1—砖砌支座；2—方木或钢筋混凝土垫块；3—三角架；4—8 号铁丝；5—木楔；6—屋架块体

② 竖立三角架(支架)。三角架用来稳定屋架，必须牢固可靠，三角架中的立柱可在屋架块体就位前埋入土中 1m 以上(梢径不宜小于 100mm)，每榀屋架用 6～8 道三角架，其位置应与屋架的拼装节点、安装支撑、连接件的预留孔或预埋件错开。

③ 块体就位。将两个半榀屋架吊到支垫上，对齐上下弦拼接点，对接好穿预应力筋的孔道，并检查孔道是否畅通，用铁皮管连接两块体孔道，然后用 8 号铁丝将屋架与支架绑牢。

④ 检查并校正屋架块体是否在同一平面内，并检查垂直度。

⑤ 穿预应力筋或钢丝束。

⑥ 焊接上弦拼接钢板及浇灌下弦接头立缝。

⑦ 张拉预应力筋或钢丝束，锚固及孔道灌浆，张拉需在下弦拼接立缝混凝土强度达到设计要求后进行。预应力筋全部张拉完毕后立即进行孔道灌浆。

⑧ 焊接下弦拼接钢板并进行上弦接头灌浆。

(3)钢屋架拼装

钢屋架的拼装有平拼、立拼两种方法。跨度 24m 以内的钢屋架可采用平拼(图 8-26)，跨度较大的屋架采用立拼，立拼方法与预应力混凝土屋架基本相同。

平拼的拼装面应搭设牢固，表面应抄平。拼装时，将屋架吊到拼装面，先装上拼装螺栓，再检查并校正屋架的跨距和起拱，然后拧紧螺栓并电焊，焊好一面后，将屋架翻身，再焊另一面。若拼装面较高，下面的焊缝可仰焊。

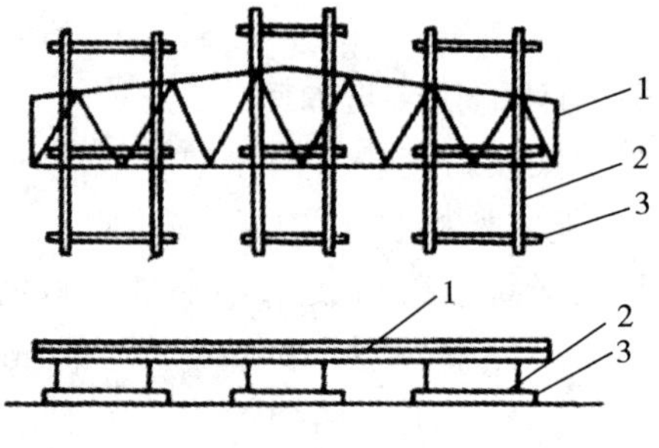

图 8-26 钢屋架现场拼装(平拼)

1—钢屋架；2—工字钢；3—枕木

8.3.2 构件安装工艺

1. 柱的吊装

(1)柱的绑扎

柱的绑扎方法、绑扎点数与柱的质量、形状及几何尺寸、配筋和起重机性能等因素有关。一般中小型柱(自重在 130kN 以下)多为一点绑扎，重型柱或配筋少而细长的柱多为两点或多点绑扎。一点绑扎时，绑扎点应在柱的重心以上，保持柱起吊后在空中的稳定；有牛腿的柱，绑扎点常选在牛腿以下，工字形断面的柱和双肢柱，应选在矩形断面处，否则应在绑扎点处用方木加固翼缘，防止翼缘在起吊中受损。双肢柱的绑扎点应选在平腹杆处。常用的绑扎方法有以下两种：

① 斜吊绑扎法

当柱平卧起吊的抗弯强度满足要求时，可采用此法。此法起吊柱子不需要将柱子翻身，起吊后柱呈倾斜状态，吊索在柱的一侧，起重钩可低于柱顶，需要的起重高度较小，起重机的起重臂可短些。但因起吊后柱身与杯底不垂直，就位较困难(图 8-27)。

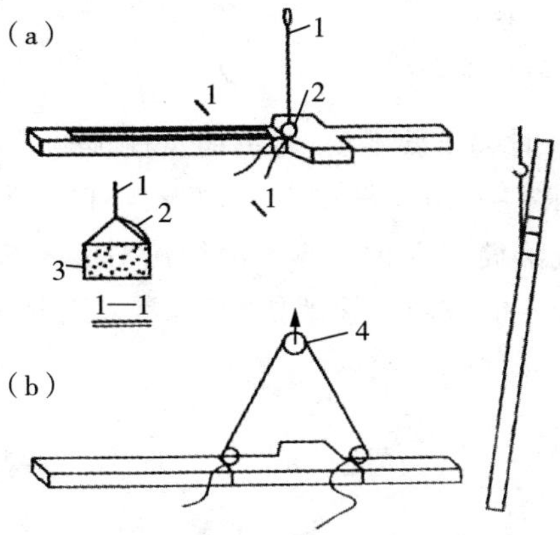

(a) 一点绑扎 (b) 两点绑扎

图 8-27 斜吊绑扎法

1—吊索；2—椭圆销卡环；3—柱子；4—滑车

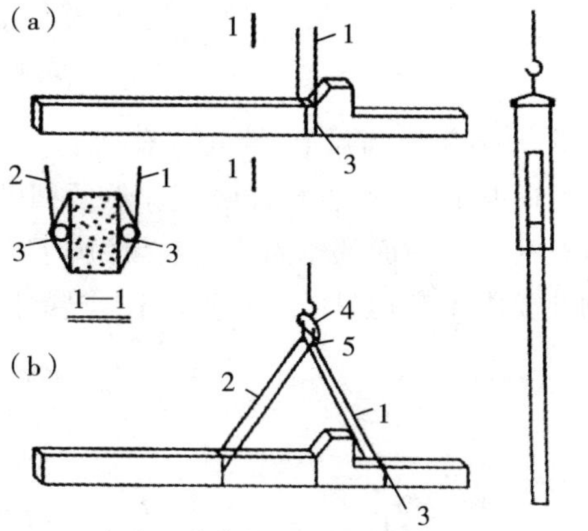

(a) 一点绑扎 (b) 两点绑扎

图 8-28 直吊绑扎法

1—第一支吊索；2—第二支吊索；
3—活络卡环；4—铁扁担；5—滑车

② 直吊绑扎法

当柱平卧起吊的抗弯强度不足时，需将柱子先翻身成侧立，再绑扎起吊(图 8-28)此法吊索从柱子两侧引出，上端通过卡环或滑轮挂在铁扁担上，柱身呈垂直状态，便于插入杯口，容易对位，但由于铁扁担高于柱顶，起重高度较高，起重臂也较长。

(2)柱的吊升

柱子的吊升方法，应根据柱子的重量、长度和现场条件而定，可采用单机吊装，对重型柱也可采用双机(多机)抬吊。根据柱在吊升过程中柱身的运动特点，柱的吊升可分为旋转法和滑行法。

① 单机吊装旋转法(图 8-29)

采用旋转法吊柱时，柱的平面布置要做到：绑扎点、柱脚中心与基础杯口中心三点同弧；弧的圆心为起重机的回转中心；圆弧的半径为起重半径；为提高吊装效率，柱脚应尽量靠近基础。起吊时起重半径不变，起重臂边升钩边回转，使柱子绕柱脚旋转而竖直，然后将柱吊离地面，继续回转起重臂将柱吊至杯口上方，插入杯口。采用旋转法起吊，柱受震动小，生产效率高。

② 单机吊装滑行法(图 8-30)

采用滑行法吊装柱时，柱的平面布置要做到：绑扎点、基础杯口中心二点同弧，在以起重

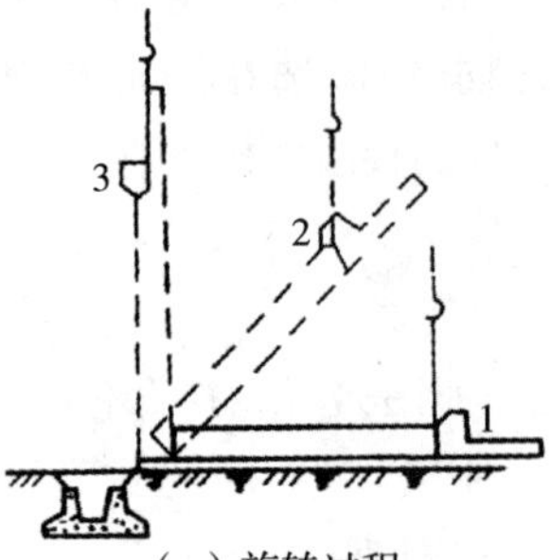

（a）旋转过程

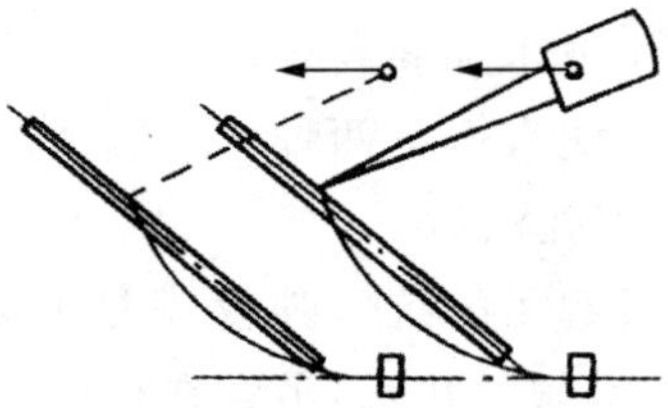

（b）平面布置

图 8-29　旋转法吊柱

1—柱平放时；2—起吊中途；3—直立

半径 R 为半径的圆弧上，绑扎点靠近基础杯口。起吊时起重臂不动，起重钩及柱顶上升，柱脚沿地面向基础滑行，直至柱竖直。然后回转起重臂，将柱子吊至杯口上方，插入杯口。为减少滑行时柱脚与地面的摩阻力，应在柱脚下设置托木或滚筒以保护柱脚。滑行法对起重机械的机动性要求不高，当柱子较重、较长、起重机回转半径不够或施工场地狭窄时，常采用此法。

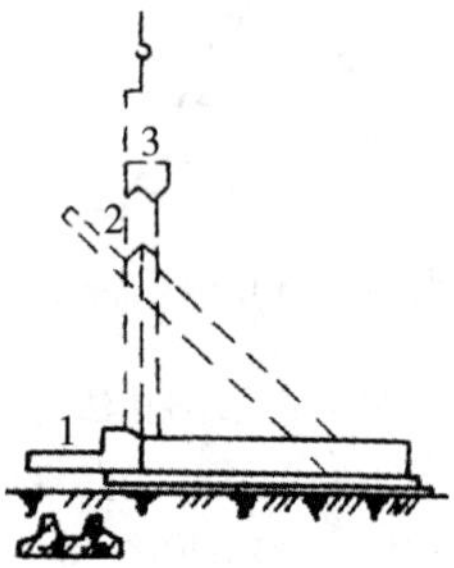

（a）滑行过程

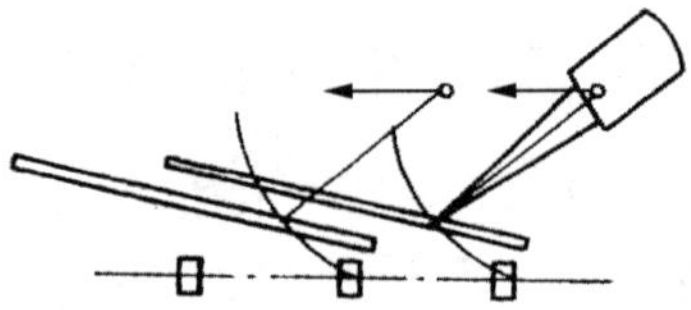

（b）平面布置

图 8-30　滑行法吊柱

1—柱平放时；2—起吊中途；3—直立

③ 双机抬吊旋转法（图 8-31）

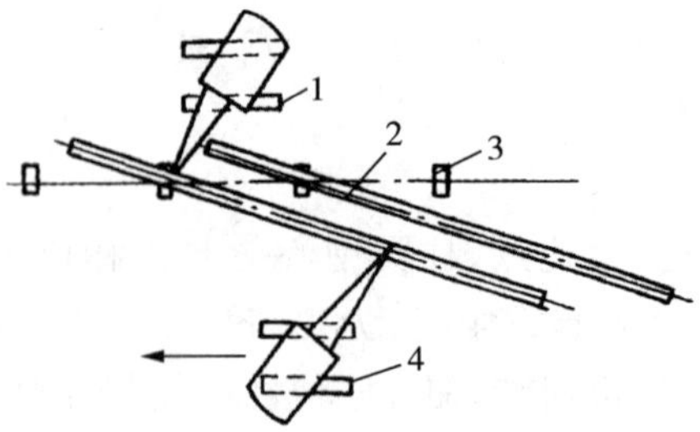

（a）平面位置

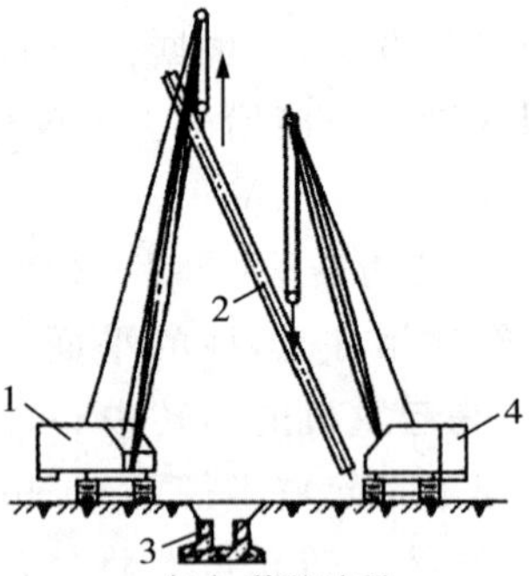

（b）递送过程

图 8-31　双机抬吊旋转法（递送法）

1—主机；2—柱；3—基础；4—副机

当柱子的质量及尺寸较大，一台起重机不能满足要求时，可用两台起重机抬吊。柱为两点绑扎，一台起重机抬上吊点，另一台起重机抬下吊点，吊装时双机并立在杯口的同一侧，柱的平面布置要求，使柱的绑扎点与基础杯口中心在以相应的起重机起重半径 R 的圆弧上，起吊时，两台起重机同时升钩，柱离地面一定高度，两台起重机的起重臂同时向杯口方向旋转，下绑扎点处起重机只旋转不升钩，上绑扎点处起重机边升钩边旋转，直至柱竖直在杯口上方，最后两机同时缓慢落钩，将柱插入杯口。

④ 双机抬吊滑行法(图 8－32)

此法柱应斜向布置，一点绑扎，且绑扎点靠近基础杯口，起重机在柱基的两侧，两台起重机在柱的同一绑扎点抬吊。起吊时两台起重机以相同的旋转速度升钩、降钩，故宜选择型号相同的起重机。

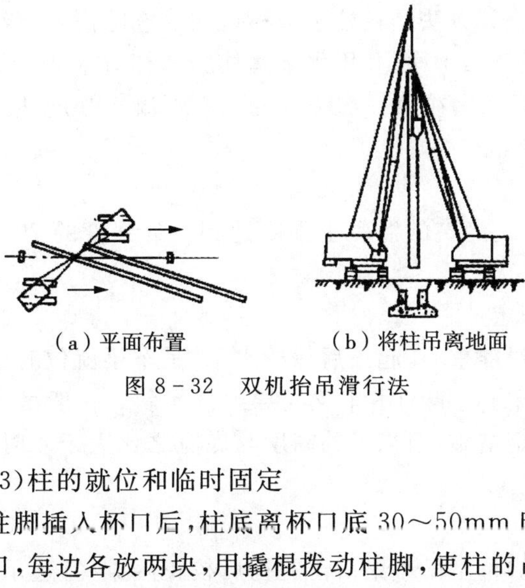

(a) 平面布置　　(b) 将柱吊离地面

图 8－32　双机抬吊滑行法

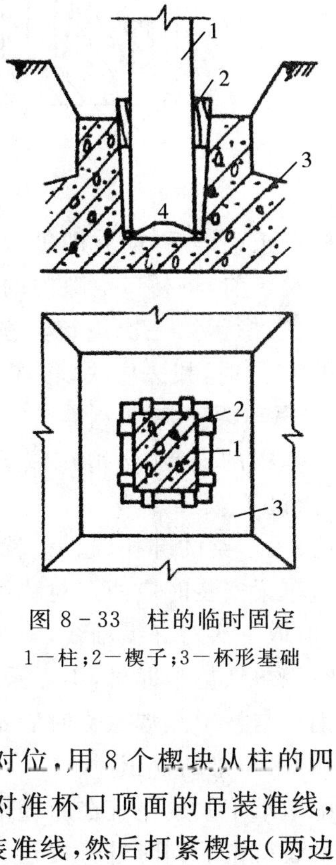

图 8－33　柱的临时固定

1—柱；2—楔子；3—杯形基础

(3)柱的就位和临时固定

柱脚插入杯口后，柱底离杯口底 30～50mm 时先悬空对位，用 8 个楔块从柱的四边插入杯口，每边各放两块，用撬棍拨动柱脚，使柱的吊装准线对准杯口顶面的吊装准线，略打紧楔块，使柱身保持垂直，放松吊钩将柱沉至柱底，复查吊装准线，然后打紧楔块(两边对称进行，以免吊装准线偏移)，将柱临时固定，起重机脱钩(图 8－33)。

当柱较高或柱具有较大的牛腿仅靠柱脚处的楔块不能保证临时固定的稳定时，可增设缆风绳或斜撑等措施，加强柱的临时固定的稳定性。

(4)柱的校正和最后固定

柱的校正包括平面位置、标高和垂直度的校正。标高的校正在柱基杯底抄平时已进行，平面位置的校正在柱对位时已完成，因此，在柱临时固定后，主要是垂直度的校正。

柱垂直度的检查是用两台经纬仪从柱的相邻两面观察柱的安装中心线是否垂直，其偏差应在允许范围以内，当柱高 $H \leqslant 5$m 时，为 5mm；当柱高 $H > 5$m 时，为 10mm；当柱高

$H>10$m时，为 $1/1000H$，且不大于 20mm。

若测出的实际偏差大于规定值时，应进行校正，其校正方法视偏差大小而定，当偏差较小时，可用打紧或稍放松楔块的方法来纠正。如偏差较大时，可用螺旋千斤顶校正，当柱顶加设缆风绳时，也可用缆风绳来纠正柱的垂直度（图 8－34）。

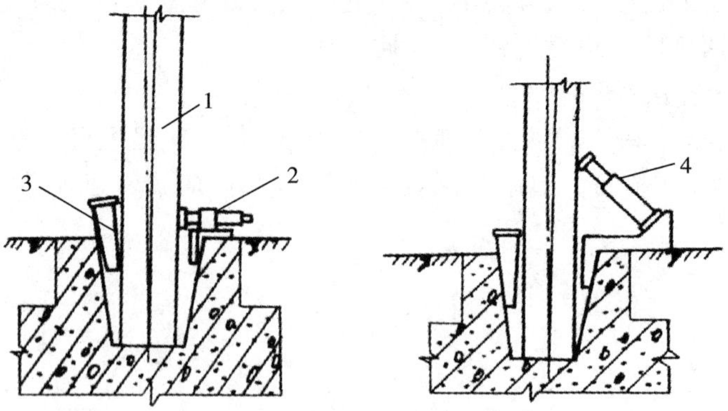

图 8－34　柱的垂直度校正

1—柱；2—螺旋千斤顶；3—楔子；4—千斤顶

柱校正完毕后，应立即进行最后固定。其方法是在柱子与杯口间的空隙内灌筑细石混凝土。灌筑前，将杯口空隙内的木屑、垃圾清扫干净，并用水湿润柱脚和杯口壁。混凝土浇筑分两次进行，第一次浇筑到楔块底部；第二次在第一次浇筑的细石混凝土强度达到设计强度的 25％时，拔去楔块，将杯口混凝土灌满。

2. 吊车梁安装

吊车梁的安装，必须在柱基础杯口二次浇筑的混凝土强度达到设计强度的 70％以上才能进行。

（1）吊车梁的绑扎、起吊、就位、临时固定

吊车梁安装时应两点对称绑扎，吊钩对准重心，起吊后保持水平，吊车梁就位时应缓慢落钩，争取一次对好纵轴线，避免在纵轴线方向撬动吊车梁而导致柱倾斜。一般吊车梁在就位时用垫铁垫平即可，不需采取临时固定措施，但当梁的高度与底宽之比大于 4 时，应用连接钢板与柱子点焊做临时固定。

（2）吊车梁的校正

中型吊车梁校正宜在屋盖吊装后进行，重型吊车梁由于脱钩后校正困难，宜边吊边校，即在吊装就位后同时进行校正。

吊车梁的校正主要包括垂直度和平面位置校正，两者应同时进行。

① 垂直度校正

吊车梁垂直度，用靠尺、线锤检查，若偏差超过规定值，在两端支座处用斜垫铁校正。T 形吊车梁测其两端垂直度，鱼腹式吊车梁测其跨中两侧垂直度。其允许偏差值均在 5mm 以内。

② 平面位置校正

吊车梁平面位置校正，包括直线度（使同一纵轴线上各梁的中线在一条线上）和轨距两项。一般 6m 长、50kN 以内吊车梁可用拉钢丝法和仪器放线法校正。12m 长、50kN 以上

的吊车梁常采用边吊边校法校正。

a. 拉钢丝法(图 8-35)。根据柱轴线,用经纬仪将吊车梁的中线放到端跨四角的吊车梁顶面上,并用钢尺校核轨距,然后分别在两条中线上拉一根 16～18 号钢丝,为减少钢丝与梁顶面的摩阻力,钢丝中部用圆钢支垫垫起,两端垫高 200mm 左右,并悬挂重物拉紧,钢丝拉好后,凡是中线钢丝不重合的吊车梁均应拨正。

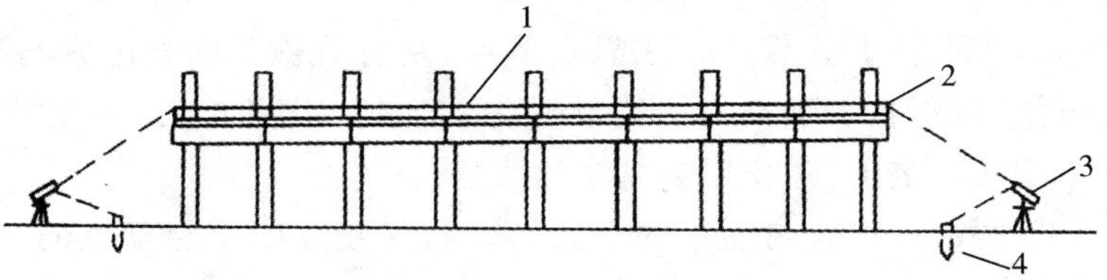

图 8-35　拉钢丝法校正吊车梁

1—通线;2—支架;3—经纬仪;4—木桩

b. 仪器放线法(图 8-36)。当吊车梁数量较多,钢丝太长不易拉紧时,可采用仪器放线法。用经纬仪在各个柱侧面放一条与吊车梁中线距离相等的校正基准线,校正基准线至吊车梁中线距离 a 值(该数值由放线者自定)。校正时,凡是吊车梁中线至柱侧面基准线的距离与 a 值不符者,用撬杠拨正。

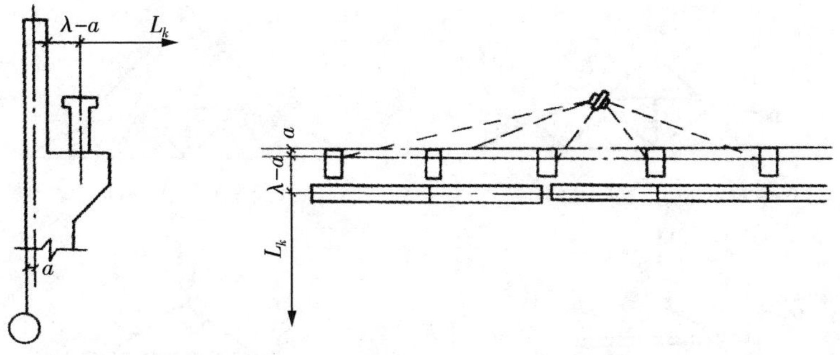

图 8-36　仪器放线法校正吊车梁

c. 边吊边校法(图 8-37)。吊车梁吊装前,先在厂房跨度一端距吊车梁纵轴线 400～600mm(能通视即可)的地面上,架设经纬仪,使经纬仪的视线与吊车梁的中线平行,在一根木尺上弹两条短线 A、B,两线间的距离等于视线与吊车梁中线的距离。吊装时,将木尺的 A 线与吊车梁中线重合,用经纬仪观测木尺上的 B 线,并用撬杠拨动吊车梁,使尺上的 B 线与经纬仪望远镜上的十字竖线相重合为止。

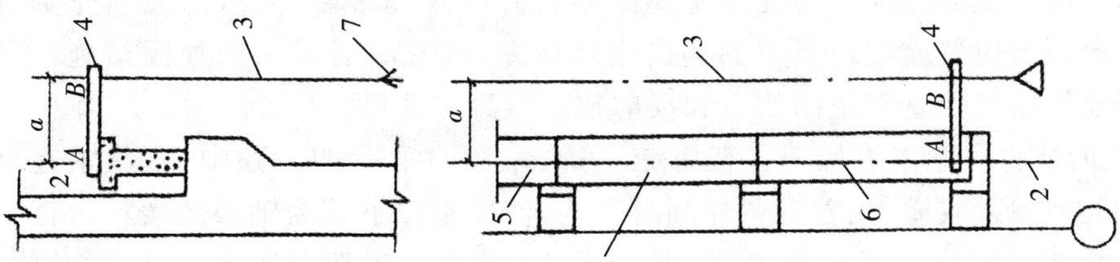

图 8-37　边吊边校法校正吊车梁

1—柱轴线;2—吊车梁中线;3—经纬仪视线;4—木尺;5—已吊装、校正的吊车梁;6—正吊装、校正的吊车梁;7—经纬仪

(3)最后固定

吊车梁的最后固定是在校正完毕后，将梁与柱上的预埋件用连接钢板焊牢，并在吊车梁与柱的空隙处支模，浇灌细石混凝土。

3. 屋架安装

屋架安装的施工顺序：绑扎、扶直与就位、吊升、对位、临时固定、校正和最后固定。

(1)屋架的绑扎

屋架的绑扎点，应选在上弦节点处或靠近节点，左右对称。绑扎吊索与构件水平线的夹角，翻身扶直屋架时，不宜小于60°，吊装时不宜小于45°，绑扎中心(各支吊索内力的合力作用点)必须在屋架重心之上，防止屋架晃动和倾翻。

屋架绑扎吊点的数目、位置与屋架的形式、跨度、安装高度及起重机的吊杆长度有关，一般需经验计算确定。当屋架跨度小于或等于18m时，两点绑扎；屋架跨度大于18m，而小于30m时，用两根吊索四点绑扎；屋架跨度大于或等于30m时，可采用9m跨度的横吊梁(也称铁扁担)，以减少吊索高度(图8-38)。

钢屋架的纵向刚度差，在翻身扶直与安装时，应绑扎几道杉木杆，作为临时加固措施，防止侧向变形。

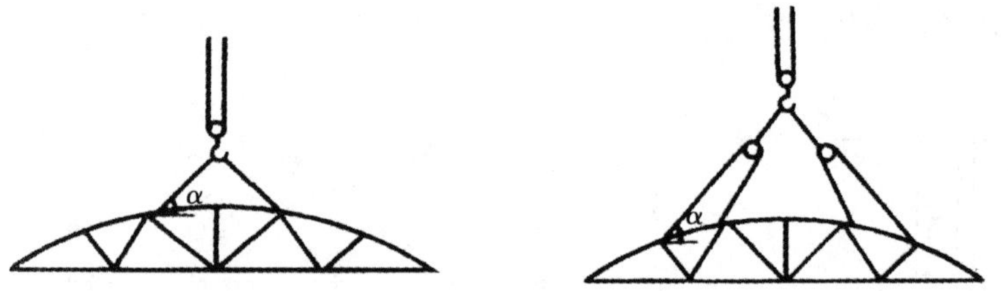

(a)跨度小于、等于18m时　(b)跨度大于18m时

(c)跨度大于30m时　(d)三角形组合屋架

图8-38　屋架绑扎方法示例

(2)屋架扶直与就位

钢筋混凝土屋架或预应力混凝土屋架多在施工现场平卧叠浇，吊装前先翻身扶直，然后起吊运至预定位置就位。屋架的侧向刚度较差，扶直时需要采取加固措施，以免屋架上弦挠曲开裂。屋架扶直有正向扶直和反向扶直两种方法(图8-39)。

① 正向扶直。起重机位于屋架下弦一边，吊钩对准屋架上弦中点，收紧起重钩，起重臂稍稍抬起使屋架脱模，接着升臂并同时升钩，使屋架以下弦为轴心缓缓转为直立状态。

② 反向扶直。起重机位于屋架上弦一边，吊钩对准屋架上弦中点，然后升钩、降臂、使屋架绕下弦转动而直立。

两种扶直方法的不同点在于，前者边升钩边起臂，后者则边升钩边降臂，以保证吊钩始

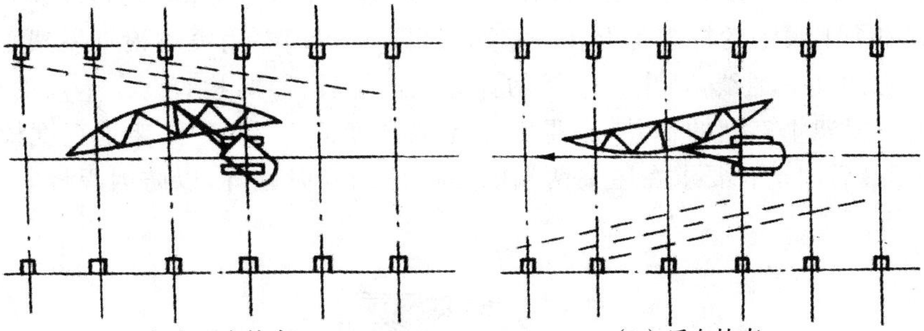

图 8-39　屋架的扶直

终在上弦中点的垂直上方。升臂比降臂易于操作且较安全，故应尽可能采用正向扶直。

屋架扶直后，应吊往柱边就位，就位的位置与起重机的性能和安装方法有关，应少占地，便于吊装，且要考虑屋架的安装顺序、两端朝向等问题。一般靠柱边斜放或以 3～5 榀为一组，平行柱边纵向就位，为使屋架保持稳定，用 8 号铁丝、支撑等与已安装好的柱子绑牢。

(3)屋架的吊升、对位与临时固定

屋架的吊升方法有单机吊装和双机抬吊。单机吊装时，先将屋架吊离地面约 500mm，将屋架转至吊装位置下方，起重钩将屋架吊至柱顶以上，然后将屋架缓缓放至柱顶，使屋架两端的轴线与柱顶轴线重合，对位正确后，立即临时固定，固定稳妥后，起重机方可脱钩。

双机抬吊时，应将屋架立于跨中。起吊时，一机在前，一机在后，两机共同将屋架吊离地面约 1.5m，后机将屋架端头从起重臂一侧转向另一侧(调档)，然后同时升钩将屋架吊起，并送至安装位置(图 8-40)。

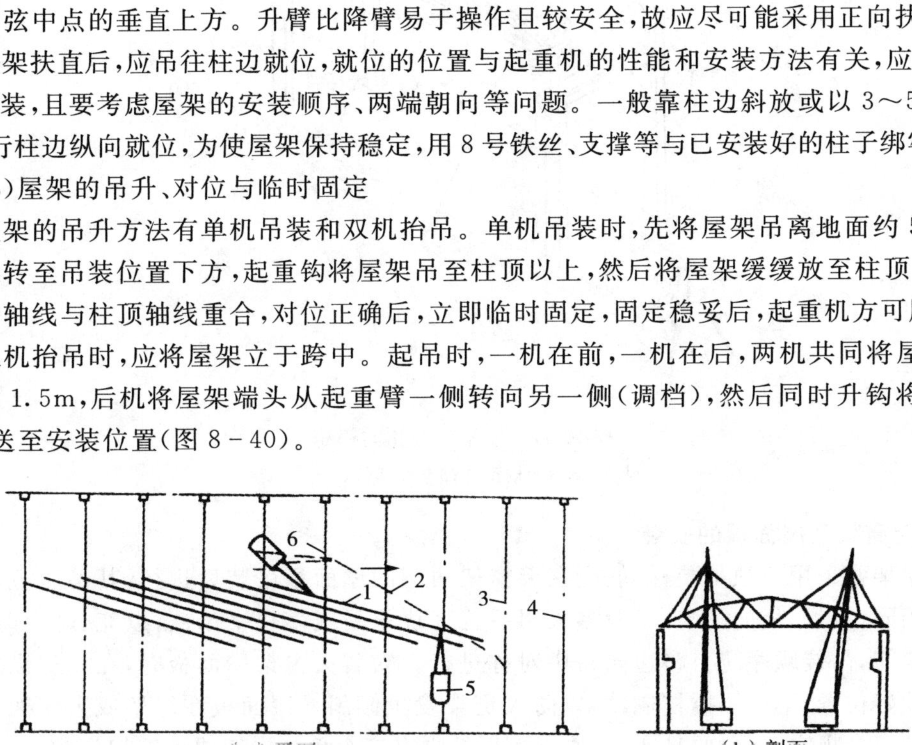

图 8-40　双机抬吊安装屋架

1—准备起吊的屋架；2—调档后的屋架；3—准备就位的屋架；4—已安装好的屋架；5—前机；6—后机

双机抬吊屋架最好用同类型起重机，若起重机类型不同，必须合理地进行负荷分配，同时注意统一指挥，两机配合协调，第一榀屋架安装就位后，用四根缆风绳在屋架两侧拉牢临时固定。若有抗风柱时，可与抗风柱连接固定。其他各榀屋架用屋架校正器(工具式支撑)临时固定，每榀屋架至少用两个屋架校正器与前榀屋架连接临时固定。

(4)屋架校正及最后固定

屋架经对位、临时固定后，主要检查并校正垂直度，可用经纬仪或垂球检查，用屋架校正器校正。用经纬仪检查垂直度时，在屋架上弦的中央和两端各安装一个卡尺，自上弦几何中心线量出500mm，在卡尺上做出标志，然后距屋架中线500mm的跨外设一经纬仪，用经纬仪检查三个卡尺上的标志是否在一垂面上(图8-41)。用锤球检查屋架垂直度时，在两端卡尺标志间连一通线，从中央卡尺的标志处向下挂锤球，检查三个卡尺的标志是否在同一垂面上。屋架垂直度的偏差，不得大于屋架高度的1/250。屋架垂直度校正后，应立即电焊，进行最后固定。要求在屋架两端的不同侧面同时施焊，以防因焊缝收缩导致屋架倾斜。

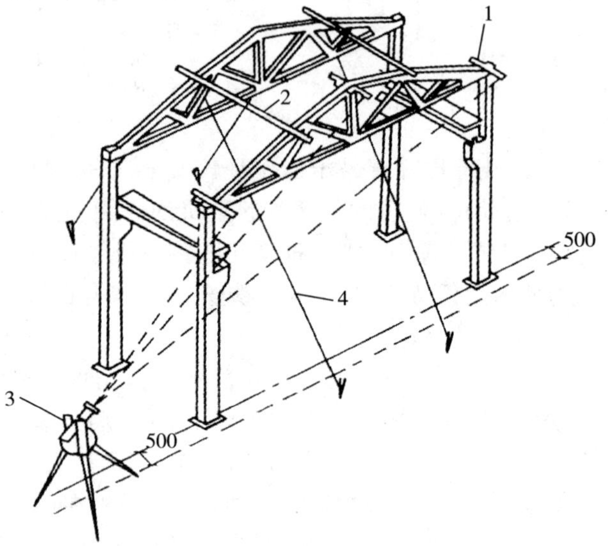

图8-41　屋架的校正与固定

1—卡尺;2—屋架校正器;3—经纬仪;4—缆风绳

4. 天窗架及屋面板的安装

天窗架常采用单独吊装，一般应在天窗架两侧的屋面板吊装后进行，其吊装方法与屋架基本相同。屋面板的吊装，一般多采用一钩多块叠吊或多块平吊法，以充分发挥起重机的工作效能，吊装顺序应自跨边向跨中对称进行。安装天窗架屋面板时，在厂房纵轴线方向一次放好位置，不可用撬杠撬动，以防天窗架发生倾斜。屋面板在屋架或天窗架上的搁置长度应符合规定，四角要坐实，每块屋面板至少有三个角与屋架或天窗架焊牢，并保证焊缝质量。

8.3.3 结构安装方案

单层工业厂房结构安装内容包括结构安装方法、起重机的选择、起重机的开行路线以及构件的平面布置等。安装方案应根据厂房的结构形式、跨度、安装高度、构件重量和长度、吊装工期以及现有起重设备和现场环境等因素综合研究确定。

1. 结构安装方法

单层工业厂房结构安装方法有分件吊装法、节间吊装法和综合吊装法。

(1)分件吊装法

分件吊装法是在厂房结构吊装时，起重机每开行一次，仅吊装一种或两种构件。一般分三次开行吊装完全部构件，第一次开行吊装柱子，并进行校正和固定；第二次开行吊装吊车梁、连系梁及柱间支撑；第三次开行分节间吊装屋架、天窗架、屋面板及屋面支撑等。

分件吊装法，起重机每一次开行均吊装同类型构件，起重机可根据构件的重量及安装高度来选择，不同构件选用不同型号起重机，能充分发挥起重机的工作性能。吊装过程中索具更换次数少，吊装速度快，效率高，可给构件校正、焊接固定、混凝土浇筑养护提供充足时间。

(2)节间吊装法

节间吊装法是指起重机在吊装过程内的一次开行中，分节间吊装完各种类型的全部构件或大部分构件。其优点是起重机行走路线短，可及时按节间为下道工序创造工作面。但要求选用起重量较大的起重机，起重机的性能不能充分发挥，索具更换频繁，安装速度慢，构件供应和平面布置复杂，构件校正及最后固定时间紧迫。钢筋混凝土结构厂房吊装一般不采用此法，仅适用于钢结构厂房及门架式结构的安装。

(3)综合吊装法

综合吊装法是指建筑物内一部分构件(柱、柱间支撑、吊车梁等)采用分件吊装法吊装，另一部分构件(屋盖的全部构件)采用节间吊装法吊装。综合吊装法吸取了分件吊装法和节间吊装法的优点，因此，结构吊装中多采用此法。

2. 起重机的选择

起重机的选择包括起重机类型、型号和数量的选择。

(1)起重机类型的选择

起重机的类型主要根据厂房结构的特点、厂房的跨度、构件的重量、安装高度以及施工现场条件、现有起重设备和吊装方法确定。一般中小型厂房跨度不大，构件的重量与安装高度也不大，可采用自行式起重机，以履带式起重机应用最普遍，也可采用桅杆式起重机；重型厂房跨度大、构件重、安装高度大，根据结构特点，可选用大型自行式起重机、重型塔式起重机等。

(2)起重机型号的选择

起重机类型确定后，还要根据构件的尺寸、重量及安装高度，选择起重机的型号和验算起重量 Q、起重高度 H 和工作幅度(回转半径)R，三个工作参数必须满足结构吊装要求。

① 起重量 Q 计算

所选起重机的起重高度，必须满足所吊装构件的安装高度要求。单机吊装起重量 Q，按公式(8-5)计算，双机抬吊起重量 Q，按公式(8-6)计算。

$$Q \geqslant Q_1 + Q_2 \tag{8-5}$$

$$K(Q_{主} + Q_{副}) \geqslant Q_1 + Q_2 \tag{8-6}$$

式中：Q——起重机的起重量，kN；

Q_1——构件的质量，kN ；

Q_2——索具的质量，kN；

$Q_{主}$——主机起重量，kN；

$Q_{副}$——副机起重量，kN；

K——起重量降低系数，一般取0.8。

② 起重高度 H 计算

所选起重机的起重高度，必须满足所吊装构件的安装高度要求(图8-42)。起重机的起重高度按式(8-7)计算：

$$H \geqslant H_1 + H_2 + H_3 + H_4 \qquad (8-7)$$

式中：H——起重机起重高度，m；从停机面算起至吊钩中心。

H_1——安装支座表面高度，m，从停机面算起。

H_2——安装间隙，视具体情况定，一般取0.2~0.3m。

H_3——绑扎点至构件吊起后底面的距离，m。

H_4——索具高度，m；绑扎点至吊钩中心的距离，视具体情况定。

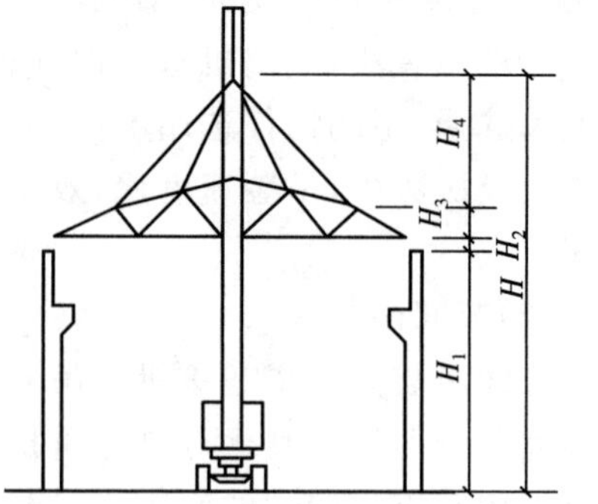

图8-42 起重高度计算简图

③ 起重臂长度计算

A. 起重臂不跨越其他构件的长度计算(图8-43)

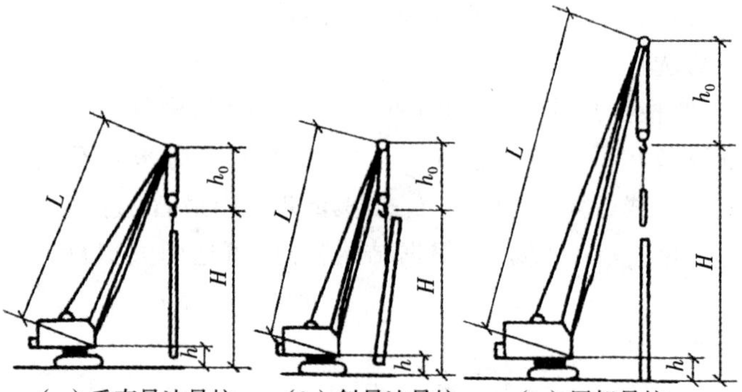

(a)垂直吊法吊柱 (b)斜吊法吊柱 (c)屋架吊柱

图8-43 不跨越其他构件吊装时起重臂长度计算

起重机吊装单层厂房的柱子和屋架时，起重臂一般不跨越其他构件，此时，起重臂长度按式(8-8)计算：

$$K \geqslant \frac{H + h_0 - h}{\sin\alpha} \qquad (8-8)$$

式中：L——起重臂长度，m；

H——起重高度，m；

h_0——起重臂顶至吊钩底面的距离，m；

h——起重臂底铰至停机面距离，m；

α——起重臂仰角，一般取70°~77°。

B. 起重臂跨越其他构件的长度计算

当起重机安装屋面板、屋面支撑等节间构件时，起重臂需要跨越已安装好的屋架或天窗架时，起重臂的长度计算分两种情况：对于吊装有天窗架的屋面时，按跨越天窗架吊装跨中屋面板计算；吊装平屋面时，按跨越屋架吊装跨中屋面板和吊装跨边屋面板两种情况计算。取两者中较大值，计算方法有数解法和图表法。

a. 数解法

数解法求起重臂长度按式(8-9)计算(图 8-44)：

$$L=L_1+L_2=\frac{h}{\sin\alpha}+\frac{a+g}{\cos\alpha} \tag{8-9}$$

式中：L——起重臂长度，m；

a——起重吊钩需跨过已安装构件的水平距离，m；

g——起重臂轴线与已吊装屋架轴间的水平距离(至少取 1m)；

α——起重臂仰角，可按式(8-10)计算：

$$\alpha=\arctan\sqrt{\frac{h^3}{a+g}} \tag{8-10}$$

式中：h——起重臂底铰至构件吊装支座的高度，$h=h_1+h_2-h_3$，m；

h_1——构件安装高度(起重机停机点地面至安装构件的顶面距离)，m；

h_3——起重臂下铰点离地面高度，m；

h_2——起重臂中心线至安装构件顶面的垂直距离(图 8-45)，m，可按式(8-11)计算：

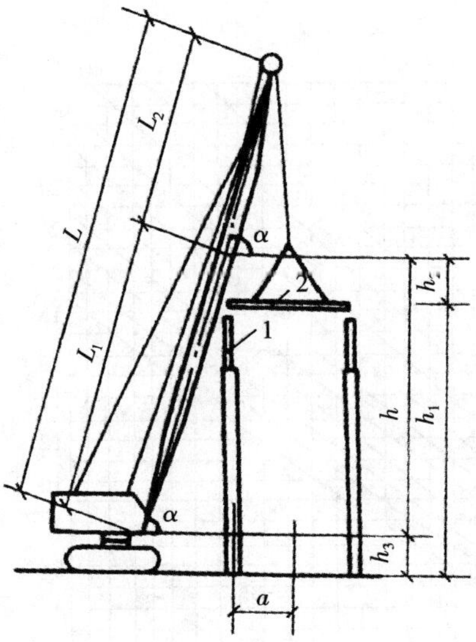

图 8-44 数解法求起重臂长度

1—已安装的构件；2—正安装的构件

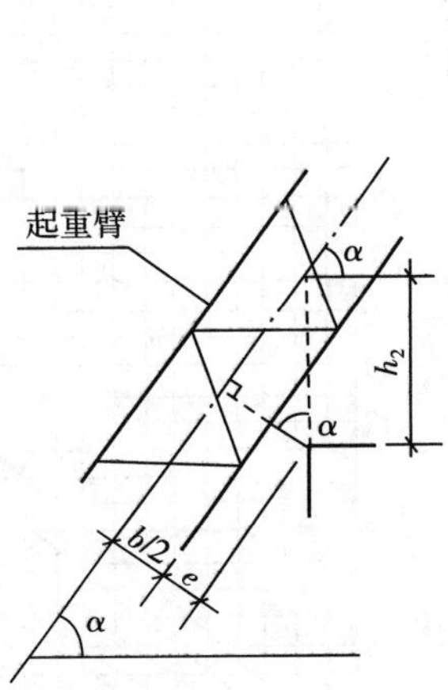

图 8-45 求起重臂中心线至安装构件顶面的垂直距离

$$h_2=\frac{\frac{b}{2}+e}{\cos\alpha} \tag{8-11}$$

式中:b——起重臂厚度,一般为 0.6～1m。

求 h_2 时,起重臂仰角 α 可近似取

$$\alpha\approx\arctan\sqrt{\frac{3}{a+g}} \tag{8-12}$$

即

$$h_2\approx\frac{\frac{b}{2}+e}{\cos\left(\arctan\sqrt{\frac{h_3}{a+g}}\right)} \tag{8-13}$$

b. 图表法

将公式(8-9)和公式(8-10)进行数学推导得出:

$$\sqrt[3]{L_2}=\sqrt[3]{h^2}+\sqrt[3]{a^2} \tag{8-14}$$

式中各符号含义同公式(8-9)。由公式(8-12)可做出 Lha 曲线,如图 8-46 所示,图中纵坐标 h 值按 $h=h_1+h_2-h_3$ 计算;其中 h_2 由表 8-8 查得。

综上所述,用图表法求起重臂长度的步骤分以下三步。

第一步:由表 8-8 查得 h_2 值。

第二步:由 h_2 值求出 h 值。

第三步:由图 8-46 查得 L 值。

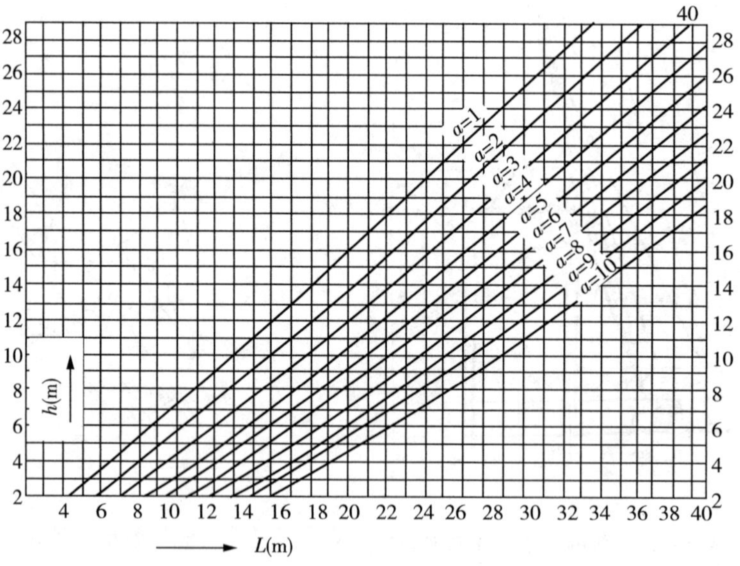

图 8-46　Lha 曲线

表 8-8 计算起重臂长度的 h_2 数值

$h_1:a$	cosα	b			$h_1:a$	cosα	b		
		0.6	0.8	1.0			0.6	0.8	1.0
0.5	0.783	0.64	0.77	0.89	8	0.447	1.12	1.34	1.57
0.8	0.733	0.68	0.82	0.96	9	0.433	1.15	1.38	1.62
1.0	0.707	0.71	0.85	0.99	10	0.421	1.19	1.43	1.66
1.5	0.658	0.76	0.91	1.06	11	0.410	1.22	1.46	1.71
2.0	0.622	0.80	0.97	1.12	12	0.400	1.25	1.50	1.75
2.5	0.593	0.84	1.01	1.18	13	0.361	1.28	1.53	1.79
3.0	0.570	0.88	1.05	1.23	14	0.383	1.30	1.57	1.83
3.5	0.550	0.91	1.09	1.27	15	0.376	1.33	1.60	1.86
4.0	0.533	0.94	1.13	1.31	16	0.369	1.36	1.63	1.90
4.5	0.518	0.97	1.16	1.35	17	0.362	1.38	1.66	1.93
5.0	0.505	0.99	1.19	1.39	18	0.357	1.40	1.68	1.96
5.5	0.493	1.01	1.22	1.42	19	0.351	1.43	1.71	2.00
6.0	0.482	1.04	1.24	1.45	20	0.346	1.45	1.74	2.03
6.5	0.472	1.06	1.27	1.48	25	0.324	1.55	1.85	2.16
7.0	0.463	1.08	1.30	1.51	30	0.306	1.63	1.96	2.28

注：本表按公式：$h_2=\dfrac{\frac{b}{2}+e}{\cos\left(\arctan\sqrt[3]{\frac{h_1}{a}}\right)}$求得，其中 e 取 0.2。

④ 工作幅度（回转半径）R 计算

起重机工作幅度（回转半径），按式（8-15）计算：

$$R=F+L\cos\alpha \tag{8-15}$$

式中：R——起重机的工作幅度（回转半径）；

F——起重臂下铰点中心至起重机回转中心的水平距离，其数值由起重机技术参数表查得；

α——起重臂仰角。

⑤ 检查 Q、H，最后确定起重机型号

通过上述计算求出 R 后，按 R 及起重臂长度，查起重机的起重性能表或曲线，检查起重量 Q 及起重高度 H，如果能满足结构构件的吊装要求，则起重机起重臂长度的确定即可完成，初选的起重机型号即可确定。

【例 8-3】 拟安装某质量为 15kN 的构件，已知 $h_1=15\text{m}$，$\alpha=3\text{m}$，初步选定用 W_1-100 型起重机，其起重臂厚度 $b=0.8\text{m}$，$h_3=1.7\text{m}$，试计算安装此构件需要的起重臂长度。

解：

(1)用图表法求起重臂长度。

① 求 h_2。$h_1:\alpha=15:3=5$，

由表 8-8 查得 $h_2=1.19$，$\cos\alpha=0.505$。

② 求 h。$h=h_1+h_2-h_3=15+1.19-1.7=14.49$。

③ 求 L。由图 8-46 查得 $L=22.8$m。

如用数解法计算，则 $L=22.73$m，故初步选择起重臂长度为 23m。

(2)检查 Q、H。

查表 8-1 得臂长 23m 的 W1-100 型履带式起重机，当 $R=13$m 时，起重量 $Q=29\text{kN}>15\text{kN}$，满足要求；起升高度 $H=17.8\text{m}>15\text{m}$。吊索与屋面板夹角一般不小于 45°，则 $17.8-15=2.8$m，可满足吊索长度选用要求。因此，Q、H 均满足要求。

3. 起重机的开行路线

起重机的开行路线与起重机的性能、构件的尺寸与重量、构件的平面布置及安装方法等有关。

吊装柱时，根据厂房跨度大小、柱的尺寸和质量、起重机性能、构件平面布置，起重机的开行路线，一般分跨中开行和跨边开行两种。

(1)跨中开行

当 $R\geqslant L/2$（L 为厂房跨度）时，起重机跨中开行，每个停机点吊两根柱子（图 8-47a）：停机点在以基础中心为圆心，R 为半径的圆弧与跨中开行路线的交点处；特别地，当 $R\geqslant\sqrt{\left(\frac{L}{2}\right)^2+\left(\frac{b}{2}\right)^2}$（$b$ 为厂房柱距）时，一个停机点可吊四根柱子，停机点在该柱网对角线交点处（图 8-47b）。

(2)跨边开行

当吊柱时的起重半径 $R<\frac{L}{2}$ 时，起重机沿跨边开行，每次开行可吊装一根柱子（图 8-47c）；特别地，当 $R\geqslant\sqrt{a^2+\left(\frac{b}{2}\right)^2}$ 时，一次可吊装两根柱子，起重机停机点在以杯口为圆心，以 R 为半径的圆弧与跨边开行路线的交点处（图 8-47d）。

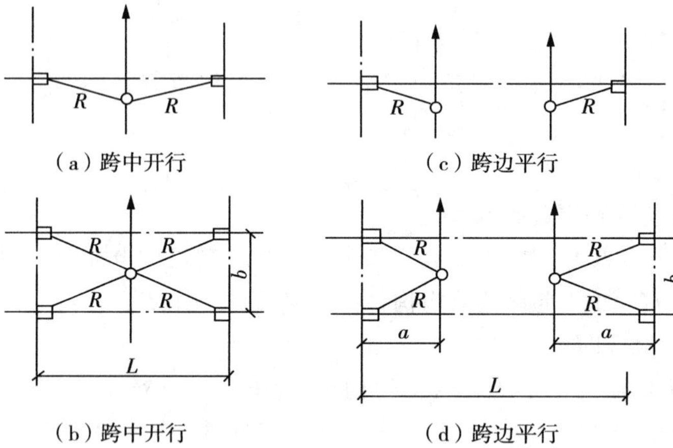

图 8-47　吊装柱时起重机开行路线及停机点位置

4. 构件的平面布置

(1)构件平面布置的原则

① 每跨构件宜布置在本跨内，如场地狭窄，也可布置在跨外便于吊装的地方。

② 应满足安装工艺的要求，尽可能布置在起重机的回转半径内，以减少起重机负荷行驶。

③ 构件布置应“重近轻远”，即将重构件布置在距起重机停机点较近的地方，轻构件布置在距停机点较远的地方。

④ 要注意构件布置的朝向，特别是屋架，避免安装时在空中调头，影响进度及安全。

⑤ 构件布置应便于支模与浇灌混凝土，当为预应力混凝土构件时要考虑抽芯穿筋张拉等。

⑥ 构件布置力求占地最少，以保证起重机的行驶路线畅通和安全回转。

(2)预制阶段构件的平面布置

① 柱的布置

柱的布置方式一般有斜向布置和纵向布置两种。

a. 斜向布置。柱子如采用旋转法起吊，可按三点共弧斜向布置(图 8-48)。首先确定起重机的开行路线，然后以杯口的中心为圆心，以 R 为半径，画弧交起重机开行路线于 O 点，O 点即为停机点。以 O 点为圆心，以 R 为半径画一圆弧，在圆弧靠近杯口处，选定点 K 作为柱脚的位置，再以 K 为圆心，以柱到绑扎点的距离为半径画弧，交另一弧于 S，以 KS 为中心线，画出柱的外形尺寸，即为柱子的斜向布置图。

当柱子较长，场地受限时，很难做到三点共弧，此时，采用滑行法起吊，柱子的布置要求为两点共弧，一是柱脚与杯口两点共弧，或是绑扎点与杯口两点共弧。

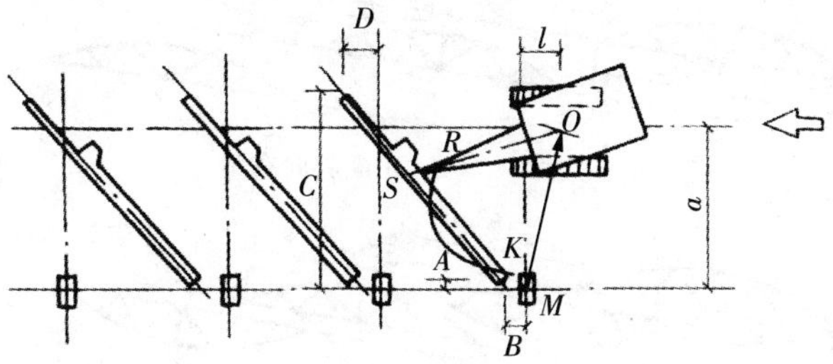

图 8-48 柱子的斜向布置(三点共弧)

b. 纵向布置。用旋转法起吊，柱子按两点共弧纵向布置，绑扎点靠近杯口，柱子可以两根叠浇，每次停机可吊两根柱子(图 8-49)。

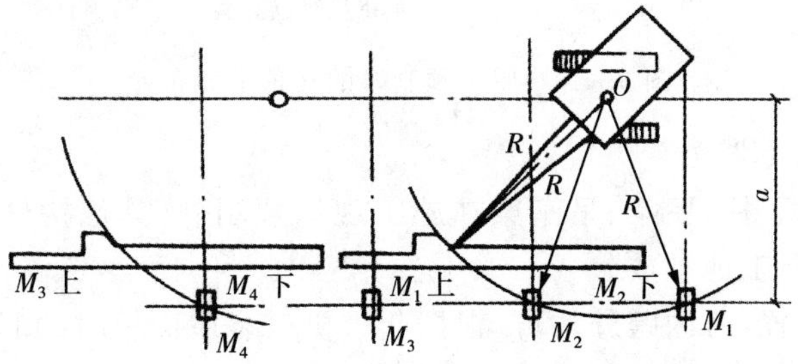

图 8-49 柱子的纵向平面布置

柱子布置时，还要注意牛腿的朝向问题，当柱布置在跨内时，牛腿应朝向起重机，若柱布置在跨外，则牛腿应背向起重机，使柱吊装后牛腿朝向符合设计要求。

② 屋架布置

屋架一般在跨内平卧叠浇预制，每叠 3～4 榀，布置的方式有正面斜向布置、正反斜向布置和正反纵向布置三种(图 8-50)，其中以斜向布置较多，以便于屋架的扶直与排放。对于预应力屋架，应在屋架的一端或两端留出抽芯与穿筋的工作场地(图中虚线表示预留的距离)。

③ 吊车梁布置

吊车梁可布置在柱子与屋架间的空地处，一般可靠近柱子基础，平行于纵轴线或略倾斜，亦可插在柱子间混合布置。

(3)安装阶段构件的就位与堆放

安装阶段构件的就位布置，是指柱子已安装完毕其他构件的就位布置，包括屋架的扶直、就位、吊车梁、屋面板的运输就位等。

① 屋架的扶直就位

吊装屋架前，先将屋架由平卧转为直立，并立即进行就位排放。就位方式有斜向就位和成组纵向就位两种(图 8-51)。屋架与屋架之间保持净距不小于 200mm，并用支撑及铁丝相互间撑牢拉紧，防止倾斜。

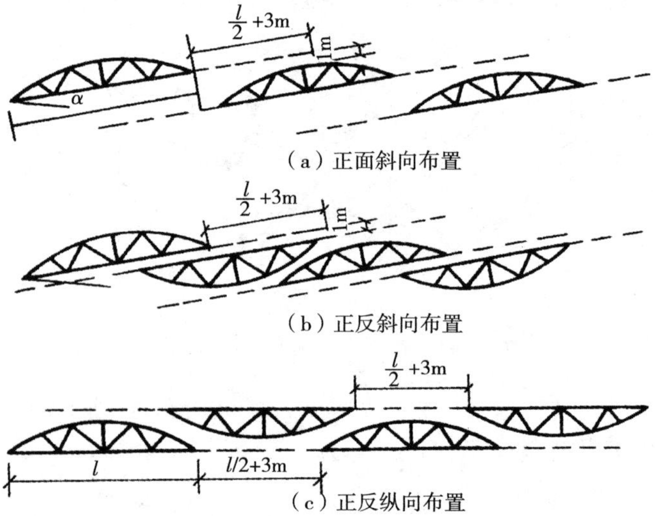

图 8-50　屋架预制时的几种平面布置

② 屋面板的就位、堆放

单层工业厂房除了柱、屋架、吊车梁在施工现场预制外，其他构件如连系梁、屋面板均在场外制作，然后运至工地堆放。

屋面板的堆放位置，跨内跨外均可，根据起重机吊装屋面板时的起重半径确定，一般布置在跨内，6～8 块叠放，若车间跨度在 18m 以内时，采用纵向堆放，若跨度大于 24m 时，可采用横向堆放。

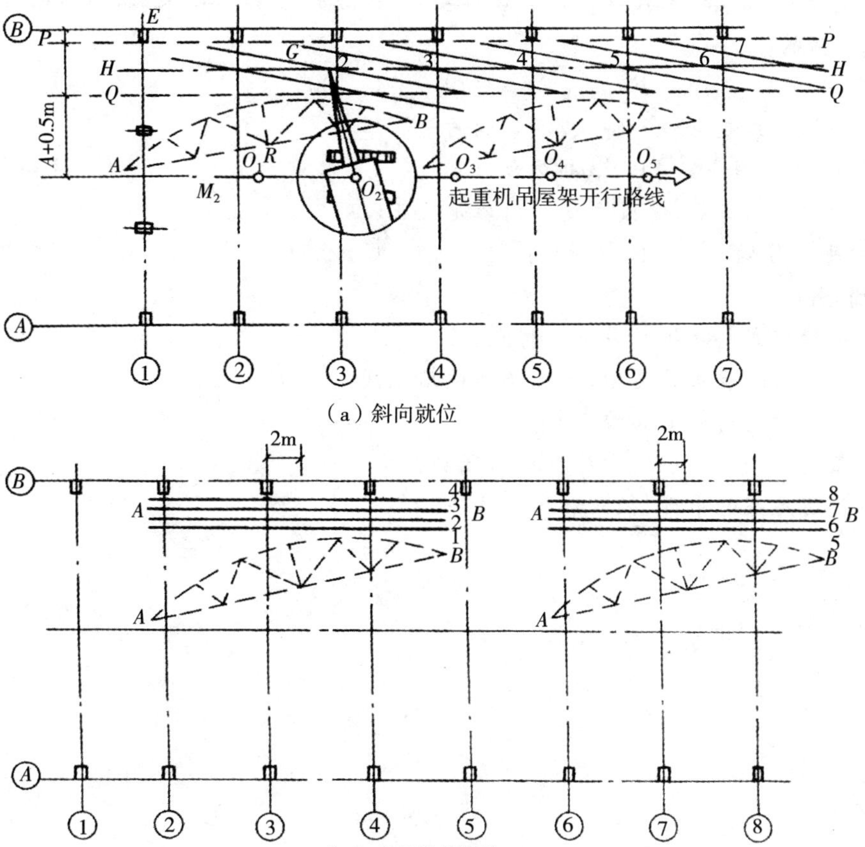

（a）斜向就位

（b）成组纵向就位

图 8－51　屋架的就位布置

思考练习题

一、单选题

1.“起重量大，服务半径小，移动困难”，这是哪类起重机的特点（　　）。

A. 桅杆式　　B. 汽车式　　C. 履带式　　D. 塔式

2. 履带式起重机的缺点是（　　）。

A. 起重量小　　B. 移动困难　　C. 服务半径小　　D. 稳定性较差

3. 能够载荷行驶是哪种起重机的优点？（　　）

A. 牵缆式桅杆起重机　　B. 履带式

C. 汽车式　　D. 轮胎式

4. 行驶速度快、移动迅速、对路面破坏小，适用于流动性大，经常变换地点的作业的起重机是（　　）。

A. 牵缆式桅杆起重机　　B. 履带式

C. 汽车式　　D. 轮胎式

5. 构件运输时混凝土强度应满足设计要求，当设计无具体要求时，不得低于混凝土设计强度标准值的(　　)。

A. 50%　　B. 75%　　C. 100%　　D. 90%

6. 有关桅杆式起重机的特点，不正确的是(　　)。

A. 构造简单　　B. 装拆方便　　C. 起重量大　　D. 服务半径大

7. 在柱临时固定后，其最主要的内容是校正(　　)。

A. 柱平面位置　　B. 柱标高　　C. 柱距　　D. 垂直度

二、简答题

1. 简述桅杆式起重机的种类及特点。

2. 简述塔式起重机的类型、特点及其适用范围。

3. 如何对柱进行固定和校正?

4. 屋架的正向扶直和反向扶直有何区别?

5. 试简述屋架的吊升、校正和固定方法。

第9章 防水工程

【学习内容】本章主要介绍了防水工程的种类、作用、质量保证措施及发展方向；防水材料的种类、性能及应用；地下防水工程的防水方案、防水等级的划分；混凝土结构自防水、水泥砂浆抹面防水、卷材防水层、涂膜防水层等地下防水的施工；屋面防水工程的种类、防水等级的划分与设防要求；刚性防水屋面的构造、适用范围、施工工艺及要求；卷材防水屋面的特点、构造、适用范围与卷材防水层的施工工艺及要求；涂膜防水屋面的构造、适用范围与涂膜防水层的施工工艺及要求。

9.1 防水材料

防水材料是防水工程的重要物质基础，是保证建筑物与构筑物防止雨水侵入、地下水等水分渗透的主要屏障，防水材料质量的优劣直接关系到防水层的耐久年限。由于建筑防水工程质量涉及选材、设计、施工、使用维护和管理等诸多环节，必须实施“防、排、截、堵相结合，刚柔相济，因地制宜，综合治理”的原则，才能得到可靠的保证。而在上述一系列环节中，做到恰当选材、精心设计、规范施工、定期维护、重视管理，则是提高防水工程质量、延长防水工程使用寿命的关键所在。

9.1.1 刚性防水材料

刚性防水的主要防水材料包括防水混凝土和防水砂浆，其防水机理是通过在混凝土或水泥砂浆中加入膨胀剂、减水剂、防水剂等，合理调整混凝土、水泥砂浆的配合比，改善孔隙结构特征，增强材料的密实性、憎水性和抗渗性，阻止水分子渗透，从而达到结构自防水的目的。这种防水方法成本低、施工较为简单，当出现渗漏时，只需修补渗漏裂缝即可，无须重新更换整个防水层。由于刚性防水的防水层易受结构层的变形而开裂，所以，一般工程的防水层采用刚柔互补的复合防水技术。

1. 防水混凝土

防水混凝土兼有结构层和防水层的双重功效。其防水机理是依靠结构构件（如梁、板、柱、墙体等）混凝土自身的密实性，再加上一些构造措施（如设置坡度、变形缝或者使用嵌缝膏、止水环等），达到结构自防水的目的。

防水混凝土一般包括普通防水混凝土、外加剂防水混凝土（引气剂防水混凝土、减水剂防水混凝土、三乙醇胺防水混凝土、氯化铁防水混凝土等）和膨胀剂防水混凝土（补偿收缩混凝土）三大类。其最大抗渗压力、技术要求和适用范围见表9－1。

表 9-1 防水混凝土的技术要求和适用范围

种类		最大抗渗压力(MPa)	技术要求	适用范围
普通防水混凝土		＞3.0	水灰比 0.5～0.6；坍落度 30～50mm（掺外加剂或采用泵送时不受此限）；水泥用量≥320kg/m^3；灰砂比 1：2～1：2.5；含砂率≥35%；粗骨料粒径≤40mm；细骨料为中砂或细砂	一般工业、民用及公共建筑的地下防水工程
外外加剂防水混凝土	引气剂防水混凝土	＞2.2	含气量为 3%～6%；水泥用量 250～300kg/m^3；水灰比 0.5～0.6；含砂率 28%～35%；砂石级配、坍落度与普通混凝土相同	适用于北方高寒地区对抗冻要求较高的地下防水工程及一般的地下防水工程，不适用于抗压强度＞20 MPa 或耐磨性要求较高的地下防水工程
	减水剂防水混凝土	＞2.2	选用加气型减水剂。根据施工需要分别选用缓凝型、促凝型、普通型的减水剂	钢筋密集或薄壁型防水构筑物，对混凝土凝结时间和流动性有特殊要求的地下防水工程（如泵送混凝土）
	三乙醇胺防水混凝土	＞3.8	可单独掺用（1 号），也可与氯化钠复合掺用（2 号），也能与氯化钠、亚硝酸钠三种材料复合使用（3 号），对重要的地下防水工程以 1 号和 3 号配方为宜	工期紧迫、要求早强及抗渗性较高的地下防水工程
	氯化铁防水混凝土	＞3.8	液体密度大于 1.4g/cm^3；($FeCl_2$＋$FeCl_3$) 含量≥0.4kg/L；$FeCl_2$：$FeCl_3$为 1：1～1：3；pH 值为 1～2；硫酸铝含量为氯化铁的 5%；氯化铁掺量一般为水泥的 3%	水中结构、无筋少筋、厚大防水混凝土工程及一般地下防水工程，砂浆修补抹面工程。薄壁结构不宜使用
明矾石膨胀剂防水混凝土		＞3.8	必须掺入国产 32.5 MPa 以上的普通矿渣、火山灰和粉煤灰水泥共同使用，不得单独代替水泥。一般外掺量占水泥用量的 20%。掺入国外水泥时，其掺量应经试验后确定	地下工程及其后浇缝

2. 防水砂浆

水泥砂浆防水层是通过严格的操作技术或掺入适量的防水剂、高分子聚合物等材料，提高砂浆的密实性，达到抗渗防水的目的。

水泥砂浆防水层按其材料成分的不同，分为刚性多层普通水泥砂浆防水、聚合物水泥砂浆防水和掺外加剂水泥砂浆防水三大类，其做法及特点见表 9-2。

表 9-2 水泥砂浆防水层常用做法及特点

分　类	常用做法或名称	特点
刚性多层普通水泥砂浆防水	五层或四层抹面做法	价廉、施工简单、工期短，抗裂、抗震性较差
聚合物水泥砂浆防水	氯丁胶乳水泥砂浆	施工方便，抗折、抗压、抗震、抗冲击性能较好，收缩性大
掺外加剂水泥砂浆防水	明矾石膨胀剂水泥砂浆	抗裂、抗渗性好、后期强度稳定
	氯化铁水泥砂浆	抗渗性能好、有增强、早强作用，抗油浸性能好

水泥砂浆防水仅适用于结构刚度大、建筑物变形小、基础埋深小、抗渗要求不高的工程，不适用于有剧烈振动、处于侵蚀性介质及环境温度高于100℃的工程。

9.1.2 卷材防水材料

防水卷材是建筑防水材料的主要品种之一，它应用广泛，其数量占我国整个防水材料的90%。防水卷材按材料的组成不同，分为普通沥青防水卷材、高聚物改性沥青防水卷材和合成高分子防水卷材三个系列，含几十个品种规格。

1. 普通沥青防水卷材

沥青防水卷材是用原纸、纤维织物、纤维毡等胎体材料浸涂沥青，表面撒布粉状、粒状或片状材料制成的可卷曲的片状防水材料。按胎体材料的不同分为三类，即纸胎油毡、纤维胎油毡和特殊胎油毡。纤维胎油毡包括织物类（玻璃布、玻璃席等）和纤维毡类（玻纤、化纤、黄麻等）等；特殊胎油毡包括金属箔胎、合成膜胎、复合胎等。

沥青防水卷材由于其价格低廉，具有一定的防水性能，故应用较广泛。

2. 高聚物改性沥青防水卷材

由于沥青防水卷材含蜡量高，延伸率低，温度的敏感性强，在高温下易流淌，低温下易脆裂和龟裂，因此只有对沥青进行改性处理，提高沥青防水卷材的拉伸强度、延伸率、在温度变化下的稳定性以及抗老化等性能，才能适应建筑防水材料的要求。

沥青改性以后制成的卷材，叫作改性沥青防水卷材。目前，对沥青的改性方法主要有采用合成高分子聚合物进行改性、沥青催化氧化、沥青的乳化等。

合成高分子聚合物（简称高聚物）改性沥青防水卷材包括SBS改性沥青防水卷材、APP改性沥青防水卷材、PVC改性焦油沥青防水卷材、再生胶改性沥青防水卷材、废橡胶粉改性沥青防水卷材和其他改性沥青防水卷材等种类。

3. 合成高分子防水卷材

合成高分子防水卷材是用合成橡胶、合成树脂或塑料与橡胶共混材料为主要原料，掺入适量的稳定剂、促进剂、硫化物和改进剂等化学助剂及填料，经混炼、压延或挤出等工序加工而成的可卷曲片状防水材料。

合成高分子防水卷材有多个品种，包括三元乙丙橡胶防水卷材、丁基橡胶防水卷材、再生橡胶防水卷材、氯化聚乙烯防水卷材、聚氯乙烯防水卷材、聚乙烯防水卷材、氯磺化聚乙烯防水卷材、氯化聚乙烯-橡胶共混防水卷材、三元乙丙橡胶-聚乙烯共混防水卷材等。这些卷材的性能差异较大，堆放时，要按不同品种的标号、规格、等级分别放置，避免因混乱而造成错用。

9.1.3 涂膜防水材料

涂膜防水材料是一种在常温下呈黏稠状液体的高分子合成材料。涂刷在基层表面后，经过溶剂的挥发或水分的蒸发或各组分间的化学反应，形成坚韧的防水膜，起到防水、防潮的作用。

涂膜防水层完整、无接缝，自重轻，施工简单、方便、工效高，易于修补，使用寿命长。若防水涂料配合密封灌缝材料使用，可增强防水性能，有效防止渗漏水，延长防水层的耐用期限。

防水涂料按液态的组分不同，分为单组分防水涂料和双组分防水涂料两类。其中单组分防水涂料按液态类型不同，分为溶剂型和水乳型两种；双组分防水涂料属于反应型。

防水涂料按基材组成材料的不同，分为沥青基防水涂料、高聚物改性沥青防水涂料和合成高分子防水涂料三大类。

9.1.4 密封防水材料

建筑密封防水材料是为了填堵建筑物的施工缝、结构缝、板缝、门窗缝及各类节点处的接缝，达到防水、防尘、保温、隔热、隔音等目的。

建筑密封防水材料应具备良好的弹塑性、粘结性、挤注性、施工性、耐候性、延伸性、水密性、气密性、贮存性、化学稳定性，并能长期抵御外力的影响，如拉伸、压缩、收缩、膨胀、振动等。

建筑密封防水材料品种繁多，它们的不同点主要表现在材质和形态两个方面。

建筑密封防水材料按形态不同，分为不定型密封材料和定型密封材料两大类。不定型密封材料是呈黏稠状的密封膏或嵌缝膏，将其嵌入缝中，具有良好的水密性、气密性、弹性、粘结性、耐老化性等特点，是建筑常用的密封材料。定型密封材料是将密封材料加工成特定的形状，如密封条、密封带、密封垫等，供工程中特殊的密封部位使用。

建筑密封防水材料按材质的不同，分为改性沥青密封材料和合成高分子密封材料两大类。

9.2 地下防水工程

9.2.1 地下工程防水方案与防水等级

地下工程全埋或半埋于地下或水下，常年受到潮湿和地下水的有害影响，所以，对地下工程防水的处理比屋面防水工程的要求更高，防水技术难度更大。

地下防水工程施工期间，首先应做好排除地面水和降低地下水位的工作，以保持基坑内土体干燥，创造良好的施工条件。否则，不但影响施工质量，而且还会引起基坑塌方事故。尤其要注意整个工程施工期间，必须连续的降低地下水位，使地下水位保持在地下工程底部最低标高以下不小于300mm，保证施工期间地下防水结构或防水层的垫层基本干燥和不承受地下水的压力，直至地下工程施工全部完成为止。目前，地下防水工程的方案主要有以下几种：

(1)采用防水混凝土结构。通过调整配合比或掺入外加剂等方法来提高混凝土本身的密实度和抗渗性，使其具有一定的防水能力的整体式混凝土或钢筋混凝土结构。

(2)在地下结构表面另加防水层。如抹水泥砂浆防水层或贴涂料防水层等。

(3)采用防水加排水措施，即“防排结合”方案。排水方案通常可用盲沟排水、渗排水与内排法排水等方法把地下水排走，以达到防水的目的。

《地下防水工程质量验收规范》(GB50208－2011)根据防水工程的重要性、使用功能和建筑物类别的不同，按围护结构允许渗漏水的程度，将地下工程防水等级分为四级，各级标准应符合表 9－3 的要求。

表 9－3　地下工程防水等级标准

防水等级	标　准
一级	不允许渗水，结构表面无湿渍
二级	不允许漏水，结构表面可有少量湿渍 房屋建筑地下工程：总湿渍面积不大于总防水面积(包括顶板、墙面、地面)的 1‰；任意 100 m^2 防水面积不超过 1 处，单个湿渍面积不大于 0.1m^2 其他地下工程：总湿渍面积不大于总防水面积的 2‰；任意 100m^2 防水面积不超过 3 处，单个湿渍面积不大于 0.2m^2
三级	有少量漏水点，不得有线漏和漏泥砂 任意 100m^2 防水面积不超过 7 处，单个漏水点的漏水量不大于 2.5L/d，单个湿渍面积不大于 0.3m^2
四级	有漏水点，不得有线漏和漏泥砂 整个工程平均漏水量不大于 2 L/(m^2 · d)，任意 100m^2 防水面积的平均漏水量不大于 4 L/(m^2 · d)

9.2.2　混凝土结构自防水施工

混凝土结构自防水是利用密实性好、抗渗性能高的防水混凝土作为结构的承重体系，结构本身既承重又防水。这种方法具有材料来源丰富，造价低廉，施工简单、方便等特点，是地下工程防水的有效措施。

混凝土结构自防水工程质量的优劣取决于优良的设计、材料的性质、配合成分和施工质量。因此，对施工中的各主要环节，如混凝土搅拌、运输、浇筑、振捣、养护等，均应严格遵循施工及验收规范和操作规程进行施工。施工人员应树立保证工程质量的责任心，对施工质量要高标准、严要求，做到思想重视、组织严密、措施落实、施工精细。

1. 模板安装

防水混凝土所有模板，除满足一般要求外，应特别注意模板拼缝严密不漏浆，构造应牢固稳定，固定模板的螺栓(或铁丝)不宜穿过防水混凝土结构。

当采用对拉螺栓固定模板时，应在预埋管或螺栓上加焊止水环。止水环直径应符合设计规定。若设计无规定，一般为 8～10cm，且至少一环，采用对拉螺栓固定模板的方法有以下几种：

(1)工具式螺栓。用工具式螺栓将防水螺栓固定并拉紧，以压紧固定模板。拆模时，将工具式螺栓取下，再以嵌缝材料及聚合物水泥砂浆将螺栓凹槽封堵严密。

(2)螺栓加堵头。在结构两边螺栓周围做凹槽，拆模将螺栓沿平凹底割去，再用膨胀水泥砂浆将凹槽封堵(图 9－1)。

(3)螺栓加焊止水环。在对拉螺栓中部加焊止水环，止水环与螺栓必须满焊严密。拆模后应沿混凝土结构边缘将螺栓割断(图 9－2)。此法将消耗所用螺栓。

(4)预埋套管加焊止水环。套管采用钢管，其长度等于墙厚(或其长度加上两端垫木的厚度之和等于墙厚)，兼具撑头作用，以保持模板之间的设计尺寸。止水环在套管上满焊严密。支模时在预埋套管中穿入对拉螺栓拉紧固定模板。拆模后将螺栓抽出，套管内以膨胀水泥砂浆封堵密实。套管内两端有垫木的，拆模时连同垫木一并拆除，除密实封堵套管外，还应将两端垫木留下的凹坑用同样的方法封实(图 9－3)。此法可用于一般抗渗要求的结构。

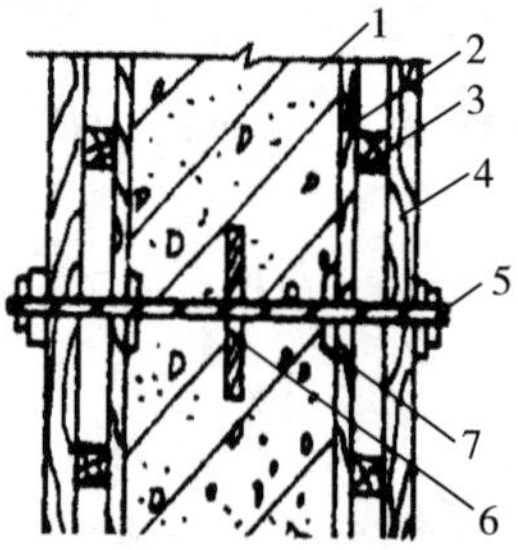

图 9－1　螺栓加堵头

1—围护结构；2—模板；3—小龙骨；4—大龙骨；5—螺栓；6—止水环；7—堵头(拆模后将螺栓沿平凹底割去，水泥砂浆封再用膨胀水泥砂浆封堵)

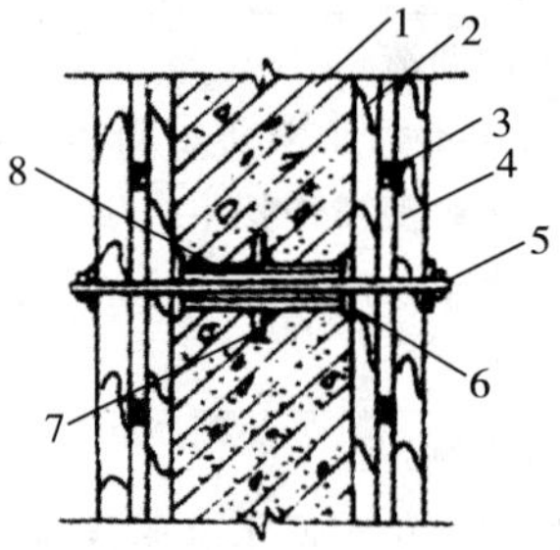

图 9－2　螺栓加焊止水环

1—围护结构；2—模板；3—小龙骨；4—大龙骨；5—螺栓；6—止水环

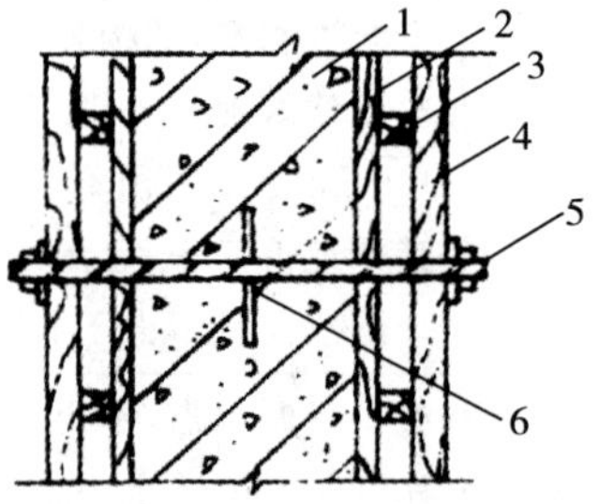

图 9－3　预埋套管

1—防水结构；2—模板；3—小龙骨；4—大龙骨；5—螺栓；6—垫木(与模板一并拆除后，连同套管一起用膨胀堵)；7—止水环；8—预埋套管

(5)对拉螺栓穿塑料管堵孔。这种做法适用于组装竹胶模板或大模板。具体做法：对拉螺栓穿过塑料套管(长度相当于结构厚度)将模板固定压紧，浇筑混凝土后，拆模时将螺栓及塑料套管均拔出；然后用膨胀水泥砂浆将螺栓孔封堵严密，再涂刷养护灵养护。此做法可节约螺栓、加快施工进度、降低工程成本。

2. 钢筋绑扎

钢筋互相间应绑扎牢固，以防浇捣混凝土时，因碰撞、振动使绑扣松散、钢筋移位，造成露筋。绑扎钢筋时，应按设计规定留足保护层，不得有负误差。留设保护层应以相同配合比的涂料或水泥砂浆制成垫块，将钢筋垫起，严禁以钢筋垫钢筋，或将钢筋用铁钉、铅丝直接固定在模板上。

钢筋、铅丝均不得接触模板，若采用铁马凳架上加焊止水环，应防止水沿铁马凳渗入混凝土结构。

当钢筋排列稠密，以致影响混凝土浇筑时，可同设计人员协商，采取措施，以保证混凝土的浇筑质量。

3. 混凝土搅拌

选定配合比时，其试配要求的抗渗水压值应较其设计值提高 0.2MPa，并准确计算并称量每种用料，投入混凝土搅拌机。外加剂的掺入方法应遵从所选外加剂的使用要求。

防水混凝土应采用机械搅拌，搅拌时间不应小于 120s。掺入外加剂时，应根据外加剂的技术要求确定搅拌时间。适宜的搅拌时间也可通过现场实测选定。

4. 混凝土运输

混凝土在运输过程中要防止产生离析现象、坍落度和含气量的损失，同时要防止漏浆。拌好的混凝土要及时浇筑，常温下应于半小时内运至现场，于初凝前浇筑完毕。运送距离较远或气温较高时，可掺入缓凝型减水剂。浇筑前发生显著泌水离析现象时，应加入适量的原水灰比的水泥浆复拌均匀，方可浇筑。

5. 混凝土的浇筑和振捣

浇筑前，应清除模板内的积水、木屑、铅丝、铁钉等杂物，并以水湿润模板。使用钢模应保持其表面清洁无浮浆。

浇筑混凝土的自落高度不得超过 1.5m，否则应使用串筒、溜槽或溜管等工具进行浇筑，以防产生石子堆积，影响质量。在结构内若有密集管群，以及预埋件或钢筋稠密之处，不宜使混凝土浇捣密实时，应选用免振捣的自密实高性能混凝土进行浇筑，以保证质量。

在浇筑大体积结构中，遇有预埋大管径套管或面积较大的金属板时，其下部的倒三角形区域不易浇捣密实而形成空隙，造成漏水。为此，可在管底或金属板上预先留置浇筑振捣孔，以利浇捣和排气，浇筑后再将孔补焊严密。混凝土浇筑应分层，每层厚度不应超过 30～40cm，相邻两层浇筑时间间隔不应超过 2h，夏季可适当缩短。防水混凝土必须采用高频机械振捣，振捣时间宜为 10～30s，以混凝土泛浆和不冒气泡为止，并应避免漏振、欠振和超振。混凝土振捣后，须用铁锹拍平拍实，等混凝土初凝后用铁抹子压光，以增加表面致密性。

6. 混凝土的养护

防水混凝土的养护对其抗渗性能影响极大，特别是早期湿润养护更为重要，一般在混凝土进入终凝(浇筑后 4～6h)即应覆盖，浇水养护时间不得少于 14d。

防水混凝土不宜用电热法或蒸汽养护。在特殊地区，必须使用蒸汽养护时，应注意：①对混凝土表面不宜直接喷射蒸汽加热。②及时排除聚在混凝土表面的冷凝水。③防止结冰。④控制升温和降温速度。升温速度：对表面系数小于 6 的结构，不宜超过 6℃/h；对表面系数大于或等于 6 的结构，不宜超过 8℃/h，恒温温度不得超过 50℃。降温速度：不宜超过 5℃/h。

7. 拆除模板

由于防水混凝土要求较严，因此不宜过早拆模。拆模时，混凝土的强度等级必须大于设计强度等级的 70%；拆模时，混凝土表面温度与环境温度之差不应大于 15℃，以防止混疑土表面产生裂缝；拆模时，应注意勿使模板和防水混凝土结构受损。

8. 防水混凝土结构的保护

地下工程的结构部分拆模后，应抓紧进行下一分项工程的施工，以便及时对基坑回填，这样可避免因干缩和温差引起开裂，并有利于混凝土后期强度的增长和抗渗性的提高，同时也可减轻涌水对工程的危害，起一道阻水线的作用。回填土应分层夯实，并严格按照施工规范的要求操作，控制回填土的含水率及干密度等指标。同时应做好建筑物周围的散水坡，以保护基坑回填土不受地面水的入侵。

混凝土结构浇筑后严禁打洞。对出现的小孔洞应及时修补，修补时先将孔洞冲洗干净，涂刷一道水灰比为 0.4 的水泥浆，再用配合比为 1∶0.5∶2.5 的水泥砂浆填实抹平。

9. 施工缝

施工缝是防水薄弱部位之一，应不留或少留施工缝。顶板、底板的混凝土应连续浇筑，不得留施工缝。墙体上不得留垂直的施工缝（垂直施工缝应与变形缝统一考虑），只准留水平施工缝，并应高出底板表面不少于 300mm，距穿墙孔洞边缘不少于 300mm，并避免设在墙板承受弯矩或剪力最大的部位。

传统的施工缝止水措施是将施工缝接缝断面可做成不同的形状，如平缝、凸缝、高低缝和钢板止水缝等（图 9－4）。这些做法实际上没有起到止水作用，只是延长了渗水通道而已，而且施工难度大，钢板成本高，易生锈。

为有效解决墙体施工缝的渗漏水问题，目前常用 SPJ 型遇水膨胀橡胶或 BW 型遇水膨胀橡胶止水条，对施工缝进行处理。

BW 型遇水膨胀橡胶止水条的施工方法是撕掉其表面的隔离纸，将其直接粘贴在平整、干净的施工缝处，压紧粘牢，且每隔 1m 左右钉一个水泥钢钉，固定后即可进行下一步防水混凝土的浇筑，如图 9－5 所示。

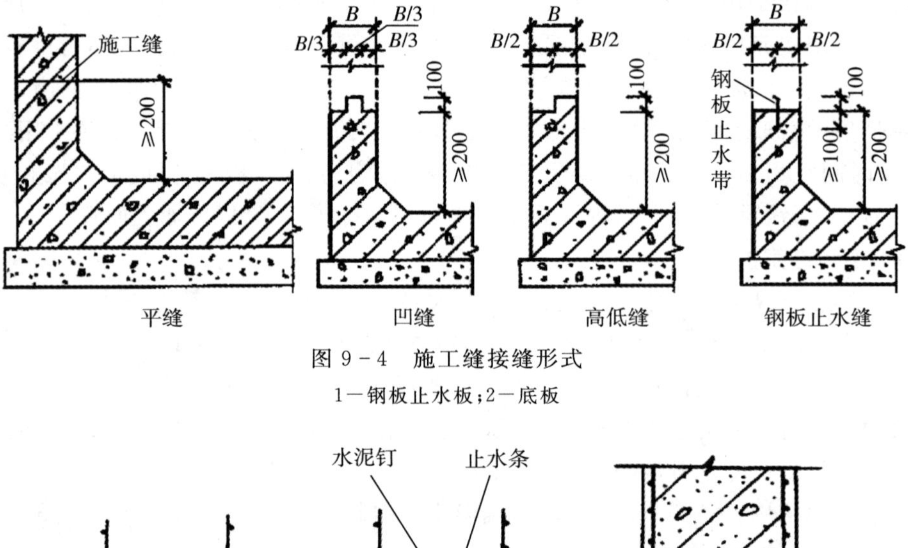

图 9－4　施工缝接缝形式

1—钢板止水板；2—底板

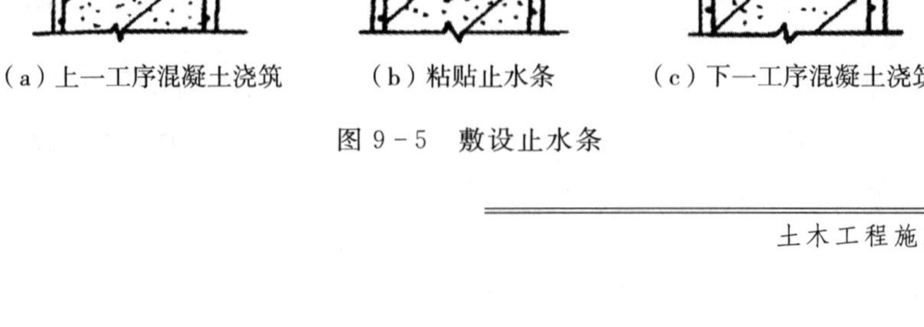

图 9－5　敷设止水条

10. **质量要求**

防水混凝土的施工质量要求包括以下内容。

(1)防水混凝土的原材料、配合比及坍落度必须符合设计要求。施工中要检查出厂合格证、质量检验报告、计量措施和现场抽样试验报告。

(2)防水混凝土的抗压强度和抗渗压力必须符合设计要求。施工中要检查混凝土的抗压、抗渗试验报告。

(3)防水混凝土的变形缝、施工缝、后浇带、穿墙管道、埋设件等设置和构造,均须符合设计要求,严禁有渗漏。

(4)防水混凝土结构表面应坚实、平整,不得有露筋、蜂窝等缺陷;埋件位置正确。

(5)防水混凝土结构表面的裂缝宽度不应大于 0.2mm,并不得贯通。

(6)防水混凝土结构厚度不应小于 250mm,其允许偏差为+15mm,−10mm;迎水面钢筋保护层厚度不应小于 50mm,其允许偏差为±10mm。

9.2.3 水泥砂浆抹面防水施工

水泥砂浆防水层可用于地下工程主体结构的迎水面或背水面,不应用于受持续振动或温度高于 80℃的地下工程防水。

水泥砂浆抹面防水层可分为:刚性多层做法防水层(或称普通水泥砂浆防水层)、掺外加剂或掺合剂的水泥砂浆防水层和聚合物水泥砂浆防水层,如图 9-6 所示。

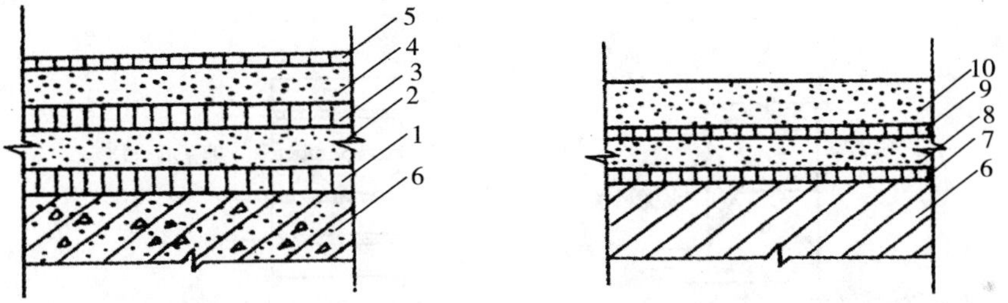

(a)刚性多层做法防水层　　(b)掺外加剂防水砂浆防水层构造

图 9-6　防水砂浆防水层构造做法

1,3—素灰层;2,4—水泥砂浆层;5,7,9—水泥浆;6—结构基层;8—防水砂浆垫层;10—防水砂浆面层

防水层做法分为外抹面防水(一般指迎水面)和内抹面防水(一般指背水面)。防水层的施工程序,一般是先抹顶板,再抹墙面,最后抹地面。

1. **基层处理**

基层处理是保证防水层与基层表面结合牢固,不空鼓和密实不透水的关键。基层处理包括清理、浇水、刷洗、补平等工序,使基层表面保持潮湿、清洁、平整、坚实、粗糙。

(1)混凝土基层的处理

① 新建混凝土工程拆模后,立即用钢丝刷将混凝土表面刷毛,并在抹面前浇水冲刷干净。

② 旧混凝土工程补做防水层时,需用钻子、剁斧、钢丝刷将表面凿毛,清理平整后再冲水,用棕刷刷洗干净。

③ 混凝土表面凹凸不平、蜂窝孔洞，应根据不同情况分别处理。超过 1cm 的棱角及凹凸不平，应剔成漫坡形，并浇水清洗干净，用素灰和水泥砂浆分层找平(图 9－7)。混凝土表面的蜂窝孔洞，应先将松散不牢的石子除掉，浇水冲洗干净，用素灰和水泥砂浆交替抹到与基层面相平(图 9－8)。混凝土表面的蜂窝麻面不深，石子粘结较牢固，只需用水冲洗干净后，用素灰打底，水泥砂浆压实找平(图 9－9)。

④ 混凝土结构的施工缝要沿缝剔成“八”字形凹槽，用水冲洗后，用素灰打底，水泥砂浆压实找平，如图 9－10 所示。

(2)砖砌体基层的处理

对于新砌体，应将其表面残留的砂浆等污物清除干净，并浇水冲洗。对于旧砌体，要将其表面酥松表皮及砂浆等污物清理干净，至露出坚硬的砖面，并浇水冲洗。对于石灰砂浆或混合砂浆砌的砖砌体，应将缝剔深 1cm，缝内呈直角(图 9－11)。

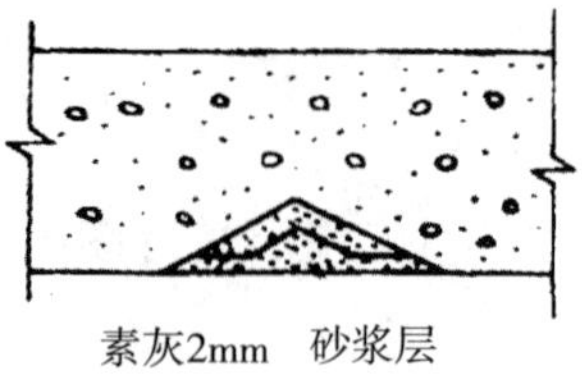

图 9－7　混凝土基层凹凸不平的处理

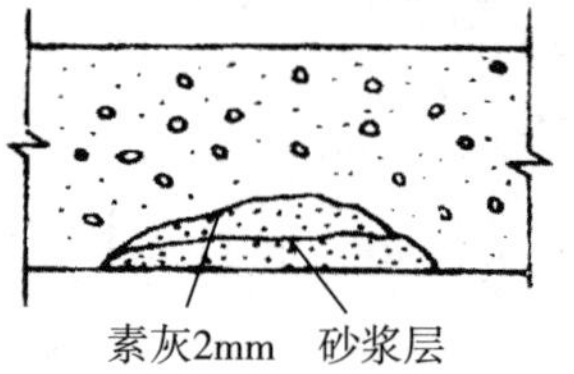

图 9－8　混凝土基层蜂窝孔洞的处理

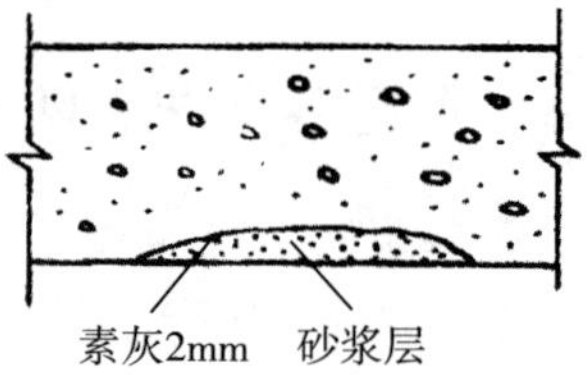

图 9－9　混凝土基层蜂窝麻面的处理

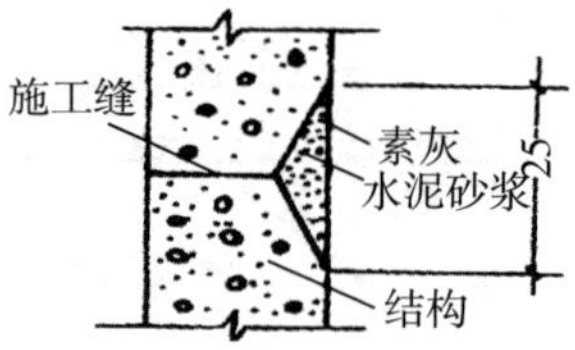

图 9－10　混凝土结构施工缝的处理

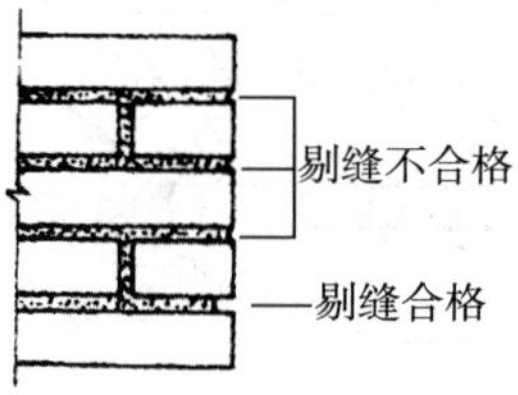

图 9－11　砖砌体的剔缝

2. 施工方法

(1)普通水泥砂浆防水层施工

① 混凝土顶板与墙面防水层操作。第一层：素灰层，厚 2mm。先抹一道厚 1mm 素灰，用铁抹子往返用力刮抹，使素灰填实基层表面的孔隙。随即在已刮抹过素灰的基层表面再抹一道厚 1mm 的素灰找平层，抹完后，用湿毛刷在素灰层表面按顺序涂刷一遍，将素灰层在操作过程中由于多余水分的蒸发形成的毛细孔道打乱，从而形成一层坚硬不透水的水泥结晶层，成为防水层的第一道防线。

第二层：水泥砂浆层，厚 4～5mm 在素灰层初凝时抹第二层水泥砂浆层，要防止素灰层过软或过硬，过软将素灰层破坏；过硬粘结不良，要使水泥砂浆层薄薄压入素灰层厚度的 1/4 左右，抹完后，在水泥砂浆初凝时用扫帚按顺序向一个方向扫出横向条纹。

第三层：素灰层，厚 2mm。在第二层水泥砂浆凝固并具有一定强度(常温下间隔一昼夜)，适当浇水湿润，方可进行第三层操作，其方法同第一层。

第四层：水泥砂浆层，厚4～5mm。按照第二层的操作方法将水泥砂浆抹在第三层上，抹后在水泥砂浆凝固前水分蒸发过程中，分次用铁抹子压实，一般以抹压3～4次为宜，最后再压光。

第五层：在第四层水泥砂浆抹压两边后，用毛刷均匀地将水泥浆刷在第四层表面，随第四层抹实压光。

② 砖墙面和拱顶防水层的操作。第一层是刷水泥浆一道，厚度约为1mm，用毛刷往返涂刷均匀，涂刷后，立即抹第二、三、四层等，其操作方法与混凝土基层防水相同。

③ 地面防水层的操作。地面防水层的操作与墙面、顶板操作不同的地方是，素灰层(第一、三层)不采用刮抹的方法，而是把拌和好的素灰倒在地面上，用棕刷往返用力涂刷均匀，第二和第四层是在素灰层初凝前后把拌和好的水泥砂浆层按厚度要求均匀铺在素灰层上，按墙面、顶板操作要求抹压，各层厚度也均与墙面、顶板防水层相同。地面防水层在施工时要防止践踏，应由里向外顺序进行，如图9-12所示。

④ 特殊部位的施工。结构阴阳角处的防水层均需抹成圆角，阴角直径为5cm，阳角直径为1cm。

防水层施工缝需留斜坡阶梯形槎，槎子的搭接要依照层次操作顺序层层搭接。留槎的位置一般留在地面上，或在墙面上，所留的槎子均需离阴阳角20cm以上，如图9-13所示。

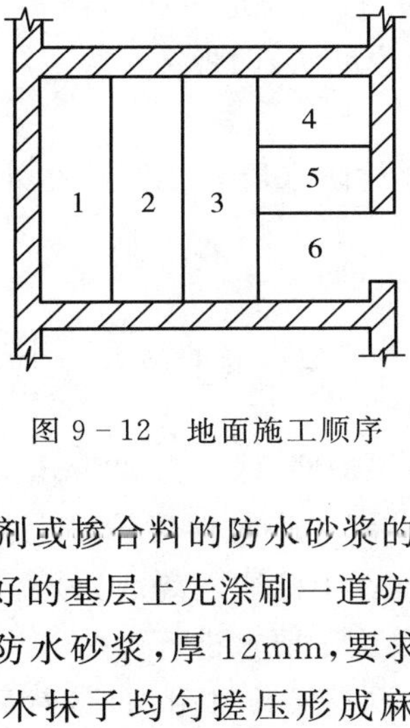

图9-12　地面施工顺序

图9-13　防水层接缝处理

(2)掺外加剂或掺合料的防水砂浆的施工

① 在处理好的基层上先涂刷一道防水净浆。

② 抹底层防水砂浆，厚12mm，要求分两次抹。第一次要用力抹压使之与基层结成一体，第一遍用木抹子均匀搓压形成麻面，待阴干后即按相同的方法抹压第二遍底层砂浆。

③ 底层砂浆抹完约8h后，即抹面层防水砂浆，厚13mm。仍要分两次抹。在抹面层防水砂浆之前，应先在底层防水砂浆上涂刷一道防水净浆，并随涂刷随抹第一遍面层防水砂浆(厚度不超过7mm)，凝固前，用木抹子均匀搓压形成麻面，第一遍面层防水砂浆阴干后再抹第二遍面层防水砂浆，并在凝固前分次抹压密实，最后压光。

(3)聚合物水泥砂浆防水层施工

聚合物水泥砂浆弥补了普通水泥砂浆“刚性有余、韧性不足”的缺陷，使刚性抹面技术对防水工程的适应能力得以提高，同时也扩大了刚性抹面技术的适用范围。

由于聚合物对水泥砂浆的改性，使砂浆在原有刚性及强度的基础上，又增加了弹性及柔韧性，从而使改性后的水泥砂浆获得优良的力学性能，其抗拉强度和抗折强度比普通水泥砂浆提高 1.5 倍，抗压强度也提高约 1 倍，此外，抗裂性、抗渗性、粘结性亦均优。

聚合物水泥砂浆适用于工业与民用建筑的地下防水工程，以及建筑物的堵漏工程。

3. 质量要求

水泥砂浆防水层的施工质量要求包括以下内容。

(1)水泥砂浆防水层的原材料及配合比必须符合设计要求。施工中要检查出厂合格证、质量检验报告、计量措施和现场抽样试验报告。

(2)水泥砂浆防水层各层之间必须结合牢固，无空鼓现象。

(3)水泥砂浆防水层表面应密实、平整，不得有裂纹、起砂、麻面等缺陷；阴阳角处应做成圆弧形。

(4)水泥砂浆防水层施工缝留槎位置应正确，接槎按层次顺序操作，层层搭接紧密。

(5)水泥砂浆防水层的平均厚度应符合设计要求，最小厚度不得小于设计值的 85%。

9.2.4 卷材防水层施工

将卷材防水层铺贴在地下防水结构的外侧(迎水面)，称为外防水。这种防水层的铺贴法可以借助土压力压紧，并与承重结构一起抵抗有压地下水的渗透侵蚀作用，防水效果良好，应用比较广泛。外防水的卷材防水层铺贴方法，按其与地下防水结构施工的先后顺序分为外防外贴法(简称外贴法)与外防内贴法(简称内贴法)两种。

1. 外贴法

外贴法是在地下防水结构墙体做好以后，把卷材防水层直接铺贴在外墙表面上，然后砌筑保护墙(图 9 - 14)。施工顺序如下。

(1)先浇筑需防水结构的底面混凝土垫层。

(2)在垫层上砌筑永久性保护墙，墙下铺一层干油毡。墙的高度不小于需防水结构底板厚度再加 100mm。

(3)在永久性保护墙上用石灰砂浆接砌临时性保护墙，墙高为 300mm。

(4)在永久性保护墙上抹 1∶3 水泥砂浆找平层，在临时性保护墙上抹石灰砂浆找平层，并刷石灰浆。如用模板代替临时性保护墙，应在其上涂刷隔离剂。

(5)待找平层基本干燥后，即可根据所选卷材的施工要求进行铺贴。

(6)在大面积铺贴卷材之前，应先在转角处粘贴一层卷材附加层，然后进行大面积铺贴，先铺平面，后铺立面。在垫层和永久性保护墙上应将卷材防水层空铺，而在临时性保护墙(或模板)上应将卷材防水层临时贴附，并分层临时固定在其顶端。

(7)当不设保护墙时，从底面折向立面的卷材的接槎部位应采取可靠的保护措施。

(8)浇筑需防水结构的混凝土底板和墙体。

(9)在需防水结构外墙外表面抹找平层。

(10)主体结构完成后，铺贴立面卷材时，应先将接槎部位的各层卷材揭开，并将其表面清理干净，如卷材有局部损坏，应及时进行修补。卷材接槎的搭接长度，高聚物改性沥青卷材为 150mm,合成高分子卷材为 100mm。当使用两层卷材时,卷材应错槎接缝,上层卷材应盖过下层卷材。卷材的甩槎、接槎做法如图 9-15 所示。

(11)待卷材防水层施工完毕,并经过检查验收合格后,即应及时做好卷材防水层的保护结构。保护结构的几种做法如下。

① 砌筑永久性保护墙。并每隔 5～6m 及在转角处断开,断开的缝中填以卷材条或沥青麻丝;保护墙与卷材防水层之间的空隙应随砌随以砌筑砂浆填实,保护墙完工后方可回填土。注意在砌保护墙的过程中切勿损坏防水层。

② 抹水泥砂浆。在涂抹卷材防水层最后一道沥青胶结材料时,趁热撒上干净的热砂或散麻丝,冷却后随即抹一层 10～20mm 的 1∶3 水泥砂浆,水泥砂浆经养护达到要求的强度后,即可回填土。

③ 贴塑料板。在卷材防水层外侧直接用氯丁系胶粘剂固定 5～6mm 厚的聚乙烯泡沫塑料板,完工后即可回填土。

上述做法亦可用聚醋酸乙烯乳液粘贴 40mm 厚的聚苯泡沫塑料板代替。

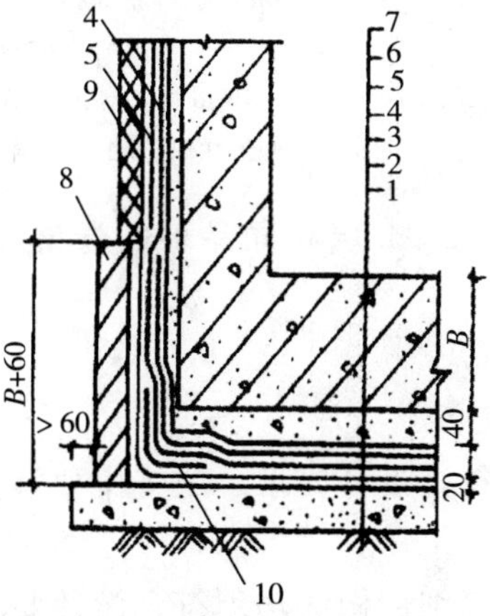

图 9-14　外贴法防水构造

1—素土夯实;2—混凝土垫层;3—20mm 1∶2.5 补偿收缩水泥砂浆找平层;4—卷材防水层;5—油毡保护层;6—40mmC20 细石混凝土保护层;7—钢筋混凝土结构层;8—永久性保护墙抹 20mm 1∶3 防水砂浆找平层;9— 5～6mm 厚聚乙烯泡沫塑料保护层;10—附加防水层;B—底板厚度

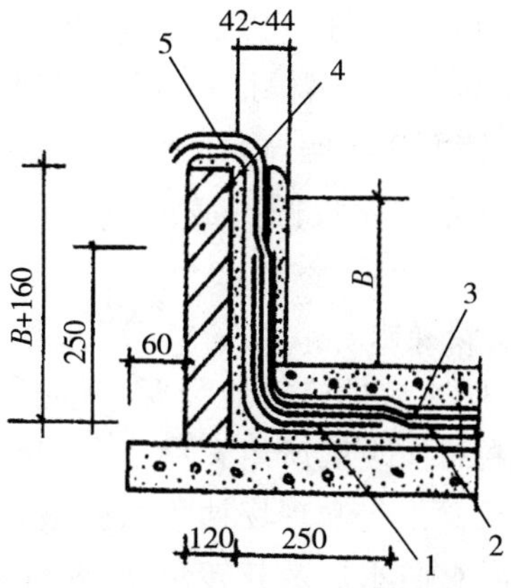

图 9-15　永久性保护墙体、卷材甩槎做法

1—附加防水层;2—卷材防水层;3—油毡保护层;4—永久性保护墙体;5—甩槎卷材(200～300mm);

2. 内贴法

内贴法是在地下防水结构墙体未做以前,先砌筑保护墙,然后将卷材防水层铺贴在保护墙上,再进行构筑物墙体施工(图 9-16)。施工顺序如下。

(1)在已施工好的混凝土垫层上砌筑永久性保护墙,保护墙全部砌好后,用 1∶3 水泥砂浆在垫层和永久保护墙上抹找平层。保护墙与垫层之间需干铺一层油毡。

(2)找平层干燥后即涂刷冷底子油或基层处理剂,干燥后方可铺卷材防水层,铺贴时应先铺立面,后铺平面,先铺转角,后铺大面。在全部转角处应铺贴卷材附加层,附加层可为两层同类油毡或一层抗拉强度较高的卷材,并应仔细粘贴紧密。

(3)卷材防水层铺完经验收合格后即应做好保护层,立面可抹水泥砂浆、贴塑料板,或用氯丁系胶粘剂粘铺石油沥青纸胎油毡;平面可抹水泥砂浆,或浇筑不小于50mm厚的细石混凝土。

(4)施工需防水结构,将保护层压紧。如为混凝土结构,则永久性保护墙可当一侧模板;结构顶板卷材防水层上的细石混凝土保护层厚度不小于70mm,防水层如为单层卷材,则其与保护层之间应设置隔离层。

(5)结构完工后,方可回填土。

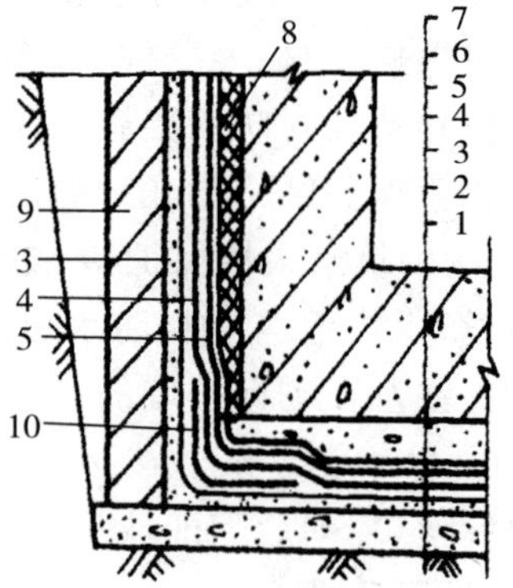

图9-16 外防内贴法防水构造

1—素土夯实;2—混凝土垫层;3—20mm 1∶2.5补偿收缩水泥砂浆找平层;4—卷材防水层;5—油毡保护层;6—40mm厚C20细石混凝土保护层;7—钢筋混凝土结构层;8—5～6mm聚乙烯泡沫塑料保护层;9—永久性保护墙;10—附加防水层

3. **卷材铺贴要求**

粘贴卷材的沥青胶结材料的厚度一般为1.5～2.5mm。两幅卷材短边或长边的搭接宽度不应小于100mm。铺设多层卷材时,上下两层和相邻两幅卷材的接缝应错开1/3幅宽,且上下两层卷材不得互相垂直铺贴;阴阳角应做成圆弧或45°(135°)折角,并增铺1～2层相同品种的卷材,宽度不宜小于500mm。

4. **质量要求**

卷材防水层的施工质量要求包括以下内容:

(1)卷材防水层所用卷材及主要配件材料必须符合设计要求。施工中要检查出厂合格证、质量检验报告和现场抽样试验报告。

(2)卷材防水层及其转角处、变形缝、穿墙管道等细部做法均须符合设计要求。

(3)卷材防水层的基层应牢固,基面应洁净、平整,不得有空鼓、松动、起砂和脱皮现象;基层阴阳角处应做成圆弧形。

(4)卷材防水层的搭接缝应粘(焊)结牢固,密封严密,不得有皱褶、翘边和鼓泡等缺陷。

(5)侧墙卷材防水层的保护层与防水层应粘结牢固、结合紧密、厚度均匀一致。

(6)卷材搭接宽度的允许偏差为-10mm。

9.2.5 涂膜防水层施工

涂膜防水层施工可有外防外涂和外防内涂两种做法。

1. **外防外涂法施工**

外防外涂法施工是指涂料直接涂在地下室侧墙板上(迎水面),再在外侧做保护层,这种做法是在底板防水层完成后,转角处在永久性保护墙上,待侧墙板主体结构完成后,再涂抹外侧涂料,接头留在永久性保护墙上(图9-17)。

2. **外防内涂法施工**

外防内涂法施工是指涂料涂在永久性保护墙上,涂料上做砂浆保护层,然后施工侧墙板主体结构。永久性保护墙加支撑后可作外模板(图 9－18)。

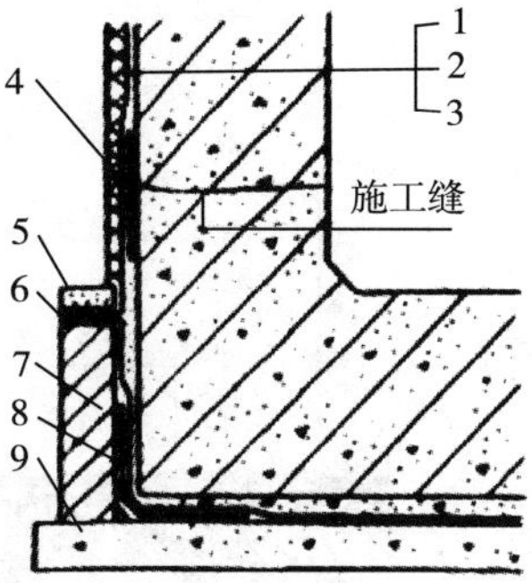

图 9－17　防水涂料外防外涂做法图

1－结构墙体;2－涂料防水层;
3－涂料保护层;4－涂料防水加强层;
5－涂料防水层搭接部位保护层;
6－涂料防水层搭接部位;7－永久保护墙;
8－涂料防水加强层;9－混凝土垫层

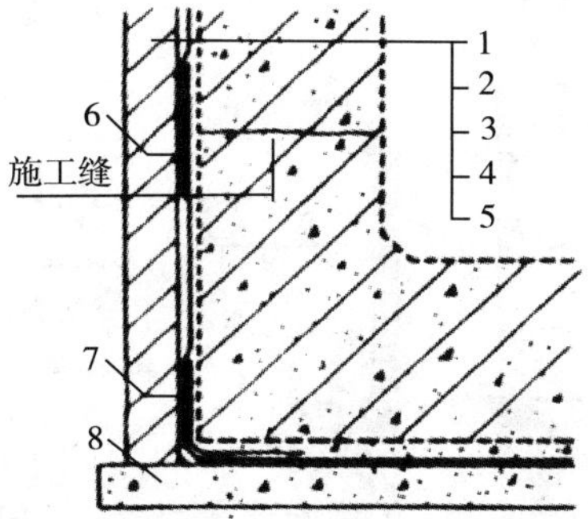

图 9－18　防水涂料外防内涂做法图

1－结构墙体;2－砂浆保护层;3－涂料防水层;
4－砂浆找平层;5－保护墙;6－涂料防水加强层;
7－涂料防水加强层;8－混凝土垫层

3. 细部做法

(1)阳角、阴角做法

在基层涂布底层卷材之后,应先进行增强涂布,同时将玻璃纤维布铺贴好,然后再涂布第一道、第二道涂膜(图 9－19)。

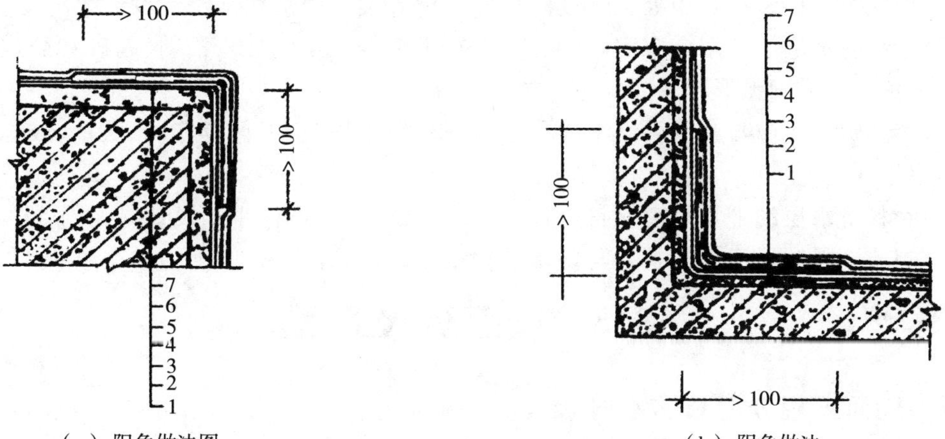

(a) 阳角做法图　　(b) 阴角做法

图 9－19　阳角、阴角做法图

1－需防水结构层;2－水泥砂浆找平层;3－底涂层(底层);
4－玻璃纤维布增强层;5－涂膜防水层;6－找平层;7－墙体结构

(2)管道根部

管道用砂纸打毛,并用溶剂洗除油污,其周围应清洁干燥;在管根周围及基层涂刷底层卷材,底层卷材固化后做增强涂布;增强层固化后再涂布第二道涂膜(图 9－20)。

(3)施工缝

施工缝处往往变形较大,应着重处理,先以嵌缝材料(勿用硅酮密封胶)填嵌裂隙,再涂刷底层卷材,固化后沿裂缝涂抹绝缘卷材(溶剂溶解的石蜡或石油沥青)或铺设 1mm 厚的非硫化橡胶条，然后做增强涂布(厚约 2mm)，增强层固化后再按规定顺序涂布第一道及第二道涂膜(图 9－21)。

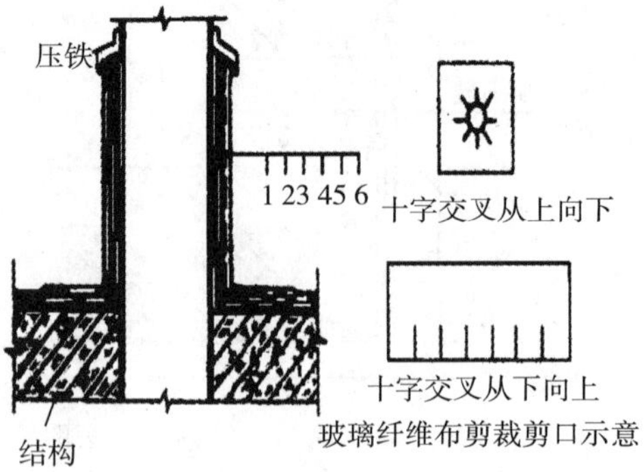

图 9－20 管道根部做法

1—穿墙管；2—底层涂料；3—增强层；4—第一道涂膜防水层；
5—铺十字交叉玻璃纤维布，并用铜线绑扎做增强涂料；
6—第二道涂膜防水层

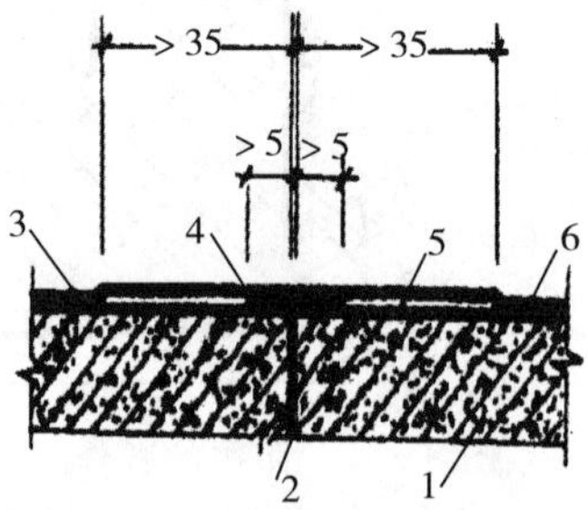

图 9－21 施工缝或裂缝处理

1—混凝土结构；2—施工缝或裂缝、裂隙；
3—底层涂料；4—绝缘涂料或非硫化橡胶条；
5—增强涂布；6—第一道、第二道涂膜防水层

4. 质量要求

涂料防水层的施工质量要求包括以下内容：

(1)涂料防水层所用材料及配合比必须符合设计要求。施工中要检查出厂合格证、质量检验报告、计量措施和现场抽样试验报告。

(2)涂料防水层及其转角处、变形缝、穿墙管道等细部做法均须符合设计要求。

(3)涂料防水层的基层应牢固，基面应洁净、平整，不得有空鼓、松动、起砂和脱皮现象；基层阴阳角应做成圆弧形。

(4)涂料防水层应与基层粘结牢固，表面平整、涂刷均匀，不得有流淌、皱褶、鼓泡、露胎体和翘边等缺陷。

(5)涂料防水层的平均厚度应符合设计要求，最小厚度不得小于设计厚度的 80％。

(6)侧墙涂料防水层的保护层与防水层粘结牢固，结合紧密，厚度均匀一致。

9.3 屋面防水工程

9.3.1 屋面工程分类及防水等级

屋面防水工程，是指为防止雨水或人为因素产生的水从屋面渗入建筑物所采取的一系列结构、构造和建筑措施。按屋面防水工程的做法可分为：卷材防水屋面、涂膜防水屋面、刚性防水屋面、块材防水屋面、金属防水屋面、防水混凝土自防水结构、整体屋面防水等。按屋面防水材料可分为：自防水结构材料和附加防水层材料两大类。补偿收缩混凝土、防水混凝土、高效预应力混凝土、防水块材属于自防水结构材料；附加防水层材料则包括卷材、涂料、防水砂浆、沥青砂浆、接缝密封材料、金属板材、胶结材料、止水材料、堵漏材料和各类瓦材等。本节仅就目前常用的屋面防水做法进行介绍。

国家现行《屋面工程技术规程》(GB50345－2012)根据建筑物的性能、重要程度、使用

功能及防水层合理使用年限等要求，将屋面防水划分为二个等级，并规定了不同等级的设防要求，见表 9－4。

表 9－4　屋面防水等级和设防要求

项　目	屋面防水等级	
	Ⅰ	Ⅱ
建筑物类别	重要建筑和高层建筑	一般建筑
防水层合理使用年限	25 年	15 年
防水层选用材料	宜选用合成高分子防水卷材、高聚物改性沥青防水卷材、金属板材、合成高分子防水涂料、细石混凝土等材料	宜选用高聚物改性沥青防水卷材、合成高分子防水卷材、金属板材、合成高分子防水涂料、高聚物改性沥青防水涂料、细石混凝土、平瓦、油毡瓦等材料
设防要求	二道防水设防	一道防水设防

9.3.2　刚性防水屋面

1. 一般构造及适用范围

刚性防水屋面是指利用刚性防水材料做防水层的屋面。主要有普通细石混凝土、补偿收缩混凝土、预应力混凝土以及近年来发展起来的钢纤维混凝土等防水屋面。由于刚性防水屋面的表面密度大、抗拉强度低，极限拉应变小，易受混凝土或砂浆的干湿变形、温度变形和结构变形的影响而产生裂缝。因此，刚性防水屋面主要适用于防水等级为Ⅰ—Ⅱ级的屋面防水，不适用于设有松散材料保温层的屋面、大跨度和轻型屋盖的屋面，以及受震动或冲击的建筑屋面。而且刚性防水层的节点部位应与柔性材料复合使用，才能保证防水的可靠性。

当屋面结构层为装配式钢筋混凝土屋面时，应用细石混凝土嵌缝，其强度等级不应低于 C20；灌缝的细石混凝土宜掺入膨胀剂。当屋面板的缝宽大于 40mm 或上窄下宽时，板缝内应设置构造钢筋。灌缝高度与板面平齐，板端应用密封材料嵌缝密封处理。

施工环境温度宜为 5～35℃，不得在负温或烈日曝晒下施工，也不宜在雪天或大风天气施工，以避免混凝土、砂浆受冻或失水。

2. 隔离层施工

在结构层与防水层之间增加一层低强度等级砂浆、卷材、塑料薄膜等材料，起隔离作用，使结构层和刚性防水层变形互不受约束，以减少因结构变形使防水混凝土产生拉应力，而导致防水层开裂。

(1)黏土砂浆隔离层施工

预制板缝填嵌细石混凝土后板面应清扫干净，洒水湿润，但不得有积水，按石灰膏：砂：黏土＝1：2.4：3.6配比，配比的材料拌和均匀，砂浆以干稠为宜，铺抹的厚度约为10～20mm，要求表面平整，压实、抹光，待砂浆基本干燥以后，方可进行下道工序施工。

(2)石灰砂浆隔离层施工

施工方法同上。砂浆配合比为石灰膏：砂＝1：4。

(3)水泥砂浆找平层铺卷材隔离层施工

先用1：3水泥砂浆将结构层找平，并压实抹光养护，再在干燥的找平层上铺一层3～8mm干细砂滑动层，在其上铺一层卷材，搭接缝用热沥青玛蹄脂。也可以在找平层上直接铺一层塑料薄膜。

做好隔离层继续施工时，要注意对隔离层加强保护，混凝土运输不能直接在隔离层表面进行，应采取垫板等措施，绑扎钢筋时不得扎破表面，浇捣混凝土时更不能振酥隔离层。

3. 细石混凝土防水层施工

(1)分格缝留置与铺设钢筋网片

① 分格缝留置。分格缝留置是为了减少防水层因温差、混凝土干缩、徐变、荷载和振动、地基沉陷等变形而造成防水层开裂。分格缝部位应按设计要求设置。

② 铺设钢筋网片。钢筋网片按设计要求铺设，一般钢筋直径为ϕ4～6mm、间距为100～200mm双向。采用绑扎和焊接均可，其位置以居中偏上为宜，保护层不小于10mm。钢筋要调直，除锈、去污，绑扎钢丝的搭接长度必须大于250mm，焊接搭接长度不小于25倍直径，在一个网片内的同一断面内接头不超过断面积的1/4，但分格缝处的钢筋要断开。

(2)浇捣细石混凝土防水层

浇捣细石混凝土前，应将隔离层表面的浮渣、杂物清除干净，检查隔离层质量及平整度、排水坡度和完整性，支好分格缝模板，标出混凝土浇捣厚度，厚度不宜小于40mm。

细石混凝土不得使用火山灰水泥，当采用矿渣水泥时，应采取减少泌水性的措施。粗骨料和细骨料含泥量不应大于1%和2%，水灰比不应大于0.55，每立方米混凝土水泥用量不得少于330kg，含砂率宜为35%～40%，灰砂比宜为1：2～1：2.5，混凝土强度等级不应低于C20。

混凝土搅拌应采用机械搅拌，搅拌时间不宜小于2min，混凝土在运输过程中，应防止漏浆和离析。混凝土的浇捣按“先远后近，先高后低”的原则进行。一个分格缝范围内的混凝土必须一次浇捣完成，不得留施工缝。

混凝土宜采用机械振捣，如无振捣器，可先用木棍等插捣，再用小滚(30～40kg、长600mm左右)来回滚压，边插捣边滚压，直至密实和泛浆，泛浆后用铁抹子压实抹平，并要确保防水层的厚度和排水坡度。

混凝土吸水初凝后，及时取出分格缝隔板，用铁抹子第二次压实抹光，并及时修补分格缝的缺损部位，做到平直整齐；待混凝土终凝前进行第三次压实抹光，要求做到表面平光，不起砂、起层、无抹板压痕为止，抹压时不得撒干水泥或干水泥砂浆。待混凝土终凝后必须立即进行养护，应优先采用表面喷洒养护剂养护，养护时间不得少于14d。

4. **补偿收缩混凝土防水层施工**

补偿收缩混凝土是在细石混凝土中掺入膨胀剂拌制而成，硬化后的混凝土产生微膨胀，以补偿普通混凝土的收缩，它在配筋的情况下，由于钢筋限制其膨胀，从而使混凝土产生自应力，起到致密混凝土，提高混凝土的强度和抗渗性的作用。其施工要求与普通细石混凝土防水层大致相同，但存在以下特殊要求：

(1)在直径为 ϕ4～6mm、间距为 100～200mm 配筋条件下，补偿收缩混凝土的自由膨胀率应为 0.05%～0.10%。

(2)混凝土配合比的确定，要根据条件参考有关数据和经验选定三个不同配合比。试验时按选定配合比拌合制作三组(每组三块)30mm×30mm×290mm。不同配合比的试件，经 24h 拆模，用卡尺量出试件的初始长度 L_0，然后置试件于水中养护，每天测量一次直至最大膨胀值。再按式(9-1)计算其自由膨胀率：

$$\varepsilon_{1\max}=\frac{L_{\max}-L_0}{L_0} \qquad (9-1)$$

式中：$\varepsilon_{1\max}$——混凝土最大膨胀率；

$L_{\max}$——试件最大实测长度，mm；

L_0——试件一天龄期的初始实测长度，mm。

根据测量数据，计算出每组三个试件的最大自由膨胀率的算术平均值，其值在 0.05%～0.10%范围内的那一组混凝土的配合比，即为确定的配合比。

(3)膨胀剂的掺量一般按内掺法计算，即取代水泥百分数。每立方米所用膨胀剂的重量与每立方米所用水泥的重量之和作为每立方米混凝土的水泥用量。

(4)原材料的配合比应按重量称量，其允许偏差值为：水泥，±1%；膨胀剂，±1%；骨料，±2%；水，±1%。

(5)搅拌投料时，膨胀剂应与水泥同时加入，混凝土连续搅拌时间不得少于 3min。

5. **分格缝处理**

细石混凝土防水层的分格缝，应设在屋面板的支承端、屋面转折处、防水层与突出屋面结构的交接处，其纵横间距不宜大于 6m。分格缝可采用嵌填密封材料并加贴防水卷材的办法进行处理，以增加防水的可靠性。其基本构造如图 9-22 所示。

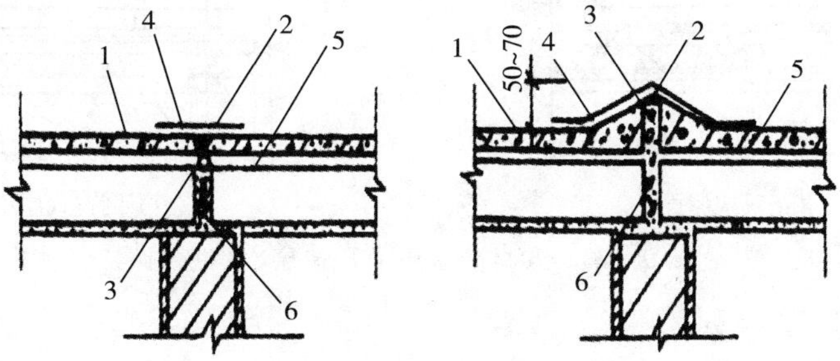

图 9-22 分格缝构造

1—刚性防水层；2—密封材料；3—背衬材料；4—防水卷材；5—隔离层；6—细石混凝土

分格缝的嵌缝工作应在混凝土浇水或蓄水养护完毕后用水冲洗干净且达到干燥(含水率不大于 10%)进行。雾天、混凝土表面有冰冻或有霜露时不得施工。所有分格缝应纵横相互贯通，如有间隔应凿通，缝边如有缺边掉角须修补完整，达到平整、密实，不得有蜂窝、露筋、起皮、松动现象，分格缝必须干净，缝壁和缝两外侧 50～60mm 内的水泥浮浆、残余砂浆和杂物，必须用刷缝机或钢丝刷刷除，并用吹尘工具吹净。

6. 质量要求

刚性防水屋面的施工质量要求包括以下内容：

(1)原材料及配合比必须符合设计要求。施工中要检查材料的出厂合格证、质量检验报告、计量措施和现场抽样复验报告。

(2)防水层不得有渗漏或积水现象。施工完成后要进行雨后或淋水、蓄水检验。

(3)防水层在天沟、檐沟、檐口、水落口、泛水、变形缝和伸出屋面管道的防水构造，必须符合设计要求。

(4)防水层表面平整、压实抹光，不得有裂缝、起壳、起砂等缺陷。

(5)防水层的厚度和钢筋位置应符合设计要求。

(6)分格缝的位置和间距应符合设计要求。

(7)细石混凝土防水层表面平整度的允许偏差为 5mm，施工中采用 2m 靠尺和楔形塞尺进行检查。

9.3.3 卷材防水屋面

1. 卷材防水屋面的特点、构造及适用范围

卷材防水屋面是指采用粘结胶粘贴卷材或采用带底面粘结胶的卷材进行热熔或冷粘贴与屋面基层进行防水的屋面。这种屋面具有重量轻、防水性能好的优点，其防水层的柔韧性好，能适应一定程度的结构振动和胀缩变形。所用卷材包括沥青防水卷材、高聚物改性沥青防水卷材和合成高分子防水卷材等三大系列。适用于防水等级为Ⅰ～Ⅳ类的屋面防水。卷材防水屋面的典型构造层次如图 9－23 所示。

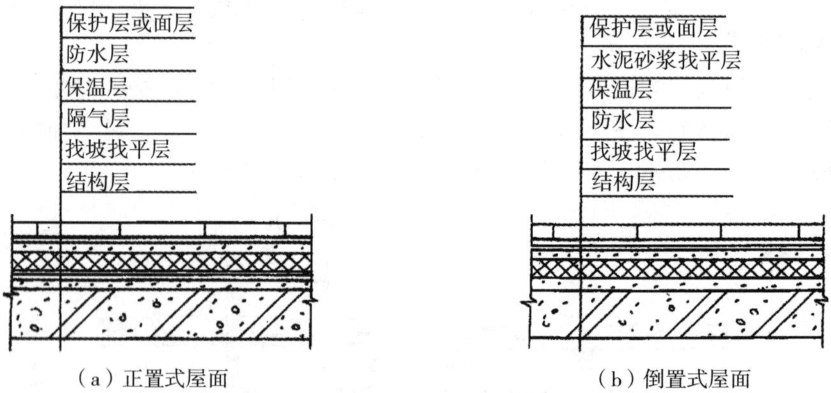

(a) 正置式屋面　　(b) 倒置式屋面

图 9－23　卷材防水屋面构造层次示意图

2. 找平层施工

(1)一般规定

① 找平层一般有水泥砂浆找平层和细石混凝土找平层。找平层的厚度和技术要求应符合表 9－5 的规定。

② 找平层宜留设分格缝，分格缝应留设在板端缝处，其纵横缝的最大间距为：采用水

泥砂浆或细石混凝土找平层时，不宜大于 6m。分格缝宽宜为 5～20mm，缝内嵌填密封材料。分格缝兼做排汽屋面的排汽道时，可适当加宽，并应与保温层连通。

③ 找平层表面应压实平整，排水坡度应符合设计要求。采用水泥砂浆找平层时，水泥砂浆抹平收水后应二次压光，充分养护，不得有疏松、起砂、起皮现象。

表 9-5 找平层的厚度和技术要求

类别	基层种类	厚度(mm)	技术要求
水泥砂浆找平层	整体现浇混凝土板	15～20	1∶2.5(水泥∶砂)体积比，水泥强度等级不低于 32.5 级
	整体材料保温层	20～25	
细石混凝土找平层	装配式混凝土板	30～35	混凝土强度等级不低于 C20；宜加钢筋网片
	板状材料保温层	30～35	C20 混凝土

④ 基层与突出屋面结构(女儿墙、山墙、天窗壁、变形缝、烟囱等)的连接处，基层的转角处(水落口、檐口、天沟、檐沟、屋脊等)找平层均应做成圆弧。圆弧半径：沥青防水卷材应为 100～150mm，高聚物改性沥青防水卷材应为 150mm，合成高分子防水卷材应为 20mm。内部排水的水落口周围，找平层应做成略低的凹坑。

⑤ 找平层的排水坡度应符合设计要求。平屋面采用结构找坡不应小于 3%，采用材料找坡宜为 2%；天沟、檐沟纵向找坡不应小于 1%，沟底水落差不得超过 200mm。

(2)水泥砂浆找平层

① 基层处理。当基层为结构层时，屋面板应牢固安装，相邻板面高差应控制在 10mm 以内，缝口大小基本一致，上口缝不应小于 20mm，靠非承重墙的一块板离开墙面应有 20mm 的缝隙。当板缝宽大于 40mm 时，板缝内必须配置构造钢筋。灌缝前，剔除板缝内的石渣，用高压水冲洗，支牢缝底模板，板缝内浇筑掺有微膨胀剂的细石混凝土。混凝土基层表面要清扫干净，充分洒水湿润，但不得积水。当基层为保温层时，厚度要均匀平整，否则应重铺或修整。保温层表面只能适当洒水湿润，不宜大量浇水。基层上均匀地涂刷素水泥浆一道。

② 冲筋、设置分格缝。用与找平层相同的水泥砂浆做灰饼、冲筋，冲筋间距一般为 1.0～1.5m。为了避免或减少找平层开裂，屋面找平层宜留设分格缝，按设计要求，在基层上弹线标出分格缝的位置，若为预制屋面板，则分格缝应与板缝对齐。其纵横缝的最大间距不宜大于 6m。安放分格缝小木方应平直、连续，其高度同找平层，宽度应符合设计要求，一般上宽下窄，便于取出。

③ 铺设砂浆。按由远到近的程序铺设砂浆，分格缝内宜一次连续铺完，同时严格掌握坡度，可用铝质直尺找坡、找平。待砂浆稍收水后，用木抹子压实、抹平，用铁抹子压光。终凝前，轻轻取出分格缝条。

④ 养护。找平层铺设 12h 以后，应覆盖洒水养护或喷涂冷底子油养护。

⑤ 含水率。柔性防水层要求基层的含水率必须达到规定的要求，否则会引起防水层起鼓和剥离。因此，防水层施工前应对基层含水率进行测试，一般可将 $1m^2$ 卷材平坦地干铺在找平层上，3～4h 后掀开检查，找平层覆盖部位及卷材上未见水印时，即可铺设防水

层。刚性防水层、粉状憎水材料防水层等的基层，对含水率要求不严，无明显水迹即可。

⑥ 修补。找平层施工及养护过程中都可能产生一些缺陷，防水层施工前应及时修补。

3. 卷材防水层施工

(1)材料选择

① 基层处理剂。基层处理剂是为了增强防水材料与基层之间的粘结力，在防水层施工前，预先涂刷在基层上的涂料。其选择应与所用卷材的材性相容。常用的基层处理剂有用于沥青卷材防水屋面的冷底子油，用于高聚物改性沥青防水卷材屋面的氯丁胶沥青乳胶、橡胶改性沥青溶液、沥青溶液和用于合成高分子防水卷材屋面的聚胶酯煤焦油系的二甲苯溶液、氯丁胶乳溶液、氯丁胶沥青乳胶等。

② 胶粘剂。卷材防水层的粘结材料，必须选用与卷材相应的胶粘剂。高聚物改性沥青卷材的胶粘剂主要有氯丁橡胶改性沥青胶粘剂。它是由氯丁橡胶加入沥青和助剂以及溶剂等配制而成，外观为黑色液体，主要用于卷材与基层、卷材与卷材的粘结。

(2)卷材施工

① 沥青卷材防水施工。沥青卷材防水层施工的一般工艺流程：基层表面清理、修补→涂刷冷底子油→节点附加层增强处理→定位、弹线、试铺→铺贴卷材→收头处理、节点密封→蓄水试验→保护层施工→检查验收。防水层厚度选用规定如表 9－6 所示。

表 9－6 防水层厚度选用规定

屋面防水等级	Ⅰ	Ⅱ
合成高分子防水卷材	≥1.2mm	≥1.5mm
高聚物改性沥青防水卷材	≥3mm	≥4mm
沥青防水卷材	—	—
高聚物改性沥青防水涂料	≥2.0mm	≥3mm
合成高分子防水涂料	≥1.5mm	≥2.0mm
细石混凝土	≥40mm	≥40mm

a. 铺设方向。沥青防水卷材的铺设方向应根据屋面坡度和屋面是否有振动来确定。当屋面坡度小于 3％时，宜平行于屋脊铺贴；屋面坡度在 3％～15％时，可平行或垂直于屋脊铺贴，屋面坡度大于 15％或屋面受震动时，沥青防水卷材应垂直于屋脊铺贴，高聚物改性沥青防水卷材和合成高分子防水卷材可采用平行或垂直于屋脊铺贴。上下层卷材不得相互垂直铺贴。屋面坡度大于 25％时，卷材宜垂直于屋脊铺贴，并应采取固定措施，固定点还应密封。

b. 施工顺序。屋面防水层施工时，应先做好节点、附加层和屋面排水比较集中部位(如屋面与水落口连接处、檐口、天沟、屋面转角处等)的处理，然后由屋面最低标高处向上施工。铺贴天沟、檐沟卷材时，宜顺天沟、檐口方向，尽量减少搭接。铺贴多跨和有高低跨的屋面时，应按先高后低、先远后近的顺序进行。大面积屋面施工时，应根据屋面特征、面积大小、施工工艺顺序、人员数量等因素合理划分流水施工段。施工段的界线宜设在屋脊、天沟、变形缝等处。

c. 搭接方法及宽度要求。铺贴卷材采用搭接法，上下层及相邻两幅卷材的搭接缝应错开。平行于屋脊的搭接应顺流水方向；垂直于屋脊的搭接应顺主导方向。

叠层铺设的各层卷材，在天沟与屋面的连接处，应采用叉接法搭接，搭接缝应错开，接缝宜留在屋面或天沟侧面，不宜留在沟底。各种卷材搭接宽度应符合表 9－7 的要求。

表 9－7　卷材搭接宽度(mm)

卷材种类 \ 铺贴方法		短边搭接		长边搭接	
		满粘法	空铺、点粘、条粘法	满粘法	空铺、点粘、条粘法
沥青防水卷材		100	150	70	100
高聚物改性沥青防水卷材		80	100	80	100
合成高分子防水卷材	胶粘剂	80	100	80	100
	胶粘带	50	60	50	60
	单缝焊	60，有效焊接宽度不小于 25			
	双缝焊	80，有效焊接宽度 10×2＋空腔宽			

d. 铺贴方法。沥青卷材的铺贴方法有浇油法、刷油法、刮油法、撒油法四种。通常采用浇油法或刷油法，在干燥的基层上满涂沥青胶，应随浇涂随铺油毡。铺贴时，油毡要展平压实，使之与下层紧密粘结，卷材的接缝，应用沥青胶赶平封严。对容易渗漏水的薄弱部位(如天沟、檐口、泛水、水落口处等)，均应加铺 1～2 层卷材附加层。

② 高聚物改性沥青卷材防水施工。其施工工艺流程与普通沥青卷材防水层相同。依据其特性，其施工方法有冷粘法、热熔法和自粘法之分。在立面或大坡面铺贴高聚物改性沥青防水卷材时，应采用满粘法，并宜减少短边搭接。

a. 冷粘法施工。是利用毛刷将胶粘剂涂刷在基层或卷材上，然后直接铺贴卷材，使卷材与基层、卷材与卷材粘结。施工时，胶粘剂涂刷应均匀、不漏底、不堆积，铺贴的卷材下面的空气应排尽，并辊压粘结牢固。铺贴时应平整顺直，搭接尺寸准确，不得扭曲、皱褶，溢出的胶粘剂随即刮平封口。接缝口应用密封材料封严，宽度不小于 10mm。

b. 热熔法施工。是指利用火焰加热器熔化热熔型防水卷材底层的热熔胶进行粘贴。施工时，在卷材表面热熔后(以卷材表面熔融至光亮黑色为度)应立即滚铺卷材，使之平展，并辊压粘结牢固。搭接缝处宜以溢出热熔的改性沥青为度，并应随即刮封接口。

c. 自粘法施工。自粘法施工是指采用带有自粘胶的防水卷材，不用热施工，也不需涂胶结材料，而进行粘结。铺贴前，基层表面应均匀涂刷基层处理剂，待干燥后及时铺贴卷材。铺贴时，应先将自粘胶底面隔离纸完全撕净，排除卷材下面的空气，并辊压粘结牢固，搭接部位宜采用热风焊枪加热后随即粘贴牢固，溢出的自粘胶随即刮平封口。接缝口用不小于 10mm 宽的密封材料封严。

③ 合成高分子卷材防水施工。施工工艺流程与普通沥青卷材防水层相同。施工方法一般有冷粘法、自粘法和热风焊接法三种。

冷粘法、自粘法施工要求与高聚物改性沥青防水卷材基本相同，但冷粘法施工时搭接部位应采用与卷材配套的接缝专用胶粘剂，在搭接缝粘合面上涂刷均匀，并控制涂刷与黏合的间隔时间，排除空气，辊压粘结牢固。

热风焊接法是利用热空气焊枪进行防水卷材搭接粘合。焊接前卷材铺放应平整顺直，搭接尺寸准确；施工时焊接缝的结合面应清扫干净，先焊长边搭接缝，后焊短边搭接缝。

4. 屋面保护层施工

由于屋面防水层长期处于阳光辐射、雨雪冰冻、上人活动等的影响，很容易使防水层遭到破坏，必须加以保护，以延长防水层的使用年限。常用的各种保护层的做法有：

(1)浅色、反射涂料保护层

在卷材防水层上直接涂刷浅色或反射涂料，起阻止紫外线、臭氧的作用和对阳光的反射作用，并可降低防水层表面温度。目前常用的有丙烯酸浅色涂料等。涂刷方法与用量按各种涂料使用说明书操作，基本和涂膜防水施工相同。

(2)水泥砂浆保护层

水泥砂浆保护层厚度一般为15～25mm，配合比一般为水泥：砂＝1：2.5～1：3(体积比)或M15水泥砂浆。若为上人屋面时，砂浆层适当加厚。水泥砂浆保护层与防水层之间一般也应设置隔离层。

由于砂浆干缩较大，在保护层施工前，应根据结构情况每隔4～6m用木模设置纵横分格缝，铺设水泥砂浆时，应随铺随拍实，并用刮尺找平，排水坡度应符合设计要求。为了保证立面水泥砂浆保护层粘结牢固，在立面防水层施工时，预先在防水层表面粘上砂粒或小豆石，然后再做保护层。

(3)细石混凝土保护层

细石混凝土保护层施工前，应在防水层上铺设隔离层，并按设计要求支设好分格缝木模，当设计无要求时，每格面积不大于36m^2，分格缝宽度为10～20mm。一个分格内的混凝土应尽可能连续浇筑，不留施工缝。振捣时宜采用铁辊滚压或人工拍实，不宜采用机械振捣，以免破坏防水层。振实后随即用刮尺按排水坡度刮平，并在初凝前用木抹子提浆抹平，初凝后及时取出分格缝木模，终凝前用铁抹子压光。抹平压光时不宜在表面掺加水泥砂浆或干灰，否则表面砂浆易产生裂缝或剥落现象。

若采用钢筋细石混凝土保护层时，钢筋网片的位置设置在保护层中间偏上部位，在铺设钢筋网片时用砂浆垫块支垫。

细石混凝土保护层浇筑完后应及时进行养护，养护时间不少于7d。养护完后，将分格缝清理干净，嵌填密封材料。

(4)块材保护层

块材保护层的结合层一般采用砂或水泥砂浆。块材铺砌前应根据排水坡度要求挂线，以满足排水要求。保护层铺砌的块体应横平竖直。

在砂结合层上铺砌块体时，应洒水压实，并用刮尺刮平，以满足块体铺设的平整度要求。块体应对接铺砌，缝隙宽度为10mm左右。块体铺砌完成后，应适当洒水并轻轻拍子压实，以免产生翘角现象。板缝先用砂填至一半的高度，然后用1：2水泥砂浆勾成凹缝。

块体保护层每100 m^{2}以内应留设分格缝，以防止因热胀冷缩而造成板块拱起或板缝过大。分格缝缝宽20mm，缝内嵌填密封材料。

5. 质量要求

卷材防水屋面的施工质量要求包括以下内容。

(1)卷材防水层所用卷材及其配套材料，必须符合设计要求。施工中要检查材料的出厂合格证、质量检验报告和现场抽样复验报告。

(2)卷材防水层不得有渗漏或积水现象。施工完成后要进行雨后或淋水、蓄水检验。

(3)卷材防水层在天沟、檐沟、檐口、水落口、泛水、变形缝和伸出屋面管道的防水构造，必须符合设计要求。

(4)卷材防水层的搭接应粘(焊)结牢固，密封严密，不得有皱褶、翘边和鼓泡缺陷；防水层的收头应与基层粘结并固定牢固，缝口封严，不得翘边。

(5)卷材防水层的撒布材料和浅色涂料保护层应铺撒或涂刷均匀，粘结牢固；水泥砂浆、块体或细石混凝土保护层与卷材防水层间应设置隔离层；刚性保护层的分格缝留置应符合设计要求。

(6)屋面的排汽道应纵横贯通，不得堵塞。排气管应安装牢固，位置正确，封闭严密。

(7)卷材的铺贴方向应正确，卷材搭接宽度的允许偏差为－10mm。

9.3.4 涂膜防水屋面

1. 涂膜防水屋面的构造及适用范围

涂膜防水屋面是在屋面基层上涂刷防水涂料，经固化后形成一层有一定厚度和弹性的整体涂膜从而达到防水目的的一种防水屋面形式。其典型的构造层次如图 9－24 所示。这种屋面具有施工操作简便、无污染、冷操作、无接缝、能适应复杂基层、防水性能好、温度适应性强、容易修补等特点。适用于防水等级为Ⅱ～Ⅳ级的屋面防水，也可作为Ⅰ、Ⅱ级屋面多道防水没防中的一道防水层。

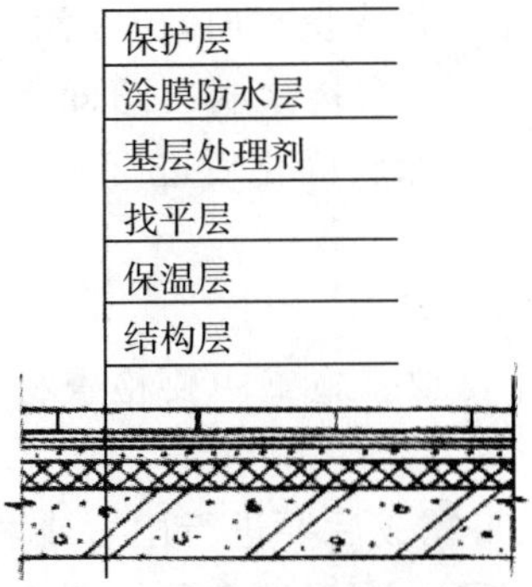

(a) 正置式涂膜屋面

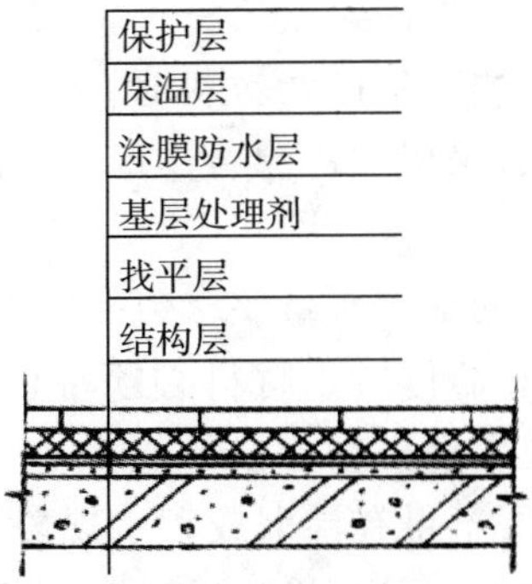

(b) 倒置式涂膜屋面

图 9－24　涂膜防水屋面构造图

2. 基层做法及要求

涂膜防水层是满涂于找平层(基层)上，涂膜防水层的找平层应有一定的强度，且要有一定的平整度，尽可能避免裂缝的发生。

在基层上应设分格缝，缝宽 20mm，并应留在板的支撑处，其间距不宜大于 6m，分格缝应嵌填密封材料，基层转角处应抹成圆弧形，其半径不小于 50mm。通常涂膜防水层的找平层宜采用掺膨胀剂的混凝土，强度等级不低于C20，厚度不低于15mm。

分格缝应在浇筑找平层时预留，分格缝处应铺设带胎体增强材料的附加层，其宽度为200～300mm。天沟、檐口等部位，均应加铺宽度不小于200mm的有胎体增强材料的附加层。

水落口周围与屋面交接处，应做密封处理，并加铺两层有胎体增强材料的附加层。涂膜深入水落口的深度不小于50mm。

泛水处应加铺有胎体增强材料的附加层，此处的涂膜防水层宜直接涂刷至女儿墙压顶下，压顶应采用铺贴卷材或涂刷涂料等作防水处理。

涂膜防水层的收头应用防水涂料多边涂刷并用密封材料封固严密。

3. 涂膜防水层施工

涂膜防水施工的一般工艺流程是：基层表面清理、修理→喷（刷）涂基层处理剂→特殊部位附加增强处理→涂布防水涂料及铺贴胎体增强材料→清理与检查修理→保护层施工。

屋面基层（找平层）刮填修补、嵌缝等其他工序完成后，可进行整个屋面防水层的涂刷。防水涂料涂刷后，应在基层干燥后涂刷一层基层处理剂。基层处理剂可用冷底子油或用稀释后的防水涂料，基层处理剂要涂刷均匀，覆盖完全，等其干燥后再涂布涂膜防水层。

防水涂料可采用手工抹压、涂刷和喷涂施工。

为了加强防水涂料层对基层开裂、房屋伸缩变形和结构较小沉陷的抵抗能力，在涂刷防水涂料时，可铺设胎体增强材料（聚酯无纺布、化纤无纺布）等，胎体增强材料的层数按设计要求。其搭接宽度，长边不少于50mm，短边不少于70mm，上、下及相邻两幅的搭接缝应错开1/3幅宽，上下两层不得相互垂直铺贴。对于天沟、檐沟、檐口、泛水等易产生渗漏的特殊部位，必须加铺胎体增强材料附加层，以提高防水层适应变形的能力。

4. 涂膜保护层

为了防止涂料过快老化，涂膜防水屋面应设置保护层。保护层材料可采用不透明的矿物粒料、浅色涂料、水泥砂浆或块材等。采用水泥砂浆或块材时，应在涂膜与保护层之间设置隔离层。当用不透明的矿物粒料时，应在最后一遍涂料涂刷后随即撒上，并用扫帚轻扫均匀、轻拍粘牢。当采用浅色涂料作保护层时，应在涂膜固化后进行。

5. 质量要求

涂料防水屋面的施工质量要求包括以下内容。

（1）防水涂料和胎体增强材料必须符合设计要求。施工中要检查材料的出厂合格证、质量检验报告和现场抽样复验报告。

（2）涂膜防水层不得有渗漏或积水现象。施工完成后要进行雨后或淋水、蓄水检验。

（3）涂料防水层在天沟、檐沟、檐口、水落口、泛水、变形缝和伸出屋面管道的防水构造，必须符合设计要求。

（4）涂膜防水层的平均厚度应符合设计要求，最小厚度不应小于设计厚度的80%。

（5）涂膜防水层与基层应粘结牢固，表面平整，涂刷均匀，无流淌、皱褶、鼓泡、露胎体和翘边等缺陷。

（6）涂料防水层上的撒布材料或浅色涂料保护层应铺撒或涂刷均匀，粘结牢固；水泥砂浆、块体或细石混凝土保护层与涂料防水层间应设置隔离层；刚性保护层的分格缝留置应符合设计要求。

思考练习题

一、单选题

1. 防水技术依材料不同可分为两大类，即(　　)。

A. 卷材和防水砂浆　　B. 地下防水和屋面防水

C. 卷材和涂膜　　D. 柔性防水和刚性防水

2. 沥青防水卷材的铺设方向按照(　　)确定。

A. 山墙　　B. 屋面的坡度　　C. 卷材　　D. 纵墙

3. 沥青防水卷材的铺设方向按照屋面坡度确定：当坡度小于(　　) 时，宜平行屋脊铺贴。

A. 10%　　B. 12%　　C. 15%　　D. 3%

4. 铺贴卷材应采用(　　)，相邻两幅卷材和上下层卷材的搭接缝应错开。

A. 重叠法　　B. 平行铺设　　C. 顺序铺设　　D. 搭接法

5. 当铺贴连续多跨的屋面卷材时，应该按照(　　) 的次序。

A. 先高跨后低跨，先近后远　　B. 先高跨后低跨，先远后近

C. 先低跨后高跨，先近后远　　D. 先低跨后高跨，先远后近

6. 防水涂膜施工应 (　　) 涂布。

A. 分布　　B. 分布分遍　　C. 分层　　D. 分层分遍

7. 涂膜防水屋面应做保护层。保护层采用水泥砂浆或块材时，应在涂膜层和保护层之间设置(　　)。

A. 防水层　　B. 隔离层　　C. 保温层　　D. 找平层

8. 刚性防水屋面结构层宜为(　　)。

A. 水泥砂浆　　B. 整体现浇钢筋混凝土

C. 卷材　　D. 砌体

9. 采用外防外贴法铺贴卷材防水层，应先铺(　　)，后铺(　　)。

A. 上面，下面　　B. 平面，立面　　C. 下面，上面　　D. 立面，平面

10. 一般的房屋建筑屋面防水等级为(　　)。

A. Ⅰ级　　B. Ⅱ级　　C. Ⅲ级　　D. Ⅳ级

二、简答题

1. 屋面防水的做法有哪些？简述各自的适用范围。

2. 什么是基层处理剂？

3. 简述卷材与基层的粘贴方法。

4. 简述地下工程防水方案。

5. 地下防水混凝土的施工要点有哪些？

6. 简述地下卷材防水层的铺贴方法。

7. 水泥砂浆防水层的防水原理是什么？

第10章 装饰工程

【学习内容】本章主要介绍了抹灰工程、饰面工程、涂饰工程、幕墙工程和吊顶工程施工工艺与施工方法。

10.1 概　述

建筑装饰是建筑物的重要组成部分，它的主要功能是保护建筑物各种构件免受自然界风、霜、雨、雪、大气等的侵蚀，增强构件保温、隔热、隔音、防潮、防腐蚀等的能力，提高构件的耐久性，延长建筑物的使用寿命，改善室内外环境，使建筑物清新、整洁、明亮、美观。

1. 装饰工程的工作内容

根据所用材料和施工工艺的不同，装饰工程包括抹灰工程、门窗工程、吊顶、隔墙工程、饰面板(砖)工程、楼地面工程、涂料、刷浆、保温隔热工程等内容。

2. 装饰工程的特点

装饰工程的特点是工期长、用工多、造价高、质量要求高、成品保护难等。

(1)工期长。装修工程经常项目多，工艺复杂，同一部位有多种施工内容、多道工序操作，因而工期长。一般工期占总工期的30%～40%。对于一些要求高的建筑物，装饰工期甚至占50%以上。

(2)用工多。装修工程大多为手工作业，内容多、工序繁杂，所用劳动量一般多于结构用工。

(3)造价高。随着生活水平的提高，人们对于建筑装饰的要求也越来越高，建筑材料也越来越贵。一般装饰工程的造价为总造价的30%及以上。高档装饰甚至在50%以上。

(4)质量要求高。装饰工程既关系建筑物的寿命，又涉及美化效果，因而对质量有更高的要求。

(5)成品保护难。装饰材料性能差异大，易污损，多工种交叉作业，成品不易保护。

10.2 抹灰工程

10.2.1 抹灰工程

1. 抹灰工程的组成

为保证抹灰表面的平整，避免开裂，抹灰层大致可分为底层、中层和面层三层。

底层主要使抹灰层与基层牢固粘结和初步找平。底层所用材料随基层而变化。对砖墙基层，由于水泥砂浆与石灰砂浆均与黏土砖有较好的粘结力，故室内一般多用石灰砂浆。外墙面和有防潮要求的地下室等则用水泥砂浆或混合砂浆。对于混凝土基层则用水泥砂浆或混合砂浆效果更好。对于板条和金属网基层，为防止砂浆脱落，砂浆中还应掺有适当数量的麻刀或纸筋等以加强拉结。

中层主要起找平作用，以弥补底层因砂浆收缩而出现的裂缝，所用材料与底层基本相同。

面层是装饰层，起装饰作用。所用材料根据设计要求的装饰效果而定。

抹灰工程宜分层进行，方能粘结牢固，确保工程质量。每层的厚度不宜太大，每层厚度和总厚度要进行一定控制。各层厚度与使用砂浆品种有关。

2. 抹灰工程的分类

抹灰工程按装饰效果的要求不同分为一般抹灰和装饰抹灰两大类；按施工部位的不同可以分为墙面抹灰、地面抹灰和天棚抹灰。

(1)一般抹灰的分类

按装饰质量要求的不同，一般抹灰可以分为普通抹灰和高级抹灰。

普通抹灰：一遍底层，一遍中层，一遍面层。适用于一般室内装饰。如住宅、办公楼等的内装饰。要求阳角找方，设置标筋，分层涂抹，表面光滑、洁净，接槎平整，灰缝清晰。

高级抹灰：一遍底层，数遍中层，一遍面层。适用于内装饰要求较高的宾馆、博物馆等的内装饰。要求阴阳角找方，设置标筋，分层涂抹、擀平、修整，表面光滑、洁净、颜色均匀、无抹纹，灰线平直方正，清晰美观。

(2)装饰抹灰的分类

装饰抹灰面层有水刷石、斩假石、干粘石、水磨石、喷涂等。

10.2.2 抹灰工程的施工

1. 抹灰顺序

先室外后室内，先上后下。室内先天棚后墙面，先房间、走廊，然后是楼梯和大厅。先室外抹灰，拆除脚手架，堵上脚手眼再进行室内抹灰。内外抹灰从上向下进行，以利于保护已完墙面的抹灰。

2. 一般抹灰

一般抹灰工艺：清理基层→浇水湿润基层→找规矩、做灰饼→设置标筋→阳角做护角→抹底层灰、中层灰→抹窗台板、踢脚线→抹面层灰、清理。

(1)基层处理

① 清理基层。砖石、混凝土基层表面凹凸的部位，用1∶3水泥砂浆补平，表面太光的要剔毛。表面的砂浆污垢及其他杂质应清除干净，并洒水湿润。

② 填缝。门窗口与立墙交接处应用水泥砂浆或水泥混合砂浆嵌填密实。

③ 堵洞。单排脚手架外墙面的脚手孔洞应堵塞严密。

④ 不同基层材料相接处应铺设金属网，搭接缝宽度每边不得小于100mm。

⑤ 勾缝。预制混凝土楼板顶棚抹灰前，需用水泥石灰砂浆勾板缝。

(2)设置灰饼、标筋

为了有效地控制抹灰层的厚度和垂直度,使抹灰平整,抹灰前应设置灰饼、标筋作为底、中层抹灰的依据。高级抹灰、装饰抹灰及饰面工程,应在弹线时找方。

抹灰饼前,先用拖线板检查墙面的平整度和垂直度,以确定抹灰厚度。一般最薄处不小于7mm。在距顶棚20cm处按抹灰厚度用砂浆做两个边长约5cm的四方形标准块,称为灰饼。然后根据这两个灰饼,用拖线板或线锤吊挂垂直,做出墙面下角的两个灰饼(下灰饼的位置一般在踢脚线上方200～250mm处),遇到门窗垛处应补做灰饼。随后以左右两灰饼面为准,分别拉线,每隔1.2～1.5m上下左右做若干灰饼。

灰饼做好后,在竖向灰饼之间用灰浆抹一条宽100mm左右的垂直灰埂,称为标筋。设标筋时,以垂直方向的上下两个灰饼之间的厚度为准,用灰饼相同的砂浆冲筋。标筋间挂线,用引线控制抹灰层厚度。抹灰墙面不大时,可做两条标筋,待稍干后可进行底层抹灰。

顶棚抹灰一般不设灰饼标筋,而是在靠近顶棚四周的墙面上弹一条水平线以控制抹灰厚度,并作为抹灰找平的依据。设置灰饼标筋的做法见图10-1所示。

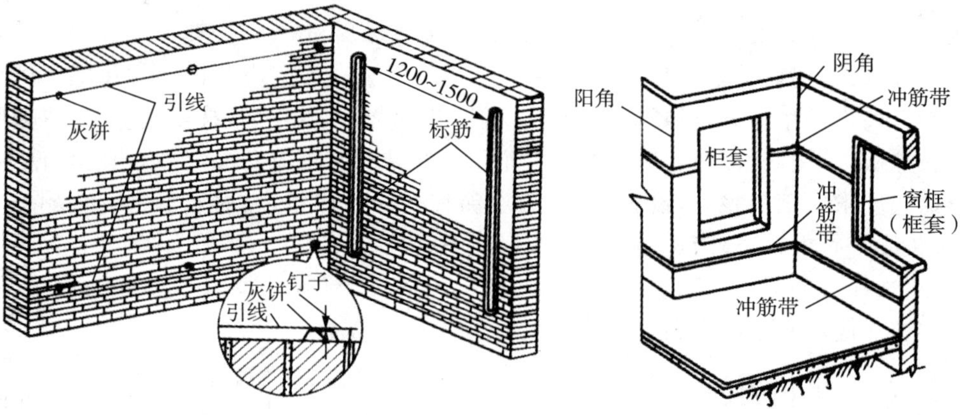

(a)灰饼标筋位置图　　(b)水平横向标筋示意图

图10-1　挂线做灰饼标筋(冲筋)

(3)做护角

在室内的门窗洞口及墙面、柱子的阳角处应做护角,可使阳角线条清晰挺直,防止碰坏。一般可用水泥砂浆抹面,护角高度不低于2m,每侧宽度不小于50 mm。

(4)抹底层灰

为使底层砂浆与基层粘结牢固,抹灰前,基层要浇水湿润,防止基层过干而吸去砂浆中的水分,使抹灰层产生空鼓和脱落。基层为黏土砖时,一般宜浇水两遍,使砖面渗水深度达8～10mm。

基层为混凝土时,抹灰前先刮素水泥浆一道。在加气混凝土基层上抹石灰砂浆时,在湿润墙上刷107胶水泥浆一遍,随刷随抹水泥砂浆或水泥混合砂浆。

(5)抹中层灰

待底层灰凝结后抹中层灰,中层灰每层厚度一般为5～7mm,砂浆配合比同底层砂浆。抹中层灰时,以灰筋为准满铺砂浆,然后用大木杠紧贴灰筋,将中层灰刮平,最后用木抹子搓平。搓平后，用2m长的靠尺检查，检查的点数应充足，应全部符合标准。

(6)抹面层灰

当中层灰干后，可用麻刀灰、纸筋灰或石膏灰罩面，用铁抹子抹平，并分两遍连续适时压实收光，如中层灰已干透发白，应先适度洒水湿润后，再抹罩面灰。面层宜分层涂抹，每层厚度不得大于2mm。

墙面阳角抹灰，先用靠尺在墙角的一面用线锤找直，然后在墙角的另一面顺靠尺抹上砂浆。

室外抹灰常用水泥砂浆罩面。竖向每步架做一个灰饼，步架间做标筋。由于外墙面积大，为了不显接槎，防止抹灰面收缩开裂，一般应设有分格条，留槎应在分格缝处。

外墙窗台、窗楣、雨篷、阳台、压顶及突出腰线的上面应做流水坡度，下面应做滴水线或滴水槽。滴水槽的深度和宽度均不小于10mm，并整齐一致。

3. 装饰抹灰工程的施工

装饰抹灰除了具有与一般抹灰相同的功能外，更具有鲜明的艺术效果。施工方法依据材料要求不同而定。装饰抹灰可以分成石粒类和砂浆类抹灰。石粒类有水磨石、水刷石、干粘石、斩假石等。砂浆类有拉毛、假面砖、喷涂等。

装饰抹灰的做法很多，但底层基本相同，仅面层不同，下面分别介绍。

(1)水刷石

水刷石墙面施工工序：清理基层→湿润墙面→设置标筋→抹底层砂浆→抹中层砂浆→弹线和粘贴分格条→抹水泥石子浆→洗刷→养护。

水刷石抹灰分三层。底层砂浆同一般抹灰。抹中层砂浆时表面压实搓平后划毛，然后进行面层施工。中层砂浆凝结后，按设计要求弹分格线，贴分格条。贴条必须位置准确，横平竖直。面层施工前必须在中层砂浆面上刷水泥浆一道，使面层与中层结合牢固，随后抹1∶1.2～1∶2.0的水泥石子浆厚10～12mm，抹平后用铁压板压实。当面层达到用手指按无明显指印时，用刷子刷去面层的水泥浆，使石子均匀外露，然后用喷雾器自上而下喷清水，将石子表面水泥浆冲洗干净。

完工后水刷石表面应石粒清晰、分布均匀、紧密平整、色泽一致，无掉粒和接槎痕迹。

(2)干粘石

干粘石施工工序：清理基层→湿润墙面→设置标筋→抹底层砂浆→抹中层砂浆→弹线和粘贴分格条→抹面层砂浆→撒石子→修整拍平。

底层同水刷石做法。中层表面刮毛，当中层已干燥时先用水湿润，并刷水泥浆，随即涂抹水泥砂浆粘结层，紧接着用人工甩或喷枪喷的方法，将配有不同颜色的粒径为4～6mm的石子均匀地喷甩至粘结层上，用抹子拍平压实。石子嵌入粘结层深度不小于石子粒径的1/2。待水泥砂浆有一定强度后洒水养护。干粘石表面石子的粘结强度不如水刷石，房屋底层不宜用干粘石的方法施工。

完工后的干粘石表面应色泽一致，不露浆，不漏粘，石粒应粘结牢固、分布均匀，阳角处应无明显黑边。

(3)斩假石

斩假石又称剁斧石，是仿制天然花岗岩、青条石的一种饰面。常用于台阶、外墙面等。

施工工序：清理基层→湿润墙面→设置标筋→抹底层砂浆→抹中层砂浆→弹线和粘贴分格条→抹水泥石子浆面层→养护→斩剁→清理。

在打底砂浆抹灰、养护24h后，固定分格条，然后抹1∶1～1∶2.5的水泥石子浆面层，赶平压实，洒水养护2～3d，待面层强度达60%～70%即可试剁，若石子不脱落，即可用斧斩剁加工。斩时先上后下、先左后右达到设计纹理。剁纹的深度一般为1/3石粒为宜。加工时应先将面层斩毛，剁的方向要一致，剁纹深浅均匀，不得漏剁，一般两遍成活。斩好后应及时取出分格条，修整分格缝，清理残屑，将斩假石墙面清扫干净，即可成为似用石料砌的装饰面。

(4)喷涂、弹涂、滚涂

喷涂、弹涂、滚涂是聚合物砂浆装饰外墙面的施工办法。在水泥砂浆中加入一定的聚乙烯醇缩甲醛胶(或107胶)、颜料、石膏等材料形成。不同的施工方法产生不同的效果。

喷涂外墙饰面：用1∶3水泥砂浆打底分两遍成活，然后用空气压缩机、喷枪将面层砂浆均匀地喷至墙面上。连续喷三遍成活，第一遍喷至底层变色，第二遍喷至出浆不流为度，第三遍喷至全部出浆，颜色均匀一致。面层干燥后，再在表面喷憎水剂，使之形成防水薄膜。

弹涂外墙饰面：用1∶3的水泥砂浆打底，木抹子搓平，喷色浆一遍；将拌和好的表面弹点色浆，放在筒形弹力器内，用手或电带动弹力棒将色浆甩出，甩出色浆点直径为1～3mm，弹涂于底色浆上。表面色浆由2～3种颜色组成，颜色应均匀，相互衬托一致，干燥后表面喷甲基硅醇钠憎水剂。

滚涂外墙饰面是在水泥砂浆中掺入聚乙烯醇缩甲醛形成一种新的聚合物砂浆，用它抹于墙面上，再用辊子滚出花纹。施工操作：用1∶3水泥砂浆打底，木抹子搓平搓细，浇水湿润，用稀释的107胶粘结分格条，再抹饰面灰。用平面或刻有花纹的橡胶、泡沫塑料滚子在墙面上滚出花纹。面层施工时，一人在前面涂抹砂浆，用抹子压抹刮平；另一人紧接着用滚子上下左右均匀滚压，最后一遍必须自上而下滚压，使色彩均匀一致，不显接槎；面层干燥后，表面喷甲基硅醇钠憎水剂。

10.2.3 抹灰工程的质量控制与检验方法

1. 一般抹灰的质量控制要点和检验方法

(1)抹灰前的基层处理

基层是否清理干净、墙面浇水是否得当。

(2)砂浆和材料

砂浆的和易性和强度是否满足设计要求；底层和中层的砂浆配合比是否基本相同；水泥、砂、石灰膏等材料是否符合质量要求。

(3)抹灰层

底层与基层的粘结及各抹灰层之间粘结是否牢固，有无脱皮、空鼓、爆灰、裂缝等现象。各层抹灰的厚度及总抹灰层的厚度是否满足规定要求。不同材料基底交接处表面的抹灰，应采取防止开裂的加强措施。当采用加强网时，加强网与各基体的搭接宽度不应小于100mm。抹灰分格缝的设置应符合设计要求，宽度和深度应均匀，表面光滑、棱角整齐，有排水要求的应做成滴水线。

一般抹灰工程质量检查可以采取观察、检查隐蔽工程验收记录和施工记录及用工具的方法检查。一般抹灰允许偏差和检验方法见表 10－1。

表 10－1　一般抹灰的允许偏差和检验方法

序号	项　目	允许偏差(mm)		检查方法
		普通	高级	
1	立面垂直度	4	3	用 2m 垂直检测尺检查
2	表面平整度	4	3	用 2m 垂直检测尺检查
3	阴阳角找方	4	3	用 200mm 直角检测尺检查
4	分格缝直线度	4	3	拉 5m 线，不足 5m 拉通线，用钢直尺检查
5	墙裙勒脚上口直线	4	3	拉 5m 线，不足 5m 拉通线，用钢直尺检查

2. 装饰抹灰的质量控制要点和检验方法

(1)抹灰前的基层处理

基层表面的尘土、油污等是否清理干净、墙面是否已浇水湿润。

(2)材料

材料的品种和性能是否满足设计要求，水泥的凝结时间和安定性是否已复验并满足要求。砂浆的配合比是否满足设计规定。

(3)面层

水刷石表面应石粒清晰，分布均匀，紧密平整，色泽一致，无掉粒接槎。斩假石表面剁纹均匀、深浅一致，无漏剁处。干粘石表面不露浆、石粒粘结牢固，分布均匀。有排水要求的做成滴水线。

装饰抹灰工程质量检查可以采取观察、检查隐蔽工程验收记录、施工记录及用工具的方法检查。装饰抹灰允许偏差和检验方法见表 10－2。

表 10－2　装饰抹灰的允许偏差和检验方法

序号	项　目	允许偏差(mm)				检查方法
		水刷石	斩假石	干粘石	假面砖	
1	立面垂直度	5	4	5	5	用 2m 垂直检测尺检查
2	表面平整度	3	3	5	4	用 2m 靠尺和塞尺检查
3	阴阳角找方	3	3	4	4	用直角检测尺检查
4	分格缝直线度	3	3	3	3	拉 5m 线，不足 5m 拉通线，用钢直尺检查
5	墙裙、勒脚上口直线度	3	3	—	—	拉 5m 线，不足 5m 拉通线，用钢直尺检查

10.3　饰面板(砖)工程

饰面板(砖)工程是将块料材料镶贴(安装)在基层上，以形成良好装饰面层的施工。常用的块料面层按材料品种分为大理石、花岗石、瓷砖、预制水磨石、陶瓷锦砖、面砖、缸砖等。块料面层施工一般以挂、贴的方式镶贴于建筑物内外墙上。小块料一般用手工贴，大块料(边长大于400mm)采用安装的方法施工。

10.3.1 材料与施工要求

1. 天然与人造石材

(1)天然大理石

① 性能及规格。大理石是由石灰岩变质而成的一种变质岩。它结构密致，强度高，吸水率低。但表面硬度低，不耐磨，抗腐蚀性能差。主要用于建筑物的内墙面、柱面、室内地面等，一般不宜用于室外。

大理石饰面板的品种常以其磨抛光后的花纹、颜色及产地命名。有定型和不定型两种规格。一般厚度20mm，新型品种有7～10mm的薄型板。不定型产品可根据用户要求加工，其规格见表10-3。

表10-3 天然大理石定型材料规格(mm)

长×宽×高	长×宽×高	长×宽×高	长×宽×高
300×150×20	400×200×20	610×610×20	1070×750×20
300×300×20	400×400×20	900×600×20	1200×600×20
305×152×20	600×300×20	915×610×20	1200×900×20
305×305×20	600×600×20	1067×762×20	1220×915×20

② 材料要求。表面应平整、边缘整齐、棱角不得损坏；不得有损伤、风化现象；安装用的各种连接件如锚固件等应镀锌或做防锈处理；施工所用胶结材料的品种、配合比应满足设计规定。

(2)天然花岗石

① 性能及规格。花岗石是岩浆岩的统称，如花岗岩、片麻岩、安山岩等。质地坚硬，具有良好的抗风化作用。耐磨、耐酸碱、使用年限长。广泛用于室内外的墙面、柱面、地面装饰表面。按加工方法不同分为粗面板、镜面板、磨光板等。其规格见表10-4。

表10-4 天然花岗石规格(mm)

长×宽×高	长×宽×高	长×宽×高	长×宽×高
300×300×20	400×400×20	610×610×20	1067×762×20
305×305×20	600×300×20	900×600×20	1070×750×20
—	600×600×20	915×610×20	—

② 材料要求。同大理石。

(3)人造石饰面板

人造石饰面板是用天然大理石、花岗石等碎石、石屑作为填充材料，用不饱和聚酯树脂或水泥为粘结剂，经搅拌成型、研磨、抛光等工序制成。人造大理石一般分为四类，有水泥型、聚酯型、复合型和烧结型。

质量要求同天然大理石。

2. 饰面砖

饰面砖包括室内釉面砖、室外面砖、陶瓷锦砖、玻璃锦砖等。

(1)内墙釉面砖

釉面砖又称瓷片、瓷砖、釉面陶土砖，是一种上釉的薄片状精陶装饰材料，主要用于墙柱面和灶台、浴台等装饰。它有一定吸水率，方便与砂浆的粘结，但是因为吸湿后膨胀小，超过一定拉力会产生开裂，所以只适合在室内粘贴。

使用时要求颜色均匀，尺寸一致，边缘整齐、棱角不得损坏，无缺釉、脱釉、裂缝及凹凸不平的现象。

(2)外墙面砖

是用优质耐火黏土为原料，经混炼成型、素烧、施釉、煅烧而成。它质地细密、釉质耐磨，具有较好的耐久性、耐水性。

3. 金属饰面板

金属饰面板属于中高档装饰材料。在现代装饰中，金属装饰以其独特的金属质感，丰富多变的色彩与图案、理想的造型而得到广泛使用。可分为单一材料和复合材料两类。前者为不锈钢板、铝合金板、铜板等。后者为烧漆板、彩色镀锌板、涂塑板等。要求表面平整光滑，无裂缝和皱褶，颜色一致、边角整齐、涂膜厚度均匀。

金属饰面板一般安装在承重龙骨和外墙上，节点构造复杂，施工精度要求高。

10.3.2 饰面板(砖)的施工

1. 石材板镶贴安装

当板边长大于 400mm 或镶贴高度超过 1m 时，采用传统湿作业法、干挂法(即安装法)。尺寸小、板薄时采用粘贴法。

(1)湿作业安装法(挂装灌浆法)

施工程序：基层处理→绑扎钢筋网片→弹基准线→预拼、选板、编号→板材钻孔→饰面板安装→分层灌浆→嵌缝、清洁板面→抛光打蜡。

① 基层处理。表面清扫干净并浇水湿润。对凹凸过大的应找平，表面光滑平整的应凿毛。

② 绑扎钢筋网。先凿出墙、柱预埋钢筋使其裸露，按施工排板图要求在预埋钢筋处焊接或绑扎钢筋骨架。如墙上无预埋件，需在墙上钻孔埋膨胀螺栓或短钢筋固定钢筋网。

③ 预排、选板、编号。为使安装好的大理石上下左右花纹一致，接缝严密，安装前必须预排、选板、编号。

④ 板材钻孔。钢筋网固定于墙上预埋钢筋(间距不大于 500mm)上，横向钢筋与块材孔眼位置一致。饰面板安装前，大饰面板需进行打眼。板宽 500mm 以内，每块板的上、下两边打眼数量均不少于 2 个。打眼的位置应与钢筋网的横向钢筋的位置对齐。饰面板钻孔位置，一般在板的背面算起 2/3 处，使横孔、竖孔相连通，钻孔大小能满足穿丝即可(图 10 -2、图 10 - 3)。

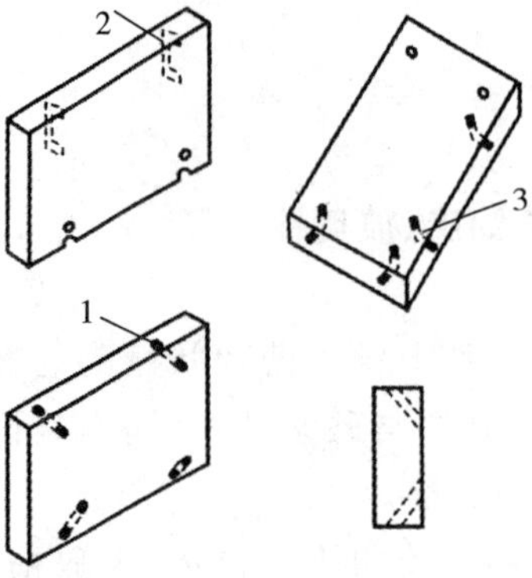

图 10－2　饰面板打眼示意图

1—板面斜眼；2—板面打两面牛鼻子眼；3—打三面牛鼻子眼

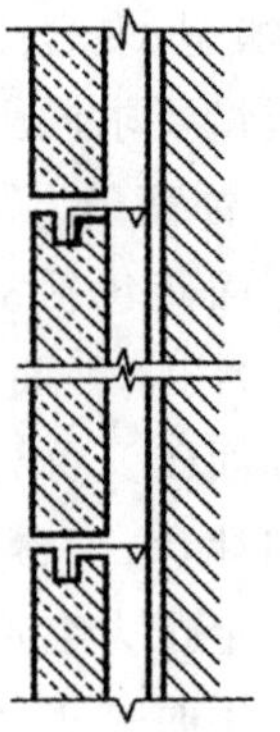

图 10－3　花岗石直角挂钩

⑤ 饰面板安装。从最下一行开始，拉上水平通线，从中间或一端开始固定板材。先绑板块下口，再绑上口绑丝。并用托线板靠直找平，用木楔垫稳。安装好一层板块，在板块横竖接缝处每隔 100～150mm 用糊状石膏作临时固定，竖向缝隙均用石膏灰或泡沫塑料条封严，待石膏凝结硬化后，清除填缝材料（图 10－4）。

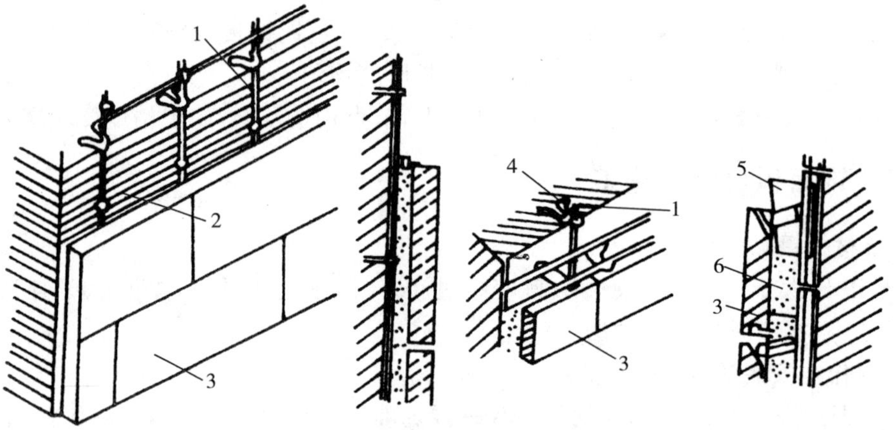

图 10－4　湿作业法

1—直径 6mm 钢筋；2—铜丝；3—大理石；4—基体；5—木楔；6—砂浆

⑥ 分层灌浆。用 1∶2.5 水泥砂浆分层灌注，每层灌高为 200～300mm，插捣密实。块材和基层间的缝隙一般为 20～50mm，即为灌浆厚度。待初凝后再继续灌浆，直到距上口 50～100mm。剔除上口临时固定的石膏，清理干净缝隙，再安装第二行块材。依次由下向上安装固定、灌浆。每日安装加固后，需将饰面清理干净，光泽不够时，需打蜡处理。

（2）干挂法

干挂法是将石材饰面板通过连接件固定于结构表面的施工方法。它与板块之间形成空腔，受结构变形影响小，抗震能力强，施工速度快。提高了装饰质量，已成为大型公共建筑石材饰面安装的主要方法（图 10－5）。

① 板材钻孔、粘贴增强层。根据设计尺寸在石板上下侧边钻孔，孔径 6mm，孔深 20mm。在石板背面涂刷合成树脂胶粘剂，粘贴玻璃纤维网格布。

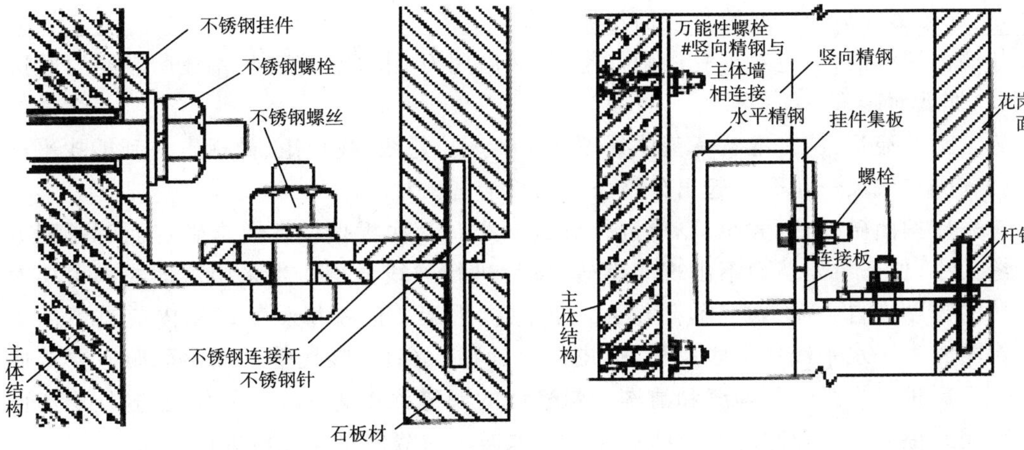

（a）直接干挂　　　　（b）间接干挂层

图 10－5　干挂工艺构造详图

② 石板就位、临时固定。在墙面吊垂线及拉水平线，以控制饰面的垂直、平整。支底层石板托架，将底层石板就位并作临时固定。

③ 基体钻孔、安装饰面板。用冲击钻在基体结构钻孔，打入胀铆螺栓，同时镶装“L”型不锈钢连接件。用胶粘剂灌入石材的孔眼，插入销钉，校正并临时固定板块。如此逐层直到顶层。

④ 嵌缝清理。进行嵌缝、清理饰面，擦蜡出光。

(3)粘贴法

粘贴法适用于小规格和薄板石材。

粘贴法施工程序：基层处理→抹底层灰、中层灰→弹线分格→选料、预排→石材粘贴→嵌缝、清理→抛光打蜡。

① 基层清理。对于粘贴法施工，基层的平整度尤其重要。基层应平整但不应压光，中层抹灰用木抹搓平后检查尺寸的偏差值。其允许偏差值为平面、立面、阴阳角均为 2mm。

② 石材粘贴。粘贴石材一般用环氧树脂胶。先将胶分别涂抹在墙柱面和板块背面上，刷胶要均匀，饱满，然后准确地将板块粘贴于墙上，立即挤紧、找平，并进行顶、卡固定。如不平直可用木楔调整。

石材也可用灰浆粘贴，其方法与上述相似。

2. 面砖粘贴法

(1)釉面砖施工

釉面砖一般用于室内墙面装饰。施工前，按设计要求挑选规格、颜色一致的釉面瓷砖，使用前应在清水中浸泡 2～3h，阴干备用。

墙面底层用 1∶3 水泥砂浆打底，表面划毛；在基层表面弹出水平和垂直方向的控制线，自上向下，从左向右进行瓷砖预排，以使接缝均匀整齐。如有一行以上的非整砖，应排在阴角和接地部位。

用弹线做标志，控制粘贴的水平高度。靠地先贴一皮砖，拉好水平、厚度控制线，按自下而上、先左后右的顺序逐块镶贴。砖随贴随用铲子、橡皮榔头轻轻敲击，使其粘结牢固。饰面接缝无设计规定时，其宽度控制为 1～1.5mm。

室内釉面瓷砖施工时，用与瓷砖颜色相同的水泥浆均匀擦缝，用布、棉丝清洗干净瓷砖表面，全部工程完后应彻底清理表面污垢。

如墙面留有洞口，应对准孔洞画好位置，然后用刀、钳子将瓷砖切割成所需要的形状。

(2)外墙面砖

施工工艺流程：施工准备→基体处理→排砖→拉通线、找规矩、做标志→刮糙找平→弹线分格→固定底尺→镶贴→起出分格条→勾缝清洗。

首先应按面砖颜色、大小、厚薄进行分选归类。其次根据设计要求确定面砖排列方法和砖缝大小，保证主要墙面不出现非整砖，然后进行弹线分格。当采用落地式脚手架时外墙面砖的镶贴应自上而下进行，随镶贴随拆除脚手架。但在每步架高度内应自下而上进行。镶贴时先按水平线垫平底尺板，逐皮向上铺贴。窗台、腰线等仰面贴面砖时要等底灰七八成干后进行。最后是勾缝和清洗。勾缝后的凹缝深度为 3mm 左右，密缝处用与面砖同色水泥浆擦缝。作业时随时将砖表面砂浆擦净。勾缝砂浆硬化后进行清洗。

3. 金属板施工

不锈钢板、铜板比较薄，不能直接固定于柱、墙面上。为了保证安装后表面平整、光洁无钉孔，需用木方、胶合板做好胎模，组合固定于墙、柱面上。

(1)柱面不锈钢板、铜板饰面安装

将柱面清理干净，按设计弹好胎模位置边框线。胎模尺度：竖向按板材长度确定，宽度根据柱形决定。方柱每个柱面为一个胎模，圆柱一般以半圆柱面或 1/3 圆柱面为一个胎模。以柱外表尺寸为饰面胎模内径尺寸，胎模之间留出 10mm 左右的构造缝，用中密度板按柱外型裁出胎模。中密度板的外缘开槽固定木方尺寸为 40mm×40mm 或 40mm×30mm，木方与中密度板形成胎模骨架，骨架的外表面要满足平整度、弧度和垂直度的要求；然后外侧铺钉一层三夹板，固定木条的钉帽应事先打扁，钉帽钉入板条内 0.5～1mm，钉眼用同色腻子抹平；最后在三夹板表面包铜板或不锈钢板(图 10-6)。

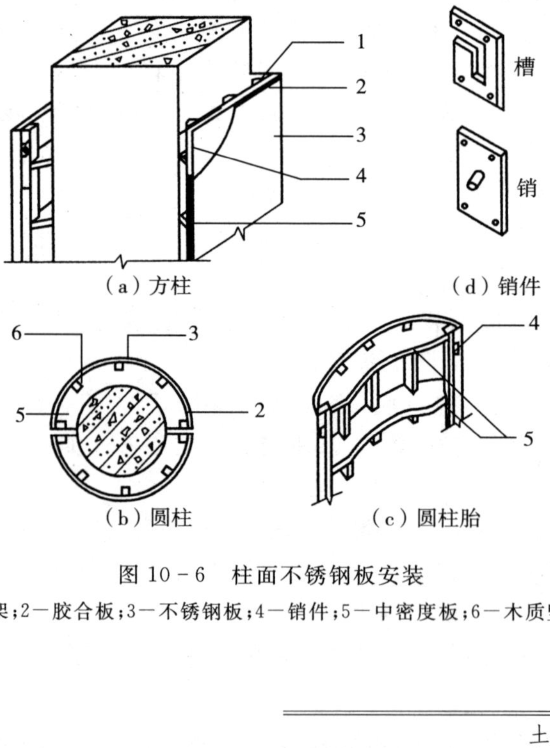

图 10-6 柱面不锈钢板安装

1—木骨架；2—胶合板；3—不锈钢板；4—销件；5—中密度板；6—木质竖向龙骨

(2)墙面不锈钢板、铜板安装

清理好基层,按设计弹好骨架位置纵横线。在墙面钉骨架时,其大小以饰面板定基本单元,用膨胀螺钉将木骨架固定于墙面上。骨架符合质量要求后,在表面钉一层夹板作为贴面板衬材,夹板边不超出骨架。不锈钢、铜板预先按设计压好四边,尺寸准确。最后用胶密封纵横缝(图 10-7)。

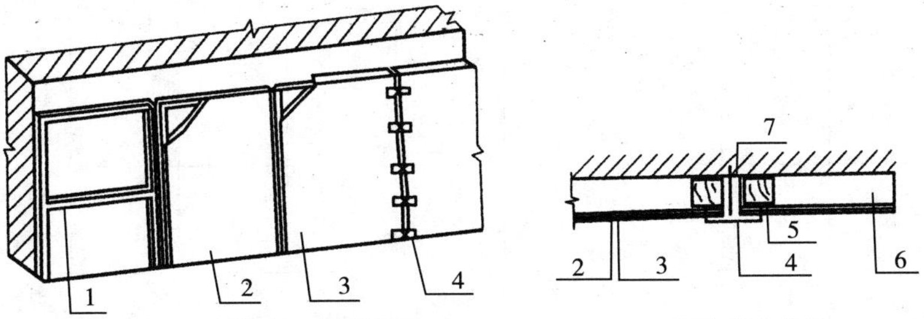

(a)不锈钢板、铜板饰面　　(b)板缝构造

图 10-7　不锈钢墙面施工示意图

1—骨架;2—胶合板;3—饰面金属板;4—临时固定木条;5—竖筋;6—横筋;7—玻璃胶

10.3.3　饰面板(砖)的质量控制与检验

1. 饰面板的质量控制与检验

(1)材料

板的品种、规格、颜色和性能必须符合设计要求。板孔、槽的数量、位置和尺寸应符合设计要求。

(2)安装

板安装工程的预埋件、连接件的数量、规格、位置、连接方法和防腐处理必须符合设计要求,后置埋件的现场拉拔强度必须符合设计要求。

(3)一般项目

饰面板表面应平整、洁净、色泽一致,无裂缝和缺陷、破损等。饰面板嵌缝密实平整,宽度和深度应符合设计要求。采用湿作业时石材应进行防碱处理,饰面板与基体之间的灌注材料应饱满、密实。

饰面板工程质量检查可以采取观察、检查隐蔽工程验收记录、施工记录及用工具的方法检查。饰面板安装的允许偏差和检验方法见表 10-5。

表 10-5　饰面板安装的允许偏差和检验方法

序号	项　目	允许偏差(mm)							检查方法
		光面石	剁斧石	蘑菇石	瓷板	木材	塑料	金属	
1	立面垂直度	2	3	3	2	1.5	2	2	用 2m 垂直检测尺检查
2	表面平整度	2	3	—	1.5	1	3	3	用 2m 靠尺和塞尺检查
3	阴阳角找方	2	4	4	2	1.5	3	3	用直角检测尺检查

（续表）

序号	项　目	允许偏差(mm)							检　查　方　法
		光面石	剁斧石	蘑菇石	瓷板	木材	塑料	金属	
4	分格缝直线度	2	4	4	2	1	1	1	拉5m线，不足5m拉通线，用钢直尺检查
5	墙裙、勒脚上口直线度	2	3	3	2	2	2	2	拉5m线，不足5m拉通线，用钢直尺检查
6	接缝高低差	0.5	3	—	0.5	0.5	1	1	用钢直尺和塞尺检查
7	接缝宽度	1.0	2	2	1.0	1	1	1	用钢直尺检查

10.4　涂饰工程

10.4.1　涂饰材料

1. 涂料

涂料由胶结剂、颜料、溶剂和辅助材料等组成。由主要成膜物质、次要成膜物质、辅助成膜物质和其他外加剂、分散剂等组成。涂料一般包括油脂、合成树脂及乳液等。

涂料按刷涂位置可分为外墙涂料、内墙涂料、天棚涂料、地面涂料、门窗涂料(油漆)、屋面涂料等。按用途可分为一般涂料和防火涂料、防水涂料等。

涂饰工程所用品种、型号和性能，应根据涂饰的部位、基体材料及功能特征按设计要求选用，并应符合相应质量标准及国家环保的有关规定。施工中对环境温度、湿度、清洁度及基体的含水率要严格控制，并采取有效的防火、防中毒措施。

2. 配套材料

(1)腻子

在涂刷涂料前，应先用腻子将基层或基体表面的缺陷和坑洼不平之处嵌实填平，并用砂纸打磨平整光滑。涂料工程所用腻子的塑性和易涂性应满足施工要求，干燥后应坚固、不起皮、不龟裂和粉化，易打磨，能与基层、底涂料和面涂料的性能配套使用。

(2)稀释剂

对于不同的漆，应根据漆中所含的成膜物质的性质和各种溶剂的溶解力、挥发速度和对漆膜的影响等选择并配制稀释剂。

10.4.2　涂饰工程施工

1. 基层处理

木材表面上的灰尘、污垢等应事先清理干净，木材表面的缝隙、毛刺和脂囊等修整后用与木材同色腻子填补，并用砂纸磨光。在涂饰前基层应刮腻子数遍找补，并在每遍腻子干燥后，用砂纸打磨。通常情况下，第一遍涂料涂刷后仍要用腻子找补。

金属表面应事先将灰尘、油渍、鳞皮、焊碴等清除干净，并采用手工或机械的方式除锈。潮湿的表面不得涂刷涂料。旧墙面涂饰前，要清除疏松的旧装修层并涂刷界面剂。

基层腻子应平整、坚实、牢固，无粉化、起皮和裂缝；厨房和卫生间墙面必须使用耐水腻子。

2. 刷涂料（油漆）

涂料（油漆）在使用前必须搅拌均匀，用于同一表面的涂料，应注意颜色一致。涂料黏度应调整适合，如需稀释用专用材料稀释。

涂料的涂刷遍数根据涂饰工程的质量等级而定，后一遍必须在前一遍干燥成膜后才能涂刷。涂料的涂刷方法一般采用刷涂法、喷涂法、滚涂法、弹涂法和抹涂法等。

（1）刷涂法。人工刷涂时，用刷子蘸上涂料直接涂于物件表面上，其涂刷方向和行程长短应均匀一致；应勤沾短刷，接槎应在分格缝处；所用涂料干燥较快时应缩短刷距。刷涂顺序为从里向外，从上向下，从左到右。

（2）滚涂法。用辊子蘸上少量涂料后再在被滚墙面上轻缓平稳地来回滚动，直上直下，避免扭蛇行，以保证厚度、色泽、质感一致。常用的辊子直径为 40～50mm，长 180～240mm。边角不到部位，用刷子补刷。

（3）喷涂法。喷涂的机具有：手持喷枪、装有自动压力控制器的空气压缩机和高压胶管。喷涂时，涂料稠度、空气压力、喷射距离、喷枪运行中的角度和速度等方面均有一定的要求。涂料稠度必须适中，太稠不便施工，太稀影响涂层厚度，且易流淌；空气压力为0.4～0.8N/mm^2，喷射距离一般为 400～600mm；喷枪运行中心线必须与墙面垂直，喷枪移动过快，涂层较薄，色泽不均；运行过慢，涂料黏附太多，易流淌。喷涂施工应连续作业，争取到分格缝处再停歇。

室内一般先喷涂顶棚后喷涂墙面，两遍成活，间隔时间约为 2h；室外喷涂一般为两遍，较好的饰面为三遍，作业分段线应设在水落管、接缝、雨罩等结构分格处。

（4）弹涂法。弹涂所用工具：电动彩弹机及相应的配套和辅助器具、料桶、料勺等。

彩弹饰面施工必须根据事先设计的样板上的色泽和涂层表面形状的要求进行。在基层上先刷涂 1～2 道底涂层，待干燥后进行弹涂。弹涂时，弹涂器的喷出口应垂直于墙面，距离应保持为 300～500mm，按一定的速度自上而下、由左向右弹涂。

（5）抹涂法。在底层刷涂或滚涂 1～2 道底层涂料，待其干燥后（常温 2h 以上），用不锈钢抹子将涂料抹到已刷的底层涂料上，一般抹 1～2 遍（总厚度 2～3mm），间隔 1h 后再用不锈钢抹子压平。

10.4.3 涂饰工程质量控制与检查

1. 一般要求

（1）验收时应检查下列文件和记录

① 涂饰工程的施工图、设计说明及其他设计文件。

② 材料的产品合格证书、性能检测报告和进场记录及施工记录。

(2)检查数量应符合下列规定

① 室外工程每 $100m^2$ 应至少检查一处，每处不得少于 $10m^2$。

② 室内每 50 间至少抽查 10%，并不得少于 3 间。

2. 质量要求与检验方法

对于不同品种、规格、型号和性能各异的涂料，其质量要求也有区别。

(1)水性涂料

水性涂料包括薄涂料、厚涂料和复合涂料。水性涂料质量要求及检验方法见表 10-6。

表 10-6 水性涂料涂饰工程质量要求及检验方法

项　目	质　量　要　求	检　验　方　法
主控项目	水性涂料工程所用涂料的品种、型号和性能符合设计要求	检查产品合格证书、性能检测报告和进场验收记录
	水性涂料工程所用涂料的颜色、图案符合设计要求	观察
	水性涂料工程应涂饰均匀、粘结牢固、不得漏涂、透底、起皮掉粉	观察、手摸检查
	水性涂料工程的基层处理应符合一般要求	观察、手摸检查
一般项目	普通涂饰：颜色均匀一致，允许少量轻微泛碱、咬色流坠、砂眼、刷纹	观察
	高级涂饰：颜色均匀一致，不允许有泛碱、咬色流坠，无砂眼、刷纹	观察

(2)溶剂型涂料

溶剂型涂料工程所用涂料的品种、型号和性能应符合设计要求；颜色、光泽、图案应符合设计要求；应涂饰均匀、粘结牢固，不得有漏涂、透底、起皮和反锈。

色漆的涂饰质量和检验方法见表 10-7 所示。清漆的涂饰质量和检验方法见表 10-8 所示。

表 10-7 色漆的涂饰质量和检验方法

项次	项　目	普通涂饰	高级涂饰	检验方法
1	颜色	均匀一致	均匀一致	观察
2	光泽、光滑	光泽基本均匀 光滑无挡手感	光泽均匀一致 光滑	观察、手摸检查
3	刷纹	刷纹通顺	无刷纹	观察
4	裹棱、流坠、皱皮	明显处不允许	不允许	观察
5	装饰线、分色线直线度允许偏差(mm)	2	1	拉 5m 线，不足 5m 拉通线，用钢尺检查

表 10-8 清漆的涂饰质量和检验方法

项次	项　目	普通涂饰	高级涂饰	检验方法
1	颜色	基本一致	均匀一致	观察
2	木纹	棕眼刮平、木纹清楚	棕眼刮平、木纹清楚	观察

（续表）

项次	项　目	普通涂饰	高级涂饰	检验方法
3	光泽、光滑	光泽基本均匀 光滑无挡手感	光泽基本均匀一致， 光滑	观察、手摸检查
4	刷纹	无刷纹	无刷纹	观察
5	裹棱、流坠、皱皮	明显处不允许	不允许	观察

3. 涂料的安全技术

涂料材料和所用设备必须有专人保管，各类储存原料的桶必须有封盖。涂料库房内必须有消防设备，要隔绝火源，与其他建筑物相距应有25～40m。操作者做好自身保护工作，坚持穿戴安全防护具。使用溶剂时，应防护好眼睛、皮肤。熬胶、烧油应离开建筑物10m以外。

10.5　楼地面工程

10.5.1　楼地面的构造

1. 楼地面的组成

楼地面是底层地面和楼板面的总称。楼地面由面层、结合层、找平层、防潮层、保温层、垫层、基层等组成。根据不同的设计，其组成也不尽相同。

面层：与人体、家具直接接触的表面层，承受各种物理化学作用，并起美化和改善环境及保护结构层的作用。

结合层：是面层与下一构造层间的做法，也可以作为多个面层的弹性基层，各种块材面层都需要结合层，可根据面层材料选择结合层的做法。

找平层：在垫层、楼板或填充层上起整平、找坡或加强作用的构造层，其施工质量直接影响到楼地面的质量。

填充隔离层：起隔声、保温、找坡、敷设管线作用的构造层。

垫层：仅用于地面下，传递地面荷载于基土上的构造层。

基层：是地面垫层下的土层。

此外，根据需要还可能设防潮层、保温层等。

2. 楼地面分类

按面层施工方法不同可将楼地面分三大类：一是整体楼地面，又分为水泥砂浆地面、混凝土地面、水磨石地面等；二是块材地面，又分为预制板材、大理石和花岗石、地面砖等；三是木竹地面。

10.5.2　楼地面施工

1. 基层施工

(1)抄平弹线统一标高

检查墙、楼地面的标高，并在各房间内弹离楼地面高50cm的水平控制线，简称50线，房间内的装饰以此为准。

(2)板缝处理

楼面的基层是楼板,对于预制板楼板,应做好板缝灌浆、堵塞和板面清理工作。

(3)房心土回填

地面基层为土质时,应是原土和夯实回填土。房心回填土夯实要求同基坑回填土。

2. 垫层施工

垫层的施工一般是在地面而非楼面。通常是在房心回填土之上的工程做法。有碎石、碎砖、三合土、混凝土垫层等。

(1)碎砖垫层

碎砖料不得采用风化、酥松的砖,并不得夹有瓦片及有机杂质。碎砖料应分层铺均匀,每层虚铺厚度不大于200mm,适当洒水后进行夯实,夯至表面平整。

(2)三合土垫层

三合土垫层是用石灰、砾石和砂的拌和料铺设而成,其厚度一般不小于100mm。石灰应用熟石灰,拌和物中不得含有有机杂质。三合土的配合比(体积比)一般采用1∶2∶4或1∶3∶6(石灰∶砂∶砾石)。拌和均匀后,分层铺平后夯实,夯实厚度一般为虚铺厚度的3/4。

三合土可用人工或机械夯实,夯打应密实,表面平整。最后一遍夯打时,宜浇浓石灰浆,待表面灰浆晾干后进行下一道工序施工。

(3)混凝土垫层

混凝土垫层用厚度不小于60mm、等级不低于C20的混凝土铺设而成。混凝土的配合比由计算确定。混凝土采用表面振动器捣实,浇筑完后,应在12h内覆盖浇水养护不少于7d。混凝土强度达到1.2MPa以后,才能进行下道工序施工。

3. 整体面层施工

(1)水泥砂浆地面

水泥砂浆地面面层的厚度为20mm左右,用强度等级不低于32.5MPa的水泥和中粗砂拌和配制,配合比为1∶2或1∶2.5。

施工时,应清理基层,同时将垫层湿润,刷一道素水泥浆,用刮尺将满铺的水泥砂浆按控制标高刮平,用木抹子拍实,待砂浆终凝前,用铁抹子原浆收光,不允许撒干灰赶时抹压。终凝后覆盖浇水养护,这是水泥砂浆面层不起砂的重要保证措施。

(2)水磨石地面

水磨石面层做法是:1∶3水泥砂浆找平层,厚10~15mm;1∶1.5~1∶2水泥白石子浆,厚10~15mm。面层分格条按设计要求的图案施工。

水磨石地面的材料要求:水泥强度等级不低于32.5MPa。美术工艺水磨石采用白色水泥。石粒采用坚硬可磨的岩石,如白云石、大理石等。水磨石地面的施工工艺如下:

① 固定分格条。按设计图案要求将分格线弹到找平层上,宜从中间向两边分格,将非整块放到边角部位,同时还应考虑门口走道等分格,尽量统一协调。固定分格条用素水泥浆。水泥浆的高度比分格条低3mm,使水泥石碴均匀地在分格条两侧。分格条固定后,注意保护,以使图案清晰。

② 抹水泥石子浆面层。先刷一遍与面层颜色相同的水泥浆结合层，随刷随铺水泥石子浆，用靠尺在分格条上检查平整与高度。面层抹灰宜比分格条高出 1～2mm。要铺平整，用滚筒压密实，待表面出浆后，再用抹子抹平，次日开始养护。

③ 磨光。磨光的目的是将面层的水泥浆磨掉，使表面石子磨平并显露出来，增加美观。开磨前应先试磨，当表面石粒不松动时开磨。

水磨石面层分三次磨光：第一遍用 60～90 号粗金刚石边磨边加水，粗磨至全部分格条外露和石子显露，用水冲洗干净，有细小孔隙、凹痕时，用同色水泥浆涂抹，适当养护后再磨。第二遍用 90～120 号金刚石磨，要磨到表面光滑为止。第三遍用 200 号金刚石磨，磨至表面石子粒粒显露、平整光滑、无砂眼孔，用水冲洗。涂抹草酸溶液（质量比为热水：草酸＝1：0.35）一遍。高级水磨石地面还应进行第四遍打磨，用 240～300 号油石磨。

④ 水磨石面打蜡。待磨光干燥后进行打蜡，打蜡工作在其他工序全部完成后进行。将配制好的蜡包在薄布内，在面层上薄薄涂一层，用力擦，稍干用布擦至表面光滑整洁，颜色一致。

4. 块料面层施工

（1）地砖施工

地砖地面铺贴时应先清理基层，浇水湿润，抄平放线；然后扫素水泥浆，用 1：3 水泥砂浆打底找平；地砖应浸水 2～3h，取出阴干后使用。地砖铺贴从门口开始，出现非整块砖时进行切割。铺砌后用素水泥浆擦缝，并将砂浆清洗干净。养护时间 3～4d，养护期间不得上人。

（2）木地板施工

木地板面层多用于室内高级装修地面。该地面具有弹性好、耐磨性好、不易老化等特点。木地板面层有单层和双层两种。单层是在木搁栅上直接钉企口板；双层是在木搁栅上先钉一层毛地板，再钉一层企口板。木搁栅有空铺和实铺两种形式。

空铺在木格栅之间无填充材料。实铺式地面是将木搁栅铺于钢筋混凝土楼板上，木搁栅之间填以炉渣隔音材料。木地板拼缝用得较多是企口缝、截口缝、平头接缝等，其中以企口缝最为普遍（图 10－8）。

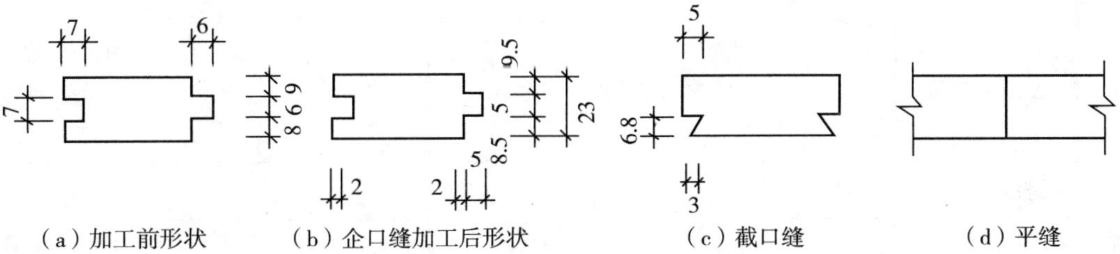

图 10－8　木板拼缝处理

① 长条板地面施工。将木搁栅直接固定在基底上，然后用圆钉将地板钉在木搁栅上。条形木地板的铺设方向应考虑铺钉方便，固定牢固和使用美观。走廊、过道等部位，宜顺着行走的方向铺设；房间内应顺着光线铺设，可以克服接缝处不平的缺陷。

用钉固定木板的方法有明钉和暗钉两种钉法。明钉是将钉帽砸扁，垂直钉入板面与搁栅，一般钉两只钉，钉的位置应在同一直线上，并将钉帽冲人板内3～5mm。暗钉是将钉帽砸扁，从板边的凹角处斜向钉入，但最后一块地板用明钉。

② 拼花板地面施工。拼花板地面一般采用粘结固定的方法施工。

弹线：按设计图案及板的规格，结合房间的具体尺寸弹出垂直交叉的方格线。放线时，先弹房间纵横中心线，再从中心向四边画出方格；房间四周边框留15～20mm。方格是否方正是直接影响地板施工质量的主要因素。

粘贴：一般用玻璃胶粘贴。粘贴前，对硬木拼板进行挑选，将色彩好的粘贴在房间明显或经常出入部位，稍差一些的粘贴于门背后隐秘处，粘贴时，从中心开始，然后依次排列；用胶时，基层和木板背面同时抹胶阴干一会，便可将木板按在基底上。

地板打磨刨平时应注意木纹方向，一次不要刨得太深，每次刨削厚度不大于0.5mm，并应无刨痕。刨平后用砂纸打磨，做清漆涂刷时应透出木纹，以增加装饰效果。

③ 木踢脚板施工。踢脚板与木板面层间装钉木压条。要求踢脚板与墙紧贴，装钉牢固，上口平直。踢脚板接缝处应做企口或错口相接。

10.5.3 楼地面工程质量控制与检验

1. 整体面层

（1）铺设整体面层时，其水泥类基层的抗压强度不得小于1.2MPa；表面应粗糙、洁净、湿润，不得有积水。

（2）整体面层施工后，养护时间不应少于7d；抗压强度应达到5MPa后，方准上人行走；达到设计要求后，方可正常使用。

整体面层的质量检查标准见表10－9。

表10－9 整体面层的质量检查标准

项次	项 目	允许偏差(mm)						检查方法
		水泥混凝土面层	水泥砂浆面层	普通水磨石面层	高级水磨石面层	水泥钢屑面层	防油混凝土和不发火（防爆）面层	
1	表面平整度	5	4	3	2	4	5	用2m靠和楔形塞尺检查
2	踢脚线上口平直	4	4	3	3	4	4	拉5m线和用钢尺检查
3	缝格平直	3	3	3	2	3	3	

2. 块料面层的质量检查标准

（1）铺设板块面层时，其水泥类基层的抗压强度不得小于1.2MPa。面层的结合层和板块间的填缝采用水泥砂浆，且应符合国家现行有关标准和设计要求。

（2）板块的铺砌应符合设计要求，当设计无要求时，宜避免出现板块小于1/4边长的角料。

块料面层质量检查标准见表10－10。

表10－10　块料面层质量检查标准

项次	项　目	允许偏差(mm)						检查方法
		陶瓷锦砖、高级水磨石板、陶瓷地砖面层	水磨石板块面层	大理石和花岗石面层	塑料板面层	水泥混凝土板面层	碎拼大理石、花岗石面层	
1	表面平整度	2.0	3.0	1.0	2.0	4.0	3.0	用2m尺和楔形塞尺检查
2	缝格平直	3.0	3.0	2.0	3.0	3.0	—	拉5m线和用钢尺检查
3	接缝高低差	0.5	1.0	0.5	0.5	1.5	—	用钢尺和楔形塞尺检查
4	踢脚线上口平直	3.0	4.0	1.0	2.0	4.0	1.0	拉5m线和用钢尺检查
5	板块间隙宽度	2.0	2.0	1.0	—	6.0	—	用钢尺检查

思考练习题

一、单选题

1. 涂料施工时，混凝土和抹灰面基层表面含水率应小于(　　)。

A. 5%　　B. 8%　　C. 12%　　D. 15%

2. 新建筑物的混凝土或抹灰基层，涂饰涂料前应涂刷(　　)底漆。

A. 防水　　B. 防腐　　C. 抗酸　　D. 抗碱

3. 抹灰应分层抹，其底层的作用是(　　)。

A. 粘结　　B. 找平

C. 装饰　　D. 粘结和初步找平

4. 抹灰砂浆用砂的含泥量不应大于(　　)。

A. 1%　　B. 2%　　C. 3%　　D. 5%

5. 抹灰应分层进行，中层的作用是(　　)。

A. 粘结　　B. 找平

C. 粘结和找平　　D. 装饰

6. 湿度较大的房间抹灰时宜采用(　　)。

A. 水泥砂浆　　B. 石灰砂浆

C. 水泥砂浆或混合砂浆　　D. 混合砂浆

7. 抹灰工程的打底砂浆一般用(　　)。

A. 1∶1水泥砂浆　　B. 1∶2.5水泥砂浆

C. 1∶2水泥砂浆　　D. 1∶3水泥砂浆

8. 浴室墙面防水高度不低于(　　)。

A. 1.5m　　B. 1.8m　　C. 1.2m　　D. 1.0m

9. 抹灰时，冲筋宽度一般为（　　）。

A. 15mm　　B. 25mm　　C. 50mm　　D. 100mm

10. 抹灰由底层、中层、面层组成，其面层作用是（　　）。

A. 粘结　　B. 找平

C. 装饰　　D. 粘结和找平

二、简答题

1. 装饰的主要作用是什么？

2. 一般抹灰的分类、抹灰层的组成以及各层的作用是什么？

3. 抹灰前为什么要进行基层处理？怎样处理？

4. 饰面板的传统做法有哪些？

5. 保温隔热层的施工有哪些要求？

第11章 施工组织概论

【学习内容】本章主要介绍了基本建设的概念和内容，阐述基本建设程序及其相互间关系；根据土木工程产品及其生产的特点，叙述施工组织的复杂性和编制施工组织设计的必要性；介绍了施工组织的概念、分类及作用；阐述组织施工的基本原则，施工准备工作及原始资料的调查分析。

11.1 土木工程产品及其生产的特点

土木工程产品是土木工程施工的最终成果，土木工程产品多种多样，但归纳起来有体形庞大、整体难分、不能移动等特点，这些特点就决定了土木工程产品生产与一般的工业产品生产不同，只有对土木工程产品及其生产的特点进行研究，才能更好地组织土木工程产品的生产，保证产品的质量。

11.1.1 土木工程产品的特点

与一般工业产品相比，土木工程产品具有自己的特点。

1. 产品的固定性

土木工程产品是按照使用要求在固定地点兴建的，产品的基础与作为地基的土地直接联系，因而土木工程产品在建造中和建成后是不能移动的，建在哪里就在哪里发挥作用。在有些情况下，一些建筑产品本身就是土地不可分割的一部分，如油气田、桥梁、地铁、水库等。固定性是土木工程产品与一般工业产品的最大区别。

2. 产品的多样性

土木工程产品一般是由设计和施工部门根据建设单位(业主)的委托，按特定的要求进行设计和施工的。由于对产品的功能要求多种多样，因而对每一土木工程产品的结构、造型、空间分割、设备配置、内外装饰都有具体要求。即使功能要求相同，建筑类型相同，但由于地形、地质等自然条件不同以及交通运输、材料供应等社会条件不同，在建造时施工组织、施工方法也存在差异。这种多样性特点决定了土木工程产品不能像一般工业产品那样进行批量生产。

3. 产品体积庞大

土木工程产品是生产与生活的场所，要在其内部布置各种生产与生活必需的设备与用具，因而与其他工业产品相比，土木工程产品体型庞大，占有广阔的空间，排他性很强。

4. 产品的高值性

能够发挥投资效用的任一项土木工程产品，在其生产过程中耗用了大量的材料、人力、机械及其他资源，不仅实物形体庞大，而且造价高昂。土木工程产品的高值性也使其工程造价关系到各方面的重大经济利益，同时也会对宏观经济产生重大影响。

11.1.2 土木工程产品生产的特点

1. 产品生产的流动性

土木工程产品生产的流动性有两层含义。

首先，由于土木工程产品是在固定地点建造的，生产者和生产设备要随着建筑物建造地点的变更而流动，相应材料、附属生产加工企业、生产和生活设施也经常迁移，使生产费用增加。同时，由于土木工程产品生产现场和规模都不固定，需求变化大，要求产品生产者在生产时遵循弹性组织原则。

另一层含义指，由于土木工程产品固定在土地上，与土地相连，在生产过程中，产品固定不动，人、材料、机械设备围绕着土木工程产品移动，要从一个施工段移到另一个施工段，从房屋的一个部位转移到另一个部位。许多不同的工种，在同一对象上进行作业，不可避免地会产生施工空间和时间上的矛盾。这就要求有一个周密的施工组织设计，使流动的人、机、物等互相协调配合，做到连续、均衡施工。

2. 产品生产的单件性

土木工程产品的多样性决定了产品生产的单件性。每项土木工程产品都是按照建设单位的要求进行设计与施工的，都有其相应的功能、规模和结构特点，所以工程内容和实物形态都具有个别性、差异性。而工程所处的地区、地段不同更增强了产品的差异性，同一类型工程或标准设计，在不同的地区、季节及现场条件下，施工准备工作、施工工艺和施工方法不尽相同，所以土木工程产品只能是单件生产，而不能按通用定型的施工方案重复生产。这一特点就要求施工组织设计编制者考虑设计要求、工程特点、工程条件等因素，制定出可行的施工组织方案。

3. 产品生产过程具有综合性

土木工程产品的生产首先由勘察单位进行勘测，设计单位进行设计，建设单位进行施工准备，建安工程施工单位进行施工，最后经过竣工验收交付使用。所以建安工程施工单位在生产过程中，要和业主、金融机构、设计单位、监理单位、材料供应部门、分包等单位配合协作。由于生产过程复杂，协作单位多，是一个特殊的生产过程，这就决定了其生产过程具有很强的综合性。

4. 产品生产受外部环境影响较大

土木工程产品体积庞大，使其不具备在室内生产的条件，一般都要求露天作业，其生产受到风、霜、雨、雪、温度等气候条件的影响；产品的固定性决定了其生产过程会受到工程地质、水文条件变化的影响，以及地理条件和地域资源的影响。这些外部影响对工程进度、工程质量、建造成本等都有很大影响。这一特点要求土木工程产品生产者提前进行原始资料调查，制订合理的季节性施工措施、质量保证措施、安全保证措施等，科学组织施工，使生产有序进行。

5. 产品生产过程具有连续性

土木工程产品不能像其他许多工业产品一样可以分解为若干部分同时生产，而必须在同一固定场地上按严格程序连续生产，上一道工序不完成，下一道工序不能进行。产品是持续不断的劳动过程的成果，只有全部生产过程完成，才能发挥其生产能力或使用价值。一个建设工程项目从立项到投产使用要经历五个阶段，即设计前的准备阶段（包括项目的可行性研究和立项）、设计阶段、施工阶段、使用前准备阶段（包括竣工验收和试运行）和保修阶段。这是一个不可间断的、完整的周期性生产过程，它要求在生产过程中各阶段、各环节、各项工作必须有条不紊地组织起来，在时间上不间断，空间上不脱节。要求生产过程的各项工作必须合理组织、统筹安排，遵守施工程序，按照合理的施工顺序科学地组织施工。

6. 产品的生产周期长

土木工程产品的体积庞大决定了土木工程产品生产周期长，有的建筑项目，少则 1～2 年，多则 3～4 年、5～6 年，甚至 10 年以上。因此，必须长期大量占用、消耗人力、物力和财力，要到整个生产周期完结，才能出产品。故应科学地组织生产，不断缩短生产周期，尽快提高投资效果。

由上可知，土木工程产品与其他工业产品相比，有其独特的一系列技术经济特点，土木工程施工已成为一项十分复杂的生产活动，这就对施工组织与管理工作提出了更高的要求，表现在以下方面。

其一，土木工程产品的固定性和其生产的流动性，构成了土木工程施工中空间上的分布与时间上的排列的主要矛盾。土木工程产品具有体积庞大和高值性的特点，这就决定了在土木工程施工中要投入大量的生产要素（劳动力、材料、机具等），同时为了迅速完成施工任务，在保证材料、物资供应的前提下，最好有尽可能多的工人和机具同时进行生产。而土木工程产品的固定性又决定了在建筑生产过程中，各种工人和机具只能在同一场所的不同时间，或在同一时间的不同场所进行生产活动。要顺利进行施工，就必须正确处理这一主要矛盾。在编制施工组织设计时要通盘考虑，优化施工组织，合理组织平行、交叉、流水作业，使生产要素按一定的顺序、数量和比例投入，使所有的工人、机具各得其所，各尽其能，实现时间、空间的最佳利用，以达到连续、均衡施工。

其二，土木工程产品具有多样性和复杂性，每一个建筑物或建筑群的施工准备工作、施工工艺方法、施工现场布置等均不相同。因此在编制施工组织设计时必须根据施工对象的特点和规模、地质水文、气候、机械设备、材料供应等客观条件，从运用先进技术、提高经济效益出发，做到技术和经济统一，选择合理的施工方案。

其三，土木工程施工具有生产周期长、综合性强、技术间歇性强、露天作业多、受自然条件影响大、工程性质复杂等特点，增加了施工中矛盾的复杂性，这就要求施工组织设计要考虑全面，事先制订相应的技术、质量、安全、节约等保证措施，避免质量安全事故，确保安全生产。

另外，在土木工程施工中，需要组织各种专业的建筑施工单位和不同工种的工人，组织数量众多的各类建筑材料、制品和构配件的生产、运输、储存和供应工作，组织各种施工机械设备的供应、维修和保养工作。同时，还要组织好施工临时供水、供电、供热、供气以及安排生产和生活所需的各种临时设施，其间的协作配合关系十分复杂。要求在编制施工组织设计时要照顾施工的各个方面和各个阶段的联系配合问题，合理安排资源供应，精心规划施工平面布置，合理部署施工现场，实现文明施工，降低工程成本，发挥投资效益。

总之，由于土木工程产品及其生产的特点，要求每个工程开工之前，根据工程的特点和要求，结合工程施工的条件和程序，编制出拟建工程的施工组织设计。施工组织设计应按照基本建设程序和客观的施工规律的要求，从施工全局出发，研究施工过程中带有全局性的问题。施工组织设计包括确定开工前的各项准备工作，选择施工方案，安排劳动力和各种技术物资的组织与供应，安排施工进度以及规划和布置现场等，以全面安排和正确指导施工的顺利进行，达到工期短、质量优、成本低的目标。

11.2 建设项目与基本建设程序

11.2.1 建设项目的组成

1. 建设项目

建设项目是在一个总体设计范围内，按一个总体设计进行施工的各个工程项目的总和，建成后具有设计所规定的生产能力或效益。它一般由一个或多个单项工程组成。对于每一个建设项目都编有可行性研究报告或设计任务书和独立的总体设计负责组织一个建设项目并在行政上具有独立组织的单位叫建设单位。独立进行经济核算的建设单位可以直接与其他企业单位建立经济往来关系。一座完整的工厂、矿山或一所学校、医院都可以是一个建设项目。工程建设项目可划分为单项工程、单位工程、分部工程、分项工程。如图 11－1 为一座食品厂建设项目。

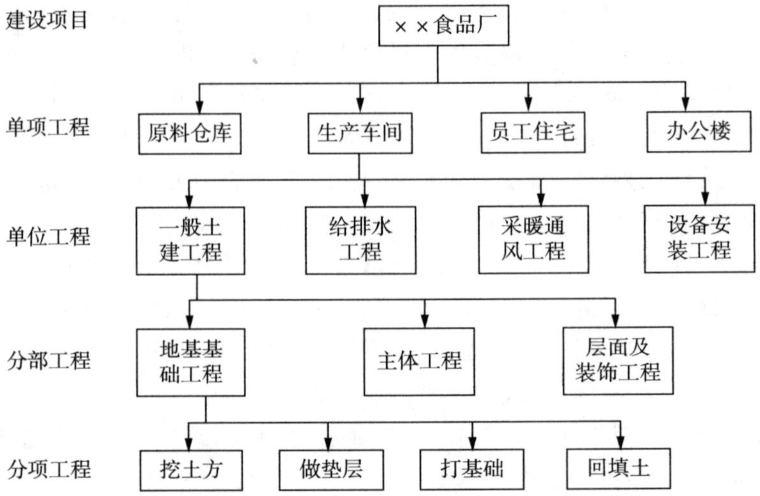

图 11－1　基本建设项目的组成示例

2. 单项工程

单项工程是指具有独立的设计文件，竣工后能独立发挥生产能力或投资效益的工程。如工业建筑的一条生产线，市政工程的一座桥梁，民用建筑中的医院门诊楼、学校教学楼等。单项工程是建设项目的组成部分，一个建设项目一般包括若干个单项工程，也可能只有一个单项工程。

3. 单位工程

单位工程是指具备单独设计条件，可独立组织施工，能形成独立使用功能但完工后不能单独发挥生产能力或投资效益的建(构)筑物。如一栋建筑物的建筑与安装工程为一个单位工程,室外给排水、供热、煤气等又为一个单位工程,道路、围墙为另一个单位工程。对于建设规模较大的单位工程,还可将其能形成独立使用功能的部分划分为若干子单位工程。

由于单位工程的施工条件具有相对的独立性,因此,一般可单独组织施工和竣工验收。单位工程体现了工程建设项目的主要建设内容,是新增生产能力或工程效益的基础。

4. 分部工程

分部工程是按单位工程的专业性质、建筑部位划分的,是单位工程的进一步分解。一般建筑工程可划分为地基与基础、主体结构、装饰装修、屋面、给排水及采暖、电气、智能建筑、通风与空调、电梯。分部工程较大或较复杂时,可按专业及类别划分为若干子分部工程。如主体结构可划分为混凝土结构、砌体结构、钢结构、木结构、网架或索膜结构等子分部工程。

5. 分项工程

分项工程是分部工程的组成部分,一般是按主要工种、材料、施工工艺、设备类别等进行划分。如混凝土结构可划分为模板、钢筋、混凝土、预应力、现浇结构、装配式结构;砌体结构可划分为砖砌体、混凝土小型空心砌块砌体、石砌体、填充墙砌体、配筋砖砌体等。分项工程是建筑施工生产活动的基础,也是计量工程用工用料和机械台班消耗的基本单元。分项工程既有其作业活动的独立性,又有相互联系、相互制约的整体性。对于建筑工程,分项工程可由一个或若干检验批组成,检验批可根据施工及质量控制和专业验收需要按楼层、施工段、变形缝等进行划分。

土木工程产品的特征是单件性生产,但又有在使用上的整体性特点。某个单位工程竣工验收后,即具备了预定的使用功能,但不一定能实现它的使用价值。如一个居住小区,住宅楼竣工后,需要电通、水通、路通和必要的生活辅助设施建成后才能形成居住条件。

建设项目的管理不是孤立地着眼于单位建筑产品的质量、成本和工期,而要着眼于整个建设项目的综合功能和综合效益目标。在施工任务组织时,从工程项目的分解结构来考虑施工任务的安排,项目管理上要着眼于工程项目系统整合来进行项目总目标的控制。

土木工程产品的单件性生产与整体性使用的要求,决定着对施工展开方式的选择和施工任务的组织方式。

11.2.2 基本建设的含义及分类

1. 基本建设的含义

基本建设是国民经济各部门,各单位新增固定资产的一项综合性的经济活动,它通过新建、扩建、改建和恢复工程等投资活动来完成。

有计划、有步骤地进行基本建设,对于扩大社会再生产、提高人民物质文化生活水平和加强国防实力具有重要意义。基本建设的具体作用表现在为国民经济各部门提供生产能力;影响和改变各产业部门内部、各部门之间的构成和比例关系;使全国生产力的配置更趋合理;用先进的技术改造国民经济;为社会提供住宅、文化设施、市政设施等;为解决社会重大问题提供物质基础。

2. 基本建设的分类

从全社会角度来看,基本建设是由多个建设项目组成的。基本建设项目一般是指在一个总体设计或初步设计范围内，由一个或几个有内在联系的单位工程组成，在经济上实行统一核算，行政上有独立组织形式，实行统一管理的建设单位。凡属于总体进行建设的主体工程和附属配套工程、供水供电工程等，均应作为一个工程建设项目，不能将其按地区或施工承包单位划分为若干个工程建设项目。此外，也不能将不属于一个总体设计范围内的工程，按各种方式归算为一个工程建设项目。

建设项目可以按不同标准分类：

(1)按建设性质分类

基本建设项目可分为新建项目、扩建项目、改建项目、迁建项目和恢复(重建)项目。

① 新建项目：指根据国民经济和社会发展的近远期规划，按照规定的程序立项，从无到有的建设项目。现有企业、事业和行政单位一般没有新建项目，只有当新增加的固定资产价值超过原有全部固定资产价值(原值)3 倍以上时，才可算新建项目。

② 扩建项目：指企业为扩大生产能力或新增效益而增建的生产车间或工程项目，以及事业和行政单位增建业务用房等。

③ 改建项目：指为了提高生产效率，改变产品方向，提高产品质量以及综合利用原材料等而对原有固定资产或工艺流程进行技术改造的工程项目。

④ 迁建项目：指现有企事业单位为改变生产布局、考虑自身的发展前景或出于环境保护等其他特殊要求，搬迁到其他地点进行建设的项目。

⑤ 恢复(重建)项目：指原固定资产因自然灾害或人为灾害等原因已全部或部分报废，又在原地投资重新建设的项目。

基本建设项目按其性质分为上述五类，一个基本建设项目只能有一种性质，在项目按总体设计全部建成之前，其建设性质是始终不变的。

(2)按投资作用分类

基本建设项目按其投资在国民经济各部门中的作用，分为生产性建设项目和非生产性建设项目。

① 生产性建设项目：生产性建设项目是指直接用于物质生产或直接为物质生产服务的建设项目，包括工业建设、农业建设、基础设施建设、商业建设等。

② 非生产性建设项目：非生产性建设项目是指用于满足人民物质和文化、福利需要的建设和非物质生产部门的建设，包括办公用房、居住建筑、公共建筑、其他建设等。

(3)按建设项目建设总规模和投资的多少分类

按照国家规定的标准，基本建设项目划分为大型、中型、小型三类。

按生产能力划分的建设项目，以国家对各行各业的具体规定作为标准；按投资额划分的基本建设项目，能源、交通、原材料部门投资额达到 5000 万元以上为大中型建设项目，其他部门和非工业建设项目投资额达到 3000 万元以上为大中型建设项目。对于非工业项目，基本建设项目按项目的经济效益或总投资额划分。

(4)按行业性质和特点划分

根据工程建设的经济效益、社会效益和市场需求等基本特性，可以将其划分为竞争性项目、基础性项目和公益性项目三种。

① 竞争性项目：主要是指投资效益比较高、竞争性比较强的一般建设项目。

② 基础性项目:主要是指具有自然垄断性、建设周期长、投资额大而收益低的基础设施和需要政府重点扶持的一部分基础工业项目,以及直接增强国力的符合经济规模的支柱产业项目。

③ 公益性项目:主要包括科技、文教、卫生、体育和环保等设施,公、检、法等政权机关以及政府机关、社会团体办公设施,国防建设等。

11.2.3 基本建设程序

基本建设程序是基本建设项目从策划、选择、评估、决策、设计、施工、竣工验收到投入生产或交付使用的整个建设过程中,各项工作必须遵循的先后工作次序。基本建设程序是经过大量实践工作所总结出来的工程建设过程中客观规律的反映,是工程项目科学决策和顺利进行的重要保证。按照我国现行规定,一般大中型工程项目的建设程序可以分为以下几个阶段,如图 11-2 所示。

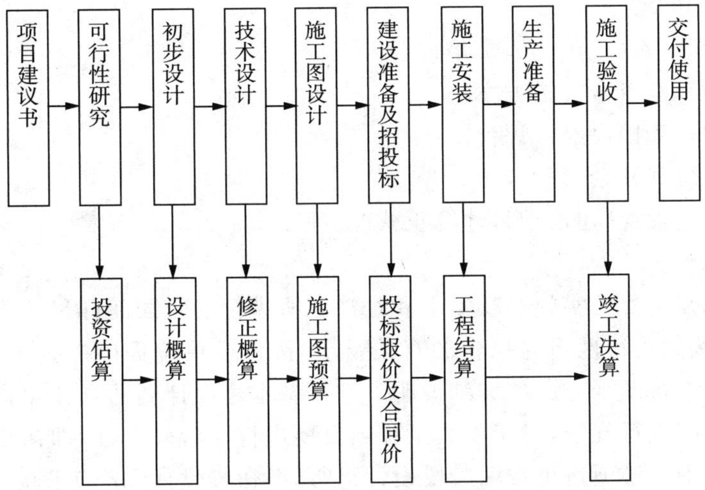

图 11-2　大中型及限额以上基本建设项目建设程序简图

1. 项目建议书阶段

项目建议书是由业主单位提出的要求建设某一项目的建议性文件,是对工程项目建设的轮廓设想。项目建议书的主要作用是推荐一个项目,论述其建设的必要性、建设条件的可行性和获利的可能性。根据国民经济中长期发展规划和产业政策,由审批部门审批,并据此开展可行性研究工作。

项目建议书的内容视项目的不同而有繁有简,但一般应包括以下几方面内容:

(1)建设项目提出的必要性和依据。

(2)产品方案、拟建规模和建设地点的初步设想。

(3)资源情况、建设条件、协作关系等的初步分析。

(4)投资估算和资金筹措设想。

(5)经济效益和社会效益初步估计。

项目建议书按要求编制完成后,应根据建设规模分别报送有关部门审批。项目建议书经审批后,方可进行详细的可行性研究工作,项目建议书并不是项目的最终决策。

2. 可行性研究阶段

可行性研究的主要作用是对项目在技术上是否可行和经济上是否合理进行科学的分析和论证，在评估论证的基础上，由审批部门对项目进行审批。经批准的可行性研究报告是进行初步设计的依据。可行性研究报告主要内容因项目性质不同而有所不同，但一般应包括以下内容：

(1)项目的背景和依据。

(2)需求预测及拟建规模、产品方案、市场预测和确定依据。

(3)技术工艺、主要设备和建设标准。

(4)资源、原料、动力、运输、供水及公用设施情况。

(5)建厂条件、建设地点、厂区布置方案、占地面积。

(6)项目设计方案及协作配套条件。

(7)环境保护、规划、抗震、防洪等方面的要求及相应措施。

(8)建设工期和实施进度。

(9)生产组织、劳动定员和人员培训。

(10)投资估算和资金筹措方案。

(11)财务评价和国民经济评价。

(12)经济评价和社会效益分析。

可行性研究经批准，建设项目才算正式“立项”。

3. 设计阶段

设计是对拟建工程的实施在技术上和经济上所进行的全面而详尽的安排，即建设单位委托设计单位，按照可行性研究报告的有关要求，按建设单位提出的技术、功能、质量等要求来对拟建工程进行图纸方面的详细说明。它是基本建设计划的具体化，同时也是组织施工的依据。按我国现行规定，对于重大工程项目要进行三阶段设计，即初步设计、技术设计和施工图设计。中小型项目可按两阶段设计进行，即初步设计和施工图设计。有的工程技术较复杂时，可把初步设计的内容适当加深到扩大初步设计。

(1)初步设计是根据批准的可行性研究报告和比较准确的设计基础资料所做的具体实施方案，目的是为了阐明在指定的地点、时间和投资控制数额内，拟建工程在技术上的可能性和经济上的合理性，并通过对工程项目所做出的基本技术经济规定，编制项目总概算。

(2)技术设计是根据初步设计和更详细的调查研究资料，进一步解决初步设计中的重大技术问题。如工艺流程、建筑结构、设备选型及数量确定等，并修正总概算。

(3)施工图设计是根据批准的扩大初步设计或技术设计的要求，结合现场实际情况，完整地表现建筑物外形、内部空间分割、结构体系、构造状况以及建筑群的组成和周围环境的配合。它还包括各种运输、通信、管道系统、建筑设备的设计。在工艺方面，应具体确定各种设备的型号、规格及各种非标准设备的制造加工过程。在施工图设计阶段应编制施工图预算。

4. 建设准备阶段

项目在开工前要切实做好各项准备工作，其主要内容包括：

(1)征地、拆迁和场地平整。

(2)完成施工用水、电、路等畅通工作。

(3)组织设备、材料订货。

(4)准备必要的施工图纸。

(5)组织施工招标,择优选定施工单位。

5. **施工安装阶段**

工程项目经批准开工建设,项目即进入施工阶段。项目开工时间,是指工程建设项目设计文件中规定的任何一项永久性工程破土开槽,开始施工的日期。

施工安装活动应按照工程设计要求、施工合同条款及施工组织设计,在保证工程质量、工期、成本及安全、环保等目标的前提下进行,达到竣工验收标准后,由施工单位移交给建设单位。

6. **生产准备阶段**

对于生产性工程建设项目而言,生产准备是项目投产前由建设单位进行的一项重要工作。它是衔接建设和生产的桥梁,是项目建设转入生产经营的必要条件。

生产准备工作的内容根据项目或企业的不同,其要求也各不相同,但一般应包括以下内容:

(1)招收和培训生产人员。

(2)组织准备。

(3)技术准备。

(4)物资准备。

7. **竣工验收阶段**

当工程项目按设计文件的规定内容和施工图纸的要求建成后,便可组织验收。竣工验收是工程建设过程的最后一环,是投资成果转入生产或使用的标志,也是全面考核基本建设成果、检验设计和工程质量的重要步骤。

11.3 施工组织设计

施工组织设计是以工程项目为对象而编制的施工组织计划,简称施工计划。是指导施工组织与管理、施工准备与实施、施工控制与协调、资源配置与使用的技术经济文件,是对施工活动的全过程进行科学管理的重要手段。

11.3.1 施工组织设计的概念及作用

1. **施工组织设计的概念**

施工组织设计是规划和指导拟建工程从工程投标、签订承包合同、施工准备到竣工验收全过程的一个综合性的技术经济文件,是对拟建工程在人力和物力、时间和空间、技术和组织等方面所做的全面合理的安排,是沟通工程设计和施工之间的桥梁。作为指导拟建工程项目的全局性文件,施工组织既要体现拟建工程的设计和使用要求,又要符合建筑施工的客观规律。它应尽量适应施工过程的复杂性和具体施工项目的特殊性,通过科学、经济、合理的规划安排,使工程项目能够连续、均衡、协调地进行施工,满足工程项目对工期、质量、投资方面的各项要求。

2. 施工组织设计的作用

投标阶段编制的施工组织设计，反映施工企业的综合实力，是实现中标、提高市场竞争力的重要途径。工程实施阶段编制的施工组织设计，是实现科学管理、提高工程质量、降低工程成本、加速工程进度、预防安全事故的可靠保证。其作用具体表现在以下方面：

(1)施工组织设计是施工准备工作的重要组成部分，同时又是做好施工准备工作的依据和保证。

(2)施工组织设计是根据工程各种具体条件拟定的施工方案、施工顺序、劳动组织和技术组织措施等，是指导开展紧凑、有序施工活动的技术依据。

(3)施工组织设计所提出的各项资源需要量计划，直接为组织材料、机具、设备、劳动力需要量的供应和使用提供数据。

(4)通过编制施工组织设计，可以合理利用和安排为施工服务的各项临时设施，可以合理地部署施工现场，确保文明施工、安全施工。

(5)通过编制施工组织设计，可以将工程的设计与施工、技术与经济、施工全局性规律和局部性规律、土建施工与设备安装、各部门之间、各专业之间有机结合，统一协调。

(6)通过编制施工组织设计，可分析施工中的风险和矛盾，及时研究解决问题的对策、措施，从而提高了施工的预见性，减少了盲目性。

(7)施工组织设计是统筹安排施工企业生产的投入与产出过程的关键和依据。工程产品的生产和其他工业产品的生产一样，都是按要求投入生产要素，通过一定的生产过程，而后生产出成品，而中间转换的过程离不开管理。施工企业也是如此，从承接工程任务开始到竣工验收交付使用为止的全部施工过程的计划、组织和控制的基础就是科学的施工组织设计。

(8)施工组织设计可以指导投标与签订工程承包合同，并作为投标书的内容和合同文件的一部分。

3. 施工组织设计的编制与审批要求

(1)施工组织设计的编制应由项目负责人主持编制，可根据需要分阶段编制和审批。

(2)施工组织总设计应由总承包单位技术负责人审批；单位工程施工组织设计应由施工单位技术负责人或技术负责人授权的技术人员审批；施工方案应由项目技术负责人审批；重点、难点分部(分项)工程和专项工程施工方案应由施工单位技术部门组织相关专家评审，施工单位技术负责人批准。

(3)由专业承包单位施工的分部(分项)工程或专项工程的施工方案，应由专业承包单位技术负责人或技术负责人授权的技术人员审批；有总承包单位时，应由总承包单位技术负责人核准备案。

(4)规模较大的分部(分项)工程和专项工程的施工方案应按单位工程施工组织设计进行编制和审批。

4. 施工组织设计的动态管理

(1)项目施工过程中，发生以下情况之一时，施工组织设计应及时进行修改或补充：

① 工程设计有重大修改；

② 有关法律法规规范和标准实施、修订和废止；

③ 主要施工方法有重大调整；

④ 主要施工资源配置有重大调整；

⑤ 施工环境有重大改变。

(2)经修改或补充的施工组织设计应重新审批后实施。

(3)项目施工前，应进行施工组织设计逐级交底，项目施工过程中，应对施工组织设计的执行情况进行检查、分析并适时调整。

(4)施工组织设计应在工程竣工验收后归档。

5. 施工组织设计编制依据

(1)与工程建设有关的法律、法规和文件。

(2)国家现行的有关标准和技术经济指标。

(3)工程所在地区行政主管部门的批准文件，建设单位对施工的要求。

(4)工程施工合同或招标投标文件。

(5)工程设计文件。

(6)工程范围内的现场条件、工程地质及水文地质、气象等自然条件。

(7)与工程有关的资源供应情况。

(8)施工企业的生产能力、机械设备状况、技术水平等。

11.3.2 施工组织设计分类

施工组织设计是一个总的概念，根据工程项目的类别、工程规模、编制阶段、编制对象和范围的不同，在编制的深度和广度上也有所不同。

1. 按施工组织设计阶段不同分类

根据编制阶段和作用的不同，工程施工组织设计可以划分为两类：一类是投标前编制的施工组织设计(简称标前设计)；另一类是签订工程承包合同后编制的施工组织设计(简称标后设计)。两类施工组织设计的特点和区别见表 11-1。

表 11-1 标前与标后施工组织设计的特点和区别

种　类	服务范围	编制时间	编制者	主要特性	追求的主要目标
标前设计	投标与签约	投标书编制前	公司经营管理层	规划性	中标和经济效益
标后设计	施工准备至验收	签约后开工前	项目管理层	作业性	施工效率和效益

2. 按施工组织设计的工程对象分类

按施工组织设计的工程对象范围分类，可分为施工组织总设计、单位工程施工组织设计及分部(分项)工程施工组织设计。

(1)施工组织总设计

施工组织总设计是以整个建设项目或民用建筑群为对象编制的，用以指导整个工程项目施工全过程的各项施工活动的全局性、控制性文件。它是对整个建设项目的全面规划，涉及范围较广，内容比较概括。施工组织总设计一般在初步设计或扩大初步设计被批准之后，由总承包企业的总工程师负责，会同建设、设计和分包单位的工程师共同编制。

施工组织总设计用于确定建设总工期、各单位工程开展的顺序及工期、主要工程的施工方案、各种物资的供需计划、全工地性暂设工程及准备工作、施工现场的布置等工作，同时它也是施工单位编制年度施工计划和单位工程施工组织设计的依据。

(2)单位工程施工组织设计

单位工程施工组织设计是以一个单位工程为编制对象，用以指导其施工全过程的各项施工活动的局部性、指导性文件。它是施工单位年度施工计划和施工组织总设计的具体化，用以直接指导单位工程的施工活动，是施工单位编制作业计划和制定季、月、旬施工计划的依据。单位工程施工组织设计一般在施工图设计完成后，在拟建工程开工之前，由工程项目的技术负责人负责编制，根据工程规模、技术复杂程度不同，其编制内容的深度和广度亦有所不同。对于简单单位工程，施工组织设计一般只编制施工方案并附以施工进度和施工平面图，即“一案、一图、一表”。

(3)分部(分项)工程施工组织设计

分部(分项)工程施工组织设计也叫分部(分项)工程施工作业设计。它是以分部(分项)工程为编制对象，用以具体实施其分部(分项)工程施工全过程的各项施工活动的技术、经济和组织的实施性文件。一般对于工程规模大、技术复杂、施工难度大或采用新工艺、新技术施工的建筑物或构筑物，在编制单位工程施工组织设计之后，常需对某些重要的又缺乏经验的分部(分项)工程再深入编制专业工程的具体施工设计。例如深基础工程、大型结构安装工程，高层钢筋混凝土主体结构工程、无粘结预应力混凝土工程、定向爆破、冬雨期施工、地下防水工程等。分部(分项)工程作业设计一般在单位工程施工组织设计确定了施工方案后，由施工队(组)技术人员负责编制，其内容具体、详细、可操作性强，是直接指导分部(分项)工程施工的依据。

施工组织总设计、单位工程施工组织设计和分部(分项)工程施工组织设计，是同一工程项目，不同广度、深度和作用的三个层次。

11.3.3 组织工程项目施工的原则

1. 贯彻国家关于基本建设各项法规和制度，坚持基本建设程序

我国关于基本建设的制度有基本建设项目必须实行严格的审批制度；施工许可制度；从业资格管理制度；招标投标制度；总承包制度；发承包合同制度；工程监理制度；建筑安全生产管理制度；工程质量责任制度；竣工验收制度等。这些制度为建立和完善建筑市场的运行机制、加强建筑活动的实施与管理，提供了重要的法律依据，必须认真贯彻执行。

建设程序是指建设项目从决策、设计、施工到竣工验收整个建设过程中各个阶段及其先后顺序。各个阶段有着不容分割的联系，但不同的阶段有不同的内容，既不能相互代替，也不许颠倒或跳跃。实践证明，凡是坚持建设程序，基本建设就能顺利进行，就能充分发挥投资的经济效益；反之，违背了建设程序，就会造成施工混乱，影响质量、进度和成本，甚至给建设工作带来严重的危害。因此，坚持建设程序，是工程建设顺利进行的有力保证。

2. 严格遵守国家和合同规定的工程竣工及交付使用期限

对总工期较长的大型建设项目，应根据生产或使用的需要，安排分期分批建设、投产或交付使用，以期早日发挥建设投资的经济效益。在确定分期分批施工的项目时，必须注意使每期交工的项目可以独立地发挥效用，即主要项目同有关的辅助项目应同时完工，可以立即交付使用。

3. 合理安排施工程序和顺序

土木工程产品的特点之一是产品的固定性，这使得土木工程施工各阶段工作始终在同一场地上进行。没有前一段的工作，后一段就不可能进行，即使它们之间交叉搭接地进行，也必须严格遵守一定的程序和顺序。施工顺序的安排符合施工工艺、满足技术要求，有利于组织平行流水、立体交叉施工，有利于对后续施工创造良好条件，有利于利用空间、争取时间。如先施工准备、后正式施工；先场外后场内（工业项目）；先地下后地上（先深后浅、管沟合槽，先基础、后主体）；先主体后附属；先土建后安装；先屋面后内装修。这些施工顺序反映了施工本身的客观规律，务必予以遵守。

4. 采用流水施工方法和网络计划技术安排进度计划

在编制施工进度计划时，应从实际出发，采用流水施工方法组织均衡施工，使施工连续、均衡、有节奏地进行，以达到合理使用资源、充分利用空间、争取时间的目的，采用立体交叉施工能最大限度利用工作面，缩短工序间的间隙时间。网络计划技术是当代计划管理的有效方法，采用网络计划技术编制施工进度计划，可使计划逻辑严密、层次清晰、关键路径明确，同时便于对计划方案进行优化、控制和调整，并有利于电子计算机在计划管理中的应用。

5. 尽量采用国内外先进施工技术，科学管理方法

推广新材料、新工艺、新技术在施工中的应用，采用现代化管理方法进行施工管理，确保工程质量、加速工程进度、降低施工成本、促进技术进步。先进的施工技术是提高劳动生产率、改善工程质量、加快施工进度、降低工程成本的主要途径。在选择施工方案时，要积极采用新材料、新设备、新工艺和新技术，努力为新结构的推行创造条件；要注意结合工程特点和现场条件，使技术的先进适用性和经济合理性相结合，还要符合施工验收规范、操作规程的要求和遵守有关防火、保安及环卫等规定，确保工程质量和施工安全。

6. 加强季节性施工措施，确保全年施工的连续性和均衡性

为了确保全年连续施工，减少季节性施工的技术措施费用，在组织施工时，应充分了解当地的气象条件和水文地质条件。尽量避免把土方工程、地下工程、水下工程安排在雨期和洪水期施工，混凝土现浇结构避免安排在冬期施工；高空作业、结构吊装则应避免在风季施工。对那些必须在冬雨期施工的项目，则应采用相应的技术措施，既要确保全年连续施工、均衡施工，更要确保工程质量和施工安全。

7. 贯彻工厂预制和现场预制相结合的方针，提高工业化程度

土木工程技术进步的重要标志之一是土木工程工业化，在制订施工方案时必须注意根据地区条件和构件性质，通过技术经济比较，恰当地选择预制方案或现场浇筑方案。确定预制方案时，应贯彻工厂预制与现场预制相结合的方针，努力提高土木工程工业化程度，但不能盲目追求装配化程度的提高。把受运输和起重机械限制的大型、重型构件放在现场预制，中小型构件则在工厂预制，既发挥工厂批量生产的优势，又解决大件运输的矛盾。

8. 充分发挥机械效能，提高机械化程度

机械化施工可加快工程进度，减轻劳动强度，提高劳动生产率。为此，在选择施工机械时，应充分发挥机械的效能，并使主导工程的大型机械如土方机械、吊装机械能连续作业，以减少机械台班费用;同时,还应使大型机械与中小型机械相结合,机械化与半机械化相结合,扩大机械化施工范围,实现施工综合机械化,以提高机械化施工程度。

9. 合理部署施工现场,尽可能减少暂设工程

在编制施工组织设计及现场组织施工时,精心进行施工总平面图的规划,合理部署施工现场,是节约施工用地、实现文明施工、确保安全生产的重要一环。尽量利用正式工程、原有建筑物、已有设施为施工服务,是减少暂设工程费用、降低工程成本的重要途径。尽量利用当地资源,合理安排运输、装卸与储存作业,减少物资运输量,避免二次搬运。

11.4 施工准备工作

施工准备工作是为拟建工程的施工创造必要的技术条件、物资条件,统筹安排施工力量和部署施工现场,确保工程施工顺利进行。它是建设程序中的重要环节,不仅存在于开工之前,而且贯穿在整个施工过程之中。

土木工程施工是一项十分复杂的生产活动,它不但需要耗用大量人力、物力,还要处理各种复杂的技术问题,也需要协调各种协作配合关系。如果事先缺乏统筹安排和准备,势必会造成某种混乱,使施工无法正常进行。而全面细致地做好施工准备工作,则对于调动各方面的积极因素,合理组织人力、物力,加快施工进度,提高工程质量,节约建设资金,提高经济效益,都会起着重要的作用。

11.4.1 施工准备工作的分类

1. 按工程所处施工阶段分类

按工程所处施工阶段分类,施工准备可分为开工前的施工准备和工程作业条件的施工准备。

(1)开工前的施工准备:指在拟建工程正式开工前所进行的一切施工准备,目的是为工程正式开工创造必要的施工条件。它带有全局性和总体性。没有这个阶段则工程不能顺利开工,更不能连续施工。

(2)工程作业条件的施工准备:指开工之后,为某一单位工程、某个施工阶段或某个分部(分项)工程所做的施工准备工作,它带有局部性和经常性。一般来说,冬、雨期施工准备都属于这种施工准备。

2. 按准备工作范围分类

按准备工作范围分类,施工准备可分为全场性施工准备、单位工程施工条件准备、分部(分项)工程作业条件准备。

(1)全场性施工准备:是以整个建设项目或建筑群为对象所进行的统一部署的施工准备工作。它不仅要为全场性的施工活动创造有利条件,而且要兼顾单位工程施工条件的准备。

(2)单位工程施工条件准备:以一个建筑物或构筑物为施工对象而进行的施工条件准备,不仅为该单位工程在开工前做好一切准备,而且也要为分部(分项)工程的作业条件做好施工准备工作。

当单位工程的施工准备工作完成，具备开工条件后，项目经理部应申请开工，递交开工报告，报审批后方可开工。实行建设监理的工程，企业还应将开工报告送监理工程师审批，由监理工程师签发开工通知书，在限定时间内开工，不得拖延。

单位工程应具备的开工条件如下：

① 施工图纸已经会审并有记录。

② 施工组织设计已经审核批准并已进行交底。

③ 施工图预算和施工预算已经编制并审定。

④ 施工合同已签订，施工证照已经审批办好。

⑤ 现场障碍物已清除。

⑥ 场地已平整，施工道路、水源、电源已接通，排水沟渠畅通，能满足施工需要。

⑦ 材料、构件、半成品和生产设备等已经落实并能陆续进场，保证连续施工的需要。

⑧ 各种临时设施已经搭设，能满足施工和生活的需要。

⑨ 施工机械、设备的安排已落实，先期使用的已运入现场、已试运转并能正常使用。

⑩ 劳动力安排已经落实，可以按时进场。

现场安全守则、安全宣传牌已建立，安全、防火的必要设施已具备。

(3)分部(分项)工程作业条件准备：是以一个分部(分项)工程为施工对象而进行的作业条件准备。由于对某些施工难度大、技术复杂的分部(分项)工程，需要单独编制施工作业设计，应对其所采用的施工工艺、材料、机具、设备及安全防护设施等分别进行准备。

11.4.2 施工准备工作概述

1. 施工准备工作的基本任务

(1)取得工程施工的法律依据，包括城市规划、环卫、交通、电力、消防、市政、公用事业等部门批准的法律依据。

(2)通过调查研究，分析掌握工程特点、要求和关键环节。

(3)调查分析施工地区的自然条件、技术经济条件和社会生活条件。

(4)从计划、技术、物资、劳动力、设备、组织、场地等方面为施工创造必备的条件，以保证工程顺利开工和连续进行。

(5)预测可能发生的变化，提出应变措施，做好应变准备。

2. 施工准备工作的内容

施工准备工作要有计划、有步骤、分期和分阶段进行，贯穿于整个施工过程的始终。一般工程的准备工作可归纳为六部分内容：

(1)调查收集原始资料

(2)技术准备

技术准备主要内容为熟悉和会审图纸，编制施工图预算，编制施工组织设计。熟悉与审查施工图纸，基础及地下室部分重点是建筑、结构、设备施工图基础留口、留洞的位置及相互关系；排水及地下水的去向；变形缝及人防出口的做法，防水体系的做法要求；特殊基础形式做法等。主体结构部分重点是建筑墙体轴线布置；梁、柱钢筋交接处布置；主体结构各层的砖、砂浆、混凝土构件强度标号；阳台、雨篷、挑檐的细部做法，楼梯间的构造，标准图规定等。装修部分重点是材料、做法及标准图说明;地面装修与工程结构施工的关系;变形缝的做法及防水处理的特殊要求;防火、保温、隔热、防尘、高级装修等类型的技术要求。

(3)物资准备

物资准备主要内容为主要材料的准备,地方材料的准备,模板、脚手架的准备,施工机械、机具的准备。材料准备主要是根据工料分析,按材料名称、规格、数量、使用时间进行汇总,编制需要量计划。包括“三材”、地方材料、装饰材料的准备。

构配件和商品混凝土准备主要为对工程项目施工中需要的大量的预制构件、门窗、金属构件、水泥制品及卫生洁具品种、规格、数量、使用时间进行汇总,编制需要量计划等。做好供应地点和供应方式(采购、加工等)、签订物资供应合同等组织货源工作,现场分期分批储备、现场材料保管、现场材料堆放、技术试验及检验材料储备工作。施工机具准备主要为对土方、混凝土或砂浆搅拌、垂直或水平运输、吊装、动力、钢筋加工、木工、焊接、抽水、夯实等。钢、木模板及配件;钢管、木、竹脚手架及配件等周转性材料准备。

(4)劳动组织准备

劳动组织准备主要内容为研究施工项目组织管理模式,组建项目经理部;规划施工力量的集结与任务安排,建立健全质量管理体系和各项管理制度;完善技术检测措施;落实分包单位,审查分包单位资质,签订分包合同,专业岗位管理资格、职业资格(职业技能)、业务、安全等培训人力资源的教育培训。

(5)施工现场准备和施工场外准备

施工现场准备和施工场外准备主要内容为清除障碍物,搞好“三通一平”,测量放线,搭设临时设施。

清除障碍物主要是摸清老城区情况,房屋的拆除,架空电线(电力、通信)、地下电缆的拆除,与电力或通讯部门联系办理手续后进行。自来水、污水、煤气、热力等管线的拆除,由专业公司来完成。树木砍伐,需报园林部门。

“三通一平”是指在建设工程场地上接通供水、供电管网、修通道路和平整好场地。

测量放线主要是对测量仪器进行检验和校正,通过设计交底,了解工程全貌,掌握现场情况和定位条件,主要轴线尺寸,地上、地下的标高及测量精度要求,校核红线桩与水准点,制定测量、放线方案,搭建办公室、宿舍、食堂、作业棚、维护墙等临时设施。

(6)季节施工准备

季节施工准备内容为拟订和落实冬、雨期施工措施。

冬季施工准备工作主要为合理安排冬季施工项目,如吊装、打桩、室内粉刷、装修等工程;落实各种热源供应、热源设备、冬季用的各种保温材料的储存、供应和管理;做好测温工作,防止砂浆、混凝土在达到强度前遭受冻结而破坏;做好保温防冻工作,加强安全教育及防火。

季节施工准备主要为防洪排涝,现场排水。雨季施工安排,尽量以免雨季窝工造成的损失;道路维护,保证运输畅通;机具设备等防护;雨季施工的安全教育,防止各种事故发生。

每项工程施工准备工作的内容,视该工程本身及其具备的条件而有所不同。只有按照施工项目的规划来确定准备工作的内容,并拟订具体的、分阶段的施工准备工作实施计划,才能充分地为施工创造一切必要的条件。

11.4.3 施工现场原始资料的调查

原始资料是工程设计及施工组织设计的重要依据之一。原始资料的调查主要是对工程条件、工程环境特点和施工条件等施工技术与组织的基础资料进行调查，以此作为施工准备工作的依据。原始资料调查工作应有计划、有目的地进行，且事先要拟定明确、详细的调查提纲。调查的范围、内容、要求等，应根据拟建工程的规模、性质、复杂程度、工期及对当地熟悉了解程度而定。

原始资料调查内容一般包括建设场址勘查和技术经济资料调查。

1. 建设场址勘查

建设场址勘查主要是了解建设地点的地形、地貌、地质、水文、气象以及场址周围环境和障碍物情况等，勘查结果一般可作为确定施工方法和技术措施的依据。

(1)地形、地貌勘查

这项调查要求提供工程的建设规划图、区域地形图(1/10000～1/25000)、工程位置地形图(1/1000～1/2000)、该地区城市规划图、水准点及控制桩的位置、现场地形地貌特征、勘查高程及高差等。对地形简单的施工现场，一般采用目测和步测；对场地地形复杂的，可用测量仪器进行观测，也可向规划部门、建设单位、勘查单位等进行调查。这些资料可作为选择施工用地、布置施工总平面图、场地平整及土方量计算、了解障碍物及其数量的依据。

(2)工程地质勘查

工程地质勘查的目的是为了查明建设地区的工程地质条件和特征，包括地层构造、土层的类别及厚度、土的性质、承载力及地震级别等。应提供的资料有：钻孔布置图；工程地质剖面图；土层类别、厚度；土壤物理力学指标，包括天然含水量、孔隙比、塑性指数、渗透系数、压缩试验及地基土强度等；地层的稳定性、断层滑块、流砂；最大冻结深度；地基土破坏情况等。工程地质勘查资料可为选择土方工程施工方法、地基土的处理方法以及基础施工方法提供依据。

(3)水文地质勘查

水文地质勘查所提供的资料主要有如下两个方面。

地下水文资料：地下水最高、最低水位及时间，包括水的流速、流向、流量；地下水的水质分析及化学成分分析；地下水对基础有无冲刷、侵蚀影响等。所提供资料有助于选择基础施工方案、选择降水方法以及拟定防止侵蚀性介质的措施。

地面水文资料：临近江河湖泊距工地的距离；洪水、平水、枯水期的水位、流量及航道深度；水质分析；最大、最小冻结深度及结冻时间等。调查目的在于为确定临时给水方案、施工运输方式提供依据。

(4)气象资料的调查

气象资料一般可向当地气象部门进行调查，调查资料作为确定冬、雨期施工措施的依据。气象资料包括如下几个方面。

降雨、降水资料：全年降雨量、降雪量；一日最大降雨量；雨期起止日期；年雷暴日数等。

气温资料：年平均、最高、最低气温；最冷、最热月及逐月的平均温度。

风向资料：主导风向、风速、风的频率；大于或等于 8 级风全年天数，并应将风向资料绘成风玫瑰图。

(5)周围环境及障碍物的调查

这项调查包括施工区域现有建筑物、构筑物、沟渠、水井、树木、土堆、电力架空线路、地下沟道、人防工程、上下水管道、埋地电缆、煤气及天然气管道、地下杂填垒积坑、枯井等。

这些资料要通过实地踏勘，并向建设单位、设计单位等调查取得，可作为布置现场施工平面的依据。

2. 技术经济资料调查

技术经济调查的目的，是为了查明建设地区地方工业、资源、交通运输、动力资源、生活福利设施等地区经济因素，获取建设地区技术经济条件资料，以便在施工组织中尽可能利用地方资源为工程建设服务，同时也可作为选择施工方法和确定费用的依据。

(1)建设地区的能源调查

能源一般指水源、电源、气源等。能源资料可向当地城建、电力、燃气供应部门及建设单位等进行调查，主要用作选择施工用临时供水、供电和供气的方式，提供经济分析比较的依据。调查内容主要有：施工现场用水与当地水源连接的可能性、供水距离、接管距离、地点、水压、水质及水费等资料；利用当地排水设施排水的可能性、排水距离、去向等；可供施工使用的电源位置、引入工地的路径和条件，可以满足的容量、电压及电费；建设单位、施工单位自有的发变电设备、供电能力；冬季施工时附近蒸汽的供应量、接管条件和价格；建设单位自有的供热能力；当地或建设单位可以提供的煤气、压缩空气、氧气的能力和它们至工地的距离等。

(2)建设地区的交通调查

交通运输方式一般有铁路、公路、水路、航空等。交通资料可向当地铁路、交通运输和民航等管理局的业务部门进行调查。收集交通运输资料是调查主要材料及构件运输通道的情况，包括道路、街巷、途经的桥涵宽度、高度，允许载重量和转弯半径限制等资料。有超长、超高、超宽或超重的大型构件、大型起重机械和生产工艺设备需整体运输时还要调查沿途架空电线、天桥的高度，并与有关部门商议避免大件运输对正常交通产生干扰的路线、时间及解决措施。所收集资料主要用作组织施工运输业务、选择运输方式、提供经济分析比较的依据。

(3)主要材料及地方资源情况调查

这项调查的内容包括三大材料(钢材、木材和水泥)的供应能力、质量、价格、运费情况；地方资源如石灰石、石膏石、碎石、卵石、河砂、矿渣、粉煤灰等能否满足建筑施工的要求；开采、运输和利用的可能性及经济合理性。这些资料可向当地计划、经济等部门进行调查，作为确定材料的供应计划、加工方式、储存和堆放场地及建造临时设施的依据。

(4)建筑基地情况

主要调查建设地区附近有无建筑机械化基地、机械租赁站及修配厂；有无金属结构及配件加工厂；有无商品混凝土搅拌站和预制构件厂等。这些资料可用作确定构配件、半成品及成品等货源的加工供应方式、运输计划和规划临时设施。

(5)社会劳动力和生活设施情况

包括当地能提供的劳动力人数、技术水平、来源和生活安排；建设地区已有的可供施工期间使用的房屋情况;当地主副食、日用品供应、文化教育、消防治安、医疗单位的基本情况以及能为施工提供的支援能力。这些资料是制定劳动力安排计划、建立职工生活基地、确定临时设施的依据。

(6)参加施工的各单位能力调查

主要调查施工企业的资质等级、技术装备、管理水平、施工经验、社会信誉等有关情况。这些可作为了解总、分包单位的技术及管理水平,选择分包单位的依据。在编制施工组织设计时,为弥补原始资料的不足,有时还可借助一些相关的参考资料来作为编制依据,如冬雨期参考资料、机械台班产量参考指标、施工工期参考指标等。这些参考资料可利用现有的施工定额、施工手册、施工组织设计实例或通过平时施工实践活动来获得。

思考练习题

一、单选题

1. 建筑产品的固定性是由(　　)所确定。

A. 建筑生产的特点　　B. 经营管理的特点

C. 建筑产品本身的特点　　D. 建筑产品的生产全过程

2. 基本建度程序正确的是(　　)。

A. 投资决策→设计→施工招投标→施工→竣工决算

B. 投资决策→施工招投标→设计→施工→竣工决算

C. 设计→投资决策→施工招投标→施工→竣工决算

D. 设计→施工招投标→投资决策→施工→竣工决算

3. 下列不属于施工技术准备工作内容的是(　　)。

A. 图纸会审　　B. 编制施工预算

C. 调查自然条件　　D. 技术交底

4. 施工的最后一个阶段,也是全面考核设计和施工质量的重要环节是(　　)。

A. 施工规划　　B. 组织施工

C. 回访保修　　D. 竣工验收

5. 一项工程的施工准备工作应在开工前及早开始,并(　　)。

A. 在拟建工程开工前全部完成　　B. 在单位工程开始前完成

C. 贯穿于整个施工过程　　D. 在单项工程开始前完成

6. 在同一个建设项目中,下列关系正确的是(　　)。

A. 建设项目≥单项工程>单位工程>分部工程>分项工程

B. 建设项目>单位工程>检验批>分项工程

C. 单项工程≥单位工程>分部工程>分项工程

D. 单项工程>单位工程≥分部工程>分项工程>检验批

7. 建筑产品地点的固定性和类型的多样性决定了建筑产品生产的(　　)。

A. 流动性　　B. 单件性　　C. 地区性　　D. 综合复杂性

8. 以一个建筑物或构筑物为对象而进行的各项施工准备,称作(　　)。

A. 全场性施工准备　　　　　　　B. 单位工程施工准备

C. 分部工程作业条件准备　　　　D. 施工总准备

二、简答题

1. 什么是基本建设程序？它有哪些主要阶段？

2. 组织项目施工过程中，应遵循哪几项基本原则？

3. 简述施工准备工作的种类和内容。

4. 施工组织设计有哪几种类型？其基本内容有哪些？

5. 建筑产品及其生产具有哪些特点？

第12章 流水施工原理

【学习内容】本章主要介绍了组织施工的方式、流水施工的概念、分类和表达方式;重点阐述了流水施工参数及确定、组织流水施工的基本方式,并结合实例阐述了流水施工组织方式在实践中的应用步骤和方法。

12.1 流水施工的基本概念

工业生产的实践证明,流水作业法是组织生产的有效方法。流水作业法的原理同样也适用于土木工程的施工。流水施工方式是一种有效、科学的组织方法,是实际中组织施工的最常用的一种方式。

12.1.1 组织施工的基本方式

土木工程施工的组织方式不同,其技术经济效益也不相同。考虑工程项目的施工的特点、工艺流程、资源利用、平面或空间布置等要求,其施工组织方式有依次施工、平行施工和流水施工。

下面以某三栋相同建筑基础工程施工为例,采用三种不同组织方式施工进行对比,说明三种施工方式及特点。

【例12-1】 某工程项目有Ⅰ、Ⅱ、Ⅲ三栋结构相同的建筑物,各建筑物的基础工程均分解为挖土方、做垫层、砌基础、回填土四个施工过程,分别由相应的专业队按施工工艺要求依次完成,各专业队的人数分别为8人、6人、14人、5人,工作时间分别为6天、3天、6天、3天,不考虑资源条件的限制,试组织此基础施工。

1. 依次施工

依次施工是将拟建工程项目中的每一个施工对象分解为若干个施工过程,按施工工艺要求依次完成每一个施工过程;当一个施工对象完成后,再按同样的顺序完成下一个施工对象,依次类推,直至完成所有施工对象。这是一种最基本、最原始的施工组织方式。

示例12-1中将这三栋建筑物基础施工,以施工过程为单元依次按顺序组织施工,每个施工过程的专业队伍连续施工,一个施工过程完成后,另一个施工队伍才进场,按照这样的方式组织施工,其施工进度安排、总工期、劳动力需求曲线如图12-1所示。由图12-1可知工期为54天,每天只有一个队伍施工,劳动力投入较少,其他资源投入强度不大。

依次施工方式具有以下特点:

(1)由于没有充分地利用工作面去争取时间,所以工期长。

(2)如果由一个工作队完成全部施工任务,则不能实现专业化施工,不利于改进工人的

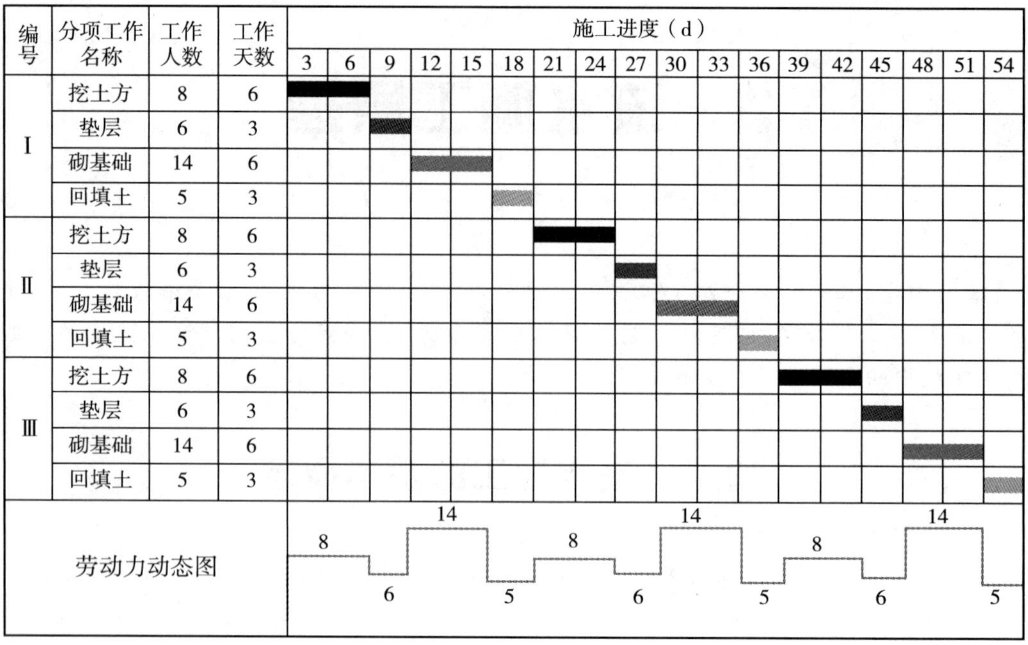

图 12－1　依次施工

操作方法和施工机具，不利于提高工程质量和劳动生产率。

（3）如果按专业成立工作队，则各专业工作队不能连续作业，有时间间歇，劳动力及施工机具等资源无法均衡使用。

（4）单位时间内投入的资源量比较少，有利于资源供应的组织工作。

（5）施工现场的组织、管理比较简单。

2. 平行施工

平行施工是组织几个劳动组织相同的工作队，在同一时间、不同的空间，按施工工艺要求完成各施工对象。

将示例 12－1 中三栋建筑物基础施工的每个施工过程组织三个相应的专业队伍，施工对象同时开工，同时完工。按照这样的方式组织施工，其施工进度安排、总工期、劳动力需求曲线如图 12－2 所示，由图 12－2 可知工期为 18 天，每天均有三个队伍作业，劳动力投入大，这样组织施工的方式就是平行施工。

平行施工组织方式具有以下特点：

（1）充分地利用了工作面，争取了时间，可以缩短工期。

（2）如果由一个工作队完成一个施工对象的全部施工任务，则不能实现专业化施工，不利于改进工人的操作方法和施工机具，不利于提高工程质量和劳动生产率。

（3）如果每一个施工对象均按专业成立专业工作队，劳动力及施工机具等资源无法均衡使用，工作队及其工人不能连续作业。

（4）单位时间投入施工的资源量成倍增长，现场临时设施也相应增加，不利于资源供应的组织。

(5)施工现场组织、管理、协调、调度比较复杂。

平行施工的特点是最大限度地利用了工作面,工期最短;但在同一时间内需提供的相同劳动资源成倍增加,这给实际施工管理带来一定的难度,因此,只有在工程规模较大或拟建工程任务十分紧迫、工作面允许以及资源保证供应的情况下采用才是合理的。

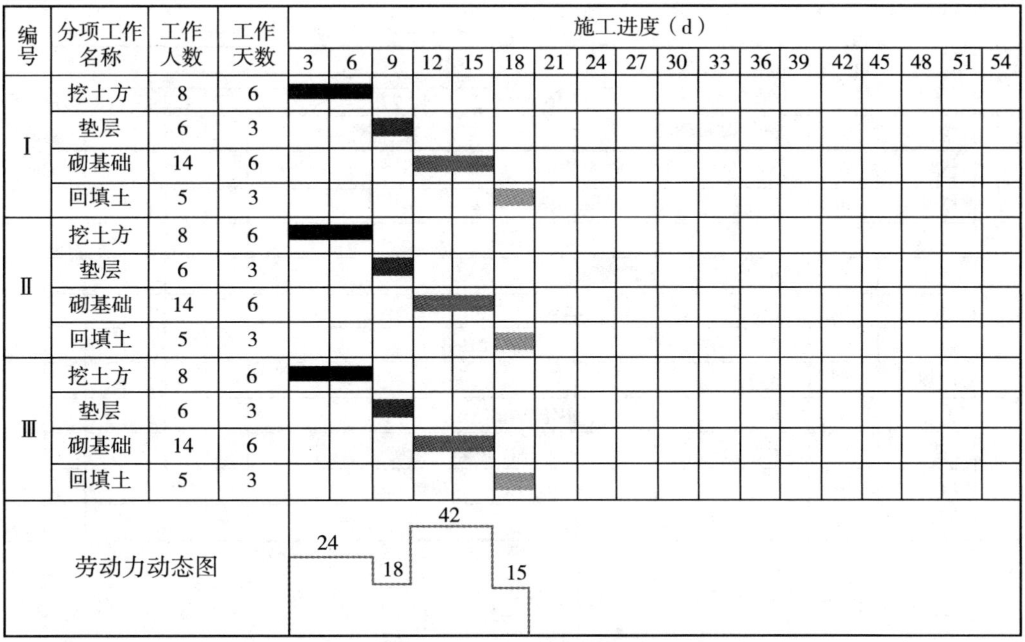

图 12-2 平行施工

3. 流水施工

流水施工是将拟建工程项目中的每一个施工对象分解为若干个施工过程,并按照施工过程成立相应的专业工作队,各专业队按照施工顺序依次完成各个施工对象的施工过程,同时保证施工在时间和空间上连续、均衡和有节奏地进行,使相邻两专业队能最大限度地搭接作业。

将示例 12-1 中同一个施工过程组织一个专业队伍在三栋建筑物基础上顺序施工,如挖土方组织一个挖土队伍,第一栋挖完挖第二栋,第二栋完挖第三栋,保证作业队伍连续施工,不出现窝工现象。不同的施工过程组织专业队伍尽量搭接平行施工,即充分利用上一施工工程的队伍作业完成留出的工作面,尽早进行组织平行施工,按照这种方式组织施工,其施工进度安排、总工期、劳动力需求曲线如图 12-3 所示。由图 12-3 可知其工期为 30 天,介于顺序施工和平行施工之间,各专业队伍依次施工,没有窝工现象,不同的施工专业队伍充分利用空间(工作面)平行施工,这样的施工方式就是流水施工。

流水施工组织方式具有以下特点:

(1)科学地利用了工作面,争取了时间,工期比较合理。

(2)工作队及其工人实现了专业化施工,可使工人的操作技术熟练,更好地保证工程质量,提高劳动生产率。

(3)专业工作队及其工人能够连续作业,同时使相邻的专业工作队之间实现了最大限度的合理的搭接。

(4)单位时间投入施工的资源量较为均衡,有利于资源供应的组织工作。

(5)为文明施工和进行现场的科学管理创造了有利条件。

流水施工综合了顺序施工和平行施工的优点,是建筑施工中最合理、最科学的一种组织方式。

编号	分项工作名称	工作人数	工作天数	施工进度(d)																	
				3	6	9	12	15	18	21	24	27	30	33	36	39	42	45	48	51	54
Ⅰ	挖土方	8	6																		
	垫层	6	3																		
	砌基础	14	6																		
	回填土	5	3																		
Ⅱ	挖土方	8	6																		
	垫层	6	3																		
	砌基础	14	6																		
	回填土	5	3																		
Ⅲ	挖土方	8	6																		
	垫层	6	3																		
	砌基础	14	6																		
	回填土	5	3																		

劳动力动态图

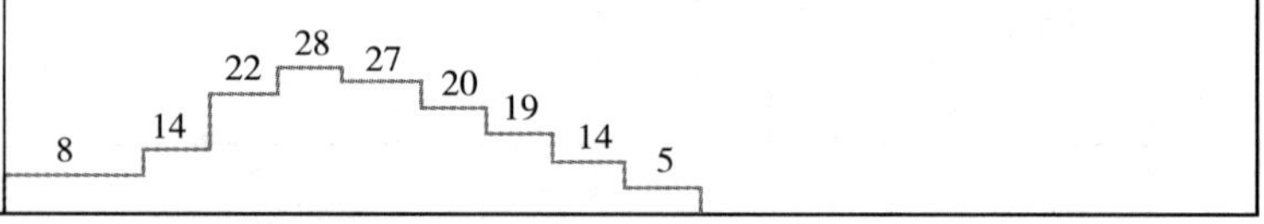

图 12-3 流水施工

12.1.2 流水施工的技术经济效果

流水施工的连续性和均衡性方便了各种生产资源的组织,使施工企业的生产能力可以得到充分的发挥,使劳动力、机械设备得到合理的安排和使用,提高了生产的经济效果,具体体现为以下几点:

(1)施工工期较短。由于流水施工的连续性,保证各专业队伍连续施工,减少了间歇,充分利用工作面,可以缩短工期,尽早发挥投资效益。

(2)提高施工技术水平和劳动生产率。流水施工实现了专业化的生产,为工人提高技术水平、改进操作方法以及革新生产工具创造了有利条件,因而改善了工作的劳动条件,促进了劳动生产率的不断提高。

(3)充分发挥施工机械和劳动力的生产效率。由于流水施工的均衡性,因而避免了施工期间劳动力和其他资源使用过分集中,有利于资源的组织。

(4)提高工程质量。专业化的施工提高了工人的专业技术水平和熟练程度,为推行全面质量管理创造了条件,有利于保证和提高工程质量,增加工程的使用寿命和节约维修费用。

(5)降低工程成本。由于工期缩短、劳动生产率提高、资源供应均衡,各专业施工队连续均衡作业，减少了临时设施数量，从而可以节约人工费、机械使用费、材料费和施工管理费等相关费用，有效地降低了工程成本，可以提高承包单位的经济效益。

12.1.3　流水施工的表达方式

流水施工的表示方法，一般有横道图、垂直图和网络图三种。

1. 流水施工的横道图表示法

横道图即甘特图(Gantt chart)，是建筑工程中安排施工进度计划和组织流水施工时常用的一种表达方式，某基础工程横道图形式如图 12-4 所示。

横道图中的横向表示时间进度，纵向表示施工过程或专业施工队编号。图 12-4 中的横道线条的长度表示计划中的各项工作(施工过程、工序或分部工程、工程项目等)的作业持续时间，图中的横道线条所处的位置则表示各项工作的作业开始和结束时刻以及它们之间相互配合的关系，横道线上的序号表示施工项目或施工段号。

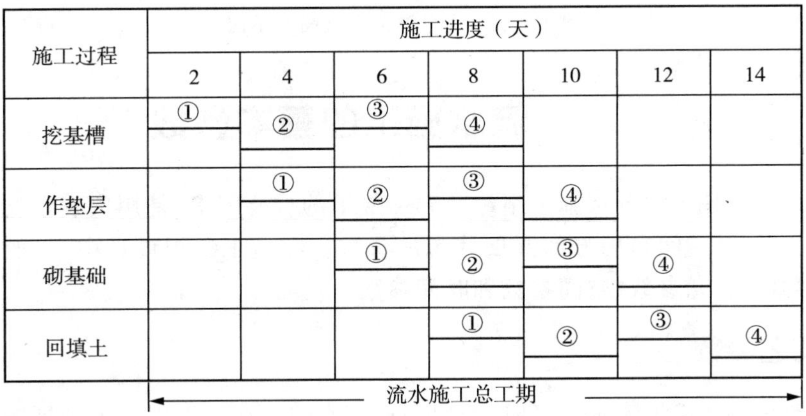

图 12-4　流水施工横道图表示法

横道图能够清楚地表达各项工作的开始时间、结束时间和持续时间，计划内容排列整齐有序，形象直观；能够按计划和单位时间统计各种资源的需求量；使用方便，制作简单，易于掌握；但不容易分辨计划内部工作之间的逻辑关系，一项工作的变动对其他工作或整个计划的影响不能清晰地反映出来，不能表达各项工作间的重要性，计划任务的内在矛盾和关键工作不能直接从图中反映出来。

2. 流水施工的垂直图表示法

在流水施工垂直指示图的表达方式中，横坐标表示流水施工的持续时间；纵坐标表示开展流水施工所划分的施工段编号；n 条斜线段表示各专业工作队或施工过程开展流水施工的情况。某基础工程流水施工的垂直图形式如图 12-5 所示。垂直图能直观地反映同一施工段中各施工过程的先后顺序和相互配合关系，且可由斜线的斜率形象地反映各施工过程的流水强度。

垂直图表示法中施工过程及其先后顺序表达清楚；时间和空间状况形象直观；斜向进度线的斜率可以直观地表示出各施工过程的进展速度；但编制实际工程进度计划不如横道图方便。

3. **流水施工的网络图表示法**

流水施工的网络图表示法详见第 13 章。

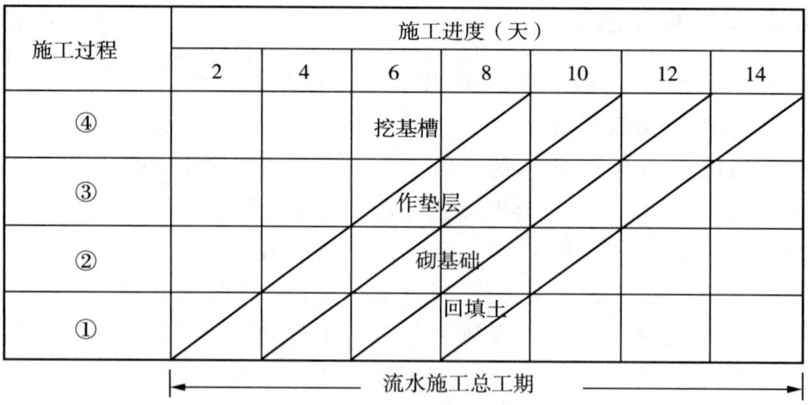

图 12-5　流水施工垂直图表示法

12.2　流水施工的基本参数

流水施工参数是影响流水施工组织节奏和效果的重要因素，是用以表示流水施工在工艺流程、时间安排及空间布局方面开展状态的参数。在施工组织设计中，一般把流水施工参数分为三类，即工艺参数、空间参数和时间参数。

12.2.1　工艺参数

工艺参数是指在组织流水施工时，用以表达流水施工在施工工艺上开展顺序及其特征的参数。通常，工艺参数包括施工过程和流水强度两种。如图 12-6 所示。

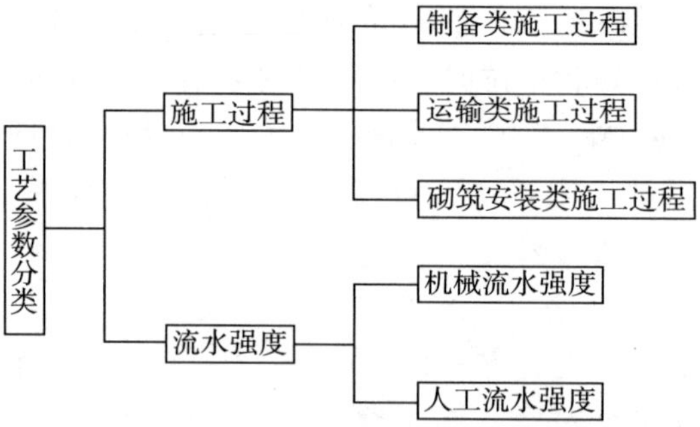

图 12-6　流水施工工艺参数

1. **施工过程数**

根据施工组织及计划安排需要而将计划任务划分成的子项称为施工过程。任何一个建筑工程都由许多施工过程所组成，每一个施工过程的完成，都必须消耗一定量的劳动力、建筑材料，需要建筑设备、机具相配合，并且需消耗一定的时间和占有一定范围的工作面。

因此施工过程是流水施工中最主要的参数，其数量和工程量的多少是计算其他流水参数的依据。施工过程所包含的施工内容，既可以是分项工程或者分部工程，也可以是单位工程或者单项工程。施工过程数量用 n 来表示，它的多少与建筑的复杂程度以及施工工艺等因素有关。

施工过程是流水施工的基本参数之一，根据工艺性质不同，它分为制备类施工过程、运输类施工过程和砌筑安装类施工过程三种。

(1)制备类施工过程。制备类施工过程是指为加工建筑成品半成品或为提高建筑产品的加工能力而形成的施工过程，如钢筋的成型、构配件的预制以及砂浆和混凝土的制备过程。

(2)运输类施工过程。运输类施工过程是指把建筑材料、构配件、成品半成品和设备等运输到工地或施工操作地点而形成的施工过程。

(3)砌筑安装类施工过程。砌筑安装类施工过程是指在施工对象的空间上，进行建筑产品加工而最终形成产品的施工过程，例如砌筑工程、浇筑混凝土工程、安装工程和装饰工程等施工过程。

在组织施工现场流水施工时，砌筑安装类施工过程占有主要地位，它占有施工对象的空间，影响着工期的长短，必须列入项目施工进度表上，而且是项目施工进度表的主要内容。由于制备类施工过程和运输类施工过程一般不占有施工对象的工作面，不影响工期，因而一般不列入流水施工进度计划表；只有当其占有施工对象的空间并影响项目总工期时，才列入项目施工进度计划中，例如，对于采用装配式钢筋混凝土结构的建设工程、钢筋混凝土构件的现场制作过程等就需要列入流水施工进度计划之中。对于在拟建车间、实验室等场地内预制或组装的大型构件等场地制作过程就需要列入流水施工进度计划之中。同样，结构安装中的构件吊运施工过程也需要列入施工进度计划之中。

施工过程数目(n)，主要依据项目施工进度计划在客观上的作用、采用的施工方案、项目的性质和业主对项目建设工期的要求等进行确定。

2. 流水强度

流水强度是指流水施工的某施工过程(专业工作队)在单位时间内所完成的工程量(流水能力或生产能力)。流水强度一般以 V 表示：

$$V=\sum_{i=1}^{x}R_i \cdot S_i \tag{12-1}$$

式中：V—— 某施工过程(队)的流水强度；

R_i—— 投入该施工过程中的第 i 种资源量(施工机械台数或工人数)；

S_i—— 投入该施工过程中的第 i 种资源的产量定额；

X—— 投入某施工过程的资源种类数。

12.2.2 空间参数

空间参数是指在组织流水施工时，用以表达流水施工在空间布置上开展状态的参数，主要包括工作面、施工段和施工层。

1. 工作面

工作面是指安排专业工人进行操作或者布置机械设备进行施工所需的活动空间。工作面根据专业工种的计划产量定额和安全施工技术规程确定，反映了工人操作、机械运转在空间布置上的具体要求。它的大小，是根据相应工种单位时间内的产量定额、建筑安装工程操作规程和安全规程等的要求确定的。

在施工作业时，无论是人工还是机械都需有一个最佳的工作面，才能发挥其最佳效率。最小工作面对应安排的施工人数和机械数是最多的。它决定了某个专业队伍的人数及机械数的上限，直接影响到某个工序的作业时间，因而工作面确定是否合理直接关系到作业效率和作业时间。对此，必须认真加以对待，合理确定。

2. 施工段

将施工对象在平面或空间上划分为若干个劳动量大致相等的施工段落，称为施工段或流水段。在流水施工中，用 m 来表示施工段的数目。

(1)划分施工段的目的

划分施工段的目的在于使各施工队（组）能在不同的工作面上平行作业，为各施工队（组）依次进入同一工作面进行流水作业创造条件，为组织流水施工提供必要的空间条件。其作用在于某一施工过程能集中施工力量，迅速完成一个施工段上的工作内容，及早空出工作面为下一施工过程提前施工创造条件，从而保证不同的施工过程能同时在不同的工作面上进行施工。

(2)划分施工段的原则

流水施工时，常把施工对象分为若干个工程量大致相等的施工段。在同一时间内，一个施工段只容纳一个专业施工队施工，不同的专业施工队在不同的施工段上平行作业，所以，施工段数量的多少，将直接影响流水施工的效果。群体工程可先在各单位工程间进行大流水施工段划分；单位工程划分施工段则应遵循以下原则：

① 各施工段的劳动基本相等，以保证流水施工的连续性、均衡性和有节奏性，各施工段劳动量相差不宜超过10%～15%。

② 为了充分发挥工人、主导机械的效率，每个施工段要有足够的工作面，使其所容纳的劳动力人数或机械台数，能满足合理劳动组织的要求。

③ 为了保证拟建工程项目的结构整体完整性，施工段的分界线应尽可能与结构的自然界线（如沉降缝、伸缩缝等）或建筑单元相一致；如果必须将分界线设在墙体中间时，应将其设在对结构整体性影响少的门窗洞口等部位，以减少留槎，便于修复。

④ 对于多层的拟建工程项目，既要划分施工段又要划分施工层，施工段数是各层段数之和，各层应有相同的段数和上下垂直对应的分界线，以保证相应的专业工作队在施工段与施工层之间，组织有节奏、连续、均衡地流水施工。

⑤ 施工段数目要适当，过多则拖延工期，过少则资源供应集中，不利于组织流水施工。对多层或高层建筑物，施工段的数目要满足合理流水施工组织的要求，即 $m \geqslant n$。

施工段数 m 与施工过程数 n 的关系，以一个示例来进行说明。

【例 12-2】 某二层现浇钢筋砼结构，施工过程均为支模板、绑扎钢筋和浇注砼（即 $n=3$），各施工过程在施工段上的持续时间均为 3 天（即 $t_1=3$），施工段 m 分别按 4、3、2 组织流水施工，其三种不同分段流水施工组织如图 12－7、图 12－8、图 12－9 所示。

① $m>n$ 时流水施工开展情况

当 $m>n$ 时，绘出流水施工指示图，如图 12－7 所示。此时每一施工过程或作业班组能保证连续施工，但施工段有空闲（图 12－7 中各施工段在第一层浇完砼后均空闲 3 天），即工作面有空闲，这种情况也是允许的。这种空闲可用于弥补由于工艺间隙、组织间隙和备料等要求的时间。实际施工时有时为满足某些施工过程技术间歇的要求，有意让工作面空闲一段时间反而更趋合理。

施工层	施工过程名称	施工进度（d）									
		3	6	9	12	15	18	21	24	27	30
Ⅰ层	支模板	1段	2段	3段	4段						
	绑扎钢筋		1段	2段	3段	4段					
	浇砼			1段	2段	3段	4段				
Ⅱ层	支模板					1段	2段	3段	4段		
	绑扎钢筋						1段	2段	3段	4段	
	浇砼				$Z=3$			1段	2段	3段	4段

图 12－7 $m>n$ 时流水施工图

② $m=n$ 时流水施工开展情况

当 $m=n$ 时，绘出流水施工指示图，如图 12－8 所示。每一施工过程或作业班组既能保证连续施工，又能使所划分的施工段不至空闲，是理想的流水施工方案，有条件时应尽量采用。

施工层	施工过程名称	施工进度（d）									
		3	6	9	12	15	18	21	24	27	30
Ⅰ层	支模板	1段	2段	3段							
	绑扎钢筋		1段	2段	3段						
	浇砼			1段	2段	3段					
Ⅱ层	支模板				1段	2段	3段				
	绑扎钢筋					1段	2段	3段			
	浇砼						1段	2段	3段		

图 12－8 $m=n$ 时流水施工图

③ $m<n$ 时流水施工开展情况

当 $m<n$ 时，绘出流水施工指示图，如图 12－9 所示。各专业队不能连续作业（图 12－9 中各专业队在完成第一层作业、进入第二层作业前均停工 3 天），但施工段没有空闲，即专业队因无工作面而停工。

此时每一施工过程或作业班组虽能保证连续施工，但施工过程或作业班组不能连续施工而会出现窝工现象，一般情况下应力求避免。但有时当施工对象规模较小，确实不可能划分较多的施工段时，可与同工地或同一部门内的其他相似的工程组织成大流水，以保证施工队伍连续作业，不出现窝工现象。

值得指出的是，对于在建筑群中大流水施工时，这种专业流水的停工可以避免；对单栋

施工层	施工过程名称	施工进度（d）									
		3	6	9	12	15	18	21	24	27	30
Ⅰ层	支模板	1段	2段								
	绑扎钢筋		1段	2段							
	浇砼			1段	2段						
Ⅱ层	支模板			空闲3天	1段	2段					
	绑扎钢筋				空闲3天	1段	2段				
	浇砼					空闲3天	1段	2段			

图 12－9　$m<n$ 时流水施工图

建筑物的专业流水施工组织则应避免 $m<n$ 的情况出现。

3. 施工层

对于多层的建筑物、构筑物，应既分施工段，又分施工层。施工层是指在组织流水施工时，为组织多层建筑物的竖向流水施工，满足专业工种对操作高度和施工工艺的要求，将拟建工程项目在竖向上划分为若干个操作层，这些操作层称为施工层，用 r 来表示施工层的数目。

施工层的划分，要按工程项目的具体情况，根据建筑物的高度、楼层来确定。通常以建筑物的结构层作为施工层，有时为方便施工，也可以按一定高度划分一个施工层，例如单层工业厂房砌筑工程一般按 1.2～1.4m(即一步脚手架的高度)划分为一个施工层；如室内抹灰、木装饰、油漆玻璃和水电安装等，可按楼层进行施工层划分。

12.2.3　时间参数

在组织流水施工时，用以表达流水施工在时间排列上所处状态的参数，称为时间参数。它包括流水节拍、流水步距、平行搭接时间、技术间歇时间、组织管理间歇时间和流水工期等六种。

1. 流水节拍

流水节拍是指一个施工过程（或作业队伍）在一个施工段上作业持续的时间，用 t 表示。

流水节拍的大小可反映出流水施工速度的快慢、节奏感的强弱和资源消耗量的多少。其大小受到投入的劳动力、机械及供应量的影响，也受到施工段大小的影响。

影响流水节拍数值大小的因素主要有项目施工时所采取的施工方案，各施工段投入的劳动力人数或施工机械台数，工作班次以及该施工段工程量的多少。为避免工作队转移时浪费工时，流水节拍在数值上最好是半个班的整倍数。其数值的确定，可按以下各种方法进行：

① 定额计算法

根据资源的实际投入量计算，其计算式如下：

$$t_i=\frac{Q_i}{S_i \cdot R_i \cdot a}=\frac{Q_i \cdot Z_i}{R_i \cdot a}=\frac{P_i}{R_i \cdot a} \qquad (12-2)$$

式中：t_i——流水节拍；

Q_i——某专业工作队在第 i 个施工段要完成的工程量；

S_i——某专业工作队的计划产量定额；

Z_i——某专业工作队的计划时间定额；

R_i——某专业工作队投入的工作人数或机械台数；

Pi——某专业工作队在第 i 个施工段需要的劳动量；

a——某专业工作队的工作班次。

② 经验估算法

根据以往的施工经验进行估算。一般为了提高其准确程度，往往先估算出该流水节拍的最长、最短和正常(即最可能)三种时间，然后据此求出期望时间作为某专业工作队在某施工段上的流水节拍。按下式求出期望的流水节拍：

$$t=(a+4c+b)/6 \tag{12-3}$$

式中：t——某施工过程在某施工段上的流水节拍；

a ——某施工过程在某施工段上的最短估算时间；

b ——某施工过程在某施工段上的最长估算时间；

c ——某施工过程在某施工段上的正常估算时间。

本法也称“三种时间估算法”，常用于有同类型施工经验的工程或无定额可循的工程。

③ 工期计算法

按工期的要求在规定期限内必须完成的工程项目，往往采用“倒排进度法”，步骤如下：

a. 倒排施工进度：根据工期倒排施工进度，确定主导施工过程的流水节拍，然后安排需要投入的相关资源；

b. 确定流水节拍：若同一施工过程的流水节拍不等，则用估算法；若流水节拍相等，则按式(12-4)确定：

$$t=T\ /\ m \tag{12-4}$$

式中：t ——流水节拍；

T ——某施工过程的工作持续时间；

m ——某施工过程划分的施工段数。

c. 确定最小流水节拍：施工段数确定后，流水节拍大则工期较长，流水节拍太小，实际上又受工作面或工艺要求的限制。这时就需要根据工作面的大小、操作工人或施工机械的最佳配置、工艺要求和劳动效率来综合确定最小流水节拍。

流水节拍的大小对工期有直接影响，通常在施工段数不变的情况下，流水节拍越小，工期就越短。当施工工期受到限制时，就应从工期要求反求流水节拍，然后用公式(12-2)求得所需的人数或机械数，同时检查最小工作面是否满足要求及人工机械供应的可行性。若检查发现按某一流水节拍计算的人工数或机械数不能满足要求，供应不足，则可采取延长工期从而增加大流水节拍以减少人工、机械的需求量，从而满足实际的资源限制条件。若工期不能延长，则可增加资源供应量或采取一天多班次(最多三次)作业以满足要求。

2. 流水步距

流水步距是指在不考虑间歇和搭接的前提下，相邻两施工过程(或专业工作队)先后投入流水施工的时间间隔，一般用 K 表示。

施工段确定后，流水步距大则工期长，步距小则工期短。流水步距的数目取决于参加流水施工的施工过程数，流水步距的总数为 $n-1$ 个。

流水步距大小的确定因素在于相邻施工过程在各个施工段上的流水节拍及流水施工组织方式。确定流水步距时，一般应满足以下基本要求：

① 始终保持前、后两个施工过程合理的工艺顺序，即在一个施工段上，前一施工过程完成后，下一施工过程方能开始。

② 保持各施工过程的连续作业，妥善处理间隙时间，避免发生停工、窝工。

③ 相邻两施工过程（或专业工作队）在满足连续施工的条件下，能最大限度地、合理地使施工时间相互搭接（即前一施工过程完成后，能尽早进入后一施工过程施工）。

3. 间歇时间

（1）技术间歇

在组织流水施工时，除要考虑相邻专业工作队之间的流水步距外，有时根据建筑材料或现浇构件等的工艺性质，还要考虑合理的工艺等待时间，这个等待时间称为技术间歇时间（Z），如混凝土浇筑完成后应进行养护一段时间后才能进行下一道工艺；屋面找平层完成后需干燥后才能进行防水层的施工，这段养护时间、干燥时间即为技术间歇，它的存在会使工期延长。

（2）组织间隙时间

组织间歇时间（G）是指施工中由于考虑施工组织的要求，两相邻的施工过程在规定的流水步距以外增加必要的时间间隔，以便施工人员对前一施工过程进行检查验收，并为后续施工过程做出必要的技术准备工作等。如基础混凝土浇筑并养护后，施工人员必须进行主体结构轴线位置的弹线，施工人员、机械设备转移等。如基坑持力层验槽、回填土前地下管道检查验收、装修开始前的主体结构验收或安全检查等。

工艺间隙和组织间隙在流水施工时，可与相应施工过程一并考虑，也可分别考虑，灵活运用工艺间隙和组织间隙的时间参数特点，对简化流水施工的组织有特殊的作用。

4. 组织搭接时间

在组织流水施工时，有时为了缩短工期，在工作面允许的条件下，如果前一个专业工作队完成部分施工任务后，能够提前为后一个专业工作队提供工作面，后者提前进入前一个施工段，两者在同一施工段上平行搭接施工，这个搭接的时间称为平行搭接时间（C）。这样工期可进一步缩短，施工更趋合理。

5. 流水工期

流水工期（T）是指一个流水施工中，从第一个施工过程（或作业班组）开始进入流水施工，到最后一个施工过程（或作业班组）施工结束所需的全部时间。由于一项建设工程往往包含有许多流水组，故流水施工工期不是整个工程的总工期，但受总工期的制约，要确保总工期目标的实现。流水施工工期应根据各施工过程之间的流水步距、工艺间歇、组织间歇时间以及最后一个施工过程中各施工段的流水节拍等确定。

12.3 流水施工分类

为了适应不同施工项目施工组织的特点和进度计划安排的要求，根据流水施工的特点可以将流水施工分成不同的种类进行分析和研究。

12.3.1 按流水施工的组织范围划分

1. 分项工程流水施工

分项工程流水施工又称为细部流水施工，是指组织分项工程或专业工种内部的流水施工。由一个专业施工队，依次在各个施工段上进行流水作业，例如，浇筑混凝土这一分项工程内部组织的流水施工。分项工程流水施工是范围最小的流水施工。

2. 分部工程流水施工

分部工程流水施工又称为专业流水施工，是指组织分部工程中各分项工程之间的流水施工。由几个专业施工队各自连续地完成各个施工段的施工任务，施工队之间流水作业。

3. 单位工程流水施工

单位工程流水施工又称为综合流水施工，是指组织单位工程中各分部工程之间的流水施工。

4. 群体工程流水施工

群体工程流水施工又称为大流水施工，是指组织群体工程中各单项工程或单位工程之间的流水施工。

12.3.2 按照施工工程的分解程度划分

1. 彻底分解流水施工

彻底分解流水施工是指将工程对象分解为若干施工过程，每一施工过程对应的专业施工队均由单一工种的工人及机具设备组成。采用这种组织方式，其特点在于各专业施工队任务明确，专业性强，便于熟练施工，能够提高工作效率，保证工程质量。但由于分工较细，对每个专业施工队的协调配合要求较高，给施工管理增加了一定的难度。

2. 局部分解流水施工

局部分解流水施工是指划分施工过程时，考虑专业工种的合理搭配或专业施工队的构成，将其中部分的施工过程不彻底分解而交给多工种协调组成的专业施工队来完成施工，局部分解流水施工适用于工作量较小的分部工程。

12.3.3 按照流水节拍特征划分

按照流水节拍的特征将流水施工进行分类如图 12－10 所示。

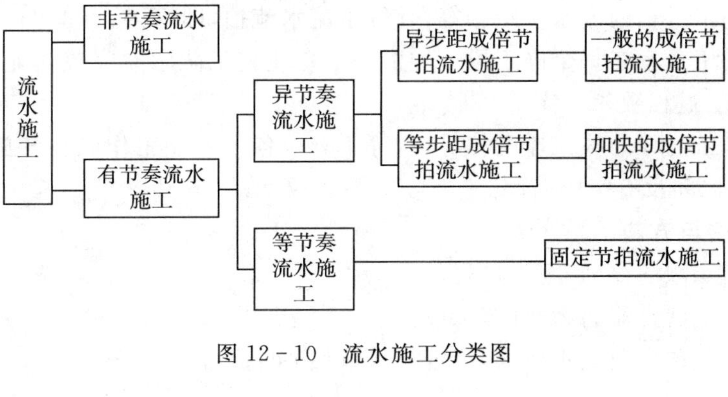

图 12－10 流水施工分类图

1. 有节奏流水施工

有节奏流水施工是指在组织流水施工时，每一个施工过程在各个施工段上的流水节拍都各自相等的流水施工，它分为等节奏流水施工和异节奏流水施工。

(1)等节奏流水施工

等节奏流水施工是指在有节奏流水施工中，各施工过程的流水节拍都相等的流水施工，也称为固定节拍流水施工或全等节拍流水施工。

(2)异节奏流水施工

异节奏流水施工是指在有节奏流水施工中，各施工过程的流水节拍各自相等，而不同施工过程之间的流水节拍不尽相等的流水施工。具体有以下两种：

① 等步距异节奏流水施工

等步距异节奏流水施工是指在组织异节奏流水施工时，按每个施工过程流水节拍之间的比例关系，成立相应数量的专业工作队而进行的流水施工，也称为加快的成倍节拍流水施工。

② 异步距异节奏流水施工

异步距异节奏流水施工是指在组织异节奏流水施工时，每个施工过程成立一个专业工作队，由其完成各施工段任务的流水施工。也称为一般的成倍节拍流水施工。

2. 非节奏流水施工

非节奏流水施工是指在组织流水施工时，全部或部分施工过程在各个施工段上的流水节拍不相等的流水施工。

12.4 流水施工组织方式

12.4.1 全等节拍流水施工

全等节拍流水施工指参与流水施工的施工过程流水节拍彼此相等的流水施工组织方式，即同一施工过程在不同的施工段上流水节拍相等，不同的施工过程在同一施工段上的流水节拍也相等的流水施工方式。

1. 全等节拍流水施工的特点

(1)各个施工过程在各个施工段上的流水节拍彼此相等。

(2) 相邻施工过程的流水步距相等，且等于流水节拍，即 $K=t$。

(3) 每个施工过程在每个施工段上均由一个专业施工队独立完成作业，即专业施工队数目 n' 等于施工过程数 n。

(4) 各个施工过程的施工速度相等，均等于 mt，各个专业工作队在各施工段上能够连续作业，施工段之间没有空闲时间。

2. 组织步骤与方法

(1) 确定施工顺序，分解施工过程。

(2) 确定施工起点流向，划分施工段。

(3) 根据等节拍专业流水要求，确定流水节拍 t 的数值。

(4) 确定流水步距 $K=t$。

(5) 计算流水施工的工期。

(6) 绘制流水施工进度图表。

3. 全等节拍流水施工主要参数的确定

(1) 施工段的确定

1) 无层间关系或无施工层时,可取 $m=n=n'$。

2) 有层间关系或施工层时,为了保证在跨越施工层时,专业施工队能连续施工而不产生窝工现象,施工段数目的最小值 m 分下面两种情况确定:

① 无技术和组织间歇时,取 $m=n=n'$。

② 有技术和组织间歇时,为了保证专业工作队能够连续施工,应取 $m>n$,此时,每层施工段空闲数为 $m-n$,每层空闲时间为 $(m-n)t=(m-n)K$。

若一个楼层内各施工过程的技术间歇时间与组织间歇时间之和为 Z_1,楼层间的技术间歇时间与组织间歇时间之和为 Z_2,当为保证专业施工队连续施工,则:$(m-n)K=\sum Z_1+Z_2$。

当专业工作队之间允许搭接时,可以减少工作面数量。如每个施工层内各施工过程间的搭接时间总和为 $\sum C$,则:$(m-n)K=-\sum C$。

由此,每层的施工段数目 m 的最小值可按式(12-5)确定:

$$m=n'+\frac{\sum Z_1}{K}+\frac{Z_2}{K}-\frac{\sum C}{K} \tag{12-5}$$

式中:$\sum Z_1$—— 一个施工层内各施工过程间的技术间歇与组织间歇时间之和;

Z_2—— 施工层间的技术间歇时间与组织间歇时间之和;

$\sum C$—— 每个施工层内各施工过程间的搭接时间之和。

计算出的流水段数只入不舍,取整数,以保证足够的间歇时间。

(2) 计算流水施工的工期

分施工层时,工期计算公式为

$$T=\sum K+\sum t_n+\sum Z_1-\sum C=(n'-1)K+rmt+\sum Z_1-\sum C$$

而 $K=t$,故

$$T=(rm+n'-1)K+\sum Z_1-\sum C \tag{12-6}$$

式中:$\sum K$—— 各施工过程(或专业工作队)之间流水步距之和;

r—— 施工层数(不分层时,r 等于 1;分层时,r 等于实际施工层数);

$\sum t_n$—— 最后一个施工过程(或专业工作队)在各施工段流水节拍之和。

【例 12-3】 设某基础工程由挖基槽、混凝土垫层、砌砖基础、回填土四个工艺顺序施工过程组成。按现有的劳动力情况,分为三个施工段,完成每个过程均要 15 天,试组织流水施工。

解：(1)确定流水步距

由题知：施工段数 $m=3$ 段，流水节拍 $t=15/3=5$ 天，则 $K=t=5$ 天

施工过程数 $n=4$，施工队数 $n'=n=4$ 个

(2)计算工期

$$T=(m+n'-1)K=(4+3-1)\times5=30(\text{天})$$

(3)绘制全等节拍施工进度计划(如图 12－11 所示)

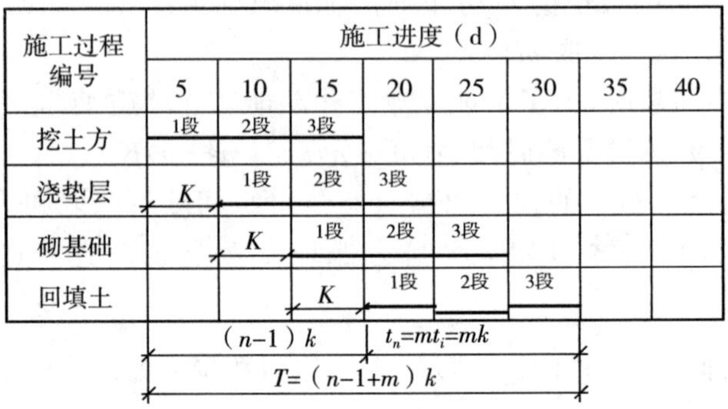

图 12－11　全等节拍流水施工进度计划

【例 12－4】　某项目由Ⅰ、Ⅱ、Ⅲ、Ⅳ四个施工过程组成，划分两个施工层组织流水施工，施工过程Ⅱ完成后需养护一天，下一个施工过程才能施工，且层间技术间歇为一天，流水节拍均为一天。为了保证工作队连续作业，试确定施工段数，计算工期，绘制流水施工进度表。

解：(1)确定流水步距

因为 $t_i=t=1$，所以 $K=t=1$。

(2)确定施工段数

因项目施工时分两个施工层，其施工段数可按公式(12－5)确定。

$$m=n'+\frac{\sum Z_1}{K}+\frac{Z_2}{K}=4+\frac{1}{1}+\frac{1}{1}=6$$

(3) 计算工期

$$T=(rm+n'-1)K+\sum Z_1-\sum C=(2\times6+4-1)\times1+1-0=16(\text{天})$$

(4)绘制全等节拍施工进度计划(如图 12－12 所示)

4. 适用范围

全等节拍流水施工比较适用于分部工程流水(专业流水)，不适用于单位工程，特别是大型的建筑群。因为全等节拍流水施工虽然是一种比较理想的流水施工方式，它能保证专业班组的工作连续，工作面充分利用，实现均衡施工。但由于它要求划分的各分部、分项工程都采用相同的流水节拍，这对一个单位工程或建筑群来说，往往十分困难且不容易达到。因此，实际应用范围不是很广泛。

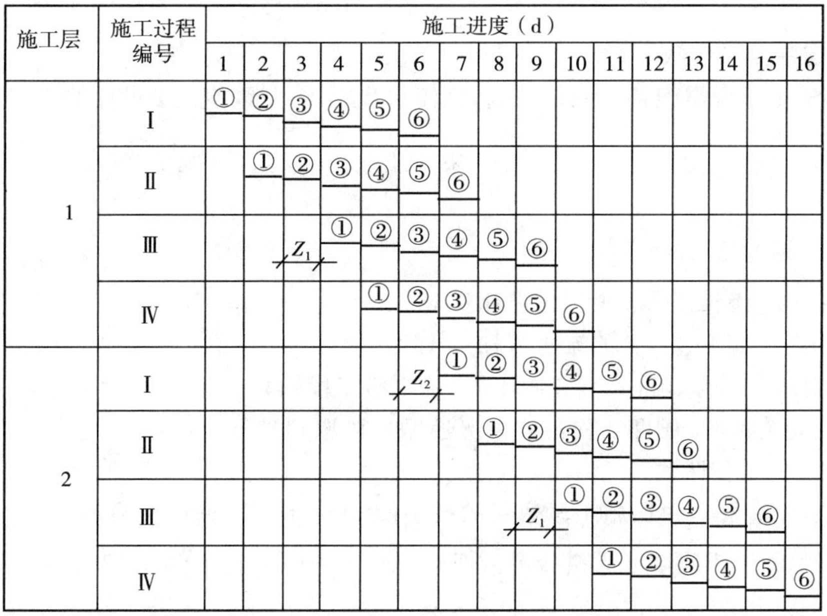

图 12－12　全等节拍流水施工进度计划

12.4.2　成倍节拍流水施工

进行全等节拍专业流水施工时，有时由于各施工过程的性质、复杂程度不同，可能会出现某些施工过程所需要的人数或机械台数，超出施工段上工作面所能容纳数量的情况。这时，只能按施工段所能容纳的人数或机械台数确定这些施工过程的流水节拍，这可能使某些施工过程的流水节拍为其他施工过程流水节拍的倍数，从而形成异节拍专业流水。

成倍节拍流水施工是指在组织流水施工时，如果同一个施工过程在各施工段上的流水节拍彼此相等，不同施工过程在同一施工段上的流水节拍彼此不等但互为倍数的流水施工方式。

有时，为了加快流水施工速度，在资源供应满足的前提下，对流水节拍长的施工过程，可按最大公约数的倍数组建每个施工过程的专业工作队，组织几个同工种的专业工作队来完成同一施工过程在不同施工段上的任务，从而就形成了一个工期最短的、类似于等节拍专业流水的等步距的异节拍专业流水施工方案。

1. 成倍节拍流水施工组织特点

(1)同一施工过程在其各个施工段上的流水节拍均相等；不同施工过程的流水节拍不等，但其值为倍数关系；

(2)相邻专业工作队的流水步距相等，且等于流水节拍的最大公约数；

(3)专业工作队数 n' 大于施工过程数 n；

(4)各个专业工作队在施工段上能够连续作业，施工段之间没有空闲时间。

2. 成倍节拍流水施工组织步骤与方法

(1)确定施工顺序，分解施工过程；

(2)确定流水步距；

取 K 等于各施工过程流水节拍的最大公约数，按下式计算：

$$K = \text{最大公约数}\{t_1, t_2, \cdots, t_n\}$$

(3) 确定专业工作队数；

计算各施工过程需配备的队组数 b_i，用流水步距 K 去除各施工过程的流水节拍 t_i，即：

$$b_i = \frac{t_i}{K} \tag{12-7}$$

专业施工队总数 $n' = \sum b_i$，

式中：b_i—— 施工过程 i 所需的队组数；

t_i—— 施工过程 i 的流水节拍。

(4) 确定施工起点、流向，划分施工段，确定施工段数；

① 无层间关系时，根据工程具体情况遵循分段原则进行分段，并使总的层段数等于或大于同时施工的工作队数。

② 有层间关系时，每层施工段数目的最小值 m 分下面两种情况确定：

a. 无技术和组织间歇或无搭接要求时，可取 $m = n'$（$n' = \sum b_i$），保证各队组均有自己工作面。

b. 有技术和组织间歇或搭接要求时，施工段数目的最小值 m 按式(12-8) 确定，即：

$$m = n' + \frac{\sum Z_1}{K} + \frac{Z_2}{K} - \frac{\sum C}{K} \tag{12-8}$$

式中：n'—— 工作队数总和；

Z_1—— 相邻两施工过程间的技术间歇与组织间歇时间之和；

Z_2—— 相邻两施工层间的技术间歇时间与组织间歇时间；

C—— 相邻两施工过程间的搭接时间。

当各施工层间的 $\sum Z_1$ 或 Z_2 不完全相等时，应取各层中的最大值进行计算。

(5) 计算工期；

$$T = \sum K + \sum t_n + \sum Z_1 - \sum C = (rm + n' - 1)K + \sum Z_1 - \sum C \tag{12-9}$$

式中符号含义同前。

(6)绘制流水施工进度图表。

【例 12-5】 某建设工程由四幢大板结构楼房组成，每幢楼房为一个施工段，施工过程划分为基础工程、结构安装、室内装修和室外工程 4 项，其流水节拍分别为：5 周、10 周、10 周、5 周。计算工期，绘制成倍节拍流水施工进度计划图。

解：(1)计算流水步距

流水步距等于流水节拍的最大公约数：

$$K = \text{最大公约数}\{5, 10, 10, 5\} = 5(\text{周})$$

(2) 确定专业工作队数目

每个施工过程成立的专业工作队数目可按下式计算：$b_i = t_i / K$

各施工过程的专业工作队数目分别为：

Ⅰ—— 基础工程：$b_{Ⅰ}=5/5=1$；

Ⅱ—— 结构安装：$b_{Ⅱ}=10/5=2$；

Ⅲ—— 室内装修：$b_{Ⅲ}=10/5=2$；

Ⅳ—— 室外工程：$b_{Ⅳ}=5/5=1$。

专业工作队总数：$n'=\sum b_i=(1+2+2+1)=6$（个）

(3) 确定流水施工工期

流水施工工期为：$T=(rm+n'-1)K=(1\times4+6-1)\times5=45$（周）

(4)绘制成倍节拍流水施工进度计划图(如图 12－13 所示)

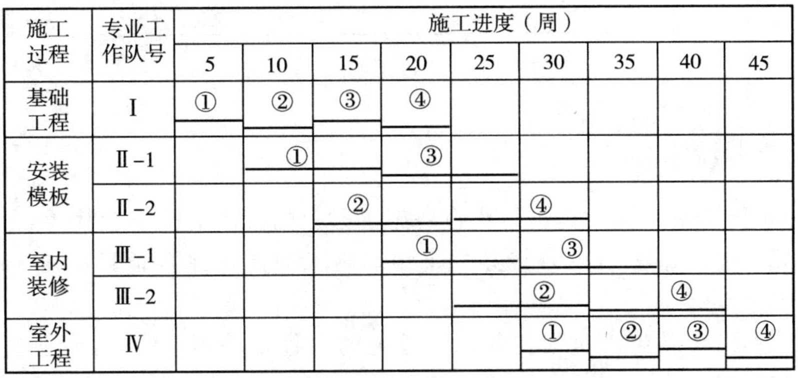

图 12－13　成倍节拍流水施工进度计划

【例 12－6】 某两层现浇筑钢筋混凝土工程，施工分为安装模板、绑扎钢筋和浇筑混凝土三个施工过程。已知每个施工过程在每层每个施工段上的流水节拍分别为：$t_{模}=2$ 天，$t_{扎}=2$ 天，$t_{浇}=1$ 天。当安装模板施工队转移到第二结构层的第一施工段时，需待第一层第一施工段的混凝土养护一天后才能进行施工。在保证各施工队连续施工的条件下，试安排流水施工，并绘制流水施工进度计划表。

解：根据工程特点，按成倍节拍流水施工方式组织流水施工。

(1)确定流水步距

$$K=\text{最大公约数}\{2,2,1\}=1(\text{天})$$

(2) 计算专业施工队数目

$$b_{模}=2/1=2(\text{个}),b_{扎}=2/1=2(\text{个}),b_{浇}=1/1=1(\text{个})$$

计算专业施工队总数目：$n'=\sum b_i=(2+2+1)=5$（个）

(3) 确定每层的施工段数目

$$m=n'+\frac{\sum Z_1}{K}+\frac{Z_2}{K}=5+\frac{1}{1}=6$$

(4) 计算工期

$$T=(rm+n'-1)K+\sum Z_1-\sum C=(2\times6+5-1)\times1+0-0=16(\text{天})$$

(5) 绘制流水施工进度计划表(如图 12－14 所示)

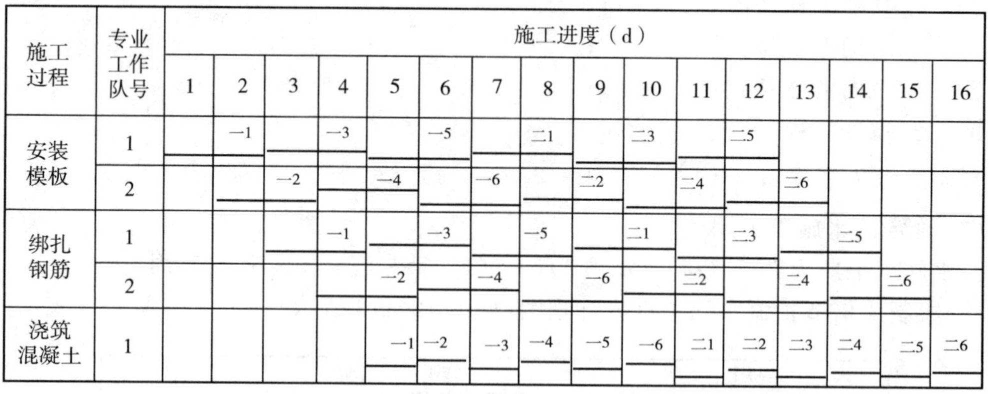

图 12－14 成倍节拍流水进度计划

12.4.3 非节奏流水施工

非节奏流水施工是指同一施工过程在各施工段上的流水节拍不全相等,不同的施工过程之间流水节拍也不相等,在这样的条件下组织施工的方式称为非节奏流水施工,也称为分别流水施工。

实际施工中,大多数施工过程在各施工段上的工程量并不相等,各专业施工队的生产效率也相差悬殊,导致多数流水节拍彼此不相等,难以组织等节拍或异节拍流水施工。这时只能按施工顺序要求,使相邻两专业队的开工时间最大限度搭接起来,组织各专业队都能连续施工的非节奏流水施工,这种组织施工的方式,在进度安排上比较自由、灵活,非节奏流水施工方式是建设工程流水施工的普遍方式。

1. 非节奏流水施工的特点

(1)各个施工过程在各个施工段上的流水节拍彼此不全相等,也无特定规律。

(2)相邻施工过程的流水步距不全相等。

(3)每个施工过程在每个施工段上均由一个专业施工队独立完成作业,即专业施工队数目 n' 等于施工过程数 n。

(4)各专业工作队能够在施工段上连续作业,但有的施工段之间可能有空闲时间。

2. 非节奏流水施工的组织步骤

(1)确定施工起点流向,分解施工过程;

(2)确定施工顺序,划分施工段;

(3)计算各施工过程在各施工段上的流水节拍 t_i;

(4)确定相邻两个专业队之间的流水步距 K;

(5)计算流水施工的计划工期 T。

3. 流水步距的确定

为了满足流水施工中作业队伍的连续性,在组织施工时,非节奏流水的关键是相邻两专业队之间流水步距的计算(步骤中的前三项均同全等节拍流水),使每个施工过程既不出现工艺超前,又能紧密衔接,使各专业队都能连续施工。

在非节奏流水施工中，可采用“累加数列、错位相减、取大差”法计算流水步距。累加数列错位相减取大差法的基本步骤如下：

(1)对每一个施工过程在各施工段上的流水节拍依次累加，求得各施工过程流水节拍的累加数列；

(2)将相邻施工过程流水节拍累加数列中的后者错后(向右移)一位，相减得一个差数列；

(3)在差数列中取最大值，即为这两个相邻施工过程的流水步距。

4. 流水施工工期的确定

单施工层流水工期可按式(12-10)计算：

$$T=\sum K+\sum t_n+\sum Z_1-\sum C \quad (12-10)$$

式中符号含义同前。

【例 12-7】 某项目经理部拟承建一工程，该工程有Ⅰ，Ⅱ，Ⅲ，Ⅳ，Ⅴ等五个施工过程。施工时在平面上划分成四个施工段，每个施工过程在各个施工段上的流水节拍如表 12-1 所示。规定施工过程Ⅱ完成后，其相应施工段至少养护 2 天；施工过程Ⅳ完成后，其相应施工段要留有 1 天的准备时间。为了尽早完工，允许施工过程Ⅰ与Ⅱ之间搭接施工 1 天，试编制流水施工方案。

表 12-1 施工过程和持续时间(d)

施工过程 / 流水节拍(天) / 施工段	Ⅰ	Ⅱ	Ⅲ	Ⅳ	Ⅴ
①	3	1	2	4	3
②	2	3	1	2	4
③	2	5	3	3	2
④	4	3	5	3	1

解：根据题设条件，该工程只能组织非节奏专业流水。

(1)求流水节拍的累加数列

Ⅰ：3，5，7，11

Ⅱ：1，4，9，12

Ⅲ：2，3，6，11

Ⅳ：4，6，9，12

Ⅴ：3，7，9，10

(2)确定流水步距

① $K_{Ⅰ.Ⅱ}$

3， 5， 7， 11

一） 1， 4， 9， 12

3， 4， 3， 2， −12

$$K_{Ⅰ.Ⅱ}=\max\{3,4,3,2,-12\}=4(天)$$

② $K_{Ⅱ.Ⅲ}$

1， 4， 9， 12

一） 2， 3， 6， 11

1， 2， 6， 6， −11

$$K_{Ⅱ.Ⅲ}=\max\{1,2,6,6,-11\}=6(天)$$

③ $K_{Ⅲ.Ⅳ}$

2， 3， 6， 11

一） 4， 6， 9， 12

2，−1， 0， 2， −12

$$K_{Ⅲ.Ⅳ}=\max\{2,-1,0,2,-12\}=2(天)$$

④ $K_{Ⅳ.Ⅴ}$

4， 6， 9， 12

一） 3， 7， 9， 10

4， 3， 2， 3， −10

$$K_{Ⅳ.Ⅴ}=\max\{4,3,2,3,-10\}=4(天)$$

(3)确定计划工期

由题给条件可知：

$Z_{Ⅱ.Ⅲ}=2$ 天， $G_{Ⅳ.Ⅴ}=1$ 天， $C_{Ⅰ.Ⅱ}=1$ 天，代入公式(12－10)得：

$$T=(4+6+2+4)+(3+4+2+1)+2+1-1=28(天)$$

(4)绘制非节奏流水施工进度计划(如图 12－15 所示)

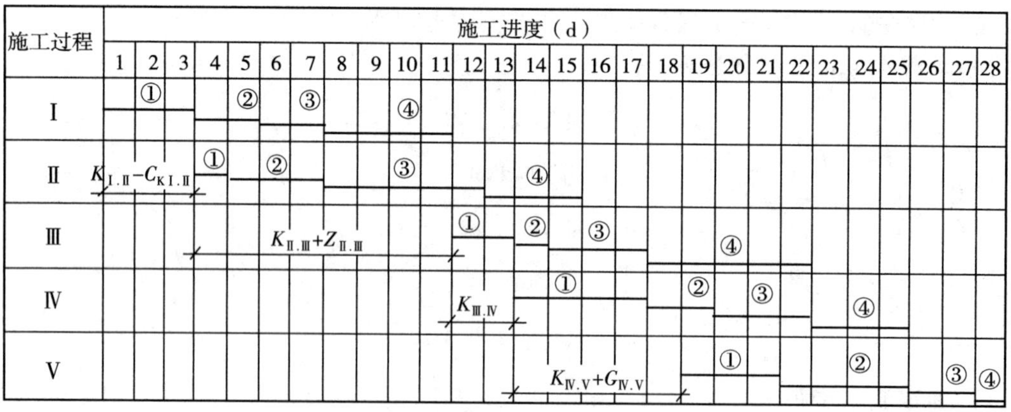

图 12－15 流水施工进度计划

【例 12-8】 某项目施工(不分层)分为四个施工过程，三个施工段，工艺顺序为 $A \to B \to C \to D$，流水节拍见表 12-2，B 与 C 间有技术间歇 $Z_{B,C}=2$ 天，试组织该流水施工，并求工期。

表 12-2 流水节拍

施工过程 \ 节拍段 \ 施工段	Ⅰ	Ⅱ	Ⅲ
A	2	3	2
B	2	1	2
C	3	2	2
D	1	3	1

解: 根据流水节拍的特点可能以组织分别流水施工。

(1)求流水步距

① 求各施工过程流水节拍的累加数列

A:2,5,7

B:2,3,5

C:3,5,7

D:1,4,5

② 错位相减求差数列

A 与 B:

$$\begin{array}{rrrrr} & 2, & 5, & 7 & \\ -) & & 2, & 3, & 5 \\ \hline & 2, & 3, & 4, & -5 \end{array}$$

B 与 C:

$$\begin{array}{rrrrr} & 2, & 3, & 5 & \\ -) & & 3, & 5, & 7 \\ \hline & 2, & 0, & 0, & -7 \end{array}$$

C 与 D:

$$\begin{array}{rrrrr} & 3, & 5, & 7 & \\ -) & & 1, & 4, & 5 \\ \hline & 3, & 4, & 3, & -5 \end{array}$$

③ 确定流水步距

$$K_{A,B}=4(\text{天})\quad K_{B,C}=2(\text{天})\quad K_{C,D}=4(\text{天})$$

(2) 求工期 T

$$T=\sum K+\sum t_n+\sum Z=(4+2+4)+5+2=17(\text{天})$$

(3)绘制流水进度计划(如图 12-16 所示)

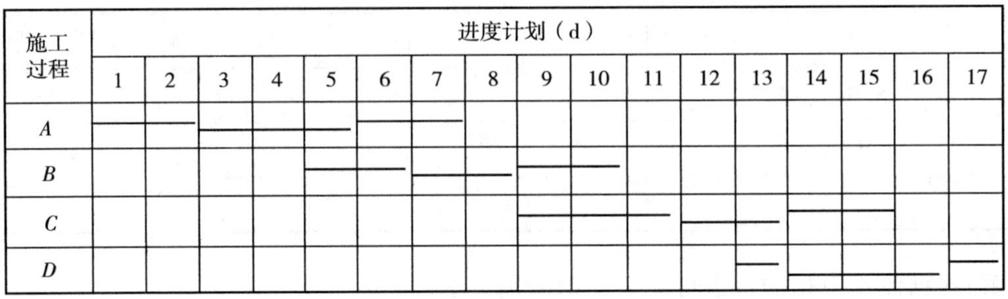

图 12-16 流水施工进度计划

5. 适用范围

非节奏流水施工适用于各种不同结构性质和规模的工程施工组织,在进度安排上比较灵活和自由。因此,是实际工程普遍采用的一种流水施工方式。

思考练习题

一、单选题

1. 某施工段的工程量为 200m³,施工队的人数为 25 人,日产量 0.8m³/人,则该队在该施工段的流水节拍为(　　)。

A. 8 天　　B. 10 天　　C. 12 天　　D. 15 天

2. 某地基与基础工程,土方工程量为 4560m³,施工单位选择反铲挖掘机施工,其斗容量为 0.4m³,台班产量定额 250m³,该土方工程量中,95%的挖土量由自卸翻斗汽车随挖随运,汽车台班运土量为 40m³,试问挖土机和汽车台班各需(　　)。

A. 16 台班和 118 台班　　B. 18 台班和 120 台班

C. 18 台班和 108 台班　　D. 20 台班和 120 台班

3. 流水节拍是指一个专业队(　　)。

A. 整个工作的持续时间　　B. 在一个施工段上的持续时间

C. 最短的持续工作时间　　D. 转入下一施工段的间隔时间

4. 某工程有 6 个施工过程各组织一个专业队,在 5 个施工段上进行等节奏流水施工,流水节拍为 5d,其中第三、第五作业队分别间歇了 2d、3d,则该工程的总工期为(　　)。

A. 35d　　B. 45d　　C. 55d　　D. 65d

5. 建设工程流水施工方式的特点是(　　)。

A. 施工现场的组织管理比较复杂　　B. 各专业队窝工现象少

C. 单位时间内投入的资源量比较均衡　D. 单位时间内投入的资源量较少

6. 在组织流水施工时，某施工过程（专业施工队）在单位时间内完成的工作量，称为（　　）。

A. 流水节拍　　B. 流水步距　　C. 流水时距　　D. 流水强度

7. 某工程由5个施工过程组成，分为3个施工段组织固定节拍流水施工。在不考虑提前插入时间的情况下，要求流水施工工期不超过42天，则流水节拍的最大值为（　　）天。

A. 4　　B. 5　　C. 6　　D. 8

8. 某分部工程有3个施工过程，各分为5个流水节拍相等的施工段组织加快的成倍节拍流水施工。已知各施工过程的流水节拍分别为4天、6天、4天，则流水步距和专业工作队数分别为（　　）。

A. 6天和3个　　B. 4天和4个　　C. 4天和3个　　D. 2天和7个

9. 某分部工程有3个施工过程，分为4个施工段组织流水施工。各施工过程的流水节拍分别为3天、5天、4天、3天；3天、4天、4天、2天；4天、3天、3天、4天，则流水施工工期为（　　）天。

A. 20　　B. 21　　C. 22　　D. 23

10. 在组织成倍节拍流水时，用各施工过程的流水节拍去除以最大公约数，所得的商数应是（　　）。

A. 流水步距　　B. 各施工过程的专业队数

C. 专业队数之和　　D. 搭接时间

11. 某二层现浇钢筋混凝土建筑结构的施工，其主体工程由支模板、绑钢筋和浇混凝土3个施工过程组成，每个施工过程在施工段上的延续时间均为5天，划分为3个施工段，则总工期为（　　）天。

A. 35　　B. 40　　C. 45　　D. 50

12. 某工程由支模板、绑钢筋、浇筑混凝土3个分项工程组成，它在平面上划分为6个施工段，该3个分项工程在各个施工段上流水节拍依次为6天、4天和2天，则其工期最短的流水施工方案为（　　）天。

A. 18　　B. 20　　C. 22　　D. 24

13. 上题中，若工作面满足要求，把支模板工人数增加2倍，绑钢筋工人数增加1倍，混凝土工人数不变，则最短工期为（　　）天。

A. 16　　B. 18　　C. 20　　D. 22

二、简答题

1. 什么是流水施工？列举流水施工的参数并解释其含义。
2. 组织施工的方式有哪几种？各有什么特点？
3. 简述施工段划分的原则。
4. 组织成倍节拍流水施工的条件是什么？其流水步距如何确定？
5. 非节奏流水施工的流水步距如何确定？

三、计算作图题

1. 某建设工程由四幢大板结构楼房组成，每幢楼房为一个施工段，施工过程划分为基础工程、结构安装、室内装修和室外工程4项，其流水节拍分别为2周。试组织流水施工。要求工作队连续工作，计算总工期 T，并绘制流水指示图表。

2. 某工程有一分部工程由 A,B,C,D 四个施工工序组成，划分两个施工层组织流水施工，流水节拍为 $t_A=2, t_B=4, t_C=4, t_D=2$，要求层间间歇2天，试按成倍节拍流水组织施工。要求工作队连续工作，确定流水步距 K，施工段数 m，计算总工期 T，并绘制流水指示图表。

3. 某工程有一分部工程由 A,B,C 三个施工工序组成，划分两个施工层组织流水施工，流水节拍为 $t_A=4, t_B=4, t_C=2$，要求层间技术间歇2天，试按成倍节拍流水组织施工。要求工作队连续工作，确定流水步距 K，施工段数 m，计算总工期 T，并绘制流水指示图表。

4. 某现浇钢混凝土工程，由支模、绑扎钢筋、浇砼、拆模板和回填土五个分项工程组成，在平面上划分四个施工段，各分项工程在各个施工段上的施工持续时间分别为：支模2,3,2,3天，绑扎钢筋3,3,4,4天，浇砼2,1,2,2天，拆模板1,2,1,1天，回填土2,3,2,2天，支模与绑扎钢筋可以搭接1天，在砼浇筑后至拆模板必须有2天的养护时间，试编制该工程流水施工方案。

第13章　网络计划技术

【学习内容】本章主要介绍了网络计划的基本概念,网络图的绘制方法。网络计划的编制、双代号和单代号网络计划时间参数的计算方法、网络计划的优化。

13.1　网络计划概述

网络计划技术是20世纪50年代后期发展起来的一种科学管理方法。编制网络计划首先应熟悉网络计划的基本原理、网络计划的分类、网络图的基本知识与网络计划的基本概念等。

13.1.1　网络计划的基本原理

工程组织施工中,常用的进度计划表达形式有两种:横道图计划与网络计划。横道图计划的优点是编制容易、简单、明了、直观、易懂。因为有时间坐标,各项工作的施工起讫时间、作业持续时间、工作进度、总工期以及流水作业的情况等都表示得清楚明确,一目了然。对人力和资源的计算也便于据图叠加。它的缺点主要是不能明确地反映出各项工作之间错综复杂的逻辑关系,不便于各工作提前或拖延的影响分析及动态控制,不能明确地反映出影响工期的关键工作和关键线路,不便于进度控制人员抓住主要矛盾,不能反映出非关键工作所具有的机动时间,看不到计划的潜力所在,特别是不便于计算机的利用。这些缺点的存在,对改进和加强施工管理工作是不利的。

网络计划能够明确地反映出各项工作之间错综复杂的逻辑关系,通过网络计划时间参数的计算,可以找出关键工作和关键线路;可以明确各项工作的机动时间;网络计划可以利用计算机进行计算。

网络计划的基本原理是首先应用网络图的形式来表达一项工程中各项工作之间错综复杂的相互关系及其先后顺序。然后通过计算找出计划中的关键工作及关键线路,接着通过不断地改进网络计划,寻求最优方案并付诸实施。最后在计划执行过程中进行有效的监测和控制,以合理使用资源,优质、高效、低耗地完成预定的工作。

建设工程施工项目网络计划安排的流程是调查研究确定施工顺序及施工工作组成;理顺施工工作的先后关系并用网络图表示;计算或计划施工工作所需持续时间;制定网络计划;不断优化、控制、调整。因此网络计划技术不仅是一种科学的管理方法,同时也是一种科学的动态控制方法。

13.1.2 网络计划的分类

1. **按性质分类**

根据工作、工作之间的逻辑关系以及工作持续时间是否确定的性质，网络计划可分为肯定型网络计划和非肯定型网络计划。

(1)肯定型网络计划(Deterministic Network)

工作、工作之间的逻辑关系以及工作持续时间都肯定的网络计划称肯定型网络计划。肯定型网络计划包括关键线路法网络计划和搭接网络计划法。

① 关键线路法(Critical Path Method,CPM)

计划中所有工作都必须按既定的逻辑关系全部完成，且对每项工作只估定一个肯定的持续时间的网络计划技术称关键线路法网络计划，如图 13-1 所示。

② 搭接网络计划法(Multi-dependency Network)

网络计划中，前后工作之间可能有多种顺序关系的肯定型网络计划称搭接网络计划法，如图 13-2 所示。

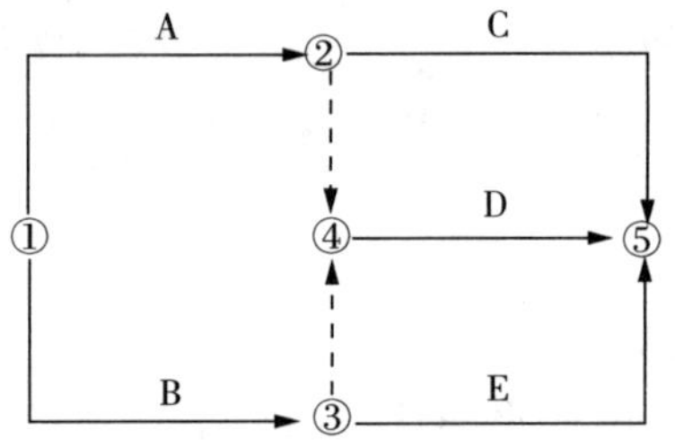

图 13-1 某关键线路法网络计划图

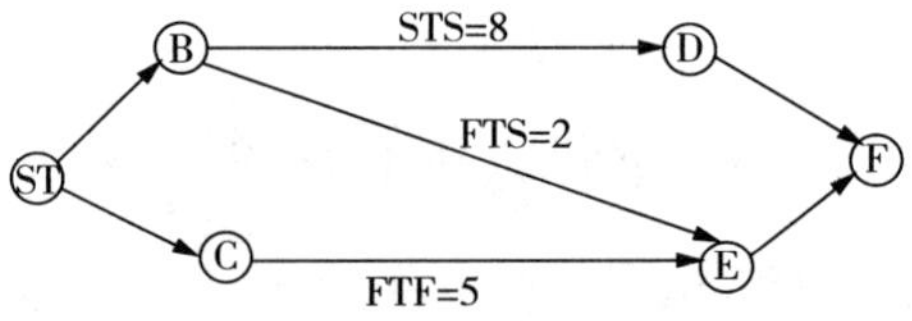

图 13-2 某搭接网络图

(2)非肯定型网络计划(Undeter Ministic Network)

工作、工作之间的逻辑关系和工作持续时间三者中任一项或多项不肯定的网络计划称非肯定型网络计划。非肯定型网络计划包括计划评审技术、图示评审技术、决策网络计划法和风险评审技术。

① 计划评审技术(Program Evaluation and Review Technique,PERT)

计划中所有工作都必须按既定的逻辑关系全部完成，但工作的持续时间不肯定，应进行时间参数估算，并对按期完成任务的可能性做出评价的网络计划技术称计划评审技术。

② 图示评审技术(Graphical Evaluation and Teview Technique,GERT)

计划中工作和工作之间的逻辑关系都具有不肯定性质，且工作持续时间也不肯定，而按随机变量进行分析的网络计划技术称图示评审技术。

③ 决策网络计划法(Decision Network,DN)

计划中某些工作是否进行，要依据前工作执行结果做决策，并估计相应的任务完成时间及其实现概率的网络计划技术为决策网络计划法。

④ 风险评审技术(Venture Evaluation and Review Technique,VERT)

对工作、工作之间的逻辑关系和工作持续时间都不肯定的计划，可同时就费用、时间、效能三个方面做综合分析并对可能发生的风险做概率估计的网络计划技术为风险评审技术。

2. **按目标分类**

按计划目标的多少,网络计划可分为单目标网络计划和多目标网络计划。

(1)单目标网络计划(Single - Destination Network)

只有一个终点节点的网络计划称单目标网络计划。

(2)多目标网络计划(Multi - Destination Network)

终点节点不止一个的网络计划称多目标网络计划。

3. **按层次分类**

根据网络计划的工程对象不同和使用范围大小,网络计划可分为分级网络计划、总网络计划和局部网络计划。

(1)分级网络计划(Hierarchial Network)

根据不同管理层次的需要而编制的范围大小不同、详略程度不同的网络计划称为分级网络计划。

(2)总网络计划(Major Network)

以整个计划任务为对象编制的网络计划称为总网络计划。

(3)局部网络计划(Sub Network)

以计划任务的某一部分为对象编制的网络计划称为局部网络计划。

4. **按表达方式分类**

根据计划时间的表达不同,网络计划可分为时标网络计划和非时标网络计划。

(1)时标网络计划(Time - Coordinate Network)

以时间坐标为尺度绘制的网络计划称为时标网络计划,如图 13 - 3 所示。

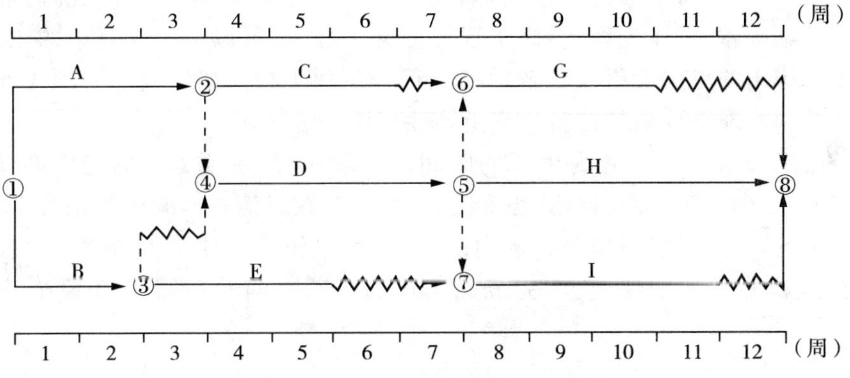

图 13 - 3 某时标网络计划

(2)非时标网络计划(Nontime - Coordinate Network)

不按时间坐标绘制的网络计划称为非时标网络计划,如图 13 - 1 所示。

13.2 双代号网络计划

网络图是由箭线和节点组成,用来表示工作流程的有向、有序的网状图。网络图中,按节点和箭线所代表的含义不同,可分为双代号网络图和单代号网络图,如图 13 - 1 所示为双代号网络图，用双代号网络图编制的网络计划称为双代号网络计划。双代号网络图是应用较普遍的一种网络计划形式。

双代号网络图是以有向箭线及两端带编号的节点表示工作的网络图，其中每一项工作都用一根箭线和箭线两端的两个节点来表示，箭线两端节点的号码即代表该箭线所表示的工作，“双代号”的名称由此而来。双代号网络图的表示方法如图 13－4 所示。

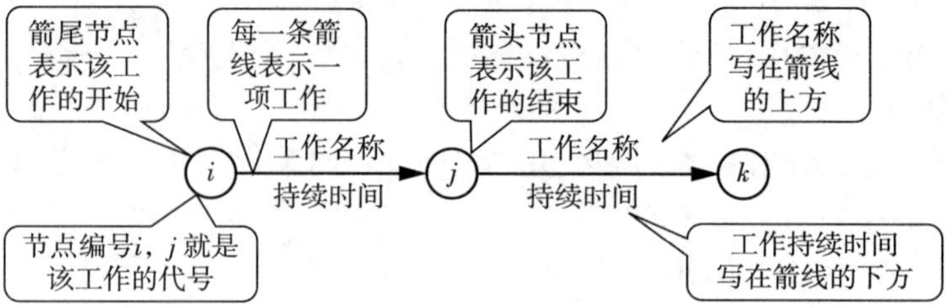

图 13－4　双代号网络图表示方法

13.2.1　双代号网络图的构成

双代号网络图的基本三要素为箭线、节点和线路。

1. 箭线

(1)箭线

网络图中一端带箭头的实线称为箭线。在双代号网络图中，一条箭线与其两端的节点表示一项工作。箭线表达的内容有以下几个方面：

① 一条箭线表示一项工作或表示一个施工过程。根据网络计划的性质和作用的不同，工作既可以是一个简单的施工过程，如挖土、垫层、支模板、绑扎钢筋、浇注混凝土等分项工程或者基础工程、主体工程、装修工程等分部工程，也可以是一项复杂的工程任务，如教学楼土建工程中的单位工程或者教学楼工程等单项工程。如何确定一项工作的大小范围取决于所绘制的网络计划的控制性或指导性作用。

② 一条箭线表示一项工作所消耗的时间。一般而言，每项工作的完成都要消耗一定的时间和资源，如砌砖墙、绑扎钢筋、浇混凝土等；也存在只消耗时间而不消耗资源的工作，如混凝土养护、砂浆找平层干燥等技术间歇，有时可以作为一项工作考虑。双代号网络图的工作名称或代号写在箭线上方，完成该工作的持续时间写在箭线的下方，如图 13－5 所示。

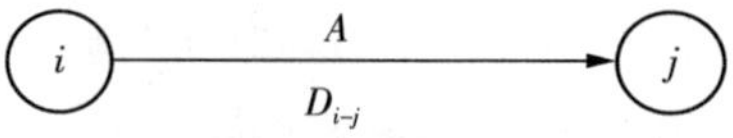

图 13－5　双代号网络图工作表示方法

③ 在无时间坐标的网络图中，箭线的长度不代表时间的长短，原则上讲，箭线的形状怎么画都行，箭线可以画成直线、折线或斜线，但不得中断。箭线尽可能以水平直线为主且必须满足网络图的绘制规则。在有时间坐标的网络图中，其箭线的长度必须根据完成该项工作所需时间长短绘制。

④ 箭线的方向表示工作进行的方向，箭尾表示工作的开始，箭头表示工作的结束。

(2)虚箭线

网络图中一端带箭头的虚线称为虚箭线。双代号网络计划中，表示虚工作。虚工作不是一项具体的工作，它既不消耗时间，也不消耗资源，在双代号网络图中仅表示一种前后工作之间的逻辑关系。虚工作常用的表示方法如图 13－6 所示。

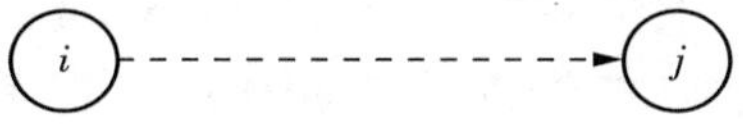

图 13－6　虚工作的表示方法

虚工作可以将图形复杂、有多种约束关系而又难以用实箭线联系的工作用虚箭线联系起来，切断没有逻辑约束关系的工作间的联系，以求逻辑表达上准确。虚工作在双代号网络图中主要作用：可联系不同子项目的工作，建立应有的逻辑联系；断开本没有逻辑关系的工作联系(断路)；区分同时开始或完成时的多项工作。

如基础工程开挖，施工过程依次为挖槽、混凝土垫层、砖基、回填土 4 个施工过程，施工段数为 2。如图 13－7 所示，图 13－7(a)是错误的网络图，由该图表明：③号节点表示第二施工段的挖槽(槽 2)与第一施工段的墙基(基 1)有逻辑关系；同样④号节点表明第二施工段垫层(垫 2)与第一施工段的回填土(填 1)有逻辑关系。事实上，槽 2 与基 1、垫 2 与填 1 均没有逻辑关系。在此，为了正确表达这种逻辑关系引入虚工作，形成如图 13－7(b)所示的网络图，正确表达了工作之间的逻辑关系。

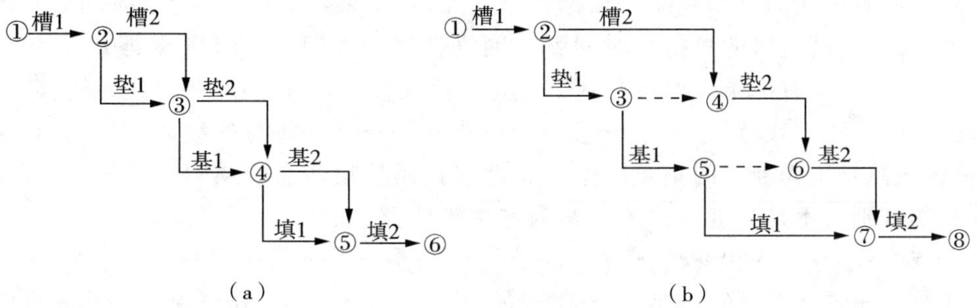

图 13－7　虚工作的作用

2. 节点

网络图中箭线端部的圆圈或其他形状的封闭图形就是节点。在双代号网络图中，它表示工作之间的逻辑关系。节点表达的内容有以下几个方面：

(1)节点表示前面工作结束和后面工作开始的瞬间，所以节点不需要消耗时间和资源。

(2)箭线的箭尾节点表示该工作的开始，箭线的箭头节点表示该工作的结束。

(3)根据节点在网络图中的位置不同可以分为起点节点、终点节点和中间节点。起点节点是网络图的第一个节点，表示一项任务的开始。终点节点是网络图的最后一个节点，表示一项任务的完成。除起点节点和终点节点以外的节点称为中间节点，中间节点具有双重的含义，既是前面工作的箭头节点，也是后面工作的箭尾节点。如图 13－8 所示，①号节点为起点节点；⑩号节点为终点节点；②号节点表示 1—2 工作的结束，也表示 2—3 工作、

2—4工作的开始。

3. 线路

网络图中从起始节点开始，沿箭线方向连续通过一系列箭线和节点，最后到达终点节点的通路称为线路。一条线路上的各项工作所持续时间的累加之和称为该线路的持续时间，它表示完成该线路上的所有工作需花费的时间。如图 13－8 所示的网络计划中线路有：①→②→③→⑧→⑨→⑩；①→②→③→⑤→⑥→⑧→⑨→⑩；①→②→③→⑤→⑥→⑦→⑨→⑩；①→②→④→⑤→⑥→⑧→⑨→⑩；①→②→④→⑤→⑥→⑦→⑨→⑩；①→②→④→⑦→⑨→⑩等 6 条线路。

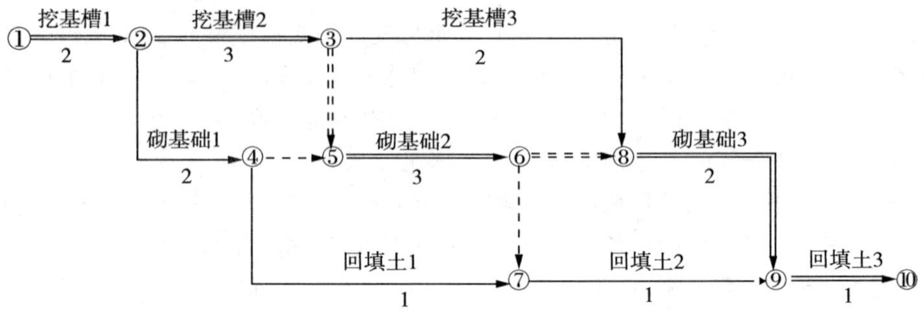

图 13－8　双代号网络图

(1)关键线路和非关键线路

线路上所有工作的持续时间总和称为该线路的总持续时间。总持续时间最长的线路称为关键线路，关键线路的总持续时间就是网络计划的工期。在网络计划中，关键线路可能不止一条，但至少有一条。而且在网络计划执行过程中，关键线路还可发生转移。

如图 13－8 所示，线路①→②→③→⑤→⑥→⑧→⑨→⑩总持续时间最长，即为关键线路，关键线路是工作控制的重点线路。关键线路用较粗的箭线或双箭线表示，以示与非关键线路的区别。不是关键线路的线路为非关键线路，如图 13－8 所示，线路①→②→③→⑧→⑨→⑩；①→②→③→⑤→⑥→⑦→⑨→⑩；①→②→④→⑤→⑥→⑧→⑨→⑩；①→②→④→⑤→⑥→⑦→⑨→⑩；①→②→④→⑦→⑨→⑩等 5 条线路均为非关键线路。

(2)关键工作和非关键工作

关键线路上的工作称为关键工作。关键工作的实际进度是建设工程进度控制工作中的重点，关键工作的实际进度拖后一定会对总工期产生影响。不是关键工作的就是非关键工作，非关键工作有一定的机动时间。

关键线路上一定无非关键工作，非关键线路上至少有一个工作是非关键工作，有可能有关键工作，也可能没有关键工作。

13.2.2　网络图中常见的各种工作关系

各工作间的逻辑关系表达得是否正确，是网络图能否反映工程实际情况的关键，一旦逻辑关系搞错，图中各项工作参数的计算、关键线路和工程工期都将随之发生错误。

1. 逻辑关系

逻辑关系是指工作进行时客观上存在的一种相互制约或者相互依赖的关系，也就是工作之间的先后顺序关系。在表示工程施工计划的网络图中，根据施工工艺和施工组织的要求，逻辑关系包括工艺逻辑关系和组织逻辑关系。逻辑关系应正确反映各项工作之间的相互依赖、相互制约关系，这也是网络图与横道图的最大不同之处。各工作之间的逻辑关系是否表示得正确，是网络图能否反映实际情况的关键，也是网络计划实施的重要依据。

(1)工艺逻辑关系

生产性工作之间由工艺过程决定的、非生产性工作之间由工作程序决定的先后顺序关系称为工艺逻辑关系。如建筑工程施工时，先做基础，后做主体；先做结构，后做装修。这些顺序是不能随意改变的。

(2)组织逻辑关系

工作之间由于组织安排需要或资源(劳动力、原材料、施工机具等)调配需要而规定的先后顺序关系称为组织逻辑关系。如建筑群中各建筑物开工的先后顺序；施工对象的分段流水作业等。这些顺序可以根据具体情况，按安全、经济、高效的原则统筹安排。

无论工艺关系还是组织关系，在网络图中均表现为工作进行的先后顺序。

2. 紧前工作、紧后工作和平行工作

(1)紧前工作

网络图中，相对于某项工作而言，紧排在该工作之前的工作称为该工作的紧前工作。

(2)紧后工作

网络图中，相对于某项工作而言，紧排在该工作之后的工作称为该工作的紧后工作。

(3)平行工作

网络图中，相对于某项工作而言，可以与该工作同时进行的工作即为该工作的平行工作。

3. 先行工作和后续工作

(1)先行工作

相对于某项工作而言，从网络图的起点节点开始，顺箭头方向经过一系列箭线与节点到达该工作为止的各条通路上的所有工作，都称为该工作的先行工作。

(2)后续工作

相对于某项工作而言，从该工作之后开始，顺箭头方向经过一系列箭线与节点到网络图的终点节点的各条通路上的所有工作，都称为该工作的后续工作。

(3)起始工作

没有紧前工作的工作称起始工作。

(4)结束工作

没有紧后工作的工作称结束工作。

如图 13－9 所示，$i-j$ 工作为本工作，$h-i$ 工作为$i-j$工作的紧前工作，$j-k$ 工作为 $i-j$ 工作的紧后工作，$i-j$ 工作之前的所有工作为先行工作，$i-j$ 工作之后的所有工作为后续工作。

13.2.3 双代号网络计划的绘制

双代号网络图是反映各工作之间先后顺序的网状图，是双代号网络计划的基础。双代

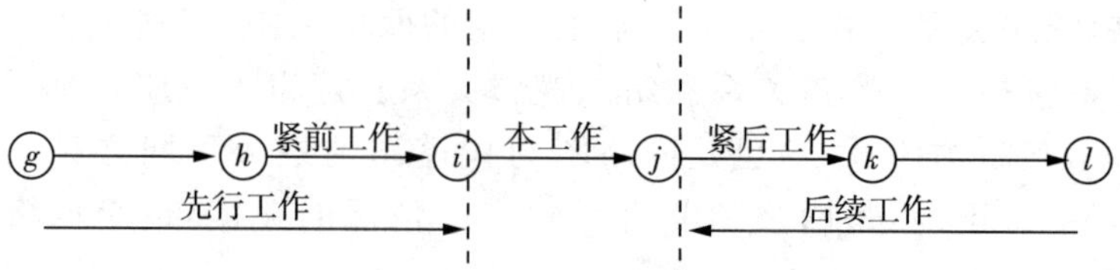

图 13-9　工作的先后关系

号网络图应按规则进行绘制。

1. 双代号网络图的绘制规则

(1)网络图应正确反映各工作之间的逻辑关系

表 13-1　双代号网络图中常见的逻辑关系及表示方法

序号	工作之间逻辑关系	网络图中表示方法	说明
1	*A*,*B*,*C* 三项工作,依次进行施工	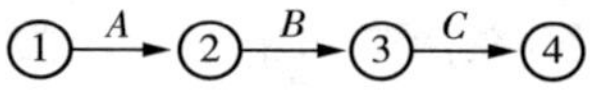	*A* 工作制约着 *B* 工作的开始,*B* 工作依赖着 *A* 工作
2	*A*,*B*,*C* 三项工作同时开始	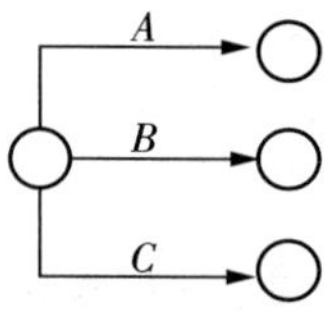	*A*,*B*,*C* 三项工作称为平行工作
3	*A*,*B*,*C* 三项工作同时结束	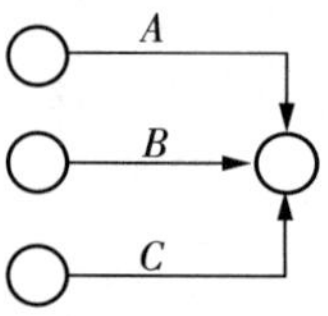	*A*,*B*,*C* 三项工作称为平行工作
4	*A* 完成后,*B*,*C*,*D* 才能开始	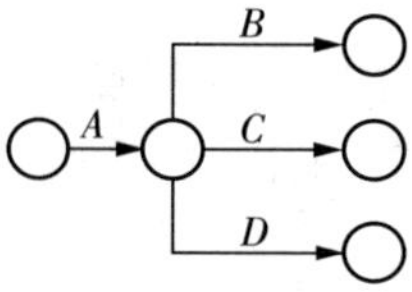	*A* 工作制约着 *B*,*C*,*D* 工作的开始,*B*,*C*,*D* 为平行工作
5	*A*,*B*,*C* 均完成后,*D* 才能开始	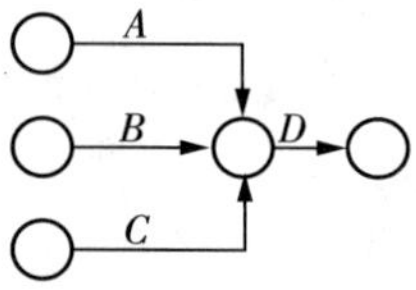	*D* 工作依赖着 *A*,*B*,*C* 工作,*A*,*B*,*C* 为平行工作
6	*A*,*B* 均完成后,*C*,*D* 才能开始	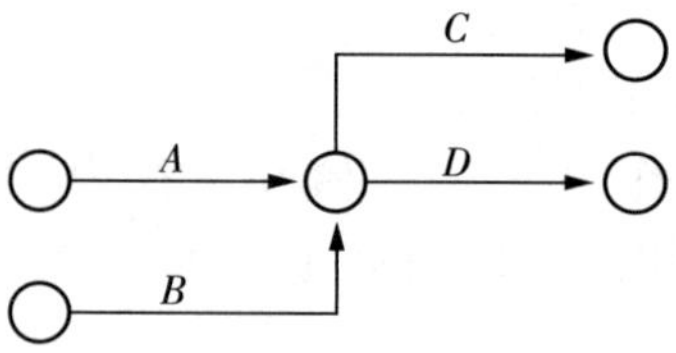	通过中间节点正确地表达了 *A*,*B*,*C*,*D* 工作之间的关系
7	*A*,*D* 同时开始,*B* 是 *A* 的紧后工作,*B*,*D* 均完成后,*C* 才能开始	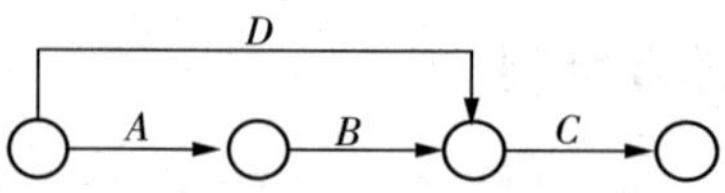	*C* 工作依赖着 *D*,*B* 工作

（续表）

序号	工作之间逻辑关系	网络图中表示方法	说明
8	A 完成后，D 才能开始；A，B 均完成后，E 才能开始；A，B，C 均完成后，F 才能开始	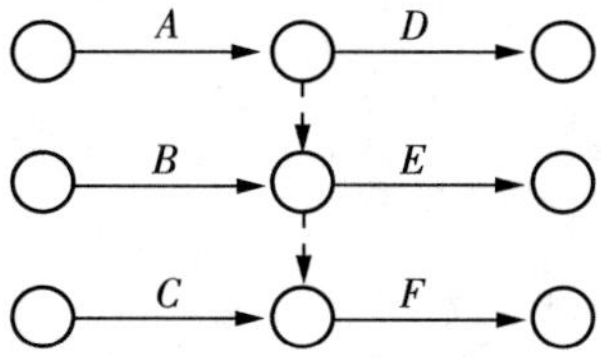	引入虚工作进行逻辑连接，从而正确地表达了它们之间的制约关系
9	A，B 完成后，D 才能开始；A，B，C 均完成后，E 才能开始；D，E 完成后，F 才能开始。	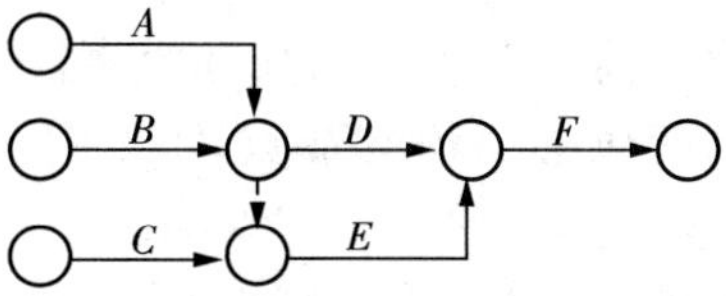	虚工作反映出 E 工作受到 A，B 工作的制约
10	A，B 完成后，C 才能开始；B，D 完成后，E 才能开始	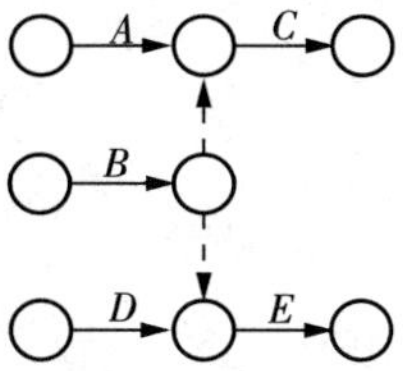	虚工作反映出 C 工作受到 B 工作的制约；E 工作受到 B 工作的制约
11	A 结束后，B，C，D 才能开始，B，C，D 结束后，E 才能开始	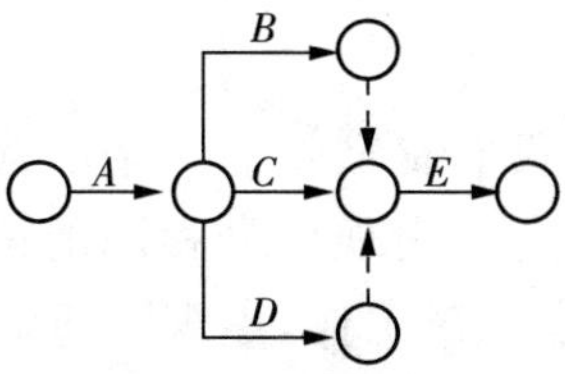	虚工作反映出 E 工作受到 B，D 工作的制约；虚工作对 B，C，D 工作进行了区分
	工作 A，B 分为三个施工段，分段流水作业；a_1 完成后进行 a_2，b_1；a_2 完成后进行 a_3，b_2；b_1 完成后进行 b_2；b_2 完成后进行 b_3	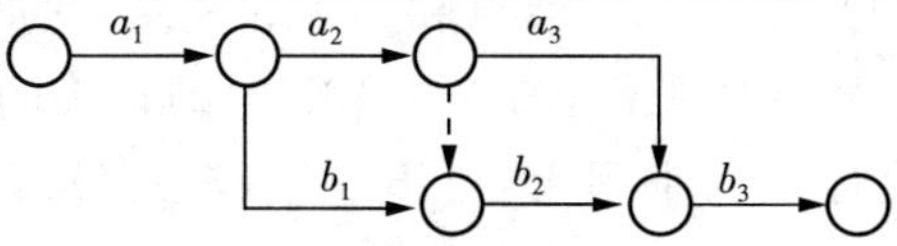第一种：按施工过程排列 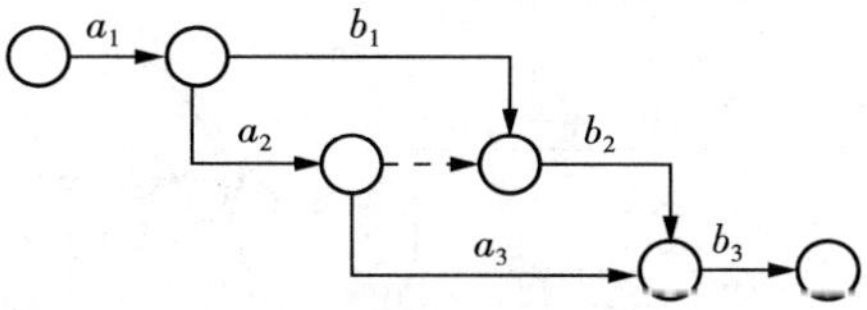第二种：按施工段排列	每个工种建立专业工作队，在每个施工段上进行流水作业，虚工作表达了工种间的工作面关系

(2)网络图中严禁出现循环回路

网络图中的箭线(包括虚箭线，以下同)应保持自左向右的方向，不应出现箭头指向左方的水平箭线和箭头偏向左方的斜向箭线。如图 13-10 所示，②→⑤→③→②为循环回路。如果出现循环回路，会造成逻辑关系混乱，使工作无法按顺序进行，则这个网络图肯定是错误的。

(3)网络图中严禁出现双向箭头和无箭头的连线

如图 13-11 为错误的工作箭线画法，因为工作进行的方向不明确，因而不能达到网络图有向的要求，这项规定可以保证网络图“有向有序”的基本特征。

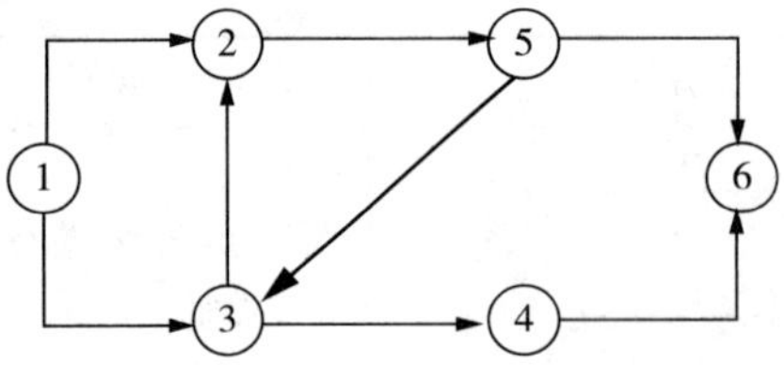

图 13-10　有循环回路的错误网络图

图 13-11　错误的工作箭线画法

(4)网络图中严禁出现没有箭尾节点的箭线和没有箭头节点的箭线

在网络图中,每条箭线的两端必须均有节点,不能是空白或箭线,如图 13-12 为错误的画法。严禁在箭线上引入或引出箭线,但当网络图的起点节点有多条箭线引出(外向箭线)或终点节点有多条箭线引入(内向箭线)时,为使图形简洁,可用母线法绘图。

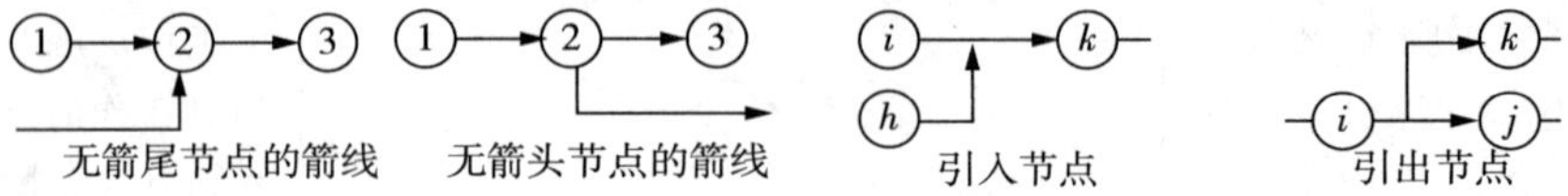

图 13-12　错误的画法

(5)不允许出现代号相同的箭线

双代号网络图中,一项工作只能有唯一的一条箭线和相应的一对节点编号,箭尾的节点编号应小于箭头节点编号;不允许出现代号相同的箭线。图 13-13a 中是错误的画法,①→②工作既代表 A 工作,又代表 B 工作,出现了重名现象,容易造成混乱。为了区分 A 工作和 B 工作,采用虚工作,增加一个节点和一条虚箭线,从而既表达了这两项工作的平行关系,又区分表示了 A 工作和 B 工作,图 13-13b 中的正确的画法。

网络图中节点编号顺序应从小到大,可不连续(非连续编号可利于以后的修改),但严禁重复。如图 13-14 所示。

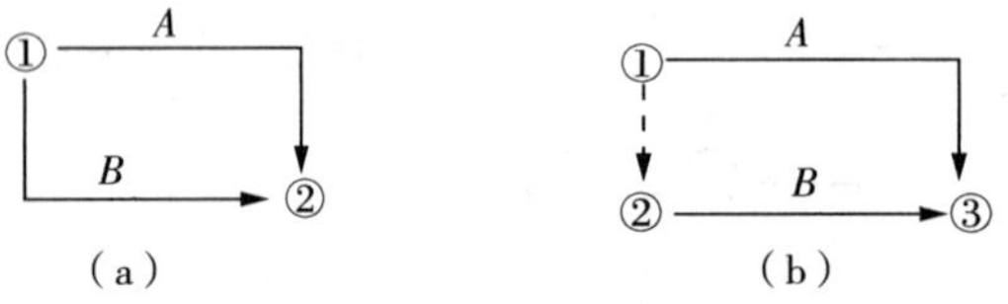

图 13-13　虚工作的区分作用

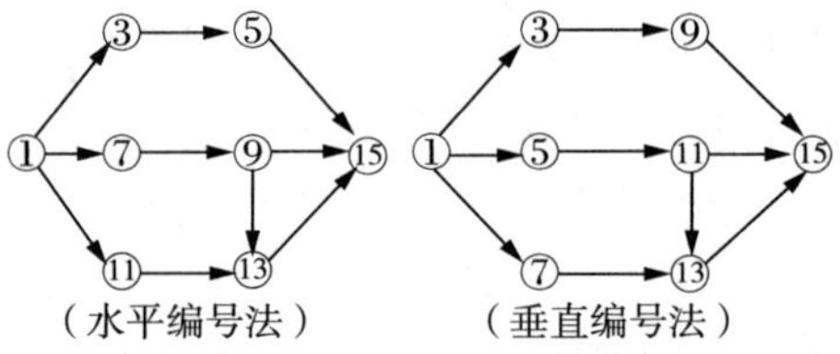

图 13-14　双代号网络图编号方式

(6)网络图中,只允许有一个起始节点和一个终点节点

网络图中,只允许有一个起始节点和一个终点节点(多目标网络计划除外),不允许出现一个以上的起始节点或终点节点。

2. 双代号网络图的绘制方法与要求

(1)网络图应条理清楚,布局合理

绘制网络图时,应尽量采用水平箭线和垂直箭线而形成网格结构,尽量减少斜箭线,使网络图绘图规范整齐、清晰明确。其次,应尽量把关键工作和关键线路布置在中心位置,尽

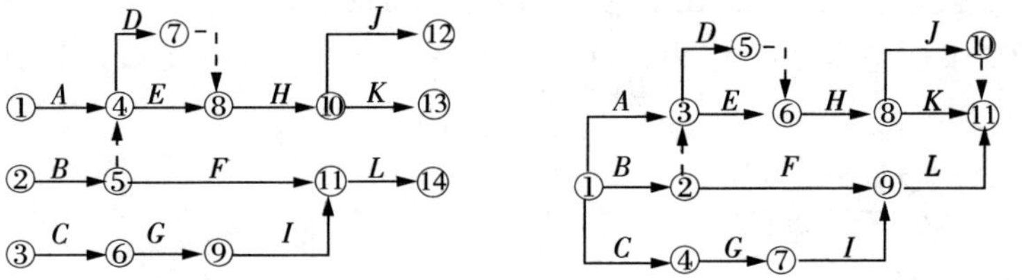

（a）错误　　　　（b）正确

图 13－15　网络图绘制

可能把相关的工作安排在一起，以突出重点，便于使用。如图 13－16 所示。

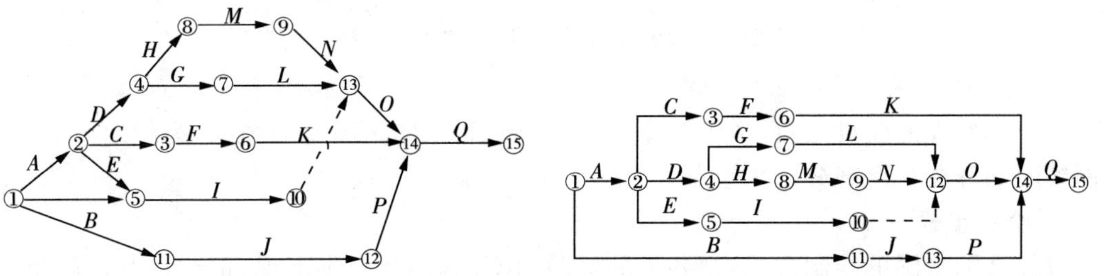

（a）网络草图　　　　（b）整理后的网络图

图 13－16　网络图的调整布局

(2)交叉箭线的处理方法

绘制网络图时，宜避免箭线交叉。当箭线交叉不可避免时，应采用正确的表示方法（过桥法、指向法），如图 13－17 所示。

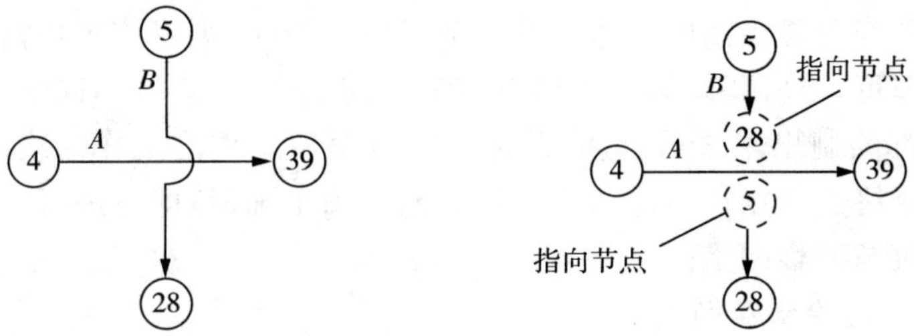

（a）过桥法交叉　　　　（b）指向法交叉

图 13－17　交叉箭线的处理方法

(3)母线法的应用

严禁在箭线上引入或引出箭线，但当网络图的起点节点有多条箭线引出（外向箭线）或终点节点有多条箭线引入（内向箭线）时，为使图形简洁，在不违反“一项工作只有唯一的一条箭线和相应的一对节点编号”的前提下，可使用母线法绘图。如图 13－18 所示。

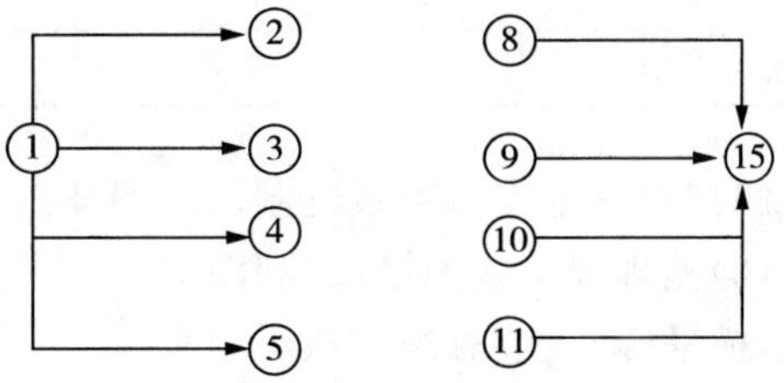

图 13－18　母线法表示

(4)对平行搭接进行的工作，在双代号网络图中，应分段表达

如图 13－19 中所包含的工作为 A,B,C，如果是分为三个施工段进行施工，则应表达成如图所示的表示方法。

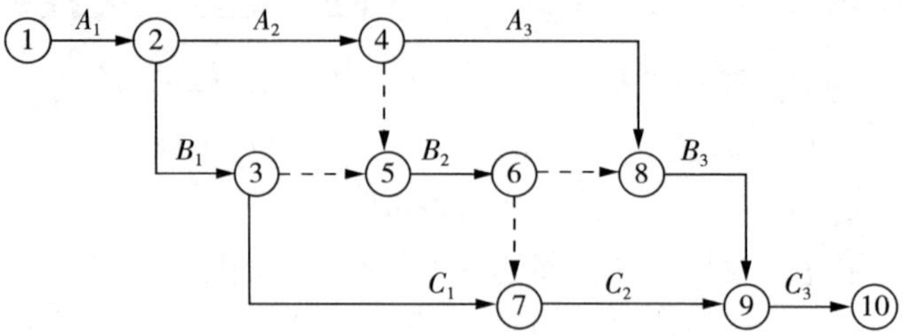

图 13－19　工作平行搭接的表示方法

(5)分段绘制

对于一些大的建设项目，由于工序多，施工周期长，网络图可能很大，为使绘图方便，可将网络图划分成几个部分分别绘制。

3. 绘制步骤

双代号网络图的绘制方法，视各人的经验而不同，但从根本上说，都要在既定施工方案的基础上，根据具体的施工客观条件，以统筹安排为原则。双代号网络图绘图步骤如下。

(1)任务分解，划分工程项目的各项施工工作；

(2)确定每一工作的持续时间；

(3)确定各项施工工作之间的先后顺序及逻辑关系；

(4)根据逻辑关系表绘制网络图。

先绘制没有紧前工作的工作箭线，使它们具有相同的开始节点，然后从左至右依次绘制其他工作箭线。当所要绘制的工作只有一项紧前工作时，则将该工作箭线直接画在其紧前工作箭线之后即可；当所要绘制的工作有多项紧前工作时，应按不同情况分别予以考虑。当各项工作箭线都绘制出来之后，应合并那些没有紧后工作之工作箭线的箭头节点，以保证网络图只有一个终点节点。当确认所绘制的网络图正确后，即可进行节点编号。

(5)检查、修改与调整网络图。

4. 双代号网络图绘制实例

【例 13－1】 已知各工作之间的逻辑关系见表 13－2，绘制双代号网络图。

表 13－2　工作逻辑关系

工作	A	B	C	D	E
紧前工作	—	—	A	A,B	B

解：(1)根据逻辑关系绘制网络图草图；

(2)整理成正式网络图(如图 13－20)：去掉多余的节点，横平竖直，节点编号从小到大。

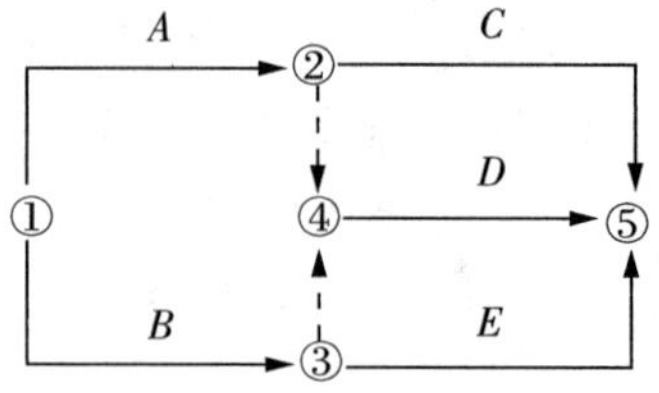

图 13－20　双代号网络图

注意：绘图时一定要按照给定的逻辑关系逐步绘制，正确使用虚箭线。绘图后，要认真检查紧前工作或

紧后工作与所给定的逻辑关系是否相同，有无多余或缺少；检查起点节点和终点节点是否各只有一个；检查网络图是否达到最简化，有无多余的虚箭线；再检查工作名称、持续时间是否正确，节点编号是否从小到大，有无两项工作使用了同一对编号的错误。

【例 13－2】 已知某工程各项工作及相互关系如表 13－3 所示，试绘制双代号网络图。

表 13－3 工作逻辑关系

工作代号	紧前工作	持续时间(周)	紧后工作
A	—	3	B,C,D
B	A	2	E
C	A	6	F
D	A	5	G
E	B	3	H
F	C	2	H
G	D	7	J
H	E,F	4	I
I	H	5	K
J	G	4	K
K	I,J	7	—

解：按工作逻辑关系表，绘制的双代号网络图如图 13－21 所示。

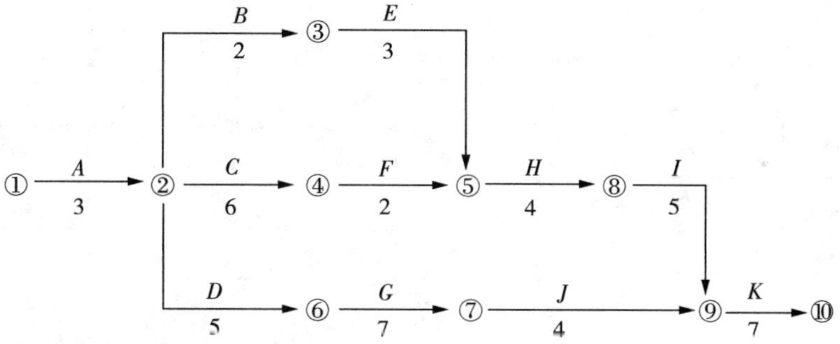

图 13－21 双代号网络图

13.2.4 双代号网络计划时间参数的计算

网络计划是在网络图上加注各项工作的时间参数而成的进度计划，是一种进度安排的定量分析。双代号网络计划的编制和时间参数的计算常采用工作计算法、节点计算法、标号法和时标网络计划。

1. 网络计划时间参数计算的目的

(1)通过计算时间参数，可以确定工期。

(2)通过计算时间参数，可以确定关键线路、关键工作、非关键线路和非关键工作。

(3)通过计算时间参数，可以确定非关键工作的机动时间(时差)。

2. 工期

工作持续时间 D_{i-j}:指一项工作从开始到完成的时间。

工期是指完成一项任务所需要的时间,在网络计划中工期一般有以下三种:

(1)计算工期:计算工期是根据网络计划计算而得的工期,用 T_c表示。

(2)要求工期:要求工期是根据上级主管部门或建设单位的要求而定的工期,用 T_r表示。

(3)计划工期:计划工期是根据要求工期和计算工期所确定的作为实施目标的工期,用 T_p表示。

① 当规定了要求工期时,计划工期不应超过要求工期,即

$$T_p \leqslant T_r \tag{13-1}$$

② 当未规定要求工期时,可令计划工期等于计算工期,即

$$T_p = T_c \tag{13-2}$$

3. 工作计算法

双代号网络计划的时间参数既可以按工作计算,也可以按节点计算。所谓工作计算法就是以网络计划中的工作为对象,直接计算各项工作的时间参数。网络计划时间参数中的开始时间和完成时间都应以时间单位的终了时刻为标准,时间参数标注形式如图 13-22 所示。

下面以图 13-23 所示的网络图为例说明其工作计算法计算各项工作时间参数的具体步骤。

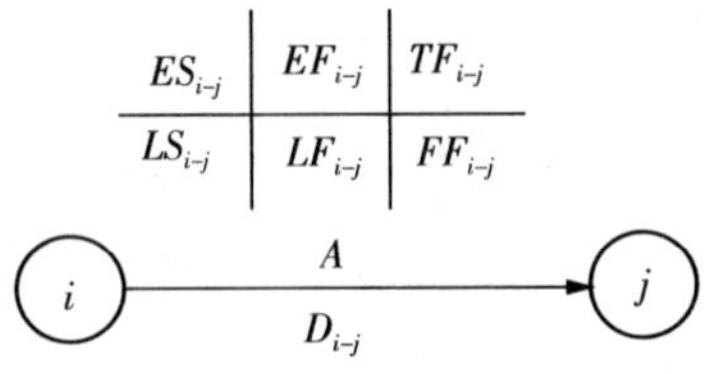

图 13-22 时间参数标注形式

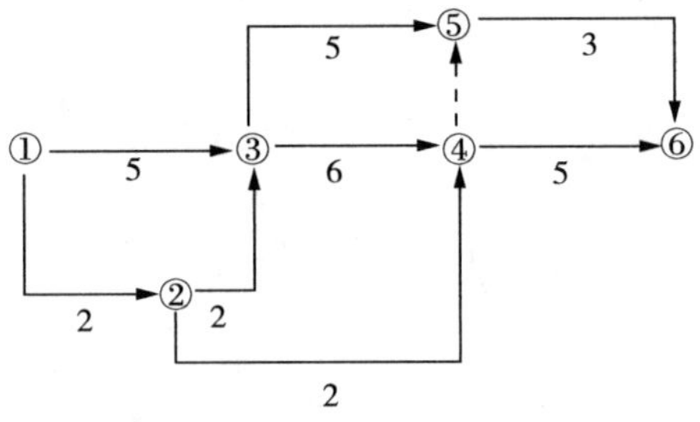

图 13-23 双代号网络图

(1)工作最早时间参数

最早时间参数表明是本工作(本工作为计算研究的对象)与紧前工作的关系,如果本工作要提前的话,不能提前到紧前工作未完成之前,这样就整个网络图而言,最早时间参数受到开始节点的制约,计算时,从开始节点出发,顺着箭线用加法。

① 最早开始时间 ES_{i-j}:在其所有紧前工作全部完成后,本工作有可能开始的最早时刻。最早开始时间 ES_{i-j}有三种情况:

a. 从起点节点出发(无紧前)的工作:其最早开始时间为零,即

$$ES_{i-j} = 0 \tag{13-3}$$

b. 当工作只有一项紧前工作时：该工作最早开始时间应为其紧前工作的最早完成时间，即

$$ES_{i-j}=EF_{h-i} \tag{13-4}$$

式中：工作 $h-i$ 为工作 $i-j$ 的紧前工作。

c. 有若干项紧前工作时：该工作的最早开始时间应为其所有紧前工作的最早完成时间的最大值，即

$$ES_{i-j}=\max[EF_{a-i},EF_{b-i},EF_{c-j}] \tag{13-5}$$

式中：工作 $a-i,b-i,c-i$ 均为工作 $i-j$ 的紧前工作。

② 最早完成时间 EF_{i-j}：在其所有紧前工作全部完成后，本工作有可能完成的最早时刻。工作最早完成时间为工作 $i-j$ 的最早开始时间加其工作持续时间，即

$$EF_{i-j}=ES_{i-j}+D_{i-j} \tag{13-6}$$

如图 13-23 所示的网络图中，各工作最早开始时间和最早完成时间计算如下：

$ES_{1-2}=ES_{1-3}=0,EF_{1-2}=ES_{1-2}+D_{1-2}=0+2=2$

$EF_{1-3}=ES_{1-3}+D_{1-3}=0+5=5,ES_{2-3}=EF_{1-2}=2$

$ES_{2-4}=EF_{1-2}=2,EF_{2-3}=ES_{2-3}+D_{2-3}=2+2=4$

$EF_{2-4}=ES_{2-4}+D_{2-4}=2+2=4$

$ES_{3-4}=ES_{3-5}=\max[EF_{1-3},EF_{2-3}]=\max[5,4]=5$

$EF_{3-4}=ES_{3-4}+D_{3-4}=5+6=11,EF_{3-5}=ES_{3-5}+D_{3-5}=5+5=10$

$ES_{4-5}=ES_{4-6}=\max[EF_{3-4},EF_{2-4}]=\max[11,4]=11$

$EF_{4-5}=ES_{4-5}+D_{4-5}=11+0=11,EF_{4-6}=ES_{4-6}+D_{4-6}=11+5=16$

$ES_{5-6}=\max[EF_{3-5}+EF_{4-5}]=\max[10,11]=11,EF_{5-6}=ES_{5-6}+D_{5-6}=11+3=14$

各工作最早开始时间和最早完成时间的计算结果如图 13-24 所示。

(2)确定网络计划的计划工期

网络计划的计划工期应按公式(13-1)或公式(13-2)确定。在本例中，假设未规定要求工期时，网络计划的计划工期应等于计算工期，即以网络计划的终点节点为完成节点的各个工作的最早完成时间的最大值。如图 13-24 所示，网络计划的计划工期为：

$$T_p=T_c=\max[EF_{4-6},EF_{5-6}]$$

$$=\max[16,14]=16$$

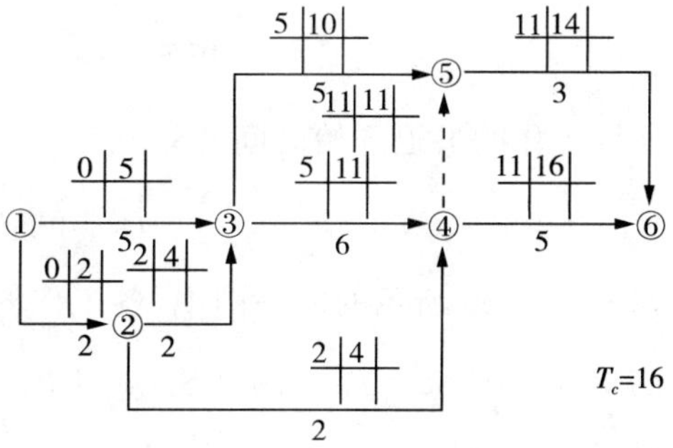

图 13-24　网络图最早时间的计算

（3）工作最迟时间参数

最迟时间参数表明本工作与紧后工作的关系，如果本工作要推迟的话，不能推迟到紧后工作最迟必须开始之后，这样就整个网络图而言，最迟时间参数受到紧后工作和结束节点的制约，计算时从结束节点出发，逆着箭线用减法。

① 最迟完成时间 LF_{i-j}：在不影响任务按期完成或要求的条件下，本工作必须完成的最迟时刻。

工作最迟时间的计算应从网络计划的终点节点开始，逆着箭线方向依次进行。

计算各工作最迟完成时间 LF_{i-j} 有三种情况：

a. 终点节点为完成节点的工作，其最迟完成时间等于计划工期：

$$LF_{i-n}=T_p \tag{13-7}$$

b. 当工作只有一项紧后工作时，该工作最迟完成时间应当为其紧后工作的最迟开始时间：

$$LF_{i-j}=LS_{j-k} \tag{13-8}$$

式中：工作 $j-k$ 为工作 $i-j$ 的紧后工作。

c. 当工作有若干项紧后工作时，其他工作的最迟完成时间应等于其紧后工作最迟开始时间的最小值：

$$LF_{i-j}=\min\{LS_{j-k},LS_{j-l},LS_{j-m}\} \tag{13-9}$$

式中：工作 $j-k,j-i,j-m$ 均为工作 $i-j$ 的紧后工作。

② 最迟开始时间 LS_{i-j}：在不影响任务按期完成或要求的条件下，本工作必须开始的最迟时刻。如图 13-25 所示 $i-j$ 工作的工作范围，并反映最早和最迟时间参数。

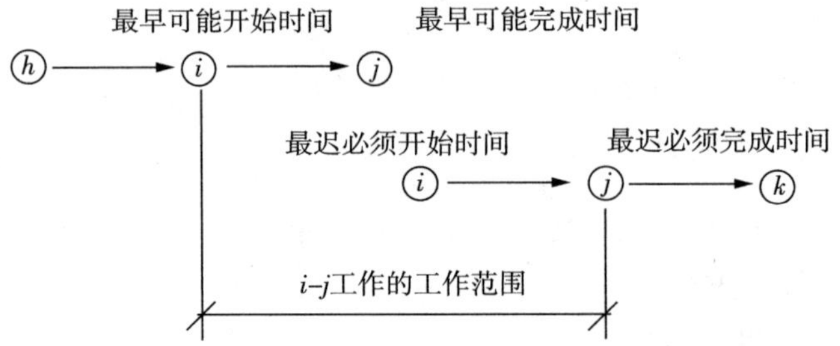

图 13-25　$i-j$ 工作的工作范围

计算工作的最迟开始时间 LS_{i-j}：

$$LS_{i-j}=LF_{i-j}-D_{i-j} \tag{13-10}$$

如图 13-26 所示的网络图中，各工作的最迟完成时间和最迟开始时间计算如下：

$LF_{4-6}=LF_{5-6}=T_C=16$，$LS_{4-6}=LF_{4-6}-D_{4-6}=16-5=11$

$LS_{5-6}=LF_{5-6}-D_{5-6}=16-3=13$，$LF_{3-5}=LF_{4-5}=LS_{5-6}=13$

$LS_{3-5}=LF_{3-5}-D_{3-5}=13-5=8$，$LS_{4-5}=LF_{4-5}-D_{4-5}=13-0=13$

$LF_{3-4}=\min\{LS_{4-5},LS_{4-6}\}=\min\{13,11\}=11,LS_{3-4}=LF_{3-4}-D_{3-4}=11-6=5$

$LF_{2-3}=\min\{LS_{3-4},LS_{3-5}\}=\min\{5,8\}=5,LS_{2-3}=LF_{2-3}-D_{2-3}=5-2=3$

$LF_{2-4}=\min\{LS_{4-5},LS_{4-6}\}=\min\{13,11\}=11,LS_{2-4}=LF_{2-4}-D_{2-4}=11-2=9$

$LF_{1-3}=\min\{LS_{3-4},LS_{3-5}\}=\min\{5,8\}=5,LS_{1-3}=LF_{1-3}-D_{1-3}=5-5=0$

$LF_{1-2}=\min\{LS_{2-3},LS_{2-4}\}=\min\{3,9\}=3,LS_{1-2}=LF_{1-2}-D_{1-2}=3-2=1$

(4)总时差

① 计算方法

总时差 TF_{i-j}:总时差是指不影响紧后工作最迟开始时间所具有的机动时间,或不影响总工期前提下的机动时间。图 13-27 为总时差计算简图。

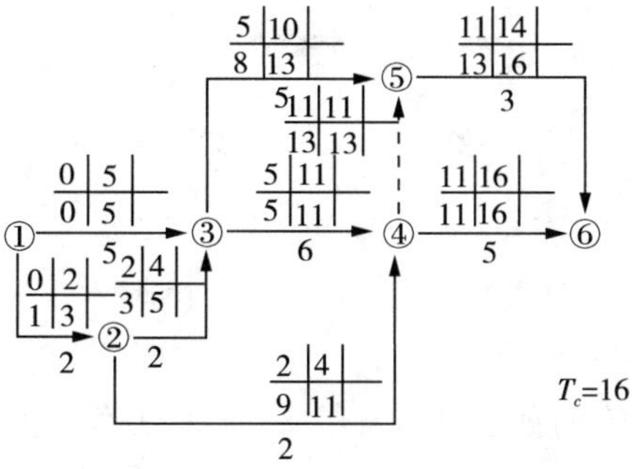

图 13-26 网络图最迟时间的计算

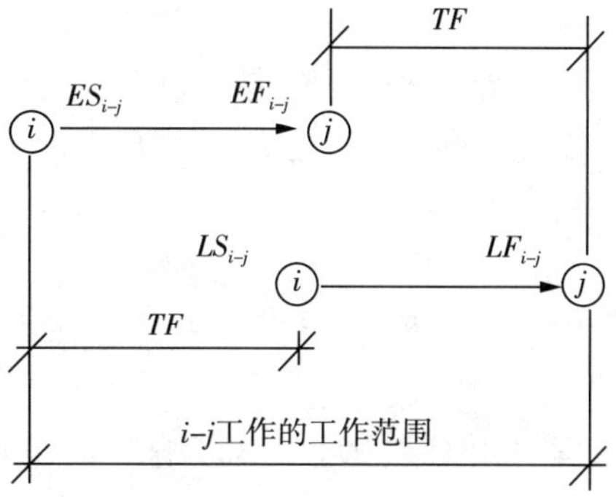

图 13-27 总时差计算简图

计算工作的总时差等于该工作最迟完成时间与最早完成时间之差,或最迟开始时间与最早开始时间之差:

$$TF_{i-j}=LS_{i-j}-ES_{i-j}=LF_{i-j}-EF_{i-j} \tag{13-11}$$

本例中,工作的总时差计算结果见图 13-28。

② 关于总时差的结论

a. 关键工作的确定

根据 T_p 与 T_c 的大小关系,关键工作的总时差可能出现三种情况:

当 $T_p=T_c$ 时,关键工作的 $TF=0$;

当 $T_p>T_c$ 时,关键工作的 $TF>0$;

当 $T_p<T_c$ 时,关键工作的 TF 有可能出现负值。

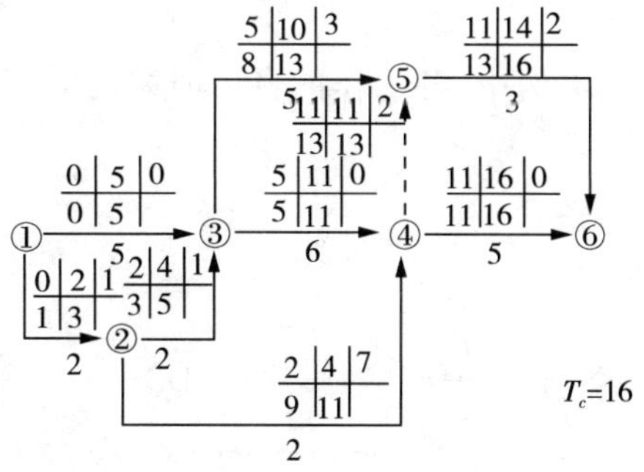

图 13-28 总时差计算

关键工作是施工过程中重点控制对象,根据 T_p 与 T_c 的大小关系及总时差的计算公式,总时差最小的工作为关键工作,因此关键工作的说法有四种:总时差最小的工作;当 $T_p=T_c$ 时,$TF=0$ 的工作;$LF-EF$ 差值最小的工作;$LS-ES$ 差值最小的工作。

如图 13 - 28 中，当 $T_p = T_c$时，关键工作的 $TF=0$，即工作①→③、工作③→④、工作④→⑥等是关键工作。

b. 关键线路的确定

在双代号网络图中，关键工作的连线为关键线路；

在双代号网络图中，当 $T_p = T_c$时，$TF=0$ 的工作相连的线路为关键线路；

在双代号网络图中，总时间持续最长的线路是关键线路，其数值为计算工期。如图 13 -28 中，关键线路为①→③→④→⑥。

c. 关键线路随着条件变化会转移

定性分析：关键工作拖延，则工期拖延。因此，关键工作是重点控制对象。

定量分析：关键工作拖延时间即为工期拖延时间，但关键工作提前，则工期提前时间不大于该提前值。如关键工作拖延 5 天，则工期延长 5 天；关键工作提前 5 天，则工期提前不大于 5 天。

关键线路的条数：网络计划至少有一条关键线路，也可能有多条关键线路。随着工作时间的变化，关键线路也会发生变化。

(5)自由时差

① 计算方法

自由时差 FF_{i-j}：自由时差是指在不影响紧后工作最早开始时间的前提下本工作可以利用的机动时间。

根据自由时差概念，不影响紧后工作最早开始的前提下，工作 $i-j$ 的工作范围如图 13 -29 所示。

因此，计算工作的自由时差：

a. 对于以终点节点为完成节点的工作，等于计划工期与本工作最早完成时间之差。

$$FF_{i-n} = T_p - EF_{i-n} \tag{13-12}$$

b. 对于有紧后工作的工作，其自由时差等于本工作之紧后工作最早开始时间减本工作最早完成时间之差的最小值：

$$FF_{i-j} = \min\{ES_{j-k} - EF_{i-j}\} \tag{13-13}$$

在本例中，各工作的自由时差的计算如图 13 - 30 所示。

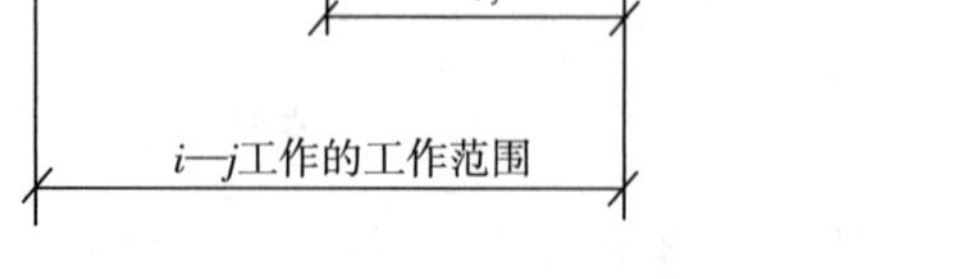

图 13 - 29　自由时差计算简图

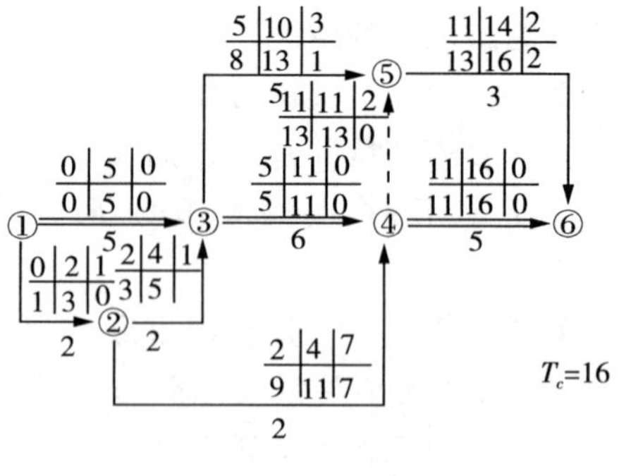

图 13 - 30　自由时差计算

② 自由时差的性质

a. 自由时差是线路总时差的分配，一般自由时差小于等于总时差，即

$$FF_{i-j} \leqslant TF_{i-j} \tag{13-14}$$

b. 在一般情况下，非关键线路上诸工作的自由时差之和等于该线路上可供利用的总时差的最大值。如图 13－30 中，非关键线路①→②→④→⑥上可供利用的总时差为 7，被 1—2 工作利用为 0，被 2—4 工作利用为 7。

c. 自由时差本工作可以利用，不属于线路所共有。

(6)自由时差与总时差的关系

自由时差与总时差是相互关联的，自由时差与总时差的关系如图 13－31 所示。动用本工作自由时差不会影响紧后工作的最早开始时间，而动用本工作总时差超过本工作自由时差，则会相应减少紧后工作拥有的时差，并会引起该工作所在线路上所有其他非关键工作时差的重新分配。

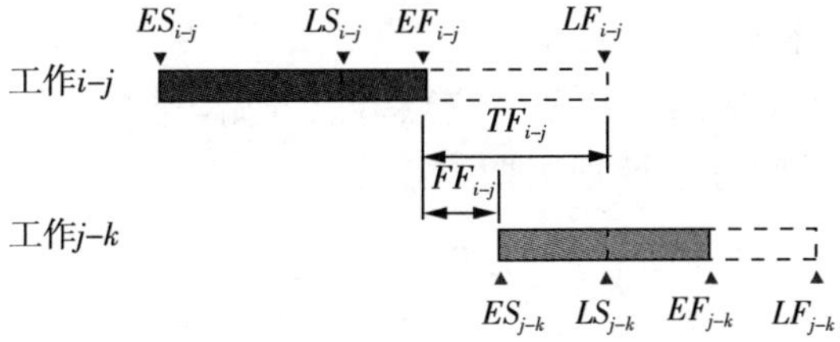

图 13－31 自由时差与总时差的关系

4. 节点计算法

所谓节点计算法，就是先计算网络计划中各个节点的最早时间和最迟时间，然后再据此计算各项工作的时间参数和网络计划的计算工期。计算中，一般用 ET_i 表示 i 节点的最早时间，用 LT_i 表示 i 节点的最迟时间，标注方法见图 13－32 所示。

节点的最早时间——以该节点为开始节点的各项工作的最早开始时间 ET_i；

节点的最迟时间——以该节点为完成节点的各项工作的最迟完成时间 LT_j。

下面以图 13－23 所示的网络图为例说明节点计算法计算各项工作时间参数的步骤。其计算结果如图 13－33 所示。

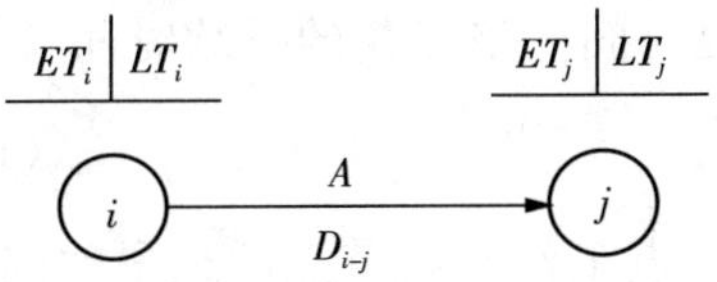

图 13－32 节点计算法的标注

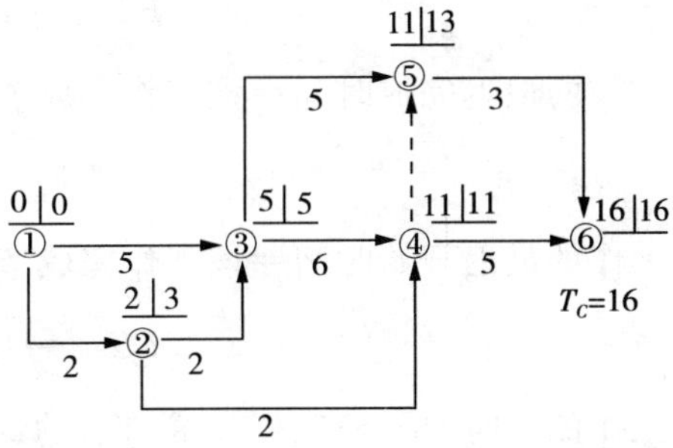

图 13－33 双代号网络图节点计算法

(1)计算节点的最早时间和最迟时间

① 计算节点的最早时间

节点最早时间的计算应从网络计划的起点节点开始，顺着箭线方向依次进行。

a. 网络计划起点节点，如未规定最早时间时，其值等于零，即 $ET_1=0$。

b. 其他节点的最早时间等于所有箭头指向该节点工作的开始节点最早时间加上其作业时间的最大值，即

$$ET_j=\max\{ET_i+D_{i-j}\} \tag{13-15}$$

c. 计算工期等于终点节点的最早时间，即

$$T_c=ET_n \tag{13-16}$$

② 确定网络计划的计划工期

网络计划的计划工期应按公式(13－1)或公式(13－2)确定。在本例中，假设未规定要求工期时，网络计划的计划工期应等于计算工期，即 $T_p=T_c$。

③ 计算节点的最迟时间

节点最迟时间的计算应从网络计划的终点节点开始，逆着箭线方向依次进行。

a. 终点节点的最迟时间等于计划工期：

$$LT_n=T_p \tag{13-17}$$

b. 其他节点的最迟时间：

$$LT_i=\min\{LT_j-D_{i-j}\} \tag{13-18}$$

(2)根据节点的最早时间和最迟时间判定工作的六个时间参数

工作计算法能够表明各项工作的六个时间参数，节点计算法能够表明各节点的最早时间和最迟时间。各项工作的六个时间参数与节点的最早时间、最迟时间以及工作的持续时间有关，根据节点的最早时间和最迟时间能够判定工作的六个时间参数。

① 工作的最早开始时间＝该工作开始节点的最早时间，即

$$ES_{i-j}=ET_i \tag{13-19}$$

② 工作的最早完成时间＝该工作开始节点的最早时间＋该工作的持续时间，即

$$EF_{i-j}=ET_i+D_{i-j} \tag{13-20}$$

③ 工作的最迟完成时间＝该工作完成节点的最迟时间，即

$$LF_{i-j}=LT_j \tag{13-21}$$

④ 工作的最迟开始时间＝该工作完成节点的最迟时间－该工作的持续时间

$$LS_{i-j}=LT_j-D_{i-j} \tag{13-22}$$

⑤ 工作的总时差＝该工作完成节点的最迟时间－该工作开始节点的最早时间－该工作的持续时间

$$TF_{i-j}=LF_{i-j}-EF_{i-j}=LT_j-(ET_i+D_{i-j})=LT_j-ET_i-D_{i-j} \tag{13-23}$$

⑥ 工作的自由时差=该工作完成节点的最早时间-该工作开始节点的最早时间-持续时间，即

$$FF_{i-j}=\min\{ES_{j-k}-ES_{i-j}-D_{i-j}\}$$
$$=\min\{ES_{j-k}\}-ES_{i-j}-D_{i-j}$$
$$=\min\{ET_j\}-ET_i-D_{i-j} \quad (13-24)$$

(3)确定关键线路与关键工作

① 关键节点

在双代号网络计划中，关键线路上的节点称为关键节点。关键节点的最迟时间与最早时间的差值最小。当网络计划的计划工期与计算工期相等时，关键节点的最迟时间必然等于最早时间。如图 13-33 所示，关键节点有①③④和⑥四个节点，它们的最迟时间必然等于最早时间。

② 关键工作

关键工作两端的节点必为关键节点，但两端为关键节点的工作不一定是关键工作。

当网络计划的计划工期等于计算工期时，利用关键节点判别关键工作时，关键节点的最早时间与最迟时间必然相等。

即满足下列判别式：$ET_i+D_{i-j}=ET_j$或$LT_i+D_{i-j}=LT_j$。

如图 13-33 中，工作①→③、工作③→④、工作④→⑥等均是关键工作。

(4)关键线路

双代号网络计划中，由关键工作组成的线路一定为关键线路，如图 13-33 所示，线路①→③→④→⑥为关键线路。由关键节点连成的线路不一定是关键线路，但关键线路上的节点必然为关键节点。

5. 标号法

(1)标号法的基本原理

标号法是一种可以快速确定计算工期及关键线路，是工程中应用非常广泛的一种方法。它利用节点计算法的基本原理，对网络计划中的每一个节点进行标号，在网络图的每一节点设一括号，括号内进行双标号标注，左边标号为“源节点号”，右边标号为“节点的最早时间”，然后利用标号值(节点的最早时间)确定网络计划的计算工期和关键线路。

(2)标号法工作的步骤

① 从开始节点出发，顺着箭线用加法计算节点的最早时间，并标明节点时间的计算值及其来源节点号。

② 终点节点最早时间值为计算工期。

③ 从终点节点出发，依源节点号反跟踪到开始节点的线路为关键线路。

(3)计算过程

以图 13-34 所示网络计划为例，说明标号法的计算过程。

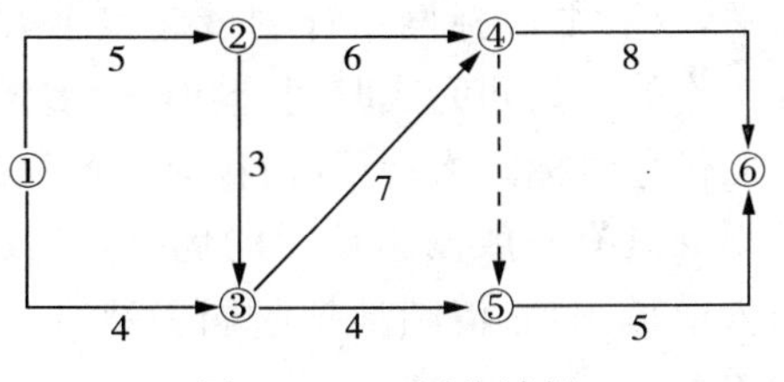

图 13-34 网络计划

① 从左往右，顺箭确定各个节点的节点

标号值。

网络计划起点节点的标号值为零，即$b_1=0$。

其他节点的节点标号值，按以该节点为完成节点的各工作的开始节点标号值与其对应的持续时间之和的最大值确定，即

$$b_j=\max\{b_i+D_{i-j}\} \tag{13-25}$$

$$b_2=b_1+D_{1-2}=0+5=5$$

$$b_3=\max\{b_1+D_{1-3},b_2+D_{2-3}\}=\max\{4,8\}=8$$

$$b_4=\max\{b_2+D_{2-4},b_3+D_{3-4}\}=\max\{11,15\}=15$$

$$b_5=\max\{b_4+D_{4-5},b_3+D_{3-5}\}=\max\{15,12\}=15$$

$$b_6=\max\{b_4+D_{4-6},b_5+D_{5-6}\}=\max\{23,20\}=23$$

当计算出节点的标号值后，应该用其标号值及其源节点对该节点进行双标号。

图 13－35 中，②节点的最早时间为 5，其计算来源为①节点，因而标号为(①，5)；④节点的最早时间为 15，其计算来源为③节点，因而标为(③，15)，其他类推。

② 依照网络图结束节点的标号值确定网络计划的计算工期 T_c，网络计划的计算工期就是网络计划终点节点的标号值，即 $T_c=b_n$，$T_c=b_6=23$。

③ 关键线路应从网络计划的终点节点开始，逆着箭线方向按源节点确定。

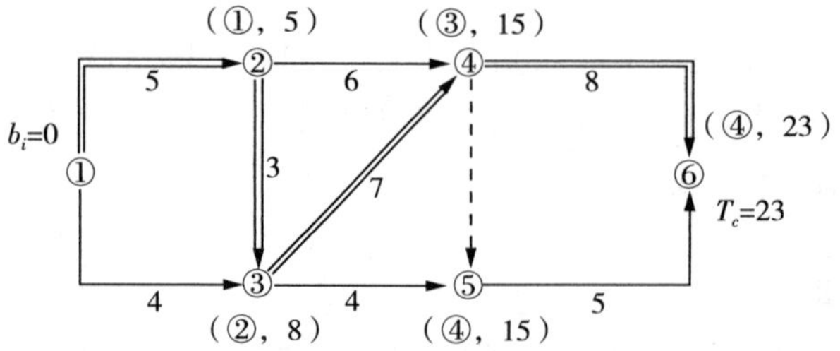

图 13－35　双代号网络计划标号法

从终点节点出发，依源节点号反跟踪到开始节点的线路为关键线路，如图 13－35 所示，①→②→③→④→⑥为关键线路。

13.3　双代号时标网络计划

一般网络计划不带时标，工作持续时间由箭线下方标注的数字说明，而与箭线本身长短无关，这种非时标网络计划看起来不太直观，不能一目了然地在网络计划图上直接反映各项工作的开始和完成时间，同时不能按天统计资源，编制资源需用量计划。

双代号时标网络计划(简称时标网络计划)是以时间坐标为尺度编制的网络计划，该网络计划既具有一般网络计划的优点，又具有横道图计划直观易懂的优点，在网络计划基础上引入横道图，它清晰地把时间参数直观地表达出来，同时表明网络计划中各工作之间的逻辑关系。

13.3.1 时标网络计划绘制的一般规定

(1)双代号时标网络计划必须以水平时间坐标为尺度表示工作时间。时标的时间单位应根据需要在编制网络计划之前确定,可为小时、天、周、月或季等。

(2)时标网络计划应以实箭线表示工作,实箭线的水平投影长度表示该工作的持续时间;以虚箭线表示虚工作,由于虚工作的持续时间为零,故虚箭线只能垂直画,虚工作必须以垂直方向的虚箭线表示,自由时差用波形线表示;以波形线表示工作与其紧后工作之间的时间间隔(以终点节点为完成节点的工作除外,当计划工期等于计算工期时,这些工作箭线中波形线的水平投影长度表示其自由时差)。箭线宜用水平箭线或由水平段和垂直段组成的箭线,不宜用斜箭线。

(3)时标网络计划中所有符号在时间坐标上的水平投影位置,都必须与其时间参数相对应,节点中心必须对应相应的时标位置。

(4)时标网络宜按最早时间编制。

(5)时标计划表中的刻度线宜为细线。为使图面清楚,此线也可不画或少画。

如图 13-36 所示为某框架结构标准层流水施工时间坐标网络计划。

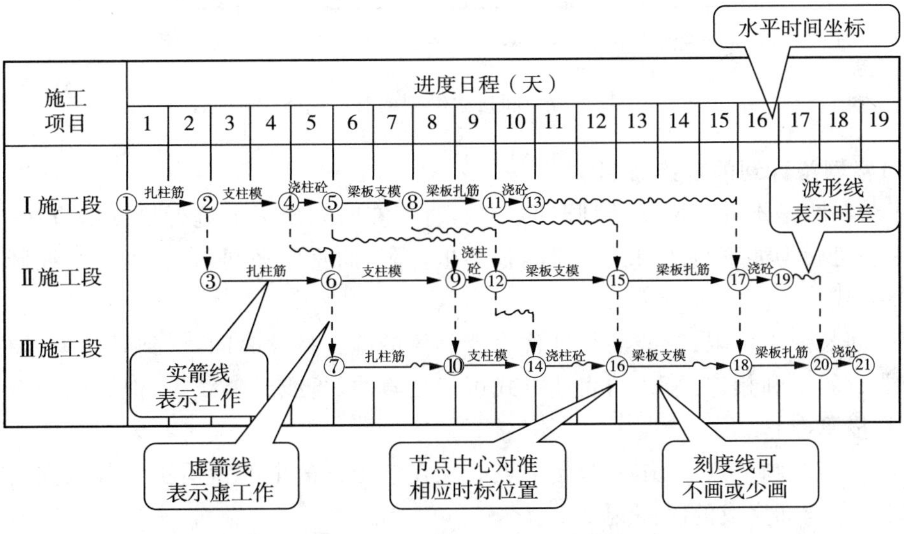

图 13-36 某框架结构标准层流水施工时间坐标网络计划

13.3.2 时标网络计划的绘制法

时标网络计划一般按最早时间编制,其绘制方法有间接绘制法和直接绘制法。

1. 时标网络计划的间接绘制法

所谓间接绘制法,是指先根据无时标的网络计划草图计算其时间参数并确定关键线路,然后在时标网络计划表中进行绘制。在绘制时应先将所有节点按其最早时间定位在时标网络计划表中的相应位置,然后再用规定线型(实箭线和虚箭线)按比例绘出工作和虚工作。

当某些工作箭线的长度不足以到达该工作的完成节点时,需用波形线补足,箭头应画在与该工作完成节点的连接处。

如图 13－37，先绘制“双代号网络计划”并计算时间参数，再进行“时标网络计划”的转换。

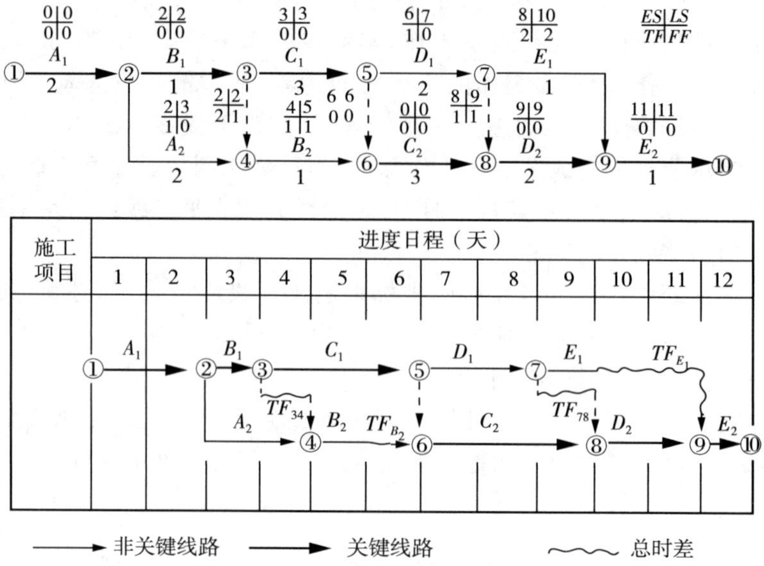

图 13－37　间接法绘制的时标网络图

2. 时标网络计划的直接绘制法

直接绘制法是不计算网络计划时间参数，直接在时间坐标上进行绘制的方法。其绘制步骤和方法可归为如下绘图口诀：“时间长短坐标限，曲直斜平利相连，画完箭线画节点，节点画完补波线。”

(1)时间长短坐标限：箭线的长度代表着具体的施工持续时间，受到时间坐标的制约。

(2)曲直斜平利相连：箭线的表达方式可以是直线、折线或斜线等，但布图应合理，直观清晰，尽量横平竖直。

(3)画完箭线画节点：工作的开始节点必须在该工作的全部紧前工作都画完后，定位在这些紧前工作全部完成的时间刻度上。

(4)节点画完补波线：某些工作的箭线长度不足以达到其完成节点时，用波形线补足，箭头指向与位置不变。

如图 13－23 所示的一般网络计划，根据绘图口诀及绘制要求，按最早时间参数不经计算直接绘制的时标网络计划如图 13－38 所示。

13.3.3　时标网络计划时间参数的判定

1. 关键线路和计算工期的判定

(1)关键线路的判定

时标网络计划中的关键线路可从网络计划的终点节点开始，逆着箭线方向进行判定，凡自始至终不出现波形线的线路即为关键线路。因为不出现波形线，就说明在这条线路上

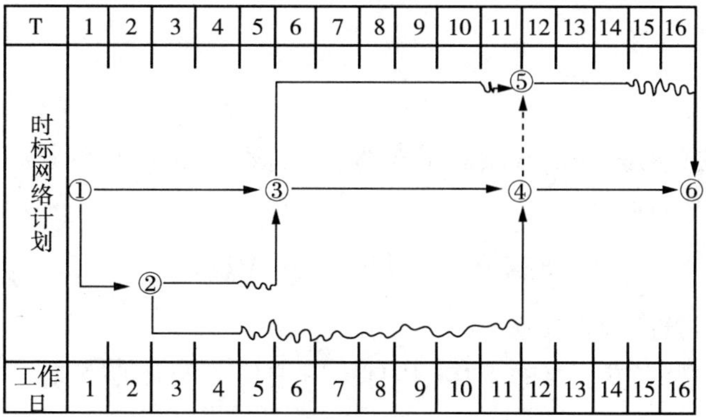

图 13-38　直接法绘制的时标网络图

相邻两项工作之间时间间隔全部为零，也就是在计算工期等于计划工期的前提下，这些工作的总时差和自由时差全部为零。如图 13-39 所示，①→②→③→⑥→⑨→⑫→⑮→⑰→⑱→⑳→㉑为关键线路。

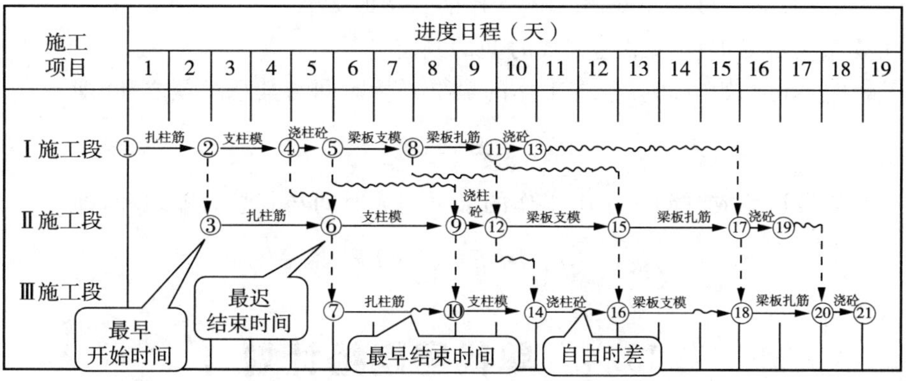

图 13-39　时标网络计划时间参数的判定

(2)计算工期的判定

网络计划的计算工期等于终点节点所对应的时标值与起点节点所对应的时标值之差。

2. 相邻两项工作之间时间间隔的判定

除以终点节点为完成节点的工作外，工作箭线中波形线的水平投影长度表示工作与其紧后工作之间的时间间隔。

3. 工作六个时间参数的判定

(1)工作最早开始时间和最早完成时间的判定

工作箭线左端节点中心所对应的时标值为该工作的最早开始时间。当工作箭线中不存在波形线时，其右端节点中心所对应的时标值为该工作的最早完成时间；当工作箭线中存在波形线时，工作箭线实线部分右端点所对应的时标值为该工作的最早完成时间。

(2)工作总时差的判定

工作总时差的判定应从网络计划的终点节点开始，逆着箭线方向依次进行。

① 以终点节点为完成节点的工作，其总时差应等于计划工期与本工作最早完成时间之差，即

$$TF_{i-n}=T_p-EF_{i-n} \tag{13-26}$$

② 其他工作的总时差等于其紧后工作的总时差加本工作与该紧后工作之间的时间间隔所得之和的最小值，即

$$TF_{i-j}=\min\{TF_{j-k}+LAG_{i-j,j-k}\} \tag{13-27}$$

(3)工作自由时差的判定

① 以终点节点为完成节点的工作，其自由时差应等于计划工期与本工作最早完成时间之差，即

$$FF_{i-n}=T_p-EF_{i-n} \tag{13-28}$$

以终点节点为完成节点的工作，其自由时差与总时差必然相等。

② 其他工作的自由时差就是该工作箭线中波形线的水平投影长度。

但当工作之后只紧接虚工作时，则该工作箭线上一定不存在波形线，而其紧接的虚箭线中波形线水平投影长度的最短者为该工作的自由时差。

(4)工作最迟开始时间和最迟完成时间的判定

① 工作的最迟开始时间等于本工作的最早开始时间与其总时差之和，即

$$LS_{i-j}=ES_{i-j}+TF_{i-j} \tag{13-29}$$

② 工作的最迟完成时间等于本工作的最早完成时间与其总时差之和，即

$$LF_{i-j}=EF_{i-j}+TF_{i-j} \tag{13-30}$$

13.4 单代号网络计划

单代号网络计划是以节点及其编号表示工作的一种网络计划，绘图简便，逻辑关系明确，没有虚箭线，便于检查修改。特别是随着计算机在网络计划中的应用不断扩大，近年来单代号网络计划在工程中应用也较为广泛。

13.4.1 单代号网络图的绘制

1. 单代号网络图的基本概念

单代号网络图是由节点和箭线组成的，以节点及其编号表示工作，其箭线表示紧邻工作之间的逻辑关系。工作之间的逻辑关系包括工艺关系和组织关系，在单代号网络图中均表现为工作之间的先后顺序。它是网络计划的另一种表达方法，是以箭线表示工作之间逻辑关系的网络图(图 13-40 即为单代号网络图)。

(1)箭线

单代号网络图中，箭线表示紧邻工作之间的逻辑关系。箭线应画成水平直线、折线或斜线。单代号网络图的箭线仅表示工作间的逻辑关系，它既不占用时间，也不消耗资源。

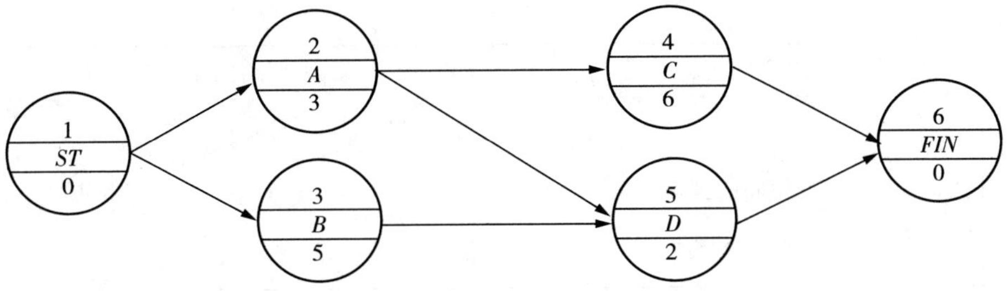

图 13－40　单代号网络图

箭线水平投影的方向应自左向右，表达工作的进行方向，箭尾节点工作为箭头节点的紧前工作。单代号网络图不需要用虚箭线表达工作间的逻辑关系，不设虚箭线。箭线的箭尾节点编号应小于箭头节点的编号，如图 13－41(a)所示。

由于单代号网络图只有一个开始节点和一个结束节点，而当几个工作同时开始或同时结束时，就须引进虚工作(节点)。

(2)节点

单代号网络图中每一个节点表示一项工作，用圆圈或方框表示。节点所表示的工作名称、工作编号、工作持续时间及工作时间参数都应标注在节点内，如图 13－41(b)所示。节点必须编号，此编号即该工作的代号，由于代号只有一个，故称“单代号”。节点编号严禁重复，一项工作只能有唯一的一个节点和唯一的一个编号。

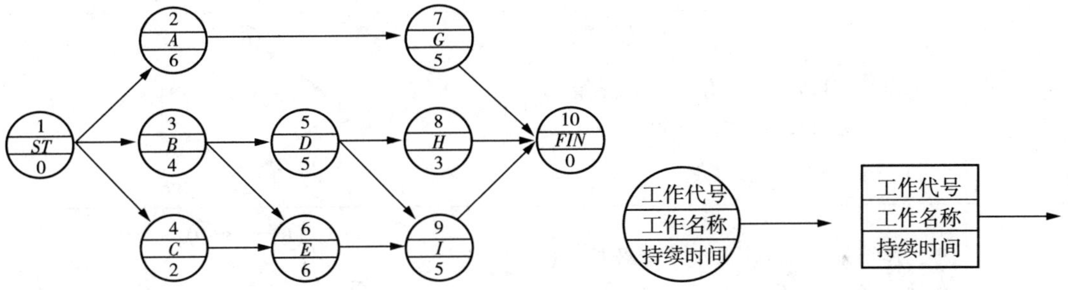

(a)　　　　(b)

图 13－41　单代号网络图中工作的表示方法

2. 单代号网络图的绘制

绘制单代号网络图需遵循以下规则：

(1)单代号网络图必须正确表述已定的逻辑关系(表 13－4)。

表 13－4　单代号网络图中常见的逻辑关系及表示方法

序号	工作之间逻辑关系	网络图中表示方法
1	A,B,C 三项工作，依次进行施工	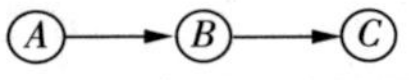
2	A,B,C 三项工作同时开始	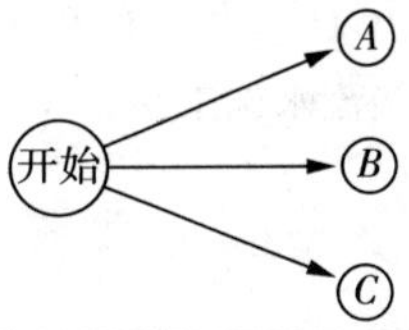

（续表）

序号	工作之间逻辑关系	网络图中表示方法
3	X,Y,Z 三项工作同时结束	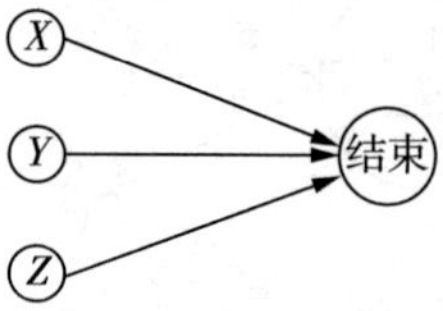
4	A 完成后，B,C 才能开始	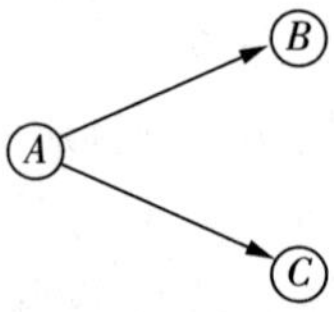
5	B,C 均完成后，D 才能开始	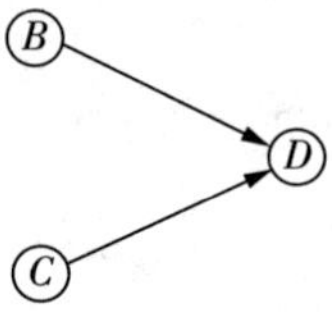
6	E 工作结束后，H 工作可以开始；E,F 工作均结束后，I 工作才能开始	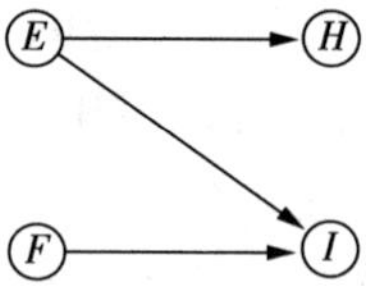
7	A 工作结束后，B,C 工作可同时开始；B,C 工作均完成后，D 才能开始	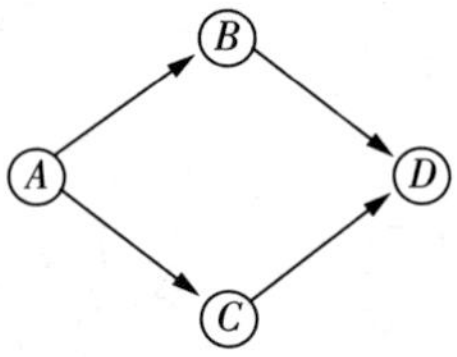
8	A 工作结束后，B,C 工作才能开始；B 工作结束后，D 工作可以开始；B,C 工作均结束后，E 工作才能开始	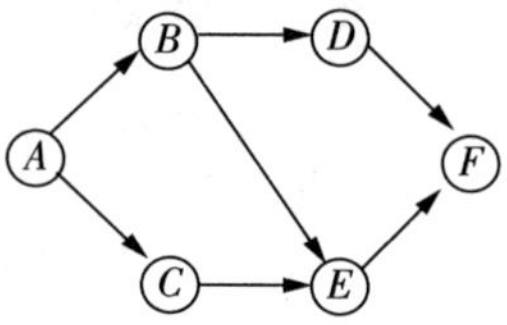
9	B,C 完成后，E 才能开始；A,B,C 均完成后，D 才能开始	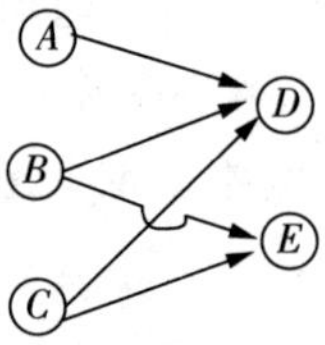
10	A,B,C 三项工作分为三个施工段，进行搭接流水施工	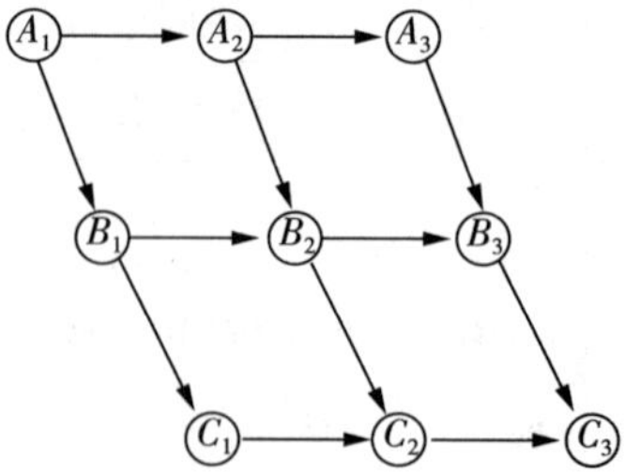

(2)单代号网络图中，严禁出现循环回路。

(3)单代号网络图中，严禁出现双向箭头或无箭头的连线。

(4)单代号网络图中，严禁出现没有箭尾节点的箭线和没有箭头节点的箭线。

(5)绘制网络图时，箭线不宜交叉，当交叉不可避免时，可采用过桥法和指向法绘制。

(6)单代号网络图中的节点必须编号。编号标注在节点内，宜由小到大按活动先后顺序编号，其号码可间断，但严禁重复，箭线的箭尾节点编号应小于箭头节点编号。一项工作必须有唯一的一个节点及相应的一个编号。

(7)单代号网络图只应有一个起点节点和一个终点节点；当网络图中有多项起点节点或多项终点节点时，应在网络图的两端分别设置一项虚工作，作为该网络图的起点节点(ST)和终点节点(FIN)。

(8)在同一网络图中，单代号和双代号的画法不能混用。

3. 单代号网络图绘制示例

【例 13-3】 按表 13-5 所述工作逻辑关系作单代号网络计划图。

表 13-5 工作逻辑关系

工作	A	B	C	D	E	G	H	I
紧前工作	—	—	—	—	A,B	B,C,D	C,D	E,G,H

绘图时一定要按照给定的逻辑关系逐步绘制。绘图后，要认真检查紧前工作或紧后工作与所给定的逻辑关系是否相同，有无多余或缺少；检查起点节点和终点节点是否各只有一个，不满足要求时，要设置虚工作，作为该网络图的起点节点(ST)和终点节点(FIN)；再检查工作名称、持续时间是否正确，节点编号是否从小到大。绘制的单代号网络计划图如图 13-42 所示。

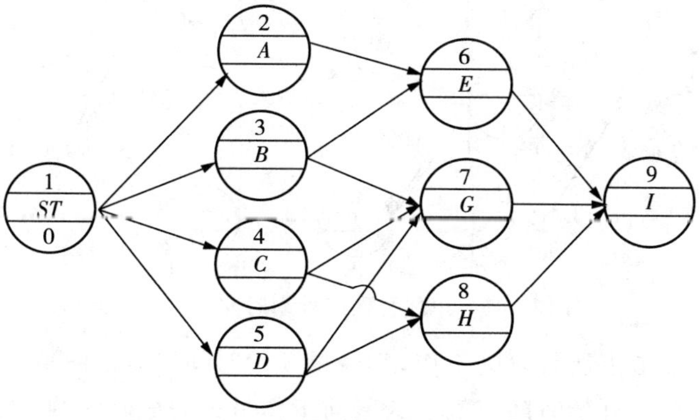

图 13-42 绘制的单代号网络计划

13.4.2 单代号网络计划时间参数的计算

1. 单代号网络计划时间参数的计算步骤

单代号网络计划与双代号网络计划只是表现形式不同，它们所表达的内容则完全一样。工作的各时间参数表达如图 13-43 所示。

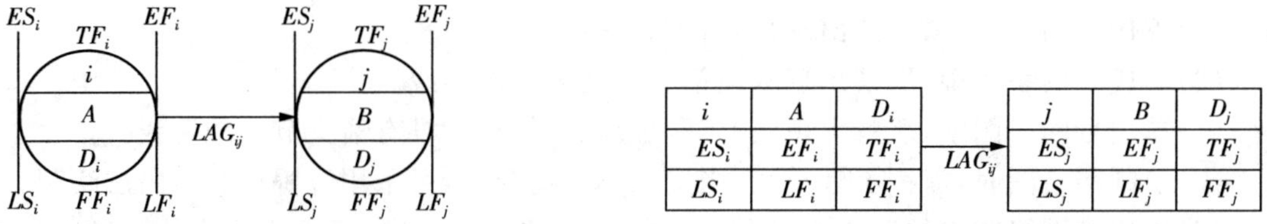

（a）时间参数标注形式之一　　　　（b）时间参数标注形式之二

图 13－43　单代号网络计划时间参数的标注

下面以图 13－44 所示单代号网络计划为例，说明其时间参数的计算过程，计算结果如图 13－45 所示。

(1)计算工作的最早开始时间和最早完成时间

工作最早时间应从网络计划的起点节点开始，顺着箭线方向按节点编号从小到大的顺序依次进行。

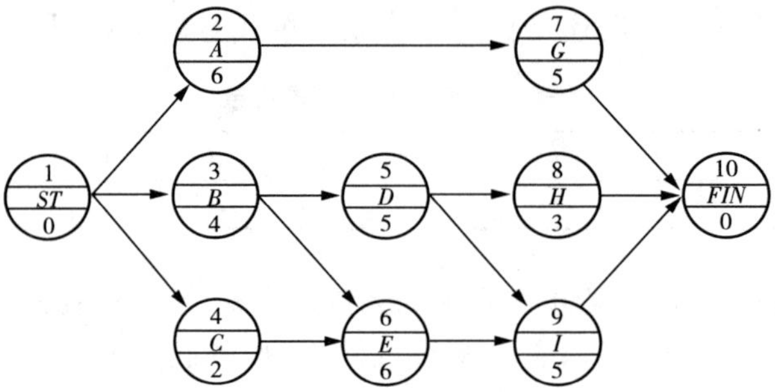

图 13－44　单代号网络计划

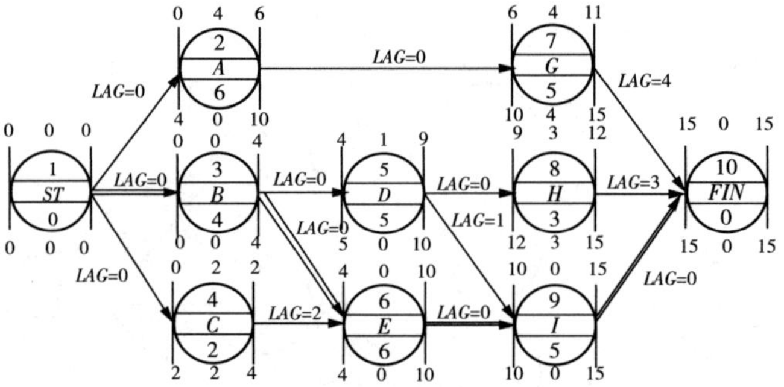

图 13－45　单代号网络计划时间参数计算

① 网络计划起点节点所代表的工作，其最早开始时间未规定时取值为零，即 $ES_1=0$。

② 其他工作的最早开始时间应等于其紧前工作最早完成时间的最大值，即

$$ES_j=\max\{ES_j+D_j\}=\max\{EF_i\} \tag{13-31}$$

③ 工作的最早完成时间应等于本工作的最早开始时间与其持续时间之和，即

$$EF_i=ES_i+D_i \tag{13-32}$$

④ 网络计划的计算工期等于其终点节点所代表的工作的最早完成时间，即 $T_c=EF_n$。

(2)计算相邻两项工作之间的时间间隔

相邻两项工作之间的时间间隔是指其紧后工作的最早开始时间与本工作最早完成时间的差值，即

$$LAG_{i,j}=ES_j-EF_i \tag{13-33}$$

(3)确定网络计划的计划工期

当已规定了要求工期时，计划工期不应超过要求工期，即 $T_p \leqslant T_r$；

当未规定要求工期时，可令计划工期等于计算工期，即：$T_p=T_c=EF_n$。

(4)计算工作的总时差

工作总时差的计算应从网络计划的终点节点开始，逆着箭线方向按节点编号从大到小的顺序依次进行。

① 网络计划终点节点 n 所代表的工作的总时差应等于计划工期与计算工期之差，即

$$TF_n=T_p-T_c \tag{13-34}$$

当计划工期等于计算工期时，该工作的总时差为零。

② 其他工作的总时差应等于本工作与其各紧后工作之间的时间间隔加该紧后工作的总时差所得之和的最小值，即

$$TF_i=\min\{LAG_{i,j}+TF_j\} \tag{13-35}$$

(5)计算工作的自由时差

① 网络计划终点节点 n 所代表的工作的自由时差等于计划工期与本工作的最早完成时间之差，即

$$FF_n=T_p-EF_n \tag{13-36}$$

② 其他工作的自由时差等于本工作与其紧后工作之间时间间隔的最小值，即

$$FF_i=\min\{LAG_{i,j}\} \tag{13-37}$$

(6)计算工作的最迟完成时间和最迟开始时间

工作的最迟完成时间和最迟开始时间的计算可按以下两种方法进行：

① 根据总时差计算

工作的最迟完成时间等于本工作的最早完成时间与其总时差之和，即

$$LF_i=EF_i+TF_i \tag{13-38}$$

工作的最迟开始时间等于本工作最早开始时间与其总时差之和，即

$$LS_i=ES_i+TF_i \tag{13-39}$$

② 根据计划工期计算

工作最迟完成时间和最迟开始时间的计算应从网络计划的终点节点开始，逆着箭线方向按节点编号从大到小的顺序依次进行。

网络计划终点节点 n 所代表的工作的最迟完成时间等于该网络计划的计划工期，即

$$LF_n = T_p \qquad (13-40)$$

工作的最迟开始时间等于本工作的最迟完成时间与其持续时间之差,即

$$LS_i = LF_i - D_i \qquad (13-41)$$

其他工作的最迟完成时间等于该工作各紧后工作最迟开始时间的最小值,即

$$LF_i = \min\{LS_j\} \qquad (13-42)$$

2. 单代号网络计划关键线路的确定

(1)利用关键工作确定关键线路

如前所述,总时差最小的工作为关键工作。将这些关键工作相连,并保证相邻两项关键工作之间的时间间隔为零而构成的线路就是关键线路。

(2)利用相邻两项工作之间的时间间隔确定关键线路

从网络计划的终点节点开始,逆着箭线方向依次找出相邻两项工作之间时间间隔为零的线路就是关键线路。

(3)利用总持续时间确定关键线路

在肯定型网络计划中,线路上工作总持续时间最长的线路为关键线路。

13.4.3 单代号网络图与双代号网络图的比较

(1)单代号网络图绘制比较方便,节点表示工作,箭线表示逻辑关系,而双代号用箭线表示工作,可能有虚工作。在这一点上,绘制单代号网络图简单。

(2)单代号网络图具有便于说明、容易被非专业人员所理解和易于修改的优点,这对于推广应用统筹法编制工程进度计划,进行全面的科学管理是非常重要的。

(3)双代号网络图表示工程进度比用单代号网络图更为形象,特别是在应用带时间坐标网络图时。

(4)双代号网络计划应用电子计算机进行程序化计算和优化更为简便,这是因为双代号网络图中用两个代号代表一项工作,可直接反映其紧前或紧后工作的关系。而单代号网络图就必须按工作逐个列出其紧前、紧后工作关系,这在计算机中需占用更多的存储单元。

由于单代号和双代号网络图有上述各自的优缺点,故两种表示法在不同的情况下,其表现的繁简程度是不同的。在有些情况下,应用单代号表示法较为简单,而在另外情况下,使用双代号表示法则更为清楚。因此,单代号和双代号网络图是两种互为补充、各具特色的表现方法。

(5)单代号网络图与双代号网络图均属于网络计划,能够明确地反映出各项工作之间错综复杂的逻辑关系。通过网络计划时间参数的计算,可以找出关键工作和关键线路;通过网络计划时间参数的计算,可以明确各项工作的机动时间。网络计划可以利用计算机进行计算。

双代号网络图与单代号网络图比较见表 13-6、表 13-7 所示。

表 13-6 单代号网络图与双代号网络图的比较

比较项目 \ 网络图	单代号网络图	双代号网络图
箭线	表示逻辑关系及工作顺序	表示工作及工作流向

（续表）

网络图 / 比较项目	单代号网络图	双代号网络图
节点	表示工作	表示工作的开始、结束瞬间
虚工作	无	可能有
虚拟节点	可能有虚拟开始节点、虚拟结束节点	无
逻辑关系	反映	反映
关键线路	总持续时间最长的线路	总持续时间最长的线路
	关键工作的连线且相邻关键工作时间间隔为零的线路	关键工作相连的线路

表 13－7　网络计划时间参数计算步骤的比较

双代号网络计划时间参数的计算步骤	单代号网络计划时间参数的计算步骤
(1)计算工作的最早开始时间和最早完成时间	(1)计算工作的最早开始时间和最早完成时间
(2)确定网络计划的计划工期	(2)确定网络计划的计划工期
(3)计算工作的最迟完成时间和最迟开始时间	(3)计算相邻两项工作之间的时间间隔
(4)计算工作的总时差	(4)计算工作的总时差
(5)计算工作的自由时差	(5)计算工作的自由时差
(6)确定关键工作和关键线路	(6)计算工作的最迟完成时间和最迟开始时间
	(7)确定网络计划的关键线路

13.5　网络计划的优化

网络计划优化，就是在满足既定的约束条件下，按某一目标，通过不断调整寻求最优网络计划方案的过程。

根据优化目标的不同，网络计划优化包括工期优化、费用优化和资源优化。

13.5.1　工期优化

1. 概念

所谓工期优化是指网络计划的计算工期不满足要求工期时，通过压缩关键工作的持续时间以满足要求工期的过程。若仍不能满足要求，需调整方案或重新审定要求工期。

2. 选择压缩时间的关键工作应考虑的因素

(1)压缩对质量、安全影响不大的工作。

(2)压缩有充足备用资源的工作。

(3)压缩时间所需增加费用最少的工作，即压缩直接费费率、赶工费费率或优选系数最小的工作。

关键工作的持续时间缩短后，往往会引起关键线路的转移，每压缩一次均应求出新的关键线路，再次压缩时应是新的关键线路上的关键工作。

3. 方法

(1)不改变网络计划中各项工作之间逻辑关系的前提下，通过压缩关键工作的持续时间来达到优化目标。

(2)按照经济合理的原则，不能将关键工作压缩成非关键工作。

(3)当只有一条关键线路时，在其他情况均能保证的条件下，压缩直接费费率、赶工费费率或优选系数最小的关键工作。

(4)当工期优化过程中出现多条关键线路时，应同时压缩各条关键线路相同的数值，压缩直接费费率、赶工费费率或优选系数组合最小者，必须将各条关键线路的总持续时间压缩相同数值。

(5)由于压缩过程中非关键线路可能转为关键线路，切忌压缩“一步到位”。

4. 步骤

(1)确定初始网络计划的计算工期和关键线路。

(2)按要求工期计算应缩短的时间：$\Delta T = T_c - T_r$

(3)选择应缩短持续时间的关键工作。

(4)将所选定的关键工作的持续时间压缩至最短，并重新确定计算工期和关键线路。

若被压缩的工作变成非关键工作，则应延长其持续时间，使之仍为关键工作。

(5)当计算工期仍超过要求工期时，则重复上述(2)～(4)，直至计算工期满足要求工期或计算工期已不能再缩短为止。

当缩短到极限仍不能满足要求工期时，应对网络计划的原技术方案、组织方案进行调整，或对要求工期重新审定。

5. 工期优化示例

【例 13－4】 如图 13－46 所示网络计划的要求工期为 15 天，对其进行工期优化。

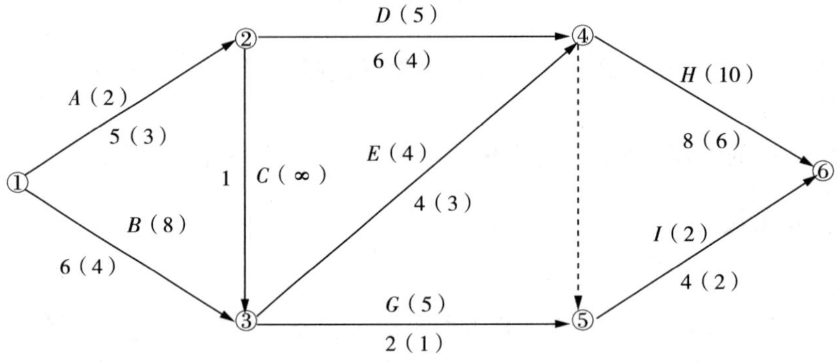

图 13－46　初始网络计划

注意：图中箭线下方括号外数字为工作的正常持续时间，括号内数字为最短持续时间；箭线上方括号内数字为优选系数，该系数综合考虑质量、安全和费用增加情况而确定。

选择关键工作压缩其持续时间时，应选择优选系数最小的关键工作。

若需要同时压缩多个关键工作的持续时间时，则它们的优选系数之和（组合优选系数）最小者应优先作为压缩对象。

解：该网络计划的工期优化可按下列步骤进行：

（1）根据各项工作的正常持续时间，利用标号法确定网络计划的计算工期和关键线路，如图 13－47 所示，此时关键线路为①→②→④→⑥，工期为 19 天。

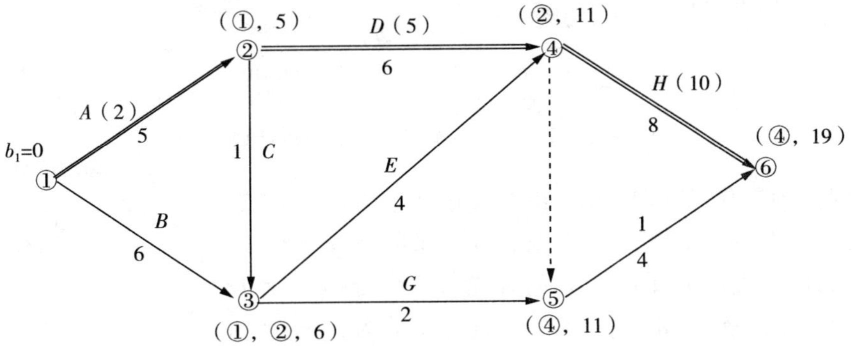

图 13－47　初始网络计划中的关键线路

（2）计算应缩短时间为：$\Delta T = T_c - T_r = 19 - 15 = 4$（天）；

（3）由于此时关键工作为工作 A、工作 D、工作 H，而其中工作 A 的优选系数最小，故关键线路中优选工作 A 作为压缩对象。

（4）将关键工作 A 的持续时间压缩至最短持续时间 3，已将工作 A 的持续时间压缩了 2 天，利用标号法确定新的计算工期和关键线路，工期为 18 天，如图 13－48 所示。此时，关键工作 A 被压缩成非关键工作，违反经济合理原则。故将其持续时间 3 延长为 4，使之成为关键工作。重新压缩工作 A 持续时间 1 天，工作 A 恢复为关键工作之后，工期为 18 天，网络计划中出现两条关键线路，即①→②→④→⑥和①→③→④→⑥，如图 13－49 所示。

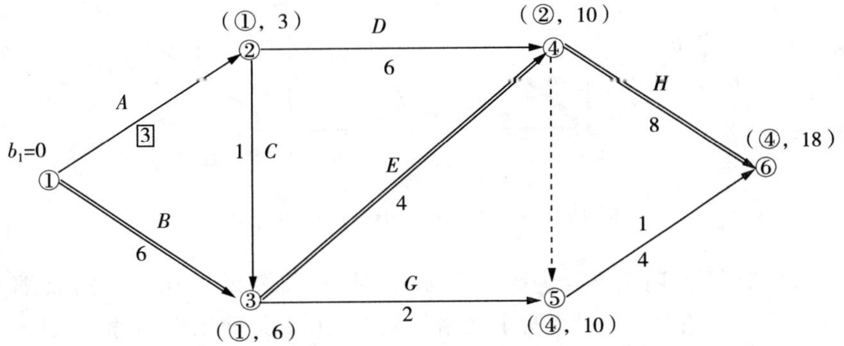

图 13－48　工作 A 压缩至最短时的关键线路

（5）由于此时计算工期为 18，仍大于要求工期，故需要继续压缩。需要缩短的时间：$\Delta T_2 = 18 - 15 = 3$ 天。在图 13－49 所示网络计划中，此时有五个压缩方案：

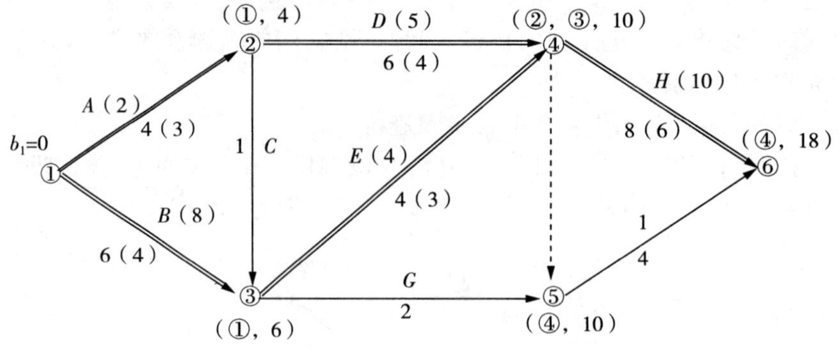

图 13-49 第一次压缩后的网络计划

① 同时压缩工作 A 和工作 B,组合优选系数为:2+8=10;

② 同时压缩工作 A 和工作 E,组合优选系数为:2+4=6;

③ 同时压缩工作 B 和工作 D,组合优选系数为:8+5=13;

④ 同时压缩工作 D 和工作 E,组合优选系数为:5+4=9;

⑤ 压缩工作 H,优选系数为 10。

在上述压缩方案中,由于工作 A 和工作 E 的组合优选系数最小,故应选择同时压缩工作工作 A 和工作 E 的方案。将这两项工作的持续时间各压缩 1(压缩至最短),再用标号法确定计算工期和关键线路,如 13-50 所示。此时,关键线路仍为两条,即:①→②→④→⑥和①→③→④→⑥。

在图 13-49 中,关键工作 A 和工作 E 的持续时间已达最短,不能再压缩,它们的优选系数变为无穷大。

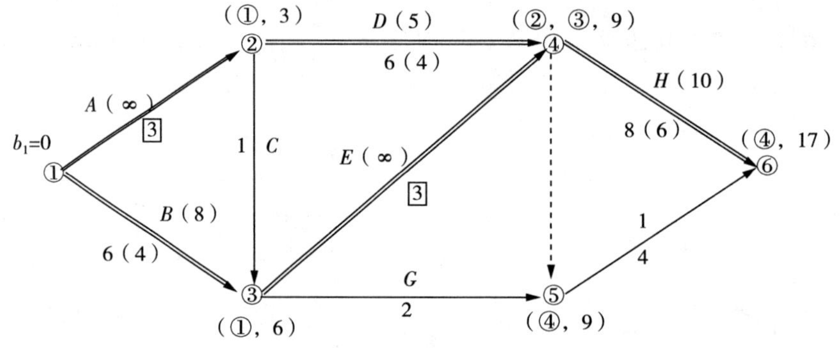

图 13-50 第二次压缩后的网络计划

(6)由于此时计算工期为 17,仍大于要求工期,故需要继续压缩。需要缩短的时间:$\Delta T_2=17-15=2$ 天。在图 13-50 所示网络计划中,由于关键工作 A 和 E 已不能再压缩,故此时只有两个压缩方案:

① 同时压缩工作 B 和工作 D,组合优选系数为:B 和 D(8+5=13);

② 压缩工作 H,优选系数为 10。

在上述压缩方案中,由于工作 H 的优选系数最小,故应选择压缩工作 H 的方案。将

工作 H 的持续时间缩短 2，再用标号法确定计算工期和关键线路，如 13－51 所示。此时，计算工期为 15，已等于要求工期，故图 13－51 所示网络计划即为优化方案。

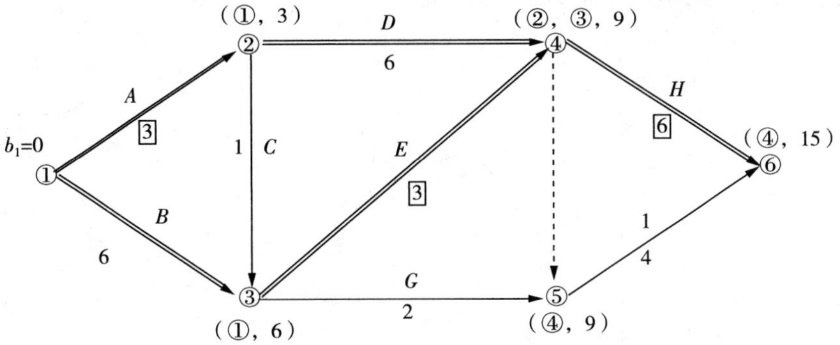

图 13－51　工期优化后的网络计划

13.5.2　费用优化

费用优化又称工期成本优化，是指寻求工程总成本最低时的工期安排，或按要求工期寻求最低成本的计划安排的过程。

1. 工程费用与时间的关系

在建设工程施工过程中，完成一项工作可采用多种施工方法和组织方法，不同的施工方法和组织方法有不同的持续时间和费用。进度方案不同，所对应的总工期和总费用也就不同。为了能从多种方案中找出总成本最低的方案，必须首先分析费用和时间之间的关系。

(1)工程费用与工期的关系

工程总费用由直接费和间接费组成。直接费由人工费、材料费、施工机具使用费、措施费及现场经费等组成。施工方案不同，直接费也就不同。如果施工方案一定，工期不同，直接费也不同。直接费会随着工期的缩短而增加。间接费包括管理费等内容，它一般随着工期的缩短而减少。在考虑工程总费用时，还应考虑工期变化带来的其他损益，包括效益增量和资金的时间价值等。工程费用与工期的关系如图 13－52 所示，由图 13－52 可知，当确定一个合理的工期，就能使总费用达到最小，这也是费用优化的目标。

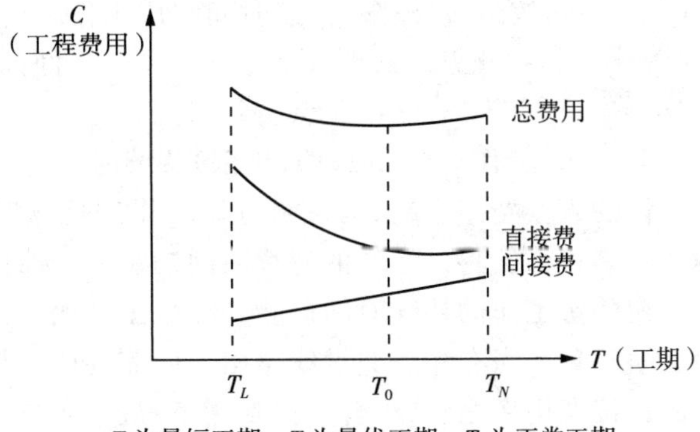

T_L为最短工期；T_0为最优工期；T_N为正常工期。

图 13－52　费用-工期曲线

(2)工作直接费与持续时间的关系

由于网络计划的工期取决于关键工作的持续时间，为了进行工期优化必须分析网络计划中各项工作的直接费与持续时间的关系，它是网络计划工期成本优化的基础。

工作的直接费与持续时间之间的关系类似于工程直接费与工期之间的关系，工作的直接费随着持续时间的缩短而增加，如图 13-53 所示。

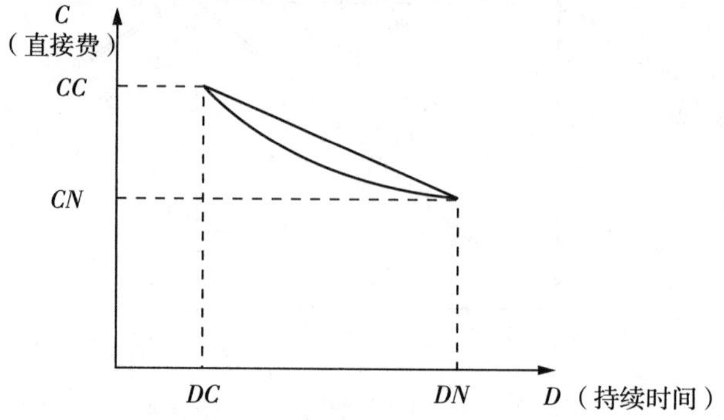

图 13-53　工作直接费与持续时间的关系曲线

DN——工作的正常持续时间；CN——按正常持续时间完成工作时所需的直接费；

DC——工作的最短持续时间；CC——按最短持续时间完成工作时所需的直接费

为简化计算，工作的直接费与持续时间之间的关系被近似地认为是一条直线关系。当工作划分比较详细时，其计算结果是比较精确的。

工作的持续时间每缩短单位时间而增加的直接费称为直接费用率，直接费用率可按公式(13-43)计算：

$$\Delta C_{i-j}=\frac{CC_{i-j}-CN_{i-j}}{DN_{i-j}-DC_{i-j}} \tag{13-43}$$

式中：ΔC_{i-j}——工作 $i-j$ 的直接费用率；

CC_{i-j}——按最短(极限)持续时间完成工作 $i-j$ 时所需的直接费；

CN_{i-j}——按正常持续时间完成工作 $i-j$ 时所需的直接费；

DN_{i-j}——工作 $i-j$ 的正常持续时间；

DC_{i-j}——工作 $i-j$ 的最短(极限)持续时间。

工作的直接费用率越大，说明将该工作的持续时间缩短一个时间单位，所需增加的直接费就越多；反之，将该工作的持续时间缩短一个时间单位，所需增加的直接费就越少。因此在压缩关键工作的持续时间以达到缩短工期的目的时，应将直接费用率最小的关键工作作为压缩对象。当有多条关键线路出现而需要同时压缩多个关键工作的持续时间时，应将它们的直接费用率之和(组合直接费用率)最小者作为压缩对象。

2. 费用优化方法

费用优化的基本思路：不断地在网络计划中找出直接费用率(或组合直接费用率)最小的关键工作，缩短其持续时间，同时考虑间接费用随工期缩短而减少的数值，最后求得工程总成本最低时的最优工期安排或按要求工期求得最低成本的计划安排。

按照上述基本思路，费用优化可按以下步骤进行：

(1)按工作的正常持续时间确定计算工期和关键线路。

(2)计算各项工作的直接费用率。

(3)当只有一条关键线路时，应找出组合直接费用率最小的一项关键工作，作为缩短持续时间的对象；当有多条关键线路时，应找出组合直接费用率最小的一组关键工作，作为缩短持续时间的对象。

(4)对于选定的压缩对象(一项关键工作或一组关键工作)，首先要比较其直接费用率或组合直接费用率与工程间接费用率的大小，然后再进行压缩。压缩方法有：

① 如果被压缩对象的直接费用率或组合直接费用率大于工程间接费用率，说明压缩关键工作的持续时间会使工程总费用增加，此时应停止缩短关键工作的持续时间，在此之前的方案即为优化方案。

② 如果被压缩对象的直接费用率或组合直接费用率等于工程间接费用率，说明压缩关键工作的持续时间不会使工程总费用增加，故应缩短关键工作的持续时间。

③ 如果被压缩对象的直接费用率或组合直接费用率小于工程间接费用率，说明压缩关键工作的持续时间会使工程总费用减少，故应缩短关键工作的持续时间。

(5)当需要缩短关键工作的持续时间时，其缩短值的确定必须符合下列两条原则：

① 缩短后工作的持续时间不能小于其最短持续时间。

② 缩短持续时间的工作不能变成非关键工作。

(6)计算关键工作持续时间缩短后相应增加的总费用。

优化后工程总费用＝初始网络计划的费用＋直接费增加费－间接费减少费用

(7)重复上述(3)～(6)步，直至计算工期满足要求工期或被压缩对象的直接费用率或组合直接费用率大于工程间接费用率为止。

(8)计算优化后的工程总费用。

3. 费用优化举例

【例 13－5】 已知某工程双代号网络计划如图 13－54 所示，图中箭线下方括号外数字为工作的正常时间，括号内数字为最短持续时间；箭线上方括号外数字为工作按正常持续时间完成时所需的直接费，括号内数字为工作按最短持续时间完成时所需的直接费(费用单位：万元；时间单位：天)。该工程的间接费用率为 0.8 万元/天，试对其进行费用优化。

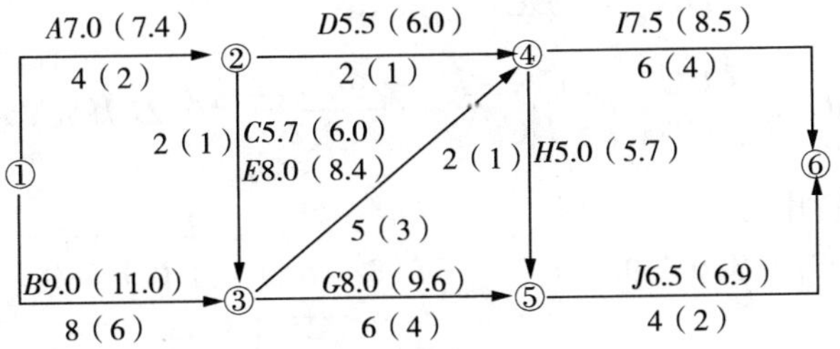

图 13－54 初始网络计划

解： 该网络计划的费用优化可按以下步骤进行：

(1)根据各项工作的正常持续时间，利用标号法确定网络计划的计算工期和关键线路，如图 13－55 所示，计算工期为 19 天，此时关键线路有两条，即为①→③→④→⑥和①→③→④→⑤→⑥。

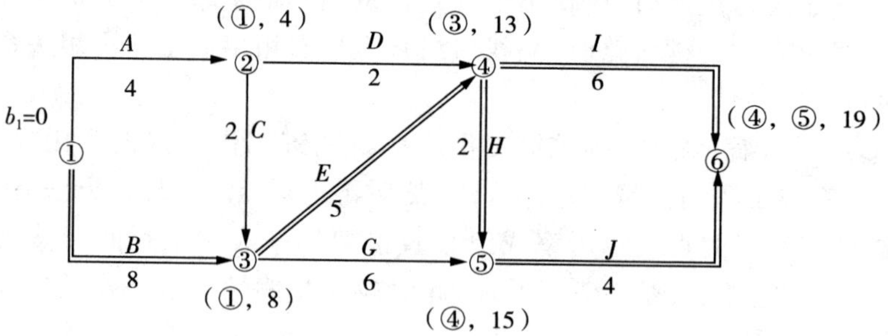

图 13-55 初始网络计划中的关键线路

(2)计算各项工作的直接费用率：

$$\Delta C_{1-2}=\frac{CC_{1-2}-CN_{1-2}}{DN_{1-2}-DC_{1-2}}=\frac{7.4-7.0}{4-2}=0.2(\text{万元/天})$$

$$\Delta C_{1-3}=\frac{CC_{1-3}-CN_{1-3}}{DN_{1-3}-DC_{1-3}}=\frac{11.0-9.0}{8-6}=1.0(\text{万元/天})$$

$$\Delta C_{2-3}=\frac{CC_{2-3}-CN_{2-3}}{DN_{2-3}-DC_{2-3}}=\frac{6.0-5.7}{2-1}=0.3(\text{万元/天})$$

$$\Delta C_{2-4}=\frac{CC_{2-4}-CN_{2-4}}{DN_{2-4}-DC_{2-4}}=\frac{6.0-5.5}{2-1}=0.5(\text{万元/天})$$

$$\Delta C_{3-4}=\frac{CC_{3-4}-CN_{3-4}}{DN_{3-4}-DC_{3-4}}=\frac{8.4-8.0}{5-3}=0.2(\text{万元/天})$$

$$\Delta C_{3-5}=\frac{CC_{3-5}-CN_{3-5}}{DN_{3-5}-DC_{3-5}}=\frac{9.6-8.0}{6-4}=0.8(\text{万元/天})$$

$$\Delta C_{4-5}=\frac{CC_{4-5}-CN_{4-5}}{DN_{4-5}-DC_{4-5}}=\frac{5.7-5.0}{2-1}=0.7(\text{万元/天})$$

$$\Delta C_{4-6}=\frac{CC_{4-6}-CN_{4-6}}{DN_{4-6}-DC_{4-6}}=\frac{8.5-7.5}{6-4}=0.5(\text{万元/天})$$

$$\Delta C_{5-6}=\frac{CC_{5-6}-CN_{5-6}}{DN_{5-6}-DC_{5-6}}=\frac{6.9-6.5}{4-2}=0.2(\text{万元/天})$$

(3)计算工程总费用：

① 直接费总和：$C_d=7.0+9.0+5.7+5.5+8.0+8.0+5.0+7.5+6.5=62.2$(万元)；

② 间接费总和：$C_i=0.8\times19=15.2$(万元)；

③ 工程总费用：$C_t=C_d+C_i=62.2+15.2=77.4$(万元)。

(4)通过压缩关键工作的持续时间进行费用优化，优化过程见表 13-8。

① 第 1 次压缩：从图 13-55 可知，该网络计划中有两条关键线路，为了同时缩短两条关键线路的总持续时间，有以下四个压缩方案：

a. 压缩工作 B，直接费用率为 1.0 万元/天；

b. 压缩工作 E，直接费用率为 0.2 万元/天；

c. 压缩工作 H 和工作 I，组合直接费用率为 0.7+0.5=1.2 万元/天；

d. 压缩工作 I 和工作 J，组合直接费用率为 0.5+0.2=0.7 万元/天。

在上述压缩方案中，由于工作 E 的直接费用率最小，故应选择工作 E 作为压缩对象。工作 E 的直接费用率为 0.2 万元/天，小于间接费用率 0.8 万元/天，说明压缩工作 E 可使工程总费用降低。由于工作 E 的持续时间压缩至最短持续时间 3 天，利用标号法重新确定计算工期和关键线路，如图 13－56 可示。此时，关键工作 E 被压缩成非关键工作，故将其持续时间延长为 4 天，使其成为关键工作。第一次压缩后的网络计划如图 13－57 所示，图 13－37 中箭线上方括号内数字为工作的直接费用率。

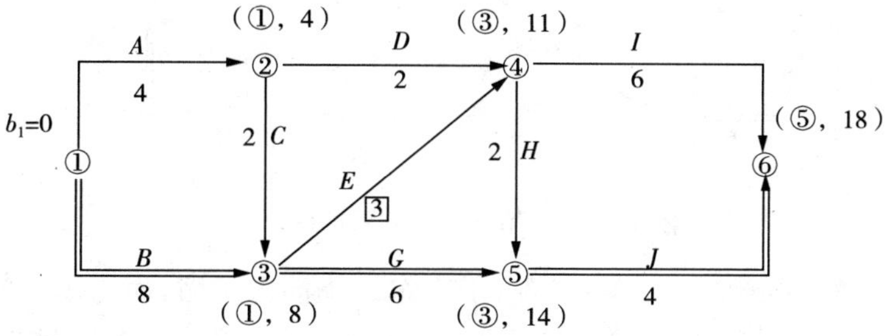

图 13－56　工作 E 压缩至最短时的关键线路

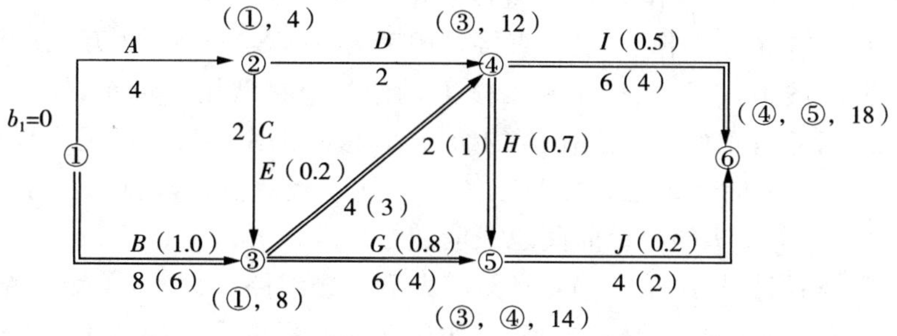

图 13－57　第一次压缩后的网络计划

② 第 2 次压缩：从图 13－57 可知，该网络计划中有三条关键线路，即①→③→④→⑥、①→③→④→⑤→⑥、①→③→⑤→⑥。为了同时缩短三条关键线路的总持续时间，有以下五个压缩方案：

a. 压缩工作 B，直接费用率为 1.0 万元/天；

b. 同时压缩工作 E 和工作 G，组合直接费用率为 0.2+0.8=1.0 万元/天；

c. 同时压缩工作 E 和工作 J，组合直接费用率为 0.2+0.2=0.4 万元/天；

d. 同时压缩工作 G、工作 H 和工作 I，组合直接费用率为 0.8+0.7+0.5=2.0 万元/天；

e. 同时压缩工作 I 和工作 J，组合直接费用率为 0.5+0.2=0.7 万元/天。

在上述压缩方案中，由于工作 E 和工作 J 的组合直接费用率最小，故应选择工作 E 和工作 J 作为压缩对象。工作 E 和工作 J 的组合直接费用率为 0.4 万元/天，小于间接费用率 0.8 万元/天，说明同时压缩工作 E 和工作 J 可使工程总费用降低。由于工作 E 的持续时间只能压缩 1 天，工作 J 的持续时间也只能随之压缩 1 天。工作 E 和工作 J 的持续时间同时压缩 1 天后，利用标号法重新确定计算工期和关键线路。此时，关键线路由压缩前的三条变为两条，即①→③→④→⑥，①→③→⑤→⑥。原来的关键工作 H 未经压缩而被动地变成了非关键工作。第二次压缩后的网络计划如图 13－58 所示。此时，关键工作 E 的持续时间已达最短，不能再压缩，故其直接费用率变为无穷大。

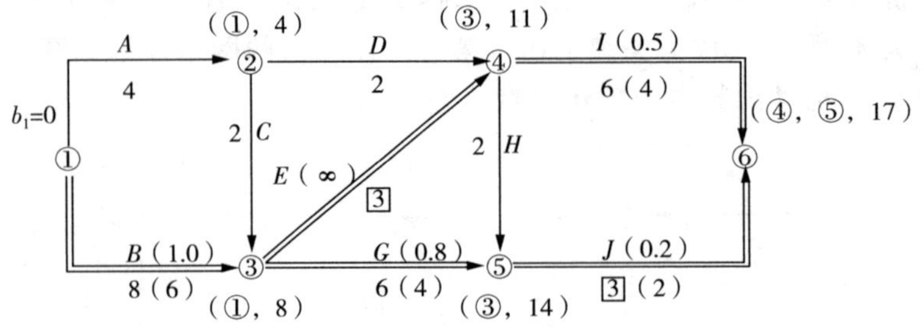

图 13－58　第二次压缩后的网络计划

③ 第 3 次压缩：从图 13－58 可知，由于工作 E 不能再压缩，而为了同时缩短两条关键线路①→③→④→⑥、①→③→⑤→⑥的总持续时间，只有以下三个压缩方案：

a. 压缩工作 B，直接费用率为 1.0 万元/天；

b. 同时压缩工作 G 和工作 I，组合直接费用率为 0.8＋0.5＝1.3 万元/天；

c. 同时压缩工作 I 和工作 J，组合直接费用率为 0.5＋0.2＝0.7 万元/天。

在上述压缩方案中，由于工作 I 和工作 J 的组合直接费用率最小，故应选择工作 I 和工作 J 作为压缩对象。工作 I 和工作 J 的组合直接费用率为 0.7 万元/天，小于间接费用率 0.8 万元/天，说明同时压缩工作 I 和工作 J 可使工程总费用降低。由于工作 J 的持续时间只能压缩 1 天，工作 I 的持续时间也只能随之压缩 1 天。工作 I 和工作 J 的持续时间同时压缩 1 天后，利用标号法重新确定计算工期和关键线路。此时，关键线路依然为两条，即①→③→④→⑥、①→③→⑤→⑥。第三次压缩后的网络计划如图 13－59 所示。此时，关键工作 J 的持续时间已达最短，不能再压缩，故其直接费用率变为无穷大。

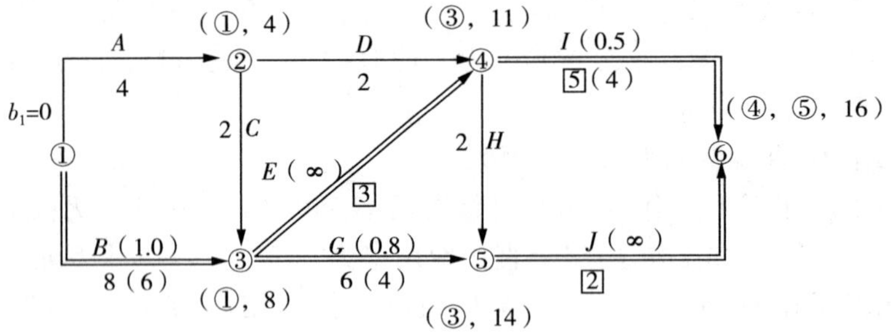

图 13－59　第三次压缩后的网络计划

④ 第 4 次压缩：从图 13－59 可知，由于工作 E 和工作 J 不能再压缩，而为了同时缩短两条关键线路①→③→④→⑥、①→③→⑤→⑥的总持续时间，只有以下两个压缩方案：

a. 压缩工作 B,直接费用率为 1.0 万元/天;

b. 同时压缩工作 G 和工作 I,组合直接费用率为 0.8+0.5=1.3 万元/天。

在上述压缩方案中,由于工作 B 的直接费用率最小,故应选择工作 B 作为压缩对象。但是,由于工作 B 的直接费用率为 1.0 万元/天,大于间接费用率 0.8 万元/天,说明压缩工作 B 可使工程总费用增加。因此,不需要压缩工作 B,优化方案已得到,优化后的网络计划如图 13-60 所示。图中箭线上方括号内数字为工作的直接费用率。

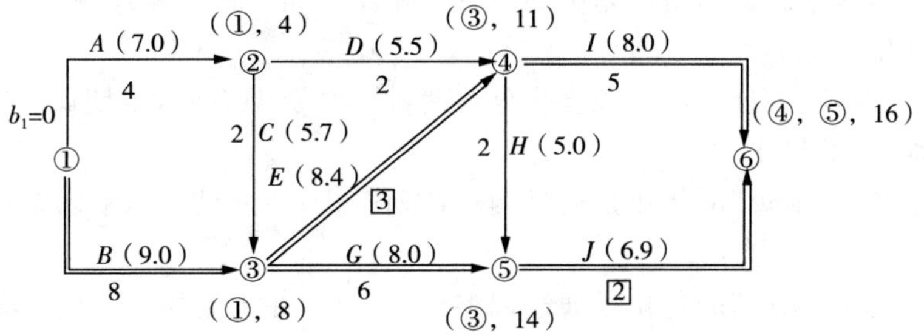

图 13-60　费用优化后的网络计划

(5)计算优化后的工程总费用:

① 直接费总和:$C_{d0}=7.0+9.0+5.7+5.5+8.4+8.0+5.0+8.0+6.9=63.5$(万元);

② 间接费总和:$C_{i0}=0.8\times16=12.8$(万元);

③ 工程总费用:$C_{t0}=C_{d0}+C_{i0}=63.5+12.8=76.3$(万元)

表 13-8　优化表

压缩次数	被压缩的工作代号	被压缩的工作名称	直接费用率或组合直接费用率(万元/天)	费率差(万元/天)	缩短时间	费用增加值(万元)	总工期(天)	总费用(万元)
0	—	—	—	—	—	—	19	77.4
1	3—4	E	0.2	−0.6	1	−0.6	18	76.8
2	3—4,5—6	E,J	0.4	−0.4	1	−0.4	17	76.4
3	4—6,5—6	I,J	0.7	−0.1	1	−0.1	16	76.3
4	1—3	B	1.0	+0.2	—	—	—	—

注:费率差是指工作的直接费用率与工程间接费用率之差。它表示工期缩短单位时间时工程总费用增加的数值。

13.5.3　资源优化

1. 资源优化概述

(1)资源优化的概念

资源是指完成一项计划任务所需投入的人力、材料、机械设备和资金等。完成一项工程任务所需要的资源量基本上是不变的,不可能通过资源优化将其减少。资源优化的目的是通过改变工作的开始时间和完成时间，使资源按照时间分布符合优化目标。

(2)资源优化的前提条件

① 在优化过程中，不改变网络计划中各项工作之间的逻辑关系。

② 在优化过程中，不改变网络计划中各项工作的持续时间。

③ 网络计划中各项工作的资源强度(单位时间所需资源数量)为常数，而且是合理的。

④ 除规定可中断的工作外，一般不允许中断工作，应保持其连续性。

为简化问题，这里假定网络计划中的所有工作需要同一种资源。

(3)资源优化的分类

在通常情况下，网络计划的资源优化分为两种，即"资源有限，工期最短"的优化和"工期固定、资源均衡"的优化。

"资源有限，工期最短"的优化是通过调整计划安排，在满足资源限制条件下，使工期延长最小的过程。

"工期固定、资源均衡"的优化是通过调整计划安排，在工期保持不变的条件下，使资源需用量尽可能均衡的过程。

2."资源有限，工期最短"的优化

"资源有限，工期最短"的优化一般可按以下步骤进行：

(1)按照各项工作的最早开始时间安排进度计划，并计算网络计划每个时间单位的资源需用量。

(2)从计划开始日期起，逐个检查每个时段(每个时间单位资源需用量相同的时间段)资源需用量是否超过所能供应的资源限量。如果在整个工期范围内每个时段的资源需用量均能满足资源限量的要求，则可行优化方案就编制完成；否则，必须转入下一步进行计划的调整。

(3)分析超过资源限量的时段。如果在该时段内有几项工作平行作业，则采取将一项工作安排在与之平行的另一项工作之后进行的方法，以降低该时段的资源需用量。

对于两项平行作业的工作 m 和工作 n 来说，为了降低相应时段的资源需用量，现将工作 n 安排在工作 m 之后进行，如图 13－61 所示。

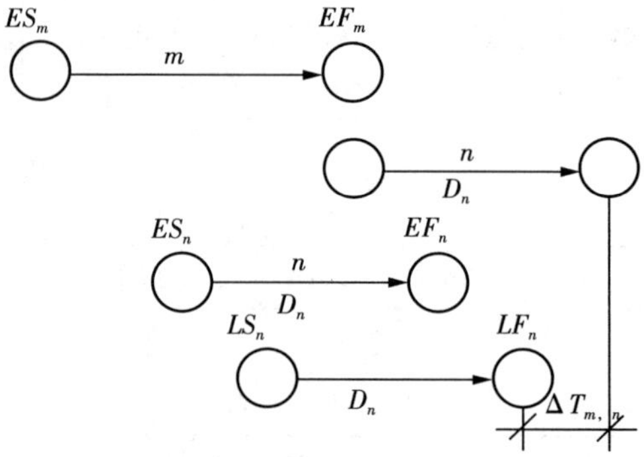

图 13－61　m,n 两项工作的排序

如果将工作 n 安排在工作 m 之后进行，网络计划的工期延长值为：

$$\begin{aligned}\Delta T_{m,n} &= EF_m + D_n - LF_n \\ &= EF_m - (LF_n - D_n) \\ &= EF_m - LS_n \end{aligned} \tag{13-44}$$

式中：$\Delta T_{m,n}$——将工作 n 安排在工作 m 之后进行时网络计划的工期延长值；

EF_m——工作 m 的最早完成时间；

D_n——工作 n 的持续时间；

LF_n——工作 n 的最迟完成时间；

LS_n——工作 n 的最迟开始时间。

这样，在有资源冲突的时段中，对平行作业的工作进行两两排序，即可得出若干个 $\Delta T_{m,n}$，选择其中最小的 $\Delta T_{m,n}$，将相应的工作 n 安排在工作 m 之后进行，既可降低该时段的资源需用量，又使网络计划的工期延长最短。

(4)对调整后的网络计划安排重新计算每个时间单位的资源需用量。

(5)重复上述(2)～(4)步，直至网络计划整个工期范围内每个时间单位的资源需用量均满足资源限量为止。

3.“工期固定，资源均衡”的优化

安排建设工程进度计划时，需要使资源需用量尽可能地均衡，使整个工程每单位时间的资源需用量不出现过多的高峰和低谷，这样不仅有利于工程建设的组织与管理，而且可以降低工程费用。

“工期固定，资源均衡”的优化方法有多种，如方差值最小法、极差值最小法、削高峰法等。这里仅介绍方差值最小的优化方法。

(1)方差值最小法的基本原理

现假设已知某工程网络计划的资源需用量，则其方差为：

$$\sigma^2 = \frac{1}{T}\sum_{t=1}^{T}(R_t - R_m)^2 \tag{13-45}$$

式中：σ^2—— 资源需用量方差；

T—— 网络计划的计算工期；

R_t—— 第 t 个时间单位的资源需用量；

R_m—— 资源需用量的平均值。

公式(13－45)可以简化为公式(13－46)：

$$\begin{aligned}\sigma^2 &= \frac{1}{T}\sum_{t=1}^{T}R_t^2 - 2R_m \cdot \frac{\sum_{t=1}^{T}R_t}{T} + \frac{1}{T}\sum_{t=1}^{T}R_m^2 \\ &= \frac{1}{T}\sum_{t=1}^{T}R_t^2 - 2R_m \cdot R_m + \frac{1}{T}\cdot T \cdot R_m^2 \\ &= \frac{1}{T}\sum_{t=1}^{T}R_t^2 - R_m^2 \end{aligned} \tag{13-46}$$

由公式(13－46)可知，由于工期 T 和资源需用量的平均值 R_m 均为常数，为使方差 σ^2 最小，必须使资源需用量的平方和最小。

对于网络计划中某项工作 k 而言，其资源强度为 r_k。在调整计划前，工作 k 从第 i 个时间单位开始，到第 j 个时间单位完成，则此时网络计划资源需用量的平方和为：

$$\sum_{t=1}^{T} R_t^2 = R_1^2 + R_2^2 + \cdots + R_i^2 + R_{i+1}^2 + \cdots + R_j^2 + R_{j+1}^2 + \cdots + R_T^2 \qquad (13-47)$$

若将工作 k 的开始时间右移一个时间单位，即工作 k 从第 $i+1$ 个时间单位开始，到第 $j+1$ 个时间单位完成，则此时网络计划资源需用量的平方和为：

$$\sum_{t=1}^{T} R_t^2 = R_1^2 + R_2^2 + \cdots + (R_i - r_k)^2 + R_{i+1}^2 + \cdots + R_j^2 + (R_{j+1} + r_k)^2 + \cdots + R_T^2 \qquad (13-48)$$

比较公式(13－47)、公式(13－48)可以得到，当工作 k 的开始时间右移一个时间单位时，网络计划资源需用量平方和的增量 Δ 为：

$$\Delta = (R_i - r_k)^2 - R_i^2 + (R_{j+1} + r_k)^2 - R_{j+1}^2$$

即

$$\Delta = 2r_k(R_{j+1} + r_k - R_i) \qquad (13-49)$$

如果资源需用量平方和的增量 Δ 为负值，说明工作 k 的开始时间右移一个时间单位能使资源需用量的平方和减小，也就使资源需用量的方差减小，从而使资源需用量更均衡。

因此，工作 k 的开始时间能够右移的判别式是：

$$\Delta = 2r_k(R_{j+1} + r_k - R_i) \leqslant 0$$

由于工作 k 的资源强度 r_k 不可能为负值，故以上判别式可以简化为：

$$R_{j+1} + r_k - R_i \leqslant 0$$

即

$$R_{j+1} + r_k \leqslant R_i \qquad (13-50)$$

判别式(13－50)表明，当网络计划中工作 k 完成时间之后的一个时间单位所对应的资源需用量 R_{j+1} 与工作 k 的资源强度 r_k 之和不超过工作 k 开始时所对应的资源需用量 R_i 时，将工作 k 右移一个时间单位能使资源需用量更加均衡。这时，就应将工作 k 右移一个时间单位。

同理，如果判别式(13－51)成立，说明将工作 k 左移一个时间单位能使资源需用量更加均衡。这时，就应将工作 k 左移一个时间单位：

$$R_{i-1} + r_k \leqslant R_j \qquad (13-51)$$

如果工作 k 不满足判别式(13－50)或判别式(13－51)，说明工作 k 右移或左移一个时间单位不能使资源需用量更加均衡，这时可以考虑在其总时差允许的范围内，将工作 k 右移或左移数个时间单位。

向右移时，判别式为：

$$[(R_{j+1} + r_k) + (R_{j+2} + r_k) + (R_{j+3} + r_k) + \cdots] \leqslant [R_i + R_{i+1} + R_{i+2} + \cdots] \qquad (13-52)$$

向左移时，判别式为：

$$[(R_{i-1}+r_k)+(R_{i-2}+r_k)+(R_{i-3}+r_k)+\cdots]\leqslant[R_j+R_{j-1}+R_{j-2}+\cdots] \tag{13-53}$$

(2)优化步骤

按方差值最小的优化原理，“工期固定，资源均衡”的优化一般可按以下步骤进行：

① 按照各项工作的最早开始时间安排进度计划，并计算网络计划每个时间单位的资源需用量。

② 从网络计划的终点节点开始，按工作完成节点编号值从大到小的顺序依次进行调整。当某一节点同时作为多项工作的完成节点时，应先调整开始时间较迟的工作。

在调整工作时，一项工作能够右移或左移的条件是：

a. 工作具有机动时间，在不影响工期的前提下能够右移；

b. 工作满足判别式(13－50)或式(13－51)，或者满足判别式(13－52)或式(13－53)。

只有同时满足以上两个条件，才能调整该工作，将其右移至相应位置。

c. 当所有工作均按上述顺序自右向左调整了一次之后，为使资源需用量更加均衡，再按上述顺序自右向左进行多次调整，直至所有工作既不能右移也不能左移为止。

思考练习题

一、单选题

1. 某工程双代号网络计划如下图所示，其中工作 G 的最早开始时间为(　　)。

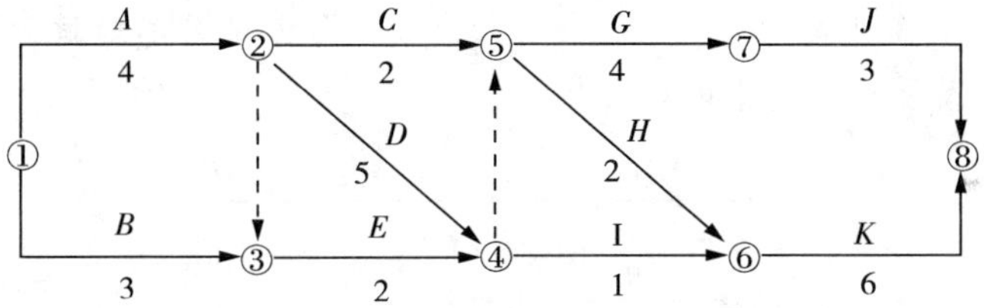

A. 6　　B. 9　　C. 10　　D. 12

2. 在工程网络计划中，工作的最迟开始时间等于本工作的(　　)。

A. 最迟完成时间与其时间间隔之差

B. 最迟完成时间与其持续时间之差

C. 最早开始时间与其持续时间之和

D. 最早开始时间与其时间间隔之和

3. 在双代号网络计划中，当计划工期等于计算工期时，如果某项工作的开始节点和完成节点均为关键节点，则该工作的(　　)相等。

A. 总时差与自由时差

B. 最早开始时间与最迟开始时间

C. 最早完成时间与最迟完成时间

D. 时间间隔与自由时差

4. 某工程双代号时标网络计划如下图所示，其中工作 B 的总时差为(　　)周。

A. 0　　B. 1　　C. 2　　D. 3

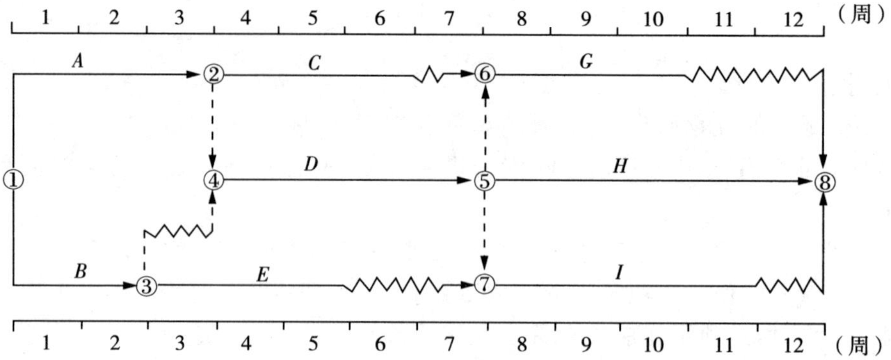

5. 在上题所示的双代号时标网络计划中，如果 A、E、G 三项工作共用一台施工机械而必须顺序施工，则该施工机械在现场的最小闲置时间为(　　)周。

A. 1　　B. 2　　C. 3　　D. 4

6. 下列关于工程网络计划工期优化的说法中，正确的是(　　)。

A. 当出现多条关键线路时，应选择其中一条最优线路缩短其持续时间

B. 应选择直接费率最小的非关键工作作为缩短持续时间的对象

C. 工期优化的前提是不改变各项工作之间的逻辑关系

D. 工期优化过程中需将关键工作压缩成非关键工作

7. 网络计划中一项工作的自由时差和总时差的关系是(　　)。

A. 自由时差等于总时差　　B. 自由时差大于总时差

C. 自由时差小于总时差　　D. 自由时差不超过总时差

8. 下图所示双代号网络图中的(　　)。

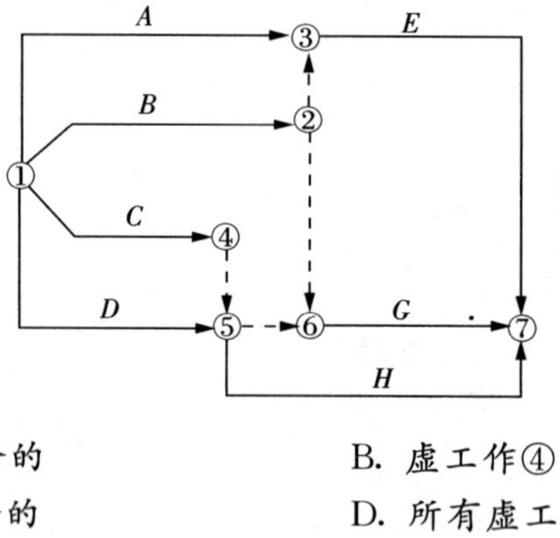

A. 虚工作②—③是多余的　　B. 虚工作④—⑤是多余的

C. 虚工作⑤—⑥是多余的　　D. 所有虚工作均为必要的

9. 在工程网络计划中，如果某项工作拖延的时间超过其自由时差，则(　　)。

A. 必定影响其紧后工作的最早开始时间

B. 必定影响工程总工期

C. 该项工作必定变为关键工作

D. 对其后续工作及工程总工期无影响

10. 已知双代号网络图，其中(　　)。

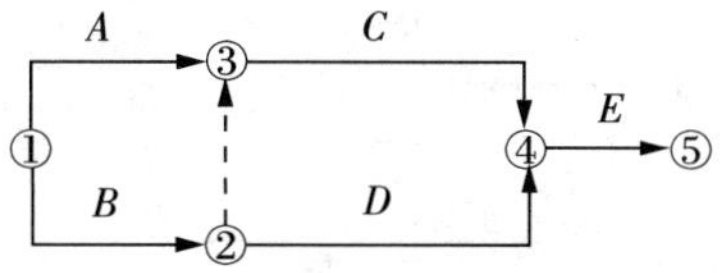

A. A、B 结束后开始 C　　B. A 结束后开始 D

C. ②③结束后开始 D　　D. ②③只耗用资源

11. 某工作有两项紧前工作 A、B，其持续时间为 $A=3$，$B=4$，其最早开始时间是 $A=5$，$B=6$，则本工作的最早开始时间是(　　)。

A. 5　　B. 6　　C. 8　　D. 10

12. 在工程网络计划中，判别关键工作的条件是该工作(　　)。

A. 自由时差最小　　B. 与其紧后工作之间的时间间隔为零

C. 持续时间最长　　D. 最早开始时间等于最迟开始时间

13. 双代号网络中只有外向箭线无内向箭线段的结点是(　　)。

A. 起始结点　　B. 结束结点　　C. 中间结点　　E. 任意结点

14. 单代号网络图中，若 n 项工作同时开始时，应虚设(　　)

A. 一个原始结点　　B. 多个原始结点

C. 虚设一个开始工作　　D. 虚设两个开始工作

15. 在时标网络计划中“波折线”表示(　　)。

A. 工作持续时间　　B. 虚工作

C. 前后工作的时间间隔　　D. 总时差

二、多选题

1. 关于网络图中的虚工作，表述正确的是(　　)。

A. 虚工作既不消耗时间，也不消耗资源

B. 双代号网络图中，虚工作主要用来表示相邻两项工作之间的逻辑关系

C. 双代号网络图中，为了避免两项工作编号重复，用虚工作加以区分

D. 虚工作只消耗时间，不消耗资源

E. 单代号网络图中的虚拟工作只能出现在网络图的起点节点或终点节点处

2. 根据绘图规则，下列双代号网络图中的绘图错误有(　　)。

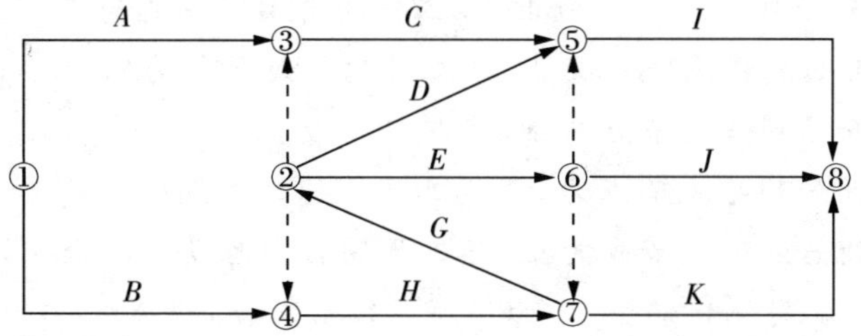

A. 有多余虚工作　　B. 存在循环回路

C. 节点编号有误　　D. 有多个起点节点

E. 从箭线上引出箭线

3. 某工程单代号网络计划如下图所示，其中关键工作有(　　)。

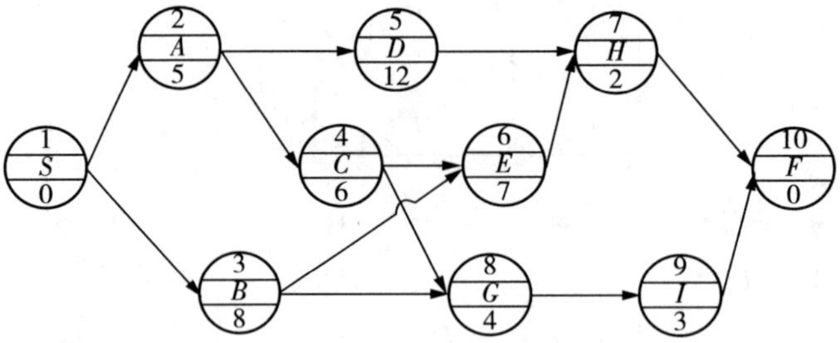

A. 工作 A　　B. 工作 B　　C. 工作 C　　D. 工作 D

E. 工作 E

4. 某工程双代号时标网络计划如下图所示，该计划表明(　　)。

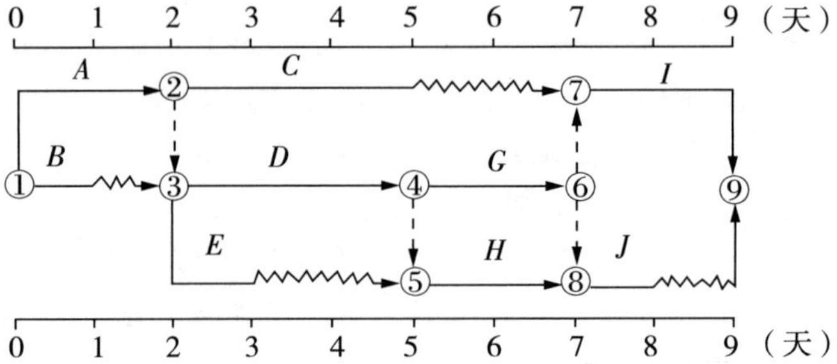

A. 工作 C 的自由时差为 2 天　　B. 工作 E 的最早开始时间为第 4 天

C. 工作 D 为关键工作　　D. 工作 H 的总时差为零

E. 工作 B 的最迟完成时间为第 1 天

5. 在工程网络计划中，关键工作是指(　　)的工作。

A. 双代号时标网络计划中无波形线

B. 最迟开始时间与最早开始时间的差值最小

C. 单代号搭接网络计划中时间间隔为零

D. 最迟完成时间与最早完成时间的差值最小

E. 双代号网络计划中完成节点为关键节点

6. 确定关键线路的依据是(　　)。

A. 从起点节点开始到终点节点为止，各工作的自由时差都为零

B. 从起点节点开始到终点节点为止，各工作的总时差都为零

C. 从起点节点开始到终点节点为止，线路时间最长

D. 从起点节点开始到终点节点为止，各工作的总时差最小

E. 从起点节点开始到终点节点为止，各工作的自由时差最小

7. 网络计划工期费用优化调整中，为了有效缩短工期，应压缩(　　)的关键工作。

A. 增加费用最少　　B. 资源供应充沛

C. 持续时间最长　　D. 便于施工的

E. 缩短时间对质量影响不大

三、简答题

1. 什么是逻辑关系？虚工作的作用是什么？举例说明。

2. 一般网络计划要计算哪些时间参数？简述各参数的符号。

3. 什么是总时差？什么是自由时差？两者有何关系？

4. 什么是关键线路？对于双代号网络计划和单代号网络计划如何判断关键线路？

5. 时标网络计划有什么特点？

6. 简述网络计划优化的分类。

四、计算作图题

1. 某分部工程划分为三个施工段，施工过程分解为 A,B,C,D,E 五项，流水节拍分别为 2,1,4,3,6(天)。试作双代号网络图。

2. 某工程由 9 项工作组成，各工作之间网络逻辑关系如下所述：A 是首先开始的工作；A 结束后，B,C,D 才能开始；E 开始前，B,C 必须结束；F 开始前，C,D 必须结束；I 是最后结束工作；I 开始前，G,H 必须结束；E,F 结束后，G 和 H 才能开始。以上各项工作持续时间如表所示。试绘制双代号网络图。

工作名称	A	B	C	D	E	F	G	H	I
持续时间	3	10	10	7	5	6	6	8	16

3. 根据上题双代号网络计划，用标号法确定计算工期及标出关键线路。

4. 按下述工作逻辑关系作(单)双代号网络计划图

工作名称	紧前工作	紧后工作	延续时间
A	——	B,C	10
B	A	D,E	20
C	A	F,G	30
D	B	H,I	15
E	B	F,G	5
F	C,E	H,I	10
G	C,E	I	15
H	D,E	——	20
I	D,F,G	——	10

5. 根据下列双代号网络计划，用图上计算法算出 6 个时间参数，并计算工期及标出关键线路。

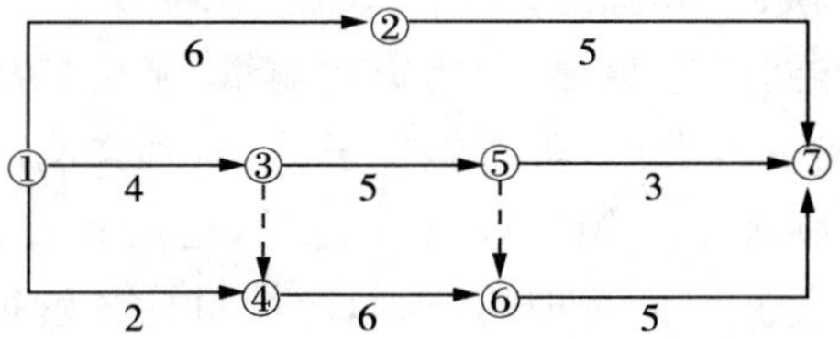

第14章 施工组织总设计

【教学内容】 本章概述了施工组织总设计编制的程序及依据；施工部署的主要内容；施工总进度计划编制的原则、步骤和方法；暂设工程的组织；施工总平面图设计的原则步骤和方法；施工组织总设计的评价方法。

施工组织总设计(也称施工总体规划),是以整个建设项目或群体工程为对象编制的,是整个建设项目或群体工程施工准备和施工的全局性、指导性文件。它是为施工生产建立施工条件、集结施工力量、组织物资资源的供应以及进行现场生产与生活临时设施规划的依据,也是施工企业编制年度施工计划和单位工程施工组织设计的依据,是实现建筑企业科学管理、保证最优完成施工任务的有效措施。

14.1 编制原则、依据及内容

14.1.1 编制施工组织总设计的原则

编制施工组织总设计应遵照以下基本原则:

(1)严格遵守工期定额和合同规定的工程竣工及交付使用期限。总工期较长的大型建设项目,应根据生产的需要,安排分期分批建设,配套投产或交付使用,从实质上缩短工期,尽早地发挥建设投资的经济效益。

在确定分期分批施工的项目时,必须注意使每期交工的一套项目可以独立地发挥效用,使主要的项目同有关的附属辅助项目同时完工,以便完工后可以立即交付使用。

(2)合理安排施工程序与顺序。建筑施工有其本身的客观规律,按照反映这种规律的程序组织施工,能够保证各项施工活动相互促进、紧密衔接,避免不必要的重复工作,加快施工速度,缩短工期。

(3)贯彻多层次技术结构的技术政策,因时因地制宜地促进技术进步和工业化的发展。

(4)从实际出发,做好人力、物力的综合平衡,组织均衡施工。

(5)尽量利用正式工程、原有或就近的已有设施,以减少各种暂设工程;尽量利用当地资源,合理安排运输、装卸与储存作业,减少物资运输量,避免二次搬运;精心进行场地规划布置,节约施工用地,不占或少占农田,防止施工事故,做到文明施工。

(6)实施目标管理。编制施工组织总设计的过程,也就是提出施工项目目标及实现办法的规划过程。因此,必须遵循目标管理的原则,应使目标分解得当,决策科学,实施有法。

(7)与施工项目管理相结合。进行施工项目管理,必须事先进行规划,使管理工作按规划有序地进行。施工项目管理规划的内容应在施工组织总设计的基础上进行扩展，使施工组织总设计不仅服务于施工和施工准备，而且服务于经营管理和施工管理。

14.1.2 施工组织总设计的编制依据

为了保证施工组织总设计的编制工作顺利进行和提高其编制水平及质量，使施工组织总设计更能结合实际、切实可行，并能更好地发挥其指导施工安排、控制施工进度的作用，应以如下资料作为编制依据：

1. 计划批准文件及有关合同的规定

如国家(包括国家计委及部、省、市计委)或有关部门批准的基本建设或技术改造项目的计划、可行性研究报告、工程项目一览表、分批分期施工的项目和投资计划；建设地点所在地区主管部门有关批件；施工单位上级主管部门下达的施工任务计划；招投标文件及签订的工程承包合同中的有关施工要求的规定；工程所需材料、设备的订货合同以及引进材料、设备的供货合同等。

2. 设计文件及有关规定

如批准的初步设计或扩大初步设计，设计说明书，总概算或修正总概算和已批准的计划任务书等。

3. 建设地区的工程勘察资料和调查资料

勘察资料主要有：地形、地貌、水文、地质、气象等自然条件；调查资料主要有：可能为建设项目服务的建筑安装企业、预制加工企业的人力、设备、技术与管理水平等情况，工程材料的来源与供应情况、交通运输情况以及水电供应情况等建设地区的技术经济条件和当地政治、经济、文化、科技、宗教等社会调查资料。

4. 现行的规范、规程和有关技术标准

主要有施工及验收规范、质量标准、工艺操作规程、HSE强制标准、概算指标、概预算定额、技术规定和技术经济指标等。

5. 类似资料

如类似、相似或近似建设项目的施工组织总设计实例、施工经验的总结资料及有关的参考数据等。

14.1.3 施工组织总设计的内容

根据工程性质、规模、建筑结构的特点、施工的复杂程度和施工条件的不同，其内容也有所不同，但一般应包括以下主要内容：

(1)工程概况；

(2)施工部署和主要工程项目施工方案；

(3)施工总进度计划；

(4)施工准备工作计划；

(5)施工资源需要量计划；

(6)施工总平面图；

(7)主要技术组织措施；

(8)主要技术经济指标。

施工组织总设计是整个工程项目或群体建筑全面性和全局性的指导施工准备和组织施工的技术文件，通常应该遵循如图 14－1 所示的编制程序。

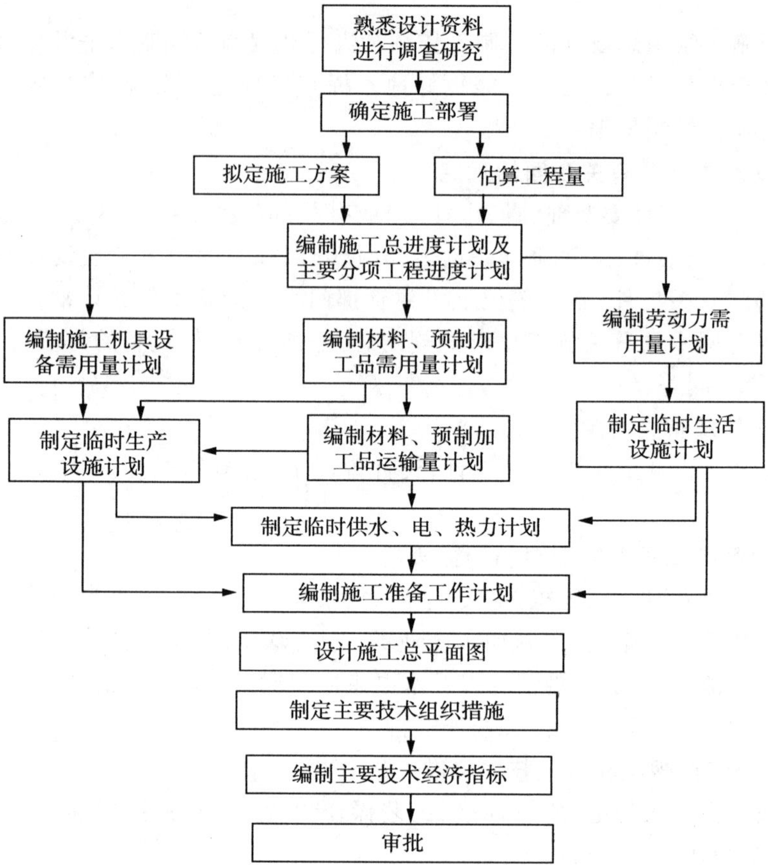

图 14－1　施工组织总设计编制程序

14.2　工程概况及施工部署

14.2.1　工程概况

施工组织设计中的工程概况，实际上是一个总的说明，是对拟建项目或建筑群体工程所做的一个简明扼要、重点突出的文字介绍。

1. 建设项目特点

主要介绍建设地点、工程性质、建设规模、总占地面积、总建筑面积、总工期、分期分批投入使用的项目及期限；主要工种工程量、设备安装及其吨位；总投资额、建筑安装工作量、工厂区与生活区的工程量；生产流程和工艺特点；建筑结构类型与特点，新技术与新材料的特点及应用情况等各项内容。为了更清晰地反映这些内容，也可利用附图或表格等不同形式予以说明。内容可参照表 14－1 、表 14－2。

表 14-1 建筑安装工程项目一览表

序号	工程名称	建筑面积/m^2	建安工作量/万元		吊装和安装工程量/(吨或件)		建筑结构①
			土建	安装	吊装	安装	
①"建筑结构"栏填混合结构、砖木结构、钢结构、钢筋混凝土结构及层数							

表 14-2 主要建筑物和构筑物一览表

序号	工程名称	建筑结构特征或示意图	建筑面积/m^2	占地面积/m^2	建筑体积/m^3	备注
①"建筑结构特征"栏说明其基础、墙、柱、屋盖的结构构造						

2. 建设地区特征

主要介绍建设地区的自然条件和技术经济条件。如地形、地貌、水文、地质和气象资料等自然条件,地区的施工力量情况、地方企业情况、地方资源供应情况、水电供应和其他动力供应等技术经济条件。

3. 施工条件及其他方面的情况

主要介绍施工企业的生产能力,技术装备和管理水平,市场竞争力和完成指标的情况,主要设备、材料、特殊物资等的供应情况,以及上级主管部门或建设单位对施工的某些要求等。

其他方面的情况主要包括有关建设项目的决议和协议,土地的征用范围、数量和居民搬迁时间等与建设项目实施有关的重要情况。

14.2.2 施工部署和主要工程项目施工方案

施工部署是在充分了解工程情况、施工条件和建设要求的基础上,对整个建设工程进行全面安排和解决工程施工中的重大问题的方案,是编制施工总进度计划的前提。

施工部署的内容和侧重点,根据建设项目的性质、规模和客观条件不同而有所不同,一般包括以下内容:

1. 明确施工任务分工和组织安排

施工部署应首先明确施工项目的管理机构、体制,划分各参与施工单位的任务,明确各承包单位之间的关系,建立施工现场统一的组织领导机构及其职能部门,确定综合的和专业的施工队伍,划分施工阶段,确定各单位分期分批的主攻项目和穿插项目。

2. 编制施工准备工作计划

施工准备工作是顺利完成项目建设任务的一个重要阶段,必须从思想上、组织上、技术上和物资供应等方面做好充分准备,并做好施工准备工作计划。其主要内容有:

(1)安排好场内外运输,施工用主干道,水、电来源及其引入方案。

(2)安排好场地平整方案和全场性的排水、防洪。

(3)安排好生产、生活基地。在充分掌握该地区情况和施工单位情况的基础上,规划混凝土构件预制,钢、木结构制品及其他构配件的加工,仓库及职工生活设施等。

(4)安排好各种材料的库房、堆场用地和材料货源供应及运输。

(5)安排好冬雨季施工的准备。

(6)安排好场区内的宣传标志,为测量放线做准备。

3. 主要项目施工方案的拟定

施工组织总设计中要对一些主要工程项目和特殊的分项工程项目的施工方案予以拟定。这些项目通常是建设项目中工程量大,施工难度大,工期长,在整个建设项目中起关键作用的单位工程项目以及影响全局的特殊分项工程。其目的是为了进行技术和资源的准备工作,同时也为了施工进程的顺利开展和现场的合理布置。其内容应包括:

(1)施工方法,要求兼顾技术的先进性和经济的合理性。

(2)工程量,对资源的合理安排。

(3)施工工艺流程,要求兼顾各工种各施工段的合理搭接。

(4)施工机械设备,能使主导机械满足工程需要,又能发挥其效能,使各大型机械在各工程上进行综合流水作业,减少装、拆、运的次数,辅助配套机械的性能应与主导机械相适应。

其中,施工方法和施工机械设备应重点组织安排。

4. 确定工程开展程序

根据建设项目总目标的要求,确定合理的工程建设项目开展程序,主要考虑以下几个方面:

(1)在保证工期的前提下,实行分期分批建设。这样,既可以使每一具体项目迅速建成,尽早投入使用,又可在全局上取得施工的连续性和均衡性,以减少暂设工程数量,降低工程成本,充分发挥项目建设投资的效果。

一般大型工业建设项目(如:冶金联合企业、化工联合企业等)都应在保证工期的前提下分期分批建设。这些项目的每一个车间不是孤立的,它们分别组成若干个生产系统,在建造时,需要分几期施工,各期工程包括哪些项目,要根据生产工艺要求、建设部门要求、工程规模大小和施工难易程度、资金状况、技术资源情况等确定。同一期工程应是一个完整的系统,以保证各生产系统能够按期投入生产。例如,某大型发电厂工程,由于技术、资金、原料供应等原因,工程分两期建设。一期工程安装两台 20 万千瓦国产汽轮机组和各种与之相适应的辅助生产、交通、生活福利设施。建成后投入使用,两年之后再进行第二期工程建设,安装一台 60 万千瓦国产汽轮机组,最终形成 100 万千瓦的发电能力。

(2)各类项目的施工应统筹安排,保证重点,确保工程项目按期投产。一般情况下,应优先考虑的项目是:

① 按生产工艺要求,需先期投入生产或起主导作用的工程项目;

② 工程量大,施工难度大,需要工期长的项目;

③ 运输系统、动力系统,如厂内外道路、铁路和变电站;

④ 供施工使用的工程项目,如各种加工厂、搅拌站等附属企业和其他为施工服务的临

时设施；

⑤ 生产上优先使用的机修、车库、办公及家属宿舍等生活设施。

(3)一般工程项目均应按先地下、后地上，先深后浅，先干线后支线的原则进行安排。如地下管线和筑路的程序，应先铺管线，后筑路。

(4)应考虑季节对施工的影响。如大规模土方和深基础土方施工一般要避开雨季，寒冷地区应尽量使房屋在入冬前封闭，在冬季转入室内作业和设备安装。

14.3 施工总进度计划

施工总进度计划是以拟建项目交付使用时间为目标而确定的控制性施工进度计划，它是控制整个建设项目的施工工期及其各单位工程施工期限和相互搭接关系的依据。正确地编制施工总进度计划，是保证各个系统以及整个建设项目如期交付使用、充分发挥投资效果、降低建筑成本的重要条件。

施工总进度计划一般按下述步骤进行：

1. 计算工程项目及全工地性工程的工程量

施工总进度计划主要起控制总工期的作用，因此在列工程项目一览表时，项目划分不宜过细。通常按分期分批投产顺序和工程开展顺序列出工程项目，并突出每个交工系统中的主要工程项目。一些附属项目及一些临时设施可以合并列出。

根据批准的总承建工程项目一览表，按工程开展程序和单位工程计算主要实物工程量。此时，计算工程量的目的是为了选择施工方案和主要的施工运输机械；初步规划主要施工过程和流水施工；估算各项目的完成时间；计算劳动力及技术物资的需要量。这些工程量只需粗略地计算即可。

计算工程量，可按初步(或扩大初步)设计图纸并根据各种定额手册进行计算。常用的定额、资料有：

(1)万元、十万元投资工程量，劳动力及材料消耗扩大指标。这种定额规定了某一种结构类型建筑每万元或十万元投资中劳动力消耗数量、主要材料消耗量。根据图纸中的结构类型，即可估算出拟建工程分项需要的劳动力和主要材料消耗量。

(2)概算指标和扩大结构定额。这两种定额都是预计定额的进一步扩大(概算指标是以建筑物的每 100m^3 体积为单位；扩大结构定额是以每 100m^2 建筑面积为单位)。

查定额时，分别按建筑物的结构类型、跨度、高度分类，查出这种建筑物按拟定单位所需的劳动力和各项主要材料消耗量，从而推出拟计算项目所需要的劳动力和材料的消耗量。

(3)已建房屋、构筑物的资料。在缺少定额手册的情况下，可采用已建类似工程实际材料、劳动力消耗量，按比例估算。但是，由于和拟建工程完全相同的已建工程是比较少见的，因此在利用已建工程的资料时，一般都应进行必要的调整。

除建设项目本身外，还必须计算主要的全工地性工程的工程量，例如铁路及道路长度、地下管线长度、场地平整面积等，这些数据可以从建筑总平面图上求得。

按上述方法计算出的工程量填入统一的工程项目一览表，如表 14－3 所示。

表 14-3　工程项目一览表

工程分类	工程项目名称	结构类型	建筑面积	栋数	概算投资	主要实物工程量								
						场地平整	土方工程	铁路铺设	……	砖石工程	钢筋混凝土工程	……	装饰工程	……
			km^2	个	万元	km^2	km^3	km		km^3	km^3		km^2	
全工地性工程														
主体项目														
辅助项目														
永久住宅														
临时住宅														
合　计														

2. 确定各单位工程(或单个建筑物)的施工期限

单位工程的工期可参阅工期定额(指标)予以确定。工期定额是根据我国各部门多年来的经验,经分析汇总而成。单位工程的施工期限与建筑类型、结构特征、施工方法、施工技术和管理水平以及现场的施工条件等因素有关,故确定工期时应予以综合考虑。

3. 确定单位工程的开工、竣工时间和相互搭接关系

在施工部署中已确定了总的施工程序和各系统的控制期限及搭接时间,但对每一建筑物何时开工、何时竣工尚未确定。在解决这一问题时,主要考虑下述诸因素:

(1)同一时期的开工项目不宜过多,以免人力物力过于分散;

(2)尽量使劳动力和技术物资消耗量在全工程上均衡;

(3)做到土建施工、设备安装和试生产之间在时间的综合安排上以及每个项目和整个建设项目的安排上比较合理;

(4)确定一些次要工程作为后备项目,用以调剂主要项目的施工进度。

4. 编制施工总进度计划

施工总进度计划可以用横道图表达,也可以用网络图表达,用网络图表达时,应优先采用时标网络图。采用时标网络图比横道计划更加直观、易懂、一目了然、逻辑关系明确,并能利用电子计算机进行编制、调整、优化、统计资源消耗数量、绘制并输出各种图表,因此应推广使用。

由于施工总进度计划只是起控制各单位工程或各分部工程的开工、竣工时间的作用,因此不必搞得过细,以单位工程或分部工程作为施工项目名称即可,否则会给计划的编制和调整带来不便。

施工总进度计划的绘制步骤是:首先根据施工项目的工期和相互搭接时间,编制施工总进度计划的初步方案;然后在进度计划的下面绘制投资、工作量、劳动力等主要资源消耗动态曲线图,并对施工总进度计划进行综合平衡、调整,使之趋于均衡;最后绘制成正式的施工总进度计划,可参照表 14-4,表 14-5 是某群体工程施工总进度计划。

表 14－4　施工总进度计划

序号	施工项目	建筑指标		设备安装指标(t)	总劳动量(工日)	施工总时度							
						第一年				第二年			
		单位	数量			1	2	3	4	1	2	3	4

表 14－5　某群体工程施工总进度计划

区域及单位工程		第一年				第二年				第三年				第四年			
		1	2	3	4	1	2	3	4	1	2	3	4	1	2	3	4
A区会议厅	土方，基础，结构		—	—	—	—	—	—	—								
	机电，管线安装								—	—	—	—	—	—	—	—	
	装修									—	—	—	—	—	—	—	
B区宾馆	地下室，结构	—	—	—	—	—	—	—	—	—							
	机电，管线安装					—	—	—	—	—	—	—	—	—	—	—	
	装修							—	—	—	—	—	—	—	—	—	—
C区中展厅	土方，基础，结构	—	—	—	—	—	—	—	—								
	机电，管线安装							—	—	—	—	—	—				
	装修								—	—	—	—					
D区办公塔楼	地下室，结构	—	—	—	—	—	—	—	—								
	钢结构，防火喷涂			—	—	—	—	—									
	玻璃幕墙					—	—	—	—								
	机电，管线安装					—	—	—	—	—	—	—	—				
	装修								—	—	—	—	—				
E区花园	基础，地下室，结构			—	—	—	—	—									
	机电，管线安装					—	—	—	—	—	—	—	—	—	—		
	装修						—	—	—	—	—	—	—	—	—		
F区大展厅	地下室，结构		—	—	—	—	—	—	—	—							
	机电，管线安装								—	—	—	—	—				
	装修									—	—	—	—	—			

（续表）

区域及单位工程		第一年				第二年				第三年				第四年			
		1	2	3	4	1	2	3	4	1	2	3	4	1	2	3	4
锅炉房	土方，结构，装修					—	—										
	机电，管线安装						—	—	—	—	—	—	—	—	—	—	
室外工程	地下管线，竖井						—	—	—	—							
	道路，室外，围墙							—	—	—	—	—	—	—	—		

14.4 资源总需求计划

依据总施工部署、总进度计划可以编制施工中各种资源的总需求计划，以确保资源的组织和供应，从而使项目施工能顺利进行。

14.4.1 施工准备工作计划

为确保工程按期开工和施工总进度计划的如期完成，应根据建设项目的施工部署、工程施工的展开程序和主要工程项目的施工方案，及时编制好全场性的施工准备工作计划，其形式如表 14－6 所示。

表 14－6 主要施工准备工作计划

序号	施工准备工作内容	负责单位	涉及单位	要求完成日期	备注

施工准备工作计划的主要内容包括：

(1)按照建筑总平面图建立现场测量控制网。

(2)做好土地征用、居民迁移和各类障碍物的拆除或迁移工作。

(3)做好场内外运输道路、水、电、气的引入方案和施工安排，制定场地平整、全场性排水、防洪设施的规划和施工安排。

(4)安排好混凝土搅拌站、预制构件厂、钢筋加工厂等生产设施和各种生活福利设施的修建计划。

(5)做好建筑材料、预制构件、加工品、半成品、施工机具的订购、运输、存储方式等各项计划，并做好相应的准备工作。

(6)编制施工组织总设计、制定有关的施工技术措施。

(7)制定新技术、新材料、新工艺、新结构的试制、试验计划和职工技术培训计划。

(8)制定冬雨期施工的技术组织措施和施工准备工作计划。

14.4.2 施工资源需要量计划

根据建设项目施工总进度计划，按照表 14－7 将主要实物工程量进行汇总，编制工程量进度计划。然后根据工程量汇总表(可参照表 14-7)计算主要劳动力及施工技术物资需要量。

1. 劳动力需要量及供应计划

首先根据施工总进度计划,套用概算定额或经验资料分别计算出一年四季(或各月)所需劳动力数量;然后按表汇总成劳动力需要量及使用计划(可参照表 14-8),同时解决劳动力不足的响应措施。

表 14-7 工程量汇总表

顺次	工程名称	计算单位	全部工程	其中包括					工程量时度计划					
				各项工程					1				2	3
				No. 1	No. 2	No. 3	No. 4	No. 5	季度				季度	季度
									一	二	三	四	…	…
1	土方工程	3	4	5	6	7	8	9	10	11	12	13	14	15
1.1	挖土													
1.2	填土													
2	砖石工程													
3	整体式钢筋混凝土结构													
4	整体式混凝土结构													
5	结构安装……													
6	门窗工程													
6.1	窗													
6.2	门													
7	隔墙													
8	地面工程													
9	屋面工程													

表 14-8 劳动力需要量及使用计划

序号	工种名称	劳动量(工日)	全工地性工程						生活用房		仓库加工等暂设工程	用工时间													
			主厂房	辅助车间	道路	铁路	给水排水管道	电气工程	永久性住宅	临时性住宅		年								年					
												5	6	7	8	9	10	11	12	1	2	3	4	5	6
	钢筋工 木工 混凝土工 ……																								

2. 主要施工及运输机械需要量汇总表

根据施工进度计划、主要建筑物施工方案和工程量、套用机械产量定额,即可得到主要施正机械需要量。辅助机械可根据安装工程概算指标求得,从而编制出机械需要量计划。根据施工部署和主要建筑物的施工方案、技术措施以及总进度计划的要求,即可提出必需的主要施工机具的数量及进场日期。这样,可使所需机具按计划进场,另外可为计算施工用电、选择变压器容量等提供计算依据。主要施工及运输机械需要量汇总表如表 14－9。

表 14－9　主要施工及运输机械需要量汇总表

序号	机械名称	简要说明（型号、生产率等）	电动机功率/kW	数量	需要量计划															
					年								年							
					5	6	7	8	9	10	11	12	1	2	3	4	5	6	7	8

3. **建设项目各种物资需要量计划**

根据工种工程量汇总表和总进度计划的要求，查概算指标即可得出各单位工程所需的物资需要量，从而编制出物资需要量计划，可参照表 14－10。

表 14－10　建设项目各种物资需要量计划

序号	类别	材料名称	单位	全工地性工程						生活设施		其他暂设工程	需要量计划											
				主厂房	辅助车间	道路	铁路	给水排水管道	电气工程	永久性住宅	临时性住宅		年								年			
													7	8	9	10	11	12	1	2	3	4	5	6
1	构件类	预制桩 预制梁 四孔板 ……																						
2	主要材料	钢筋 水泥 砖石灰 ……																						
3	半成品类	砂浆 混凝土 木门窗 ……																						

14.5　施工总平面图

施工总平面图是在拟建项目施工场地范围内，按照施工布置和施工总进度计划的要求，将拟建项目和各种临时设施进行合理部署的总体布置图，是施工组织总设计的重要内容，也是现场文明施工、节约施工用地、减少各种临时设施数量、降低工程费用的先决条件。

14.5.1　施工总平面图设计内容

（1）建筑项目的建筑总平面图上一切地上、地下的已有和拟建建筑物、构筑物及其他设施的位置和尺寸。

（2）一切为全工地施工服务的临时设施的布置位置，包括：

① 施工用地范围、施工用道路。

② 加工厂及有关施工机械的位置。

③ 各种材料仓库、堆场及取土弃土位置。

④ 办公、宿舍、文化福利设施等建筑的位置。

⑤ 水源、电源、变压器、临时给水排水管线、通信设施、供电线路及动力设施位置。

⑥ 机械站、车库位置。

⑦ 一切安全、消防设施位置。

(3)永久性及半永久性坐标位置、取土弃土位置。

14.5.2 施工总平面图设计的原则

施工总平面图设计总的原则是:平面紧凑合理,方便施工流程,运输方便流畅,降低临时设施费用,便于生产生活,保护生态环境,保证安全可靠。具体内容包括:

(1)平面紧凑合理是指少占农田、减少施工用地,充分调配各方面的布置位置,使其合理有序。

(2)方便施工流程是指施工区域的划分应尽量减少各工种之间的相互干扰,充分调配人力、物力和场地,保持施工均衡、连续、有序。

(3)运输方便通畅是指合理组织运输、减少运输费用,保证水平运输和垂直运输通畅无阻,保证不间断施工。

(4)降低临时设施费用是指充分利用现有建筑,作为办公、生活福利等用房,应尽量减少建临时性设施。

(5)便于生产生活是指尽量为生产工人提供方便的生产生活条件。

(6)保护生态环境是指施工现场及周围环境需要注意保护,如能保留的树木应尽量保留,对文物及有价值的物品应采取保护措施,对周围的水资源不应造成污染,垃圾、废土、废料、废水不随便乱堆、乱放、乱泄等,做到文明施工。

(7)保证安全可靠是指安全防火、安全施工,尤其不要出现影响人身安全的事故。

14.5.3 施工总平面图设计所依据的资料

(1)设计资料,包括建筑总平面图、地形地貌图、区域规划图、建设项目范围内有关的一切已有的和拟建的各种地上、地下设施和位置图。

(2)建设地区资料,包括当地的自然条件和经济技术条件,当地的资源供应状况和运输条件等。

(3)建设项目的建设概况,包括施工方案、施工进度计划,以便了解各施工阶段情况,合理规划施工现场。

(4)物资需求资料,包括建筑材料、构件、加工品、施工机械、运输工具等物资的需求量表,以规划现场内部的运输线路和材料堆场等位置。

(5)各构件加工厂、仓库、临时性建筑的位置和尺寸。

14.5.4 施工总平面图的设计步骤

1. 运输线路布置

设计全工地性的施工总平面图,首先应解决大宗材料进入工地的运输方式。比如说铁路运输将铁轨引入工地，水路运输需考虑增设码头、仓储和转运问题，公路运输需考虑运输线路的布置问题等。

(1)铁路运输

一般大型工业企业都设有永久性铁路专用线，通常提前修建，以便于为工程项目施工服务。由于铁路的引入，将严重影响场内施工的运输和安全，因此，一般先将铁路引入到工地一侧或两侧，当整个工程进行一定程度，工程可分为若干个独立施工区域时，才可以把铁路引到工地中心区。此时铁路对每个独立的施工区都不应有干扰，位于在施工区的外侧。

(2)水路运输

当大量物资由水路运输时，就应充分利用原有码头的吞吐能力。当原有码头吞吐能力不足时，应考虑增设码头，其码头的数量不应少于两个，且宽度应大于 2.5m，一般用石或钢筋混凝土结构建造。

一般码头距工程项目施工现场有一定距离，故应考虑在码头修建仓储库房以及考虑从码头运往工地的运输问题。

(3)公路运输

当大量物资由公路运进现场时，由于公路布置较为灵活，一般将仓库、加工厂等生产性临时设施布置在最方便、最经济合理的地方，而后再布置通向场外的公路线。

2. 仓库和材料堆场的布置

通常考虑设置在运输方便、位置适中、运距较短并且安全防火的地方，并应区别不同的材料、设备和运输方式来设置。

仓库和材料堆场的布置应考虑下列因素：

(1)尽量利用永久性仓储库房，以便于节约成本。

(2)仓库和堆场位置距离使用地应尽量接近，以减少二次搬运的工作量。

(3)当有铁路时，尽量布置在铁路线旁边，并且留够装卸前线，而且应设在靠工地的一侧，避免内部运输跨越铁路。

(4)根据材料用途设置仓库和材料堆场。

砂、石、水泥等应在搅拌站附近；钢筋、木材、金属结构等在相应加工厂附近；油库、氧气库等布置在相对僻静、安全的地方；设备尤其是笨重设备应尽量在车间附近；砖、瓦和预制构件等直接使用材料应布置在施工现场，吊车控制半径范围之内。

3. 加工厂布置

加工厂一般包括混凝土搅拌站、构件预制厂、钢筋加工场、木材加工厂、金属结构加工厂等。布置这些加工厂时主要考虑的问题是：来料加工和成品、半成品运往需要地点的总运输费用最小；加工厂的生产和工程项目的施工互不干扰。

(1)搅拌站布置。根据工程的具体情况可采用集中、分散或集中与分散相结合三种方式布置。当现浇混凝土量大时，宜在工地设置现场混凝土搅拌站；当运输条件好时，采用集中搅拌最有利；当运输条件较差时，则宜采用分散搅拌。

(2)预制构架加工厂布置。一般建在空闲区域，既能安全生产，又不影响现场施工。

(3)钢筋加工场。根据不同情况，采用集中或分散布置。对于冷加工、对焊、点焊的钢筋网等宜集中布置；设置中心加工厂，其位置应靠近构件加工厂；对于小型加工件，利用简单机具即可加工的钢筋，可在靠近使用地分散设置加工棚。

(4)木材加工厂。根据木材加工的性质、加工的数量，选择集中或分散布置。一般原木加工批量生产的产品等加工量大的应集中布置在铁路、公路附近，简单的小型加工件可分散布置在施工现场搭设几个临时加工棚。

(5)金属结构、焊接、机修等车间的布置，由于相互之间生产上联系密切，应尽量集中布置在一起。

4. 布置内部运输道路

根据各加工厂、仓库及各施工对象的相对位置，对货物周转运行图进行反复研究，区分主要道路和次要道路，进行道路的整体规划，以保证运输通畅，车辆行驶安全，节省造价。在内部运输道路布置时应考虑：

(1)尽量利用拟建的永久性道路。将它们提前修建，或先修路基，铺设简易路面，项目完成后再铺路面。

(2)保证运输畅通。道路应设两个以外的进出口，避免与铁路交叉，一般场内主干道应设成环形，其主干道应为双车道，宽度不小于 6m，次要道路为单车道，宽度不小于 3m。

(3)合理规划拟建道路与地下管网的施工顺序。在修建拟建永久性道路时，应考虑道路下的地下管网，避免将来重复开挖，尽量做到一次性到位，节约投资。

5. 消防要求

根据工程防火要求，应设立消防站，一般应设置在易燃建筑物(木材、仓库等)附近，并有通畅的出口和消防车道，其宽度不宜小于 6m，与拟建房屋的距离不得大于 25m，也不得小于 5m；沿道路布置消火栓时，其间距不得大于 10m，消火栓到路边的距离不得大于 2m。

6. 行政和生活临时设施设置

(1)临时性房屋设置原则

临时性房屋一般有：办公室、汽车库、职工休息室、开水房、浴室、食堂、商店、俱乐部等。布置时应考虑：

① 全工地性管理用房(办公室、门卫等)应设在工地入口处。

② 工人生活福利设施(商店、俱乐部、浴室等)应设在工人较集中的地方。

③ 食堂可布置在工地内部或工地与生活区之间。

④ 职工住房应布置在工地以上的生活区，一般距工地 500～1000m 为宜。

(2)办公及福利设施的规划与实施

工程项目建设中，办公及福利设施的规划应根据工程项目建设中的用人情况来确定。

① 确定人员数量

一般情况下，直接生产工人(基本工人)数用式(14－1)计算：

$$R=n\frac{T}{t}\times K_2 \tag{14-1}$$

式中：R——需要工人数；

n——直接生产的基本工人数；

T——工程项目年(季)度所需总工作日；

t——年(季)度有效工作日;

K_2——年(季)度施工不均衡系数,取1.1～1.2。

非生产人员参照国家规定的比例计算,可参考表14-11的规定。

表14-11 非生产人员比例表

序号	企业类别	非生产人员比例(%)	其中		折算为占生产人员比例(%)
			管理人员	服务人员	
1	中央、省、直辖市、自治区属	16～18	9～11	6～8	19～22
2	省辖市、地区属	8～10	8～10	5～7	16.3～19
3	县(市)企业	10～14	7～9	4～6	13.6～16.3
① 工程分散,职工数较大者取上限; ② 新辟地区、当地服务网点未建立时应增加服务人员5%～10%; ③ 大城市、大工业区服务人员应减少2%～4%。					

② 确定办公及福利设施的临时建筑面积

当工地人员确定后,可按实际人数确定建筑面积。

$$S = N \times P \tag{14-2}$$

式中:S——建筑面积(m^2);

N——工地人员实际数;

P——建筑面积指标,可参照表14-12取定。

表14-12 临时建筑面积参考指标(m^2/人)

序号	临时建筑名称	指标使用方法	参考指标	序号	临时房屋名称	指标使用方法	参考指标
一	办公室	按使用人数	3～4	1	医务室	按高峰年平均人数	0.05～0.07
二	宿舍			2	浴室	按高峰年平均人数	0.07～0.1
1	单层通铺	按高峰年(季)平均人数	2.5～3.0	3	理发室	按高峰年平均人数	0.01～0.03
2	双层床	不包括工地人数	2.0～2.5	4	开水房	按高峰年平均人数	10～40
3	单层床	不包括工地人数	3.5～4.0	5	小卖部	按高峰年平均人数	0.03
三	食常	按高峰年平均人数	0.5～0.8	6	厕所	按工地平均人数	0.02～0.07
四	其他			7	工人休息室	按工地平均人数	0.15

7. 工地临时供水系统的设置

设置临时性水电管网时,应尽量利用可用的水源、电源。一般排水干管和输电线沿主干道布置;水池、水塔等储水设施应设在地势较高处;总变电站应设在高压电入口处;消防站应布置在工地出入口附近,消火栓沿道路布置;过冬的管网要采取保温措施。

工地用水主要有三种类型:生活用水、生产用水和消防用水。

工地供水确定的主要内容有:决定用水量、选择水源、设计配水管网。

(1) 确定用水量

① 生产用水包括工程施工用水和施工机械用水。

施工工程用水量为：

$$q_1 = K_1 \sum \frac{Q_1 \times N_1}{T_1 \times b} \times \frac{K_2}{8 \times 3600} \tag{14-3}$$

式中：q_1—— 施工工程用水量(L/s)；

K_1—— 未预见的施工用水系数(1.05 ～ 1.15)；

Q_1—— 年(季)度工程量(以实物计量单位表示)；

N_1—— 施工用水定额，按表 14 - 13 取定；

T_1—— 年(季)度有效工作日(天)；

b—— 每天工作班数(次)；

K_2—— 用水不均衡系数，按表 14 - 14 取定。

表 14 - 13　施工用水(N_1)参考定额表

序号	用水对象	单位	耗水量 N_1(L)	备注
1	浇注混凝土全部用水	m^3	1700～2400	
2	搅拌普通混凝土	m^3	250	实测数据
3	搅拌轻质混凝土	m^3	300～350	
4	搅拌泡沫混凝土	m^3	300～400	
5	搅拌热混凝土	m^3	300～350	
6	混凝土养护(自然养护)	m^3	200～400	
7	混凝土养护(蒸汽养护)	m^3	500～700	
8	冲洗模板	m^2	5	
9	搅拌机清洗	台班	600	实测数据
10	人工冲洗石子	m^3	1000	
11	机械冲洗石子	m^3	600	
12	洗砂	m^3	1000	
13	砌砖工程全部用水	m^3	150～250	
14	砌石工程全部用水	m^3	50～80	
15	粉刷工程全部用水	m^3	30	
16	砌耐火砖砌体	m^3	100～150	包括砂浆搅拌
17	洗砖	千块	200～250	
18	洗硅酸盐砌块	m^3	300～350	
19	抹面	m^3	4～6	不包括调制用水
20	楼地面	m^3	190	找平层同
21	搅拌砂浆	m^3	300	
22	石灰消化	1	3000	

表 14－14　施工用水不均衡系数表

K	用水名称	系数
K_2	施工工程用水	1.5
	生产企业用水	1.25
K_3	施工机械运输机具	2.00
	动力设备	1.05～1.10
K_4	施工现场用水	1.30～1.50
K_5	居民区生活用水	2.00～2.50

施工机械用水量为：

$$q_2 = K_1 \sum Q_2 \times N_2 \times \frac{K_3}{8 \times 3600} \qquad (14-4)$$

式中：q_2—— 施工机械用水量(L/s)；

K_1—— 未预见施工用水系数(1.05 ～ 1.15)；

Q_2—— 同种机械台数(台)；

N_2—— 用水定额，参考表 14－15；

K_3—— 用水不均衡系数，参考表 14－14。

表 14－15　施工机械用水(N_2)参考定额表

序号	用水对象	单位	耗水量 N_2	备　注
1	内燃挖土机	升/台班·米^3	200～300	以斗容量立方米计
2	内燃起重机	升/台班·吨	15～15	以起重吨数计
3	蒸汽起重机	升/台班·吨	300～400	以起重吨数计
4	蒸汽打桩机	升/台班·吨	1000～1200	以锤重吨数计
5	蒸汽压路机	升/台班·吨	100～150	以压路机吨数计
6	内燃压路机	升/台班·吨	12～15	以压路机吨数计
7	拖拉机	升/昼夜·台	200～300	—
8	汽车	升/昼夜·台	400～700	—
9	标准轨蒸汽机车	升/昼夜·台	10000～20000	—
10	窄轨蒸汽机车	升/昼夜·台	4000～7000	—
11	空气压缩机	升/台班·(米^3/分钟)	40～80	以压缩空气机排气量米^3/分计
12	内燃机动力装置(直流水)	升/台班·马力	120～300	—
13	内燃机动力装置(循环水)	升/台班·马力	25～40	—
14	锅驼机	升/台班·马力	80～160	不利用凝结水

（续表）

序号	用水对象	单位	耗水量 N_2	备　注
15	锅炉	升/台班·吨	200～300	以小时蒸发量计
16	锅炉	升/台班·米^2	15～30	以受热面积计
17	点焊机 25 型	升/小时	100	实测数据
	点焊机 50 型	升/小时	150～200	实测数据
	75 型	升/小时	250～350	实测数据
	100 型	升/小时	—	
	冷拔机	升/小时	300	
18	对焊机	升/小时	300	
19	凿岩机 01－30(CM－56)	升/分	3	
	01－45(TN－4)	升/分	5	
	01－38(KⅡM－4)	升/分	8	
	YQ－100	升/分	8～12	

② 生活用水量包括：现场生活用水和生活区生活用水。

施工现场用水量为：

$$q_3=\frac{P_1\times N_3\times K_4}{b\times 3\times 3600} \tag{14-5}$$

式中：q_3——生活用水量(L/s)；

P_1——高峰人数(人)；

N_3——生活用水定额，视当地气候、工种而定，一般取 100～120 升/(人·昼夜)；

K_4——生活用水不均衡系数，参考表 14－15；

b——每天工作班数(次)。

生活区用水量为：

$$q_4=\frac{P_2\times N_4\times K_5}{24\times 3600} \tag{14-6}$$

式中：q_4——生活区生活用水量(L/s)；

P_2——居民人数(人)；

N_4——生活用水定额，参考表 14－16；

K_5——用水不均衡系数，参考表 14－14。

表 14－16　生活用水量(N_4)参考定额表

序号	用水对象	单位	耗水量 N_4	备　注
1	工地全部生活用水	升/人·日	100～120	
2	生活用水(盥洗生活饮用)	升/人·日	25～30	

（续表）

序号	用水对象	单位	耗水量 N_4	备　注
3	食堂	升/人·日	15～20	
4	浴室(淋浴)	升/人·次	50	
5	沐浴带大池	升/人·次	30～50	
6	洗衣	升/人·日	30～35	
7	理发室	升/人·次	15	
8	小学校	升/人·日	12～15	
9	幼儿园托儿所	升/人·日	75～90	
10	医院病房	升/病床·日	100～150	

③ 消防用水量

消防用水量 q_5 包括：居民生活区消防用水和施工现场消防用水，应根据工程项目大小及居住人数的多少来确定。可参考表 14－17 取定。

表 14－17　消防用水量表

用水场所	规模	火灾同时发生次数	单位	用水量
居民区消防用水	5000 人以内	一次	升/秒	10
	10000 人以内	二次	升/秒	10～15
	25000 人以内	二次	升/秒	15～20
施工现场消防用水	施工现场在 25 公顷以内	一次	升/秒	10～15(每增加 25 公顷递增 5)

④ 总用水量

由于生产用水、生活用水和消防用水不同时使用，日常只有生产用水和生活用水，消防用水是在特殊情况下产生的，故总用水量不能简单地将几项相加，而应考虑有效组合，既要满足生产用水和生活用水，又要有消防储备。一般可分为以下三种组合：

当 $q_1+q_2+q_4\leqslant q_5$ 时，取 $Q=q_5+\frac{1}{2}(q_1+q_2+q_3+q_4)$；

当 $q_1+q_2+q_4>q_5$ 时，取 $Q=q_1+q_2+q_3+q_4$；

当工地面积小于 5 公顷，并且 $q_1+q_2+q_3+q_4<q_5$ 时，取 $Q=q_5$。

当总用水量 Q 确定后，还应增加 10%，以补偿不可避免的水管漏水等损失，即

$$Q_{总}=1.1Q \tag{14-7}$$

(2)水源选择和确定供水系统

① 水源选择

工程项目工地临时供水水源的选择，有供水管道供水和天然水源供水两种方式。最好的方式是采用附近居民区现有的供水管道供水，只有当工地附近没有现成的供水管道或现

成的给水管道无法使用以及供水量难以满足施工要求时，才使用天然水源供水（如江、河、湖、井等）。

选择水源应考虑的因素有：水量是否充足、可靠，能否满足最大需求量要求；能否满足生活饮用水、生产用水的水质要求；取水、输水、净水设施是否安全、可靠；施工、运转、管理和维护是否方便。

② 确定供水系统

供水系统由取水设施、净水设施、储水构筑物、输水管道、配水管道等组成。通常情况下，综合工程项目的首建工程应是永久性供水系统，只有在工程项目的工期紧迫时，才修建临时供水系统，如果已有供水系统，可以直接从供水源接输水管道。

③ 确定取水设施

取水设施一般由取水口、进水管和水泵组成。取水口距河底（或井底）一般不小0.25～0.9m，在冰层下部边缘的距离不小于0.25m。给水工程一般使用离心泵、隔膜泵和活塞泵三种。所用的水泵应具有足够的抽水能力和扬程。

④ 确定贮水构筑物

贮水构筑物一般有水池、水塔和水箱。在临时供水时，如：水泵不能连续供水，需设置贮水构筑物。其容量以每小时消防用水决定，但不得少于10～20m^3。

贮水构筑物的高度应根据供水范围、供水对象位置及水塔本身位置来确定。

⑤ 确定供水管径

$$D=\sqrt{\frac{4Q\times1000}{\pi\times v}} \tag{14-8}$$

式中：D——配水管内径；

Q——用水量(L/s)；

v——管网中水流速度(m/s)，参考表14-18。

根据已确定的管径和水压的大小，可选择配水管，一般干管为钢管或铸铁管，支管为钢管。

表14-18　临时水管经济流速表

管　　径	流　速(m/s)	
	正常时间	消防时间
支管 $D<0.10$m	2	
生产消防管道 $D=0.1$m～0.3m	1.3	>3.0
生产消防管道 $D>0.3$m	1.5～1.7	2.5
生产用水管道 $D>0.3$m	1.5～2.5	3.0

8. 工地临时供电系统的布置

工地临时供电的组织包括用电量的计算、电源的选择、确定变压器、配电线路设置和导线截面面积的确定。

(1) 工地总用电量的计算

施工现场用电一般可分为动力用电和照明用电。在计算用电量时，应考虑以下因素：

① 全工地动力用电功率。

② 全工地照明用电功率。

③ 施工高峰用电量。

工地总用电量按式(14－9)计算：

$$P=(1.05\sim1.10)\left[K_1\frac{\sum P_1}{\cos\phi}+K_2\sum P_2+K_3\sum P_3+K_4\sum P_4\right] \quad (14-9)$$

式中：P—— 供电设备总需要容量(kV·A)；

P_1—— 电动机额定功率(kW)；

P_2—— 电焊机额定功率(kV·A)；

P_3—— 室内照明容量(kW)；

P_4—— 室外照明容量(kW)；

$\cos\phi$—— 电动机的平均功率因数(在施工现场最高为 0.75 ～ 0.78，一般为 0.65 ～0.75)；

K_1,K_2,K_3,K_4—— 需要系数，参考表 14－19。

其他机械动力设备以及工具用电可参考有关定额。

由于照明用电量远小于动力用电量，故当单班施工时，其用电总量可以不考虑照明用电。

(2) 电源选择的几种方案

① 完全由工地附近的电力系统供电。

② 工地附近的电力系统不够的话，工地需增设临时电站以补充不足部分。

③ 如果工地属于新开发地区，附近没有供电系统，电力则应由工地自备临时动力设施供电。

表 14－19　需要系数(K 值)表

用电名称	数　量	需要系数				备　注
		K_1	K_2	K_3	K_4	
电动机	3～10 台	0.7				如施工需要电热时，将其用电量计算进去。式中各动力照明用电应根据不同工作性质分类计算。
	11～30 台	0.6				
	30 台以上	0.5				
加工厂动力设备		0.5				
电焊机	3～10 台		0.6			
	10 台以上		0.4			
室内照明				0.8		
室外照明					1.0	

根据实际情况确定供电方案。一般情况下是将工地附近的高压电网，引入工地的变压器进行调配。其变压器功率可由式(14－10)计算：

$$P=K\left(\frac{\sum P_{\max}}{\cos\phi}\right) \quad (14-10)$$

式中：P—— 变压器的功率(kV·A)；

K—— 功率损失系数，取 1.05；

$\sum P_{max}$ —— 各施工区的最大计算负荷(kW)；

$\cos\phi$ —— 功率因数。

根据计算结果，应选取略大于该结果的变压器。

(3) 选择导线截面

导线的自身强度必须能防止受拉或机械性损伤而折断，导线还必须耐受因电流通过而产生的温升，导线还应使得电压损失在允许范围之内，这样导线才能正常传输电流，保证各方用电的需要。

选择导线应考虑如下因素：

① 按机械强度选择

导线在各种敷设方式下，应按其强度需要，保证必需的最小截面，以防拉、折而断。可根据有关资料进行选择。

② 按照允许电压降选择

导线满足所需要的允许电压，其本身引起的电压降必须限制在一定范围内，导线承受负荷电流长时间通过所引起的温升，其自身电阻越小越好，使电流通畅，温度则会降低，因此，导线的截面是关键因素，可由式(14-11)计算：

$$S=\frac{\sum P\times L}{C\times\varepsilon} \tag{14-11}$$

式中：S—— 导线截面面积(mm^2)；

P—— 负荷电功率或线路输送的电功率(kW)；

L—— 输送电线路的距离(m)；

C—— 系数，视导线材料，送电电压及调配方式而定，参考表 14-20；

ε—— 容许的相对电压降(即线路的电压损失%)，一般为 2.5%～5%。

其中，照明电路中容许电压降不应超过 2.5%～5%；

电动机电压降不应超过±5%，临时供电可达±8%。

表 14-20 按允许电压降计算时的 C 值

线路额定电压(V)	线路系统及电流种类	系数 C 值	
		铜线	铝线
380/220	三相四线	77	46.3
220		12.8	7.75
110		3.2	1.9
36		0.34	0.21

以上三个条件选择的导线，取截面面积最大的作为现场使用的导线，通常导线的选取先根据计算负荷电流的大小来确定，而后根据其机械强度和允许电压损失值进行复核。

③ 负荷电流的计算

三相四线制线路上的电流可按式(14－12)计算

$$I=\frac{P}{\sqrt{3}\times V\times \cos\phi} \tag{14-12}$$

式中：I——电流值(A)；

P——功率(W)；

V——电压(V)；

$\cos\phi$——功率因素。

导线制造厂家根据导线的容许温升，制定了各类导线在不同敷设条件下的持续容许电流值，在选择导线时，导线中的电流不得超过此值。

9. 施工总平面图设计方法综述

综上所述，外部交通、仓库、加工厂、内部道路、临时房屋、水电管网等布置应系统考虑，多种方案进行比较，当确定之后采用标准图绘制在总平面图上。比例一般为 1∶1000 或 1∶2000。图 14－2 是某个工程项目的施工总平面图。应该指出，上述各设计步骤不是截然分开各自孤立进行的，而是相互联系，相互制约的，需要综合考虑、反复修正才能确定下来。当有几种方案时，尚应进行方案比较。

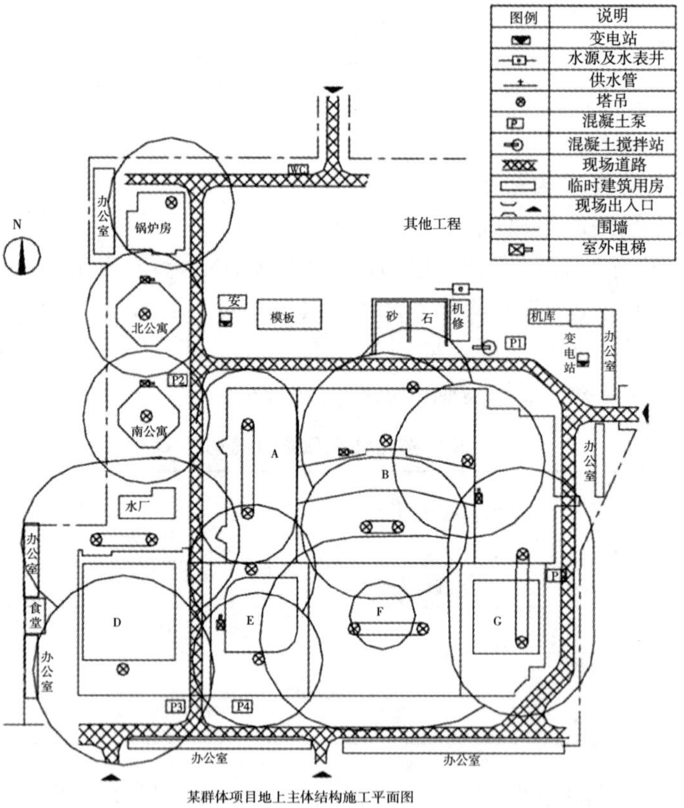

图 14－2　某施工图总平面图实例

14.5.5 施工总平面图的科学管理

施工总平面图设计完成之后，就应认真贯彻其设计意图，发挥其应有作用，因此，现场对总平面图的科学管理是非常重要的，否则就难以保证施工的顺利进行。施工总平面图的管理包括：

(1)建立统一的施工总平面图管理制度。划分总平面图的使用管理范围，做到责任到人，严格控制材料、构件、机具等物资占用的位置、时间和面积，不准乱堆乱放。

(2)对水源、电源、交通等公共项目实行统一管理。不得随意挖路断道，不得擅自拆迁建筑物和水电线路，当工程需要断水、断电、断路时要申请，经批准后方可着手进行。

(3)对施工总平面布置实行动态管理。在布置中，由于特殊情况或事先未预测到的情况需要变更原方案时，应根据现场实际情况，统一协调，修正其不合理的地方。

(4)做好现场的清理和维护工作，经常性检修各种临时性设施，明确负责部门和人员。

14.6 施工组织总设计的技术经济评价

施工组织总设计是整个建设项目或群体施工的全局性、指导性文件，其编制质量的高低对工程建设的进度、质量和经济效益影响较大。因此，对施工组织总设计应进行技术经济评价。技术经济评价的目的是：对施工组织总设计通过定性及定量的计算分析，论证在技术上是否可行，在经济上是否合理。对照相应的同类型有关工程的技术经济指标，反映所编的施工组织总设计的最后效果，并应反映在施工组织总设计文件中，作为施工组织总设计的考核评价和上级审批的依据。

14.6.1 施工组织总设计的技术经济评价的指标体系

施工组织总设计中常用的技术经济评价指标有：施工工期、工程质量、劳动生产率、材料使用指标、机械化程度、工厂化程度、成本降低指标等。其体系如表 14 - 21 示。

主要指标的计算方式如下：

(1) 工期指标

① 总工期(d)：从工程破土动工到竣工的全部日历天数。

② 施工准备期(d)：从施工准备开始到主要项目开工日止。

③ 部分投产期(d)：从主要项目开工到第一批项目投产使用日止。

(2) 质量指标(%)

这是施工组织设计中确定的控制目标。其计算公式为：

质量优良品率＝ 优良工程个数(或面积)/施工项目总个数(或总面积)　　(14 - 13)

(3) 劳动指标

① 劳动力均衡系数(%)，它表示整个施工期间使用劳动力的均衡程度。

劳动力均衡系数＝ 施工高峰人数/施工期平均人数　　(14 - 14)

表 14－21　施工组织总设计技术经济指标体系

<table>
<tr><td rowspan="28">施工组织总设计技术经济指标体系</td><td rowspan="7">工期指标</td><td>总工期(天)</td><td></td><td></td><td></td></tr>
<tr><td>施工准备期(天)</td><td></td><td></td><td></td></tr>
<tr><td>部分投产期(天)</td><td></td><td></td><td></td></tr>
<tr><td>±0.00 以上工期(天)</td><td></td><td></td><td></td></tr>
<tr><td rowspan="3">分部工程工期(天)</td><td>基础工期</td><td></td><td></td></tr>
<tr><td>结构工期</td><td></td><td></td></tr>
<tr><td>装修工期</td><td></td><td></td></tr>
<tr><td>质量指标</td><td>优良品率(%)</td><td></td><td></td><td></td></tr>
<tr><td rowspan="10">劳动指标</td><td>劳动力均衡系数</td><td></td><td></td><td></td></tr>
<tr><td rowspan="6">用工</td><td>总工日</td><td></td><td></td></tr>
<tr><td>名分部工程用工日</td><td></td><td></td></tr>
<tr><td rowspan="4">单方用工</td><td colspan="2">工程项目单方用工日(工日/m²)</td></tr>
<tr><td rowspan="3">分部工程单方用工日(工日/m²)</td><td>基础</td></tr>
<tr><td>结构</td></tr>
<tr><td>装修</td></tr>
<tr><td rowspan="2">劳动生产率(元/工日)</td><td>生产工人日产值</td><td></td><td></td></tr>
<tr><td>建安工人日产值</td><td></td><td></td></tr>
<tr><td>节约工日总量(工日)</td><td></td><td></td><td></td></tr>
<tr><td colspan="2">机械化施工程度(%)</td><td></td><td></td><td></td></tr>
<tr><td colspan="2">工厂化施工程度(%)</td><td></td><td></td><td></td></tr>
<tr><td rowspan="4">材料使用指标</td><td rowspan="3">主要材料节约量</td><td>钢材(t)</td><td></td><td></td></tr>
<tr><td>木材(m³)</td><td></td><td></td></tr>
<tr><td>水泥(t)</td><td></td><td></td></tr>
<tr><td>主要材料节约率(%)</td><td></td><td></td><td></td></tr>
<tr><td rowspan="2">降低成本指标</td><td>降低成本额(元)</td><td></td><td></td><td></td></tr>
<tr><td>降低成本率(%)</td><td></td><td></td><td></td></tr>
<tr><td colspan="2">临时工程投资比例(%)</td><td></td><td></td><td></td></tr>
<tr><td>其他指标</td><td></td><td></td><td></td><td></td></tr>
</table>

② 单方用工(工日/m^2)，它反映劳动的使用和消耗水平。

单方用工＝ 总工数/建筑面积　　(14－15)

③ 劳动生产率(元/工日)，它表示每个生产工人或建安工人每工日所完成的工作量。

劳动生产率＝ 总工作量/总工数　　(14－16)

(4) 机械化施工程度(%)

机械化施工程度用机械化施工所完成的工作量与总工作量之比来表示。

机械化施工程度= 机械化施工完成的工作量/总工作量 (14-17)

(5) 工厂化施工程度(%)

工厂化施工程度是指在预制加工厂里施工完成的工作量与总工作量之比。

工厂化施工程度= 预制加工厂完成的工作量/总工作量 (14-18)

(6) 材料使用指标

① 主要材料节约量:靠施工技术组织措施实现的材料节约量。

主要材料节约量=预算用量-施工组织设计计划用量 (14-19)

② 材料节约率(%)

主要材料节约率= 主要材料节约量/主要材料预算用量 (14-20)

(7) 降低成本指标

① 降低成本额(元)

降低成本额是指靠施工技术组织措施实现的降低成本金额。

② 降低成本率(%)

降低成本率=降低成本额/总工作量 (14-21)

(8) 临时工程投资比例

指全部临时工程投资费用与总工作量之比,表示临时设施费用的支出情况。

临时工程投资比例= 全部临时工程投资额/总工作量 (14-22)

14.6.2 施工组织总设计技术经济评价方法

每一项施工活动都可以采用不同的施工方法和应用不同的施工机械,不同的施工方法和不同的施工机械对工程的工期、质量和成本费用等影响都不同。因此,在编制施工组织总设计时,应根据现有的以及可能获得的技术和机械情况,拟定几个不同的施工方案,然后从技术上、经济上进行分析比较,从中选出最合理的方案。把技术上的可能性与经济上的合理性统一起来,以最少的资源消耗获得最佳的经济效果,多快好省地完成施工任务。

对施工组织设计进行技术经济分析,常用的有两种方法:定性分析法和定量分析法。施工组织总设计的技术经济分析以定性分析为主、定量分析为辅。

1. 定性分析法

定性分析法是根据实际施工经验对不同施工方案进行分析比较。定性分析法主要凭借经验进行分析、评价,虽比较方便,但精确度不高,也不能优化,决策易受主观因素的制约,一般常在施工实践经验比较丰富的情况下采用。

2. 定量分析法

定量分析法是对不同的施工方案进行一定的数学计算,将计算结果进行优劣比较。如有多个计算指标的，为便于分析、评价，常常对多个计算指标进行加工，形成单一(综合)指标，然后进行优劣比较。

思考练习题

一、单选题

1. 施工组织总设计的编制对象是(　　)。

A. 单位工程　　B. 单项工程　　C. 建设项目　　D. 分部工程

2. 施工组织总设计的编制依据有五个方面，其中之一的是(　　)。

A. 国家有关文件　　B. 设计文件及有关资料

C. 生产要素供应条件　　D. 施工方案

3. 施工总平面图的设计，必须依照一定的程序和步骤：①布置仓库；②布置加工厂和混凝土搅拌站；③布置临时水电管网；④引入场外交通道路；⑤布置内部运输道路；⑥布置临时设施。试选择正确的程序(　　)。

A. ③→④→②→⑥→①→⑤　　B. ④→①→②→⑤→⑥→③

C. ⑤→④→③→①→②→⑥　　D. ⑤→①→②→③→⑥→④

4. 施工部署的内容一般应包括：确定工程开展程序、拟定主要工程项目的施工方案、明确施工任务划分与组织安排以及(　　)。

A. 确定施工方法　　B. 选择主要施工机具设备

C. 编制施工准备工作计划　　D. 编制施工总进度计划

5. 施工现场场内道路干线应采用(　　)布置。

A. 一字形　　B. U 形　　C. 环形　　D. L 形

6. 编制施工组织总设计时，几项重点内容编制顺序正确的是(　　)。

A. 施工部署和施工方案→施工总平面图→施工总进度计划

B. 施工总平面图→施工部署和施工方案→施工总进度计划

C. 施工总进度计划→施工总平面图→施工部署和施工方案

D. 施工部署和施工方案→施工总进度计划→施工总平面图

7. 初步施工总进度计划绘制完成后，应对其进行检查。检查的首要内容是(　　)。

A. 是否满足总工期及起止时间的要求　　B. 是否采用了流水施工方法

C. 流水节拍和流水步距是否正确　　D. 间歇时间和搭接时间是否合理

8. 编制施工组织总设计中的材料、机具设备和劳动力的需要量计划时，均需依据(　　)。

A. 施工总平面图　　B. 施工方案

C. 施工总进度计划　　D. 施工准备工作计划

9. 设计施工总平面图第一步应是(　　)。

A. 布置仓库　　B. 引入场外交通道路

C. 布置临时房屋　　D. 布置场内运输道路

10. 工地临时用电量计算，计算出的用电单位是(　　)。

A. kW　　B. kV · A　　C. kW · h　　D. A

11. 劳动力需要量计划是(　　)和组织劳动力进场的依据。

A. 制定施工方案　　B. 确定工期

C. 编制进度计划　　D. 规划暂设工程

12. 编制施工组织总设计,应首先(　　)。

A. 拟定施工方案　　B. 编制施工进度计划

C. 确定施工部署　　D. 估算工程量

13. 在进行施工总平面图设计时,全工地性行政管理用房宜设置在(　　)。

A. 工地与生活区之间　　B. 工人较集中的地方

C. 距工地 500～1000m 处　　D. 工地入口处

14. 选择施工方案首先应考虑(　　)。

A. 确定合理的施工顺序　　B. 施工方法和施工机械的选择

C. 流水施工的组织　　D. 制定主要技术组织措施

二、简答题

1. 施工组织总设计的内容一般包括哪些?

2. 施工总进度计划的编制步骤有哪些?

3. 以确保按期交付使用,在确定项目展开程序时应优先安排哪些项目?

4. 试述施工总平面图设计的原则。

第 15 章 单位工程施工组织设计

【学习内容】本章主要介绍了单位组织施工设计编织的原则、依据和程序；详细介绍了单位组织施工设计的内容、资源需求计划编制方法；重点阐述了施工方案的选择、进度计划的编制步骤和方法、施工现场平面图布置的内容和步骤。

15.1 概　　述

单位工程施工组织设计是进行单位工程施工组织的文件，是计划书，也是指导书。如果说施工组织总设计是对群体工程而言的，相当于一个战役的战略部署，则单位工程施工组织设计就是每场战斗的战术安排。施工组织总设计要解决的是全局性的问题，而单位工程施工组织设计则是针对具体工程、解决具体的问题。也就是针对一个具体的拟建单位工程，从施工准备工作到整个施工的全过程进行规划，实行科学管理和文明施工，使投入到施工中的人力、物力、财力及技术能最大限度地发挥作用，使施工能有条不紊地进行，从而实现项目的质量、工期和成本目标。

施工组织设计按编制的时间和深度看，其总体有两大类：一类是施工企业在投标时所编写的施工组织设计，另一类是中标后编写的用于指导整个施工用的施工组织设计，本章主要介绍的是后一类。

15.1.1 单位工程施工组织设计的作用和编写依据

1. 单位工程施工组织设计的作用

施工企业在施工前应针对每一个施工项目，编制详细的施工组织设计。其作用主要有：

(1)为施工准备工作做详细的安排

施工准备是单位工程施工组织设计的一项重要内容。在单位工程施工组织设计中对以下的施工准备工作提出明确的要求或做出详细、具体的安排。

① 熟悉施工图纸，了解施工环境。

② 施工项目管理机构的组建、施工力量的配备。

③ 施工现场“七通一平”工作(即水通、电通、路通、排水通、排洪通、电讯通、煤气管通及场地平整工作)的落实。

④ 各种建筑材料及水电设备的采购和进场安排。

⑤ 施工设备及起重机等的准备和现场布置。

⑥ 提出预制构件、门、窗以及预埋件等的数量和需要日期。

⑦ 确定施工现场临时仓库、工棚、办公室、机具房以及宿舍等面积，并组织进场。

(2)对项目施工过程中的技术管理作具体安排

单位施工组织设计是指导施工的技术文件，可以针对以下几个主要方面的技术方案和技术措施做出详细的安排，用以指导施工。

① 结合具体工程特点，提出切实可行的施工方案和技术手段。

② 各分部分项工程以及各工种之间的先后施工顺序和交叉搭接。

③ 对各种新技术及较复杂的施工方法所必须采取的有效措施与技术规定。

④ 设备安装的进场时间以及与土建施工的交叉搭接。

⑤ 施工中的安全技术和所采取的措施。

⑥ 施工进度计划与安排。

总之，从施工的角度看，单位工程施工组织设计是科学组织单位工程施工的重要技术、经济文件，也是建筑企业管理科学化特别是施工现场管理的重要措施之一。同时，它也是指导施工和施工准备工作的技术文件，是现场组织施工的计划书、任务书和指导书。

2. 单位工程施工组织设计编写依据

单位工程施工组织设计编写的主要依据有：

(1)施工组织总设计。当单位工程为建筑群的一个组成部分时，则该建筑物的施工组织设计必须按照施工组织总设计的各项指标和任务要求来编制，如进度计划的安排应符合总设计的要求等。

(2)施工现场条件和地质勘查资料。如施工现场的地形、地貌、地上与地下障碍物以及水文地质、交通运输道路、施工现场可占用的场地面积等。

(3)工程所在地的气象资料。如施工期间的最低、最高气温及延续时间，雨季、雨量等。

(4)施工图及设计单位对施工的要求。其中包括：单位工程的全部施工图样、会审记录和相关标准图等有关设计资料。较复杂的工业建筑、公共建筑和高层建筑等，还应了解设备图样和设备安装对土建施工的要求，设计单位对新结构、新技术、新材料和新工艺的要求。

(5)材料、预制构件及半成品供应情况。主要包括工程所在地的主要建筑材料、构配件、半成品的供货来源、供应方式及运距和运输条件等。

(6)劳动力配备情况。主要有两个方面的资料：一方面是企业能提供的劳动力总量和各专业工种的劳动人数；另一方面是工程所在地的劳动力市场情况。

(7)施工机械设备的供应情况。

(8)施工企业年度生产计划对该工程项目的安排和规定的有关指标。如开工、竣工时间及其他项目穿插施工的要求等。

(9)本项目相关的技术资料。该资料包括标准图集、地区定额手册、国家操作规程及相关的施工与验收规范、施工手册等。同时包括企业相关的经验资料、企业定额等。

(10)建设单位的要求。该资料包括开工、竣工时间，对项目质量、建材以及其他的一些特殊要求等。

(11)建设单位可能提供的条件。如现场“七通一平”情况，临时设施以及合同中约定的建设单位供应的材料、设备的时间等。

(12)与建设单位签订的工程承包合同。

15.1.2 单位工程施工组织设计的编写原则和程序

单位工程施工组织设计的编写应遵循以下原则：

(1)符合施工组织总设计的要求

若单位工程属于群体工程中的一部分，则此单位工程施工组织设计在编制时应满足总设计对工期、质量及成本目标的要求。

(2)合理划分施工段和安排施工顺序

为合理组织施工，满足流水施工的要求，应将施工对象划分成若干个施工段。同时，按照施工客观规律和建筑产品的工艺要求安排施工顺序，也是编制单位工程施工组织设计的重要原则。在施工组织设计中一般应将施工对象按工艺特征进行分解，借此组织流水作业，使不同的施工过程尽量平行搭接施工。同一施工工艺(施工过程)连续作业，从而缩短工期，不出现窝工现象。当然在组织施工时，应注意安全。

(3)采用先进的施工技术和施工组织措施

先进的施工技术是提高劳动生产率、保证工程质量、加快施工进度、降低施工成本、减轻劳动强度的重要途径。但选用新技术应从企业实际出发，以实事求是的态度，在调查研究的基础上，经过科学分析和技术经济论证，既要考虑其先进性，更要考虑其适用性和经济性。

(4)专业工种的合理搭接和密切配合

由于建筑施工对象趋于复杂化、高技术化，因而完成一个工程的施工所需要的工种将越来越多，相互之间的影响以及对工程施工进度的影响也将越来越大。施工组织设计要有预见性和计划性，既要使各施工过程、专业工种顺利进行施工，又要使它们尽可能实现搭接和交叉，以缩短工期。有些工程的施工中，一些专业工种是既相互制约又相互依存的，这就需要各工种间密切配合。高质量的施工组织设计应对此做出周密的安排。

(5)应对施工方案作技术经济比较

首先要对主要工种工程的施工方案和主要施工机械的选择方案进行论证和技术经济分析，以选择经济上合理、技术上先进且切合现场实际、适合本项目的施工方案。

(6)确保工程质量、施工安全和文明施工

在单位工程施工组织设计中应根据工程条件拟定保证质量、降低成本和安全施工的措施，务必要求切合实际、有的放矢，同时提出文明施工及保护环境的措施。

15.1.3 单位工程施工组织设计的内容

1. 一般内容

单位工程施工组织设计的内容，根据工程性质、规模和复杂程度，其内容、深度和广度要求不同，因而在编制时应从实际出发，确定各种生产要素，如材料、机械、资金、劳动力等，使其真正起到指导建筑工程投标，指导现场施工的目的。单位工程施工组织设计较完整的内容一般包括：

(1)工程概况及施工条件分析。

(2)施工方法与相应的技术组织措施，即施工方案。

(3)施工进度计划。

(4)劳动力、材料、构件和机械设备等需要量计划。

(5)施工准备工作计划。

(6)施工现场平面布置图。

(7)保证质量、安全、降低成本及文明施工等技术措施。

(8)各项技术经济指标。

2. 各内容间的相关关系

单位工程施工组织设计各项内容中，劳动力、材料、构件和机械设备等需要量计划、施工准备工作计划、施工现场平面布置图用于指导施工准备工作的进行，为施工创造物质基础的技术条件。施工方案和进度计划则主要是指导施工过程的进行，规划整个施工活动的文件。工程能否按期完工或提前交工，主要决定于施工进度计划的安排，而施工进度计划的制订又必须以施工准备、场地条件以及劳动力、机械设备、材料的供应能力和施工技术水平等因素为基础。反过来，各项施工准备工作的规模和进度、施工平面图的分期布置、各种资源的供应计划等又必须以施工进度计划为依据。因此，在编制时，应抓住关键环节，同时处理好各方面的相互关系，重点编好施工方案、施工进度计划、施工平面布置图，简称“一案一表一图”。抓住三个重点，突出技术、时间和空间三大要素，其他问题就会迎刃而解。

15.2 工程概况与施工条件

15.2.1 工程概况

1. 基本概况

单位工程施工组织设计一开始就应对工程的最基本情况如建设单位、设计单位、监理单位、建筑面积、结构形式、装饰特点、造价等做简单介绍，使人一目了然。对这些基本情况可以做成工程概况表的形式。

2. 建筑结构设计特点

建筑方面主要介绍拟建工程的建筑面积、建筑层数、建筑高度、平面形状及室内外装修等情况。结构方面主要介绍基础类型、埋置深度、结构类型、抗震设防烈度，是否采用新结构、新技术、新工艺和新材料等，由此说明需要施工解决的重点与难点问题，同时可以附上项目的建筑平、立、剖面图及结构布置图，使人阅读后对工程特点有所了解。同时通过项目的建筑、结构及水电安装等特点分析，为制定施工方案及采取相应的技术措施提供依据，从而保证施工顺利地进行。

15.2.2 施工条件及分析

(1)施工现场条件。在单位工程施工组织中，应简要介绍和分析施工现场的“七通一平”情况，拟建工程的位置、地形、地貌、拆迁、障碍物清除及地下水位等情况，周边建筑物以及施工场地周边的人文环境等。不了解和分析清楚这些情况，会影响施工组织与管理，会影响施工方案的制订。

(2)气象资料分析。应对施工项目所在地的气象资料做全面的收集与分析，如当地最低、最高气温及时间、冬雨季施工的起止时间和主导风向等，这些因素应调查清楚，纳入施工组织设计的内容中，为制订施工方案与措施提供资料。

(3)其他资源的调查与分析。包括工程所在地的原材料、劳动力、机械设备、半成品等供应及价格情况、市政配套情况、水电供应情况、交通及运输条件、业主可提供的临时设施、协作条件等,这些资源条件直接影响到项目的施工。

15.3 施工方案的选择

施工方案的选择是编制单位工程施工组织设计的重点,是整个单位工程施工组织设计的核心。它直接影响工程施工的质量、工期和经济效益,因而,施工方案的选择是非常重要的工作。施工方案的选择主要包括施工顺序、施工组织、施工机械及主要的分部分项工程施工方法的选择等内容。

15.3.1 施工流向的确定

施工流向是指单位工程在平面上或竖向上施工开始的部位和进展的方向。对单位工程施工流向的确定一般遵循“四先四后”的原则,即先准备后施工,先地下后地上,先主体后围护,先结构后装饰的次序。

同时,针对具体的单位工程,在确定施工流向时应考虑以下因素:生产使用的先后,施工区段的划分,与材料、构件、土方的运输方向不发生矛盾,适应主导工程(工程量大、技术复杂、占用时间长的施工过程)的合理施工顺序。具体应注意以下几点:

(1)工业厂房的生产工艺往往是确定施工流向的关键因素,故影响试车投产的工段应先施工。

(2)建设单位对生产或使用要求在先的部位应先施工。

(3)技术复杂、工期长的区段或部位应先施工。

(4)当有高低跨并列时,应从并列处开始;屋面防水施工应按先低后高顺序施工,当基础埋深不同时应先深后浅。

(5)根据施工现场条件确定。如土方工程边开挖边余土外运,施工的起点一般应选定在离道路远的部位,由远而近的流向进行。

对于装饰工程,一般分室内装饰和室外装饰。室外装饰通常是自上而下进行,但有特殊情况时可以不按自上而下的顺序进行,如商业性建筑为满足业主营业的要求,可采取自中而下的顺序进行,保证营业部分的外装饰先完成。这种顺序的不足之处是在上部进行外装饰时,易损坏污染下部的装饰。室内装饰可以采取主体封顶后自上而下进行,如图15-1所示,也可以采取自下而上进行,如图15-2所示。

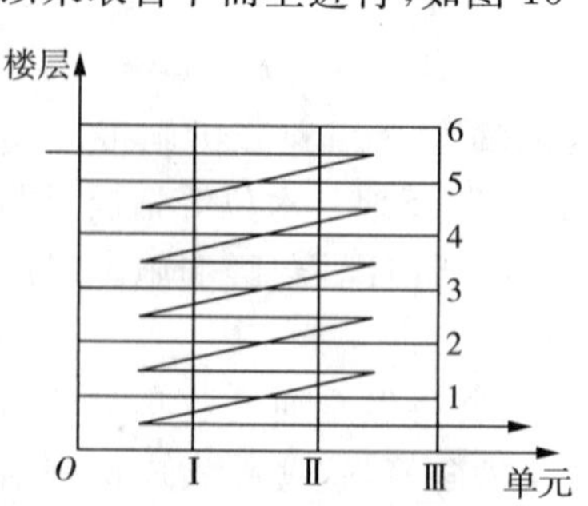

图15-1 室内装饰自上而下的流向

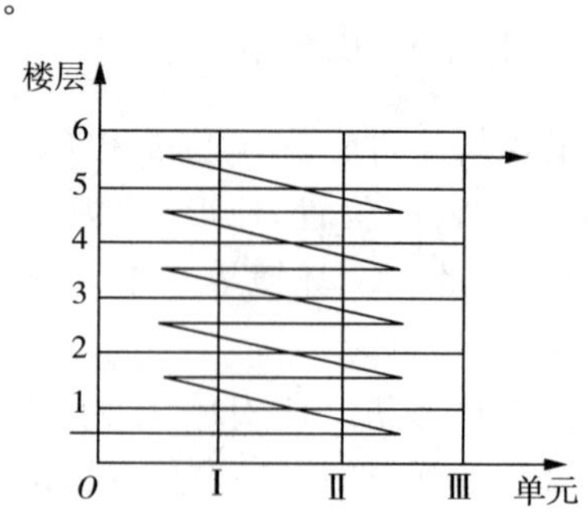

图15-2 室内装饰自下而上的流向

15.3.2 施工顺序的选择

1. 考虑的因素

施工顺序是指各项工程或施工过程之间的先后次序。施工顺序应根据实际的工程施工条件和采用的施工方法来确定，没有一种固定不变的顺序，但这并不是说施工顺序是可以随意改变的，也就是说建筑施工的顺序有其一般性，也有其特殊性。因而确定施工顺序应考虑以下因素：

(1)遵循施工程序。施工顺序应在不违背施工程序的前提下确定。

(2)符合施工工艺。施工顺序应与施工工艺顺序相一致，如现浇钢筋混凝土连梁的施工顺序为：支模板→绑扎钢筋→浇混凝土→养护→拆模板。

(3)与施工方法和施工机械的要求相一致。不同的施工方法和施工机械会使施工过程的先后顺序有所不同，如建造装配式单层厂房，采用分件吊装法的施工顺序是：先吊装全部柱子，再吊装全部吊车梁，最后吊装所有屋架和屋面板。采用综合吊装法的顺序是：先吊装完一个节间的柱子、吊车梁、屋架和屋面板之后，再吊装另一个节间的构件。

(4)考虑工期和施工组织的要求。如地下室的混凝土地坪，可以在地下室的楼板铺设前施工，也可以在楼板铺设后施工。但从施工组织的角度来看，前一方案便于利用安装楼板的起重机向地下室运送混凝土，因此宜采用此方案。

(5)考虑施工质量和安全要求。如基础回填土，必须在砌体达到必要的强度以后才能开始，否则，砌体的质量会受到影响。

(6)不同地区的气候特点不同，安排施工过程应考虑到气候特点对工程的影响。如土方工程施工应避开雨季，以免基坑被雨水浸泡或遇到地表水而造成基坑开挖的难度。

下面以砖混结构建筑、钢筋混凝土结构建筑以及装配式工业厂房为例，分别介绍不同结构形式的施工顺序。

2. 砖混结构多层建筑施工顺序

多层砖混结构房屋的施工，一般可划分为三个阶段，即基础工程施工、主体工程施工和装饰工程施工，其一般的施工顺序如图 15－3 所示。

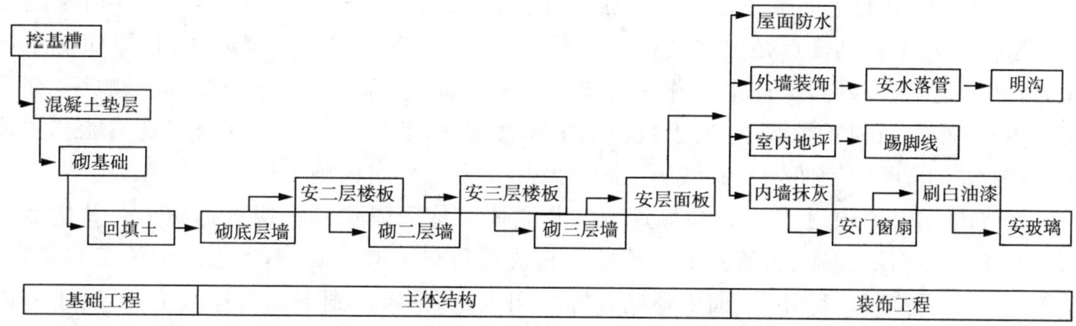

图 15－3 混合结构房屋施工顺序示意

(1)基础施工顺序

基础工程施工顺序一般是：挖槽(坑)→混凝土垫层→基础施工→做防潮层→回填土。

若有桩基，则在开挖前应施工桩基，若有地下室，则基础工程中应包括地下室的施工。槽(坑)开挖完成后，立即验槽做垫层，其时间间隔不能太长，以防止地基土长期暴露，被雨水浸泡而影响其承载力，即所谓的“抢基础”。在实际施工中，若由于技术或组织上的原因不能立即验槽作垫层和基础，则在开挖时可留 20～30cm 至设计标高，以保护地基土，待有条件施工下一步时，再挖去预留的土层。

对于回填土，由于回填土对后续工序的施工影响不大，可视施工条件灵活安排。原则上是在基础工程完工之后一次性分层夯填完毕，可以为主体结构工程阶段施工创造良好的工作条件，如它为搭外脚手架及底层砌墙创造了比较平整的工作面。特别是当基础比较深、回填土量较大的情况下，回填土最好在砌墙以前填完，在工期紧张的情况下，也可以与砌墙平行施工。

(2)主体结构工程施工

砖混结构主体施工的主导工序是砌墙和安装楼板，对于整个施工过程主要有：搭脚手架、砌墙、安装门窗框、吊装预制门窗过梁或浇筑钢筋混凝土圈梁、吊装楼板和楼梯、浇筑雨篷、阳台及吊装屋面等。它们在各楼层之间先后交替施工。在组织砖混结构单个建筑物的主体结构工程施工时，应把主体结构工程归并成砌墙和吊装楼板两个主导施工过程来组织流水施工，使主导工序能连续进行。

(3)装饰工程施工顺序

主体完工后，项目进入到装饰施工阶段。该阶段分项工程多、消耗的劳动量大、工期也较长，本阶段对砖混结构施工的质量有较大的影响，因而必须确定合理的施工顺序与方法来组织施工。本阶段主要的施工过程有：内外墙抹灰、安装门窗扇、安装玻璃和油漆、内墙刷浆、室内地坪、踢脚线、屋面防水、安装落水管、明沟、散水、台阶以及水、暖、电、卫等，其中主导工程是抹灰工程，安排施工顺序应以抹灰工程为主导，其余工程是交叉、平行穿插进行。

室外装饰的施工顺序一般为自上而下施工，同时拆除脚手架。

室内抹灰的施工顺序从整体上通常采用自上而下、自下而上、自中而下再自上而中三种施工方案。

① 自上而下的施工顺序。该顺序通常在主体工程封顶做好屋面防水层后，由顶层开始逐层向下施工。其优点是主体结构完成后，建筑物已有一定的沉降时间，且屋面防水已做好，可防止雨水渗漏，保证室内抹灰的施工质量。此外，采用自上而下的施工顺序，交叉工序少，工序之间相互影响小，便于组织施工和管理，保证施工安全。其缺点是不能与主体工程搭接施工，因而工期较长。该施工顺序常用于多层建筑的施工。

② 自下而上的施工顺序。该顺序通常与主体结构间隔二到三层平行施工。其优点是可以与主体结构搭接施工，所占工期较短。其缺点是交叉工序多，不利于组织施工和管理，也不利于安全控制。另外，上面主体结构施工用水，容易渗漏到下面的抹灰上，不利于室内抹灰的质量。该施工顺序通常用于高层、超高层建筑和工期紧张的工程。

③ 自中而下再自上而中的施工顺序。该顺序是结合了上述两种施工顺序的优缺点。一般在主体结构进行到一半时，主体结构继续向上施工，而室内抹灰则向下施工，这样使得抹灰工程距离主体结构施工的工作面越来越远，相互之间的影响也减小。该施工顺序常用

于层数较多的工程施工。

室内同一层的天棚、墙面、地面的抹灰施工顺序通常有两种：一种是“地面→天棚→墙面”，这种顺序室内清理简便，有利于保证地面施工质量，且有利于收集天棚、墙面的落地灰，节省材料。但地面施工完成以后，需要一定的养护时间才能施工天棚、墙面，因而工期较长。另外，还需注意地面的保护。另一种是“天棚→墙面→地面”，这种施工顺序的好处是工期短。但施工时，如不注意清理落地灰，会影响地面抹灰与基层的粘结，造成地面起拱。

楼梯和过道是施工时运输材料的主要通道，它们通常在室内抹灰完成以后，再自上而下施工。楼梯、过道室内抹灰全部完成以后，进行门窗扇的安装，然后进行油漆工程，最后安装门窗玻璃。

3. 钢筋混凝土结构工程施工顺序

现浇钢筋混凝土结构建筑是目前应用最广泛的建筑形式，其总体施工仍可分为三个阶段，即基础工程施工、主体工程施工、装饰和设备安装工程施工。

(1)基础工程施工

对于钢筋混凝土结构工程，其基础形式有：桩基础、独立基础、筏形基础、箱形基础以及复合基础等，不同的基础其施工顺序(工艺)不同。

① 桩基础的施工顺序。对人工挖孔灌注桩，其施工顺序一般为：人工成孔→验孔→落放钢筋骨架→浇筑混凝土。对于泥浆护壁成孔灌注桩，其顺序一般为：泥浆护壁成孔→清孔→落放钢筋骨架→水下浇筑混凝土。对于预制桩其施工顺序一般为：放线定桩位→设备及桩就位→打桩→检测。

② 钢筋混凝土独立基础的施工顺序。一般施工顺序为：开挖基坑→验槽→做混凝土垫层→炸钢筋支模板→浇筑混凝土→养护→回填土。

③ 箱形基础的施工顺序。施工顺序一般为：开挖基坑→做垫层→箱底板钢筋、模板及混凝土施工→箱墙钢筋、模板、混凝土施工→箱顶钢筋、模板、混凝土施工→回填土。

在箱形、筏形基础施工中，土方开挖时应做好支护、降水等工作，防止塌方，对于大体积混凝土应采取措施防止裂缝产生。

(2)主体工程施工顺序

对于主体工程的钢筋混凝土结构施工，总体上可以分为两大类构件。一类是竖向构件，如墙柱等；另一类是水平构件，如梁、板等，因而其施工总的顺序为“先竖向再水平”。

① 竖向构件施工顺序。对于柱与墙其施工顺序基本相同，即放线→绑扎钢筋→预留预埋→支模板及脚手架→浇筑混凝土→养护。

② 水平构件施工顺序。对于梁板一般同时施工，其顺序为：放线→搭脚手架→支梁底模、侧模→扎梁钢筋→支板底模→扎模钢筋→预留预埋→浇筑混凝土→养护。

现在，随着商品混凝土的广泛应用，一般同一楼层的竖向构件与水平构件混凝土同时浇筑。

(3)装饰与设备安装工程施工顺序

对于装饰工程，总体施工顺序与前面讲述的砖混结构装饰工程施工顺序相同，即“先外后内，室外由上到下，室内既可以由上向下，也可以由下向上”。对于多层、小高层或高层钢筋混凝土结构建筑，特别是高层建筑，为了缩短工期，其装饰和水、电、暖通设备是与主体结构施工搭接进行的，一般是主体结构做好几层后随即开始。装饰和水、电、暖通设备安装阶段的分项工程很多，各分项工程之间、一个分项工程中的各个工序之间，均需按一定的施工顺序进行。虽然由于有许多楼层的工作面，可组织立体交叉作业，基本要求与混合结构的装修工程相同，但高层建筑的内部管线多，施工复杂，组织交叉作业尤其要注意相互关系的协调以及质量和安全问题。

4. 装配式单层工业厂房施工顺序

装配式钢筋混凝土单层厂房施工共分基础工程、预制工程、结构安装工程、围护及装饰工程这几个主要阶段。由于基础工程与预制工程之间没有相互制约的关系，所以相互之间就没有既定的顺序，只要保证在结构安装之间完成，并满足吊装的强度要求即可。各施工阶段的工作内容与施工顺序如图 15 - 4 所示。

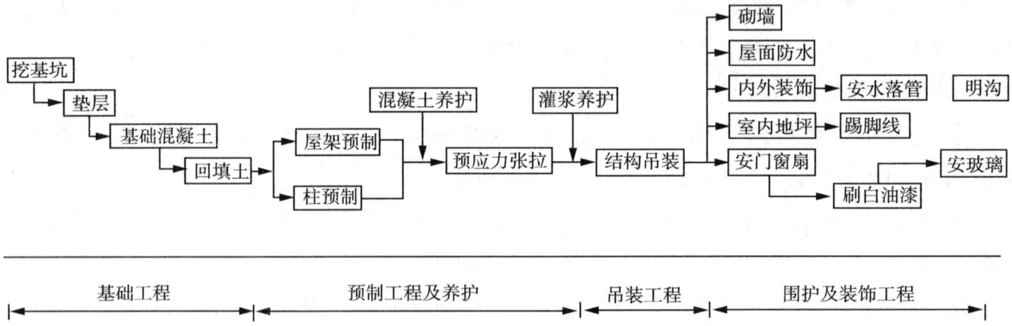

图 15 - 4　装配式钢筋混凝土单层工业厂房施工顺序示意

(1)基础工程

装配式钢筋混凝土单层厂房的基础一般为现浇杯形基础。基本施工顺序是基坑开挖、做垫层、浇筑杯形基础混凝土、回填土。若是重型工业厂房基础，对土质较差的工程则需打桩或其他人工地基；如遇深基础或地下水位较高的工程，则需人工降低地下水位。

大多数单层工业厂房都有设备基础，特别是重型机械厂房，设备基础既深又大，其施工难度大，技术要求高，工期也较长。设备基础的施工顺序如何安排，会影响到主体结构的安装方法和设备安装的进度。因而若工业厂房内有大型设备基础时，其施工有两种方案：

① 开敞式。这是遵照一般先地下、后地上的顺序，设备基础与厂房基础的土方同时开挖。由于开敞式的土方量较大，可用正铲、反铲挖掘机以及铲运机开挖。这种施工方法工作面大，施工方便，并为设备提前安装创造条件。其缺点是对主体结构安装和构件的现场预制带来不便。当设备基础较复杂，埋置深度大于厂房柱基的埋置深度并且工程量大时，开敞式施工方法较适用。

② 封闭式。就是设备基础施工在主体厂房结构完成以后进行。这种施工顺序是先建厂房，后做设备基础。其优点是厂房基础和预制构件施工的工作面较大，有利于重型构件现场预制、拼装、预应力张拉和就位；便于各种类型的起重机开行路线的布置；可加速厂房主体结构施工。由于设备基础是厂房建成后施工，因此，可利用厂房内的桥式吊车作为设备基础施工中的运输工具，并且不受气候的影响。其缺点是部分柱基回填土在设备基础施

工时会被重新挖空出现重复劳动，设备基础的土方工程施工条件差，因此，只有当设备基础的工作量不大，且埋置深度不超厂房桩基的埋置深度时，才能采用封闭式施工。

(2)预制工程的施工顺序

单层工业厂房的预制构件有现场预制和工厂预制两大类。首先确定哪些构件在现场预制，哪些构件在构件厂预制。一般来说，像单层工业厂房的牛腿柱、屋架等大型不方便运输的构件在现场预制；屋面板、天窗、吊车梁、支撑、腹杆及连系梁等在工厂预制。

预制工程的一般施工顺序为：构件支模(侧模等)→绑扎钢筋(预埋件)→浇筑混凝土→养护。若是预应力构件，则应加上“预应力钢筋的制作→预应力筋张拉锚固→灌浆”。

由于现场预制构件时间较长，为了缩短工期，原则上，先安装的构件如柱等应先预制。但总体上，现场预制构件如屋架、柱等应提前预制，以满足一旦杯形基施工完成，达到现定的强度后就可以吊装柱子，柱子吊装完成灌浆固定养护达到规定的强度后就可以吊装屋架，从而达到缩短工期的目的。

(3)结构安装工程施工顺序

装配式单层工业厂房的结构安装是整个厂房施工的主导施工过程，一般的安装顺序为：柱子安装校正固定→连系梁的安装→吊车梁安装→屋盖结构安装(包括屋架、屋面板、天窗等)。在编制施工组织计划时，应绘制构件现场吊装就位图、起吊机的开行路线图，包括每次开行吊装的构件及构件编号图。

安装前应做好其他准备工作，包括构件强度核算、基础杯底抄平、杯口弹线、构件的吊装验算和加固、起重机稳定性及起重能力核算、起吊各种构件的索具准备等。

单层厂房安装顺序有两种：一种是分件吊装法，即先依次安装和校正全部柱子，然后安装屋盖系统等。这种方式起重机在同一时间安装同一类型构件，包括就位、绑扎、临时固定、校正等工序并且使用同一种索具，劳动组织不变，可提高安装效率。缺点是增加起重机开行路线。

另一种是综合吊装法，即逐个节间安装，连续向前推进。方法是先安装四根柱子，立即校正后安装吊车梁与屋盖系统，一次性安装好纵向一个柱距的节间。这种方式可缩短起重机的开行路线，并且可为后续工序提前创造工作面，实现最大搭接施工，缺点是安装索具和劳动力组织有周期性变化，从而影响生产率。上述两种方法在单层厂房安装工程中均有采用。一般实践中，综合吊装法应用相对较少。

对于厂房两端山墙的抗风性，其安装通常也有两种方法。一种是随一般柱一起安装，即起重机从厂房一端开始，首先安装抗风柱，安装就位后立即校正固定。另一种方法是待单层厂房的其他构件全部安装完毕后，安装抗风柱，校正后立即与屋盖连接。

(4)围护、屋面及其他工程施工

主要包括砌墙、屋面防水、地坪、装饰工程等，对这类工程可以组织平行作业，尽量利用工作面安排施工。一般当屋盖安装后先进行屋面灌缝，随即进行地坪施工，并同时进行砌墙，砌墙结束后跟着进行内外粉刷。

屋面防水工程一般应在屋面板安装后马上进行。屋面板吊装固定之后随即可进行灌缝及抹水泥砂浆，做找平层。若做柔性防水层面，则应等找平层干燥后再开始做防水层，在做防水层之前应将天窗扇和玻璃安装好并油漆完毕，还要避免在刚做好防水层的屋面上行走和堆放材料、工具等物，以防损坏防水层。

单层厂房的门窗油漆可以在内墙刷白以后马上进行，也可以与设备安装同时进行。地坪应在地下管道、电缆完成后进行，以免凿开嵌补。

以上针对砖混结构、钢筋混凝土结构及装配式单层工业厂房施工的施工顺序安排做了一般说明，是施工顺序的一般规律。在实践中，由于影响施工的因素很多，各具体的施工项目其施工条件各不相同，因而，在组织施工时应结合具体情况和本企业的施工经验，因地制宜地确定施工顺序组织施工。

15.3.3 施工方法的确定

1. 施工方法确定的原则

(1)具有针对性。在确定某个分部分项工程的施工方法时，应结合本分项工程的情况来制定，不能泛泛而谈。如模板工程应结合本分项工程的特点来确定其模板的组合、支撑及加固方案，画出相应的模板安装图，不能仅仅按施工规范谈安装要求。

(2)体现先进性、经济性和适用性。选择某个具体的施工方法(工艺)首先应考虑其先进性，保证施工的质量。同时还应考虑到在保证质量的前提下，该方法是否经济和适用，并对不同的方法进行经济评价。

(3)保障性措施应落实。在拟定施工方法时不仅要拟定操作过程和方法，而且要提出质量要求，并要拟定相应的质量保证措施和施工安全措施及其他可能出现情况的预防措施。

2. 施工方法选择

在选择主要的分部或分项工程施工时，应包括以下的内容：

(1)土石方工程

① 计算土石方工程量，确定开挖或爆破方法，选择相应的施工机械。当采用人工开挖时应按工期要求确定劳动力数量，并确定如何分区分段施工。当采用机械开挖时应选择机械挖土的方式，确定挖掘机型号、数量和行走线路，以充分利用机械能力，达到最高的挖土效率。

② 地形复杂的地区进行场地平整时，确定土石方调配方案。

③ 基坑深度低于地下水位时，应选择降低地下水位的方法，确定降低地下水所需设备。

④ 当基坑较深时，应根据土壤类别确定边坡坡度、土壁支护方法，确保安全施工。

(2)基础工程

① 基础需设施工缝时，应明确留设位置和技术要求。

② 确定浅基础的垫层、混凝土和钢筋混凝土基础施工的技术要求或有地下室时防水施工技术要求。

③ 确定桩基础的施工方法和施工机械。

(3)砌筑工程

① 应明确砖墙的砌筑方法和质量要求。

② 明确砌筑施工中的流水分段和劳动力组合形式等。

③ 确定脚手架搭设方法和技术要求。

(4)混凝土及钢筋混凝土工程

① 确定混凝土工程施工方案，如滑模法、爬升法或其他方法等。

② 确定模板类型和支模方法。重点应考虑提高模板周转利用次数。节约人力和降低成本，对于复杂工程还需进行模板设计和绘制模板放样图或排列图。

③ 钢筋工程应选择恰当的加工、绑扎和焊接方法。如钢筋做现场预应力张拉时，应详细制订预应力钢筋的加工、运输、安装和检测方法。

④ 选择混凝土的制备方案，如采用商品混凝土，还是现场制备混凝土。确定搅拌、运输及浇筑顺序和方法，选择泵送混凝土和普通垂直运输混凝土机械。

⑤ 选择混凝土搅拌、振捣设备的类型和规格，确定施工缝的留设位置。

⑥ 如采用预应力混凝土应确定预应力混凝土的施工方法、控制应力和张拉设备。

(5)结构吊装工程

① 根据选用的机械设备确定结构吊装方法，安排吊装顺序、机械位置、开行路线及构件的制作、拼装场地。

② 确定构件的运输、装卸、堆放方法，所需的机具、设备的型号、数量和对运输道路的要求。

(6)装饰工程

① 围绕室内外装修，确定采用工厂化、机械化施工方法。

② 确定工艺流程和劳动组织，组织流水施工。

③ 确定所需机械设备，确定材料堆放、平面布置和储存要求。

(7)现场垂直、水平运输

① 确定垂直运输量(有标准层的要确定标准层的运输量)，选择垂直运输方式，选择脚手架及搭设方式。

② 水平运输方式及设备的型号、数量，配套使用的专用工具、设备(如混凝土车、灰浆车、料斗、砖车、砖笼等)，确定地面和楼层上水平运输的行驶路线。

③ 合理地布置垂直运输设施的位置，综合安排各种垂直运输设施的任务和服务范围，混凝土后台上料方式。

15.3.4 施工机械的选择

选择施工机械时应注意以下几点：

(1)首先选择主导工程的施工机械，如地下工程的土方机械，主体结构工程的垂直、水平运输机械，结构吊装工程的起重机械等。

(2)在选择辅助施工机械时，必须充分发挥主导施工机械的生产效率，要使两者的台班生产能力协调一致，并确定出辅助施工机械的类型、型号和台数。如土方工程中自卸汽车的载重量应为挖掘机斗容量的整数倍，汽车的数量应保证挖掘机连续工作，使挖掘机的效率充分发挥。

(3)为便于施工机械化管理，同一施工现场的机械型号尽可能少，当工程量大而且集中时，应选用专业化施工机械；当工程量小而分散时，可选择多用途施工机械。

(4)尽量选用施工单位的现有机械，以减少施工的投资额，提高现有机械的利用率，降低成本。当现有施工机械不能满足工程需要时，则购置或租赁所需新型机械。

15.3.5 施工方案的技术经济评价

工程项目施工方案选择的目的是要求适合本工程的最佳方案即方案在技术上可行，经济上合理，做到技术与经济相统一。对施工方案进行技术经济分析，就是为了避免施工方案的盲目性、片面性，在方案付诸实施之前就能分析出其经济效益，保证所选方案的科学性、有效性和经济性，达到提高质量、缩短工期、降低成本的目的，进而提高工程施工的经济效益。

1. 评价方法

施工方案技术经济分析方法可分为定性分析和定量分析两大类。

定性分析只能泛泛地分析各方案的优缺点，如施工操作上的难易和安全与否；可否为后续工序提供有利条件；冬季或雨季对施工影响大小；是否可利用某些现有的机械和设备；能否一机多用；能否给现场文明施工创造有利条件等。评价时受评价人的主观因素影响大，故只用于方案初步评价。

定量分析法是对各方案的投入与产出进行计算，如劳动力、材料及机械台班消耗、工期、成本等直接进行计算、比较，用数据说话，比较客观，让人信服，所以定量分析是方案评价的主要方法。

2. 评价指标

(1)技术指标。技术指标一般用各种参数表示，如深基坑支护中，若选用板桩支护，则指标有板桩的最小挖土深度、桩间距、桩的截面尺寸等。大体积混凝土施工时为了防止裂缝的出现，体现浇筑方案的指标有：浇筑速度、浇筑厚度、水泥用量等。模板方案中的模板面积、型号、支撑间距等。这些技术指标，应结合具体的施工对象来确定。

(2)经济指标。主要反映为完成任务必须消耗的资源量，由一系列价值指标、实物指标及劳动指标组成。如工程施工成本消耗的机械台班台数、用工量及其钢材、木材、水泥(混凝土)等材料消耗量等。

(3)效果指标。主要反映采用该施工方案后预期达到的效果。效果指标有两大类：一类是工程效果指标，如工程工期、工程效率等；另一类是经济效果指标，如成本降低额或降低率，材料的节约量或节约率等。

15.4 单位工程施工进度计划安排

15.4.1 概述

1. 进度计划的作用与分类

(1) 进度计划的作用

单位工程施工进度计划是施工方案在时间上的具体反映，是指导单位工程施工的基本文件之一。它的主要任务是以施工方案为依据，安排单位工程中各施工过程的施工顺序和施工时间，使单位工程在规定的时间内，有条不紊地完成施工任务。

施工进度计划的主要作用是为编制企业季度、月度生产计划提供依据，也为平衡劳动力，调配和供应各种施工机械和各种物资资源提供依据，同时也为确定施工现场的临时设施数量和动力配备等提供依据。至于施工进度计划与其他各方面，如施工方法是否合理、工期是否满足要求等更是有着直接的关系，而这些因素往往是相互影响和相互制约的。因此，编制施工进度计划应细致地、周密地考虑这些因素。

(2)进度计划的类别

① 根据进度计划的表达形式，可以分为横道计划、网络计划和时标网络计划。

横道计划形象直观，能直观反映工作的开始和结束日期，能按天统计资源消耗，但不能抓住工作间的主次关系，且逻辑关系不明确。网络计划能反映各工作间的逻辑关系，利于重点控制，但工作的开始与结束时间不直观，也不能按天统计资源。时标网络计划结合了横道计划和普通网络计划的优点，是实践中应用较普遍的一种进度计划表达形式。

② 根据其对施工的指导作用的不同，可分为控制性施工计划和实施性施工进度计划两类。

控制性施工计划一般在工程的施工工期较长、结构比较复杂、资源供应暂无法全部落实的情况下采用，或者工程的工作内容可能发生变化和某些构件(结构)的施工方法暂还不能全部确定的情况下采用。这时不可能也没有必要编制较详细的施工进度计划，往往就编制以分部工程项目为划分对象的施工进度计划，以便控制各分部工程的施工进度。但在进行分部工程施工前应按分项工程编制详细的施工进度计划，以便具体指导分部工程的现场施工。

实施性施工进度计划是控制性施工进度计划的补充，是各分部工程施工时施工顺序和施工时间的具体依据。该类施工进度计划的项目划分必须详细，各分项工程彼此间的衔接关系必须明确。它的编制可与编制控制性进度计划同时进行，有的可待条件成熟时再编制。对于比较简单的单位工程，一般可以直接编制出单位工程施工进度计划。这两种计划形式是相互联系、互为依据的。在实践中可以结合具体情况来编制。若工程规模大且复杂，可以先编制控制性的计划，接着针对每个分部工程来编制详细的实施性的计划。

2. 进度计划编制依据

编制进度计划的主要依据有：

(1)施工总工期及开工、竣工日期。

(2)经过审批的建筑总平面图、地形图、单位工程施工图、设备及基础图、适用的标准图及技术资料。

(3)施工组织总设计对本单位工程的有关规定。

(4)施工条件、劳动力、材料、构件及机械供应条件、分包单位情况等。

(5)主要分部(项)工程的施工方案。

(6)劳动定额、机械台班定额及本企业施工水平。

(7)工程承包合同及业主的合理要求。

(8)其他有关资料。如当地的气象资料等。

15.4.2 编制程序与步骤

1. 编制程序

单位工程施工进度计划编制的一般程序如图 15-5 所示。

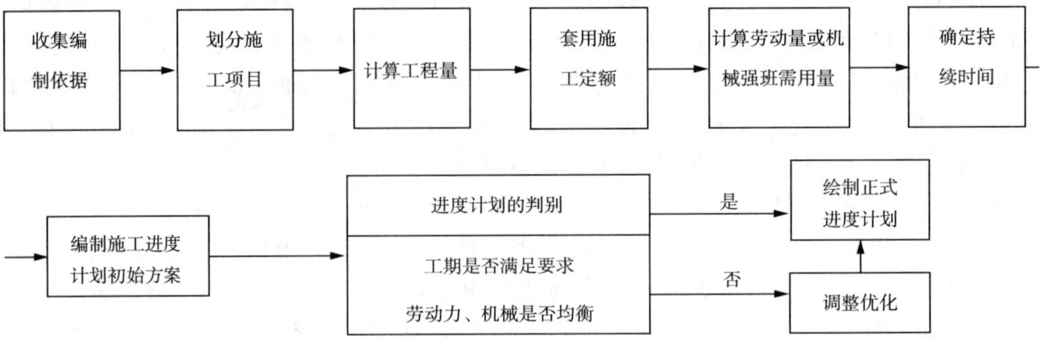

图 15－5　单位工程施工进度计划编制程序

2. 编制步骤

(1) 划分施工过程

施工过程是进度计划的基本组成单元，其划分的粗与细，适当与否关系到进度计划的安排，因而应结合具体的施工项目来合理地确定施工过程。这里的施工过程主要包括直接在建筑物(或构筑物)上进行施工的所有分部分项工程，不包括加工厂的预制加工及运输过程。即这些施工过程不进入到进度计划中，可以提前完成，不影响进度。在确定施工过程时，应注意以下几个问题：

① 施工过程划分的粗细程度，主要取决于进度计划的客观需要。编制控制性进度计划时，施工过程应划分得粗一些，通常只列出分部工程名称。编制实施性施工进度计划时，项目要划分得细一些，特别是其中的主导工程和主要分部工程，应尽量详细而且不漏项以便于指导施工。

② 施工过程的划分要结合所选择的施工方案。施工方案不同，施工过程的名称、数量和内容也会有所不同。

③ 适当简化施工进度计划内容，避免工程项目划分过细、重点不突出。编制时可考虑将某些穿插性分项工程合并到主要分项工程中去，如安装门窗框可以并入砌墙工程。对于在同一时间内，由同一工程队施工的过程可以合并为一个施工过程，而对于次要的零星分项工程，可合并为“其他工程”一项。

④ 水暖电卫工程和设备安装工程通常由专业施工队负责施工。因此，在施工进度计划中只要反映出这些工程与土建工程如何配合即可，不必细分，一般采用此项目穿插进行。

⑤ 所有施工过程应大致按施工顺序先后排列，所采用的施工项目名称可参考现行定额手册上的项目名称。

总之，划分施工过程要粗细得当，最后根据划分的施工过程列出施工过程一览表以供使用。

(2)计算工程量

计算工程量应严格按照施工图纸和工程量计算规则进行。当编制施工进度计划时如已经有了预算文件，则可直接利用预算文件中有关的工程量。若某些项目的工程量有出入但相差不大时，可结合工程项目的实际情况做一些调整或补充。计算工程量时应注意以下几个问题：

① 各分部分项工程的计算单位必须与现行施工定额的计量单位一致，以便计算劳动量和材料、机械台班消耗量时直接套用。

② 结合分部分项工程的施工方法和技术安全的要求计算工程量。例如，土方开挖应考虑土的类别、挖土的方法、边坡护坡处理和地下水的情况。

③ 结合施工组织的要求，分层、分段计算工程量。

④ 计算工程量时，尽量考虑编制其他计划时使用工程量数据的方便，做到一次计算，多次使用。

(3)计算劳动量和机械台班数

计算完每个施工段各施工过程的工程量后，可以根据现行的劳动定额，计算相应的劳动量和机械台班数，可按式(15-1)计算。

$$P_i = Q_i / S_i = Q_i Z_i \tag{15-1}$$

式中：P_i—— 第 i 个施工过程的劳动量(台班) 数量；

Q_i—— 第 i 个施工过程的工程量；

S_i—— 产量定额；

Z_i—— 时间定额。

对于“其他工程”项目的劳动量或机械台班量，可根据合并项目的实际情况进行计算。实践中常根据工程特点，结合工地和施工单位的具体情况，以总劳动量的一定比例估算，一般约占总劳动量的 10% ～ 20%。

当某一分项工程是由若干具有同一性质而不同类型的分项工程合并而成时，应根据各个不同分项工程的劳动定额和工程量，按合并前后总劳动量不变的原则计算合并后的综合劳动定额。计算公式如下：

$$\bar{S} = \frac{\sum_{i=1}^{n} Q_i}{\frac{Q_1}{S'_1} + \frac{Q_2}{S'_2} + \cdots + \frac{Q_n}{S'_n}}, \bar{z} = \frac{Q_1 H_1 + Q_2 H_2 + \cdots + Q_n H_n}{\sum_{i=1}^{n} Q_i} \tag{15-2}$$

式中：$\bar{S}$—— 综合产量定额；

$\bar{z}$—— 综合时间额；

$Q_1, Q_2, \cdots, Q_n$—— 合并前各分项工程的工程量；

$S_1, S_2, \cdots, S_n$—— 合并前各项工程的产量定额。

实际应用时应特别注意合并前各分项工程工作内容和工程量的单位。当合并前各分项工程的工作内容和工程量单位完全一致时，公式(15-2) 中的 $\sum Q_i$应等于各分项工程工程量之和。反之，应取与综合劳动定额单位一致，且工作内容也基本一致的各分项工程的工程量之和。综合劳动定额单位总是与合并前各分项工程中之一的劳动定额单位一致，最终取哪一单位为好，应视使用方便而定。

对于有些新技术或特殊的施工方法无定额可遵循，此时，可将类似项目的定额进行换算或根据经验资料确定，或采用估计法确定综合定额。估计法计算式如下：

$$S = (a + 4m + b)/6 \tag{15-3}$$

式中：S —— 综合产量定额；

a —— 最乐观估计的产量定额；

b —— 最保守估计的产量定额；

m—— 最可能估计的产量定额。

(4) 确定各施工过程的持续时间

计算出各施工过程的劳动量(或机械台班)后，可以根据现有的人力或机械来确定各施工过程的作业时间，流水节拍的内容。

(5)编制进度计划初始方案

根据“施工方案的选择”中确定的施工顺序，各施工过程的持续时间，划分的施工段和施工层并找出主导施工过程，按照流水施工的原则来组织流水施工，绘制初始的横道图或网络计划，形成初始方案。

(6)施工进度计划的检查与调整

无论采用流水作业法还是网络计划技术，施工进度计划的初始方案均应进行检查、调整和优化。其主要内容有：

① 各施工过程的施工顺序、平行搭接和技术组织问题是否合理。

② 编制的计划工期能否满足合同规定的工期要求。

③ 劳动力和物资资源方面是否能保证均衡、连续施工。

根据检查结果，对不满足要求的进行调整，如增加或缩短某施工过程的持续时间；调整施工方法或施工技术组织措施等。通过调整，在满足工期的条件下，达到使劳动力、材料、设备需要趋于均衡，主要施工机械利用合理的目的。此外，在施工过程中，应经常检查和调整施工进度计划。

3. 进度计划的评价

施工进度计划编制得是否合理不仅直接影响工期的长短、施工成本的高低，而且还可能影响到施工的质量和安全。因此，对工程施工进度计划经济评价是非常必要的。

评价单位工程施工进度计划的优劣，实质上是评价施工进度计划对工期目标、工程质量、施工安全及工期费用等方面的影响。

具体评价施工进度计划的指标主要有：

(1)工期。包括总工期、主要施工阶段的工期、计划工期、定额工期或合同工期或期望工期。

(2)施工资源的均衡性。施工资源是指劳动力、施工机具、周转材料、建筑材料及施工所需要的人力、财力、物力等。

15.5 资源需求计划的编制

施工进度计划确定之后，可根据各工序及持续期间所需资源编制出材料、劳动力、构件、半成品、施工机具等资源需要量计划，作为有关职能部门按计划调配的依据，以利于及时组织劳动力和物资的供应，确定工地临时设施，以保证施工顺利地进行。

15.5.1 劳动力需要量计划

将各施工过程所需要的主要工种劳动力，根据施工进度的安排进行统计，就可编制出主要工种劳动力需要计划，如表 15 - 1 所示。它的作用是为施工现场的劳动力调配提供依据。

表 15 - 1 劳动力需要量计划

序号	工种名称	总劳动量/工日	每月需要量/工日					
			1	2	3	4	5	6

15.5.2 主要材料需要量计划

材料需要量计划主要为组织备料、确定仓库或堆场面积及组织运输之用。其编制方法是将施工预算中工料分析表或进度表中各项过程所需用材料，按材料名称、规格、使用时间并考虑到各种材料消耗进行计算汇总而得，如表 15 - 2 所示。

表 15 - 2 主要材料需要量计划表

序号	材料名称	规格	需要量		供应时间	备注
			单位	数量		

15.5.3 构件和半成品需要量计划

建筑结构构件、配件和其他加工半成品的需要量计划主要用于落实加工订货单位，并按照所需规格、数量、时间，组织加工、运输和确定仓库或堆场，可根据施工图和施工进度计划编制，其表格形式如表 15 - 3 所示。

表 15 - 3 构件和半成品需要量计划

序号	构件、配件及半成品名称	规格	图号	需要量		使用部位	加工单位	供应日期	备注
				单位	数量				

15.5.4 施工机械需要量计划

根据施工方案和施工进度计划确定施工机械的类型、数量、进场时间。其编制方法是将施工进度计划表中每个施工过程、每天所需的机械类型、数量和施工工期进行汇总，以得出施工机械的需要计划，如表 15－4 所示。

表 15－4　施工机械需要量计划

序号	机械名称	类型、弄号	需要量		货源	使用起止时间	备注
			单位	数量			

15.6　单位工程施工现场平面图设计

15.6.1　施工现场平面布置图的内容

单位工程施工现场平面图是用以指导单位工程施工平面布置图，它涉及到与单位工程有关的空间问题，是施工总平面图的组成部分。单位工程施工平面图设计的主要依据是单位工程的施工方案和施工进度计划。一般按 1∶100～1∶500 的比例绘制。图 15－6 是某施工现场平面布置图。

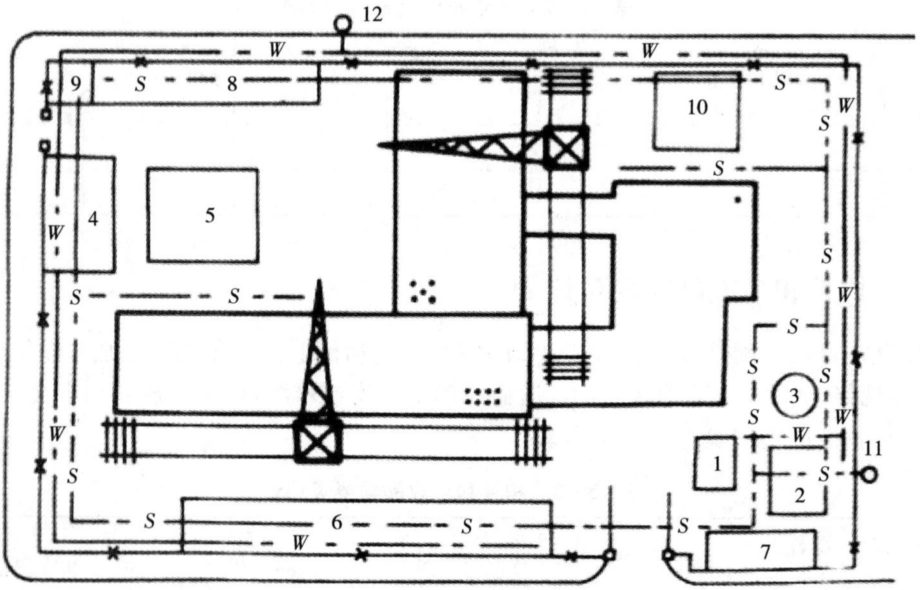

图 15－6　某项目施工现场平面布置

1—混凝土砂浆搅拌机；2—砂石堆场；3—水泥罐；4—钢筋车间；5—钢筋堆场；
6—木工车间；7—工具房；8—办公室；9—警卫室；10—红砖堆场；11—水源；12—电源

从图 15－6 可以看出，一般施工现场平面布置图应包括以下内容：

(1)建筑总面图上已建和拟建的地上和地下的一切建筑物、构筑物以及其他设施的位置和尺寸。

(2)测量放线标桩位置、地形等高线和土方取弃场地。

(3)起重机的开行路线及垂直运输设施的位置。

(4)材料、加工半成品、构件和机具的仓库或堆场。

(5)生产、生活用品临时设施。如搅拌站、高压泵站、钢筋棚、木工棚、仓库、办公室、供水管、供电线路、消防设施、安全设施、道路以及其他需搭建或建造的设施。

(6)场内施工道路与场外交通的连接。

(7)临时给排水管线、供电管线、供气供暖管道及通信线路布置。

(8)一切安全及防火设施的位置。

(9)必要的图例、比例尺、方向及风向标记。

上述内容可根据建筑总平面图、施工图、现场地形图、现有水源、场地大小、可利用的已有房屋和设施、施工组织总设计、施工方案、进度计划等,经科学的计算、优化,并遵照国家有关规定进行设计。

15.6.2 施工现场平面图布置的原则

施工现场平面布置图在布置设计时,应满足以下原则:

(1)在满足现场施工要求的前提下,布置紧凑,便于管理,尽可能减少施工用地。

(2)在确保施工顺利进行的前提下,尽可能减少临时设施,减少施工用的管线,尽可能利用施工现场附近的原有建筑作为施工临时用房,并利用永久性道路供施工使用。

(3)最大限度地减少场内运输,减少场内材料、构件的二次搬运;各种材料按计划分期分批进场,充分利用场地;各种材料堆放的位置,根据使用时间的要求,尽量靠近使用地点,节约搬运劳动力和减少材料多次转运中的消耗。

(4)临时设施的布置,应便利施工管理及工人生产和生活。办公用房应靠近施工现场。福利设施应在生活区范围之内。

(5)生产、生活设施应尽量分区,以减少生产与生活的相互干扰,保证现场施工生产安全进行。

(6)施工平面布置要符合劳动保护、保安、防火的要求。施工现场的一切设施都要利于生产,保证安全施工。要求场内道路畅通,机械设备的钢丝绳、电缆、缆绳等不能妨碍交通,如必须横过道路时,应采取措施。有碍工人健康的设施(如熬沥青、化石灰)及易燃的设施(如木工棚、易燃物品仓库)应布置在下风向,离开生活区远一些。工地内应布置消防设备,出入口设门卫。山区建设还要考虑防洪、山体滑坡等特殊要求。

根据以上基本原则并结合现场实际情况,施工平面图可布置几个方案,选取其技术上最合理、费用上最经济的方案。可以从施工用地面积、施工用临时道路、管线长度、场内材料搬运量和临时用房面积等方面进行定量比较。

15.6.3 施工现场平面图的设计步骤

单位工程施工平面图的设计步骤一般是:确定垂直运输机械的位置→确定搅拌站、仓库材料和材料堆场、加工厂的位置→布置现场运输道路→布置行政管理、生活福利用临时设施→布置水、电管线→计算技术经济指标。

1. 垂直运输机械的布置

垂直运输机械的位置直接影响仓库、搅拌站、各种材料和构件等的位置及道路和水电线路的布置等，因此它是施工现场布置的核心，必须首先确定。

由于各种起重机械的性能不同，其布置方式也不相同。

(1)固定式起重机

布置固定垂直运输机械(如井架、桅杆式和定点式塔式起重机等)，主要应根据机械的运输能力、建筑物的平面形状、施工段划分情况、最大起升载荷和运输道路等情况来确定。其目的是充分发挥起重机械的工作能力，并使地面和楼面的运输量最小且施工方便。同时，在布置时，还应注意以下几点：

① 当建筑物的各部位高度相同时，应布置在施工段的分界线附近。

② 当建筑物各部位高度不同时，应布置在高低分界线较高部位一侧。

③ 井架、龙门架的位置以布置在窗口处为宜，以避免砌墙留槎和减少井架拆除后的修补工作。

④ 井架、龙门架的数量要根据施工进度、垂直提升的构件和材料数量、台班工作效率等因素计算确定。

⑤ 卷扬机的位置不应距离提升机太近，以便操作者的视线能够看到整个升降过程，一般要求此距离大于或等于建筑物的高度，水平距离应距离外脚手架 3m 以上。

⑥ 井架应立在外脚手架之外，并应有一定距离为宜。

⑦ 当建筑物为点式高层时，固定的塔式起重机可以布置在建筑物中间，如图 15－7(a)所示，或布置在建筑物的转角处。

(2)有轨式起重机械

有轨道的塔式起重机械布置时主要取决于建筑物的平面形状、大小和周围场地的具体情况。应尽量使起重机在工作幅度内能将建筑材料和构件直接运到建筑物的任何施工地点，避免出现运输死角。由于有轨式起重机占用施工场地大，铺设路基工作量大，且受到高度的限制，因而实践中应用较少。同时当起重机的位置和尺寸确定后，要复核其起重量、起重高度和回转半径这三项参数是否满足建筑物的起吊要求，保证工作不出现“死角”，则可以采用在局部加井架的措施，予以解决，如图 15－7(b)所示。其布置方式通常有：单侧布置、双侧布置或环形布置等形式。

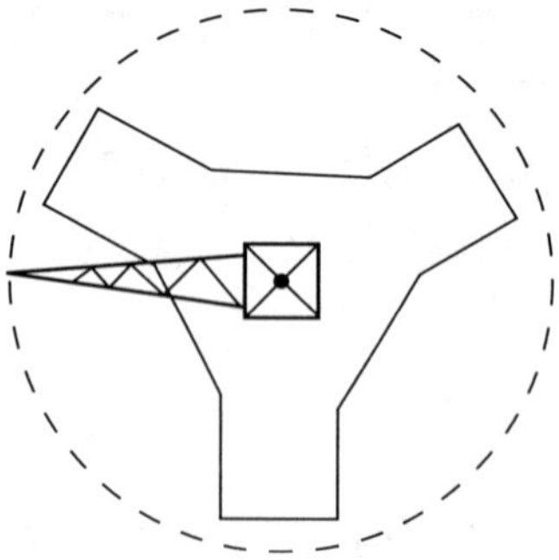
(a)

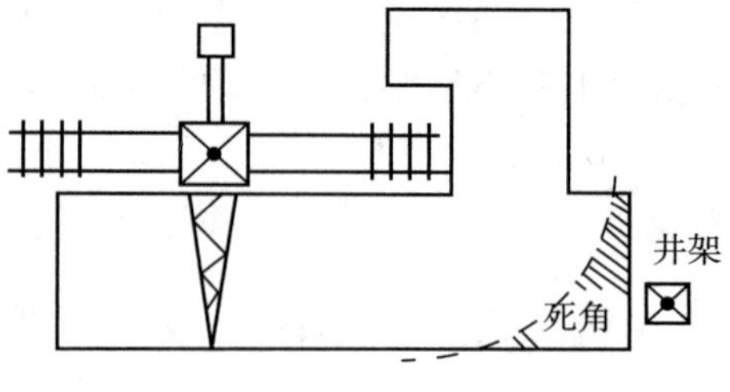

(b)

图 15－7　起重机械的布置

(3)自行式无轨起重机械

这类起重机有履带式、轮胎式和汽车式三种。它们一般用作装卸的起吊构件，还适用于装配式单层工业厂房主体结构的吊装，其吊装的开行路线及停机位置主要取决于建筑物的平面布置、构件重量、吊装高度和吊装方法，一般不用作垂直和水平运输。

2. 混凝土、砂浆搅拌机布置

对于现浇混凝土结构施工，为了减少现场的二次搬运，现场混凝土搅拌站应布置在起重机的服务范围内，同时对搅拌站的布置还应注意以下几点：

(1)根据施工任务的大小、工程特点选择适用的搅拌机。

(2)与垂直运输机械的工作能力相协调，以提高机械的利用效率。

目前，很多都采用商品混凝土，现场搅拌混凝土使用越来越少。若施工项目使用商品混凝土，则可以不考虑混凝土搅拌站布置的问题了。

3. 堆场和仓库的布置

(1)布置要求及方法

仓库和堆场布置时总的要求是：尽量方便施工，运输距离较短，避免二次搬运，以求提高生产效率和节约成本。为此，应根据施工阶段、施工位置的标高和使用时间的先后确定布置位置。一般有以下几种布置：

① 建筑物在基础和第一层施工时所用的材料应尽量布置在建筑物的附近，并根据基槽(坑)的深度、宽度和放坡坡度确定堆放地点，与基槽(坑)边缘保持一定的安全距离，以免造成土壁塌方事故。

② 第二层以上施工用材料、构件等应布置在垂直运输机械附近。

③ 砂、石等大宗材料应布置在搅拌机附近且靠近道路。

④ 当多种材料同时布置时，对大宗的、重量较大的和先期使用的材料，应尽量靠近使用地点或垂直运输机械；少量的、较轻的和后期使用的则可布置稍远；对于易受潮、易燃和易损材料则应布置在仓库内。

⑤ 在同一位置上按不同施工阶段先后可堆放不同的材料。例如，混合结构基础施工阶段，建筑物周围可堆放毛石，而在主体结构施工阶段时可在建筑四周堆放标准砖等。

(2)仓库堆场面积的确定

面积确定的具体方法见第4章14.5.4节。

4. 现场作业车间确定

单位工程现场作业车间主要包括钢筋加工车间、木工车间等，有时还需考虑金属结构加工车间和现场小型预制混凝土构件的场地。这些车间和场地的布置应结合施工对象和施工条件合理进行。

5. 布置现场运输道路

施工场内的道路布置应满足以下要求：

(1)按材料、构件等运输需要，沿仓库和堆场布置。

(2)场内尽量布置成环形道路，方便材料运输车辆的进出。

(3)宽度要求：单行道不小于3～5m，双行道不小于5.5～6m。

(4)路基应坚实、转弯半径应符合要求，道路两侧最好设排水沟。

6. **办公生活宿舍等设施布置**

办公、生活设置的布置应尽量与生产性的设施分开，应遵循使用方便、有利于施工管理、符合防水要求的原则，一般设在现场的出入口附近。若现场有可利用的建筑物应尽量利用。

7. **现场水、电管网的布置**

(1)施工水网布置

① 施工用的临时给水管，一般由建设单位的干管或自行布置的干管接到用水地点。布置时应力求管网总长度短，管径的大小和水龙头数量需求视工程规模大小通过计算确定，其布置形式有环形、枝形、混合式三种。

② 供水管网应按防火要求布置室外消防栓，消防栓应沿道路设置，距道路边不大于2m，距建筑物外墙不应小于5m，也不应大于25m。消防栓的间距不应大于120m，工地消防栓应设有明显的标志，且周围3m内不准堆放建筑材料。

③ 为了排除地面水和地下水，应及时修通永久性下水道，并结合现场地形在建筑物周围设置排泄地面水、集水坑等设施。

(2)临时供电设施

① 为了维修方便，施工现场一般采用架空配电线路，且要求现场架空线与施工建筑物水平距离不小于10m，架空线与地面距离不小于6m，跨越建筑物或临时设施时，垂直距离不小于2m。

② 现场线路应尽量架设在道路的一侧，且尽量保持线路水平，在低压线路中，电杆间距应为25～40m，分支线及引入线均应由电杆处接出，不得从两杆之间接线。

③ 单位工程施工用电应在全工地性施工总平面图中统筹考虑，包括用电量计算、电源选择、电力系统选择和配置。若为独立的单位工程应根据计算的有用电量和建设单位可提供电量决定是否选用变压器。变压器的设置应将施工工期与以后长期使用相结合考虑，其位置应远离交通道口处，布置在现场边缘高压线接入处，在2m以外四周用高度大于1.7m铁丝网住，以确保安全。

15.6.4 技术经济指标

技术经济指标应在编制相应技术组织措施计划时进行计算，主要有以下各项指标：

1. **工期指标**

工期指标是指从破土动工到竣工的全部天数，通常与相应工期定额比较。

2. **劳动生产指标**

通常用单方用工指标来反映劳动力的使用和消耗水平，计算公式为：

$$单方用工=总用工数/建筑面积 \tag{15-4}$$

3. **质量优良品率指标**

通常按照分部工程确定质量优良品率的控制目标。

4. **降低成本率指标**

降低成本率指标按式(15-5)计算：

$$降低成本率=降低成本额/预算成本\times 100\% \tag{15-5}$$

式中：降低成本额＝预算成本－计划成本。

5. **主要材料节约指标**

主要材料（钢材、水泥、木材）节约指标有主要材料节约量和主要材料节约率两个指标，按下式计算：

$$主要材料节约量=主要材料预算量-主要材料计划用量 \tag{15-6}$$

$$主要材料节约率=主要材料节约量/主要材料预算量\times 100\% \tag{15-7}$$

6. **机械化程度指标**

机械化程度指标有大型机械耗用台班数和大型机械费用两个指标，按下式计算：

$$大型机械耗用台班数=总台班数/建筑面积 \tag{15-8}$$

$$大型机械费用=计划大型机械台班费用/建筑面积 \tag{15-9}$$

15.7 单位工程施工组织管理措施

15.7.1 保证质量的技术组织措施

保证工程质量的关键是明确质量目标，建立质量保证体系，对工程对象经常发生的质量通病制订防治措施。

1. **组织措施**

(1)建立各级技术责任制，完善内部质量保证体系，明确质量目标及各级技术人员的职责范围，做到职责明确、各尽其职。

(2)推行全面质量管理活动，制定奖优罚劣措施。

(3)定期进行质量检查活动，召开质量分析会议。

(4)加强人员培训工作，贯彻工程施工质量验收规范，对质量通病进行分析，以提高施工操作人员的质量意识和工作质量，从而确保工程质量。

(5)对影响质量的风险因素有识别管理办法和防范对策。

2. **技术措施**

(1)确保工程定位放线、标高测量等准确无误的措施。

(2)确保地基承载力及各种基础、地下结构、地下防水、土方回填施工质量的措施。

(3)确保主体承重结构各主要施工过程质量的措施。

(4)确保屋面、装修工程施工质量的措施。

(5)解决质量通病的措施。

15.7.2 保证安全生产的技术组织措施

1. **组织措施**

(1)明确安全目标，建立安全保证体系。

(2)执行国家、行业、地区安全法规、标准、规范，制订工程安全管理制度，各专业工作安全技术操作规程。

(3)建立各级安全生产责任制,明确各级施工人员的安全职责。

(4)提出安全施工宣传教育的具体措施,进行安全思想、纪律、知识、技能、法制的教育,加强安全交底工作;施工班组要坚持每天开好班前会,针对施工中的安全问题及时提出;在工人进场上岗前,必须进行安全教育和安全操作培训。

(5)定期进行安全检查活动和召开安全生产分析会议,对不安全因素及时进行整改。

(6)需要持证上岗的工种必须持证上岗。

(7)对影响安全的风险因素有识别管理办法和防范措施。

2. 技术措施

(1)施工准备阶段的安全技术措施

① 技术准备中,要了解工程设计对安全施工的要求,调查工程的自然环境对施工安全的影响,以及施工对周围环境安全的影响等。

② 物质准备时,要及时供应质量合格的安全防护用品,以满足施工需要。

③ 施工现场准备中,各种临时设施、库房、易燃易爆品存放都必须符合安全规定。

④ 施工队伍准备中,总包、分包单位都应持有《建筑业企业安全资格证》。

(2)施工阶段的安全技术措施

① 针对拟建工程的地形、地貌、环境、自然气候、气象等情况,提出可能突然发生自然灾害时有关施工安全方面的措施,以减少损失、避免伤亡。

② 易燃易爆品严格管理、安全使用的措施。

③ 土方、深基础施工及高空作业、结构吊装、上下垂直施工时的安全措施。

④ 防火、消防措施,有毒、有尘、有害气体环境下的安全措施。

⑤ 各种机械机具安全操作要求,外用电梯、井架及塔式起重机等垂直运输机具等的安拆要求、安全装置和防倒塌措施,交通车辆的安全管理措施。

⑥ 各种电气设备防短路、防触电的安全措施。

⑦ 狂风、暴雨、雷电等各种特殊天气发生前后的安全检查措施及安全维护制度。

⑧ 季节性安全施工的措施。夏季作业要有防暑降温措施,雨期作业有防雷电、防触电、防沉陷崩塌、防台风、防洪排水措施,冬季作业有防风、防火、防冻、防滑措施。

⑨ 脚手架、吊篮、安全网的设置,各类洞口、临边作业防止作业人员坠落的措施,现场周围通行道路及居民保护隔离措施。

⑩ 各施工部位要有明显的安全警示牌。

⑪ 操作者严格按照安全操作规程,实行标准化作业。

⑫ 基坑支护、临时用电、模板搭拆、脚手架搭拆要编写专项施工方案。

⑬ 针对新工艺、新技术、新材料、新结构,制定专门的施工安全技术措施。

15.7.3 保证工期的技术组织措施

1. 组织措施

(1)建立进度控制目标体系和进度控制组织系统,落实各层次进度控制人员和工作责任。

(2)建立进度控制工作制度，如检查时间、方法，协调会议时间、参会人员等。定期召开工程例会，分析、研究、解决各种问题。

(3)建立图纸审查、工程变更和设计变更管理制度。

(4)建立对影响进度的因素分析和预测的管理制度，对影响工期的风险因素有识别管理手段和防范对策。

(5)组织劳动竞赛，调动工人积极性，保证进度目标实现。

(6)组织流水施工。

(7)季节性施工项目的合理排序。

2. 技术措施

(1)采取加快施工进度的施工技术方法。

(2)规范操作程序，使施工操能紧张有序地进行，避免返工和浪费，以加快施工进度。

(3)采取网络计划技术及其他科学适用的计划方法，对进度实施动态控制。在发生进度延误问题时，能适时调整工作间的逻辑关系，保证进度目标实现。

15.7.4 降低成本的技术组织措施

降低成本的措施依据三个基本原则制订，即全面控制原则、动态控制原则、创收与节约相结合的原则。具体措施如下：

(1)建立成本控制体系和成本目标责任制，实现全员全过程成本控制，做好变更、索赔工作，加快工程款回收。

(2)临时设施尽量利用已有的各项设施，或利用已建工程做临时设施，或采用活动工棚，以减少临时设施费用。

(3)劳动组织合理，提高劳动效率，减少总用工数。

(4)增加物资管理的计划性，从采购、运输、现场管理、材料回收等方面最大限度地降低材料成本。

(5)综合利用吊装机械，提高机械利用率，节约台班费。缩短大型机械进出场时间，避免多次重复进场使用。

(6)增加节支，施工管理费的支出。

(7)保证工程质量，减少返工损失。

(8)保证安全生产，减少事故频率，避免意外事故带来的损失。

(9)合理进行土石方平衡，节约土石方运输及人工费用。

(10)提高模板精度，加速材料的周转，节约模板和脚手架费用。

(11)采用先进钢筋焊接技术，节约钢材。

(12)在混凝土、砂浆中掺入外加剂和掺合料，节约水泥。

(13)加强成本核算和成本分析，调整并纠正成本偏差。

(14)对费用超支风险因素有识别管理办法和防范对策。

15.7.5 文明施工和环境保护措施

1. 文明施工管理

现场文明施工管理是施工现场管理的重要内容，文明施工是现代化施工的一个重要标志，是施工企业一项基础性的管理工作。坚持文明施工具有重要的意义。安全生产与文明施工是相辅相成的，建筑施工安全生产不但要保证职工的生命财产安全，同时要加强现场管理、文明施工，保证施工井然有序，改变过去现场脏、乱、差的面貌，对提高效益保证工程质量都有重要的意义，因而在单位工程施工组织设计中应制定具体的文明施工的措施。其主要内容有：

(1)现场场地应平整无障碍物，有良好的排水系统，保证现场整洁。

(2)现场应进行封闭管理，防止“扰民”和“民扰”问题，同时保护环境，美化市容，因而对工地围挡(墙)、大门等设置应符合当地市政环卫部门的要求。

(3)要求现场各种材料或周转材料用具等应分类整齐堆放。

(4)防止施工环境污染，提出防止废水、废气、生产、生活垃圾及防止施工噪声，施工照明污染的措施。

(5)宣传措施，如围墙上的宣传标语应体现企业的质量安全理念，“五牌二图与两栏一报”应齐全。

(6)对工人应进行文明施工的教育，要求他们不能乱扔、乱吐、乱说、乱骂等，言行文明，衣冠整齐。同时制订相应的处罚措施。

2. 环境保护措施

(1)建立有效的环境监控体系。

(2)施工现场的泥浆、污水要进行处理，严禁直接排入城市排水设施及江河湖泊。

(3)施工现场严禁产生烟尘等有害、有毒气体。

(4)施工现场的建筑垃圾应及时收集并处理。

(5)施工现场进行爆破、打桩等作业时，应按照规定申请批准，对作业计划、影响范围、影响程度以及施工机械的噪声与振动扰民采取相应措施。

思考练习题

一、单选题

1. 单位工程施工组织设计编制程序中，以下选项中顺序正确的是(　　)。

A. 施工进度计划 → 施工方案 → 施工平面图

B. 施工方案 → 施工进度计划→ 施工平面图

C. 施工进度计划 → 施工平面图→ 施工方案

D. 划分工序 → 计算持续时间 → 绘制初始方案 → 确定关键线路

2. 承包商编制工程施工组织设计的主要工作中有以下4个内容：①编制施工进度计划，②编制施工方案及选择主要施工机械，③编制资源配置计划，④绘制施工平面图。上述内容在编制程序中的先后关系正确的是(　　)

A. ①②③④　　B. ②①④③　　C. ②①③④　　D. ②③①④

3. 下列选项中，(　　)是单位工程施工组织设计的核心。

A. 工程概况　　B. 施工方案　　C. 施工平面图　　D. 施工进度计划

4. 主要说明：基础的类型、埋置深度、设备基础形式、主体结构的类型、预制构件的类型及安装位置等，称(　　)。

A. 建设概况　　B. 建筑概况　　C. 结构概况　　D. 建筑施工特点

5. 单位工程施工平面图设计首要考虑的因素是(　　)。

A. 布置运输道路　　B. 布置水电管网

C. 确定搅拌站及构件堆场等位置　　D. 确定起重机械的位置

6. 在下列工程中，单位工程是指(　　)。

A. 结构主体工程　　B. 建某住宅小区

C. 建某幢住宅楼　　D. 一份施工合同的目的物

7. 编制单位工程施工进度计划时，应首先进行(　　)。

A. 划分施工项目　　B. 查定额和计算工程量

C. 确定搭接方式　　D. 确定计划工期

8. 厂房柱基础的埋深小于设备基础埋深时，施工方法应采用(　　)。

A.“封闭式”施工　　B.“开敞式”施工

C. 顺序分段流水　　D. 任意选择

9. 室外装饰工程的面层施工，宜采用(　　)流向，有利于工程质量和成品保护。

A. 自上而下　　B. 自下而上　　C. 自中向上向下　　D. A、B均可

10. 重工业厂房的施工不宜采取(　　)展开程序。

A. 先地下后地上　　B. 先主体后围护

C. 先设备后土建　　D. 先土建后设备

11. 在选择和确定施工方法与施工机械时，要首先满足(　　)要求。

A. 可行性　　B. 合理性　　C. 经济性　　D. 先进性

12. 以下施工顺序中，有利于成品保护的是(　　)。

A. 安装木门扇→室内外抹灰　　B. 安装塑料门窗→室内外墙面抹灰

C. 铺设地毯→顶棚墙面裱糊　　D. 房间地面抹灰→楼道地面抹灰

13. 施工现场运输道路考虑消防车的要求时，其宽度不得小于(　　)。

A. 2m　　B. 3m　　C. 3.5m　　D. 6m

二、简答题

1. 简述单位工程施工组织设计编制的程序。

2. 单位工程施工组织设计的内容有哪些？

3. 单位工程施工进度计划编制的步骤有哪些？

4. 施工现场平面布置图的内容有哪些？布置步骤如何？

5. 若有几个施工过程劳动定额不相同，如何确定综合劳动定额？

6. 简述砖混结构、混凝土结构和单层装配式厂房的施工顺序及施工方法。

7. 选择施工方法和施工机械的基本要求有哪些？

8. 简述编制单位工程施工进度计划的步骤。

9. 施工平面图的设计原则和内容有哪些？

10. 试述施工现场对临时消防栓布置的要求。

11. 什么是施工顺序？确定施工顺序的原则是什么？

参考文献

[1] 应惠清．土木工程施工[M]．第 2 版．北京：高等教育出版社，2009．

[2] 郭正兴．土木工程施工[M]．第 2 版．南京：东南大学出版社，2012．

[3] 李树全．土木工程施工[M]．第 2 版．上海：同济大学出版社，2013．

[4] 建筑施工手册编委会．建筑施工手册（第 2 册）[M]．第 5 版．北京：中国建筑工业出版社，2012．

[5] 许炳权．装饰装修施工技术[M]．第 2 版．北京：中国建材工业出版社，2013．

[6] 郭建博，刘万锋，刘莉萍．建筑施工组织施工指导[M]．合肥：合肥工业大学出版社，2016．

[7] 余群舟，刘元珍．建筑工程施工组织与管理[M]．北京：北京大学出版社，2006．

[8]陈金洪，杜春梅．土木工程施工[M]．第 4 版．武汉：武汉理工大学出版社，2012．

[9] 中国建设监理协会．建设工程进度控制[M]．北京：中国建筑工业出版社，2014．

[10] 徐猛勇，肖婧．建筑施工组织[M]．北京：中国建材工业出版社，2012．

[11] 穆静波．土木工程施工组织[M]．上海：同济大学出版社，2009．

[12] 田洪臣，白有良．土木工程施工[M]．北京：中国建材工业出版社，2013．

[13] 黄淑森，程建伟．建筑施工组织与项目管理[M]．北京：机械工业出版社，2012．

[14] 混凝土结构设计规范[S]．(GB 50010—2010)．

[15] 混凝土结构工程施工规范[S]．(GB 50666—2011)．

[16] 混凝土结构工程施工质量验收规范[S]．(GB 50204—2015)．

[17] 建筑装饰装修工程质量验收规范[S]．(GB 50210—2018)．

[18] 砌体结构工程施工质量验收规范[S]．(GB 50203—2011)．

[19] 高层建筑混凝土结构技术规程[S]．(JGJ 3—2010)．

[20] 屋面工程质量验收规范[S]．(GB 50207—2012)．

[21] 钢结构工程施工质量验收规范[S]．(GB 50205—2001)．

[22] 混凝土强度检验评定标准[S]．(GB 50107—2010)．